U0635048

天津社科理论文库

2024年
重点学术活动成果集

天津市社会科学界联合会 ◎ 编

天津出版传媒集团
天津人民出版社

图书在版编目（CIP）数据

2024 年重点学术活动成果集 / 天津市社会科学界联合会编. -- 天津 : 天津人民出版社, 2024. 12.

(天津社科理论文库). -- ISBN 978-7-201-20919-7

Ⅰ. G322.721

中国国家版本馆 CIP 数据核字第 202415XX17 号

2024年重点学术活动成果集

2024 NIAN ZHONGDIAN XUESHU HUODONG CHENGGUO JI

出　　版　天津人民出版社
出 版 人　刘锦泉
地　　址　天津市和平区西康路35号康岳大厦
邮政编码　300051
邮购电话　(022)23332469
电子信箱　reader@tjrmcbs.com

策划编辑　郑　玥
责任编辑　佐　拉
装帧设计　汤　磊

印　　刷　天津新华印务有限公司
经　　销　新华书店
开　　本　710毫米×1000毫米　1/16
印　　张　48.75
插　　页　2
字　　数　660千字
版次印次　2024年12月第1版　2024年12月第1次印刷
定　　价　198.00元

前　言

学术活动是反映一个地区哲学社会科学活跃程度的重要内容之一。2024年天津市哲学社会科学界紧紧围绕学习贯彻党的二十届三中全会和习近平总书记视察天津重要讲话精神，聚焦重大理论和实践创新，充分调动现有学科优势，组织系列学术活动，产生了很好的社会反响，起到了繁荣学术、培育人才的重要示范作用。

据统计，全年共组织开展当代中国马克思主义论坛、新时代青年学者论坛、社会科学界学术年会等各类高质量学术活动10余场，面向全国共征集学术论文800余篇，组织专家评选优秀论文177篇。北京大学、清华大学、中国人民大学、中央党校等单位59位知名专家作主旨报告，来自学术界、政府部门、企业等各领域1200余人参与现场活动，新华网、中国社会科学报、天津新闻等媒体报道100余次。本书收录各场次会议综述、部分专家主旨报告和优秀论文作为交流使用。

在本书编辑过程中，市社科联科研工作部组织工作专班，《天津师范大学学报》编辑部关英明、谢汶汶、王伟泽，天津人民出版社郑玥、佐拉等同志参与其中，做了大量严谨细致的编校工作。相关论文作者积极配合，做了认真的修改工作。因时间及水平所限，难免存在疏漏之处，敬请广大读者批评指正。

目　录

（一）

天津社科界学习贯彻党的二十届三中全会精神座谈会

会议综述：书写中国式现代化天津答卷　003

把握中国式现代化要求　以经济体制改革作为高质量发展关键牵引　钟会兵　007

党的领导是进一步全面深化改革、推进中国式现代化的根本保证　徐　瑛　010

深化教育综合改革，为中国式现代化提供基础性、战略性支撑　郭滇华　012

深化人才发展体制机制改革，加快建设国家战略人才力量　周红蕾　015

完善党的建设制度机制，提高党对进一步全面深化改革、推进中国式现代化的领导水平　雷　鸣　018

聚焦发展全过程人民民主，进一步全面深化改革　佟德志　021

以重点突破推进全面改革，中国式现代化开启时代新篇　纪亚光　024

坚持以制度建设为主线　全面推进文化强国建设　杨仁忠　027

全面深化改革是推进中国式现代化的根本动力　王新生　030

天津市当代中国马克思主义论坛

会议综述:聚焦“以全面深化改革为动力　塑造发展新动能新优势”　032

首届老字号高质量发展研讨会

会议综述:守正创新,“老字号”走向“新国潮”　036

主旨报告:新时代老字号创新发展的新思维　祝合良　039

吉纹斋银壶:传统与创新融合,百年老字号的璀璨新篇　姜伟青　044

德州扒鸡的传承守正与创新实践　崔　宸　046

与消费者沟通情绪价值

——海河乳品的产品和品牌焕新　邹　旸　049

从“天时、地利、人和”探索老字号企业高质量发展之路　王　勇　052

衡水老白干品牌焕新与营销创新　杨　青　055

五芳斋老字号品牌创新实践　徐　炜　058

中华老字号松鹤楼的守正创新　王春平　061

探寻非遗文脉,创新传统技法

——老字号的百年坚守与自我蜕变　赵　铮　064

(二)

天津市“新时代青年学者论坛”

会议综述:汇聚发展新质生产力的青年力量　069

主旨报告:新质生产力的形成逻辑与影响　赵振华　072

高韧性组织的形成路径研究

——基于82家上市民营企业案例的模糊集定性比较分析(fsQCA)

梁　林等　078

从无序弱涌到规引强涌:数字政府引领新质生产力发展的机制研究

王　妃等　108

地方政府债务压力导致了PPP项目“落地难”吗?　李　伟等　126

数字化转型对企业新质生产力的提升路径研究(观点摘要)　夏　帅　148

知识产权与新质生产力:一个马克思主义的分析(观点摘要)　宁梓冰等　150

中国基层社会治理中的党政统合及其形成逻辑(观点摘要)　陈永杰等　152

治理效能何以发挥?

——党建引领基层治理的逻辑理路、实践困境与优化路径(观点摘要)

陈峥嵘　155

科学家对风险预见的特殊伦理责任

——以氯氟烃损耗臭氧层的化学预见为例(观点摘要)　邵　鹏　156

数字化发展驱动城市创新人才集聚的多元路径

——基于组态视角的定性比较研究(观点摘要)　吴昊俊　160

新质生产力驱动乡村全面振兴:理论逻辑、关键问题与实践方向

(观点摘要)　赵健君等　162

区域新质生产力提升了经济韧性吗?

——基于产业结构高级化的调节效应(观点摘要)　赵　玉等　165

生活圈视域下城市公共充电站空间布局与服务可及性研究

——基于天津市“城十区”多元微观数据的分析(观点摘要)

梅　林等　167

新质生产力视域下人的发展探析(观点摘要)　贾振华　169

习近平关于生产力系列重要论述的逻辑结构、内在关联

与思想特质(观点摘要)　张　鹭等　170

以“四链”融合赋能新质生产力发展（观点摘要） 郭贝贝 172
马克思“自然力”理论视域下新质生产力的三个来源及其转变（观点摘要）
王　寅等 176
提升政法干部数字素养（观点摘要） 王菁菁 177
面向中国式现代化的实践向度：推进长江经济带高质量发展
与高水平保护路径研究（观点摘要） 罗　琼 182
新质生产力赋能绿色发展的价值意蕴、现实审视和实践路径（观点摘要）
杨叶平 184
新质生产力赋能乡村产业振兴：逻辑依据与实现路径（观点摘要）
门　垚 188
论会计数据要素赋能新质生产力发展的机制与路径（观点摘要）
赵　星等 189
企业数据保护行为规制路径困境及其完善（观点摘要） 邢嘉予 195
数字化转型对新质生产力的影响机制研究（观点摘要） 赵滨元 197
马克思异化劳动理论视域下新质生产力的发展风险研究（观点摘要）
王丹彤等 199
新质生产力赋能数字乡村建设的内在逻辑、现实挑战与提升对策
（观点摘要） 薛　珂 200
以厚植创新人才培育沃土助力天津市新质生产力发展
——基于日本创新人才培养体系的调研（观点摘要） 降凌楠等 203
政策因素对新质生产力发展的影响研究
——以新能源汽车产业政策为例（观点摘要） 李龙鑫 205
ESG发展对A股上市农业企业与非农业企业新质生产力影响的研究
（观点摘要） 杨玉洁等 207
论人与自然和谐共生的现代化的理论之源、历史之证与现实之需
（观点摘要） 焦　冉 209

中国式现代化背景下新质生产力发展研究:内在逻辑与实践路径
（观点摘要） 张　丽 211
数字经济与共同富裕:作用机理、风险挑战与实践要求(观点摘要)
吴　婷 213
高质量发展视域下实现共同富裕的三重维度探析(观点摘要)
吕明洁 215

（三）

天津市社会科学界学术年会南开大学专场

会议综述:挖掘天津城市文化基因　探讨教育与城市文化塑造
219
主旨报告:教育资源、空间关系与中国近代史 王东杰 222
主旨报告:张伯苓“公能”教育思想与中国人的人格重塑 侯　杰等 229
关于促进文旅融合打造天津近代教育救国之旅线路的思考 郭　辉 245
张伯苓与成志学社再探 刘晓琴 252
北洋1895:“文武”兴替的历史叙事(观点摘要) 闫　涛等 268
北大、清华、南开三校西迁的第四条路线
——对南开大学西迁由津渝线转渝昆线的考察(观点摘要)
戴美政 273
张伯苓对天津基础教育的影响(观点摘要) 王晓芳 275
南开史学与中国现代史学(观点摘要) 朱洪斌 277
学习贯彻习近平文化思想　发掘南开档案文化内涵(观点摘要)
袁　伟等 279

非制度因素与民国大学发展
——以南开大学校长张伯苓为例(观点摘要) 郭华东 282

天津市社会科学界学术年会天津社会科学院、中共天津市委党校专场

会议综述:聚焦城市文化 献计传承发展 285
主旨报告:京津双城记:风貌特色传承、文化精神塑造与城市发展转型
边兰春 292
天津非遗传承创新与产业化发展研究 蒲 娇等 298
天津段大运河非物质文化遗产保护传承与活化利用研究 闫丽祥 312
城市文脉传承视域下天津工业遗存创意开发研究 胡春玉等 327
天津卫文化:首都“护城河”定位的文化源流(观点摘要) 王若珺等 341
跨文化视域下天津城市文化传播的数字化策略研究(观点摘要)
行玉华 342
全媒体背景下天津市红色文化传播研究(观点摘要) 刘新颖 343
近代报刊视域下晚清前期津沪文学与文化交流及影响(1850—1886)
(观点摘要) 李 云 345
基于城市文化视角的天津非遗老字号品牌传承与创新机制研究
(观点摘要) 安秀荣等 346
数字化时代下天津城市文化品牌建设的新模式探索(观点摘要)
张 莹 348
中西文明交汇下的城市文化变迁(观点摘要) 刘卫东 350
天津城市小洋楼片区文旅活化利用研究
——以五大道为例(观点摘要) 余安然 352
推进“文旅商学”融合应用场景下高品质艺术街区建设
——以天美艺术街区为例(观点摘要) 李 墨 353

历史风貌建筑的保护与活化利用
——以天津市浙江兴业银行为例(观点摘要) 高 颖等 355
数字化赋能天津红色资源保护传承利用(观点摘要) 安 宝等 357
彰显城市特色 推进天津文旅高质量发展的思考建议(观点摘要)
石培华 359
天津城市品牌建设:现状、问题与路径选择(观点摘要) 许爱萍等 361
天津现代工业遗产发掘及对城市发展的意义研究(观点摘要)
潘子聪等 362
津派文化与外埠商业文化的融合发展研究
——以“鲁商”在津发展为例(观点摘要) 王小琼 364
天津非遗老字号文化传承与品牌形象创新发展研究(观点摘要)
纪向宏等 365
探寻天津西餐厅:传统与现代交融下的城市文化记忆及当代传承
(观点摘要) 尹斯洋 366
形塑差异:城市品牌化视角下短视频平台城市气质的呈现演变
与互动建构(观点摘要) 李冰玉 367
地域文化体验视角下天津小洋楼空间类型及活化实践探讨(观点摘要)
芮正佳等 369
创新发展天津文旅伴手礼产品的策略研究(观点摘要) 高晓燕等 375
天津红色文化(美术)的艺术特色与精神气质(观点摘要) 刘玉睿 377
文旅融合视域下抖音短视频中天津城市形象建构新途径(观点摘要)
孙 蕾等 378
天津运河文化与城市性格(观点摘要) 宋铭月 382
京杭大运河天津段的文物与文化价值研究(观点摘要) 赵佳丽等 384
非物质文化遗产的活态传承现状及策略建构
——以天津“汉沽飞镲”为例(观点摘要) 杨 宇 385

天津市社会科学界学术年会中共天津市委党校专场

会议综述:坚定不移走好中国式现代化道路 388

主旨报告:中国式现代化形成的历史逻辑 程连升 393

教育科技人才一体化促进新质生产力发展的机制研究 冯赵建等 409

从天津各界人民代表会议看中共地方民主建政的成功探索 薛树海等 425

中国式现代化视域下邓小平政德思想及其时代价值 杨 肖 438

中国式现代化对“经典现代化”的价值超越和实践指引(观点摘要) 高文胜等 457

数字化时代精神生活共同富裕路径探析(观点摘要) 梁嘉宁 459

中国共产党推进共同富裕的历史经验、重要规律及其现实启示(观点摘要) 林 颐等 461

马克思社会发展理论视域下的中国式现代化研究(观点摘要) 魏 郡 463

求“生存”到求“共生”:中国共产党推进人与自然和谐共生研究(观点摘要) 王俊斌等 464

精神、实践、目标:坚持发扬斗争精神的三重叙事理路
——基于中国式现代化的重大原则的分析(观点摘要) 王坤丽 466

新时代中国共产党加强文化领导权建设的路径探赜(观点摘要) 燕连福等 468

以新质生产力赋能中国式现代化的战略重点及实践指向(观点摘要) 尹照涵 470

中央生态环境保护督察制度下地方政府生态环境问题整改机制如何建构?
——以天津市环保督察整改为例(观点摘要) 蒙士芳 471

“第二个结合”与中华民族现代文明建设逻辑(观点摘要) 苏星鸿 473

新征程推进国家治理体系和治理能力现代化的四个维度(观点摘要)
王　恒 475
新质生产力国际传播话语体系的构建:时代价值、核心要义及实现路径(观点摘要) 李名梁等 477
马克思东方社会理论视域下中国式现代化道路阐析(观点摘要)
李子吟 479
伟大征程与时代选择:中国式现代化对世界社会主义的重大贡献及其时代启示(观点摘要) 张天君 480
"四问"视域下中国式现代化的价值意蕴(观点摘要) 常　越 482
天津生态建设与中国式现代化(观点摘要) 宋兴晟等 484
中国式现代化进程中传统文化艺术的传承与创新
——以新兴木刻的大众化与民族化路径为例(观点摘要)
陈　力 486
中国式现代化视域下活力与秩序的关系(观点摘要) 黄雅彬 488
新质生产力视阈下传统产业劳动者的发展困境与现代化转型
——以我国白酒产业工匠转型发展为例(观点摘要) 王俊雅 490

天津市社会科学界学术年会天津外国语大学专场

会议综述:展现更加鲜明的新时代中国大国形象 491
主旨报告:中国式现代化视域下区域国别学的"共同体范式"海外传播
田庆立 494
中国时政话语的对外翻译传播效果研究 魏　梅 500
中国式现代化视域下文化外交的独特价值与实践路径 王　烁 522
AIGC背景下新质译审人才培养研究 牛　津 535
中国政府白皮书英译本中的国家形象建构
——基于语料库的词汇特征分析(观点摘要) 刘　洋 551

党和国家重要文献对外翻译与新时代对外话语体系构建
——以《习近平谈治国理政》英文翻译为例(观点摘要) 王国纬等 552
跨媒介叙事视角下马克思主义经典著作当代传播的理论基础、
主要问题与实践要求(观点摘要) 董仕衍 554
东亚君子文化的枢纽《爱莲说》(观点摘要) 王晚霞 556
救亡舆论中的天津《体育周报》与现代体育中国图景的建构(观点摘要)
李文健等 557
中国现代化国家科技形象构建:"机器人文化叙事"研究(观点摘要)
李 洁等 559
中国香文化的国际传播:历史溯源、时代价值与实践路径(观点摘要)
蔡 莺 561
美西方学界对鲁班工坊的认知与反应(观点摘要) 曹龙兴 563
中国式现代化创新逻辑的三重维度(观点摘要) 张秀霞 564
地缘政治框架下全球气候治理的困境及中国应对(观点摘要)
巩潇泫 566
新时代中国共产党中央政治局集体学习的形象塑造功能(观点摘要)
黄宇峰 568
京津冀城市群农业保险高质量发展水平预测、区域差异及动态演进
(观点摘要) 李婕妤等 569
金融资产决策与家庭消费低碳转型(观点摘要) 缪 言等 571
区域创新与融资租赁业高质量发展(观点摘要) 马 雷 573
"双碳"目标下的中国挑战与应对研究
——京津冀大气环境系统韧性的时空演化特征分析(观点摘要)
曹昱亮等 575
董事会能力、董责险与企业ESG表现(观点摘要) 赵 颖等 577

天津市社会科学界学术年会天津职业技术师范大学专场

会议综述:守正创新　不断增强思政引领力 579

主旨报告:推动思政课建设内涵式发展的着力点　冯秀军 584

红色报刊对职业院校统战教育工作方法的启示
——以《群众》周刊为对象的考察　陈东炜 603

论“师生四同”育人模式与文科研究生“导学共同体”的耦合关系　鞠新瑞 618

中高职思政课教学语言一体化建设的逻辑、困境及纾解路径　刘　欣 627

数智化浪潮中高校思想政治教育创新路径:新质生产力的驱动作用与应对策略(观点摘要)　刘俞麟 644

算法思政:人工智能时代思想政治教育模式创新的价值意蕴与风险防范(观点摘要)　赵友华等 645

产教融合在铸牢中华民族共同体意识中的现状与问题分析
——以和田地区高校为例(观点摘要)　马海涛 647

新时代高校思想政治理论课公众形象的建构(观点摘要)　耿俊茂等 649

高职院校铸牢中华民族共同体意识教育的路径探索(观点摘要)　张水勇 650

守正创新提升高校思政课教学话语的针对性和吸引力(观点摘要)　楚莉莉 652

职业院校思政课教师核心素养培育的时代意蕴、内涵要义与实践进路(观点摘要)　李　敏 654

以智增效:数智时代提升高校思政课实效探究(观点摘要)　苏文婷 656

场景化:红色资源融入思政教育的重要方式(观点摘要)　刘学斌 658

职业学校思政课一体化研究(观点摘要)　王东浩 660

习近平总书记关于职业教育“三融”的论述与天津职业教育实践研究（观点摘要） 杨立学 662
论习近平职业教育重要论述的人民立场（观点摘要） 李海南等 664
“习近平新时代中国特色社会主义思想概论”课教学实效性提升研究（观点摘要） 赵会朝等 666
网络思政赋能职业院校思政课建设内涵式发展研究（观点摘要） 张新宇 668

天津市社会科学界学术年会河北工业大学专场

会议综述：深刻把握建设文化强国的使命任务　激发文化创新创造活力 670
主旨报告：文化自信与文化创新 阎孟伟 675
新征程社会主义意识形态守正创新的基本着力点论析 任福义 683
构建中国自主知识体系之“中国式好人法”的私法逻辑
——兼评《中华人民共和国民法典》见义勇为制度 沃　耘 701
丝路涉华文学：文明交流互鉴研究的新领域 黎跃进 719
中华优秀传统文化的现代化转型路径研究 付龑钰等 733
中国式法治现代化的本土文化资源及其创造性转化方法（观点摘要） 刘一泽 748
《习近平谈治国理政》（一—四卷）引文分析（观点摘要） 王伟伟等 749
文化自信蓄势赋能中国式现代化的内在逻辑管窥（观点摘要） 仇小敏等 751
“第二个结合”与建设中华民族现代文明（观点摘要） 操　奇 752
品牌强国背景下天津市老字号品牌建设策略研究（观点摘要） 宇文慧等 754

生成式人工智能对用户生成内容平台的影响与文化生产方式变革
（观点摘要） 孔繁成 755
新时期教育服务文明建设的机理阐释(观点摘要) 王连照 757
传承·创新·传播:“数字+文化”赋能建设中华民族现代文明的三个维度
（观点摘要） 张治夏 758
津味小说《俗世奇人》的多模态翻译与传播(观点摘要) 邱 肖等 759
《黑神话:悟空》与中华优秀传统文化的现代演绎(观点摘要)
周 叶 760
建设中华民族现代文明:何以必要、何以可能及何以可为(观点摘要)
孙丽娜等 761

（一）

❖ 天津社科界学习贯彻党的二十届三中全会精神座谈会

会议综述：书写中国式现代化天津答卷

图1-1　天津社科界学习贯彻党的二十届三中全会精神座谈会

2024年7月28日，天津市委宣传部、天津社科联主办的天津社科界学习贯彻党的二十届三中全会精神座谈会在天津社科联举行。市委宣传部、市社科联负责同志，以及天津社科院、市委党校、市教育科学研究院，部分高校、科研院所负责同志，专家学者等七十余人齐聚一堂，结合天津实际，深入交流，加强学习宣传、研究阐释党的二十届三中全会精神的思路和建议。

大家一致表示，要把思想和行动统一到全会精神上来，对标全会决定的部署要求，切实增强行动力、执行力，自觉服务大局，把学习贯彻党的二十届三中全会精神同习近平总书记视察天津重要讲话精神贯通起来，按照“四个善作善成”的重要要求，为推进高质量发展“十项行动”贡献智慧和力量。

党的二十届三中全会审议通过的《中共中央关于进一步全面深化改革、推进中国式现代化的决定》（以下简称《决定》），聚焦具有方向性、全局性、战略性的重大问题，作出战略部署，擘画以党的全面领导为核心、以经济体制改革为引领、以体制机制创新为驱动、以中国式现代化全面推进中华民族伟大复兴的宏伟蓝图。

进一步全面深化改革、推进中国式现代化，关键在于党的领导。天津市委党校（天津行政学院）副校长（副院长）徐瑛表示，党的领导决定了进一步全面深化改革、推进中国式现代化的根本方向。改革开放以来，我们之所以能够开辟一条新的发展道路，中国式现代化之所以能够展现出不同于西方现代化模式的新图景，关键和根本就在于始终坚持和加强党的领导。新征程上，全面深化改革再次出发，聚焦“改什么”“往哪儿改”“怎么改”，中国式现代化如何实现高质量发展，归根结底要坚持和发挥党的领导“定海神针”作用。

党的领导贯穿改革开放和全面深化改革的全过程、各方面，保证了改革从局部探索、破冰突围到系统集成、全面深化的持续推进。在南开大学马克思主义学院教授纪亚光看来，《决定》深刻把握改革开放和全面深化改革取得历史性成就的内在动因，把进一步全面深化改革的战略部署转化为推进中国式现代化的强大力量。坚持党中央对进一步全面深化改革的集中统一领导、深化党的建设制度改革、深入推进党风廉政建设和反腐败斗争，充分体现了以习近平同志为核心的党中央秉持历史主动精神、勇于担当作为、锐意改革创新、引领时代潮流的坚定和清醒，为进一步全面深化改革、推进中国式现代化提供了根本保证。

要坚定维护党中央对进一步全面深化改革的集中统一领导，把党的领导贯穿改革的各方面全过程，不断完善党的建设制度机制，提高推进中国式现代化的领导水平。天津大学党委副书记雷鸣提出，党中央领导改革的总体设计、统筹协调、整体推进，是改革开放以来特别是新时代全面深化改革经验的深刻总结。要完善党中央重大决策部署和习近平总书记重要指示批示的落实机制，有力有效地落实“第一议题”制度，不断把思想和行动统一到党中央重大决策部署上来，在吃透中央精神的前提下开展工作。

党的二十届三中全会对进一步全面深化改革、推进中国式现代化构筑了全景图，部署的改革任务涉及经济、政治、文化、社会、生态、安全、党建等各个领域，在全面建设社会主义现代化国家的新征程上树立了新的里程碑。

在新征程上，要把握中国式现代化的本质要求，以经济体制改革作为高质量发展的关键牵引。天津社会科学院党组书记、院长钟会兵表示，进一步建设更高水平的开放型经济新体制，才能不断拓展中国式现代化的发展空间，在世界百年未有之大变局中赢得战略主动。未来，天津要着力发挥通道型、平台型、制度型、都市型、海洋型开放新优势，在加快构建更高水平开放型经济新体制方面取得更大成效。同时，要全面对标国际高标准经贸规则，营造市场化、法治化、国际化的一流营商环境。发挥天津市滨海新区对外开放的龙头作用，深入实施自贸试验区提升行动和服务业扩大开放综合试点，争创全国服务贸易创新发展示范区，加速培育外资外贸发展新动能。

天津市教育科学研究院党委书记郭滇华提出，深化教育综合改革要把高质量发展作为各级各类教育的生命线，坚持目标导向和问题导向相结合，进一步破除制约教育高质量发展的障碍，以支撑引领中国式现代化为核心功能，办好人民满意的教育。要紧扣培养担当民族复兴大任的时代新人，完善立德树人机制，推进大中小学思政课一体化改革创新，健全德智体美劳全面培养体系。要着力造就拔尖创新人才，分类推进高校改革，建立科技发展和国家战略需求牵引的学科调整机制和人才培养模式。

落实好全会关于“深化人才发展体制机制改革”的部署要求，必须加快建设国家战略人才力量，为强国建设、民族复兴伟业夯实人才基础。天津外国语大学党委书记周红蕾认为，要健全人才开放交流机制，构筑全球智慧资源集聚平台。我们要坚持需求导向，立足京津冀协同发展，特别是实现“一基地三区”功能定位，着眼全市全域扩大开放，加强人才国际交流合作，发挥自贸试验区、高新区、自主创新示范区的先行先试作用，加快形成具有国际竞争力的人才制度体系，构筑汇聚全球智慧资源的创新高地。此外，要完善海外引进人才的支持保障机制，加速打造各类高能级科研创新平台，为海外人才提供低成本、便利化、全要素、开放式服务和创新创业“一揽子”解决方案，让人才安心安身安业，形成聚才引才的“磁场效应”和“虹吸效应”。

发展全过程人民民主是中国式现代化的本质要求，是进一步全面深化改革的重要内容。天津师范大学副校长佟德志提出，“发展全过程人民民主”是党的二十届三中全会为了实现进一步全面深化改革总目标明确提出的“七个聚焦”之一。全过程人民民主是社会主义民主政治的本质属性，是党的领导、人民当家作主、依法治国有机统一的结果，在实现全面深化改革总目标中具有重要作用。这要求我们从进一步全面深化改革的大背景中理解和把握全过程人民民主，做到人民有所呼、改革有所应，做到改革为了人民、改革依靠人民、改革成果由人民共享。

把握中国式现代化要求
以经济体制改革作为高质量发展关键牵引

天津社会科学院党组书记、院长　钟会兵

高水平社会主义市场经济体制是实现高质量发展和中国式现代化的重要保障，是全面建设社会主义现代化国家的应有之义。深化经济体制改革是进一步全面深化改革的重点，要紧扣推进中国式现代化主题，进一步解放和发展生产力，激发和增强社会活力，促进生产关系和生产力、上层建筑和经济基础更好地相适应。

深化完善激发全社会内生动力和创新活力的体制机制。构建高水平社会主义市场经济体制的关键在于处理好政府和市场关系，充分发挥市场在资源配置中的决定性作用，更好发挥政府作用，着力创造公平竞争、有活力的市场环境，实现资源配置效率最优化和效益最大化，既“放得活”又“管得住”。通过坚持和落实“两个毫不动摇”、加快构建全国统一大市场、完善市场经济基础制度等系列改革举措，有利于促进各种所有制经济优势互补、共同发展，畅通生产要素流动和优化配置各类资源，营造公平竞争的法治化营商环境，激发全社会经济发展活力。天津要在进一步全面深化改革上善作善成，坚持改革的精准性、针对性、实效性，在重点领域和关键环节谋划实施一批改革举措，破除制约城市发展的体制性机制性障碍，在深入推进改革开放先行区建设上取得新成效，不断增强城市发展的动力和活力。深入推进国有企业改革深化提升行动，建立健全促进民营经济发展的政策体系和地方性法规制度，完善科技型企业、中小微企业梯度培育政策体系，深化要素市场化改革，高水平促进各种所有制经济优势互补、共同发展。

深化完善有利于加快新质生产力发展的体制机制和政策体系。新质生产力已经在经济社会实践中形成并展示出对高质量发展的强劲推动力和支撑力。发展新质生产力是走高质量发展道路和实现中国式现代化的内在要求和重要着力点。通过深化经济体制、科技体制、教育体制、人才体制等深层次改革，建设和完善支持全面创新的基础制度，加快形成与因地制宜发展新质生产力相适应的创新体制机制，能够有效打通堵点卡点，促进各类先进优质生产要素向发展新质生产力顺畅流动，催生新产业、新模式、新动能，不断塑造高质量发展新优势。天津在发展新质生产力上要善作善成，充分发挥科教优势明显、产业基础雄厚、生产要素齐全的资源禀赋，有效盘活存量、培育增量、提升质量，加快科技创新、产业焕新、城市更新，积极探索新质生产力发展路径的天津实践。增强科技创新供给能力，争取更多国家战略科技力量在津布局，集中力量攻克一批关键核心技术和行业共性技术。畅通科技成果转化链条，建好用好天开高教科创园等创新平台载体，促进资金、技术、应用、市场等有机衔接，推动科技成果加速从“实验室”走向“生产线”。把北京科技创新优势和天津先进制造研发优势相结合，合力打造自主创新的重要源头和原始创新的主要策源地。

深化完善推动区域协调发展的机制政策。促进区域协调发展是适应我国社会主要矛盾变化，着力破解发展不平衡不充分问题，推动高质量发展的重大现实要求，也是社会主义市场经济体制优势的重要体现。推进中国式现代化，需要充分发挥每个地区的资源禀赋和比较优势，完善区域一体化发展机制，统筹带动各地区高质量发展，形成更好支撑中国式现代化的充沛动力源。天津要自觉对接、主动服务国家重大区域发展战略，坚持以推进京津冀协同发展为战略牵引，深入推进区域一体化、京津同城化发展体制机制创新，在使京津冀成为中国式现代化建设先行区、示范区中勇担使命。进一步完善有效承接北京非首都功能疏解的市场化机制，深化“通武廊”一体化高质量发展机制创新，有力服务“新两翼”建设。健全区域协同创新和产业协作机制，健全统一市场体系，促进京津冀各类要素优化配置。进一步完善和用好京津冀政策协调沟通等工作机制，促进区域协调发展重大改革、重点项目、重要政策高水平谋划、高质量实施。

深化完善更高水平开放型经济新体制。开放是中国式现代化的鲜明标识。坚持对外开放基本国策，坚持以高水平对外开放促进深层次改革和高质量发展，持续提升开放能力，进一步建设更高水平开放型经济新体制，才能不断拓展中国式现代化的发展空间，在百年变局加速演进中赢得战略主动。要以稳步扩大制度型开放为重点，更加主动对接高标准国际经贸规则，不断深化外贸体制改革以及外商投资和对外投资管理体制改革，优化区域开放布局，完善推进高质量共建“一带一路”机制，不断扩大国际合作，维护经济全球化正确走向，推动全球资源同超大规模国内市场充分结合，更好地服务构建新发展格局。天津要着力发挥通道型、平台型、制度型、都市型、海洋型开放新优势，在加快构建更高水平开放型经济新体制方面取得更大成效。要全面对标国际高标准经贸规则，营造市场化、法治化、国际化一流营商环境。发挥滨海新区对外开放龙头作用，深入实施自贸试验区提升行动和服务业扩大开放综合试点，争创全国服务贸易创新发展示范区，加速培育外资外贸发展新动能。更加深度融入“一带一路”建设，加快打造我国北方地区联通国内国际双循环的重要战略支点。

中国式现代化的广阔前景催人奋进，在以中国式现代化全面推进强国建设、民族复兴伟业的关键时期，天津要进一步坚定将改革开放进行到底的坚定决心和历史担当，充分发挥经济体制改革牵引作用，加快构建新发展格局，推动高质量发展，奋力谱写推进中国式现代化的天津篇章。

党的领导是进一步全面深化改革、推进中国式现代化的根本保证

中共天津市委党校分管日常工作的副校长　徐　瑛

进一步全面深化改革、推进中国式现代化，关键在党的领导。党的二十届三中全会对进一步全面深化改革、推进中国式现代化构筑了全景图，吹响了进一步全面深化改革的新号角，在全面建设社会主义现代化国家新征程上矗立起新的里程碑。党的领导直接关系中国式现代化的根本方向、前途命运、最终成败。新征程上，必须坚持和加强党的全面领导，坚持用改革精神和严的标准管党治党，以党的自我革命引领社会革命，确保党始终成为推进中国式现代化的坚强领导核心。

党的领导决定进一步全面深化改革、推进中国式现代化的根本方向。伟大变革，书写崭新篇章，诠释真理力量。改革开放以来，我们之所以能够闯出一条发展新路，中国式现代化之所以能够展现出不同于西方现代化模式的新图景，关键和根本就在于始终坚持和加强党的领导。党的领导是改革开放成功的"密钥"，党的性质宗旨、初心使命、信仰信念、政策主张，决定了中国式现代化是社会主义现代化，而不是别的什么现代化。新征程上，全面深化改革再出发，聚焦"改什么""往哪儿改""怎么改"，中国式现代化如何实现高质量

发展，归根结底要坚持和发挥党的领导“定海神针”作用。

把党的领导贯穿进一步全面深化改革、推进中国式现代化各方面全过程。党政军民学，东西南北中，党是最高政治领导力量。观大势、谋全局、抓根本，党的领导是进一步全面深化改革、推进中国式现代化的根本保证。党的二十届三中全会围绕党的中心任务，系统谋划和部署了一系列重要改革举措。新征程上，书写好全面深化改革的“实践续篇”，开启推进中国式现代化的“时代新篇”，要始终坚持党中央对进一步全面深化改革的集中统一领导，充分发挥党把方向、谋大局、定政策、促改革的政治优势，不断完善和发展好党总揽全局、协调各方的领导制度体系，持续健全党的领导制度体系的执行机制，着力提高党的执政能力和执政水平，确保中国式现代化锚定奋斗目标行稳致远。

以党的自我革命引领社会革命确保各项改革任务落实落地见效。新的起点进一步全面深化改革是社会革命的延续，其带来的必将是当代中国一场伟大的社会革命。新征程上，把这场伟大社会革命进行好，我们党必须紧扣党的中心任务，勇于自我革命，把党建设得更加坚强有力。要坚持以自我革命引领社会革命，深刻领悟“两个确立”的决定性意义，切实把“两个确立”转化为“两个维护”的自觉行动，科学制定改革任务书、时间表、优先序，充分发扬钉钉子精神，坚持不懈把全面从严治党推向纵深。要完善党的自我革命制度规范体系，不断调动干部抓改革、促发展的积极性、主动性、创造性，其中要发挥好党校培训党员领导干部主渠道主阵地作用，健全常态化培训特别是基本培训机制，强化专业训练和实践锻炼，全面提高干部现代化建设能力和水平，不断为确保党中央改革决策部署落到实处、见到实效贡献智慧力量。

深化教育综合改革，为中国式现代化提供基础性、战略性支撑

天津市教育科学研究院党委书记　郭滇华

党的二十届三中全会科学谋划进一步全面深化改革的总体部署和战略举措，充分彰显了以习近平同志为核心的党中央将改革进行到底的坚强决心和强烈使命担当。全会既是党的十八届三中全会以来全面深化改革的实践续篇，也是新征程推进中国式现代化的时代新篇。

党的二十大报告首次把科教兴国、人才强国、创新驱动发展三大战略放在一起集中论述、系统部署，提出教育、科技、人才是全面建设社会主义现代化国家的基础性、战略性支撑。党的二十届三中全会进一步强调，必须深入实施科教兴国战略、人才强国战略、创新驱动发展战略，明确提出“构建支持全面创新体制机制”，强调要深化教育综合改革，深化科技体制改革，深化人才发展体制机制改革，统筹推进教育科技人才体制机制一体改革。这一系列重要部署，为教育领域进一步全面深化改革，更好发挥教育对中国式现代化的支撑作用指明了方向，提供了根本遵循。

教育兴则国家兴，教育强则国家强。建设教育强国是以中国式现代化全面推进中华民族伟大复兴的基础工程，深化教育综合改革是建设教育强国的

重要举措，要努力做到“三个更加注重”。

更加注重系统集成，推动教育、科技、人才实现良性循环。科技是第一生产力，人才是第一资源。科技创新靠人才，人才培养靠教育。教育、科技、人才内在一致、相互支撑。教育是科技、人才、创新发展的结合点和动力源，是打通“教育、科技、人才、产业”一体推进通道的基础点。只有不断深化教育综合改革，在办好人民满意的教育的同时，更加注重以高质量的教育支撑高水平的科技自立自强，完善科教协同育人机制，才能确保改革的系统性、整体性和协同性。通过教育的改革创新，形成深化科技体制、人才发展体制机制改革的强大合力，形成推动高质量发展的倍增效应。以教育强、人才强、科技强推动产业强、经济强、竞争力强，以教育之为赋能新质生产力的发展，以教育之力加快中国式现代化建设。

更加注重突出重点，推进教育改革向更深层次、更广领域全面深化。《决定》明确要求深化教育综合改革，要加快建设高质量教育体系，统筹推进育人方式、办学模式、管理体制、保障机制改革。深化教育综合改革要把高质量发展作为各级各类教育的生命线，坚持目标导向和问题导向相结合，进一步破除制约教育高质量发展的障碍，以支撑引领中国式现代化为核心功能，办好人民满意的教育。要紧扣培养造就担当民族复兴大任的时代新人，完善立德树人机制，推进大中小学思政课一体化改革创新，健全德智体美劳全面培养体系。要着眼拔尖创新人才培养，分类推进高校改革，建立科技发展、国家战略需求牵引的学科调整机制和人才培养模式。要坚持强教必先强师，提升教师教书育人能力，健全师德师风建设长效机制。要有效利用世界一流教育资源和创新要素，推进高水平教育开放。

更加注重改革实效，以钉钉子精神狠抓改革落实，加快天津教育强市建设。作为天津市唯一一家综合型教育智库，我们将坚持以加强新时代教育科学研究为中心，履行好理论创新、服务决策和引领实践三大职能，更好助力全市深化教育改革发展。围绕基础教育扩优提质，深入推进大中小学思政课一体化改革、拔尖创新人才培养等研究;突出尊师重教,发挥中小学师资高端培训职能,提升教师教书育人能力,建设高素质专业化教师队伍,助力基础教育综合改革国家实验区建设,进一步夯实基础教育基点作用。围绕优化高等教育布局,分类推进高校改革,进一步发挥好第三方评估作用,为高校深入落实“科教兴市人才强市行动”提供有力支撑;加强学科专业布局优化调整、加快新工科等“新四科”建设和创新科技成果转化机制等研究,更好发挥高等教育龙头作用。围绕加快构建职普融通、产教融合的职业教育体系,深入落实职业教育《天津方案》重点任务,助力天津市职业教育更加紧密地与产业对接,培养符合市场需求的高素质技术技能人才,助推产教融合和职业教育标杆城市建设。围绕推进教育数字化,加快推进“天津市中小学数字教育研究中心”建设,坚持数字“助教、助学、助管、助评”,在科研实践中加快拓展数字教育能力研究,促进优质教育资源广泛共享,促进教育公平与质量提升。

深化人才发展体制机制改革，加快建设国家战略人才力量

天津外国语大学党委书记　周红蕾

党的二十届三中全会擘画了进一步全面深化改革的宏伟蓝图，吹响了抓改革、促发展的冲锋号，为我们指明了新的前进方向。全会指出，教育、科技、人才是中国式现代化的基础性、战略性支撑。科技是第一生产力、人才是第一资源、创新是第一动力。落实好全会关于"深化人才发展体制机制改革"的部署要求，必须加快建设国家战略人才力量，为强国建设、民族复兴伟业夯实人才基础。

一要完善人才自主培养机制，加快建设国家战略性人才高地。全会提出要"完善人才自主培养机制，加快建设国家高水平人才高地和吸引集聚人才平台"。当前，世界百年变局加速演进，新一轮科技革命和产业变革深入发展，围绕高素质人才和科技制高点的国际竞争空前激烈，实现高水平科技自立自强，要求我们必须走好人才自主培养之路，不断深化产教融合、科教融汇协同育人。要突出"高精尖缺"导向，聚焦高端芯片、生物医药、新能源新材料等领域"卡脖子"技术难题，发挥国家科研机构、高水平研究型大学、科技领军企业在集聚人才中的关键作用，依托国家重大项目、重点人才计划、重点实验

室等平台，培养造就一批战略科学家、科技领军人才和创新团队。要聚焦实施制造业立市战略，围绕产业链创新链布局人才供应链，统筹推动人才与产业融合发展，组建创新联合体、产业人才战略联盟，以产业链龙头企业为主，联合高校、科研院所、金融服务机构等，形成联合培养、优势互补、人才共享的创新人才合作平台，培养造就一批国家战略急需的卓越工程师、大国工匠、高技能人才。要突出加强青年科技人才培养，对他们充分信任、放手使用、精心引导、热忱关怀，促使更多青年拔尖人才脱颖而出。

二要健全人才开放交流机制，构筑全球智慧资源集聚平台。全会指出，开放是中国式现代化的鲜明标识。落实全会“实施更加积极、更加开放、更加有效的人才政策”的要求，我们要坚持需求导向，立足京津冀协同发展特别是实现“一基地三区”功能定位，着眼全市全域扩大开放，加强人才国际交流合作，拓宽海外引才渠道，发挥自贸试验区、高新区、自主创新示范区的先行先试作用，加快形成具有国际竞争力的人才制度体系，构筑汇聚全球智慧资源的创新高地，使更多全球智慧资源、创新要素为我所用。要完善海外引进人才支持保障机制，加速打造各类高能级科研创新平台，为海外人才提供低成本、便利化、全要素、开放式服务和创新创业“一揽子”解决方案，让人才安心安身安业，形成聚才引才的“磁场效应”“虹吸效应”。

三要改革人才评价激励机制，激发各类人才创新创造活力。推进中国式现代化建设的关键要素之一是用好用活人才，让每位人才都有机会贡献力量，让优秀人才能够在干事创业中脱颖而出。全会提出，要坚持向用人主体授权、为人才松绑。我们要发挥主观能动性，增强服务意识和保障能力，建立有效的自我约束和外部监督机制，确保下放的权限接得住、用得好。要坚决破除“四唯”树立新标，健全以创新能力、质量、实效、贡献为导向的人才评价制度，结合不同人才群体的工作特点和规律，实行分类评价，打通高校、科研院所和企业人才交流通道，打破户籍、地域、身份、学历、人事关系等制约，推动人才跨领域、跨部门、跨区域流动。要为人才“松绑解忧”，确保人才把主要精力投入科技创新和研发活动，积极构建鼓励创新、宽容失败的容错机制，解除人才后顾之忧。

党的领导是进一步深化人才发展体制机制改革的根本保证。各级党委要尊重知识、尊重人才，落实党委直接联系服务专家制度，优化人才服务保障体系，提升人才的幸福感归属感。要大力弘扬科学家精神，强化人才精神引领，积极营造人人渴望成才、人人努力成才、人人皆可成才、人人尽展其才的良好氛围，凝聚起各类人才“为国出征”“为国担当”的磅礴力量。

完善党的建设制度机制，提高党对进一步全面深化改革、推进中国式现代化的领导水平

天津大学党委副书记　雷　鸣

中国式现代化是中国共产党领导的社会主义现代化，坚持中国共产党领导是中国式现代化的首要本质要求。党的二十届三中全会研究了进一步全面深化改革、推进中国式现代化的问题，强调党的领导是进一步全面深化改革、推进中国式现代化的根本保证，要坚持用改革精神和严的标准管党治党，不断提高党的领导水平，切实加强和改进党的建设。而以调动全党抓改革、促发展的积极性、主动性、创造性为着力点，完善党的建设制度机制，深化党的建设制度改革，便成为提高党对进一步全面深化改革、推进中国式现代化的领导水平的重要要求。

一、坚持党中央对进一步全面深化改革的集中统一领导

党中央领导改革的总体设计、统筹协调、整体推进，这是改革开放以来特别是新时代全面深化改革经验的深刻总结。完善党中央重大决策部署和习近平总书记重要指示批示落实机制，有力有效落实“第一议题”制度，不断

把思想和行动统一到党中央重大决策部署上来，在吃透中央精神的前提下开展工作。完善重大事项请示报告工作机制，把请示报告作为重要政治纪律和政治规矩，把讲政治要求贯彻到请示报告工作全过程和各方面，保证全党全国服从党中央、政令畅通。完善跟踪督办机制，严格落实闭环管理，全力推进查处整治工作。新征程上，要坚定维护党中央权威和集中统一领导，发挥党总揽全局、协调各方的领导核心作用，把党的领导贯穿改革各方面全过程，确保改革始终沿着正确政治方向前进。

二、着力增强党组织政治功能和组织功能

党的力量来自组织，党的全面领导、党的全部工作要靠党的坚强组织体系去实现。健全上下贯通、执行有力的组织体系，推动党的各级组织都坚强有力，确保党的领导"如身使臂，如臂使指"、党中央决策部署落到实处。持续推动落实"两个覆盖"，按照有利于作用发挥的原则设置基层党支部或功能党支部，做到群众在哪里、党的组织和党的工作就覆盖到哪里。完善党组织引领事业发展机制，完善"一融双高"工作体系，把进一步全面深化改革任务有机融入党组织建设的日常，推动党组织围绕高质量发展的重点任务开展工作。各级党组织要把党的路线方针政策和党中央决策部署贯彻落实好，把各领域广大群众组织凝聚好，汇聚起推进改革、团结奋斗的磅礴力量。

三、着力提升推进中国式现代化建设本领

推进中国式现代化对干部素质能力提出新的更高要求，要下大力气抓好干部队伍能力建设，注重在重大斗争中磨砺干部，加强干部斗争精神和斗争本领养成。加强党的创新理论武装，建立健全"四个以学"长效机制，学思用贯通、知信行统一，把习近平新时代中国特色社会主义思想转化为坚定理想、

锤炼党性和指导实践、推动工作的强大力量。鲜明树立选人用人正确导向，选优配强领导班子，增强对“一把手”和领导班子监督实效，建设忠实践行习近平新时代中国特色社会主义思想、坚定贯彻落实党中央决策部署、堪当时代重任的坚强领导集体。健全常态化培训特别是基本培训机制，强化履职能力培训和实践实干锻炼，把领导干部应知应会党内法规和国家法律学习纳入干部教育体系，从严从实加强教育管理监督，全面提高干部现代化建设能力。

四、着力强化党员先锋模范作用发挥

加强党的自身建设，充分发挥党员先锋模范作用，是我们党在进一步全面深化改革中应对和经受住各种考验、化解和战胜各种危险的重要法宝。严把入口、疏通出口，系统提升发展党员质量，加强和改进党员教育管理，严肃稳妥处置不合格党员，始终保持党员队伍的先进性和纯洁性。做到基本培训全覆盖，积极挖潜现有资源条件，扩大培训规模，提高培训质量，切实增强基本培训工作的针对性实效性。落实党内民主制度，完善党员教育管理、作用发挥机制，保障党员权利，激励党员发挥先锋模范作用。全面建设社会主义现代化国家，人民是决定性力量。走好新时代党的群众路线，要善于把党的正确主张变为群众的自觉行动，把群众路线贯彻到治国理政全部活动之中。

聚焦发展全过程人民民主，进一步全面深化改革

天津师范大学副校长　佟德志

党的二十届三中全会的主题是，进一步全面深化改革，推进中国式现代化。全面深化改革是动力，中国式现代化是目标，都与发展全过程人民民主密切相关。一方面，进一步全面深化改革需要聚焦全过程人民民主；另一方面，发展全过程人民民主是中国式现代化的本质要求。因此，全过程人民民主不仅是全面深化改革这个动力机制的重要内容，也是中国式现代化这个目标的本质要求。理解全过程人民民主的双重意义，对于我们深入学习、深刻领会党的二十届三中全会精神具有重要的作用。

发展全过程人民民主是进一步全面深化改革的重要内容。党的二十届三中全会提出了进一步全面深化改革的总目标。为了实现这一目标，全会明确提出了"七个聚焦"，广泛涉及经济、政治、文化、社会、生态、安全和党的领导等关键内容，其中之一就是聚焦发展全过程人民民主。全过程人民民主是社会主义民主政治的本质属性，是党的领导、人民当家作主、依法治国有机统一的结果，在全面深化改革总目标实现中具有重要作用。这就要求我们从进一步全面深化改革的大背景中理解和把握全过程人民民主，做到人民有所

呼、改革有所应,做到改革为了人民、改革依靠人民、改革成果由人民共享。

发展全过程人民民主是中国式现代化的本质要求。继党的二十大之后,党的二十届三中全会再次确认,发展全过程人民民主是中国式现代化的本质要求。全会提出,进一步全面深化改革的总目标是继续完善和发展中国特色社会主义制度,推进国家治理体系和治理能力现代化。从这个意义上讲,发展全过程人民民主不仅是进一步全面深化改革的重要内容,还是进一步全面深化改革的总目标的本质要求。纵观世界现代化的过程,我们不难发现,现代化存在着不同的模式。西式现代化是以资本为中心的现代化;与西式现代化不同,中国式现代化是以人民为中心的现代化。

全面发展全过程人民民主能够更好地把握中国改革的人民方向,推进中国式现代化。发展全过程人民民主能够确保改革的方向符合人民意愿,改革的结果惠及全体人民。这就需要我们在改革全面深化的过程中,健全人民代表大会制度,发挥政协委员的作用,加强与各民主党派、无党派人士的合作,充分利用各种形式的民主参与,使改革政策更加符合实际需要,更加公正合理,这也是改革开放的应有之义。以全过程人民民主推进中国式现代化,需要我们坚持人民主体地位,不断推进改革决策的科学化、民主化、法治化,加强对改革进程的监督,重视改革政策的宣传解释工作,以及改革的效果评估和经验总结。只有这样,我们才能确保全面深化改革的方向正确、进程健康、成果共享,为实现中华民族伟大复兴的中国梦提供坚实的制度保障和动力源泉。

全面发展全过程人民民主能够更好地为中国改革提供动力,推进中国式现代化。从改革开放之初,民主就是调动人民群众积极性的重要手段。随着改革开放的不断深入,运用民主的方式寻找改革的突破点,扩大人民参与,推动改革决策的民主化,是协调效率与公平,科学发展的关键。全过程人民民主能够更好地坚持党的群众路线,充分发挥人民群众的积极性、主动性和创造性。这就要求我们要在中国式现代化的进程中发展全过程人民民主,坚持以人民为中心,尊重人民主体地位和首创精神,加强人民当家作主制度建设,健全协商民主机制,健全基层民主制度,完善大统战工作格局,全面建设社会主义现代化国家。

以重点突破推进全面改革,中国式现代化开启时代新篇

南开大学马克思主义学院教授　纪亚光

党的二十届三中全会通过的《中共中央关于进一步全面深化改革、推进中国式现代化的决定》(以下简称《决定》)着力抓住推进中国式现代化需要破解的重大体制机制问题谋划改革,既是改革开放和全面深化改革的实践续篇,也是新征程推进中国式现代化的时代新篇。习近平总书记关于决定稿基本框架和主要内容的“五个注重”说明,清晰地呈现出蕴含其中里程碑式的历史意义。

一是“注重发挥经济体制改革牵引作用”。进一步全面深化改革千头万绪,抓住“牛鼻子”有效牵引是取得成功的关键。《决定》将深化经济体制改革作为进一步全面深化改革的重点,以完善有利于推动高质量发展的体制机制为主要任务,以健全因地制宜发展新质生产力体制机制为重中之重,通过经济体制改革的重点突破实现进一步全面深化改革的整体推进,抓住了主要矛盾和矛盾的主要方面,为进一步全面深化改革,推进中国式现代化提供了纲举目张新的生长点。

二是“注重构建支持全面创新体制机制”。教育、科技、人才是中国式现

代化的基础性、战略性支撑，科技创新靠人才，人才培养靠教育。《决定》以破解现代化进程中的堵点难点为抓手，通过统筹推进教育、科技、人才体制机制一体改革，深化教育综合改革、深化科技体制改革、深化人才发展体制机制改革，健全新型举国体制，提升国家创新体系整体效能，形成推动高质量发展的倍增效应，为中国式现代化提供了强有力的体制机制支撑。

三是“注重全面改革”。《决定》在统筹推进“五位一体”总体布局、协调推进“四个全面”战略布局框架下，以经济、政治、文化、社会、生态文明和党的建设等各领域改革和改进的联动和集成为方向，通过三百多项举措从体制、机制、制度层面整体推进改革新征程，一方面对已有改革进行完善和提升，同时根据实践需要和试点探索提出新的改革任务，体现了对生产关系和生产力、上层建筑和经济基础、国家治理和社会发展关系的深刻把握，为进一步全面深化改革明确了切实可行的具体目标，为中国式现代化实现新突破开辟了广阔前景。

四是“注重统筹发展和安全”。当前我国发展进入战略机遇和风险挑战并存、不确定难预料因素增多的时期。为有效应对风险挑战，在日趋激烈的国际竞争中赢得战略主动，保证中国式现代化行稳致远，《决定》把维护国家安全放到更加突出位置，从构建联动高效的国家安全防护体系、健全重大突发公共事件处置保障体系、建立健全周边安全工作协调机制、完善人民军队领导管理体制机制等多方面对推进国家安全体系和能力现代化进行部署，使维护国家安全各要素进一步系统化、制度化、法治化，既为经济社会发展和人民幸福安康构筑了防护堤，也为中国式现代化在危机中育新机、于变局中开新局提供了压舱石。

五是“注重加强党对改革的领导”。党的领导贯穿改革开放和全面深化改革的全过程、各方面，保证了改革由局部探索、破冰突围到系统集成、全面深化的持续推进。《决定》深刻把握改革开放和全面深化改革取得历史性成就的内在动因，为把进一步全面深化改革的战略部署转化为推进中国式现代化的强大力量,坚持党中央对进一步全面深化改革的集中统一领导、深化党的建设制度改革、深入推进党风廉政建设和反腐败斗争,充分体现了以习近平同志为核心的党中央秉持历史主动精神勇于担当作为、锐意改革创新、引领时代潮流的坚定和清醒,为进一步全面深化改革、推进中国式现代化提供了根本保证。

党的二十届三中全会通过的《决定》充分总结党的十一届三中全会以来党领导改革取得成功的历史经验,紧紧把握中华民族伟大复兴战略全局和世界百年未有之大变局,聚焦具有方向性、全局性、战略性的重大问题作出战略部署,以党的全面领导把舵、以经济体制改革牵引、以体制机制创新驱动、以系统全面改革跃升、以统筹发展和安全远航,以中国式现代化全面推进强国建设、民族复兴伟业的宏伟蓝图进一步清晰地呈现在世人面前。

坚持以制度建设为主线 全面推进文化强国建设

天津师范大学新时代马克思主义研究院执行院长　杨仁忠

文化是一个国家、一个民族的灵魂。党的二十届三中全会从国家战略全局高度把“建设社会主义文化强国”列为“七个聚焦”之一，提出了深化文化体制机制改革的根本目标和重大任务，擘画了文化强国建设的宏伟蓝图。面向未来，我们要以制度建设为主线，牢牢把握文化强国建设的原则要求和实践路径，奋力谱写中国式现代化的文化篇章。

第一，要坚持党对文化建设的全面领导，确保文化体制机制改革始终沿着正确政治方向前进。东西南北中，党是领导一切的。坚持党的全面领导，就是要发挥党总揽全局、协调各方的领导核心作用，把党的领导贯穿文化领域改革各方面全过程。这是全面深化改革的重要经验和重大原则，也是推进文化体制机制改革的根本保证。这就要求我们，必须进一步完善意识形态工作责任制，健全用党的创新理论武装全党、教育人民、指导实践工作体系，完善舆论引导机制和舆情应对协同机制，推动理想信念教育常态化制度化，完善培育和践行社会主义核心价值观制度机制，统筹推进文化传播体系、组织架构、传播渠道和队伍建设，构建齐抓共管合力机制。

第二，要坚持以人民为中心，确保文化体制机制改革始终坚持正确的价值立场。人民性是马克思主义最鲜明的品格，人民立场是中国共产党的根本政治立场，也是建设文化强国的鲜明底色。坚持以人民为中心，就是要尊重人民主体地位和首创精神，人民有所呼、改革有所应，做到改革为了人民、改革依靠人民、改革成果由人民共享，切实增强人民群众文化获得感、幸福感。这就要求，必须把不断满足人民日益增长的精神文化需求作为出发点和落脚点，推进构建把社会效益放在首位、社会效益和经济效益相统一的体制机制，促进基本公共文化服务均等化；要深入实施文化惠民工程，加快公共文化基础设施建设，完善公共文化服务体系，不断优化文化服务和文化产品供给机制，建立优质文化资源直达基层机制；要健全社会力量参与公共文化服务机制，健全文化和旅游深度融合发展体制机制，完善全民健身公共服务体系；要实施公民道德建设工程，提升公民文明素质和社会文明程度。

第三，要坚持守正创新，确保文化体制机制改革始终摆正前进方向、激发创新活力。习近平总书记指出："守正才能不迷失方向、不犯颠覆性错误，创新才能把握时代、引领时代。"坚持守正创新，是我们党不断推进理论创新创造的必然要求，是建设文化强国的必然路径，也是推进文化体制机制改革必须遵循的重大原则。这就要求我们，必须坚守好马克思主义在意识形态领域指导地位的根本制度之正，坚守好党的文化领导权、话语权，建设具有强大凝聚力和引领力的社会主义意识形态。同时，还要开拓文化建设的新思路、新话语、新机制、新形式，不断推进制度创新，实施哲学社会科学创新工程，构建中国哲学社会科学自主知识体系，推进主流媒体系统性变革，深化网络管理体制改革，深化国际传播机制改革创新，健全文化事业、文化产业发展体制机制，推动文化繁荣，提升国家文化软实力和中华文化影响力。

第四，要坚持系统观念，确保文化体制机制改革始终遵循科学世界观方法论的指引。全面深化文化领域改革是一项复杂的系统工程，需要加强顶层设计，增强改革的系统性、整体性、协同性。系统观念作为马克思主义世界观方法论，是新时代全面深化改革的宝贵经验和重大原则，也是深化文化体制机制改革必须遵循的科学思维和工作方法。坚持系统观念，就是要更加注重系统集成，加强对文化领域改革的整体谋划、系统布局，使各层面改革相互配合、协同高效。这就需要正确处理好顶层设计与实践探索、经济发展与文化建设、有为政府与有效市场、效率与公平、文化活力和市场秩序、文化发展与意识形态安全等文化体制机制改革中一系列重大关系，从而发挥改革措施的联动效应，形成推动文化强国建设的强大合力。

循道而行，功成事遂。新征程上，我们要更加紧密地团结在以习近平同志为核心的党中央周围，坚持以习近平文化思想为指导，以制度建设为主线，深入贯彻落实习近平总书记对天津宣传思想文化工作提出的“推动文化传承发展善作善成”的重要要求，不断深化文化体制机制改革，推动文化繁荣发展，丰富人民精神文化生活，在扎实奋斗中把文化强国的宏伟蓝图逐渐变成美好现实。

全面深化改革是推进中国式现代化的根本动力

南开大学马克思主义学院院长　王新生

党的二十届三中全会在高度评价新时代以来全面深化改革的成功实践和伟大成就的基础上，提出进一步全面深化改革、推进中国式现代化，强调通过改革开放不断推进中国式现代化的重要性。这一论断对于我国未来的发展具有重大而深远的意义。

习近平总书记说："改革开放是决定当代中国命运的关键一招，也是决定实现'两个一百年'奋斗目标、实现中华民族伟大复兴的关键一招。"党的十一届三中全会开启了中国改革开放和社会主义现代化建设历史新时期。党的十八大以来，从全面深化改革到进一步全面深化改革，步履不停。进入新时代，在经过四十多年改革开放之后中国经济总量已经跃居世界第二，人民生活水平也发生了翻天覆地的变化。然而经济长期高速增长过程中积累的深层次矛盾也不断积聚，改革进入深水区，面对剩下的那些难啃的"硬骨头"，改不改？怎么改？成为摆在新一届中央领导集体面前的一道时代课题。党的十八届三中全会开启了全面深化改革、系统整体设计推进改革的新时代，开创了我国改革开放的全新局面。党的二十大之后，是以中国式现代化全面推进强国建设、民族复兴伟业的关键时期。正是在这样的历史条件下，党的二十届三中全会作出进一步全面深化改革，推进中国式现代化的决定。全会围绕这一主题，对进一步全面深化改革的重要性和必要性、指导思想、总目标和原则作出深刻阐释，对进一步全面深化改革的方方面面作出了部署。

改革就是主动求变，改革的目的就是要在主动求变中求发展。一个时代有一个时代的问题，每个时代的进步都需要这个时代的人们通过变革和创新推动事业的发展。当前，我们面临的国内外环境发生极为广泛而深刻的变化，我国发展既面临重大历史机遇，也面临突出矛盾和挑战。这就要求我们在今后的工作中，紧密团结在以习近平同志为核心的党中央周围，高举改革开放旗帜，凝心聚力，奋发进取，把二十届三中全会的战略部署落到实处，以全面深化改革为动力，把中国式现代化蓝图变为现实，为全面推进中华民族伟大复兴而团结奋斗。

❖天津市当代中国马克思主义论坛

会议综述：聚焦“以全面深化改革为动力塑造发展新动能新优势”

图1-2　第九届天津市当代中国马克思主义论坛

2024年9月14日，第九届天津市当代中国马克思主义论坛在南开大学举行。专家学者齐聚南开，围绕“以全面深化改革为动力 塑造发展新动能新优势”这一主题展开研讨。

本次论坛由中共天津市委宣传部、南开大学、天津市社会科学界联合会共同主办，南开大学政治经济学研究中心、中国特色社会主义经济建设协同创新中心、南开大学经济学院承办。天津市委常委、市委宣传部部长沈蕾，南开大学党委书记杨庆山出席活动并致辞。南京大学党委原书记、文科资深教授洪银兴，马克思主义理论研究和建设工程专家咨询委员会委员、南开大学政治经济学研究中心主任、讲席教授逄锦聚，南开大学党委常委、副校长盛斌，上海财经大学校长、"长江学者"特聘教授刘元春，中央党校经济学教研部原主任、第十四届全国政协委员韩保江，中国社科院人口与劳动经济研究所所长都阳，天津市委研究室主任、市委改革办副主任(兼)李清华，天津市科技局党委书记、局长、天开高教科创园管委会主任朱玉兵出席会议并发言。天津市委宣传部副部长徐中，天津市社会科学界联合会党组成员、一级巡视员阎峰出席会议。天津市委宣传部分管日常工作的副部长李旭炎主持会议。

沈蕾在致辞中指出，党的二十届三中全会精神内容丰富，内涵深刻，全会提出的许多新思想、新观点、新论断，明确的一系列新任务、新部署、新要求，是当前和今后一个时期理论研究阐释宣传的重点。要不断深化对改革认识论和方法论的理解和把握，聚焦全面深化改革这一根本动力和高质量发展这一首要任务，探索完善有利于推动高质量发展的体制机制，以创新性、深层次、系统性改革加快新旧动能转换，使科技领域要素向发展新质生产力聚集，进一步提升发展质效、增添发展活力、拓展发展空间，不断塑造发展新动能新优势。

杨庆山代表南开大学向与会领导和专家表示欢迎。他说，党的二十届三中全会擘画了进一步全面深化改革的时代蓝图，具有里程碑意义。全会审议通过的《中共中央关于进一步全面深化改革、推进中国式现代化的决定》，科学谋划了围绕中国式现代化进一步全面深化改革的总体部署，是指导新征程上全面深化改革的纲领性文件。经济学科是南开大学的传统优势学科，南开大学政治经济学实力雄厚，始终秉承着"知中国，服务中国"的办学理念，为国家和地方经济社会高质量发展作出重要的理论贡献。2024年是新中国成立75周年，习近平总书记视察南开大学5周年，南开大学建校105周年，南开系列学校创建120周年。在这个重要时间节点召开此次会议，必将有助于进一步推动对党的二十届三中全会精神的学习走深走实，必将为天津高质量发展提供智力支持，也必将对南开大学的经济学科建设与发展形成更大的促进。学校将紧紧围绕进一步全面深化改革、推进中国式现代化过程中的重大问题，更加积极主动对接天津高质量发展的需求，充分发挥南开大学经济学的学科优势、专家优势，在推进经济体制改革、培养适应中国式现代化建设需要的高质量人才等方面贡献更大的南开智慧和力量。

李清华介绍了天津进一步全面深化改革开放有关情况。朱玉兵介绍了天津推进科技创新、产业创新及天开高教科创园建设发展有关情况。

洪银兴、刘元春、韩保江、都阳、逄锦聚分别围绕"以新型生产关系健全因地制宜发展新质生产力的体制机制""推进全国统一大市场的核心关键""加快构建'放得活、管得住'的高水平社会主义市场经济体制""以人口高质量发展推动形成新质生产力""进一步全面深化改革大力发展新质生产力"作主旨发言。盛斌主持主旨发言环节。

洪银兴认为，要根据先发地区和后发地区的实际情况、各地发展新质生产力的要素禀赋以及不同产业的现代化程度来因地制宜地发展新质生产力。要以新型生产关系来构建创新高地，重点要处理好技术研究机构和研发平台的协同关系、产业和风险投资机构的协同关系以及大众创业、万众创新的协同关系。要以人才链对接创新链和产业链。

刘元春说，党的二十届三中全会把构建全国统一大市场摆在重要位置。构建全国统一大市场的关键在于，一是注重反垄断中有关公平竞争的审查；二是推进财税体制改革，规范政府职能；三是强化统一市场监管；四是推进土地市场、数据市场等要素市场改革。

韩保江说，构建高水平社会主义市场经济体制的关键是要实现"放得活、管得住”。“管得住”是更好体现社会主义的本质要求，“放得活”是构建高水平市场经济体制的前提。构建“放得活、管得住”的高水平社会主义市场经济体制，要坚持和落实“两个毫不动摇”，从法治市场经济出发，更好发挥好宏观调控、宏观经济治理的应有作用。

都阳说，在新质生产力中，最具有积极性、主动性和能动性的因素是人。对人的投资不仅从供给侧推动增长，同时也会创造新的需求。因此，从全生命周期推进人口高质量发展，既可以在当下带来增长的新动能，同时在未来也为新质生产力发展提供支撑。

逄锦聚围绕天津如何发挥已有优势，在进一步全面深化改革、大力发展新质生产力中做好全国的排头兵进行主旨发言，并提出建议，一是加强教育、科技、人才体制机制一体创新，充分调动和发挥各类人才创新的积极性；二是着力推进科技创新成果应用，完善现代化产业体系，以新的科技创新成果培育发展新产业、新模式、新动能；三是着力推进绿色发展，打造高效生态绿色产业集群；四是进一步全面深化改革，加快完善市场经济基础制度，完善落实“两个毫不动摇”的体制机制，建立高标准市场体系；五是完善高水平对外开放体制机制，塑造更高水平开放型经济新优势。

天津市有关部门负责人，社科界专家学者，南开大学师生代表一百余人参加了会议。

❖首届老字号高质量发展研讨会

会议综述：守正创新，“老字号”走向“新国潮”

图1-3 首届老字号高质量发展研讨会

在商务部流通产业促进中心、天津市商务局、市国资委指导下，市社科联与天津商业大学于2024年6月15日共同举办了首届老字号高质量发展研讨会。市社科联主席薛进文、商务部流通产业促进中心主任王斌等出席。

本次研讨会作为商务部组织开展的2024年“老字号嘉年华”活动之一，旨在为老字号搭建推介展示、沟通交流的平台，进一步挖掘老字号的深厚历史文化和经济社会价值，焕新老字号的品牌活力魅力。会议设主旨演讲、圆桌论坛等环节，与会专家学者及来自全国各地的七十余家老字号企业代表等四百余人齐聚一堂，围绕会议主题“老字号商业模式创新发展”展开广泛研讨、深入交流，分享推广老字号守正创新发展的有益探索和成功经验，共话老字号高质量发展新路径。

谋求守正与创新的协调平衡发展。北京工业大学品牌研究院院长祝合良教授认为，老字号品牌在传承与创新之间要做到协调平衡，传承元素与创新元素越协调越平衡，越能够增强消费者对老字号品牌传承性感知与创新性感知，从而产生最大的力量。天津商业大学管理学院院长王庆教授认为，老字号的传承与创新需要挖掘企业自身、消费者和同行业三方面所关注的基因，从而通过基因挖掘与提取分析出老字号需传承与待创新的基因，实现老字号传承与创新的有效路径。德州扒鸡、桂发祥在坚守传统加工技艺的基础上，寻求迎合消费者健康需求的产品创新，在变与不变中寻找平衡。

品牌焕新注重文化传承。王庆教授认为，在高质量发展的守正创新实践中，天津老字号企业形成了文化、管理和技术三维创新路径，其中，文化传承被视为老字号发展的根基。吉纹斋（山东海阳市，银壶器皿）在文化传承和艺术创新上汲取了中华文化的精髓，延展了古老经典的错金银工艺。桂发祥和长芦汉沽盐场分别依托文化馆、七彩盐田等文旅项目来传承与传播麻花文化和盐文化，五芳斋则利用虚拟IP形象弘扬节令文化，海河（乳品）联合德云社打造联名产品传播“哏儿都”文化，以塑造与焕新老字号品牌形象。

创新发展要关注用户的文化体验。浙江工商大学校长王永贵教授认为，数字技术对消费形态的变革性重构，改变了消费行为模式。数字消费包括数字化的产品和服务、消费方式和场景，促进了有效需求的增长。北京工业大学品牌研究院院长祝合良教授认为，顾客体验成为品牌发展的重要方向。体验是要给每一个顾客不同的反应，让每一个人留下难忘的印象。要做到这一点，唯有创新。因而，体验创新和品牌是相结合的。品牌已经不是简单地提供一个产品，而是全面的全方位的体验。老字号需要通过提供全面的顾客体验，如开设体验店和体验中心，来增强品牌体验化。全聚德通过空中四合院、光影餐厅等打造餐饮新文化场景，松鹤楼（餐饮）复原姑苏十碗面场景、将松鹤楼（餐饮）代表性文化特色融入面馆装饰，衡水老白干通过在各地设有体验馆、在经销商设立体验宴席、在公司打造体验游的三级体验场景，为顾客提供沉浸式体验，感受老字号品牌文化。

走出去讲好品牌故事。王庆教授认为，老字号企业也要积极走出去，开拓国外市场，传播中国文化，展现文化自信。中国全聚德集团周延龙总经理认为，老字号企业拥有深厚的历史底蕴和丰富的故事，然而它们需要更加创新和有效地讲述这些故事以吸引现代消费者。五芳斋将端午节令产品拓展到其他节令，同时又将市场从国内开拓到了国外市场，致力于传播中华优秀传统文化，关键在于要讲好"品牌故事""中国故事"。

产品服务创新要积极拥抱新技术。王永贵教授认为，数字化转型是传统产业改造升级的关键，通过数字化、网络化、智能化推动制造业、服务业、现代农业等产业发展，提高生产力，发挥数字技术对经济发展的放大叠加和倍增作用。数字技术赋能新质生产力的发展，同时在推动传统产业，包括老字号转型升级创新上有巨大的发展空间。祝合良教授认为，老字号需要加快数字化转型，利用大数据、云计算等技术赋能品牌经营与管理。吉纹斋（山东海阳市，银壶器皿）、德州扒鸡和五芳斋分别通过核心制壶工艺技术攻关、锁鲜保鲜技术的引入、真空粽口味提升技术等，来提升产品质量。全聚德、海河（乳品）和五芳斋等则通过平台组合、私域流量等数字化转型，以更加年轻化、数字化的形象和方式传播品牌形象，增强了与消费者，尤其是年轻消费者的互动和联系，为消费者带来更加优质的服务和体验。

❖主旨报告

新时代老字号创新发展的新思维

祝合良

从国内外发展的趋势来看，新时代可以从六个方面来理解：第一，从中国的国情来看，我们正处在一个伟大的时代，中国特色社会主义进入了新时代，经济由高速增长转向高质量发展，强调高质量发展需要品牌发挥引领作用。第二，从全球供给品的演化轨迹来看，人类社会迈向了体验经济的新时代。全球经济经历了从农业经济、工业经济到服务经济的发展，现在正迈向体验经济的新时代。第三，从科技革命和产业革命进程来看，人类社会进入了第四次科技和产业革命的新时代。第四，从经济增长的要素来看，人类社会经济增长进入了五大要素驱动增长的数字经济新时代。数据成为新型生产要素，数字经济成为引领经济高质量发展的主要方向，国家政策支持数字经济的发展。第五，从价值创造的方式来看，人类社会经济发展进入平台经济主导的新时代，平台经济成为21世纪最耀眼的经济模式，全球市值大公司多数为平台型企业。第六，从人类文明的进程来看，人类社会进入智业文明的新

作者简介：祝合良，北京工业大学品牌研究院院长。

时代。智业文明的到来,要求品牌发展需树立崭新的思维。

在新时代的背景下,老字号品牌作为民族品牌的先行者,承载着丰富的历史和文化价值,它们的发展与创新显得尤为重要。

一、老字号面临的挑战与机遇

在新时代背景下,老字号品牌面临着前所未有的挑战与机遇。体验经济时代的到来,要求我们更加重视顾客体验。科技创新成为品牌发展的关键,数字化转型成为品牌建设的必由之路。平台经济为我们提供了新的发展空间,老字号需要利用这些平台,实现品牌的创新发展。

第一,中国特色社会主义进入强起来的新时代,老字号大有作为。新时代的首要任务是实现高质量发展,而发展和壮大品牌经济,就是实现高质量发展的重要举措。老字号作为民族品牌的先行者,要深刻领会品牌对高质量发展的引领作用。

第二,体验经济的兴起。顾客体验成为品牌发展的重要方向。体验是要给每一个顾客不同的反应,让每一个人留下难忘的印象。要做到这一点,唯有创新。因此,体验与创新和品牌发展密切相关。品牌已经不是简单地提供一个产品,而是全面全方位的体验。老字号需要通过提供全面的顾客体验,如开设体验店和体验中心,来增强品牌体验化。

第三,科技革命的推动。科技因素对老字号的创新发展影响日益突出。科技和产业革命的新阶段下,我们发现一个重要的现象,就是在今天的品牌包括老字号的创新和发展当中,科技的影响越来越重要。以可口可乐为代表的传统高价值品牌逐渐让位。近年来,世界最具价值品牌榜前列的企业都是科技企业。此外,即使以前很好的科技品牌,如果没有很好地利用新的技术,它也会衰退或者是淘汰,出现诺基亚、摩托罗拉这样的案例,原因是什么?就是没有很好地进行相应的技术创新。老字号需要利用互联网、移动互联网、数字技术等进行科技创新。

第四,数字经济的发展。品牌营销进入以大数据为动力,实现全链路、全媒体、全数据、全渠道的智能营销新时代。通过数字化转型打通企业全流程、全渠道,使之形成合力,赋能品牌经营与管理,让经营与管理更有效、更人性化。在数字经济时代一个很震撼的模式,就是通过产业共同体的模式来打造品牌。好的品牌通过采用产业路由器,把供需两边通过数字化的技术进行精准对接。特别是AI技术出来之后,使供需两边可以更好地进行对接,大大地提高整体经营效率。因此,老字号需要加快数字化转型,利用大数据、云计算等技术赋能品牌经营与管理。

第五,平台经济的机遇。平台经济时代的到来,要求企业在品牌建设过程中要善于借助平台发展。2019年以来,无论国内还是国外,越来越多的品牌依赖电商平台并纷纷入驻。2019年以来,借助平台的网红直播更是将平台经济推波助澜。品牌作为资源连接器(Hub),品牌建设进入以品牌共创价值为核心,以平台品牌建设为基础,以品牌生态圈为商业模式,为企业和顾客创造最大价值的新时代,形成品牌新格局。老字号应善于利用电商平台,借助平台经济的力量,实现品牌价值的最大化。

第六,智业文明的挑战。在智业文明新时代,老字号需要树立崭新的思维模式。新流量入口不断发展,从手机到智器,从数字人到机器人(XR眼镜、AI音响、AI玩具、AI冰箱……)。应用AI技术造新人、造新货、造新景,利用人工智能等新技术改变品牌发展。

二、新时代老字号建设的新思维

面对新时代的要求,老字号品牌需要树立以下七种新思维:

第一,本质思维。一是要牢牢抓住品牌的本质。品牌的本质就是要独特性,独特性需要走差异化之路,差异化的最好路径就是创新,创新的最好路径就是为顾客提供难忘的体验。同时,也要认识到品牌创新是全方位的,涉及体制机制、品牌要素、品牌营销、商业模式等多个维度的创新。品牌创新需要与市场相结合才有效,防止过度创新。创新需要专注,创新需要与时俱进。坚守长期主义,做好长期品牌管理。二是要精准抓住行业的本质。行业的本质就是顾客关注的最大利益点。每个行业都有自己的本质,谁先抓住谁就容易领先。

第二,互联网思维。一是要有连接思维,从消费互联网到产业互联网,从人类互联网到万物互联网,从信息互联网到价值互联网,实现更多的连接和更好的连接。二是要有风控思维。目前进入开源品牌化建设阶段,风控很重要。

第三,平台思维。要善于利用平台建设品牌,有条件的企业可以搭建平台壮大品牌。有条件的建立平台,没有条件的加入平台。

第四,数字化思维。数字化思维就是要通过数字化打通企业全流程、全渠道,使之形成合力,赋能营销决策,让品牌营销更有效、更个人化。通过建立数据中心,将已有的用户联系起来,将还没有任何关系的潜在用户也联系起来。通过内容、活动、粉丝口碑等形式,将潜在用户转化成弱关系的访问用户,然后再通过高频的互动、利益、机制转化成支付用户、注册用户、忠诚用户,最终实现从到店、支付、会员到忠诚的转化。

第五,生态化思维。建立或加入品牌生态圈,为用户提供一站式系统解决方案。在品牌生态圈体系里,用户是核心,根据用户的需求图谱不断去叠加生态伙伴、产品与服务,把用户从一次性交易转化为持续交易,为用户提供一站式系统解决方案。品牌生态化就是为用户建立一种生生不息的关系环境和体系。

第六,资本思维。资本与实业结合,品牌金融化,帮助企业做大做强。

第七,简约思维。品牌之道,简单之道。新时代消费者选择越来越多,为了方便消费者选择,品牌需要简约、简单。这就要求品牌属性清楚,让顾客知道我是谁，要让顾客知道品牌是什么。这就要求品牌经营强调三个“一”，即专一、第一和唯一。

8.用户思维。一切以用户为中心，注重消费者认知和感知。注重消费者的认知，就是要抢占消费者的心智。注重消费者的感知，就是要注重品牌的感知质量。

9.人性化思维。新时代人类需求重心发生转移，从注重物质需求转向精神需求。产品制作于工厂，品牌创造于心灵。打造品牌，要从人性化入手，走进消费者的心中。

10.真实性思维。老字号的真实性是消费者对老字号真实性的主观感知和评价，即消费者基于质量、工艺、遗产和怀旧等线索，对老字号的真实性和可信性做出的主观评价。老字号品牌更要突出其真实性，增强消费者对它的信赖。

三、传承与创新的协调平衡

老字号品牌在“传承”与“创新”之间要做到协调平衡。研究表明，“传承”元素与“创新”元素越协调平衡，越能够增强消费者对老字号品牌“传承性”感知与“创新性”感知，产生最大的力量。

吉纹斋银壶：传统与创新融合，百年老字号的璀璨新篇

山东海阳市吉纹斋工艺品有限责任公司总经理　姜伟青

吉纹斋起源于1909年，创始人姜廷法，是我的高祖。我是吉纹斋银壶的第五代传承人。这个拥有一百一十多年历史的中华老字号品牌，自创立之初便专注于银壶的制作和传承。在新时代的背景下，吉纹斋积极响应国家关于高质量发展的号召，通过一系列创新举措，实现了从传统工艺品向现代高端品牌的华丽转身。

第一，原材料与工艺创新。吉纹斋在选材上始终坚持选用国标一号银为原材料。国标一号银是目前我们国家纯度最高的银，也就是纯度为9999的万足银。为了让银壶达到食品级标准，公司斥巨资长达数十年进行技术攻关，创新熔炼锻造、纯银焊接、物理抛光等核心制壶工艺。这些新工艺的引入不仅提高了银壶的制作效率和质量稳定性，还使得银壶在外观和手感上更加细腻、光滑、富有质感。

第二，权威机构检测严格把控品质。吉纹斋在上交所指定的贵金属检测机构——国家金银制品质量检验检测中心进行全线产品检测，以确保我们生产的每一把银壶都符合金属制品食品安全国家标准GB4806.9的相关规定。

第三，文化传承与艺术创新。从20世纪90年代开始，吉纹斋聘请著名浮雕师驻厂任教，聘请知名专家学者参与公司产品设计和培养浮雕工艺师团队。吉纹斋在古老经典的错金银工艺的基础上进行延展，先后发掘、改良了紫砂错金（银）、瓷错银、银错金等多项高难度工艺。基于以上诸多工艺的创新和突破，使每一把银壶充满着艺术气质与中国传统文化底蕴。同时推出了一系列时尚简约富有现代感的银制品，赢得了各年龄段消费者的认可和好评。

第四，通过科学的实验结果深度挖掘银壶养生功能。吉纹斋与广东省微生物分析检测中心合作，历时3年，完成12种致病菌、3种病毒与银离子水（在吉纹斋银壶中煮沸过的水，银离子含量约10ng/ml-15ng/ml）的对抗实验。实验结果显示，吉纹斋银壶煮过的水杀菌率超过99.99%。吉纹斋还与国家有色金属及电子材料分析检测中心合作检测不同加热状态下，银壶释放银离子的浓度，从而更好地指导消费者使用银壶。

吉纹斋银壶的发展历程充分展示了传统与创新的融合之美，我们坚守着对传统文化尊重和传承的同时，也不断地吸收新的元素和技术，推动银壶制作技艺的创新和发展。正是这种不断追求卓越的精神，让吉纹斋银壶在百年历史中始终保持着旺盛的生命力，并在新时代焕发出新的光彩。

德州扒鸡的传承守正与创新实践

山东德州扒鸡股份有限公司总经理　崔　宸

德州扒鸡始创于1692年，至今有三百多年的历史。1953年成立德州市食品公司，1956年实行公私合营，2010年成立山东德州扒鸡股份有限公司，整个企业历史有七十多年。德州扒鸡在2006年入选第一批中华老字号，制作技艺在2014年入选国家级非物质文化遗产，公司也是唯一的传承保护单位。2022年，德州扒鸡入选了第一批“好品山东”品牌。

一、传承守正

第一，全产业链体系布局。为了保证整个扒鸡的质量和口味风味，建立了从饲料到养殖基地、生产加工车间、冷链物流配送、终端销售的全产业链体系；建立了一套包括鸡的选种、养殖周期、饲料配方等独有体系，在源头上保证整个扒鸡的质量和口感的稳定性。

第二，坚持整个德州扒鸡的传统制作技艺。德州扒鸡“口衔羽翎、鸭浮水面”，造型独特，必须由技师师傅手工加工。传统销售旺季，如春节、中秋，一般每天生产10万只鸡，都是由工人师傅手工加工，完全是师带徒的传承。这是机器无法代替的。扒鸡的老汤及配方，也坚持使用已有300年的传统技艺。

第三，品牌保护与传承。与省市各级市场监督管理部门通力合作，于1982年注册了“德州牌”商标，后来又成功注册“德州扒鸡”商标。经过这些年的知识产权保护，品牌保护与传承取得了很大成效。

二、创新实践

第一，核心在于产品创新。一是通过调整配方，持续减盐降糖，以符合健康标准。二是进行口味上的延展和创新，推出藤椒鸡、椒麻鸡、甜辣鸡等刺激性口味产品，以满足不同口味需求。三是在行业内率先实现包装形式、保鲜技术上的创新突破。引入气调保鲜技术，通过充氮气来抑制微生物的增长，在没有破坏产品口味的同时，鲜扒鸡的保质期可以从过去的1—2天延长到7—10天。不仅实现了口味上的一致性、稳定性，而且销售半径也有了突破。

第二，消费场景与销售渠道创新。为了迎合现在年轻人的消费需求，创建了“卤小鸡”子品牌，专注于聚焦鸡肉卤味小包装零食，包括卤制鸡爪、鸡腿、鸡翅根等。过去大家听德州扒鸡，就是在绿皮火车上和德州的车站。现在这部分的销售占比不到5%，主要线下渠道是连锁专卖店。近年来也大力发展线上渠道，在天猫、京东、抖音等主要线上平台都有旗舰店。还建立了自己的主播团队，跟知名电商主播合作开展营销。

第三，营销端多样化发展。围绕互联网自媒体营销，建立了自媒体营销矩阵，包括企业微博、抖音号、小红书等。通过自媒体自发式传播，跟消费者互动。今年重点跟各大音乐节合作，现场提供企业产品。通过这些方式让老字号跟年轻的消费者有近距离的接触，实现对老字号的重新认识。未来将继续通过这些形式，跟消费者建立起互动，把他们引流到线上渠道，进行流量转化，形成销售。下一步我们将进一步加大私域运营，真正地玩起来、互动起来，让老字号也能够正青春。

与消费者沟通情绪价值

——海河乳品的产品和品牌焕新

天津海河乳品有限公司党委书记、董事长　邹　旸

海河乳品诞生于1957年，是天津本土品牌，最早被称为天津公私合营牧场奶品总店，原属于农垦集团。

一、新鲜战略与产业链优势

海河在本土市场，实施新鲜战略，拥有产业链优势。从养殖，到空港的智能化新厂，再到牛奶配送，实现了完整产业链建设。在本土，一是发展鲜奶到户业务，每100个家庭中至少有一个家庭每天在清晨就可以拿到海河巴氏鲜奶；二是能够实现鲜奶从奶源地两个小时到达工厂，在工厂不超过24小时就送到消费者手中，实现了快速响应。

围绕落实新质生产力，也考虑到现在有很多企业在研究仿制海河产品，所以要做到“人无我有，人有我新”，必须加强校企合作研究。最近，与中国农业大学、东北农业大学、北京工商大学、天津科技大学以及天津中医药大学等

5所高校联合成立了风味乳联合创新研究院，主要研究风味乳中乳剂配料的稳定性，通过指纹图谱技术去鉴定风味，分析药食同源在牛奶中怎么应用等。

二、产品焕新

第一，产品质量认证。海河牛奶通过了全国首家国家优质工程认证，是对鲜奶品质保证的认可。为什么要喝鲜奶？喝鲜奶主要是喝它的活性物质，比如说乳铁蛋白、免疫球蛋白、阿尔法乳白蛋白、贝塔乳球蛋白，以及过氧化物酶等活性物质。但是只有巴氏牛奶，即通过75度杀菌的牛奶，才可能保留下来这些活性物质。认证实际上就做第一个，就做特优级的，实现原奶指标高于欧盟。

第二，产品与品质宣传。通过将这些活性物质标在瓶身上，让老百姓了解海河牛奶的特点与优势。最近开发了全国首款零碳牛奶，即每喝5包牛奶可为地球节省一度电。另外，为落实习近平总书记提出的文化传承要求和天津博物馆联名开发“天津卫酸奶”，并与德云社联名推出了桂花酒酿酪乳、冰棍、0乳糖牛奶等。

三、品牌年轻化

企业不断改造品牌形象，使其年轻化。创立“小河小海”的文创形象，推出工业游，通过参观让老百姓能够体会到企业及其奶制品加工的独特之处。到工厂参观的人中，25%的人现场实现了订单转化，大概80%的参观者会选择海河牛奶。

另外，与消费者沟通情绪价值，创新产品。最近，海河推出了香菜牛油果牛奶，属于花色奶系列。为什么要出新产品？其意在不只是让牛奶好喝，还让牛奶好玩，是做好玩好喝的牛奶赛道。香菜牛油果牛奶在小红书、抖音上预售便爆单，产品卖了两个月，销量依旧挺好，引领了消费赛道。这是海河二次创业一个标志性产品。

上述举措体现出与消费者沟通情绪价值的重要性。好多人不是为了喝牛奶，而是为了尝尝究竟是何味道。未来如何进一步将文化和产品结合起来并从天津走出去值得我们思考。

从“天时、地利、人和”探索老字号企业高质量发展之路

天津长芦汉沽盐场有限责任公司党委副书记、总经理　王　勇

长芦是一个盐区的概念。渤海湾(北起秦皇岛,南到河北海兴)一共有24个盐场,其中,长芦汉沽盐场是明清时期唯一的指定供盐商,出品贡盐,品质好、标准高。天津长芦汉沽盐场有限公司,主打产品是芦花海盐。近些年从产量和产能上能占全国食用海水制盐的50%以上份额。

一、长芦汉沽盐场的技术工艺

在“天时”方面我们公司重点打造新质生产力。老字号企业能否保持与社会同步发展,需要依托新质生产力,发挥资源优势,做整体的产业升级、转型,整体上布局新质产业发展,这是一个未来方向。我们在盐端的提升重点是智慧盐田,制盐工艺已有50%实现了自动化,将于2025年实现完全自动化。制卤过程,已无须人工作业。在新的产业布局方面,比如养殖业,建设了全自动化的黑灯养殖车间。

二、长芦汉沽盐场的六大产业

在“地利”方面重点依托丰富的资源，进行大范围创新，如今拥有六大产业。

第一个产业是传统的盐业。我们把盐产品基本上做到了全覆盖，除了食用盐，还有渤化集团（长芦汉沽盐场隶属于天津渤化集团）的工业盐。侯德榜、范旭东老先生当年创立的化工企业都是依托长芦汉沽盐场创立的。

第二个产业是畜牧盐。在制盐过程中会产生一些副产品，也能满足市场的需求，例如畜牧业用到的舔砖等产品。

第三个产业是卤水溴及溴系的阻燃剂。目前盐场的四溴双酚是天津市的单项销售冠军，同时也在全国连续5年达到产销量第一。

第四个产业是水产养殖。公司拥有10亿立方米的水体，有一半可以用于养殖，包括极具天津特色的水产养殖品类，如盐田虾，俗称盐汪子虾，以及盐田梭子蟹、海参、海蜇等。

第五个产业是文旅。依托悠久的企业文化和特色的七彩盐田打造文旅产业。在卤水里面，尤其在结晶池里有一种菌叫嗜盐菌，不仅能够促进产量提升，还能净化卤水，每年夏秋季节大量繁殖，使结晶池呈现出红黄棕等不同的颜色，犹如大自然的调色盘，景致如画，色彩斑斓。成为长芦汉沽盐场独具特色的打卡地，目前我们正在申报国家4A级旅游景区。

第六个产业是新能源。依托广袤的土地，用风力发电、光伏发电。目前整个厂区的绿电使用率已经达到三分之一以上，通过了天津市绿色工厂认证。目前正在申报全国绿色工厂，未来还要打造低碳和零碳工厂。

三、长芦汉沽盐场的人事管理

“人和”方面，充分调动员工的积极性，善加选聘与留用，发挥人力资源最大的优势。第一，从机制体制改革入手，所有的新兴产业都实行了股权激励，让所有的骨干人员都持有股份。第二，重点的营销领域都采取全新的KPI考核机制，让业绩和收入直接挂钩。第三，科技人员的晋升设置双通道，在科技成果的分享上要有一些新的突破。

下一步，依托“天时地利人和”形成新的竞争优势，争取更大的成功。

衡水老白干品牌焕新与营销创新

河北衡水老白干营销有限公司营销总监　杨　青

衡水老白干创立于1946年，由18家制酒作坊组建。这是衡水市在新中国成立后党领导下的第一家国营白酒生产企业。衡水老白干2002年在上交所上市，现在是河北酿酒行业唯一一家上市的白酒企业，在整个白酒行业属于第二梯队。

一、品牌与产品创新

品牌创新方面，梳理提炼出了老白干的核心价值，即"更健康的高档白酒"。我们的广告语是"甲等金奖，健康品质"，主要有以下考虑。首先，1915年获甲等金奖，这是老白干的高光时刻。其次，白酒讲健康是非常具有挑战性的一个诉求。白酒被普遍认为有害健康，但是衡水老白干的健康品质来源于老白干产品品质的六大支撑点。第一是老白干的历史传承千年。老白干兴于汉，生于唐，定于明，拥有2000年不间断的酿造历史和工艺传承。第二是地缸酿造。老白干的酿造工艺跟酱香、浓香不一样，酱香是湿窖，浓香是泥窖，老白干是地缸。酿酒的环境比较干净，地缸干干净净，酒品发酵更加充分，有益成分丰富，造就了老白干香型干净、爽净、绵甜的核心特点。第三是老白干的小分子结构使人体醉得慢，饮后比较舒适。因为分子链比较短，在人体内代谢会比较快。第四是低杂醇油。喝酒上头主要受杂醇油影响。老白干的杂醇油含量非常低，只有国家标准的1/4。第五是醒酒快。对比发现，饮用等量的衡水老白干浓香、酱香白酒6小时后，饮用老白干体内酒精含量是其他香型的一半。第六是有益成分多。老白干酒中含有54种萜烯类、吡嗪类、内酯类等对人体健康有益物质，这类物质对人体具有抗炎、抗病毒、抗氧化的活性，对人体的心脑血管有益，所以说适量饮酒有益健康。

第二，围绕品牌诉求升级产品结构。随着消费升级，作为区域性白酒，尤其是在名酒的竞争中，价格卡位是非常关键的。我们的产品聚焦三个价位段，一是1688元的衡水老白干1915，二是650元至700元的甲等20，三是350元的甲等15。这三个价格契合了当前本地白酒社交属性的应用场景。

二、营销创新

首先，在品质营销上，技术市场化要求业务人员懂原料、懂工艺、懂产品价值。白酒酿造工艺高度雷同，核心是产能与储存。我们在高端白酒的基础上，成品可储存一年，这是品质上的提升。

其次，在文化营销上，通过打造印象老白干舞台剧，历史通过实景演出形式得以具体呈现。每年以文化节为契机打造文化月。

再次，在体验营销上打造体验场景。各地设置体验馆，在经销商设置专门的体验宴，在公司设置体验游，通过三级体验场景来体验老白干的历史、品牌、文化、工艺和产品特点。

最后，数字化营销。衡水老白干的数字化在于后端的数字化智能制造，包括数字化的产品资源体系，就是产品从生产到经销商、到消费者扫码的全链路打通。这个链路一是打通货物流向,二是打通利润分配。通过数字化既提升了生产效率,又使消费者营销精准有效。

五芳斋老字号品牌创新实践

浙江五芳斋实业股份有限公司副总经理　徐　炜

五芳斋创始于1921年,今年103岁了。五芳斋的使命是守护和创新中华美食,战略目标是要"成为以糯米食品为核心的中华节令食品的领导品牌"。

一、消费场景创新

五芳斋原来是做端午节令食品,现在分为五大消费场景,把这种端午节令食品经验拓展到了中秋、春节、元宵节。另外一条创新线是食品加餐饮。在江浙沪地区有将近四百家餐饮门店,部分设在江苏高速公路服务区。"节令+日销"模式使产品线进行了很大幅度地拓展。

战略创新的背后是消费需求。通过这些消费需求的延展,开设一些新的场景,使得销售规模也越扩越大。全网全域的营销方式,让产品在不同时段或是不同场景下,有了跟消费者更多接触的机会。

二、技术创新

老字号能够扎根下来，除了文化的浸润之外，核心是有非常扎实的供应链基础。五芳斋在2015年前布局了整个全产业链，比如在东北双鸭山市宝清设置糯米基地，跟院士团队一起研发了特别适合粽子的糯米品种。粽子叶来自安徽、江西及浙江的交界处，全部野生。这是一个非常独特的资源，可以带动整个村的发展，把山上野生的、原来废弃的农作物变成具有经济价值的产品。

我们在技术革新上也已走过二十多年的历程。为了使真空粽做得更好吃，能够让大家品尝到工厂刚出炉的粽子的味道，我们花了7年时间，开发了数字化二合一生产工艺，获得了国家4项发明专利。

直到2024年6月份，我们申请的专利达到了173项，牵头制定了十多项的行业标准或者是团体标准。2024年3月份由中国商业联合会牵头、五芳斋作为第一起草单位起草的粽子国际标准正式发布。中国的老字号通过出海的方式，让世界分享中国味道，是基于扎实的技术、标准、品质、管理等一步步地创新，而不是一蹴而就。

三、品牌年轻化

五芳斋老字号的年轻化主要包括以下四个方面。

一是短视频营销。五芳斋成立了五芳影业，制作短视频，获得了大量的网络曝光和年轻人的喜欢，基本上每一次的视频都是爆品。

二是孵化了一个IP，叫“五糯糯”。它在每个节令的时候给大家科普节令文化知识。通过跟百度大模型合作，2024年端午节，五糯糯能够用智能化的方式来回答问题。

三是跨界联名合作。我们的跨界联名始于2016年，仅2024年端午就有四十多个跨界联名合作。联名的合作伙伴非常广泛，吃穿住行都有。比如胡庆余堂、古越龙山、八马茶叶等，全部都是老字号，并且均有非遗技艺。我们还同年轻化品牌联名，如蜜雪冰城、好欢螺，开发了臭豆腐粽、螺蛳粉粽等产品。

四是与文旅融合。这方面的新尝试包括同常州恐龙园、上海东方明珠、杭州德寿宫等开展的合作。希望未来能够跟更多老字号品牌加强合作，品牌才能更加出新。

中华老字号松鹤楼的守正创新

江苏苏州松鹤楼饮食集团股份有限公司华北区总经理　王春平

苏州松鹤楼267年一直在聚焦做餐饮，是苏州历史上苏帮菜的代表，可以说是苏帮菜的厨师摇篮之一。

一、松鹤楼的变革实践

2007年松鹤楼打造中央厨房，成立食品厂，成立研发团队。把门店分为三类，一类聚焦商务宴请，一类聚焦旅游人群，一类聚焦家庭消费。通过正式改革重组走到了北京。

松鹤楼不断加强在人才和供应链上建设，2018年加入上海豫园旅游商城（集团）股份有限公司。现在，总公司旗下有18个老字号，松鹤楼是年龄相对较长的老字号。松鹤楼用这个老字号真正走出了苏州，现在全国有二百多家门店。

2019年松鹤楼诞生了第一个模型——苏式汤面。为加速连锁发展，并没有在苏州当地做新的发展模型，而是选择到豫园里做了一家300平方米的小面馆。把原来的古法面,比如姑苏十碗面等做了场景复原。在得到消费者认可后,才真正实现了第一家连锁模型。这个连锁发展模型的打磨时间长达一年。

之后,松鹤楼将这个模型带回到了当年旧址——观前街,开了一家面馆。此时,文化符号除了有江南、苏州这种特色外,还把多年前的老面票、老照片,以及苏州松鹤楼的代表性文化特色也装饰到面馆里,受到苏州市民的认可。同时,把一些老的记忆、老的服务方式迭代出来,经过一段时间的沉淀和打磨,才走向了全国。在走出来之前,在生产环节、供应链环节、品控环节、数字化赋能各环节做了很多工作。

松鹤楼走出苏州以后不停地做了很多调整,在工厂、预包装食品以及酥饼类食品等方面进行布局。

二、未来发展规划

第一,继续把正餐作为品牌主力,在核心技术、人员培训和品牌等方面更加精细化。松鹤楼是老字号品牌,有很好的技术,有很多的底蕴,跨度比较广,可以顺应时代发展。比如现在消费降级,松鹤楼可以在100—1000元之间不同的商圈做一个模型。这是最核心的地方。

第二,面馆的发展要做到连锁化。在餐饮方面,能够聚焦到每一个工艺产品的统一克重,做精细化的管控,才能连锁发展。但是松鹤楼还保留了很独特的一些技术,比如捞面,捞出来的面要像鲫鱼背一样。再比如,坚持每天现场吊汤。这是老字号应该坚持的守正的步伐。创新发展可以是模型创新、管理和组织构架的变革和创新,但我们的技术、现场烹饪、带着锅气的产品依然在坚持。

第三,在变革过程中提升认可度。未来聚焦让消费者认可松鹤楼,接纳创新。在营销上拥抱年轻人,进行异业合作。例如跟苏州博物馆联名,或参与年轻化的游戏、影视制作，进行更多联动来吸引年轻人。

在聚焦焕发青春力量上，我们做了一个成功的案例。但是连锁发展做了四至五年，未来这个模型如何持续创新，值得思考。相信通过互联网数字化赋能，进行精准的分析和定位，我们可以让老字号走得更远。未来也要走出国门，能够让大家去认识这个二百多年的品牌！

探寻非遗文脉，创新传统技法

——老字号的百年坚守与自我蜕变

天津桂发祥十八街麻花食品股份有限公司

副总经理、研发中心主任　赵　铮

桂发祥集团创始于1927年。20世纪90年代末，天津进行品牌整合，对桂发祥的长足发展起到了关键作用。2016年，桂发祥成为全国首家老字号食品上市企业。桂发祥是49家老字号上市企业里唯一一家区属国资的上市公司，现在依然是天津市河西区国资委控股。

一、食品板块

桂发祥有五大食品板块。

第一个板块是十八街麻花。作为礼品，它是天津的首选特产。十八街麻花在结构上有一个特点，就是它有馅，这是区别于全国各地麻花的一个最大特点。这个馅儿功不可没，酥脆香甜、久放不绵。第二个板块是以手指大小的夹馅小麻花为代表的休闲品类麻花。第三个板块是糕点产品。桂发祥做糕点有三十多年的历史，是天津市河西区比较受百姓认可的一个品牌，坚持真材实料、古法工艺。第四个板块是民生类产品。驴打滚、开花馒头、蒸蛋糕等。在桂发祥店里，可以尝到天津有代表性的各种特色小吃。第五个板块是预包装方便食品。我们把天津带不走的嘎巴菜（天津早点）做成了方便食品。像方便面一样可以长途携带，方便冲泡。

二、销售体系

桂发祥以直营店为主，天津有六十余家直营店，销售额大概占比达到百分之六七十。未来，我们打算从京津冀辐射到近地区域开设外地直营店。

2024年我们计划要加大出海力度，探索直接从事跨境电商。对于老字号，我们走出去不仅仅代表企业的发展，还代表文化符号的输出。华人遍布世界的每个角落，食品其实是最好的文化货币，食品的文化输出力非常强大，我们对于麻花的出口很有信心。

三、后续发展

桂发祥后续主要做两件事：传承和发展。

传承方面，一是把麻花做好。传承麻花口味，从源头把控麻花原料，坚持手工制作。二是把麻花文化传承做好。继续将桂发祥十八街麻花文化馆作为麻花文化传承的重要阵地。

传承之后就要发展。聚焦安全和健康，遵循消费者需求寻找方向。一是重视食品安全。在生产的前端、中端和后端动态监测，保证每一批出厂的麻花品质都达到稳定和统一。二是追求美味与健康的平衡。

（二）

❖天津市“新时代青年学者论坛”

会议综述：汇聚发展新质生产力的青年力量

图2-1　天津市“新时代青年学者论坛”（2024）

2024年6月19日，由中共天津市委宣传部、天津市社会科学界联合会主办，中共天津市委党校承办的天津市“新时代青年学者论坛（2024）”在津开幕。与会学者围绕“以新质生产力激发高质量发展新动能”主题，展开深入交流研讨。本次论坛共收到来自北京大学、南开大学、天津大学、西北工业大学等高校和全国社科院、党校系统等七十多个单位的一百三十余篇论文，对35位青年学者的优秀论文进行了表彰。

天津市委宣传部副部长徐中，天津市委党校分管日常工作的副校长徐瑛分别致辞。天津市社科联党组书记、专职副主席，市委宣传部副部长（兼）王立文主持论坛开幕会。

徐中指出，本次论坛聚焦“新质生产力”展开研讨交流，体现了哲学社科界坚持与时代同步伐的责任意识和积极为党和人民述学立论的学术担当。徐中勉励青年学者，要有政治担当，在推进党的创新理论发展上勇争先善作为；要有学术担当，在构建中国特色哲学社会科学上勇争先善作为；要有家国情怀，在推进中国式现代化征程上勇争先善作为。

徐瑛指出，青年是全社会最具活力、最具创造性的群体，青年学者，是思想理论战线上最富有朝气、最富有梦想的年轻人。面对新征程新要求，广大青年学者要深刻把握习近平新时代中国特色社会主义思想的世界观方法论和贯穿其中的立场观点方法，用以深化理论研究，推进学术创新，为推进中国式现代化天津新实践提供坚实的理论支撑。

中央党校经济学教研部主任赵振华作题为“新质生产力的形成逻辑”的主旨报告，从加强科研投入和体制改革、加强教育投入和教育改革、构建重点实验室、构建科技成果转化机制和培养高素质人才五个方面阐释了新质生产力的形成逻辑。南开大学副校长盛斌作题为“构建天津现代化产业体系加快发展新质生产力”的主旨报告，报告指出要深刻认识新质生产力概念的时代性与创新性，把握发展新质生产力的关键是构建现代化产业体系，发展新质生产力既要打造新产业，同时也要兼顾传统产业的转型升级，坚持从实际出发，因地制宜。天津市滨海新区区委常委、常务副区长罗平以“新质生产力赋能经济社会高质量发展”为主题，介绍了滨海新区坚持先立后破、坚持因地制宜、坚持分类指导大力发展新质生产力的创新实践探索。

企业家代表、360集团天津公司总裁刘霏和优秀论文作者代表、市委党校生态文明教研部副主任罗琼作题为“以新质生产力激发高质量发展新动能”和“践行‘两山’理念绿色赋能新质生产力”的大会交流发言，从理论与实践相结合的角度对发展新质生产力作了深入阐述。

交流研讨阶段，来自天津大学、首都师范大学、中国农业大学、天津师范大学、天津财经大学、天津市委党校、天津市滨海新区区委党校的7位青年学者代表和2位青年企业家、天津市人大代表，天津同阳科技发展有限公司总经理陈文亮、天津爱思达航天科技股份有限公司董事长张毅分别围绕“新质生产力理论研究进展”“新质生产力赋能高质量发展”等主题进行交流发言。天津市社会主义学院副院长贾维萍、天津社会科学院副院长王双、天津财经大学《现代财经——天津财经大学学报》主编蔡双立、《南开管理评论》编辑部主任周轩作专家点评。

市委党校副校长丛屹在总结发言指出，大家围绕“以新质生产力激发高质量发展新动能”主题，作了精彩报告和深入研讨，引发了思想共鸣、凝聚了智慧力量，达到了论坛预期目标。青年学者要坚持聚焦新时代新征程党的中心任务，一以贯之践行“四个善作善成”重要要求，更好地推动习近平总书记视察天津重要讲话精神和党的二十大作出的重大决策部署在天津落地见效。

天津市委宣传部、天津市社科联、天津市委党校、天津社科院等相关部门负责同志，天津部分学术期刊负责同志，全国部分高校和天津市委党校、区委党校青年学者，入选论文作者代表约二百人参加了本次论坛。

❖主旨报告

新质生产力的形成逻辑与影响

赵振华

习近平总书记在新时代推动东北全面振兴座谈会上强调:“积极培育新能源、新材料、先进制造、电子信息等战略性新兴产业,积极培育未来产业,加快形成新质生产力,增强发展新动能。”新质生产力是党中央立足世界科技进步的前沿,着眼于全面建成社会主义现代化强国这一目标任务提出的新概念。新时代新征程,我们要深入理解和把握新质生产力的重大意义、基本特点、形成逻辑和深刻影响,把创新贯穿于现代化建设各方面全过程,不断开辟发展新领域新赛道,为我国经济高质量发展提供持久动能。

作者简介:赵振华,中央党校(国家行政学院)习近平新时代中国特色社会主义思想研究中心研究员、经济学教研部主任。

本文发表于《经济日报》2023年12月22日,作者赵振华研究员以本文主要内容为基础在天津市“新时代青年学者论坛”(2024)上作主旨报告。

一、重大意义

新质生产力的提出，具有重大理论和现实意义。

发展新质生产力是建设现代化强国的关键所在。党的十八大以来，以习近平同志为核心的党中央对全面建成社会主义现代化强国作出了分两步走的战略安排。无论是建设制造强国、质量强国、航天强国、交通强国、网络强国、数字中国，还是实现新型工业化、信息化、城镇化、农业现代化，都要求实现高质量发展，而发展新质生产力是推动我国经济社会高质量发展的重要动力。新质生产力呈现出颠覆性创新技术驱动、发展质量较高等特征。战略性新兴产业和未来产业作为形成和发展新质生产力的重点领域，拥有前沿技术、颠覆性技术，通过整合科技创新资源引领发展这些产业，有助于推动我国经济实力、科技实力、综合国力和国际影响力持续增强。

发展新质生产力是提升国际竞争力的重要支撑。在一定意义上，哪个国家拥有先进科学技术特别是拥有颠覆性技术，拥有处于世界领先地位的战略性新兴产业和未来产业，哪个国家就更有可能居于世界领先地位。第一次工业革命发生在英国，蒸汽机、机械纺纱机等成为当时的颠覆性技术，以这些技术为代表的产业快速发展，促使英国走上世界霸主地位；第二次产业革命时期，美国建立起以电力、石油、化工和汽车等为支柱的产业体系，在科技和产业革命中成为领航者和最大获利者。把我国建设成为社会主义现代化强国，就要把握好新一轮科技革命和产业变革带来的巨大机遇，依靠自主创新，加快形成新质生产力，大力发展战略性新兴产业和未来产业，开辟新赛道、打造新优势。

发展新质生产力是更好满足人民群众对美好生活需要的必然要求。进入新时代，人民美好生活需要日益广泛，不仅对物质文化生活提出了更高要求，而且对更高层次、更加多元的生态产品、文化产品等需求也更为强烈。加快形成和发展新质生产力，提高科技创新水平，有助于推动产业转型升级，形成优质高效多样化的供给体系，提供更多优质产品和服务，不断满足人民群众对美好生活的需要。

二、基本特点

与传统生产力相比，新质生产力是包容了全新质态要素的生产力，意味着生产力水平的跃迁。

从主体来看，传统生产力大多由传统产业作为承载主体，新质生产力大多由运用新技术的新产业承载。当然，传统产业不一定就是落后产业，经过转型升级后，也能够孕育新产业、形成新质生产力。

从成长性来看，传统生产力成长性较低，增长速度较慢；新质生产力则具有比较高的成长性，增长速度比较快，呈现加速发展趋势。

从劳动生产率来看，传统生产力的劳动生产率相对较低，而新质生产力在劳动者、劳动资料、劳动对象三个方面都呈现出更高的水平，劳动生产率比较高，提供的是新产品新服务，或其产品和服务具有新性能。

从竞争环境看，形成传统生产力的产业技术门槛相对较低，竞争比较激烈，利润率也相对较低；形成新质生产力的新兴产业属于新赛道，进入的技术门槛比较高，竞争相对较小，利润率相对较高。

从生产力的构成要素看，传统生产力所在的产业对劳动力素质要求不高；而形成新质生产力的新产业对劳动力素质要求更高，能够开发和利用更多的生产要素。

三、形成逻辑

中央经济工作会议指出，要以科技创新推动产业创新，特别是以颠覆性技术和前沿技术催生新产业、新模式、新动能，发展新质生产力。新兴产业是形成新质生产力的重要载体。新兴产业是动态发展的，与以往的新兴产业相比，当今时代，科技创新能够催生出更多新产业，覆盖领域也更加广泛。第一次工业革命时期，新兴产业覆盖领域主要是纺织、煤炭等行业；第二次产业革命时期，新兴产业更多地体现在电力工业、化学工业、石油工业和汽车工业等领域；第三次产业革命时期，新兴产业主要集中在信息技术、网络技术等领域。当前，新兴产业则涉及节能环保、新一代信息技术、高端装备制造、新能源、新材料、智能制造等，覆盖领域越来越广，能够带动传统产业改造升级。新兴产业的技术有一个从研发到推广应用的不断成熟的过程，新兴产业也有一个产生、发展和壮大的成长过程。

新兴产业来自先进技术。先进技术来自科学发现和技术发明。无论是科学发现还是技术发明，都离不开人才、平台、资金。人才的培养依赖各类学校、科研院所和企业。这就需要深化教育体制改革，无论是基础教育、高等教育还是职业教育，都要注重激发人才的创新性思维和创造性能力。需要深化科研体制机制改革，重视基础研究，着力培养基础学科人才，着眼于重大发明、发现和科技成果，围绕重大现实问题集中攻关。培养人才还需要平台，没有一流的实验平台就难以培养出一流的人才并产生一流的科研成果。在科技高度发达的今天，一流的科研成果需要一流的实验室作为支撑，要围绕重大战略需求，建设国家重点实验室；围绕区域战略需求和现实问题，建设区域综合性国家重点实验室；围绕教学和科研需求，建设高校科研院所和企业重点实验室。新兴产业特别是战略性新兴产业的培育壮大和未来产业的发展还需要资金支持。同时，要构建有利于激发人才积极性创造性的机制，鼓励多出成果、出好成果；要有宽容失败的机制，特别是对于一些研发周期很长的科学发现和技术发明，需要保持战略定力。

形成新质生产力除了技术因素外，制度因素也尤为重要。生产力总是要向前进步的，而且并不是匀速地发展，有时发展快，有时发展慢；世界各国也不是以相同的速度发展的，有的国家发展快，有的国家发展慢。新中国成立特别是改革开放以来，我国生产力发展和科学技术进步进入了加速发展时期，与发达国家的差距逐渐缩小，在一些领域由过去的跟跑，越来越多地转变为并跑和领跑。形成和发展新质生产力，需要通过全面深化改革，为持续提高生产力提供制度保障。

具体来看，形成新质生产力，需要有科技成果转化为现实生产力的生态和机制。科技成果还不是现实生产力，需要构建转化机制，加快建设高标准技术交易市场。要构建开放创新生态，着力推进产学研用一体化发展，重点抓好完善评价制度等基础改革，实行“揭榜挂帅”“赛马”等制度，让有真才实学的科技人员有用武之地。

此外，形成和发展新质生产力，既需要有效市场也需要有为政府。有效市场体现在通过市场配置生产要素、市场定价提升效率和效益，有为政府体现在营造良好创新生态，激发创新主体活力。要让市场在资源配置中发挥决定性作用，更好地发挥政府作用，用好我国集中力量办大事的制度优势与超大规模市场优势，攻克难关，做大做强战略性新兴产业，加快促进未来产业创新发展。

四、深刻影响

形成新质生产力的科技创新不是一般性的科技创新，而是具有巨大潜力的基础科学、前沿技术和颠覆性技术的创新。这些重大科技创新将深刻地改变人们的生产方式、生活方式、思维方式，进而为经济社会带来深刻而持久的变革。

从经济层面上看，能够带来显著的效率变革和动力变革。新质生产力所带来的效率变革不是单个生产要素的效率提高，而是全要素生产率的提高，其所产生的动力变革来自科技创新这一核心推动力，通过提高供给体系质量和效率，以高质量供给引领和创造新需求，从而推动经济实现高质量发展。一国或地区拥有的处于全球领先地位的战略性新兴产业的规模和质量，以及未来产业的培育和发展状况，在一定程度上决定了该国或地区的经济实力和地位。

从社会层面上看，能够带来生产生活等多方面的深刻影响。首先，新质生产力极大地提高了劳动生产率，在给企业带来更多利润的同时，也大大降低了劳动强度特别是重体力劳动强度，改善了劳动环境，有效缩短了劳动时间。其次，新质生产力所提供的新产品、新服务提高了人们的生活品质，改善了生活质量。最后，从长期来看，发展新质生产力带来的技术进步会使脑力劳动增加，并促使更多的劳动者从事研发、服务等工作。还要看到，新技术的应用在推动社会文明进步的同时，也可能带来一些负面影响，比如信息技术的发展能够给人们带来极大便捷，但也有泄露个人隐私等风险，客观上需要进一步完善相关制度和规则等。

高韧性组织的形成路径研究

——基于82家上市民营企业案例的模糊集定性比较分析(fsQCA)

梁　林　李　玲　孟庆铂　李　妍

摘要:韧性水平存在差异是企业能否渡过危机存活的根本原因,现有文献对高韧性组织的形成路径研究不足。本文基于"资源—能力—关系"框架,以82家典型企业为样本,运用模糊集定性比较分析(fsQCA)方法,借鉴已有文献的测度方法进行分析。研究发现:第一,存在三条路径可支撑高韧性组织的形成,具体可以归纳为资源主导逻辑下学习能力驱动型、能力主导逻辑下创新能力驱动型、关系主导逻辑下沉淀性冗余资源驱动型三类模式。第

基金项目:国家社科基金"高碳排制造业碳韧性的监测预警与治理策略研究"(22BGL201);河北省自然基金"高耗能制造企业碳韧性对数字化转型成效的影响研究"(G2023202011);河北省教育厅人文社会科学研究重大课题攻关项目"双碳目标下河北省钢铁企业数字化转型路径和优化策略研究"(ZD202212)。

作者简介:梁林,河北工业大学经济管理学院研究员,博士生导师;李玲,河北工业大学经济管理学院硕士;孟庆铂,天津理工大学中环信息学院高级工程师;李妍,河北工业大学经济管理学院博士研究生。

二,在能力主导逻辑的创新型驱动路径中,仅从能力层面可以促进高韧性组织的形成,反映创新能力对建构高韧性组织的重要性。

关键词:韧性组织;模糊集定性比较(fsQCA)分析;形成路径

一、引言

“黑天鹅”事件频发、全球化倒退、世界经济裂化显现等外部不确定性危机给我国企业带来了“生存挑战”。如何在复杂多变的市场环境中“转危为机”成了每个企业的必答题。根据广东省中小企业发展促进会与MIR对2022年一季度珠三角地区中小制造企业经营状况的调研显示:相比2020年,近52%企业认为本轮新冠病毒感染对企业经营影响严重,但仍有47%的企业认为此轮新冠病毒感染对企业来说是“危中有机”,如能借机通过内部管理水平的提高,打造高水平的组织韧性,将极大地提升企业竞争力。与危机管理侧重外部逆境的成因、风险、反应和结果的思路不同,韧性理论强调通过由外及内的组织调整来适应外部危机。[①]然而在实践中,组织韧性存在显著的水平差异现象,韧性水平的高低是组织在危机中命运差异的根本原因。[②③]只有形成高韧性,才能帮助组织度过各种危机后长期存续。[④]“打造高韧性组织”正在成为管理学理论和实践中的重要话题。

目前,高韧性组织形成的内生路径探索较少。其可能原因在于,虽然现有关于组织韧性的研究较为丰富,普遍认为韧性是组织应对外部危机的关键能力,对组织韧性特征的归纳也比较完整,但仍缺乏对组织韧性水平差异的充分认识,忽视了高韧性组织在处理外部危机和实现长期发展中与一般韧性组织的区别,尤其是缺乏对高韧性组织在面对多种外部危机时,如何通过内部调配资源,动态性获得完备的韧性特征,以及可能的形成路径等问题的规范研究,导致高韧性组织的复杂形成路径和适用标准难以统一,无法实现经验复制。针对上述实践需要和研究缺口,本文试图结合高韧性组织的特征讨论高韧性组织的形成路径。

二、文献回顾与组态模型

(一)高韧性组织的相关研究

1.高韧性组织的界定

由于组织发展过程中需要面临认知、战略、思想和体制等一系列不断变化的挑战,其中所蕴含的危机会威胁企业的生存与发展。现有组织类型在应对危机过程中所表现的核心特征存在显著差异,从而产生不同的结果。如表2-1所示,刚性组织在稳定环境下利用鲁棒性实现高绩效,但当外部环境变化超出组织承受能力时,组织系统崩溃瓦解。柔性组织在持续变化的环境中利用适应性形成竞争优势,[⑤]但在外部环境风险不断提高时,无法恢复到危机前的水平。高可靠性组织在高风险环境下利用安全性保障组织的稳定运营,但缺乏演进革新的进化能力。[⑥]韧性组织利用进化性实现危机中的恢复,甚至超越危机前的水平,但组织的进化性会因韧性水平的高低而存在差异。高韧性组织具有较高的韧性水平,是韧性组织的优秀代表。考虑现有组织类型在应对危机方面的不足,更加突出建立高韧性组织的重要性。已经存在研究针对组织特征与组织韧性之间的关系进行讨论。[⑦]因此,从应对危机过程中的特征表现出发分析高韧性组织具有一定意义。

不同于刚性组织强调"鲁棒性"、柔性组织强调"适应性"、高可靠性组织强调"安全性"、韧性组织强调"进化性"此类具有特征侧重的组织类型,高韧性组织的"全面性"特征强调组织包含应对危机过程中各阶段的全部特征。危机发生时,组织及时识别外部环境属性和特征判定危机,满足优先事项控制损失,并指引组织行动应对外部危机,缩短危机处理时间,提高危机应对效率,显现出系统迅速反应,满足优先秩序并及时实现系统目标的及时性特征。[⑧]危机应对过程中,组织依托协同性认知选择最优决策,提高资源的协同程度,最大化地利用组织资源处理危机，显现出组成系统的各个部分之间存在强有力的联系和反馈作用，以契合系统需求的强关联性特征。[8]然后组织借助内生式和外延式的资源创造进行创新性开拓资源的行为，创造资源价值，填补应对危机缺乏的资源缺口，显现出系统内新要素的补充，填补最需要的缺口的创造性特征。[8]危机应对后，组织建构约束条件，实现在危机中恢复和发展，为预防和解决未来可能面临的危机提供经验基础，提升组织应对危机能力，显现出系统具备一定的超过自身需求的能力，提高应对外部冲击的临界阈值，以备不时之需的缓冲性特征。[9]及时性、强关联性、创造性和缓冲性的全部韧性特征均衡协调发展、相互促进，最大限度地发挥组织韧性。

表2-1　组织类型的比较

组织类型	外部环境	实质	核心特征
刚性组织	稳定环境	抵抗危机	鲁棒性[10]
柔性组织	持续变化环境	形成竞争优势	适应性[10]
高可靠性组织	高风险环境	保持运行能力	安全性[11]
韧性组织	危机	恢复后成长	进化性[12]
高韧性组织	多次危机	恢复后成长	全面性

学者们已经围绕高韧性组织展开初步讨论。Xiao[13]等认为高韧性组织能够更成功地处理危机。Robb[14]认为高韧性组织可以避免、抵御和缓冲不利事件的冲击，在逆境中快速恢复和反弹甚至促进未来发展。曹仰峰[15]指出高韧性企业能够多次穿越危机，快速复原，将危机视为成长机会，实现持续增长。

结合已有文献的梳理，本文认为高韧性组织具有两个核心属性：一是发展过程中遇到多次危机挑战，并能跨越危机实现长期稳定发展。二是以动态调整内部资源为手段来应对各种外部危机，应对危机过程中显现出全面的韧性特征，表现出较高韧性水平。鉴于此，本文认为高韧性组织是面对多次外部危机挑战，有效调配资源以获得应对危机所需的及时性、强关联性、创造性和缓冲性的全面韧性特征，并跨越危机实现长期存活和持续稳健发展的组织。

2. 高韧性组织的形成

高韧性组织动态形成过程方面，主要以单案例研究和模糊集定性比较分析（fsQCA）方法对高韧性组织的形成进行讨论。单案例研究方面，宋耘[16]等基于全球政治风险的演变，建构出“风险识别—韧性激活—战略调整—韧性表现”的高组织韧性形成的内在机理。模糊集定性比较分析（fsQCA）方面，李珊珊和黄群慧[17]以161家新创企业为样本，用fsQCA方法检验新创企业组织韧性的组态效应。张吉昌[18]等基于“资源—能力—关系”的理论视角，以全球新冠病毒感染事件的冲击为观察窗口，采用fsQCA方法分析中国民营上市企业的组织韧性驱动机制。当前针对高韧性组织形成过程的研究主要讨论了单一情景下形成路径，不符合演进韧性所强调的多路径理念。另一方面，尽管存在应用模糊集定性比较分析（fsQCA）方法探究高组织韧性的不同组态的研究，但局限于新创企业或者是对特定危机窗口下高组织韧性的组态结果进行简单的理论解释，并未进行具体路径分析与讨论。

（二）组态模型

组织韧性的影响因素研究是当今组织韧性领域研究的热点之一。学者们针对组织韧性影响因素的研究尚未达成一致。本文借鉴张吉昌等[18]系统地揭示组织韧性影响因素的“资源—能力—关系”研究视角，讨论高韧性组织的多条形成路径。

1. 资源与组织韧性

资源是组织运行和发展的基础，组织通过关联性运作实现资源控制，最终实现组织目标。[19]资源冗余理论指出冗余资源是企业实际拥有资源与所需资源之间的差异。冗余资源通过解决企业资源稀缺导致的各种矛盾，为企业提供“缓冲”保护。Sharfmam[20]将冗余资源划分为非沉淀性冗余资源和沉淀性冗余资源。下面围绕这两类资源对组织韧性的影响进行探讨。

(1)非沉淀性冗余资源与组织韧性

非沉淀性冗余资源具有较强的流动性,企业的现金等价物都是典型的非沉淀性冗余资源。非沉淀性冗余资源具有较强的使用灵活性和流动性,同时容易被企业识别并利用,具有明显的正向作用。因此非沉淀性冗余资源天然具有支持危机解决的优势。

(2)沉淀性冗余资源与组织韧性

沉淀性冗余资源通常与企业的关键业务流程紧密相关,可以在企业面临困境时是组织的"内核"保护。如过多的管理费用、员工薪酬、闲置的机器设备和熟练工等。所以从某种程度上说,组织理论提出的"缓冲器"作用更多地是由沉淀性冗余资源承担的。

2. 能力与组织韧性

能力层面认为,面对危机,企业通过整合、重新配置和建构资源来适应环境。根据企业动态能力理论的逻辑,企业能够适应环境变化并吸取经验教训实现逆势增长的能力,是使企业具有组织韧性的关键。企业能力理论作为主要的理论支撑,下面围绕"学习能力"和"创新能力"对组织韧性的影响进行讨论。

(1)学习能力与组织韧性

组织通过不断学习了解产业的发展需求,适应不断变化的环境,最终实现生存目标。Knight[21]通过研究发现,组织学习在组织韧性中起着关键作用。面对危机,组织依托学习能力协调组织其他能力的建构与组织成长的关系,同时不断促进知识的获取、创新、分享和应用。组织通过不断积累知识和进行实践活动识别危机,学习已有经验应对不确定性危机,进而开发组织韧性。

(2)创新能力与组织韧性

面对不断变化的市场环境带来的危机,创新能力通过帮助组织提升适应力减轻动荡环境的不利影响,从而推动组织韧性的形成。李兰[22]等通过调查发现企业创新与组织韧性之间存在明显的相关性。Hamel 和 Valikangas[23]认为创新能力是组织在复杂情景中实现生存目的的先决条件，具有强大创新能力的组织能在面对危机时具有更强的韧性。

3. 关系与组织韧性

基于利益相关者理论和社会网络理论，关系视角的主要逻辑是组织应该平衡不同利益相关者的利益，不仅要关注股东财富的积累，还要关注自身的社会效益。[24]下面围绕企业社会责任的和企业社会关系对组织韧性的影响进行讨论。

（1）企业社会责任与组织韧性

"公司为改善社会或环境条件而采取的自愿行动"[25]是企业社会责任。企业社会责任是一种可以为组织提供竞争优势的重要战略投资，也是提高组织韧性的重要战略途径。企业社会责任在组织韧性方面的重要作用有两种形式：一种是绩效改进机制，一种是绩效保证机制。企业声誉既可以作为一种防御机制，帮助保护公司免受干扰和威胁，也可以作为一种进攻机制，帮助公司利用环境的变化来创造价值。

（2）企业社会关系与组织韧性

企业为实现组织目标同商业团体和政府部门建立的关系网络是企业社会关系。[26]企业的社会关系包括商业关系（同消费者、供应商、竞争对手的关系）和政府关系。[26][27]研究社会资本和社会网络的组织理论家也强调当组织处于困境需要帮助和建议时，可以充分利用其掌握的社会网络关系处理问题。[24]Lv[28]等认为积极的社会关系是组织韧性的一个积极预测因素。

结合上述基础理论并参考主流的定性比较分析研究，考虑前因条件选取的几个实践标准：基于"资源—能力—关系"研究视角，最终界定6个前因条件：非沉淀性冗余资源与沉淀性冗余资源（资源层面）、学习能力与创新能力（能力层面）、企业社会责任与企业社会关系（关系层面），试图考察上述6个条件的互动关系对组织韧性的组态效应。综上，本文组态模型如图2-2所示。

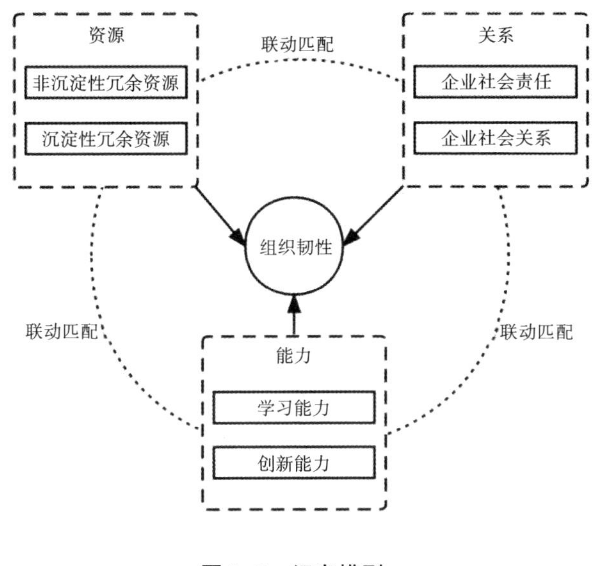

图2-2　组态模型

三、研究设计

(一)研究方法

本文选取QCA的分析方法探究高组织韧性的组态。高组织韧性的形成并不取决于个别要素,而是多要素间的匹配。通过分析高组织韧性(内生)的组态和高韧性特征(外显)的关系,由内生到外显,得到高韧性组织的多条形成路径。本文采用模糊集定性比较分析(fsQCA)方法探索高韧性组织的形成路径原因如下:①依托整体视角,以案例研究为取向进行跨案例的比较分析,通过对多案例比较的研究数据进行处理,系统地分析中小样本案例数据。既结合了定性分析与定量分析优势,回应了少数案例定性分析的"可推广性"质疑,同时也在一定程度上弥补了大样本分析对于定性变化和现象分析的不足,从严谨性角度探讨了高韧性组织的形成路径。[29]②QCA分析基于非对称性假定和等效性假定,可以聚焦正案例的研究。[29]探索哪些条件要素的组态引起高组织韧性的出现,系统性探讨形成高组织韧性的组态条件,结合高韧性组织的特征分析其具体形成路径。

（二）数据收集

数据收集过程遵循以下原则：①代表性。为保证理论的说服力，借鉴曹仰峰[15]和张吉昌等[18]筛选韧性企业的方法，经营年限层面，韧性组织在经历多次危机后成功存活，经营时间短但表现良好的企业能否在未来多次危机冲击后长期存活有待商榷，20年以上的经营年限可以保证企业具有良好存活能力。经营状况层面，以资产收益率（ROA）不存在负值初步筛选，再次考虑到行业和企业规模的差异，本文选取本土传统行业的领先企业，该类领先企业相较于同行业其他企业而言，在经历多次同质性危机后仍可持续成长，此标准保证案例企业具有良好的经营能力。②可行性。上市企业规模相对较大，管理更为规范，更适于提炼规范形成路径。③便利性。上市企业资料相较于非上市企业案例更易获取，且数据丰富度较高。

根据上述原则，本文利用国泰安数据库筛选案例企业后，以wind数据库二次筛选验证得到相同结果。A股上市企业案例的具体筛选过程是：①剔除在外部冲击中受到巨大影响后恢复不利的ST和*ST企业，以及与其他类型上市企业存在资本结构和会计制度差异的金融类上市企业，得到4120家企业。②以成立年限超过20年为筛选标准，得到975家企业。③以企业经营期内资产收益率（ROA）不存在负值为筛选标准，得到268家韧性企业。考虑到与国有企业具有国家赋予的政治、经济、社会方面的责任，外资企业的经营结构、理念和民族文化的差异相比，民营企业经济一方面在中国经济的占比已达70%，在一定程度上可以反映国家经济变化。另一方面，在资源获取方面也存在局限，面对危机更容易遭受负面影响。最后通过手动剔除筛选得到82家民营企业进行高组织韧性组态的研究。

危机年份的确定。本文根据82家企业的资产收益率变化曲线，筛选企业资产收益率下降又上升变化率最大的年份为危机年份进行研究，即Max

(本期资产收益率变化率/上期资产收益率变化率)绝对值是最大值的年份。

资料来源。本文数据主要来源:①国泰安数据库(以wind数据库、东方财富网辅助验证),②企业官方网站,③和讯网及中国研究数据服务平台,④其他互联网渠道。案例分析部分,根据fsQCA路径结果中的关联案例,通过多种渠道收集数据,具有较稳定的"资料三角"。

(三)变量测量与校准

1. 结果变量测量

组织韧性是一个潜在的、依赖路径的构想,无法直接观察和测量,以往的研究主要通过间接方法来测量组织韧性。第一种方法是观察企业在一段时间内的总体表现。[30]另一种方法是通过研究企业对外部环境特定冲击的反应来推断组织韧性。[31]结合上述研究方法,本文通过第一种方法筛选得出韧性企业及危机年份,再依据企业受到危机冲击的具体年份数据分析企业的韧性情况。本文将资产收益率(ROA)作为组织韧性的考察指标。为了避免长时间跨度对研究结果的影响,选取抽样公司在危机发生后的三个季度内的平均资产收益率衡量组织韧性,数值越高说明组织韧性越强。

2. 前因条件测量

A1:非沉淀性冗余资源。本文按照以往文献的做法,[32]并考虑现金持有对危机中企业的重要性,采用"现金及现金等价物/(资产总额-现金及现金等价物)"衡量非沉淀性冗余资源。

A2:沉淀性冗余资源。本文按照以往文献的做法,[33]采用企业管理费用与销售收入的比值来衡量企业拥有的沉淀性冗余资源。

B1:学习能力。本文按照以往文献的做法,[34][35]采用发生危机年度近三年企业大学及以上学位技术人员的平均研发额衡量学习能力。即"公司近三年平均研发总支出/拥有大学及以上学位的技术人员总人数"。

B2:创新能力。本文按照以往文献的做法,[36]采用企业的年度"研发费用/

总营业收入"衡量创新能力。

C1:企业社会责任。以往研究认为企业社会责任对组织韧性的影响具有累加效应,采用外部冲击产生的前三年企业社会责任表现的平均值来衡量。[18]本文选取"上市公司社会责任报告"评级体系选取危机事件发生年度前三年总得分的平均分衡量样本企业的企业社会责任。

C2:企业社会关系。以往研究认为存在合作关系的企业水平、集中度反映企业的社会关系情况,本文选取企业危机年份的商业关系(与消费者、供应商、竞争对手的加权平均数)和企业的政府关系(董事长或总经理在官方机构的任职情况或是否曾经担任职务)衡量企业社会关系。[37]

3.数据校准

校准是处理模糊集定性比较分析(fsQCA)数据集的一个重要步骤,指给案例和条件赋予集合隶属分数的过程。[38]本文的六个条件和一个结果都可以看作一个集合,每个案例在这些集合中均有隶属分数。参考已有研究,[29]遵循先前fsQCA研究和本文具体研究情况,采用直接校准法,将数据转换为模糊集隶属分数。

为了减少判断的主观性,两个独立且训练有素的评分员来校准因果条件。评分者通过多样化的证据对案例进行校准,实现三角测量(例如,相关文献、案例数据和社会新闻)。首先讨论并确认了校准原则,然后搜索了关于平台的丰富信息,最后独立校准。如果编码之间存在不一致,双方讨论协商直至达成一致。具体校准结果如表2-2所示。

表2-2 条件变量与结果变量的校准

条件变量	完全隶属	交叉点	完全不隶属
组织韧性	0.69	0.39	0.27
非沉淀性冗余资源	0.54	0.42	0.36
沉淀性冗余资源	0.07	0.06	0.05
学习能力	0.14	0.10	0.07
创新能力	0.04	0.02	0.01

续表

条件变量	完全隶属	交叉点	完全不隶属
企业社会责任	40.19	33.70	27.51
企业社会关系	24.99	20.99	17.55

四、研究结果

通常情况下fsQCA的分析为以下三个步骤：一是进行必要性分析，分析单个条件变量能否，并在多大程度上能有效解释结果变量，若某一条件变量的一致性大于0.9，那么该条件变量是结果变量的必要条件，应在接下来的分析中被剔除。二是通过fsQCA软件对条件变量进行组态分析，并得出相应结论。三是对结果进行稳健性检验。

（一）单个条件的必要性分析

通过对单个条件的必要性进行分析，检验结果集合是否为某个条件集合的子集，本文运用fsQCA3.0软件检验了每一前因变量对组织韧性的必要性与充分性，结果如表4.2所示。在fsQCA中，如果某个条件总是出现在结果中，那么该条件就是结果的必要条件。[33]一致性水平是否大于0.9是衡量单个条件是否构成必要条件的标准。由表2-3可知，沉淀性冗余资源、非沉淀性冗余资源、学习能力、创新能力、企业社会责任、企业社会关系六个前因条件的一致性水平均低于0.9，故不存在高组织韧性的必要条件。

表2-3　必要条件分析

前因条件	一致性	覆盖度
非沉淀性冗余资源	0.50	0.51
~非沉淀性冗余资源	0.53	0.51
沉淀性冗余资源	0.52	0.48
~沉淀性冗余资源	0.49	0.52

续表

前因条件	一致性	覆盖度
学习能力	0.52	0.51
~学习能力	0.50	0.50
创新能力	0.23	0.52
~创新能力	0.77	0.49
企业社会责任	0.47	0.45
~企业社会责任	0.54	0.55
企业社会关系	0.51	0.51
~企业社会关系	0.51	0.50

注:“~”代表条件缺席

(二)条件组态的充分性分析

条件组态的充分性分析试图考察多个前因条件所形成的不同组态对结果的充分性,也就是探索多个条件构成的组态代表集合是否为结果集合的子集。借鉴主流的QCA研究,在进行充分性分析前需要确定一致性阈值和频数阈值。[39]本文考虑如下三个实践标准:①样本规模。中小样本的频数阈值可以设定为1,而大样本的频数阈值应该大于1。②真值表的分布情况。结果为0和1的案例在真值表中的分布应该均有覆盖且大致保持平衡。③观察案例数。观察案例的数量应不少于案例总量的75%。最终确定一致性阈值为0.8,频数阈值为1。

表2-4报告影响因素促进组织形成高韧性的组态。其中,一致性水平代表组态在多大程度上构成高组织韧性的充分条件,通常认为一致性水平大于0.75的构型才具有解释力,而该表中呈现的3种构型(S1、S2、S3)均大幅超过这一标准,其中总体解一致性为0.868。原始覆盖度代表该组态能够解释的样本案例,总体覆盖度为0.293。fsQCA分析后会产生三种解:复杂解、简约解和中间解。因为中间解比简约解更保守,案例经验的拟真性更强,所以本文

在理论分析报告中间解的基础上，结合简约解的逻辑余项获取组态中的核心条件汇报中间解。[29]表2-4为六个前因条件形成的组态，呈现的三种组态（S1、S2、S3）和总体解的一致性水平均高于最低标准0.75。

表2-4 高组织韧性组态

前因条件	S1	S2	S3
非沉淀性冗余资源	●		
沉淀性冗余资源	●		●
学习能力	●	●	
创新能力		●	
企业社会责任			●
企业社会关系			●
一致性	0.917	0.824	0.861
原始覆盖度	0.086	0.074	0.034
唯一覆盖度	0.041	0.032	0.034
总体解的一致性	0.868		
总体解的覆盖度	0.293		

注：●表明条件存在；空格则意味着条件变量的存在对于结果而言可存在可不存在，在构型中不起作用。

（三）稳健性检验

本文通过把完全隶属阈值由0.9分位数调整为0.85分位数，完全不隶属值由0.1分位数调整为0.05分位数，重新输入fsQCA程序中进行分析。结果发现，输出的高组织韧性组态构成、覆盖度和一致性等仅发生了极小的变化，不足以得出有效且与当前结果完全不同的结论。根据Schneider提出的QCA结果稳定性检验标准，即在参数调整的情况下，组态数量及组态内容的一致性和覆盖度均没有发生足以影响结果的变化，那么可以认为QCA结果是稳健的。[40]因此本文的研究结果是稳健的。

五、理论解释和案例分析

(一)资源主导逻辑下学习能力驱动型路径

组态分析部分,组态S1指出高非沉淀性冗余资源、高沉淀性冗余资源、高学习能力为核心条件(A1×A2×B1)可以产生高组织韧性。S1表明组织主要以高沉淀性冗余资源和高非沉淀性冗余资源为主导要素,发挥企业的学习能力解决危机,形成高组织韧性。

该组态的典型案例为九芝堂。九芝堂面对股权回购危机时,高非沉淀性冗余资源层面,为了保护债权人利益和提升股价,九芝堂在股票回购环节大量使用非沉淀性冗余资源,流动比率和速动比率高于2∶1和1∶1的比值,流动资产占用大量资金。与同期进行回购的华海药业和天音控股相比,九芝堂在利用自身资金的基础上,同样部分使用银行贷款。回购过程中,充分利用公司的现金流,提高了资金利用效率,提升获利能力,成功实现回购。高沉淀性冗余资源层面,九芝堂推出新的otc(非处方药)运作方案与销售政策,保证企业销售回款增长,为危机解决提供坚实的基础。高学习能力层面,九芝堂在企业文化建设层面学习欧美先进管理体系,同时结合九芝堂的传统药企特色,形成九芝堂特色的文化系统。成立"九芝堂"商学院,在传统学徒文化的基础上开展线上学习,推广中医药知识。结合现代技术,弘扬传统国学。

根据资源主导逻辑,高韧性组织的形成路径就是它们利用自身资源发挥自身的学习能力为自己创造价值并解决危机,形成"全面性"特征的过程。根据上述分析,具体表现为以非沉淀性冗余资源和沉淀性冗余资源为主导要素充分利用资产,积极学习新管理流程和体系,跟进时代发展,成功应对危机形成及时性、强关联性、创造性和缓冲性特征,最终形成高韧性组织。符合本文资源主导逻辑下学习能力驱动型高组织韧性组态解的特征,如图2-3所示。

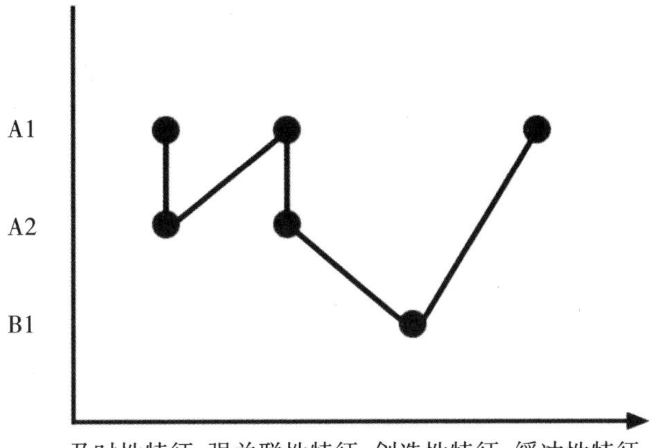

图2-3　资源主导逻辑下学习能力驱动路径图

路径分析部分，危机前期，组织保持高效率的资源分配，降低冗余资源，以获得更好的企业增长绩效。企业绩效稳定，冗余资源不断增加，当冗余资源积累一定体量后，可运营的冗余资源被视为一种战略资源存储。组织形成战略资源存储后，结合学习能力将知识获取、转化、吸收和利用，不断提高组织资源利用的水平。在高水平冗余下，高学习能力的组织将冗余资源作为危机情境下的缓冲资源，对内外部冗余资源重新配置和再整合，减少不必要资源冗余，弱化过高资源冗余导致的负面影响，降低危机导致的企业运营负担，利用冗余资源应对技术复杂变化和市场不确定的冲击，提升资源利用效率，提升组织韧性。如图2-3所示，路径具体表现如下。

首先，组织利用非沉淀性冗余资源与沉淀性冗余资源形成及时性特征。当遭遇危机时，一方面，组织利用财务资源、金融资源等高非沉淀性冗余资源拓宽危机感知的渠道，帮助组织及时从多方面及时了解危机，加深对危机的认知，对危机可能产生影响的深度和广度进行估计，及时识别危机。另一方面，组织通过迅速调配沉淀性冗余资源并及时采取应对策略，以降低供应中断和竞争对手战略变化的风险，从而抵御突发的外部冲击。

其次，组织利用非沉淀性冗余资源与沉淀性冗余资源形成强关联性特征。当危机破坏性较强时，组织利用固定资产、库存产品、原材料等高沉淀性冗余资源，最大限度地将其转化为高非沉淀性冗余资源降低危机的破坏性。高非沉淀性冗余资源既帮助组织在战略决策制定和转变时更灵活，适应和改变既定战略的能力更强，同时确保组织适应外部供应和市场需求的变化。另外，组织通过重新配置冗余资源，形成新的运营方式或转移资源到成熟的市场适应复杂的行业变化，帮助企业实现新的增长，提升组织应对危机的能力。

再次，组织利用学习能力形成创造性特征。依靠现有冗余资源并不足以解决危机，在现有冗余资源基础上，组织通过创造性学习为组织应对危机开拓思路，打破组织对危机处理的惰性。在危机处理的过程中学习，通过反思，在已有危机处理认知的基础上发生潜移默化的变化，学习更有效的方法。根据具体的危机情境调整危机应对行为，使行为具有更强的可行性和适应性。在激活高学习能力基础上，组织结合成员的信任感和责任感，更有效地激发组织的凝聚力和士气，通过让员工个人主动参与，提高员工之间的沟通效率，激活组织应对危机情况的积极性和主动性。使企业更快地适应挑战。

最后，组织利用非沉淀性冗余资源形成缓冲性特征。非沉淀性冗余资源带来缓冲效应，组织通过不断调整和完善应急响应策略，恢复甚至重构整个组织体系，形成缓冲性，增强组织韧性，成功应对危机。

（二）能力主导逻辑下创新能力驱动型路径

组态分析部分，组态S2指出高学习能力、高创新能力为核心条件（B1×B2）可以产生高组织韧性。S2表明组织借助卓越的创新能力和学习能力解决危机，形成高组织韧性。

该组态的典型案例为美克家居（美克美家）。美克家居是我国知名的家具生产销售上市企业，产品销售以出口美国为主。美国家具制造商协会向ITC和DOC对中国木制卧室家具的反倾销提起诉讼，对未应诉的将近2万家中国家具制造出口商征收平均税率高达198.08%的罚款。危机发生后，美克家居第一时间联系政府相关部门、家具协会、中国国际贸易促进委员会及新闻媒体，共同商讨对策，企业内部成立反倾销应诉小组，联合起来成立反倾销组织。美克家居成为唯一一家取得零关税的中国企业，并进一步提高了企业的管理水平。同时美克家居调整策略，由“走出去”向“海归”转变，美克家居不断地学习先进理念和创新技术。高学习能力方面，积极学习海外先进管理模式，引进海归专业人才将国际上最先进的设计理念和风格引入中国市场。同时引进国际先进销售模式，凭借着先进的管理体系，网络布局逐渐完善，品牌影响力不断扩大，产业稳健发展。高创新能力方面，推广免息购买业务，“以人为本”进行创新。美克家居联合招商银行，在我国高端家具市场正式推广“购买家具免息分期付款服务”，与同级别的品牌产生差异。面对国内市场同质化严重的问题，美克家居形成了一套自己生产、自己销售的“品牌一体化”模式，实现品牌的制造与销售的完美结合。为满足国内消费者需求，每年推出四个新系列产品。如果消费者还无法满意，可以将自己的想法告诉设计师，设计师根据已有的风格进行组合来满足顾客的需求。最终美克家居形成内销与外销共同成长的局面，成功应对反倾销危机。

根据能力主导逻辑，高韧性组织的形成路径就是他们充分利用其学习能力并结合突出地创新能力为自己提供创新价值并解决危机，形成“全面性”特征的过程。根据上述分析，具体表现为以能力为主导因素推动企业发展、培养人才、更新战略，不断根据市场实际需求创新品牌策略，成功应对危机形成及时性、强关联性、创造性和缓冲性特征，最终形成高韧性组织。符合本文能力主导逻辑下创新能力驱动型高组织韧性组态解的特征，如图2-4所示。

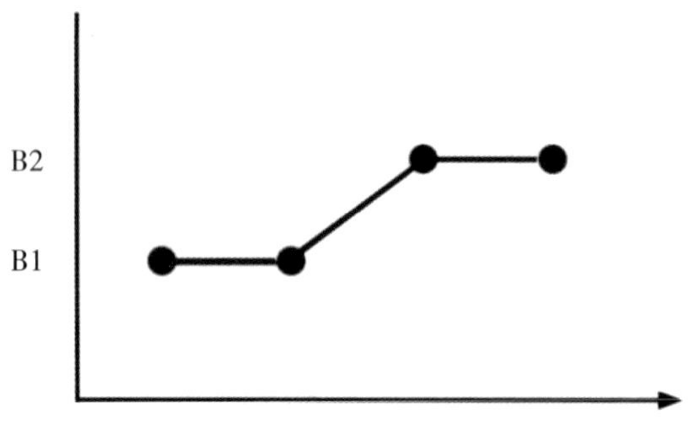

图2-4 能力主导逻辑下创新能力驱动型路径图

路径分析部分，面对危机时，组织通过不断学习新知识，利用差异性创新应对危机。有价值的组织冗余资源的存在不能表明新颖思想和知识可以自发并且无压力地转换为组织的创新能力。组织需要通过感知危机中的环境变化对创新决策进行动态调整，保持组织创新对变化的环境的最佳适应。高创新能力的组织更加关注可持续发展，资源实现可持续利用，同时更容易将冗余资源转化为保证企业未来可持续发展的战略储备，提升组织绩效和降低财务的波动，提升组织韧性。危机发生后，管理者首先利用现有认知及时对危机初步判断，确认风险对组织生产经营各方面的影响，当发现危机的发展走向与传统管理认知不一致时，通过利用组织的高学习能力更新对危机的认识，根据环境变化改变传统组织的管理流程和控制，增加组织运作的灵活性，适当下放权力以提高响应能力，尽可能地减少反应时间，使组织管理模式与当前环境相匹配。同时组织根据客观市场需求及时代发展趋势开发新模式，利用创新能力实现价值增长，使组织能够更快地适应危机变化，增强组织抵御风险的能力，成功应对危机。如图2-4所示，路径具体表现如下。

首先，组织利用学习能力形成及时性特征。管理者及时感知危机是组织认识危机和后续应对危机的必要条件。组织管理者利用对人际、市场、技术和管理形成的认知，降低识别危机的信息差，提升及时识别危机的能力，为应对危机打好基础。组织将利用其应对危机的经验和非传统知识来进行创新性危机识别，根据现有的知识和经验进行尝试和归纳，凭借敏锐洞察力剔除不可行决策，选择可行性最大的决策，强化对危机的识别和评估，提升危机识别的准确度。

其次，组织利用学习能力形成强关联性特征。组织抓取和重新配置冗余资源，通过自我转变降低危机带来的负面影响。组织与利益相关者的沟通和互动能够提升组织强关联性，帮助组织实现资源价值最大化。扩展组织内成员获取信息的途径，使组织对信息识别和传递更加准确，将外部知识快速准确地传递到组织内部，加速组织对异质性知识的学习。

再次，组织利用创新能力形成创造性特征。管理者从以往经验中积累、归纳和提炼危机应对知识，发展创造性的抽象思维，增强危机识别的判断能力和形成有效解决危机问题的先决条件，进而提升危机应对能力。组织不断学习和转化，为组织提供持续不断的创新动力。通过拓展知识和资源渠道，脱离甚至超出原有的知识基础，获得更多的关联信息和新知识，帮助组织打破原有认知，形成新的思维模式，转变行为方式，产出新产品、开发新技术、开拓新市场、吸引新客户，降低危机导致的风险。

最后，组织利用创新能力形成缓冲性特征。组织通过在危机中不断学习和创新，进而帮助企业在文化、制度、程序和愿景上的更新迭代，帮助提升组织的缓冲性，为再次应对同质性危机打牢基础。

（三）关系主导逻辑下沉淀性冗余资源驱动型路径

组态分析部分，组态S3指出高沉淀性冗余资源、高企业社会责任、高企业社会关系为核心条件（A2×C1×C2）可以产生高组织韧性。S3表明组织依靠稳定的企业社会关系和强有力的企业社会责任，利用沉淀性冗余资源解决危机，形成高组织韧性。

该组态的典型案例为万科。万科面对“捐款门”危机，高沉淀性冗余资源层面，万科很早便成立"万科产业化研究基地"，逐步由住宅向商业地产转化，始终走在行业发展的最前端。危机发生后，万科组织国内结构房屋结构鉴定专家和房屋结构抗震专家队前往都江堰勘测灾后建筑情况。在灾区开展一系列的灾害救援和补救工作。高企业社会责任层面，万科积极应对灾后救援及重建工作，提出无偿为四川灾区提供临时安置救助和开展灾后重建。同时，万科自2008年起建立完善的企业社会责任报告，该报告持续至今记录了万科积极进行企业社会责任建设，显示出企业极具社会责任感，关注环境，关注民生，在公众层面树立了良好的企业形象。高企业社会关系层面，王石在多年的国企工作中，形成了全面的社会网络和信息来源渠道，得以从政策角度出发认知市场信息，对企业后期的发展策略作出积极调整。

根据关系主导逻辑，高韧性组织的形成路径就是他们利用其自身关系结合沉淀性冗余资源，促使其两方面相互影响、相互渗透，提升危机应对能力并解决危机，形成"全面性"特征的过程。根据上述分析，具体表现为以关系为主导要素，依托沉淀性冗余资源发挥行业特有优势，借助管理者社会关系经验解读政策信息，根据具体危机情况调整企业履行社会责任的程度，成功应对危机形成及时性、强关联性、创造性和缓冲性特征的高韧性组织。符合本文关系主导逻辑下沉淀性冗余资源驱动型高组织韧性组态解的特征，如图2-5所示。

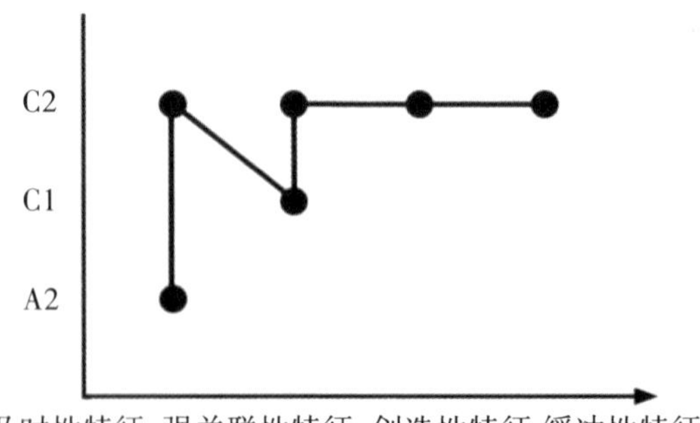

图2-5　关系主导逻辑下沉淀性冗余资源驱动型路径图

路径分析部分，面对危机，在高企业社会关系方面，组织内部成员间的合作信任可以为沉淀性冗余资源配置提供保障，形成组织承载危机冲击、恢复经营状态的基础。在高企业社会责任方面，根据危机的破坏程度，组织可以不断优化、完善内部资源，还可以不断探索、吸收外部资源。具体而言，面对危机，组织借助较强的行业影响力、较高的利益相关者信任度，同时不断加大社会责任的履行力度，从而在危机解决过程中占据关系优势。以关系优势为主导逻辑，组织在管理者敏锐的政策信息感知下，通过关系网获得知识共享、技术转移和资源交换的机会，同时为组织获取稀缺性资源和能力，它通过特殊渠道帮助企业获取独特性资源和能力，降低组织对外部环境的依赖程度和交易成本，从而减轻危机带来的损害。依托稳固的社会关系，加快危机发生时的响应速度，缩短危机处理过程时间，更快地解决眼前的瓶颈，成功应对危机。如图2-5所示，路径具体表现如下。

首先，组织利用沉淀性冗余资源与企业社会关系形成及时性特征。组织通过与不同的人、事、物、信息进行连接，获取外部异质的资源和知识。不同部门间成员的交流沟通，帮助组织间资源共享与优势互补的效能不断提升，增加成员信息来源多样性，缓解员工对危机环境下的不确定感。积极调动非市场资源的利益相关者支持，建立异质性资源渠道，帮助组织增加信息资源储备。通过以上行为在应对危机过程中，帮助组织及时准确识别危机，同时降低信息差导致的不必要失误。

其次，组织利用企业社会责任与企业社会关系形成强关联性特征。组织内部成员知识共享、信息交互和整合，提升组织的凝聚力，实现内部资源配置的优化，为组织根据危机变化制定针对性策略提供支持，降低危机的负面影响，激活应对危机的组织韧性。管理者协调各部门关系，创造良好的沟通条件，如选择固定平台，根据需要安排沟通时间，实现资源信息的高效交流。组织通过调整内部关系，关联外部关系协同发挥作用，形成多重网络关系。借助多重网络关系积极适应危机变化，增强组织的恢复能力，形成更高的组织韧性。

再次,组织利用企业社会关系形成创造性特征。组织建立信息交流共享渠道,通过组织内部深层次的信息交流,整合并优化现有资源,探索已有资源间的潜在联系,进行创造性连接,实现组织资源灵活配置,帮助组织在不确定性强的危机中不断改进,增强组织从危机损失中恢复的能力。

最后,组织利用企业社会关系形成缓冲性特征。监控危机处理流程中存在的问题,及时得到反馈并选择处理措施。通过将流程程序化,下次遇见危机可以在既定程序下行事,培养组织内成员居安思危的意识。

六、结论与展望

(一)研究结论

组织的资源、能力、关系均对高韧性组织的形成发挥着重要作用。本文根据高组织韧性组态(内生)到高韧性组织特征(外显)的思路对高韧性组织形成路径进行讨论。基于"资源—能力—关系"的组态框架,结合正在兴起的模糊集定性比较分析(fsQCA)方法,将高组织韧性的组态结果与高韧性组织的特征相结合,讨论高韧性组织的形成路径。通过82家企业为案例样本分析影响企业组织韧性的因素(非沉淀性冗余资源、沉淀性冗余资源、学习能力、创新能力、企业社会责任和企业社会关系)。在组态效应下得出高韧性组织的实现路径可归纳为资源主导逻辑下学习能力驱动型路径、能力主导逻辑下创新能力驱动型路径、关系主导逻辑下沉淀性冗余资源驱动型路径。最终得到高韧性组织的形成路径模型。如图2-6所示。

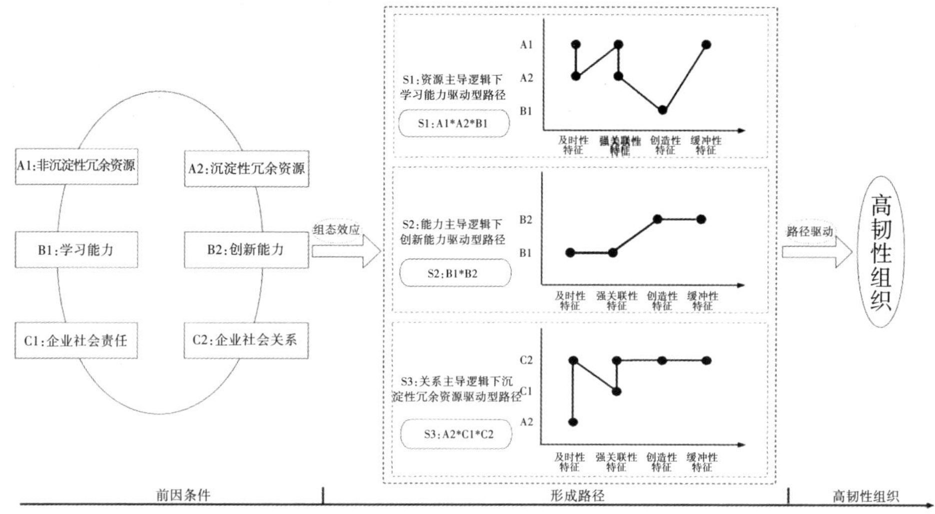

图2-6 高韧性组织的形成路径模型

(二)理论贡献

第一,从动态视角出发探究高韧性组织的形成路径。现有研究以理论推演为主,一些学者认为高韧性组织是由战略韧性、资本韧性、关系韧性、领导韧性和文化韧性等能力静态构成的,[15]肯定了高韧性组织的重要价值,但缺乏对高韧性组织如何形成的探究。静态组合的高韧性组织侧重于基本概念和原则的探讨。韧性组织的形成存在着复杂的交互作用机制,仅仅从静态组合方面无法充分认识高韧性组织形成过程,因此需要从动态形成过程方面进行研究。本文从动态视角探究高韧性组织的形成路径,阐明了高韧性组织形成的内在关键,丰富了高韧性组织形成路径研究。

第二,识别了高韧性组织的多条路径。有些学者认为韧性组织的形成遵循单一路径,[41]但忽视了外部环境和内部资源情况的差异会导致高韧性组织的形成存在多条演化路径。虽然存在少部分文献探究了某特定危机窗口下高组织韧性的多条形成路径,但存在以下问题,一方面,对高韧性组织形成过程研究局限于单一研究对象或者研究情境,从而忽略了企业长期存活需要经历多次危机,情境差异下高韧性组织的形成路径的不同。另一方面,基于模糊集定性比较分析(fsQCA)探究高组织韧性的组态分析并未针对具体路径进行讨论。本文借助定性比较分析对高韧性组织形成的三条路径进行挖掘,有利于组织综合判断内外部因素的影响,选择合适的形成路径,有效提升韧性水平,形成高韧性组织。

(三)研究启示

由于高组织韧性的生成并不是单个影响因素的作用,而是"多重并发因果"导致,为进一步剖析这六个条件变量的组合关系及实现路径,更好地促进组织应对危机,提升组织韧性,研究发现高组织韧性的组态有三种,分别为组态一:非沉淀性冗余资源×沉淀性冗余资源×学习能力;组态二:创新能力×学习能力;组态三:沉淀性冗余资源×企业社会责任×企业社会关系。此部分验证了影响因素分析框架在我国韧性企业案例中的内在逻辑和关联,一方面较为直观地呈现了高组织韧性生成的条件组合,另一方面也从侧面证实了高组织韧性"多重并发因果"的猜想和假设。这三条路径对于组织在不同危机情境下形成高韧性组织的核心条件和侧重点有所不同。

在资源主导逻辑下学习能力驱动型这一模式下,由于组织应对危机是在具有充足冗余性资源情境下进行的,组织需要在现有认知的基础上不断学习如何合理运用资源使其发挥最大价值至关重要。一方面利用冗余资源支撑组织学习能力的提升。另一方面,提升学习能力实现资源价值最大化。两者相辅相成,帮助组织成功应对危机,提升组织韧性。在能力主导逻辑下创新能力驱动型这一模式下,在缺乏其条件的支持的情况下应对危机,创新能力便成为组织成功应对危机的重要保障条件,因为在组织缺乏创新的情况下,仅照搬学习其他组织的应对经验,而不根据自身的实际条件加以转化,又缺少其他外部条件的支持,则会直接导致组织无法成功应对危机,最终在危机中承受巨大损失。关系主导逻辑下沉淀性冗余资源驱动型这一模式，较之另外两种模式，具有更高社会认可度可以帮助组织拥有良好的社会信任，同时积极响应国家发展政策，顺势而为，以外力支持降低组织应对危机的难度，因此企业应该积极树立良好的社会形象。基于上述分析，三条路径有着不同的适用情况，组织要根据自身和危机的实际情况加以区分和学习。

参考文献：

1. KORONIS E, PONIS S. Better than before: The resilient organization in crisis mode, *Journal of Business Strategy*, 2018, 39(1).

2. ISHAK A.W., WILLIAMS E.A., A dynamic model of organizational resilience: Adaptive and anchored approaches, *Corporate Communications: An International Journal*, 2018, 23(2).

3. MA Z., XIAO L., YIN J., Toward a dynamic model of organizational resilience, *Nankai Business Review International*, 2018, 9(3).

4. VOGUS T. J., SUTCLIFFE K. M., Organizational resilience: Towards a theory and research agenda, *2007 IEEE International Conference on Systems, Man and Cybernetics*, 2007.

5. SCHILLING M.A., STEENSMA H.K., The use of modular organizational forms: An industry-level analysis, *Academy of Management Journal*, 2001, 44(6).

6. BOIN A., VAN EETEN M.J., The resilient organization, *Public Management Review*, 2013, 15(3).

7. 李雪灵、刘源、樊镁汐等:《平台型组织如何从新冠疫情事件中激活韧性？——基于事件系统理论的案例研究》,《研究与发展管理》, 2022年第5期。

8. WILDAVSKY A.B., Searching for safety, *Journal of Risk & Insurance*, 1988, 57(3).

9. WARDEKKER J.A., JONG A.D., KNOOP J.M., et al., Operationalising a resilience approach to adapting an urban delta to uncertain climate changes, *Technological Forecasting & Social Change*, 2010, 77(6).

10. 谢卫红、蓝海林、蒋峦:《柔性组织: 动态竞争条件下的企业选择》,《软科学》, 2001年第3期。

11. CASLER J.G., Revisiting nasa as a high reliability organization, *Public Organization Review*, 2014, 14(2).

12. 诸彦含、赵玉兰、周意勇等:《组织中的韧性:基于心理路径和系统路径的保护性资源建构》,《心理科学进展》, 2019年第2期。

13. XIAO L., CAO H., LONG L., et al., Organizational resilience: The theoretical model and research implication, *Itm Web of Conferences*, 2017, 12.

14. ROBB D., Building resilient organizations resilient organizations actively build and integrate performance and adaptive skills, *OD practitioner*, 2000, 32(3).

15. 曹仰锋:《组织韧性:如何穿越危机持续增长?》,中信出版社, 2020年。

16. 宋耘、王婕、陈浩泽:《逆全球化情境下企业的组织韧性形成机制——基于华为公司的案例研究》,《外国经济与管理》, 2021年第5期。

17. 李姗姗、黄群慧:《基于fsQCA方法的新创企业组织韧性构建路径研究》,《经济体制改革》, 2022年第3期。

18. 张吉昌、龙静、王泽民:《中国民营上市企业的组织韧性驱动机制——基于"资源—能力—关系"框架的组态分析》,《经济与管理研究》, 2022年第2期。

19. 王亚妮、程新生:《环境不确定性、沉淀性冗余资源与企业创新——基于中国制造业上市公司的经验证据》,《科学学研究》, 2014年第8期。

20. SHARFMAN M.P., WOLF G., CHASE R.B., et al., Antecedents of organizational slack, *Academy of Management Review*, 1988, 13(4).

21. KNIGHT L.A., Learning to collaborate: A study of individual and organizational learning, and interorganizational relationships, *Journal of Strategic Marketing*, 2000, 8(2).

22. 李兰、仲为国、彭泗清等:《新冠肺炎疫情危机下的企业韧性与企业家精神——2021·中国企业家成长与发展专题调查报告》,《南开管理评论》, 2022年第1期。

23. HAMEL G., VALIKANGAS L., The quest for resilience, *Revista de la Facultad de Derecho*, 2004(62).

24. 奉美凤、谢荷锋、肖东生:《高可靠性组织研究的现状与展望》,《南华大学学报(社会科学版)》, 2009年第1期。

25. MACKEY A., MACKEY T.B., BARNEY J.B., Corporate social responsibility and firm performance: Investor preferences and corporate strategies, *Academy of Management Review*, 2007, 32(3).

26. PENG M.W., LUO Y., Managerial ties and firm performance in a transition economy: The nature of a micro-macro link, *Academy of Management Journal*, 2000(3).

27. GITTELL J.H., CAMERON K., LIM S., et al., Relationships, layoffs, and organizational resilience: Airline industry responses to september 11, *The Journal of Applied Behavioral Science*, 2006, 42(3).

28. LV W., WEI Y., LI X., et al., What dimension of csr matters to organizational resilience? Evidence from China, *Sustainability*, 2019, 11(6).

29. 杜运周、贾良定:《组态视角与定性比较分析(qca):管理学研究的一条新道路》,《管理世界》, 2017年第6期。

30. ORTIZ-DE-MANDOJANA N., BANSAL P., The long-term benefits of or-

ganizational resilience through sustainable business practices, *Strategic Management Journal*, 2016, 37(8).

31. TOGNAZZO A., GUBITTA P., FAVARON S.D., Does slack always affect resilience? A study of quasi-medium-sized italian firms, *Entrepreneurship & Regional Development*, 2016, 28(9-10).

32. 肖土盛、孙瑞琦、袁淳:《新冠肺炎疫情冲击下企业现金持有的预防价值研究》,《经济管理》, 2020年第4期。

33. 李晓翔、刘春林:《冗余资源对灾难应急一定有利吗? ——基于地震和雪灾事件的实证研究》,《经济管理》, 2010年第12期。

34. 顾晓敏、任爱莲:《学习能力与开放创新绩效的关系研究——基于电子类高新技术企业的数据》,《软科学》, 2011年第3期。

35. AHUJA G., KATILA.R., Technological acquisitions and the innovation performance of acquiring firms: A longitudinal study, *Strategic Management Journal*, 2001, 22(3).

36. 王站杰、买生:《企业社会责任、创新能力与国际化战略——高管薪酬激励的调节作用》,《管理评论》, 2019年第3期。

37. Gittell J.H., Cameron K., Lim S., et al., Relationships, layoffs, and organizational resilience: airline industry responses to September 11, *The Journal of Applied Behavioral Science*, 2006, 42(3).

38. 张明、杜运周:《组织与管理研究中QCA方法的应用:定位、策略和方向》,《管理学报》, 2019年第9期。

39. RAGIN C.C., *Redesigning social inquiry: Fuzzy sets and beyond*, University of Chicago Press, 2009.

40. SCHNEIDER C.Q., WAGEMANN C., *Set-theoretic methods for the social sciences: A guide to qualitative comparative analysis*, Cambridge University Press, 2012.

41. 单宇、许晖、周连喜等:《数智赋能:危机情境下组织韧性如何形成?——基于林清轩转危为机的探索性案例研究》,《管理世界》,2021年第3期。

从无序弱涌到规引强涌:数字政府引领新质生产力发展的机制研究

王 妃 胡 峰 夏 懿 鞠潍宇

摘要:以科技创新为引擎的新质生产力发展,既需要考虑科技创新复杂系统与国家战略科技建设基础及规划的交融度,确保研究的现实可行性和效能;也需要考量科技创新复杂系统对新质生产力结构复杂系统的驱动力传导问题,避免因双系统要素纠葛导致的传导力失效。通过引入复杂系统领域的涌现理论,基于国内外成果和国家战略科技力量分析,利用政府"无形的手"强化双系统驱动力传导的有向性。构建"新质生产力强涌现模型",提出新质生产力发展的两属性三要素,提出信息路径、机制路径、资源路径、协作路径的具体发展方案。同时,改良已有强涌现模型,增加自上而下反馈,提升模型稳定性。

关键字:涌现理论;数字政府;新质生产力;高质量发展;国家战略科技力量

基金项目:天津市2024年度哲学社会科学规划项目"从无序弱涌到规引强涌:数字政府引领新质生产力发展的机制研究"(TJQLT24-03)。

作者简介:王妃,天津市应急外语服务研究院副研究员;胡峰,江苏省科学技术发展战略研究院(江苏省科学技术情报研究所)副研究员,南京师范大学国家安全与应急管理研究中心特聘研究员;夏懿、鞠潍宇,天津市应急外语服务研究院助理研究员。

一、问题的提出

随着ChatGPT和Sora等“颠覆式”人工智能技术的现世，“乌卡时代”和“技术利维坦”时代也正式到来。[①]在充满不稳定、不确定、复杂和模糊的新兴科技发展时期内，用好科技创新力量强化生产力跃迁并以此形成高质量发展的强大驱动力，已成为迈入新发展阶段后数字政府建设必须考量的重要治理效能，[②]也是满足大国使命和大国博弈的双重导向需求的必然之选。尤其在科技强国建设过程中，国家战略科技力量建设与科技创新发展形成相互交织的复杂关联，促使由科技创新强化驱动且作为砥柱推动高质量发展的新质生产力，被构筑成底层驱动的科技创新要素复杂关联蓄能，顶层所向又具有大国使命和大国博弈双重导向特点的复杂结构系统。

2024年1月，习近平总书记在中共中央政治局集体学习时明确指出：“科技创新能够催生新产业、新模式、新动能，是发展新质生产力的核心要素。”[③]2024年3月在湖南考察时，再次强调“科技创新是发展新质生产力的核心要素”，并指出要“主动对接国家战略科技力量”[④]。而新质生产力发展和国家战略科技力量建设的顶层所趋皆为国家高质量发展并均以科技创新为底层依托，二者不仅在底层蓄能上具有高度交互，在基础与目标上又极度贴合。故此，新质生产力发展的研究将国家战略科技力量建设思路纳入其中探讨，是将新质生产力发展落在已有创新科技力量战略布局并融入国家整体科技发展布局场景中来提升自身发展可行性与效能级的良方。

---

① 胡峰、刘媛、陆丽娜：《基于机器人产业发展阶段的政策—技术路线图构建》，《中国科技论坛》，2019年第6期。

② 米加宁、李大宇、董昌其：《算力驱动的新质生产力：本质特征、基础逻辑与国家治理现代化》，《公共管理学报》，2024年第2期。

③ 《加快发展新质生产力 扎实推进高质量发展》，《人民日报》，2024年2月2日。

④ 《以发展新质生产力为重要着力点推进高质量发展》，《人民日报》，2024年3月1日。

从学界研究看，相较新质生产力发展实践，新质生产力发展理论尤其是高质量发展双重导向下的新质生产力发展研究相对滞后，与国家高质量发展的迫切需求张力和科技发展迭代加速相比存在极大空间。一方面，学界内对于新质生产力发展研究视角较为宏观和中观，尚缺乏从生产力结构系统自身复杂系统特性探讨发展的研究，这导致施力于同样具有复杂生态系统特性的创新科技系统，对新质生产力复杂系统发展的驱动力传导易出现溃散无序或失效问题。这也就是目前发展实践中举措施力但成效并不十分显著，未能形成新质生产力强涌现式发展的重要原因之一。另一方面，以新质生产力促进高质量发展的研究屡见不鲜，但在以新质生产力为对象的研究中将高质量发展视为目标导向的研究仍属罕见。而这一问题与学者任保平和豆渊博发表于2024年3月的综述所发现的问题相一致。[①]这使得相关研究仍停留在如何大力通过科技创新等促进新质生产力发展，而忽略了其发展仍处于无序生长状态，导致单纯催长的新质生产力发展对高质量发展的助力效果并不显著。鉴于此，研究引入涌现理论，旨在创新性地以自然科学的复杂系统逻辑隐性嵌入，为新质生产力发展探寻导向强、可持续的强涌现之路。并希望实现理论和实践双重价值：在理论层面，为新质生产力发展提供可借鉴的跨学科理论对话向度，补全新质生产力微观层面复杂要素分析视角罕见的薄弱之处，并进一步优化原有涌现理论增加了理论的稳定性；在实践层面，提出以政府为主导的新质生产力发展参考方案，进一步强化了新质生产力发展的目标导向，提升了核心引擎驱动力传导的有效性，并促进新质生产力发展走向强涌现。

① 任保平、豆渊博：《新质生产力：文献综述与研究展望》，《经济与管理评论》，2024年第3期。

二、国内外政府引领新质生产力发展的研究

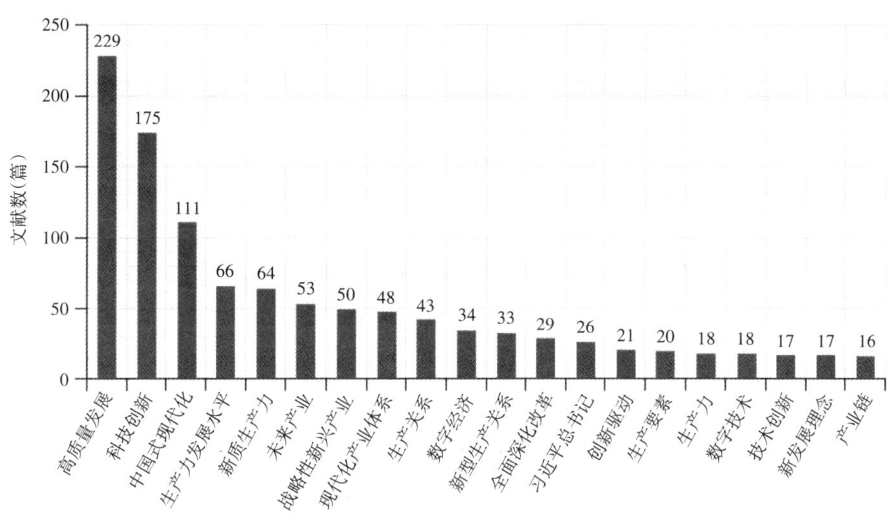

图2-7 政府引领新质生产力发展的关键词共现

(一)国家战略科技力量的研究概述

梳理相关学者成果发现,国家战略科技力量建设所支持的科技创新与驱动新质生产力的科技创新重合度极高,并呈现出相互促进、相互依存的关系。尤其在科技创新的创新性、前沿性、驱动性、融合性、风险性等方面具有一致性。因此,探讨分析由科技创新驱动的新质生产力发展必须考量国家战略科技力量的建设资源、范畴、层次、主体等维度情况的基础与规划,以此为驱动新质生产力的创新科技系统吸纳已有布局优势,兼容未来发展战略设计,并全面考量现实场景下科技创新的重要影响因素,以此提升研究结果的可行性与兼容性。

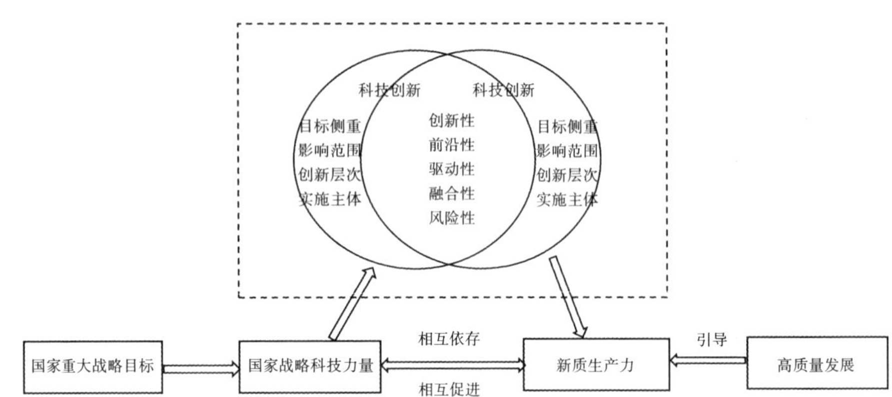

图2-8 国家战略科技力量建设与驱动新质生产力发展的科技创新关系框架

中国科学技术发展战略研究院研究发布《国家创新指数报告2022—2023》表示，2023年中国创新能力综合排名已经上升至第10位，虽然相较发达国家仍有差距，但同比去年提升了3名。[①]从国内看，中国战略科技力量在实践取得的成绩是显著的，但未来需要继续取得的成绩仍有极大空间。李力维和董晓辉认为国家战略科技力量作为复杂系统需要强化目标导向作用才能加快建设进程。[②]王荖祥等人分别探讨了国家重点实验室建设、科研机构改革、产业链创新力提升、国家科学中心建设等。[③]从国际看，据Harvard University[④]、National Science Board[⑤]等发布的科技报告显示，美国为代表的发达国家在国家战略科技建设上极为重视，也侧重在以国家战略需求为导向、先

① 中国科学技术发展战略研究院：《世界排名再提升三位！》，《科技日报》，2023年11月21日。

② 李力维、董晓辉：《系统论视域下国家战略科技力量体系建设研究》，《系统科学学报》，2023年第3期。

③ 王荖祥、刘杨、黄涛：《基于"创新链主建-产业链主战"耦合视角的国家战略科技力量体系研究》，《中国科技论坛》，2023年第12期。

④ Harvard University, Harvard KennedySchool, the Belfer Center for Science and International Affairs.*The great tech rivalry: China vs the US*, Harvard College, 2021.

⑤ National Science Board, *Research anddevelopment: U.S.trends and international comparisons*, National ScienceBoard, 2020.

进研发技术创新为主要投入、军民融合创新为重点，高校科研机构和实验室为重要支撑等方面。[①]这些经验也成为本研究复杂系统内要素分析的部分参考支持。

（二）政府引领新质生产力发展的研究

随着2023年9月，新质生产力的概念被提出后，[②]相关研究逐渐丰富。但学界关于新质生产力发展的研究仍存在切入视角单一，忽略了新质生产力自带的生产力结构系统特性的复杂特点，尤其是在考量科技创新对新质生产力促进作用时，也鲜见将科技创新内部要素复杂性单独考量并视为复杂系统的研究。这导致相关研究通过科技创新为新质生产力施加驱动力量时，难以确保“力”的有效传递。贾若祥和窦红涛探讨了新质生产力推进中国式现代化建设发展的作用，论述了新质生产力符合生产力发展规律具有发展的必然性与必要性。[③]郑永年认为新质生产力是一个战略性概念，是能够促进基于科技进步来提高发展的重要经济活动，并指出发展新质生产力要考虑的因素极多，如金融系统、人才体系等。[④]翟云和潘云龙较早地认为新质生产力发展并不只应该基于创新科技或助力高质量发展，而需要考量所在数字化转型的环境视之。并提出应勾勒出新质生产力与数字化转型深度融合的全景图。[⑤]任保平和豆渊博则通过分析各学者观点提出尚缺乏结合中国经济高质量发展

---

① 周密、胡可欣、丁明磊：《美国国家战略科技力量的发展趋势及其对中国科技自立自强的启示》，《中国科技论坛》，2023年第11期。

② 贾若祥、窦红涛：《新质生产力：内涵特征、重大意义及发展重点》，《北京行政学院学报》，2024年第2期。

③ 宋葛龙：《加快培育和形成新质生产力的主要方向与制度保障》，《人民论坛·学术前沿》，2024年第3期。

④ 郑永年：《如何科学地理解“新质生产力”？》，中国科学院院刊：1-7［2024-05-10 10：56］. https://doi.org/10.16418/j.issn.1000-3045.20240406004。

⑤ 翟云、潘云龙：《数字化转型视角下的新质生产力发展——基于“动力-要素-结构”框架的理论阐释》，《电子政务》，2024年第4期。

进行新质生产力发展战略明确的研究。而这一问题的探讨正是本研究的另一贡献之一。黄恒学则认为新质生产力包含的影响因素非常多,必须依靠政府手段才能处理好各方关系。该政府作用剖析成为本研究以政府为主导开展新质生产力发展研究的有力支持。

鉴于此,当前中国新质生产力发展研究既有多维拓展的理论探讨,也有涉及各领域发展的应用实践。涵括了从理论阐述到路径探索再到场景应用的各范畴研究。但总的来看,一方面,现有研究视角较为宏观和中观,缺乏细粒度的要素纠葛分析,尤其是新质生产力自带的生产力结构复杂系统特点,注定着其内部微观层面存在着极为复杂的要素纠葛需要关注。另一方面,现有研究既发现了政府主导作用不足,[①]也发现了缺乏结合中国经济高质量发展进行新质生产力发展战略明确的研究,还提及新质生产力必须考量现实因素。因此,综合考量以政府为主导的视高质量发展双重目标为导向的新质生产力发展研究实属鲜见,尤其是将已有国家战略科技力量部署以及规划融入探讨的更是罕见。

三、涌现理论及其恰适性

(一)涌现理论的概念及应用

涌现理论是复杂系统领域的核心问题之一,最初来源大自然观察事物发现弱小、微观、个体等通过自组织出复杂的集体模式,并初步形成了集体的行为规律助力该物种的生存和发展,如信息技巧(pheromone trick,如蚂蚁会标注需要集体来取的食物)和结群技巧(flocking trick,群体内个体要尽可能群居并和邻居保持一定距离)。[②]随着学界对涌现理论的深入探索,形成四种涌

① 黄恒学:《发展新质生产力的时代要求与政府作为》,《人民论坛》,2024年第4期。

② Fátima Lanhoso, Denis Alves Coelho.Emergence fostered by systemic analysis——Seeding innovation for sustainable development,*Sustainable Development*,2021,29(04).

现类型，包括简单涌现、弱涌现、多重涌现、强涌现，具体如图2-10所示。[①]强涌现是新近改良的系统类型，它对低级系统具有随附性并依赖于随附性体现涌现的最高、最强，但又独立于下层系统对微观因果不敏感，形成替换底层要素时只要中层不变就不会有太大影响，即相关性屏障。[②]

涌现理论除分类进行不同复杂系统涌现的机理描述外，还具有集群效应（受限生成）、互塑共生观、动态过程（前因变量、动态过程、结果变量）的内涵需要重点关注。[③]具体如图2-9所示。集群效应或受限生成是指在自主形成的集体中构建良性机制规则，促使整体效能大于部分相加之和的效果。[④]互塑共生观则指要注重系统所处的外部环境，要和外部环境形成"天人合一"的共生关系。动态过程不言而喻，是指事物都会发生变化，要注重系统环境和内部要素的自然发展规律。目前，涌现理论已经在多个领域应用，涵盖信息技术、教育、医学、气象、金融等。[⑤]葡萄牙学者Fatima Lanhoso等人将较新的涌现理论运用于社会创新的涌现来确保社会发展的可持续。而国内学者陆亮亮等人则将涌现理论应用于创新创业、创新能力等方面。[⑥]因此将该理论运用于公共管理领域或政治经济领域仍有很大的可拓展空间。

---

① Paul Hager, *The Emergence of Complexit*, Springer Berlin Heidelberg, 2019, p.220.

② Porter A.L., Garner J., Carley S.F., et al., nowledge spillover in entrepreneurial emergence: A learning perspective, *Technological Forecasting And Social Change*, 2019(146).

③ Zhang Y., Huang Y., Chiavetta D., An introduction of advanced tech mining: Technical emergence indicators and measurements, *Technological Forecasting And Social Change*, 2022(182).

④ Sultana, N., Turkina, E. & Cohendet, P., The mechanisms underlying the emergence of innovation ecosystems: the case of the AI ecosystem in Montreal, *European Planning Studies*, 2023, 31(7).

⑤ 陆亮亮、刘志阳、刘建一、殷伟：《元宇宙创业：一种虚实相生的创业新范式》，《外国经济与管理》，2023年第3期。

⑥ [美]托马斯·库恩：《科学革命的结构》，张卜天译，北京大学出版社，2022年，第180页。

（二）涌现理论与数字政府引领新质生产力发展的契合度及理论优化

涌现理论体现的是“促使整体效能大于部分相加之和的效果”（集群效应、受限生成），注重子系统与系统、系统与环境的融洽适配（互塑共生观），并注重子系统、系统和环境的动态发展规律与过程。在科技创新促进新质生产力发展过程中，首先也属于追求整体效果大于各部分之和效果的过程，并符合政府引导下以高质量发展需求为导向的受限生成特点。其次新质生产力是由科技创新驱动但又形成不同于科技创新和旧生产力系统的质变跃迁后的新系统（创造性新系统）。并需要注重科技创新复杂系统与新质生产力系统（子系统与系统）、新质生产力与新生产关系（系统与环境）的适宜性（互塑共生）。此外，科技创新所驱动的新质生产力发展也是属于动态的一种发展过程（动态过程）。因此，涌现理论的强涌现模型与本文的新质生产力发展研究具有高度适配性。

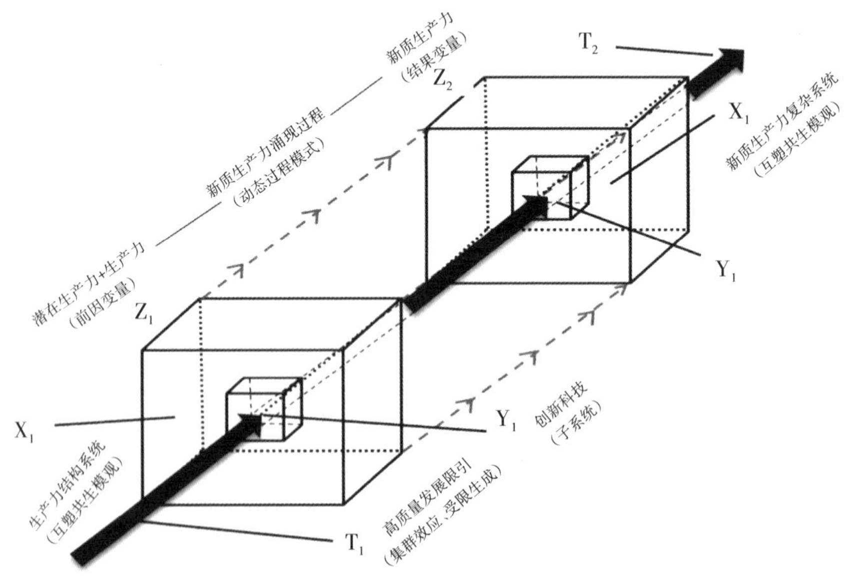

图2-9　涌现理论与数字政府引领新质生产力发展的契合性

根据涌现理论的强涌现模型逻辑的隐形植入可以提炼出新质生产力发展的两个属性和三个要素，即中间层随附性属性、资源层的相关性障碍属性、领域边界要素、信息反馈要素和层级跃迁要素。中间层随附性属性与强涌现中的随附性相一致表示对于下一层改变的依赖，也就是新质生产力对中间层的社会、个人、企业的改变敏感，这里所指为广义概念。资源层的相关性障碍属性与强涌现中的相关性障碍相一致，表示新质生产力对资源层的个体资源的改变并不敏感，如某个人离职、某个企业倒闭等。领域边界要素则是表示一个系统质变的边界，正如Paul Hager所述，如果一个事物的出现或发展是突然地，那么之前往往被某种教条、障碍或者平转所阻碍，也就是一个新旧系统的边界，而这里是指中间层的要素系统质变的临界。信息反馈要素表示的临级系统间、平级系统间的信息交互。层级跃迁要素也可以看作质变的成功表象，在突破边界后是否真的形成新的层级跃迁是有标志性现象呈现的。

此外，需要指出的是涌现理论作为复杂系统领域的核心理论多年来一直在改进，但在改进过程中，简单涌现、弱涌现已在全球发达国家和部分发展中国家的现实金融发展、企业创新发展，以及文化发展中都有应用。通过比对简单涌现、弱涌现、多重涌现和强涌现可以发现，所有涌现模型基本都具有反馈信息来进行系统内要素的信息互动协同。但仅有弱涌现和多重涌现有上下反馈，而且弱涌现仅为正向或反向，多重涌现则是正向且反向。正是因为“上下反馈”弱涌现和多重涌现模型更具稳定性，能够及时沟通不同层级间的动态。而且正向与反向的反馈使得沟通速度更加迅速，做出反应也更及时。鉴于此，研究进一步改良了现有强涌现模型，在原有三级强涌现的上反馈基础上，增加了多层级自上而下反馈，并且是上下反馈并存模式，以此增加模型的稳定性。

四、基于涌现理论的数字政府引领新质生产力发展分析

（一）涌现理论的新质生产力发展模型

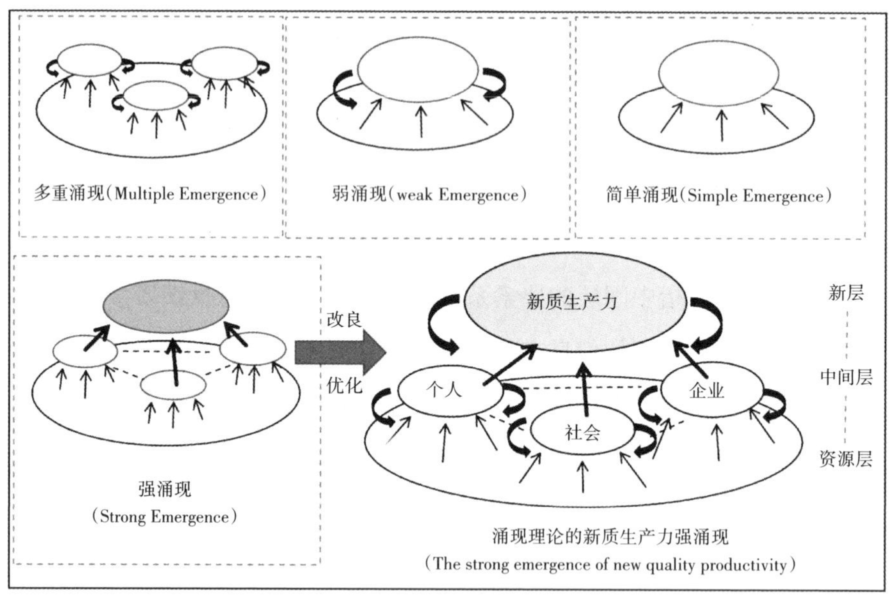

图2-10　涌现理论的新质生产力涌现改良模型(纵向传导)

新质生产力的发展根据涌现理论来看，对于中层要素具有极强的随附性，但对资源层的要素变化则不明显。而中层要素的改变则依赖于底层对应资源的改变来实现自身质的跃迁。因此通过涌现理论所构建的新质生产力强涌现模型则应该分为资源层、中间层、新层（新质生产力层），并形成中间层的个人、社会、企业等主要素的横向信息反馈。结合对模型稳定的前述改良思路，该模型还具有层级间的上下反馈且并存的纵向信息反馈。

1.企业中间层要素系统的科技创新促进新质生产力发展的驱动力传导。

这里所述的企业是广义的企业概念，包括宏观企业观念下企业群产业链、行业领域以及整体针对企业的政治生态。科技创新通过资源层的具体资

源要素作用到企业群体或个体，从而提升企业系统的跃迁来驱动新质生产力发展。首先，企业自身属性层面。科技创新作用在企业创新能力、产品升级、产能提升等方面来促进自身系统的跃迁。其次，整体企业生态层面。通过构建广义企业内部创新生态来促进系统的跃迁。这包括通过行业协会、商会，以及市场监管部门等进行整体企业生存条件的优化来促进整个行业的发展。此外，同层交互与上下层沟通。企业、个人、社会各系统之间具有相互交融发展的影响关联，如企业发展需要高质量人才支撑，而且企业的创立、生存、发展也离不开社会系统的市场、事业单位、科研机构的水平提升与资源支持。

2.社会中间层要素系统的科技创新促进新质生产力发展的驱动力传导

这里所述的社会也为广义社会，涵盖社会组织、事业单位、市场资源、社会文化等多方社会中可以调用的资本和力量。科技创新通过资源层的具体资源要素作用到社会系统，促进社会系统的跃迁从而驱动新质生产力发展。首先，推动社会观念和文化的更新。在社会组织方面，各类科研机构、行业协会等通过科技创新开展深入研究和交流合作，促进知识的传播与共享，提升整个社会的科技水平。于事业单位而言，利用科技创新可以优化公共服务的提供方式和效率，并助力无形的手进行要素调控。市场资源角度看，科技创新加速了资源的优化配置和高效利用，催生了新的产业和经济增长点，带动了就业和经济结构的调整优化。其次，引发社会治理模式变革与推动国际合作交流。大数据、人工智能等技术广泛应用于社会治理中，提升了治理的精准性和高效性。且随着技术的发展也促进了社会基础设施的升级和智能化。此外，同层交互与上下层沟通。与前一中间层主要素同理，社会需要人才的支撑，也需要企业进行经济贡献、促进竞争、创新引领等。

3.个人中间层要素系统的科技创新促进新质生产力发展的驱动力传导

个人系统中既包括整体或局部人群的作用和力量，也包括个体发挥的作用，同时也指针对整体、局部或个体的政策与环境情况。科技创新通过资源层的具体资源要素作用到个人系统，促进个人系统的跃迁从而驱动新质生产力发展。首先,新的知识获取方式与创造力的激发。在线教育平台、知识共享社区等让人们能够更便捷地提升自身素质和技能,培养出适应新质生产力发展需求的大批人才。其次,发展机遇增加与可持续人才输出。国家战略科技力量建设中对人才培养非常重视,一系列鼓励创新、支持创业的政策出台,营造了有利于个人发挥才能的环境,以此促进人才更加能发挥自身作用和价值。整体个人系统也是由一个个个体组成,因此,通过加强对个人创新能力的培养和扶持,也会集成力量促进个人系统跃迁。此外,同层交互与上下层沟通。个人生存与发展离不开社会的培养、再教育、就业等。同样地,个人的生存与发展也离不开企业系统提供的机会与价值交换平台。

(二)涌现理论的新质生产力有向发展机理分析

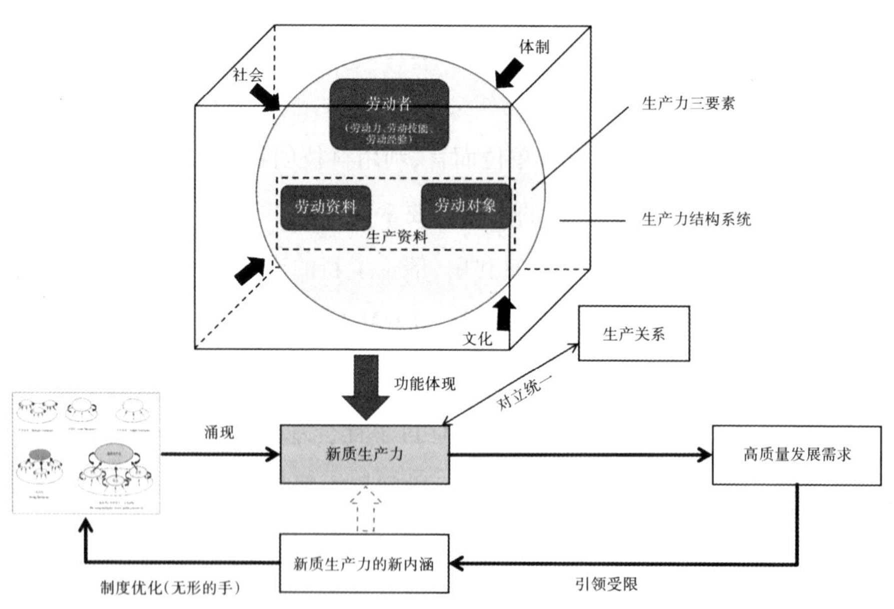

图2-11　涌现理论的新质生产力有向发展分析框架(横向关联)

基于涌现理论,新质生产力的发展需考量受限生成的集成效应,以政府主导和高质量发展需求为导向。还需探讨互塑共生观，考虑生态系统内的体制、社会、文化、制度因素及其与外在生产关系的匹配。同时，需斟酌动态过程，注重科技创新驱动下的资源要素动态变化和中间层要素的提质跃迁。

1.“引领受限”的群体规则促使科技创新驱动新质生产力有序发展。

首先，科技创新的顶层设计。定期分析新质生产力的发展趋势和高质量发展的需求，制定科学定向、顶层的科技发展战略和规划，明确重点领域和优先方向，引导科技创新的资源投向和力量布局。这需要确保国家战略科技力量规划的协调性，避免对冲政策条款。其次，良好的创新制度环境。政府通过政策法规的制定和实施，为科技创新营造良好的制度环境。包括知识产权保护、科技成果转化激励、科研经费管理等方面的政策，激发科研人员和企业的创新热情和创造力。此外，包容失败的文化氛围。科技创新并非一试便成，一想就有的产物，根据历史经验看是需要百折不挠的精神和失败是成功之母的毅力共同驱使的产物。因此，营造包容失败的文化氛围也是“引领受限”群体规则的重要体现。

2.“天人合一”的关系匹配确保科技创新驱动新质生产力涌现强力。

首先，基于已有国家战略科技力量规划建设。在已有国家战略科技力量规划建设的基础上进一步推进，可以极大地节省政府资源，减少不必要的重复建设和分散投入，也是融入现有科技创新战略规划环境进行匹配的思路。其次，要建立动态适应新质生产力发展的体制机制。由于各要素系统都具有动态发展特点，因此要确保符合互塑共生观的天人合一特点，需要动态调整相关政策防止因为更新不及时、调整速度慢导致限制、阻碍发展。此外，畅通上下反馈提升反应效率。涌现理论中上层对下层是具有随附性，也就是新质生产力对三个中间层主要素系统的变化十分敏感，而三个中间层主要素对于资源层的相关要素十分敏感。因此，建议畅通层级间的信息沟通，降低信息差，有助于随附性效果的及时反馈，对于负向作用及时调整，正向作用继续保持。而这正是本文新质生产力强涌现模型的改良之处。

3.“动态适配”的跃迁过程助力未知边界的有效打破与跃迁进程加速。

首先,纵反馈与横交互助力探索未知边界。跃迁边界是打破现有水平实现质的飞跃的边界线,因此是难以直接看到和预判的,需要制定有利于探索边界、打破边界的条件和信息反馈。而政府在其中发挥无形的手作用,使得主动性有所加强,而通过及时接收和处理各方面信息反馈,及时调整政策和资源配置,可以为打破未知边界创造有利条件。其次,动态适配最大化降低涌现限制。互塑共生观促指出子系统要与主系统相匹配,主系统要与环境相匹配,这就要求在动态发展的过程中需要具有持续的动态调配过程,以更好地适应各系统的发展需求。从生产力发展的内部看这种动态适配可以通过全过程的社会匹配调试来最大化地降低各种涌现限制,减少阻碍因素的影响,为新质生产力的中间层主要素与自身的跃迁进程创造了更宽松的环境。此外,中间层要素反馈优化促进跃进加速。资源要素的动态变化要求我们根据科技创新的进展和需求不断调整和优化资源分配,这就促使政府要有更为敏感的“神经”早知早觉中间层主要素系统的变化来布局相应政策和举措。

五、数字政府引领新质生产力发展机制的路径

(一)信息路径:构建智能化纵向反馈与横向交互网络。

首先,制定双层信息网络发展政策体系。以推进社会互联网普及和产业数字化转型为契机嵌入资源层、中间层要素信息的反馈网络。强化政府在信息汇集方面的主导作用,确保双层信息网络建设形成安全、脱密、稳定、智能、畅通的信息传递机制平台。其次,大力推动政府数据的融通共享。通过制度和技术手段打破各个部门之间长期存在的信息孤岛问题,促进横向交互能够在更大的深度和广度上展开。这种数据横向畅通的政府引导背景下,更有利于促使新质生产力的重要、敏感要素合理调配利用,也能促使多部门同时发力促进中间层主要素跃迁来驱动新质生产力加速发展。此外,高度重视对信

息网络相关人才的培养与引进。信息路径的横纵向数据流通顺畅离不开人的操作,而具有一定信息网络知识基础的人员对数据流通的存储、收集、分析、使用全生命周期流程都有着不能忽略的影响。因此,必须加强相关流程中操作人员、管理人员的信息网络知识和水平,或者在相关岗位引入信息网络人才来提升工作流程的流畅性。

(二)机制路径:制定持续分析且动态适配的政策调整流程

首先,设立具有权威性和专业性的政策研究与分析机构。要确保政策调整不是盲目进行,而是基于严谨的研究和理性地判断,增强政策的合理性和前瞻性。就需要广泛吸纳经济学、管理学、科技等多领域的专家学者,形成多个具有跨学科、综合性的研究团队。团队要根据分属领域的全学科特点,以及科技创新的现有建设、未来规划情况开展全方位、实时性的监测和深入透彻地研究。其次,构建起高效灵敏的政策调整快速响应机制。这意味着要建立一套完善的信息收集和传递系统,能够第一时间捕捉到中间层主要素系统的重要影响资源要素的发展过程中新情况、新变化。当这些信息反馈回来后,由于前述咨询团队给出意见,决策层能够迅速做出反应,根据实际需求对政策进行精准、细致的调整。此外,进一步加强政策调整的评估与反馈环节。定期组织专业人员对政策调整的效果进行全面评估,通过科学的指标体系和方法,客观地衡量政策调整带来的影响。广泛收集社会各界,包括企业、科研机构、专家学者、普通民众等的意见和建议,了解他们对政策的真实感受和诉求。

(三)资源路径:建立敏捷智能的资源动态调配平台

首先,充分发挥政府的主导作用。搭建敏捷智能的资源动态调配平台,确保平台具备超强的运算能力和高效的信息处理能力,以应对复杂多变的资源调配需求。同时,要制定科学、严谨、完善的规范和标准,为平台的顺畅运行构建坚实的保障体系，维持平台运行的良好秩序和高度稳定性，避免出现混乱和失控的局面。其次，巧妙地运用经济手段和激励机制。平台的搭建是为汇聚数据形成统一宏观整体的发展态势分析，以便于“无形的手”适度促进发展，但不均衡、不全面、不完整、低质量的数据则会使得“无形的手”难以发挥力量，甚至落错形成灾难。因此，要鼓励各资源主体积极参与平台建设的数据引入，调动更大范围内的资源主体参与积极性。此外，还需加强对平台的全面监管和科学评估。自古凡事均有两面性，越是锋利的剑越是双刃明显。应防范主观性导致的数据泄露、贪污篡改、数据污染、数据缺失等问题。

（四）协作路径：塑造具有协同进化能力的中间层要素优化体系

首先，构建强有力的统筹协调机构。要发挥好“无形得手”的作用，就必须给予足够的资源调动权利和协作开展的支撑。该机构要和前述的政策研究与分析机构形成总分的组织架构，根据中间层主要素特点为一级、资源层要素二级管理的科层制架构，实现对中间层要素优化体系进行全面规划和顶层设计。其次，激发各中间层要素主体的积极性和创造力。鼓励中间层主要素涉及的重要资源层要素主体之间开展多种形式的合作与竞争，推动技术创新、管理创新等以提升中间层主要素跃迁的速度。此外，加强对中间层要素优化体系的动态监测与评估。由于中间层随附性特点新质生产力的发展对中间层主要素的变化比较敏感，因此需要针对中间层主要素的发展情况进行监测和分析，尽可能地以中间层主要素系统的整体宏观视角进行运行情况和进化趋势的分析，及时发现问题和不足，并采取针对性的调整措施。

六、结语

用好科技创新力量强化生产力跃迁，形成高质量发展的驱动力，已成为数字政府建设的重要治理效能。新质生产力概念提出后，相关研究不断丰富，但仍存在问题：一是将创新科技独立视之，未融入国家战略科技力量建设，导致资源冗余、脱离实际；二是未将科技创新驱动新质生产力视为两个复杂系统的力之传导，缺乏微观层面的探讨，现实中易出现驱动力传导失效；三是政府主导作用不明显，理论研究中高质量发展路径研究罕见，现实中新质生产力对高质量发展的助力效果不显著。

鉴于此，研究借鉴现有成果，融入国家战略科技力量建设与规划，解决第一个问题，确保研究的现实可行性和效能提升。引入复杂系统视域的涌现理论，采用强涌现模型探讨多层级系统的传导逻辑，提出新质生产力强涌现模型及关键影响发展的两属性三要素，解决第二个问题，补全微观层面分析的薄弱之处。视政府为“无形的手”，渗透在信息、资源、制度、协作四个路径中，解决第三个问题，补全导向目标类研究的不足。研究进一步优化了强涌现模型，增加自上而下的反馈，提升模型稳定性。尽管如此，研究仍存在不足，需后续深入探索。由于强涌现模型具有不可预测性，需单独建立指标体系进行评价，无法预判实施效果。后续将针对强涌现的新质生产力发展速度和成效评估进行探索分析。

地方政府债务压力导致了PPP项目“落地难”吗？

李　伟　孙思葳　孙一爻　卢春宇

摘要：PPP模式作为有效提高市政基础设施建设、投融资规模的一种创新工具，在改进公共服务供给质量和建设效率的同时为财政支出责任减压。同时，伴随着中央对地方政府的增量债务规模的控制、约束力不断收紧，导致依靠举债支持公共基础设施建设和运营的传统财政模式难以长期存续。地方政府债务负担和偿还压力，影响着PPP模式在各地区的推广应用和落地效率差异。

本文以信息不对称理论、财政风险理论及契约治理理论作为理论基础，自财政部PPP项目管理库与储备库中，爬取各地（市、州）发起的项目投资公

基金项目：国家社科基金后期资助项目“社会资本风险转嫁与PPP项目全生命周期财政承受力问题研究”（22FJYB018）；教育部人文社会科学研究项目“PPP模式下政府和社会资本风险分担和利益共享机制研究”（19YJC790067）；天津市研究生科研创新项目（2022SKY348）。

作者简介：李伟，天津财经大学财税与公共管理学院副院长、教授，财政部地方政府债务研究特聘专家，中国财政学会理事；孙思葳，天职国际会计师事务所（特殊普通合伙），税务顾问；孙一爻，天津财经大学财税与公共管理学院财政学专业硕士研究生；卢春宇，天津财经大学财税与公共管理学院财政学专业本科生。

示信息与法定债务相关变量数据，运用Stata模型对地方财政自给率、债务负担对当地PPP项目落地率产生的影响做基准回归，并运用分位数回归检验债务负担对项目落地率形成的拉力与推力。得出结论如下：债务负担沉重是推动地方政府选择PPP模式的重要动力，但PPP项目的签约落地是地方政府与社会资本互相选择的过程，若政府债务负担过于沉重容易导致社会资本丧失信心，债务负担的抑制作用将抵消促进作用。

关键词：地方政府债务负担；PPP项目落地率；分位数回归；政府承诺兑付

一、引言

从2023年9月习近平总书记首次提出“新质生产力”这一概念，到中共中央政治局第十一次集体学习时强调“发展新质生产力是推动高质量发展的内在要求和重要着力点”，再到将“大力推进现代化产业体系建设，加快发展新质生产力”列为2024年政府工作的首要任务，“新质生产力”打破了传统增长模式的桎梏，代表着生产力的跃迁，是我国应对内外部形势变化的时代选择。

伴随着我国经济发展迈进新常态阶段，追求高质量发展意味着原本由投资热度支撑的经济增速将进一步持续放缓。为适应当下经济实际发展情况，切实解决各地方政府面临的经济压力，同时考虑到提振公共事业建设、服务效率、满足人民群众差异化的公共服务需求等现实因素，自党的十八届三中全会以来，在国家有关部门相关法律政策的支持和大力倡导下，地方政府开始尝试推行政府与社会资本合作模式（Public Private Partnership，简称PPP模式）。近年来，PPP模式凭借其在化解存量债务风险、硬化预算约束、剥离“表外”融资功能方面的突出成效，成为各地政府基础设施融资的首要选择。

相比于传统的“铁公基”，新基建立足高新科技，以5G网络、人工智能、大数据等领域为依托，为加快形成新质生产力、以新质生产力赋能高质量发展提供坚强保障。PPP模式恰好可以为囊中羞涩但存在紧迫“新基建”压力的基层政府弥补资金缺口，降低项目预算造价虚高和决算超支等风险提供巨大助力。但是在2014年43号文和2015年新《中华人民共和国预算法》的颁布之后，要求各地建立规范的融资举债机制，遏增化存，因此地方政府大量选择应用PPP模式。由于入库项目尤其是落地项目数量的快速扩张且大量项目给予社会资本的激励不足，导致其通过投机行为进行风险转嫁，甚至由于某些合作契约未涵盖的风险因素要求政府兑现保底收益的财政承诺，使得这些项目实质演变为政府付费，形成风险“隐患”。情况不乐观的政府财政负债能力、不够规范的财政承诺体制会令社会资本缺乏对政府的信任，进而影响到社会资本参与PPP的热情和项目有效落地。

因此，厘清各种财政兑付能力不足因素所致的地方政府债务问题同PPP项目“落地难”的关系，对于形成同高质量发展相适应的地方政府债务管理体制具有重要意义，对助推PPP项目在发展新质生产力上奋楫争先、为高质量发展增加新动能具有独特价值。

二、文献综述

（一）政府债务规模与PPP项目落地的交互影响

1. PPP项目落地引发政府债务风险

吴中兵（2018）论证了规范的PPP项目支出与传统意义上的政府负有偿还责任的债务区别，主要体现在支付条件严格、按期平滑支付等方面，开展PPP项目带来的政府财政支出责任属于未来支出，无须在当期确认为政府负债。但是PPP项目的运作不能保证永远规范，过度使用和不当使用PPP模式，会演变成地方政府“寅吃卯粮”的融资工具，造成道德风险的弥漫，容易使经济风险加剧和扩散。政府必须确保PPP被用于提高效益的正确目的，而不是被用来将债务记账划转“出表”（李丹，2019），过多的缺口补助类PPP项目或其他固定回报型PPP项目也会恶化政府财政情况(吉富星,2018)。还有的研究构建多重内生门限固定效应模型,发现由于表外融资、审查失真等原因,推行PPP模式显著催生政府隐性债务(谢进城等,2020)。

2.政府可支配财力影响PPP项目落地

从政府角度考虑,在理论层面已经充分论证了政府财力薄弱导致地方政府对PPP项目产生浓厚兴趣的机理,地方政府利用PPP项目进行政府性债务转移的行为在一定程度上受债务压力的激励。姜爱华、郭子珩(2019)利用倾向得分匹配方法对二者之间的关系进行实证分析,判断出负债水平高可能导致地方政府借道PPP模式规避中央债务监管,地方政府有较强的动机借助PPP模式寻求财源,将债务余额转出"表外"。

近年来,很多研究不断关注到反向的抑制作用。PPP项目不仅仅是政府对社会资本的单方面遴选,社会资本也会对政府综合财政实力进行考量。Elisabetta I和David M(2015)指出若地方政府财力过于薄弱,会推动社会资本的机会主义行为。在PPP项目投资具有沉没成本高、投资回收期长的特点下,机会主义行为约束政府的履约能力,降低政府信用。政府自有财力薄弱程度通常由预算收支或财政赤字率衡量,沈言言和李振(2021)研究得出政府自有财力薄弱程度与私人部门参与项目意愿之间会存在一种倒U型关系,即政府自有财力薄弱对私人资本的参与同时存在拉力与推力,当地方政府财政能力过于薄弱,抑制作用会将促进作用全部抵消。

由此可见,政府债务负担与PPP项目落地率之间存在一种恶性循环:一方面,债务负担越重的政府,为缓解财政压力,开展PPP项目的必要性就越大;另一方面,出于对未来风险的考虑,社会资本不愿轻信债务负担过重的政府承诺,PPP项目在债务负担沉重的地区难以成功开展。

(二)PPP项目落地率其他影响因素研究

1.制度质量

制度为政府与社会资本之间的互动提供了博弈规则,完善的法律和政策会给社会资本更大的信心参与项目建设。制度与法律的质量不仅通过影响两者谈判中交易成本摩擦力等途径直接影响项目成功率,它还通过项目风险分摊、内生性财政风险等途径来间接地影响PPP项目落地。相较于其他类别的风险,官员腐败、不完善的第三方市场监督、政府信用及公信力维护等制度风险对项目落地后的成功率影响最大。

2.合作方契约精神和信用意识

PPP合作可看作政府与社会资本的不完全信息博弈,传统理论假设通常认定政府是完美的行政主体,在参与市场经济主体的具体活动时会将自己置于与社会资本平等的地位,按照事先制定的契约进行合作。事实上政府合作方(尤其是发展中国家的政府)可能会利用自己的权威压制社会资本,中途更改项目条款,向社会资本转嫁公共品负担、使其收益无法达到事先约定,这可能损伤政府公信力,使社会资本对项目未来收益的疑虑增加,因此降低项目成功率。

此外,基础设施建设通常生命周期较长,从单体项目启动到最终赎回要历经10~30年的时间,在国家发展改革委2024年3月最新公布的《特许经营管理办法(修订)》中,更是明确特许经营期最长可达40年。在漫长的建设过程中,市场需求环境、国家调控政策、行政决策主体内部构成等都会产生变化,地方政府以此为由拒绝履约的情况也时有发生。

3.招标竞争的充分性

财政通过竞争性招标方式选择社会资本进行合作,目前已成为提升PPP落地效率的基本共识。但在我国开展PPP项目初期,由于缺乏经验,政府可能采用竞争性谈判甚至单一来源采购的方式遴选社会资本,咨询合作意向,前期承诺最终因种种矛盾未能兑现导致项目中止。招标方式引入充分的竞争,可以更大概率筛选出最符合要求、最有实力的社会资本,大幅提升项目成功概率。同时也对社会资本施加压力,调动其积极性,以免社会资本自恃是政府唯一的选择,失去革新技术、降低成本的动力。

4.市场经济环境

经济环境不仅包括当地经济发展水平,还包括经济稳定程度、市场需求状况、金融市场环境等指标。随着各国经济水平的提升,金融活水也需要借助PPP模式注入收益稳定的基础设施。经济发展水平带动民众的消费欲望升级,对基础设施数量及质量就有更高的需求,通过PPP模式支撑新型"城镇化"建设。此外,基础设施建设与经济增长之间存在双向因果关系,基建成果出色能够反哺经济发展。基础设施使用量堪称PPP项目成败的决定性因素,市场需求与公众购买力越强,项目越容易获得成功,但这存在一个悖论:基础设施数量相对不足的地区理应有更大的市场需求,但在该类地区开展PPP反而更容易因缺乏经验、操作不规范等原因导致项目失败。

三、理论分析与假说提出

(一)财政分权、债务负担与PPP落地率

分税制后形成的财权划分原则旨在提高中央政府在财政再分配中的比重,因此地方政府可支配财力减少,但同时原本应由中央政府承担的支出责任逐渐下沉至地方,且事权划分较为粗线条,进一步加剧向基层转移权责,地方政府尤其是县乡基层政府财权与事权不对称,常处于入不敷出的状态。

与传统融资方式相比,采用PPP模式进行项目建设,可使政府在后续年度根据项目绩效情况平滑支付,避免了一次还本付息带来的压力。并且,政府采用传统融资方式获得资金之后就放松了对资金使用情况的监控,而PPP项目核心特征之一是按效付费,在减轻政府财政负担的同时也有利于预算资

金使用效率的提升。但同时我们也要注意到,PPP项目不仅仅是政府对社会资本的单方面遴选,社会资本也会对政府综合财政实力进行考量。如果财政状况堪忧,社会资本会认为政府不可信,从而降低参与项目的积极性。

由此可见,政府债务负担与PPP项目落地率之间存在一种悖论:一方面,债务负担越重的政府,越需要开展PPP项目缓解财政压力;另一方面,出于对兑付能力风险的考虑,社会资本不愿轻信债务负担过重的政府承诺,PPP项目在债务负担沉重的地区难以成功开展。据此,本文提出核心假设1:地方政府债务成本和债务负担对PPP项目落地同时具有促进和抑制的双重作用,且在不同分位点该影响具有显著异质性。

(二)地方政府债务成本与PPP项目落地率

我国的政绩评价体系、城市化进程等因素均加速各类公共物品的需求"量质"升级,地方政府融资承担起城市基础设施建设责任的外部融资需求不断加大。传统的融资平台通常不考虑融资成本,普遍承担着较大的债务清偿压力。新版《中华人民共和国预算法》实施后地方政府融资渠道多样化,蔡书凯、倪鹏飞(2014)测算了不同融资渠道的融资成本,地方政府在现实操作中倾向于选择成本最低的地方债、城投债等政策性融资方式。但资金成本较低的地方专项债等法定举债渠道又存在着规模受限、赤字约束、发行条件苛刻等缺陷,难以满足地方政府对资金的需求。

采用PPP模式开展基础设施建设避免了传统融资模式中政府借款额度、债券发行条件等限制,资金需求量和投入方式、特许经营期限和政社双方责任等具体问题,地方政府可通过谈判与社会资本方进行协商,有更多缓解财政压力的空间。基于上述分析,提出分假设2:PPP项目落地率受到地方政府法定债务成本的正向影响。

（三）土地财政收入依赖性与PPP落地率

1994年实行的分税制改革后，逐步建立起政府间财政转移支付制度。地方政府可用一般公共预算资金除本级自有收入之外，还包括中央政府给予的税收返还、专项转移支付、一般性转移支付。旨在促进实现地区间公共服务均等化的政府间转移支付制度，不可避免地加剧地方公共服务和支出强度府际竞争，甚至引发道德风险。地方政府一旦形成对未来获得转移支付的预期，容易对中央财政产生依赖性，若地方政府确定有中央财政兜底，其支出行为会倾向于脱离“表内”预算约束转向依赖“表外”融资工具。

地方政府的土地财政行为与其长期以来的财政缺口密不可分。地方政府的土地财政行为起源于分税制改革及后续的一系列税收比例调整。土地财政同PPP项目作用类似，都起到了拓宽预算资金来源、缓解财政压力的作用。随着中央政府明确禁止地方融资平台接管金融业务，禁止地方政府承担地方融资平台新增债务的担保、偿还责任，新兴的PPP模式逐渐成为土地财政的替代品，为债务负担沉重的政府开辟了全新的筹资渠道。因此，严重依赖传统土地财政融资的地方政府增加了推动PPP项目落地的意愿。从社会资本角度，当一地政府土地财政规模较大，企业会更有意愿与之展开合作。因为社会资本相信合作伙伴拥有更雄厚的资金实力，能够更好地维系项目的进一步推进，较少产生推迟支付社会资本方收益，或者因资金不足导致项目停摆的风险。

另一方面，PPP项目必须通过地方政府、企业和银行的三方合作才能成功融资。城投公司以地方政府代理人的身份与社会资本合作成立PPP项目公司，政企双方再以PPP项目公司的名义向银行申请贷款，将资金用于项目建设。土地资源在为PPP项目筹资时会发挥无比关键的作用：银行需要考虑被质押资产的市场价值风险和借款人在未来产生现金流的能力和稳定性，因此地方政府目前获得的土地收入越多，银行就越有可能为PPP项目的顺利进行提供信贷支持。综上，提出分假设3：地方政府土地财政收入水平对PPP项目的落地率产生正向影响。

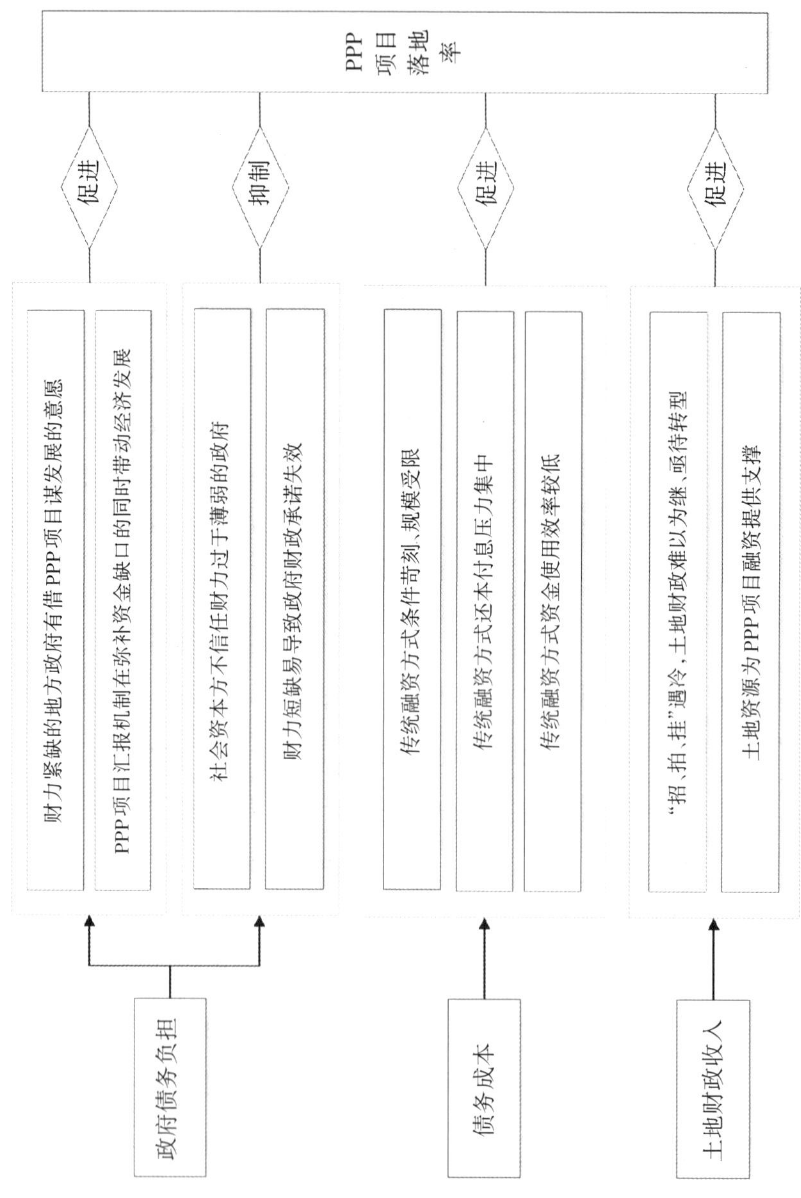

图2-12　影响路径分析图

四、实证研究

（一）核心数理模型

本文采用的分位数回归方法由Koenker和Bassett（1978）首先提出。常规的均值回归难以反映条件分布y|x的全貌，分位数回归则为我们提供了更为全面的信息。且最小化目标函数$\sum_{i=1}^{n} e_i^2$易受极端值影响，而分位数回归的最小化目标函数为残差绝对值的加权平均，不易受极端值影响，结果较为稳健。

为验证上述假设，本文首先采用2016—2021年241个地级市的面板数据，建立模型1：

$$PPP_{it} = \alpha + \beta_1 Debt_{it} + \beta_2 \mathrm{Cost}_{it} + \beta_3 \mathrm{Fiscal}_{it} + \beta_4 Land_{it-1} + \beta_5 \mathrm{Stability}_{it-1} + \beta_6 \mathrm{InTransparency}_{it-1} + \beta_7 \mathrm{InRelationship}_{it-1} + \beta_8 \mathrm{InPeople}_{it-1} + \mu_i + \varepsilon_{it}$$

其中，i代表地区，t代表时间，ε_{it}为随机扰动项。为避免个别极端值的影响，并且避免出现异方差等问题，对财政透明度、政府与市场关系、人口密度三项控制变量数据取对数处理。

（二）指标选取原则

1.PPP项目整体落地率

该指标通常被定义为进入执行、移交两个阶段项目总数与入库项目总数的比值。近年来，针对PPP项目泛化、异化等问题，财政部出台相关政策纠正滥用PPP项目变相融资及不规范操作等行为，借此引发的退库潮导致在库项目总数出现显著波动，本文认为该种测算方法不再适合衡量PPP项目的实际签约落地状态，因此选择使用PPP落地项目总投资额与当地固定资产投资额的比值衡量当地PPP项目的整体落地率。

2.政府债务负担

该指标可从存量与流量两个角度进行分析。新《中华人民共和国预算法》实施之后,地方政府举债的唯一规范途径即为发行政府债券,许多学者采用政府专项债券发行数据来定义债务流量。但由于不同年份地方举债"代发代还""代发自还""自发自还"口径不一致,且债券信息披露有限,数据可得性较差,目前在涉及政府债务的实证分析中大多采用存量数据,即以债务余额相对规模指标衡量政府负债率。本文采用政府一般债务余额、专项债务余额之和与当年GDP的比值来衡量政府的债务负担。

3.债务成本

政府财政风险程度不仅通过债券发行偿付绝对规模评估,还应考虑利率、汇率等相关市场因素,综合衡量在未来时期负有偿还义务的债务。本文收集省级地方政府发行债券利率,以单笔债券发行额度为权重对同年度各笔债券利率进行加权平均处理,以此衡量政府债务成本。

4.土地财政收入

土地财政收入主要包括土地税收收入、土地非税收入和土地隐性收入。考虑到数据收集能力,本文选择小口径度量方式,采用国有土地使用权出让收入与当地政府性基金收入比值衡量地方政府土地财政规模。

5.控制变量

本文将与PPP项目落地率相关的市场稳定程度、市场化程度、人口密度和财政透明度作为控制变量引入模型。

社会资本进场前会充分衡量当地市场稳定程度,稳定的经济环境会给社会资本带来信心,显著提升社会资本的项目参与度。在考虑到经济波动时,多数学者以通货膨胀程度代表经济波动,采用消费价格指数(CPI)的变化率度量。本文参考马恩涛(2019)的做法,选择采用(1-当年CPI)来代表市场稳定程度。

市场化程度提高得益于政府的放权,有助于促进行业间竞争、提振资本配置效率，同时减轻政企之间信息不对称。政府与市场的良好关系驱动着PPP项目的落地，本文参考樊纲市场化指数计算结果，将政府与市场关系得分引入模型作为控制变量。

“推拉理论”认为迁出地的推力、迁入地的拉力及中间因素都会影响到人口的迁移决策。推力主要包括流出地生活环境较差、就业机会少、基础设施建设落后等原因。而迁入地由于其高质量的公共服务、工资水平高等因素产生对流动人口的拉力。因此人口净流入、人口密度大的地区需要不断强化当地的基础设施建设、提高公共服务提供水平。考虑数据可得性，本文参照已有文献，将人口密度——“常住人口/平方千米”引入模型作为控制变量。

PPP项目建设中存在委托—代理关系，政府保持财政透明可以有效改善项目中存在的信息不对称问题，避免政府资金的浪费，杜绝基础设施项目建设的非理性投资行为发生。本文参考梅建明（2020）的做法，选用相关报告中各地（市、州）财政信息公开状况评估得分衡量财政透明度。

（三）数据来源

本文对PPP综合信息平台项目管理库中的已落地项目进行了汇总整理，手工收集各地级市已落地的PPP项目信息。政府债务余额、财政收支、固定投资总额、消费价格指数、年末总人口及户籍人口、政府债券利率等数据主要来源于Wind数据库，不足数据通过查询各地区统计年鉴及各地区国民经济和社会发展统计公报补足，确实无法查询的数据采取线性插值法补足。政府与市场关系得分由樊纲市场化总指数拆分而出。财政透明度评分来自清华大学公共管理学院课题组披露的《中国市级政府财政透明度研究报告》，满分为100分。

剔除缺失数据之后，本文共得到2016—2021年全国241个地级市的面板数据。

表2-5　变量描述性统计

变量名	定义	均值	标准差	最小值	最大值
PPP	当地年度PPP项目投资额/年度固定投资总额*100%	0.0317	0.0522	0	0.3212
Debt	(一般债务余额+专项债务余额)/GDP*100%	0.2247	0.1281	0.0404	0.9202
Cost	地方债加权平均利率	0.0263	0.0041	0.0219	0.0329
Land	国有土地出让收入/政府性基金收入*100%	0.8536	0.1858	0	0.9888
Stability	1-CPI	0.0189	0.0084	0	0.059
lnTransparency	各地级市财政透明度评分	3.9016	0.4448	1.0188	4.5234
InRelationship	各地政府与市场关系得分	1.8823	0.1552	1.2267	2.2014
InPeople	常住人口/平方千米	5.8817	0.9025	2.1814	9.1133

（四）基准回归结论

本文在回归前检验多重共线性，检验结果显示VIF（方差膨胀因子）为1.18，小于10，可证明本模型并不存在严重多重共线性。随后针对异方差问题进行WHITE检验，结果显示P值为1.00（P>0.05），不存在异方差问题。考虑土地财政收入水平与市场稳定程度等控制变量对PPP项目发展产生的影响可能存在时滞，在实证分析中将相关变量进行滞后处理。回归结果如表2-6所示。

表2-6　基准回归结果

解释变量	混合Tobit	面板Tobit
Debt	0.0658*	0.0669**
	（2.38）	（2.65）
Cost	2.086***	1.975**
	（3.40）	（3.23）
Land	0.0148	0.0133

续表

解释变量	混合 Tobit	面板 Tobit
	(1.74)	(1.11)
Stability	0.834	0.977*
	(1.46)	(2.32)
lnTransparency	0.0156**	0.0161**
	(3.01)	(2.69)
lnRelationship	−0.0876**	−0.0790***
	(−2.99)	(−4.02)
lnPeople	0.00368	0.00286
	(0.96)	(0.81)
cons	0.0121	−0.000817
	(0.23)	(−0.02)

注:*、**、***分别表示10%、5%和1%的显著性水平。

(五)分位数回归结论

剔除当年无PPP项目落地记录的城市后,设定10%、25%、50%、75%、90%五个分位点进行分位数回归,回归结果如表2-7所示。

表2-7 面板分位数模型回归结果

解释变量	10%	25%	50%	75%	90%
Debt	−0.00943 (−0.16)	−0.00253 (−1.09)	−0.00312* (−0.45)	0.00605* (0.50)	0.00691** (0.16)
Cost	0.426*** (4.24)	1.309*** (11.86)	2.762*** (12.42)	4.382*** (9.87)	6.219*** (5.82)
Land	0.000428 (1.18)	0.000110 (0.05)	0.00247 (0.62)	0.00524 (0.86)	0.00945 (0.50)
Stability	0.0268*	0.111*	0.242***	0.349***	1.831*
	(0.66)	(1.82)	(1.60)	(1.33)	(2.25)
lnTransparency	0.000247* (0.12)	0.000715 (1.11)	0.000259** (0.15)	0.00108* (0.30)	−0.00431 (−0.49)

续表

解释变量	10%	25%	50%	75%	90%
lnRelationship	0.000933	0.00722**	-0.0152*	0.0677***	-0.168***
	(1.46)	(2.89)	(-2.25)	(4.52)	(-6.14)
lnPeople	-0.000152	0.000213	0.000591**	0.00110	0.00570*
	(-0.19)	(0.60)	(0.53)	(0.44)	(0.90)
cons	-0.0767** (-3.05)	-0.0192*** (-3.82)	-0.0298* (-2.14)	0.0387 (1.23)	0.185** (2.87)

注:*、**、***分别表示10%、5%和1%的显著性水平。bootstrap次数为1000次,该结果使用stata16软件分析得出。

地方政府债务余额回归系数在10%、25%及50%分位点为负值,且10%、25%两处未通过显著性检验;在75%、90%两分位点显示显著正相关。如前文所述,该回归结果表明政府债务余额对PPP项目落地确实同时存在拉力与推力两种相反作用。对50%分位点以下的数据点而言,地方政府债务对PPP项目的落地起阻碍作用,社会资本对政府财政能力的不信任抑制项目开展。对原始数据排序后发现,75%、90%分位点包含着大量省会城市、计划单列市等财政状况良好的地区,证明财政能力较强的地区容易实现由PPP项目带来的良性循环:政府有意图通过PPP项目减轻债务负担、盘活存量资产,而社会资本出于对其目前财政能力的信任愿意合作,当地政府的财政压力由此进一步缓和。

债务成本回归系数在全部分位点均显著为正,且系数随着分位点的提高一路升高。由此得出以下结论:第一,同基准回归结果,全部地区都乐于采用新兴的PPP模式代替传统的发债融资,债券偿还成本越高,政府越倾向于推动PPP项目的落地;第二,对基础设施投资需求高的地区更易受到债券利率影响。土地财政收入回归系数在全部分位点均为正,但未通过显著性检验。该结果说明地方政府的土地财政行为对PPP项目的开展确实存在正向影响,但细分至各分位点后异质性并不明显。

（六）稳健性检验

为保证回归结果的稳健性，本文采用将地方政府债务余额指标替换为地方政府财政自给率的方法，对模型再次进行回归。财政自给率定义为地方政府一般公共预算收入占一般公共预算支出（均扣除政府间转移支付）的比重，该指标从另一个角度衡量了政府的财政状况，可作为政府债务余额指标的替代。

回归结果显示财政自给率系数显著为负，财政自给率提高1%，PPP项目落地率将降低约2.2%。这证明越能做到自给自足的地方政府对PPP项目的依赖性越低，收不抵支情况较为严重的地方政府将倾向于提升PPP项目的落地率，地方政府债务负担对PPP项目起到促进作用。稳健性检验结果与前述回归结果相吻合，同样使核心假设1得到了验证。观察其他解释变量系数发现，虽然系数绝对值有一定程度的下降，但对PPP项目落地率的影响机制、显著性均未发生变动，由此可见本文建立的回归模型是稳健的。

表2-8　稳健性检验回归结果

解释变量	混合Tobit	面板Tobit
Fiscal	-0.0223*	-0.0223*
	(-2.16)	(-2.11)
Cost	3.779**	3.788***
	(3.08)	(3.35)
Land	0.0108	0.0130
	(1.37)	(1.36)
Stability	0.969***	0.980***
	(5.04)	(5.51)
lnTransparency	0.00423	0.00438
	(0.63)	(0.75)
lnRelationship	-0.0804**	-0.0802***

续表

解释变量	混合 Tobit	面板 Tobit
	(-2.99)	(-6.38)
lnPeople	0.00124	0.00119
	(0.40)	(0.45)
cons	0.00610	0.00319
	(0.13)	(0.07)

注:*、**、***分别表示10%、5%和1%的显著性水平。

替换变量后的分位数回归结果显示财政自给率系数在10%、25%分位点为负,随后转为正系数,于50%、90%两点通过显著性检验。该结果同样证明了地方政府的债务情况对PPP项目落地率同时产生相反的作用力,两种作用此消彼长。债务成本系数同原始分位数回归结果保持一致,在全部分位点均为显著正相关。土地财政收入系数均为正,但与原始回归相同,依旧未呈现出显著异质性。

综上所述,替换变量为财政自给率后呈现出的回归结果未表现出较大差异,回归结果总体稳定,可认为回归模型具有稳健性。

表2-9　稳健性检验分位数模型回归结果

解释变量	10%	25%	50%	75%	90%
Fiscal	-0.00293 (-0.77)	-0.00715 (-1.09)	0.00780* (0.66)	0.0267 (0.50)	0.0619** (1.44)
Cost	0.585*** (4.24)	1.653*** (11.86)	4.149*** (4.27)	5.443*** (9.87)	8.470** (2.99)
Land	0.00148 (0.23)	0.00338 (0.05)	0.0134 (0.64)	0.00514 (0.86)	0.0896 (1.00)
Stability	0.0365*	0.118	0.249**	0.604*	1.174*
	(0.93)	(1.66)	(1.86)	(2.39)	(1.81)
lnTransparency	0.000290** (0.19)	0.00260* (0.80)	0.00328* (0.50)	-0.00185 (-0.30)	-0.0527* (-0.96)

续表

解释变量	10%	25%	50%	75%	90%
lnRelationship	0.00334	0.0231**	0.0857*	0.222***	0.339***
	(0.50)	(1.65)	(2.25)	(4.69)	(4.79)
lnPeople	0.000419	0.00119*	0.00284**	0.00239	-0.0138
	(0.19)	(1.03)	(0.53)	(0.49)	(-1.11)
cons	-0.0137** (-3.05)	-0.0112*** (-0.38)	0.0504*** (0.71)	0.327** (3.06)	0.829** (3.31)

注:*、**、***分别表示10%、5%和1%的显著性水平。

五、结论与建议

(一)研究结论

本文着重构建了以下逻辑传导机制:地方政府债务负担直接决定自身公共信用基础,社会资本正是基于这种公共信用,相信地方政府可以无条件履行PPP项目未来的承诺支出责任,从而积极参与到目前PPP项目招投标中。地方政府的公共信用同时也决定着PPP项目公司的融资能力。因此本文从债务余额、债务成本、土地财政这三项与地方政府债务负担密切相关的指标出发,选取2016—2021年各地(市、州)面板数据,采用分位数回归方法探讨了地方政府债务问题在不同情况下对PPP项目落地的作用,得出主要结论如下:

1.债务负担对PPP项目落地率存在两种相反作用力,总体起促进作用

PPP项目的成功开展需要政企双方共同推动,而不依赖于某一参与方的单独意愿。通过实证分析发现,政府债务负担推动了PPP项目的落地,说明债务负担的抑制作用尚未将促进作用全部抵消。但细分至各分位点后情况有所不同:在由于种种因素本就对PPP项目推进艰难、落地率较低的地区,地方政府债务负担起到雪上加霜的抑制作用,进一步拉低了项目落地率;在

PPP项目落地率较高的地区,地方政府则有较多的话语权,能够成功利用PPP项目减轻自身债务负担。

2.债务成本对PPP项目落地率存在正向影响

基准回归与分位数回归结果证明债务成本对PPP项目的落地起到显著促进作用,PPP模式的优势弥补了传统融资渠道的种种不足,拓宽了地方政府的融资渠道、降低融资成本,有助于减轻财政支出责任。因此融资成本越高,地方政府越有动力采取PPP模式,分假设2得到印证。对土地财政依赖性强的政府通常也深受财政资金不足困扰,PPP项目将成为土地财政的补充,但这一影响并不显著,分假设3未得到充分印证,这可能是由于近年来PPP落地项目前期必须经过财政承受力论证,该论证主要围绕政府支出责任在一般公共预算支出占比展开,不涉及土地收入所在的政府性基金预算。

(二)政策建议

1.改进财承管理模式,多角度严控债务风险

随着PPP模式的全面推广,许多学者指出了"10%红线"存在僵化、一刀切的问题:未触碰红线的地区即使项目饱和仍有扩张意图,而急需PPP项目的地区可能受警戒线限制而无法继续开展PPP招标。随着地方政府负债形势的不断变化,对PPP项目的财务管理办法也应进行与时俱进的调整,例如:已进入财政重整阶段的地方政府即使未突破10%红线,也应在开展新项目时受到一定限制;突破5%红线的地区在严控政府付费项目的同时,应考虑对可行性缺口补助项目也加以控制。各地区应避免过度投资问题,结合本地经济发展的实际状况对政府财政能力进行客观评估,谨慎选择PPP项目的种类和规模。

2.稳定法定债务成本的市场预期,增强政社合作双方互信,营造良好营商环境

根据契约理论,政府与社会资本双方互信是PPP项目关系治理的关键。

在项目合作中，政府通常天然地处于较为强势的位置，并且由于项目投资额高、先投入后盈利的长期建设模式，社会资本对是否参与其中存在顾虑。因此政府做到廉洁守信、打造良好营商环境对吸引社会资本起着至关重要的作用。

3.加强政府与项目预算信息公开，打通沟通渠道

为吸引社会资本参与提供基础设施建设，政府在发布公告进行项目招标、投标时，有故意隐藏不利信息的动机。社会资本为搜集信息付出的成本巨大，会打消其投资热情。而在PPP项目合同签署后，社会资本出于逐利性可能会采取机会主义行为，降低项目质量。因此，占据政策信息优势的地方政府应加强财政承诺兑付能力信息的披露过程，适度有序地提高各级地方政府的财政透明度，消除制度性交易成本，构建良好的政企关系。一方面，通过加强信息化建设、培育新兴多媒体平台等多种途径拓宽获取财政信息渠道，增强信息获取的便利性，并注重对所披露信息的口径的细化。另一方面，注重披露信息的质量，保证信息的真实、相关、可信。

与此同时，也需完善PPP项目平台信息披露机制，提升PPP项目信息公开质量，增加项目预算信息透明度。目前，PPP项目平台存在信息更新滞后的问题，例如平台要求部分项目信息“进入执行阶段6个月后公开”，但此类信息是否按期公示无法监督。可以考虑增添信息披露时限警示功能，督促相关责任主体主动、及时上传信息。

参考文献：

1.陈金鑫：《我国PPP项目的财政风险及防控对策研究》，中国财政科学研究院，2018年硕士研究生毕业论文。

2.蔡书凯、倪鹏飞：《地方政府债务融资成本：现状与对策》，《中央财经大学学报》，2014年第11期。

3. 樊纲、王小鲁、张立文、朱恒鹏:《中国各地区市场化相对进程报告》,《经济研究》,2003年第3期。

4. 吉富星:《地方政府隐性债务的实质、规模与风险研究》,《财政研究》,2018年第11期。

5. 姜爱华、郭子珩:《地方政府债务规模与PPP模式偏好——来自中国地级市的经验证据》,《山东财经大学学报》,2019年第31期。

6. 柯永建:《中国PPP项目风险公平分担》,清华大学,2010年博士研究生毕业论文。

7. 李丹:《PPP隐性债务风险的生成:理论、经验与启示》,《行政论坛》,2019年第4期。

8. 罗煜、王芳、陈熙:《制度质量和国际金融机构如何影响PPP项目的成效——基于"一带一路"46国经验数据的研究》,《金融研究》,2017年第4期。

9. 刘穷志、彭彦辰:《中国PPP项目投资效率及决定因素研究》,《财政研究》,2017年第11期。

10. 刘穷志、张莉莎:《财政承受能力规制与PPP财政支出责任变化研究》,《财贸经济》,2020年第41期。

11. 马恩涛、李鑫:《我国PPP项目落地率及其影响因素研究》,《经济与管理评论》,2019年第35期。

12. 梅建明、邵鹏程:《财政透明度能否提高PPP模式下社会资本出资意愿?——基于省级面板固定效应的分析》,《财政监督》,2020年第23期。

13. 沈言言、李振:《地方政府自有财力对私人部门参与PPP项目的影响及其作用机制》,《财政研究》,2021年第1期。

14. 孙学工、刘国艳、杜飞轮等:《我国PPP模式发展的现状、问题与对策》,《宏观经济管理》,2015年第2期。

15. 吴中兵:《PPP项目支出与政府债务问题研究》,《宏观经济管理》,2018年第7期。

16. 谢进城、张宗泽、梁宏志:《PPP模式与隐性债务:增加负担还是减轻负担?》,《财经论丛》,2020年第4期。

17. 张晏、龚六堂:《分税制改革、财政分权与中国经济增长》,《经济学(季刊)》,2005年第4期。

18. 赵全厚:《风险预警、地方政府性债务管理与财政风险监管体系催生》,《改革》,2014年第4期。

19. 张莉、王贤彬、徐现祥:《财政激励、晋升激励与地方官员的土地出让行为》,《中国工业经济》,2011年第4期。

20.Critical Success Factors for Transfer−Operate−Transfer Urban Water Supply Projects in China.

21. Critical success factors for PPP/PFI projects in the UK construction industry.

22. Chakraborty C., Nandi B., 'Mainline' telecommunications infrastructure, levels of development and economic growth: Evidence from a panel of developing countries, *Telecommunications Policy*, No.35, 2011.

23.Dailami M., Klein M., Government Support to Private Infrastructure Projects in Emerging Markets, 1999.

24. Elisabetta I., David M., The Simple Microeconomics of Public-Private Partnerships, *Journal of Public Economic Theory*, No.17, 2015.

25.Sudeshna G.B., Jennifer M.O.& Rupa R., Private Provision of Infrastructure in Emerging Markets: Do Institutions Matter? , *Development Policy Review*, No.24, 2006.

数字化转型对企业新质生产力的提升路径研究(观点摘要)

基于微观企业的视角,采用2012—2022年中国A股上市公司数据,探究了数字化转型对企业新质生产力的影响效应及作用机制。研究发现:数字化转型对企业新质生产力总体上具有显著正向提升效应,数字化转型程度每提高1%,企业新质生产力水平将平均提升0.065个单位,该结论通过了一系列稳健性检验,进一步发现数字化转型对新质生产力水平较高的企业具有更强的提升效应。机制检验表明,数字化转型通过缓解融资约束与提高经营管理效率两种内部途径,同时通过促进市场竞争与降低外部交易成本两种外部途径提升企业新质生产力。从结构性效应来看,数字化转型对企业新质生产力的提升效应主要表现在底层技术层面,实际应用层面尚不明显;从企业特征层面来看,数字化转型对企业新质生产力的提升效应主要表现在规模较大、管理层持股比例较高、融资约束较强、竞争力较强、资产流动性较强以及女性高管占比较高的企业;从行业与区域层面来看,数字化转型对企业新质生产力的提升效应主要表现在高科技、轻污染与非劳动密集型行业企业以及东部企业。研究结论为促进企业数字化转型以加快形成新质生产力,推进中国式现代化进程提供了有益启示。

本文作者:夏帅,南开大学经济学院。

知识产权与新质生产力：一个马克思主义的分析（观点摘要）

从马克思主义的角度出发，知识产权与新质生产力之间存在着紧密联系。新质生产力以创新为主导，强调技术革命性突破和生产要素创新，而知识产权作为激发创新活力与推动经济持续增长的核心机制，在新质生产力的培育与壮大过程中发挥着至关重要的作用。通过知识产权的法律保护和灵活管理，在促进创新、保障权益、增强市场竞争力、推动经济增长以及促进国际合作等方面扮演着举足轻重的角色。知识产权保护激励创新活动，催生新生产力，推动技术进步。完备的知识产权制度提升企业竞争力，促进市场良性竞争和资源优化配置，为经济和社会进步奠定基础。同时，知识产权制度完善推动国际技术交流与合作，促进全球创新资源共享与利用，助力全球新质生产力发展。培育新质生产力需各方共同努力，破除体制机制障碍，系统发力。知识产权在推动新质生产力发展中起关键作用，其完善与保护对经济社会发展意义重大，应加强国际合作，共同完善知识产权制度，为全球可持续发展和共同繁荣贡献力量。因此，加强知识产权的保护和深化认识，将对新质生产力的进步、社会经济的持续发展和全球经济的共同繁荣产生积极的推动作用。

本文作者：宁梓冰，首都师范大学马克思主义学院；孟鲁明，中共中央党校（国家行政学院）哲学部。

中国基层社会治理中的党政统合及其形成逻辑(观点摘要)

在当代中国社会,中国共产党不仅具有政党的政治属性和功能,还愈发凸显出公共治理的属性和功能。中国共产党的治理属性在基层社会治理实践中的一个典型现象是以党委部门构成的政治体系与行政部门构成的行政体系在职能、结构和机制上的紧密联结,政治嵌入并统领行政,共同成为地方治理中的主体。在此过程中,中国共产党通过在各领域各层级建立"横向到底、纵向到边"的广覆盖的组织体系来统领社会治理,通过基层党委部门将政治理念贯穿行政部门的运行过程。因此,党组织和行政部门之间的互动关系、治理结构以及内在逻辑是理解中国社会治理体制独特性的重要线索。那么,在具体实践中,党组织通过何种治理结构引领并嵌入基层社会治理中?如何来理解这种结构的形成逻辑?

基于对社会治安综合治理的观察,并以党委政法委和其他行政部门的互动治理结构为切口,本文发现党组织在基层社会治理中扮演着引领者和治理者的双重角色,并通过党政统合治理引领并嵌入基层社会治理中。这种统合治理具体体现在三个方面。一是通过合署办公、综治网络和社会治理中心,借助“归口管理”和“空间集成”等机制，延伸和拓展了政法委的组织边界，实现了对国家机构系统、群众团体、企业事业单位以及基层群众组织等综治网络中各个“节点”的组织统合。二是通过组织统合和嵌入，“吸纳”了行政、司法等部门的相关职能，塑造了政法委政治、经济、社会多元复合的职能结构，实现了职能统合。三是通过主官高配、平安考核以及管理的统一性来保障政法委决策的统一性，实现了决策统合。

社会科学家一般认为一种治理结构的形成和变化由其外部的情境所形塑。例如，企业史学家钱德勒提出一个战略与结构互动的分析框架来研究战略决策导致组织结构变化的过程。他认为外部情境的变化会导致管理者做出相应的战略改变，进而形塑相应的治理结构来适应这种变化，即“结构跟随战略”。经济学家威廉姆森认为制度环境定义着治理制度的环境并影响着治理结构和机制的选择。行政学家佛雷德·里格斯(1981)在其《行政生态学》中指出，行政系统嵌入在社会系统中，并被社会系统影响和塑造。依据这些理论视角，本文将基层社会治理的外部情境变迁作为形塑党政统合治理的关键变量。宏观来看，基层社会治理的外部情境主要由三个维度构成:组织制度，社会治理任务和策略，数字技术。

党政统合治理嵌入在由制度、任务和技术组成的社会治理情境中，并由这种情境变化所形塑。具体而言，归口管理和社会治安综合治理的组织制度改革使政法委成为社会治安综合治理的权力和责任主体，并通过社会治安综合治理领导责任制，强化了政法委在社会治安综合治理中的“政治势能”，而归口管理的制度设计，有助于将这种政治势能转化为现实实践，使政法委能够在法理上协调和统合具有综治属性的党群、司法、行政部门和业务。社会治理任务的复杂性变化使得政法委的治理目标从单一性转向多元复合，治理策略从被动响应性治理转向主动创新性治理，进而在客观上要求政法委发挥政治优势，通过统合党群、行政、司法各个部门，国家、市场与社会各种资源，正式与非正式各类机制来应对社会治理的高度复杂性，实现“多元复合”的社会治理目标。数字技术的嵌入为政法委实现权力整合提供了重要条件。在数字治理时代,数据和信息既是一种资源也是一种权力。在数字技术的嵌入下,信息获取、流通与分配不再遵循垂直流动和水平流动结构,而是形成以信息为纽带的新权力结构:信息平台成为公共事务治理的权力中心。数字技术的嵌入为党政部门实现弹性的权力整合提供了重要条件。政法委通过构建社会治理中心和数智治理平台,将分散于各职能部门的数据整合到统一的数智治理平台,构建了以信息为纽带、以政法委为核心的新权力结构,通过数据整合与系统融合实现了权力的弹性整合。

随着乌卡时代(VUCA)的到来,人类社会呈现出易变性、不确定性、复杂性、模糊性等特征。人类社会的这些特征及其诱发的各类问题是中国式现代化面临的必然挑战,而中国社会治理一直在寻绎自身原则,探索如何用"治理"回应社会的重大变化。

在这样一个充满风险和不确定性的社会,需要中国共产党的各级组织和部门发挥政治优势,通过引领和嵌入社会治理,统合各个部门、各种资源和各类机制,来提高社会治理的能力、效能和韧性。

本文作者:陈永杰、杨杨,杭州师范大学公共管理学院。

本文系天津市"新时代青年学者论坛"(2024)优秀论文,后发表于《天津行政学院学报》2024年第6期。

治理效能何以发挥？
——党建引领基层治理的逻辑理路、实践困境与优化路径(观点摘要)

现有研究充分肯定了党建引领提升基层治理效能的意义,并由此发展出了丰富的解释,但相关研究仍显现出碎片化的特征,缺乏整合。通过引入元治理分析框架,对党建引领基层治理的逻辑理路予以整合性的解释,即在价值引导层面以党的价值引领明确基层治理的价值取向,在组织链接层面以党的组织动员增强基层治理的力量凝聚,而在利益整合层面以党的资源调配促进基层治理的利益共享。但值得注意的是,党建引领基层治理当前仍面临着诸多困境,具体表现在价值引领层面的党的先进价值取向的理解偏差、宣传机制的低效、"实务党建"与"形式党建"的异步、党的信仰先进性与基层组织群众觉悟的滞后性之间的张力,组织动员层面的组织间关系处理不当造成的链接过度或链接不足,以及资源调配层面的主体多元化利益诉求的冲突、利益表达渠道的不健全不完善、传统治理手段与新型治理手段的对冲等方面。未来应当从价值引导、组织链接和利益整合等层面予以优化。

本文作者:陈峥嵘,南通大学管理学院。

科学家对风险预见的特殊伦理责任

——以氯氟烃损耗臭氧层的化学预见为例(观点摘要)

对还未显现出危害的行为或产品进行的前瞻性科学研究被称为“风险预见”,通过这种方式预见可能发生的危害,且这些危害并不源自研究者自己。这不同于谨慎地防止与科学家自己行为或产品的有害后果的传统科技伦理研究,而是对还未显现出危害的行为或产品进行预见性研究。风险预见伦理是科学家在责任驱动下进行科学研究,进而证实其伦理顾虑。风险预见侧重于对风险的预防,科学家对风险的分析或预见过程中体现出的其自身的道德或伦理观。风险预见是在结果产生前的行为,其行为主体面临压力更大,他们不会因为这个行为而受到表彰,反而有可能因为没有结果而遭到谴责。但是科学的风险预见有助于减少对环境和人类的伤害,在伦理上有重要意义。

化学领域甚至整个科学领域最具影响力的风险预见案例,是马里奥·莫利纳(Mario Molina)和弗兰克·罗兰(Frank Rowland)在1974年发出的氯氟烃对平流层臭氧损耗的警告。当时,氯氟烃被广泛用作气溶胶和制冷剂,对地球上几乎所有的生物构成威胁。幸运的是,得益于化学家们的预测,联合国通过的《蒙特利尔议定书》很快解决了这个全球性威胁。《蒙特利尔议定书》是联合国成员国全部批准、达成100%共识的唯一国际协议，是有史以来第一个关于集体处理环境问题的国际协定。该公约的建立及其政治进程成为后来许多环境问题处理的典范。它可能是迄今为止单个化学研究对国际政治产生的最强烈影响。

通过对大气层臭氧损耗化学预测案例的回顾，可以发现两位科学家作出了重要贡献。但是在伦理角度，他们所面对的并不是传统意义上的科技伦理问题，氯氟烃既不是由他们发明也不是由他们排放到大气层当中的，因此他们并不用为此承担一般的伦理责任。但是他们在预防此类风险方面具有特殊的能力，他们也就承担着这样做的特殊伦理责任。在科技活动的相关行为主体中，科技力量是如此的巨大，以至人类行为的力量远远超出了实践主体的预见和评判能力。面对高度不确定性的强大科技力量，专业分工赋予科学家这样的责任，他们能够凭借其专业知识和能力，尽可能更主动地检视其行为可能导致的后果并对其负责，这是与巨大科技力量相伴随的重大社会责任。因此，普遍的拯救伦理责任取决于一个人自身的能力，这对科学家研究和警告可能的危险具有重要意义。

幸运的是，许多科学家都自觉或不自觉地肩负起了这个伦理责任，尤其是莫利纳和罗兰。从上述伦理理由可以看出，风险预见责任至少体现在三个方面：第一，科学家钻研新领域的能力。新领域越广泛可能发现的问题就越多，即使这超越了他们的学科界限，这在专业领域上扩展了风险预见的广度。莫利纳和罗兰本职是物理化学家，对气象学知之甚少，但他们在几个月内开发出了大气生命周期模型，为发现氟氯烃损耗平流层臭氧的科学机制作出了重要贡献。

第二，科学家识别和联系不同领域专家的能力。莫利纳和罗兰做出的模型之后被气象学研究团队做出的大气测量验证，而且地面数据和卫星数据也相继证实了这个模型，不同学科的科学家从不同角度支持了莫利纳和罗兰的研究。不同领域专家的合作也是目前很多跨学科研究能够启动的原因，这在规模上扩展了风险预见的广度。现代科技具有高度分化又高度综合的特征，科学家必须诉诸跨学科的努力。如果化学家怀疑有潜在的威胁，例如工厂中使用的化学品在日后有变成毒性或爆炸性的可能性，他们在道德上应该对此做一些研究，或联系具有相关专业知识的科学家进行研究。

第三，科学家研究过程中的创造力。按照传统的思维方式，潜在的风险很难被注意到，但一旦对这个问题进行创造性思考，比如从完全不同的角度来看待它并质疑公认的假设，某些风险可能就会显现出来，这在视野上扩展了风险预见的广度。臭氧损耗的来源在当时有很多假设，但都先后被否定，莫兰在洛夫洛克论文的启发下建议莫利纳一起研究氯氟烃，才获得了突破性的进展。创造性思维的能力因人而异，科学家也不例外。然而科学事业的特殊性在于产生以前没有的新知识，创造力在这个过程中是必不可少的。在道德上，我们可以希望科学家凭借其能力进行风险预见，但是很难对其做出硬性要求，这涉及关于风险预见可能的局限性。

这种责任很少被伦理学家证明，也很少被科学家承认，但是许多科学家都承担起了这个责任。但是科学家进行风险预见有一定的局限性：首先，是对积极研究风险的限制，比如化学物质相互作用的潜在风险是不确定的。理想情况下，要在所有可能的条件下调查所有可能的化学组合。但是现实情况下，不论是时间还是金钱都无法保证尝试所有的可能性。其次，是对风险程度评判的难题，如果对其过于苛刻，可能会错失一个将重大风险扼杀在摇篮中的机会；而对其过于宽容，又可能会纵容一些科学家的小题大做，造成科研资源的浪费。最后，难以用制度保证对风险预见的研究。

政府部门、科技行为主体和监督者应该形成一种互动关系，以避免科技造成的风险。在这种互动机制之下，科技行为主体不仅能够履行他们被动的科研责任，还能够肩负起主动地对科技风险进行预见的责任，制造新物质的研究和对新物质潜在风险的研究从一开始就携手并进，这样在产品上市之前，科学家们就可以通过改进产品来避免大部分风险。这种互动机制的构建应该列入政策性的考量之中，公众作为监督者的知情权、科技活动可接受的风险、科技成果的公正分配等都是需要科技政策进行合理界定的。

本文作者：邵鹏，中共天津市委党校哲学教研部。

本文系天津市“新时代青年学者论坛”（2024）优秀论文，将在《自然辩证法研究》刊发。

数字化发展驱动城市创新人才集聚的多元路径

——基于组态视角的定性比较研究(观点摘要)

数字化发展可以有效提升城市创新质量,促进城市创新人才集聚,提升创新要素配置。数字化发展如何驱动城市创新人才集聚是有待解决的重要问题,作为系统概念的数字化发展,需要从多维度的视角进行分析。因此研究从组态思维出发,使用QCA方法,基于长三角41个城市为样本,以数字政府、数字经济、数字社会和数字生态衡量城市数字化发展水平,探究数字化发展影响城市创新人才集聚的作用机制。研究发现:数字化发展的四个维度并不存在城市创新人才高集聚的必要条件,而是通过组态的方式作用于结果。数字化发展促进城市创新人才集聚的路径包含政府—市场—社会协调型、政府决定-生态助力型、社会独创型、经济决定-社会助力型,其抑制路径包含政府-社会抑制型、政府-生态抑制型和经济-生态抑制型。要推动数字化发展提升城市创新人才吸引力,需要用好核心维度的驱动效应,积极发挥数字政府的驱动效应,提升城市的创新形象;强化各维度间的协同效应,重塑创新价值链,催生跨领域的创新要素结合;降低劣势维度的抑制效应,聚焦有限资源到核心要素,并通过核心要素的驱动降低自身的劣势。

本文作者：吴昊俊，中共台州市委党校（台州行政学院）法学与公共管理教研室。

新质生产力驱动乡村全面振兴：理论逻辑、关键问题与实践方向（观点摘要）

加快形成新质生产力与推进乡村全面振兴相辅相成，为促进农业农村高质量发展、实现乡村治理现代化提供了新指引。新质生产力强调绿色效能和创新驱动，是新发展理念的生动体现，旨在推动传统产业结构优化升级，实现经济的高质量、绿色化、可持续发展。作为实现中国式现代化的本质要求之一，新质生产力是指以科技创新为核心，推动经济社会发展进入新时代的先进生产力、绿色生产力，具有涉及领域新、技术含量高，依靠创新驱动等特征。当前，基于习近平总书记关于新质生产力概念的重要论述，学者们从内涵特征、指标构建、分析向度、理论框架、产业结构等方面对这一概念的内涵进行了较为系统的讨论和梳理；此外，学者们在新质生产力赋能中国式现代化、加快高质量人才培育、助力现代产业体系建设等方面探讨了新质生产力的理论价值，展现出了对这一新概念的热切关注。

新质生产力是驱动乡村全面振兴的新引擎。作为一种"生产力"，新质生产力所强调的高科技、高效能、高质量、绿色化、可持续特征与脱贫攻坚后新时期"三农"现代化发展的规划原则和设计理念深度契合。在乡村发展新质生产力，有助于回应新时代乡村现代化建设的要求，塑造城乡融合发展新动能，推动农业科技创新、助力乡村高素质人才培养、促进乡村特色文化推陈出新、践行乡村生态环境治理理念，最终实现乡村全面善治。在全面推进乡村振兴的背景下，新质生产力的发展对于推动农业现代化、农村发展和农民增收具有重要意义。

在新时代推进乡村全面振兴的关键期，新质生产力的引入不仅意味着农业现代化和乡村产业融合发展的实现，更涉及乡村治理结构、人才培养、文化传承及生态环境保护等多个方面的系统性改革。具体来讲，通过数字科技创新技术的应用，新质生产力在乡村的发展有助于优化乡村劳动者、劳动工具和劳动对象的要素配置，建立适应乡村现代化发展的生产关系、组织关系和社会基础，通过数字科技创新和应用实现经济发展和乡村善治。新质生产力通过新技术应用和新要素配置驱动产业振兴、新就业机会和新知识供给驱动人才振兴、新传承方式和新传播途径驱动文化振兴、新技术组合和新发展理念驱动生态振兴、新任务要求和新治理模式驱动组织振兴，为推进乡村全面振兴提供了新的方向。但需要承认，当前乡村振兴的过程中仍存在数字基础薄弱、专业人才缺失、文化参与不足、开发理念博弈、数字技术负担等关键问题，从不同方面影响了新质生产力的驱动效果。

针对以上问题，未来实践可从产业融合化、人才职业化、文化特色化、生态增值化和治理数字化这五个方面扎实迈进。针对当前各地乡村普遍存在的产业发展活力不足、资源环境浪费与破坏、人口老龄化等现实挑战，未来必须始终坚持将习近平总书记关于“三农”问题和新质生产力发展的重要论述作为理论指导和行动指南，在党的领导下不断培养契合新质生产力特质的乡村经营性人才，持续优化并改进乡村产业科技创新体系，以产业的高质量发展提升乡村在人才、生态、文化建设、组织能力等方面的成长潜力，进而实现乡村全面善治。新质生产力驱动乡村振兴的实践过程将为乡村的全面健康发展注入新的、持续的活力，助力“三农”现代化目标的壮丽实现。

本文作者：赵健君、刘启明、任雅静，中国农业大学人文与发展学院。

本文系天津市"新时代青年学者论坛"（2024）优秀论文，后发表于《重庆理工大学学报（社会科学）》2024年第8期。

区域新质生产力提升了经济韧性吗?
——基于产业结构高级化的调节效应(观点摘要)

培育区域新质生产力能够增强经济韧性,通过提升资源配置效率和全要素生产率,有效增强经济发展活力。为回答在经济高质量发展时代如何有效增强经济韧性这一重要的现实问题,在测度区域新质生产力水平的基础上,利用2010~2022年中国31个省份的面板数据,分析了区域新质生产力对经济韧性提升的作用机理,从产业结构高级化视角探讨了重构经济高质量发展路径。研究发现:一是新质生产力在增强经济韧性和推动地区经济发展方面具有显著的正向作用,总体呈现出“东强西弱、局部聚集”的空间格局,其中华东地区的新质生产力水平最高,西北地区新质生产力水平最低,存在显著的区域异质性。二是机制检验表明,产业结构高级化在区域新质生产力对经济韧性的影响中发挥着正向调节作用。三是异质性检验结果表明,由于中部与西部地区经济基础弱于东部地区,新质生产力发展空间较大,发展带来较大的结构调整和经济增长效应,新质生产力正向提升经济韧性的效果优于东部地区,并且胡焕庸线以西地区的提升效果要优于以东地区。针对结论,本文提出新质生产力发展策略:一是加快培育和发展新质生产力,强化发展新质生产力的科技支撑；二是加速构建与新质生产力相适应的新型生产关系，持续推进产业结构高级化；三是因地制宜发展新质生产力，提升新质生产力赋能经济韧性水平。

本文作者：赵玉、吴志明、曹冶、张玉，东华理工大学经济与管理学院。

生活圈视域下城市公共充电站空间布局与服务可及性研究

——基于天津市“城十区”多元微观数据的分析

（观点摘要）

新质生产力发展背景下，公共充电站作为重要新型基础设施，如何以城市居民时空行为规律与需求为依据，将公共充电站规划建设融入商业、生活、通勤等居民活动空间，提高公共充电站建设与居民“生活圈”空间耦合性，是提高新型基础设施配置效率、保障新质生产力可持续发展的核心内容。基于天津市POI数据和LandScan人口栅格数据，天津市“城十区”公共充电站呈现“一核多元”的空间布局模式，且以市内六区为中心呈片状聚集，而外围区域呈零散分布的串珠形态。公共充电站与地铁站、商场、加油站均存在全局空间集聚，且与地铁站集聚程度最高，反映了“汽车—地铁”接驳换乘需求旺盛。局部空间自相关均以“高-高”集聚为主，且集中分布于市内六区。基于“一刻钟便民生活圈”视域，公共充电站空间服务可及性呈现“U”型曲线的差异格局，环城四区服务空间可及性水平高于市内六区，市内六区存在公共充电站“供不应求”的现象。从挖掘需求薄弱点、提高业态空间耦合度、增强服务可及性等方面提出政策启示，旨在推动高质量充电基础设施体系建设，助力天津实现绿色转型发展,并为全国各城市合理布局公共充电站提供参考。

本文作者:梅林、许泓莉,天津财经大学财税与公共管理学院。

新质生产力视域下人的发展探析
（观点摘要）

实现人的自由全面发展是人类社会发展的本质要求和最高价值目标。在我国推动高质量发展的时代背景下，大力发展新质生产力正深刻改变着人类传统的生产形式和生活方式，为人摆脱劳动异化、细化分工、扩大交往、产教融合提供了全新契机，助推人的全面发展。探析新质生产力与人的发展之间的耦合关系，可以帮助我们明晰当代社会人的发展面临的机遇和挑战，探索出新质生产力赋能人的全面发展的科学道路。

本文作者：贾振华，广西民族大学马克思主义学院。

习近平关于生产力系列重要论述的逻辑结构、内在关联与思想特质(观点摘要)

习近平关于生产力系列重要论述具有清晰完整的逻辑结构:它以马克思、恩格斯生产力观的双重逻辑线索为逻辑起点;以科技生产力、绿色生产力、生产力的生产关系“外壳”以及新质生产力等范畴为逻辑外延;并以中国式现代化推进中华民族伟大复兴为逻辑归宿。习近平关于生产力系列重要论述是一个具有多层次关联的思想系统:从内部关联看,科技生产力与绿色生产力是辩证互塑的关系,即二者呈现出互相影响、互相塑造、互为补充的辩证关系;从外部关联看,它在社会基本矛盾理论与国际社会现实的二维视域下呈现同外部要素的互动关系;从整体关联看,新质生产力是科技生产力与绿色生产力在“新型生产关系”运筹下的有机统一。

习近平关于生产力系列重要论述具有三重鲜明的思想特质:它是科学性与价值性的契合、民族性与世界性的统一以及继承性与未来性的融贯。总之,习近平关于生产力的系列重要论述以“新质生产力”这一最新概念样态作为总体性呈现,是习近平经济思想的重大理论成果,使我们党对生产力发展的规律性认识达到新的高度,极大地丰富和发展了马克思主义生产力理论,开拓了马克思主义生产力理论中国化时代化新境界,是当代中国马克思主义政治经济学重要的原创性和原理性理论成果。

本文作者:张鹭,天津大学马克思主义学院;李旭东,吉林大学马克思主义学院。

以“四链”融合赋能新质生产力发展（观点摘要）

党的二十大报告提出，推动创新链、产业链、资金链、人才链深度融合（简称：“四链”融合）。创新链、产业链、资金链与人才链是现代市场经济活动中至关重要的四个链条，存在相互联系、交织、支撑的逻辑关系，共同构成了一个关于先进生产力发展的标准方程式。新质生产力的本质是先进生产力，是由技术革命性突破、生产素创新性配置、产业深度转型升级而催生。由此可见，加快形成新质生产力，必须高度重视“四链”融合，通过推动要素资源的整合集聚、融通互补和协同发展，助力提高科技成果转化和产业化水平。

以“四链”融合赋能新质生产力发展的本质在于把握先进生产力发展与生产要素配置的密切联系，关键在于厘清“四链”在生产力发展中的功能定位，突出各链条的核心优势与关键作用，形成相互影响、彼此促进、不可分割的有机整体，消除科技创新中的“孤岛现象”，破除制约科技成果产业转化、转移与扩散的现实障碍，加快以战略性新兴产业和未来产业为先导的现代化产业体系建设，最终实现高质量发展这一价值取向与根本目标。在这一整体、协同系统中，科技创新是动力之源，先导产业是发展根基，现代金融是运行血脉，人才资源是关键支撑。因此，只有打破“四链”之间的融合壁垒，通过知识、人才、技术、资本等创新要素的合理配置、高效流动与协同发展，推动“科技、产业、金融、人才”的高水平循环和有效协同，加快现代化产业体系建设，才能有效赋能新质生产力发展、推动高质量发展。

首先，要充分发挥创新主导作用，形成科技创新与产业创新深度融合的双螺旋结构。创新链、产业链深度融合是“四链”融合的根本性融合，也是生产力“新”与“质”跃迁的充分必要条件。创新链是提升经济社会整体创新能力的核心，将基础研究到应用研发、再到试制改进等各个创新环节连接起来，助力产业链各环节韧性水平的提升。产业链是实现技术创新向生产转化的基础，将产品研发到生产和服务各个环节连接起来，为科技创新提供必要的市场需求。习近平总书记强调“要围绕产业链部署创新链、围绕创新链布局产业链，推动经济高质量发展迈出更大步伐”，为推进创新链、产业链深度融合提供了科学指引。一方面，按照产业发展需求部署创新链，以科技创新赋能产业升级。要以产业链韧性与安全提升为导向，针对产业链的断点、痛点、难点、堵点进行关键核心技术攻关，引导产业朝着高端化、智能化、绿色化的方向转型升级，推动短板产业补链、优势产业延链、传统产业升链、新兴产业建链。另一方面，依托原始创新供给布局产业链，以科技创新衍生先导产业。要以基础性、原创性、颠覆性创新为核心，面向未来发展前沿整合各类创新资源、形成科技创新合力、引领产业创新发展，发展壮大战略性新兴产业，抢占未来产业发展新赛道。

其次，要提升金融服务实体经济水平，实现“科技—产业—金融”的良性循环。资金链是实体经济运行的“血液”，将创新链与产业链不同环节的资金需求连接起来，为技术突破与产业升级提供必要的资金支持。习近平总书记强调“要坚持科技面向经济社会发展的导向，围绕产业链部署创新链，围绕创新链完善资金链”。换言之，就是要在创新链、产业链深度融合的基础上，有效发挥资金链作为联结和贯通经济活动的“主动脉”作用，关键是精准资金支持，避免金融资源“大水漫灌”，助力走好科技创新“最先一公里”与产业创新“最后一公里”。一方面，要发挥政府资本“四两拨千斤”的撬动作用，引导社会资本侧重加大基础性、原创性、颠覆性的技术创新支持，投向新型基础设施、新型城镇化等重大项目以及战略性新兴产业与未来产业等补短板、锻长链领域建设。另一方面，要构建多元化、多层次的金融服务体系，依据创新活动的市场性、外部性与风险性提供差异化类型、性质的资金支持。要鼓励大中小商业银行差异化竞争、特色化经营，提供更加高效便捷多元的融资渠道；还要发挥资本市场作用，积极发展股权、债券等风险投资，发展壮大耐心资本，让众多科创企业避免融资难、融资贵的烦恼。另外，也要加强金融市场监管，防止资金“脱实向虚”，有效防范和化解金融风险。

再者，加强高质量人才培育机制建设，畅通“教育—科技—人才”的良性循环。人才链是支撑产业链、创新链和资金链的关键因素，贯穿人才培养、引进、使用与流动等各环节全过程的链式结构。习近平总书记指出“教育、科技、人才是全面建设社会主义现代化国家的基础性、战略性支撑”，强调“要按照发展新质生产力要求，畅通教育、科技、人才的良性循环，完善人才培养、引进、使用、合理流动的工作机制”。新质生产力以劳动者、劳动资料、劳动对象及其优化组合的跃升为基础内涵，其发展需要在创新链、产业链深度融合的基础上，着重发挥人才链强大的智力支撑，加快培育与之匹配的新型劳动者队伍。教育体系是培育新质生产力人力资源的重要途径，要依托科教融汇、产教融合协同企业共同育人，培养能充分利用现代先进技术、适应现代高端设备、具备知识快速更迭能力的新型人才，着力培养出高素质、高层次的创新型、复合型、数字化人才。

一是要努力构建包括研究生、本科、高职等在内的多层次教育体系，满足现代化产业发展对多类型人才的需求；二是要聚焦创新驱动，围绕战略性新兴产业与未来产业等先导产业，推动多元化、跨学科的学科建设调整与改革，提升人才培养的针对性与实效性；三是要大力推进政产学研深度融合，构建重点企业、高校院所、市场主体协同配合的创新联合体，推动科技创新、产业创新与人才集聚同向发力、同频共振。

总而言之，发展新质生产力与我国所面临的复杂严峻国内国际“两个大局”息息相关，是推动高质量发展的内在要求和重要着力点，也是以中国式现代化全面推进中华民族伟大复兴的最本质竞争核心。与发达国家相比，我国是依赖后发优势发展起来的世界第二大经济体，弱点不在于“体量”，而在于“结构”，就是效率要素提升，即破解全要素生产率大幅提升的问题。以“四链”融合赋能新质生产力恰恰是解决这一问题的关键所在，本质上是以创新链为核心主导，以产业链为重要载体，以资金链与人才链为关键支撑，最终形成实体经济、科技创新、现代金融、人力资源协同发展的现代化产业体系。

本文作者：郭贝贝，天津市中国特色社会主义理论体系研究中心天津市委党校基地。

本文系天津市“新时代青年学者论坛”(2024)优秀论文，后发表于《天津日报》2024年8月30日。

马克思“自然力”理论视域下新质生产力的三个来源及其转变（观点摘要）

马克思的“自然力”理论为我们深刻理解新质生产力的来源提供了理论支撑。“自然界的自然力”构成了生产力的物质来源，新质生产力通过激活自然要素新模式为高质量发展提供基本物质保障，转变了对自然界的开发方式；“人的自然力”提供了生产力的动力来源，新质生产力通过焕发劳动力要素新动力为高质量发展提供持续动力保障，提升了人的发展质量；“社会劳动的自然力”揭示了生产力的“集体力”来源，新质生产力通过开辟社会劳动要素新阶段为高质量发展提供体制机制保障，协调了社会要素的合理配置。新时代以来，党领导的社会主义伟大实践将马克思对“自然力”的忧患转换为新质生产力发展和超越的方向，转变了以往追求物质的“愈多愈好”为“少中多得”的可持续发展，不断形成支撑、推动高质量发展的先进生产力质态。

本文作者：王寅、汪毅，西北工业大学马克思主义学院。

提升政法干部数字素养(观点摘要)

国家治理方式变革以及数字法治政府建设离不开政法干部群体,这就迫切要求提升政法干部数字素养。随着“十四五”规划的逐渐落地,以及大数据、人工智能、物联网等数字技术广泛且深度嵌入社会场景之中,数字监管、数字执法、数字法律服务等各类数字社会治理新范式也应运而生,数字素养俨然已成为政法干部顺应数字时代发展的基本素养。

当前,政法干部数字素养的整体水平与数字治理的需求尚不匹配,政法干部数字素养仍然存在较大提升空间。国务院印发的《关于加强数字政府建设的指导意见》就明确指出,“干部队伍的数字意识和数字素养还有待提升”。数字素养是政法干部参与数字治理的基础素养,明确政法干部数字素养内涵以及提升政法干部数字素养是推进数字法治的必然要求。

然而,当前学界关于数字素养的研究尚不成规模,主要是基于领导干部群体与公务员群体整体的宏观研究,尚鲜见针对具体领域如政法部门等的研究,而政法干部群体在思维方式、实践需求等方面均有自己的特点。政法干部群体是数字法治政府建设过程中最基础、最具能动因素的主体之一,无论基于现实需求抑或法治人才培养需要，均需要高度重视政法干部数字素养问题。

一、政法干部数字素养三维度

数字化认知能力。一方面，数字化认知是理解技术本质的能力。从社会实践来看，社会的数字化不仅体现在科学技术变革所带来的社会经济变化上，还体现在思维方式与认知方式的变革上。数字社会运行逻辑是非线性的，个人、家庭、企业、政府、社会、国家形成了一个个大大小小的数字生态圈，而这些数字生态圈交融在一起，无时无刻不在发生着交互。在数字社会治理过程中，算法结果生成的广泛性和复杂性模糊了因果链条与权责边界，工业社会形成的线性认知已无法适应数字社会的治理需要。

另一方面，数字化认知是一种客观看待数据的理性思维能力。数据的质量既与数据本身的真实性、时效性、精确性和关联性等方面密切相关，也与数据来源、分析方式等方面存在关联，未经科学评估和审慎论证的数据结果绝不能直接等同于立法或执法依据。因此，政法干部需具有数字化认知能力，不能以工具理性代替价值理性。

数字化发展能力。其一，发现数字环境规律的能力，即数字观察力。以全国一体化大数据中心、物联网及无人驾驶汽车为代表的硬件设施和软件系统，正在形成数字法治新基建，现实社会与虚拟社会中多元数字主体权益保护与社会治理亦面临更多维、更复杂的情形。政法干部需要在纷繁复杂的数字变革中，从当下数字社会的新构造、新场景和新功能中提炼法治主线，整合分散在政法系统各条块以及各领域的治理资源和治理力量，以“一核多元”的思路推进数字法治政府建设。

其二，了解数字环境并选择行动方案的能力，即数字行动能力。数字社会的典型特征就是终端无线连接，信息交互呈现分布式、多中心的特点，数字社会中每一个数字主体无时无刻不在创造内容(即数据)。在数据收集、数据分析和数据利用等全场域流程中,以案件(服务)场景为治理环境,以提高政法工作质量效能为治理目标,以结构性要素整合为治理逻辑,以有效识别并利用数字资源为治理手段,是政法干部以数字行动促进数字治理高质量发展的应有之义。

其三,干预数字环境的能力,即数字想象力。社会的数字化过程绝非物理实体和社会关系的数字表达,数字想象力的生成是通过感觉—知觉—知识—实践环路完成的。无论大数据有多“大”或神经学习网络有多“深”,其所反馈的数据都是面向过去的。数字想象力是面向未来的,即政法干部对数字生态圈中端、网、云形成的价值闭环与事实链条有着清晰认知,并能够基于该认知有效提高案件办理质效或提供更加便捷、有效的法律服务等。数字想象力影响着数字社会治理过程中的价值塑造,并贯穿于立法、行政、司法全过程之中,增强政法干部数字想象力可极大助益数字社会事前治理之实现。

政法干部数字素养还包括数字技术能力。一是搜集、使用、分析、输出、安全保障数据的能力,涉及对文档和云文档的使用保存,以及不同种类文档在机端和云端的保密操作等;二是熟练运用各办案平台、业务流程系统等数字化工具的能力,如通过数字信息平台为大众提供全时全域全方位的司法和行政服务的能力;三是使用、管控数字化办案业务流程及行政业务流程的能力,包括通过数字技术对司法活动的监督和管理,以及提升司法机关的管理水平和效能等能力;四是能够将数字技术与法治实践深度融合,实现以案件模型开发、智慧平台建设等方式,在数据取证、类案监督、数字监管及诉源治理等方面对法治现代化转型的助推。

二、政法干部数字素养提升路径

一是加快数字环境建设,消解政法干部内部的数字鸿沟。政法干部数字素养的提升离不开大数据、人工智能等数字环境的提升及支持，应尽力改善培养政法干部数字素养的环境，消解不同区域数字社会发展程度不一带来的影响。政法干部数字鸿沟既存在于不同区域间，也存在于不同条块间，可从“分层+共识”两路径提高政法干部数字环境边界的可扩展性。“分层”指基于不同层级政法干部数字素养发展的现实需求，打造与其实际工作相适应的技术底座，满足政法干部在数字端口、信息传输及数据存储等方面的基本需求；“共识”指在符合保密要求和法律规范的基础上，各级及各部门间的数字平台建设应不断“破圈”融合，拓宽基层政法干部在数字技能学习、数字社会治理过程中存在的数字边界，打造政法系统数字环境的“微生态”，推动政法干部数字素养的协同发展。

二是聚焦数字化认知能力，弥合政法干部数字发展差距。数字化发展能力是政法干部数字化认知能力与数字技术能力在实践中的综合性外化，弥合数字发展差距的关键在于提升政法干部对数字法治政府建设的认知。

从宏观角度看，大数据技术和智能革命带领人类社会跃迁，数字社会中人的行为理论、产业架构、组织管理模型和治理模式都发生了根本性变化。只有从数字社会产生的历史逻辑、理论逻辑和实践逻辑出发，才能真正弥合政法干部数字发展差距，将数字法治理念外化于数字治理过程。

从微观角度看，政法干部数字素养的提升不能简单等同于数字技能或数字舆情处理能力的提高，而应培养政法干部从法治要素角度理解数字技术、技术规范及数字基础建设的思维，实现政法干部个人实体身份与数字身份在数字法治场景的有机统一。具体而言，提升政法干部数字认知能力可从两方面着手。一是从数字法治化的角度认识数字法治政府建设之本质，即数字法治政府转型并非为了数字化而数字化，而是为了更好调控由数字技术衍生出的多元复杂社会关系。二是从法治数字化角度理解数字法治政府建设的两类属性——全场域性和全流程性，即数字场域下数字权利与数字权力、数字技术与法律程序、技术变革与法治改革的全场域性，以及法治实践流程中立法、执法、司法、守法的全流程性。

三是融合党建引领与能力培育,促进政法干部数字素养系统提升。政法干部数字素养有着明确的实践需求,党建引领为政法干部提升数字素养提供了组织保障。为了实现从技能到素养、从机械堆砌到有机发展的优化,需加强组织对政法干部数字素养发展路径的规划与调控,确保政法干部数字素养的提升与发展。

同时,党建引领可结合能力培养,大力发挥各级党校及专业培训机构作用。在培养方式上,各级党校和相关干部培训部门应积极发展“数政”结合的教学资源模块、“数智”协同的教学流程模块和“数治”驱动的教学反馈模块,持续提升政法干部群体的数字治理能力,构建政法干部数字素养终身培育体系。在培养计划上,基于大局性和前瞻性视角,可从理论、价值、思维、实务等多方面设计政法干部数字素养培养体系,为政法干部提供多维、全面、务实的数字素养水平提升方案。

本文作者:王菁菁,天津行政学院法学教研部。

本文系天津市“新时代青年学者论坛”(2024)优秀论文,后发表于《中国社会科学报》2024年8月21日。

面向中国式现代化的实践向度：推进长江经济带高质量发展与高水平保护路径研究（观点摘要）

当前，重大区域发展战略已成为推进中国式现代化建设的有效途径。党的十八大以来，以习近平同志为核心的党中央大力推动实施京津冀协同发展、长江经济带建设、粤港澳大湾区建设以及黄河流域生态保护和高质量发展等若干重大区域发展战略，成为中国式现代化建设的有力支撑。

重大区域发展战略与中国式现代化两者之间具有紧密的内在联系。一是中国式现代化与重大区域发展战略之间有很强的内在逻辑；二是实施重大区域发展战略是推动中国式现代化的重要举措。2023年以来，习近平总书记先后考察了粤港澳大湾区、京津冀和长江经济带三大区域，并在推动中国式现代化实践中赋予三大区域不同的历史使命。习近平总书记先后强调："使粤港澳大湾区成为中国式现代化的引领地""努力使京津冀成为中国式现代化建设的先行区、示范区""进一步推动长江经济带高质量发展，支撑和服务中国式现代化"；三是区域高质量发展是推进中国式现代化的必要支撑和关键抓手。

长江经济带高质量发展和高水平保护与推动中国式现代化建设之间存

在清晰的逻辑理路，高质量发展是中国式现代化的首要任务，高水平保护是夯实中国式现代化绿色本底的必然要求。长江经济带支撑中国式现代化建设的具体路径包括高水平保护、创新引领发展、构建新发展格局、促进区域协调发展、统筹发展和安全等方面。

本文作者：罗琼，中共天津市委党校生态文明教研部。

新质生产力赋能绿色发展的价值意蕴、现实审视和实践路径(观点摘要)

新质生产力本身就是绿色生产力,以先进的科学技术、高度优化的生产资料、高端的劳动力为支撑,实现了对传统生产力的超越,促进了人与自然关系的进一步优化,是推动新时代绿色发展走深走好的关键性举措,对实现以中国式现代化全面推进中华民族伟大复兴具有重大意义。

一、新质生产力赋能绿色发展的价值意蕴

新质生产力代表生产力发展水平的跃迁,它对经济发展与资源约束之间矛盾命题的回答彰显了其坚持的绿色发展理念,为绿色发展提供最可持续的动力。第一,新质生产力在改变基础生产要素的同时,改变了传统的生产模式,极大地提高生产效率和创新能力,为人类应对诸如依靠资源要素过多投入导致的资源短缺和劳动力成本优势降低、追求经济规模扩大导致的市场饱和、不合理开发利用导致的生态环境破坏等问题提供了新路径,有效防止过度使用资源和能源、干扰生态环境,催生了新产业、新技术、新产品、新业态,

成为绿色发展的新动能。第二，新质生产力是在社会主义制度下发展起来的生产力新样态，更加注重满足人民对优美生态环境的需要。它通过科技创新，实现数字技术与劳动者结合，促进了生产力与生产关系的矛盾运动在新的生产方式驱动下达到新的适度；依托绿色科技创新和先进绿色技术推广应用催生出的绿色生产方式，加速了石化、煤炭、制造业等传统产业的转型升级，实现对资源的高效利用、循环利用，呈现出符合绿色发展要求的、具有更高质量、更高效率、更强可持续性的生产力新样态。第三，新质生产力作为高素质的生产力，更加强调高素质的人的主体作用，强调科学技术与人的结合，将推动人们思维方式的绿色变革作为一项重要任务，在创造和使用过程中注重对人的认知水平、行动能力的培养和主体能动性的发挥，从而助推节能环保型产品类型增加、质量提升、规模扩大，在一定程度上刺激人们思维方式、消费方式与生活方式的绿色转型。

二、新质生产力赋能绿色发展的现实审视

新质生产力以其在解决资源短缺、市场饱和、劳动力成本上升、产业结构失衡等问题中具有的绝对优势，成为推进绿色发展的关键力量。但在其发挥作用的过程中仍面临三大挑战：第一，传统生产力发展不充分制约新质生产力推动绿色发展理念向实践的转型。新质生产力为人类建构起了绿色发展理念向绿色实践转化的桥梁，拓宽了绿色实践的路径，但仍面临着更高质量的劳动者、劳动资料和劳动对象的短缺以及尚未形成同新质生产力更相适应的生产关系的问题，制约着科技创新和关键技术领域重大突破的诞生和新质生产力推进绿色发展的一系列实践的落地实施。第二，科技发展不平衡削弱新质生产力推动绿色发展的动力。新质生产力作为以科技创新为核心要素的先进生产力，成为打通发展方式绿色转型的关键要素。然而受到人才、行业、地域、制度等多重因素的影响，科技领域发展呈现不平衡不充分，直接导

致了新质生产力对绿色发展的动力和支撑力的不足,致使新质生产力的绿色潜能无法完全释放,其推动绿色发展的动力作用被削弱。第三,产业结构调整不顺畅增加新质生产力推动绿色发展的难度。数字化产业、智能制造产业等新兴产业成为培育绿色发展新动能、获取未来竞争优势的关键领域。然而中国的传统产业智能化水平不断提升,产业升级速度逐渐加快,但在关键核心技术领域、工艺流程、数字化管理、高精尖技术和设备应用等方面绿色升级的速度仍然很慢,短期内难以改变我国以煤炭、石油为主体能源的现状。同时,传统产业的劳动者素质未能达到新兴产业和未来产业呼唤知识型、数字型和创新型的劳动者的素质,致使劳动力供需矛盾增加,加大了以新质生产力推进绿色发展的难度。

三、新质生产力赋能绿色发展的实践路径

新质生产力是对中国转型时期实现绿色发展的理论解答,同绿色发展的目标指向、根本要求、实践路径具有高度的适配性,能够为绿色发展提供充分的动能。因此,必须从以下几方面探索新质生产力赋能绿色发展的实践路径。第一,强化人才队伍建设,培养一支具备广阔视野、坚实专业理论基础、超强业务能力、善于利用新质生产力的高素质大规模新质人才队伍,筑牢新质生产力赋能绿色发展的人才基础。第二,加快科技创新,稳步提高科技创新能力,增强新质生产力赋能绿色发展的内生力量。第三,调整产业结构,在现有产业基础上,运用新技术,推进传统产业迭代升级,积极培育新兴产业和未来产业,形成新的产业结构布局,以夯实新质生产力赋能绿色发展的物质基础。第四,加强理论研究,通过对新质生产力赋能绿色发展的内在机理进行深入探究,为更好地解放和发展生产力、推进绿色发展、绿色实践走深走实提供坚实的理论基础。

新质生产力已经在绿色发展中展现出强大推动力和支撑力。新时代新

阶段，必须准确把握新质生产力赋能绿色发展的新机遇、新挑战，聚焦新质生产力赋能绿色发展的卡点问题，推动其向更高科技、更高效能、更高质量的方向发展，不断为绿色发展注入新动能，确保中国式现代化的实现。

本文作者：杨叶平，河北工业大学马克思主义学院。

本文系天津市“新时代青年学者论坛”(2024)优秀论文，将在《学术交流》刊发。

新质生产力赋能乡村产业振兴:逻辑依据与实现路径(观点摘要)

新质生产力代表着生产力的全面革新,是实现农业农村现代化的时代新要求。基于因地制宜发展思路,以新质生产力赋能乡村产业振兴,体现了实践层面的必然性、技术层面的可行性和价值层面的应然性:契合于当前农业脆弱性、产业链延伸不足、服务业不充分等现实需求;能够发挥数据要素对乡村其他生产要素补充、协同和激活作用;是实现城乡共同富裕的应然选择。研究认为,发挥新质生产力的赋能作用,关键在于立足乡村特色产业基础并遵循其内生发展规律,包括特色农业、深加工、"旅游+"、数字经济等实现形态。培育壮大农业新质生产力应当全面推进新型基础设施建设、聚焦乡村产业链优化升级、加快发展乡村生产性服务业,从而构建城乡融合、区域互补的整体发展格局。

本文作者:门垚,中南大学公共管理学院。

论会计数据要素赋能新质生产力发展的机制与路径(观点摘要)

一、引言

自党的十九届四中全会首次将数据增列为生产要素以来,我国数据要素市场化改革加速推进,特别是2022年“数据二十条”的出台以及2023年国家数据局的成立,更是为数据要素的有序开发利用打下了坚实的制度基础和实施保障。2024年1月1日起,数据资产正式入表核算,意味着数据要素完成了从信息资源到经济资产的跨越。会计数据要素属于数据要素的重要组成部分之一,其不仅是单位经营管理的重要资源,同时也在国民经济核算体系中具有重要的地位及作用,本文以加快培育发展新质生产力为背景,探讨数据要素在赋能新质生产力发展过程中的作用机制,并以加速会计数据要素价值释放为目的,提出会计数据要素赋能新质生产力发展的实现路径,最后,结合当下会计数据要素开发利用现状,提出政策建议,以期为会计数据要素的应用深化,以及赋能新质生产力发展提供参考借鉴。

二、会计数据要素赋能新质生产力发展的作用机制

（一）推动新质生产力发展的关键因素

新质生产力是习近平经济思想的新的重大丰富和发展，也是新时代实践和理论创新的集成，2024年1月31日，习近平在中共中央政治局第十一次集体学习时强调，加快发展新质生产力，扎实推进高质量发展。2024年政府工作报告指出，大力推进现代化产业体系建设，加快发展新质生产力。从新质生产力的内涵来看，新质生产力是创新起主导作用，具有高科技、高效能、高质量特征，符合新发展理念的先进生产力质态，它是由技术革命性突破、生产要素创新性配置、产业深度转型升级3个因素催生。首先，技术革命性突破是新质生产力发展的动力源泉。其次，生产要素创新性配置是形成新质生产力的重要保障。最后，产业深度转型升级为催生新质生产力提供了载体平台。

（二）会计数据要素赋能新质生产力发展的作用机制

会计数据要素属于数智化时代企业的新型生产要素之一，由于具有显著的乘数效应，其逐渐成为培育和发展新质生产力的核心生产要素。作为一种新型生产要素，会计数据要素除了通过数据挖掘和分析自身发挥作用外，还可以与技术、劳动力、资本等其他生产要素融合发挥作用，通过这两种方式，逐渐渗透至生产、流通、消费和分配环节，提升各生产环节效率，进而催生新质劳动资料、创造新质劳动对象、培育新质劳动力，推动生产力的跃升，从而助力新质生产力的发展。具体而言，会计数据要素赋能新质生产力发展的作用机制如图2-13所示。

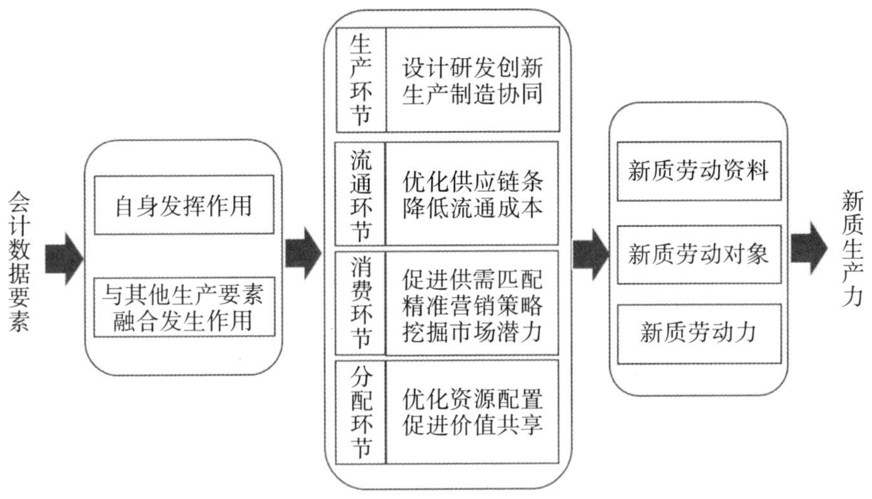

图2-13　会计数据要素赋能新质生产力发展的作用机制

三、会计数据要素赋能新质生产力发展的实现路径

（一）企业层面

会计数据要素是企业经营管理的重要资源，最容易在企业层面实现应用，因此也最有可能推动企业新质生产力的发展。具体而言，企业可以通过以下方式利用会计数据要素赋能企业生产效率提升，服务企业价值创造。(1)强化对传统生产要素赋能，推动经营管理效率全面提升。(2)促进生产要素配置优化，推动形成精益生产体系。

（二）产业层面

从产业层面来看，会计数据要素赋能企业新质生产力发展的路径主要包括通过挖掘数据潜能促进产业数字化转型升级，以及推动应用型技术创新，持续释放产业创新潜能。(1)挖掘数据要素潜能，促进产业数字化转型升级。(2)推动应用型技术创新，持续释放产业创新潜能。

（三）国家层面

会计数据要素具有服务社会资源优化配置和国家宏观经济管理的重要职能，因此其能够从宏观层面推动国家发展更有质量更有效率。包括以高质量会计信息供给服务资本市场高质量发展，以数智决策推动国家治理体系和治理能力现代化。(1)高质量会计信息供给服务资本市场高质量发展。(2)数智决策推动国家治理体系和治理能力现代化。

四、政策建议

发展新质生产力有利于加快技术进步，提升全要素生产率，需要多措并举不断释放其活力。作为一种新型的生产要素，高质量的会计数据要素供给、便捷高效的会计数据要素流通，是培育和发展新质生产力的重要动力。因此，应着力打通会计数据要素在质量、合规、流通及应用等层面束缚新质生产力的堵点卡点，有效发挥会计数据要素价值创造功能，进而推动新质生产力发展。

（一）推动高质量的会计数据要素供给

一方面，建立涵盖数据采集、处理、存储、传输、应用等环节的数据质量管理体系，加强对会计数据质量的管理和监督，确保数据的准确性和完整性。另一方面，推广数字化技术应用，推动企业采用先进的信息技术手段，如云计算、大数据、人工智能、机器学习、区块链等，提高会计信息处理的效率和质量。就市场层面而言，对于社会会计数据资源，应通过培育数据服务商和第三方专业服务机构，支持市场主体利用专业机构提升数据加工处理水平，以此提升会计数据要素供给质量。对于公共会计数据资源，可以通过构建公共信息服务平台，打破数据共享、流通壁垒，为公共会计数据要素开放共享提供安全可信流通环境和支撑服务，不断释放公共会计数据资源红利。

（二）打破会计数据要素流通体制机制障碍

一方面，要以建立健全会计数据标准为抓手，全面推动企事业单位票据电子化改革，逐步推进企业财务报表数字化，择机出台会计信息化和财务软件功能规范，推动企业会计信息系统数据架构趋于一致，逐步实现不同企业会计数据要素可比对、可聚合、可扩展，打破会计数据要素的流通和利用的标准障碍。另一方面，推动建立会计数据共享机制和数据交换平台，建立跨部门、跨行业的数据共享机制，促进企业供应链和经营生态体系成员之间的财务数据流动和共享，发挥会计数据增信功能，可以通过搭建统一的数据交换平台，为各单位提供数据共享和交换接口、安全认证、数据转换等服务，促进数据的流通和利用。此外，在数据流通过程中，应加强对数据流通的监督和管理，建立健全的数据管理制度和法律法规，明确数据流通的权限和责任，防止数据滥用和非法流通。同时加强数据安全保护，采取加密、权限控制等措施，防止数据泄露和滥用，保护数据的隐私和安全。

（三）加强会计信息化理论研究和人才培养

一是支持行业协会、会计师事务所、研究机构、高校等开展会计信息化理论研究，关注和把握前沿技术和方法在会计领域的应用，促进会计信息化理论的不断创新和发展。二是加强学科交叉和融合发展，鼓励会计学与信息技术、管理科学、数据科学等学科之间的交叉融合，促进会计信息化理论的跨学科发展和创新。三是加大对会计信息化领域人才的培养力度，包括培养具有会计、信息技术、数据分析等多方面知识和能力的复合型人才，提高其在会计信息化领域的专业素养和创新能力。四是推动理论与实践相结合，鼓励会计信息化理论研究与实践相结合，开展案例研究、实地调研等工作，深入了解行业、企业面临实际问题和需求，为进一步深化理论研究提供实践基础和支撑。

本文作者:赵星、李向前,天津财经大学金融学院;金陶胜,南开大学环境科学与工程学院。

本文系天津市“新时代青年学者论坛”(2024)优秀论文,后发表于《财会月刊》2024年第45期。

企业数据保护行为规制路径困境及其完善

（观点摘要）

随着数字经济的不断发展，数据已成为形成新质生产力的优质生产要素。数据根据主体不同可分为个人数据、企业数据和政府数据。企业数据由于在采集加工使用处理阶段涉及多方主体的利益，因此由企业数据权属不清引发的纠纷以及企业数据侵权问题成为目前法学界研究的重要课题。对于企业数据保护，如何选择保护路径成为亟待解决的关键问题。当今学者对于数据权益保护主要有两种思路，一种是对数据权属纠纷进行“行为规制”，另一种是对数据进行“赋权保护”。选择数据赋权模式对数据进行保护的先决问题是对数据进行确权。但是数据确权目前存在诸多争议，在学界并没有达成一致意见。并且数据赋权模式赋予数据新型财产权在司法上需要经历很长的时间，但是对于企业数据权属纠纷却是亟待解决的问题。因此本文的观点是搁置目前争议较多的数据确权问题，在不对数据进行确权的情形下选择“行为规制”模式对数据权益进行保护。对于数据权属不清引发的纠纷，本文分析了现行法律对于数据保护的滞后性及局限性，其中《中华人民共和国民法典》第179条，《中华人民共和国反不正当竞争法》第2条、第12条以及知识产权法均不能对数据权属纠纷进行有效的规制。本文通过分析现行法律的不足,在此基础上提出完善路径:对于企业衍生数据可以适用《计算机软件保护条例》加以保护;并且可以将《中华人民共和国网络安全法》《中华人民共和国数据安全法》中涉及企业数据保护的条款通过《中华人民共和国民法典》第127条转引至民法领域;同时适当扩大《中华人民共和国反不正当竞争法》的保护范围,将公开的商业数据也纳入《中华人民共和国反不正当竞争法》中加以保护,并且在"互联网专条"中设立"兜底性条款",以应对数据流通使用过程中各种可能出现的纠纷。

本文作者:邢嘉予,天津财经大学法学院。

数字化转型对新质生产力的影响机制研究
（观点摘要）

随着数字技术与实体经济融合持续向纵深推进，数字化转型正在成为制造业培育壮大新质生产力的重要引擎。以2009—2023年中国制造业上市公司为样本，检验数字化转型对新质生产力的影响及其作用机理，考察实体投资在数字化转型对新质生产力影响机制中的中介作用，识别数字化转型对新质生产力影响的非线性特征，探讨企业规模、所有制、所在地区等企业异质性对数字化转型作用的影响，得到以下结果：数字化转型为新质生产力的发展提供了强有力的推动作用，数字化转型可以通过推动实体投资进而带动新质生产力提升，数字化转型对新质生产力的影响具有边际效应递增的非线性特征，数字化转型对大型企业、国有企业和东部企业新质生产力的带动作用更强。

上述研究结果为数字化转型对新质生产力影响机理的相关研究提供了新的经验证据，并为制造业企业发展提供了以下思路启示：为更好促进新质生产力发展，制造业企业可以推动数字技术在生产制造流程中深入应用，加强数字基础设施投资的精准性，制定数字化中长期转型战略规划，根据企业自身特点选择适合的数字化转型模式。

本文作者:赵滨元,天津市数据发展中心战略发展研究处。

马克思异化劳动理论视域下新质生产力的发展风险研究(观点摘要)

新质生产力既是马克思主义生产力理论与中国新发展阶段具体实际相结合的产物,又是马克思主义政治经济学中国化时代化的最新成果。然而在社会主义初级阶段,我国发展新质生产力会面临着一些困难。对此,本文在马克思异化劳动理论视域下,构建"劳动者—劳动资料—劳动对象"的异化风险分析框架,从理论和历史两个维度探讨新质生产力发展风险的生成原因与机制,指出生产力发生异化的根本原因是生产资料私有制与社会化大生产之间的矛盾,也就是说,资本在推动科技变革、提升技术在生产中地位的同时,还加深了对劳动者的剥削和劳动资料的垄断,从而加剧生产力的异化风险。不过,相较于西方资本主义国家,中国特色社会主义制度在防范化解新质生产力发展风险上具有独特优势,具体表现为以新型举国体制为核心、以劳动保护与社会保障体系为基石、以自立自强与开放创新协同机制为引擎的安全发展制度体系。

本文作者:王丹彤、于春雨,天津大学马克思主义学院。

新质生产力赋能数字乡村建设的内在逻辑、现实挑战与提升对策（观点摘要）

2023年9月习近平总书记首次提出“新质生产力”概念，随后在中共中央政治局第十一次集体学习时给出明确定义。党的二十大报告指出要加快发展数字经济，推进数字中国建设，为数字乡村建设提供了政策指引。新质生产力作为信息化、智能化等先进技术的集合体，已成为数字乡村建设的新引擎。当前中国学界对新质生产力的研究成果丰富，从内涵、特征、形成机制、价值意义以及发展路径等不同维度进行了剖析。但目前研究存在概念过度泛化或狭隘理解的问题，给地方政府决策和企业经营带来不确定性，因此有必要对其进行更精确和全面的学理性定义。

数字乡村建设背景下，新质生产力不仅为乡村振兴提供强大的内驱动力，使其从容应对乡村空心化等现实挑战，推动农民收入的提高和农业现代化，还在塑造社会环境，完善乡村社会结构、经济模式和文化传承，推动乡村治理现代化和农民角色转变上起到关键作用，能为数字乡村建设的长远发展奠定坚实基础，为乡村振兴提供理论指导和实践路径。首先，数字乡村是农业农村现代化发展和转型进程，新质生产力以其创新性、高效性和渗透性，为数字乡村建设提供强大内驱动力。通过数字技术可推动乡村治理信息共享，为农业转型升级提供支撑，培养新型职业农民，实现共同富裕。其次，新质生产力是21世纪先进生产力的集中体现，能为乡村经济发展注入活力，塑造稳定和谐的社会环境。同时，还能推动乡村居民能力提升，关注自身发展并投身乡村建设，为乡村可持续发展注入动力。最后，数字乡村建设旨在推动乡村全面发展进步，新质生产力以其技术优势和创新能力，为数字乡村建设提供支撑。

以新质生产力赋能数字乡村建设是大势所趋、政策所向，但从技术、经济、社会文化等多个方面来看，当前和今后一个时期数字乡村建设依然面临诸多严峻挑战。技术瓶颈方面，农村基础设施薄弱，通信、交通和物流等基础设施短板制约了数字产业的普及应用。农村地区地形复杂、布局散乱，电力设施规划不足，导致电力供给不足、建设成本增加、电网稳定受影响。经济制约方面，数字乡村建设需要长期投入，包括公共产品、准公共产品和私人产品领域，但资金问题是瓶颈。多数县市面临财政投入与社会资本注入的双重匮乏局面，农村发展环境和政策制度不完善导致投资回报周期长、回报率低，民间资本观望态度明显。此外，软硬件发展不平衡、设施设备过度投入与浪费等问题突出。产业融合方面，我国农村三产融合尚处于自发阶段，存在地域发展差异大、自我驱动能力弱、地区发展不平衡等问题。社会文化桎梏方面，数字鸿沟加剧，城乡数字鸿沟加大。农村人口老龄化严重，常住人口以留守儿童和老人为主，他们缺乏使用数字技术的知识和技能，只能进行基本通信和娱乐，制约了数字乡村建设和社会创新能力。农业科技人才匮乏，乡村转型受限于数字技术领域人才缺失，农村高学历人才稀缺，“新农人”群体发展不充分，专业人才难以真正扎根乡村。

发挥新质生产力在乡村建设中的巨大潜力，为推进数字乡村建设寻找增长点和动力源，因地制宜发展新质生产力，根据不同地区特点采取不同措施。东北、华北平原地区应注重提升原始创新和集成创新能力，推进农业规模化、机械化和智能化，推广智能农业装备，建立农产品数据库，加强气象灾害预警和防灾减灾机制。西南山区应结合地域特色应用尖端科技，规划布局信息化基础设施，推动农田宜机化改造，研发适合山区的小型农机具，发展农村电商。牧区农村应推动物联网、人工智能等新技术应用，建立信息台账和质量追溯体系，搭建农畜产品交易网络平台。城郊农村应加快数字经济发展，发挥示范效应和数字资源传递作用，打造智慧小镇，发展互联网+观光休闲农业。试点先行是探索数字乡村建设的有效路径，采取“先试点，后推广”的模式，确定省级数字乡村试点地区，总结试点经验并推广。政府应设立数字乡村建设基金，建立奖励机制，引导社会资本投入，优化营商环境，建立多元化投入机制。深化各方沟通协作，发挥政府引领作用，促进高校、科研机构与产业界融合，建立技术应用与推广机制，加强法律法规制定和完善。此外政府应肩负主导责任，设立专项教育资金，与职业院校合作提升培训质量，推动乡村数字化服务平台建设和数字素养普及活动，制作推广数字教育资源，加快农业科技人才队伍建设，鼓励大学毕业生返乡就业，加强教育资源整合和优化，建立评估和反馈机制。

综上，新质生产力赋能数字乡村建设具有重要意义，但面临诸多挑战，需要制定针对性方案，加大投入，构建协同体系，强化人才培养，以实现乡村振兴和城乡融合发展的宏伟蓝图。未来应进一步深化对新质生产力作用机制的研究，探索更高效、可持续的发展路径。

本文作者：薛珂，西藏大学马克思主义学院。

本文系天津市“新时代青年学者论坛”(2024)优秀论文，后发表于《重庆理工大学学报(社会科学)》2024年第9期。

以厚植创新人才培育沃土
助力天津市新质生产力发展

——基于日本创新人才培养体系的调研(观点摘要)

创新是引领新质生产力发展的第一动力,人才是创新的第一资源,天津科教人才资源丰富,科学有效地引育创新人才是助力天津市新质生产力发展的关键。产学官协同的创新模式在推动日本科技创新发展的过程中发挥着关键核心作用,通过企业、大学和公立研究机构的正式合作和强化风险企业的创造等,使人才、知识、资金跨越组织、部门,甚至国界进行协作,充分发挥各自的优势推进协同创新,促进了创新创业人才的培养,不断强化日本创新技术的国际竞争力,推动了日本的经济发展。

近年来,天津市大力建设以高校和科研院所、企业为基础的产业园等科研孵化平台,以培养大量的创新创业人才、引育经济发展新动能、助力新质生产力发展,但在创新人才培养过程中出现了很多问题。本文通过对产学官相结合推动日本技术创新的角度分析日本政府实施的主要科技发展政策,并通过对近年来产学官协同创新的发展现状的研究和分析,在总结日本科技创新发展经验的基础上,对天津市完善创新人才培养模式、激发新质生产力发展的新动能提出相关措施建议:应当不断完善政策环境、加大创新研发投入、强化知识产权保护，并以高校科研为中心，构建创新孵化体系，以保证天津市创新驱动高质量发展、推动经济结构转型升级、助力新质生产力发展。

本文作者：降凌楠，天津工业大学团委；张璐，天津医科大学国际交流与合作处。

政策因素对新质生产力发展的影响研究

——以新能源汽车产业政策为例(观点摘要)

新质生产力的发展标志着生产力质的飞跃。深入剖析新质生产力的内容,为案例分析铺垫理论基础。新能源汽车产业作为新质生产力的典范,其政策环境对该产业的发展起到了决定性作用。通过构建计量经济学模型,对新能源汽车产业需求侧政策工具和供给侧政策工具的效果进行评估,研究结果表明,政策工具在促进新质生产力发展方面发挥了重要作用,同时也存在不足,限制了新质生产力的整体跃升。鉴于此,探讨有效的优化路径化解政策工具施为中的不足尤为迫切。

首先,对新能源汽车产业政策进行优化,以降低成本、激发市场活力,并保障市场秩序,为新质生产力的发展提供坚实的基础。

其次,建立健全政策评估和反馈机制,以监测政策效果,及时调整和优化政策,确保政策的适应性和有效性。此外,提升产业政策的精细化和前瞻性,提高政策透明度和可预测性,为新质生产力的持续发展提供方向指引。

最后,加强产业政策的宣传和解读,提高政策知晓度,确保政策的顺利实施和效果最大化。政策工具的优化,旨在促进新能源汽车产业的高质量发展,加速新质生产力的形成,并推动产业向全球价值链中高端迈进,为经济的高质量发展提供新动能。

本文作者:李龙鑫,北京交通大学马克思主义学院。

ESG发展对A股上市农业企业与非农业企业新质生产力影响的研究（观点摘要）

本文的核心思想是通过实证研究探讨了ESG（环境、社会和治理）发展对A股上市农业企业与非农业企业新质生产力的影响。研究发现，ESG发展对农业企业新质生产力的提升并没有显著作用，而对非农业企业新质生产力水平则有显著的正向促进作用。研究结果为理解ESG实践在不同行业间的差异性提供了重要视角。

文章强调，新质生产力是企业在全球化、信息化背景下，通过技术创新、管理创新等手段提升生产效率和市场竞争力的能力。对于农业企业，新质生产力的提升意味着农业生产方式的革新和资源的有效利用；对于非农企业，则意味着核心竞争力的增强和市场份额的扩大。文章通过构建企业新质生产力研究模型，利用上市企业财务报表数据进行实证检验，发现ESG实践与非农业企业新质生产力之间存在正相关关系。

研究指出，企业应高度重视ESG发展理念，并将其付诸实践。ESG实践不仅有助于企业规范经营行为，避免短期利益驱动，还鼓励企业专注于长期可持续发展。同时，ESG实践推动企业承担起环境保护的社会责任，加大研发投入，推动科技创新，优化生产流程，吸引优秀人才，从而提升企业的创新能力和生产力水平。

文章最后提出政策建议，国家应发挥引领作用，建立健全ESG体系，推动企业全面开展ESG实践，加快新质生产力的形成。这些建议旨在帮助企业更好地利用ESG发展来推动新质生产力的提升，特别是在非农业企业中，应更加注重ESG的实践与发展，以实现更高效的生产力和更可持续的发展。

本文作者：杨玉洁、张玉梅，天津农学院经济管理学院。

论人与自然和谐共生的现代化的理论之源、历史之证与现实之需(观点摘要)

习近平总书记指出:“中国式现代化就是人与自然和谐共生的现代化。”人与自然和谐共生的现代化是中国式现代化的重要领域与基本特征,其有别于西方现代化路径,对开创人类文明新形态、构建富强民主文明和谐美丽的社会主义现代化强国具有重要意义。从理论上看,人与自然和谐共生现代化作为理念具有以马克思主义生态思想为指导,吸收中国传统儒释道的生态智慧,批判借鉴西方生态观念的理论逻辑,为推进中国生态文明建设提供有益思想指引。从历史上看,人与自然和谐共生的现代化作为道路具有以中国共产党领导在带领人民进行着生动全面地生态文明建设实践中经历由污染防治到生态治理再到生态和谐共荣的发展历程的历史逻辑,推动建设美丽中国、为实现人与自然和谐共生现代化迈上了新台阶。从现实上看,人与自然和谐共生现代化作为目标方向具有突破西方生态困境现代化路径在新技术、新思维、新制度基础上,并在与西方生态现代化理论与实践对比中、在面临生态环境迫切需要修复与治理的境况中、在“双碳”承诺和全球生态治理的举世瞩目中,实现现代化的绿色转型的现实逻辑。建设人与自然和谐共生的现代化是人类社会与自然辩证发展的趋势，在人与自然关系探究的理论与实践上，不仅为中国开创人类文明新形态、实现伟大复兴锚定方向，而且为各国推进现代化发展提供世界参考。

本文作者：焦冉，天津师范大学马克思主义学院。

中国式现代化背景下新质生产力发展研究：内在逻辑与实践路径（观点摘要）

新质生产力作为未来生产力形态，是对生产力的智能化、信息化以及自动化的运用，在当前已成为经济发展的新动力，推动着中国式现代化的发展。

新质生产力的核心是借助科技发展提升生产力，其蕴含的是对传统产业结构的纵向超越和打造新型经济模式的伟大构想。通过新技术、新战略、新思想和新模态的建构不仅推动新兴产业的发展，也为我国传统工业的结构性升级、技术优化、缩减能耗和绿色发展营造内生动力，在中国式现代化进程中，新质生产力不仅要立足拓展经济发展新动能、新模式、新结构，更要注重发展过程中"质"的提升。从量变到质变的巨大跨越，也是生产力提高、工业结构优化、技术进步的必然要求。

从内在逻辑来看，新质生产力是马克思主义中国化进程中有关生产力概念的具体深化，从本质而言，新质生产力不仅是单一的经济要素，更是与社会、文化、生态以及政治等各层面密切关联的一种新型的科技发展逻辑。新质生产力发展需要与中国式现代化进程中市场经济的转型升级趋势相结合，从理论与实践的双重维度着手，通过在产业融合与基层设施完善、人才发展与科技支持、文化产业优化与资源供给、生态文明建设与绿色生活方式构建等层面协同发力，优化生产要素和社会建设布局，推动新质生产力赋能中国式现代化发展。

本文作者：张丽，中共天津市滨海新区委员会党校教研二室。

数字经济与共同富裕：作用机理、风险挑战与实践要求（观点摘要）

数字经济作为当今世界经济的新引擎，正日益成为推动全球经济增长和社会发展的重要力量，数据要素对技术、劳动、资本等其他要素的价值创造和融合发展发挥着强大的乘数效应，数字技术实现着对产业全方位、全链条、全周期的渗透和赋能，数字经济的发展为实现共同富裕提供了新的机遇和动力。在数字经济的发展过程中，共同富裕是一个重要的价值目标，意味着要让更多的人分享到数字经济发展带来的利益。本文从数字经济与共同富裕的关系出发，探讨了数字经济对共同富裕的作用机理、风险挑战以及实践要求。研究表明，数字经济为共同富裕创造了坚实的生产力基础、人才基础、产业基础和金融基础，在促进经济增长、创造就业机会、促进产业结构转型升级、提高金融服务效率等方面发挥着积极的作用。然而数字经济发展也面临着一些风险挑战，如数字鸿沟、数据隐私保护、网络安全等问题。这些问题不仅影响了数字经济的健康发展，也给共同富裕目标的实现带来了一定的压力和阻碍。因此，实现数字经济与共同富裕的目标需要政府、企业和社会各方共同努力，在政府层面加强数字经济政策与共同富裕目标的对接与协同，积极应对数据隐私和信息安全的挑战;在企业层面积极创新技术模式,提升数字经济的安全性、透明度和效率;在社会层面发挥信息整合和资源调配的优势,促进各方面的合作与共享,最终实现数字经济发展与共同富裕目标的有机结合。

本文作者:吴婷,中共天津市委党校经济学教研部。

高质量发展视域下实现共同富裕的三重维度探析(观点摘要)

本文从城乡均衡、民营企业发展、个税改革程度三个维度出发,实证分析三者对各省份共同富裕的影响,研究发现城乡均衡水平、民营企业发展水平、个税改革程度水平对共同富裕均有显著影响和积极效应。一是城乡均衡层面,在城乡均衡发展中,相较于中西部,东部地区城乡均衡发展对共同富裕的影响更强。二是在民营企业发展中,相较于东部和西部,中部地区民营企业发展对共同富裕的影响更强。三是在个税改革中,相较于东部,中部、西部地区个税改革对共同富裕的影响更强。

对此提出如下优化建议:第一,政府应增大对乡村的政策扶持力度,为乡村引入优质生产力,以人力、资本和技术为源泉活水增强乡村振兴的可持续性;第二,政府应为民营企业提供优化营商环境,出台优惠政策(如为民企提供更多的资金支持、税收减免和风险保障等),激发其发展活力。第三,政府应加大个税改革力度,降低中低收入阶层税负,加大对高净值人士的税收征管力度,鼓励劳动致富,压缩资本利得收入,从多维度发力加强税收征管、提高税收遵从度。综上,我国现阶段应当尝试以均衡城乡发展为推进共同富裕的基点,以激活中小微民营企业为实现共同富裕的动力引擎,以优化个税缴纳机制为保障共同富裕的突破口,多措并举,多维发力,以党中央统一领导为旗帜,扎实推进共同富裕的伟大进程。

本文作者:吕明洁,中国民航大学马克思主义学院。

（三）

❖天津市社会科学界学术年会南开大学专场

会议综述：挖掘天津城市文化基因
探讨教育与城市文化塑造

图3-1　天津市社会科学界学术年会（2024）南开大学专场

为深入贯彻落实习近平总书记“以文化人、以文惠民、以文润城、以文兴业”的重要讲话精神，2024年4月7日，由天津市社会科学界联合会、天津市教育委员会、南开大学联合主办的天津市社会科学界学术年会（2024）“教育与城市文化"学术研讨会在南开大学召开。天津市社科联主席薛进文、天津市张伯苓研究会顾问张元龙、天津市教委副主任罗延安、南开大学党委常务副书记杨克欣出席开幕会并致辞。

主题报告由南开大学新闻与传播学院刘亚东教授主持,清华大学历史系教授王东杰、天津师范大学古籍保护研究院教授王振良、天津师范大学历史文化学院教授田涛、南开大学历史学院教授侯杰作主题发言。

来自南开大学、天津大学、中山大学、中央财经大学、天津师范大学、天津社会科学院、四川省社会科学院等高校与研究机构的四十余名专家学者出席会议,围绕大学与城市文化、张伯苓思想与南开发展两个议题展开研讨。

"一流城市孕育一流大学,一流大学成就一流城市",大学与城市发展息息相关。何睦以北洋大学专业设置变迁为例,考察近代大学与地方发展的历史逻辑。他认为,在全面抗战爆发前夕,北洋大学的办学主导方针已体现出较为清晰的地方定位。在主动参与城市发展,将高端产业引入天津,引领城市产业深入更高层次的过程中,通过地方化与所在城市结为发展共同体,实现了双赢。

全面抗战爆发后,南开大学化工系师生由天津迁往重庆借读,既而再迁昆明。戴美政聚焦于南开大学化工系与抗战时期重庆社会的互动关系。崔保亚讲述了艺术教育与天津城市文化环境的耦合关系。此外,闫涛、刘浩然分析了1895年创建的北洋大学与北洋新军同天津社会的关系。郭辉提出打造天津近代教育救国之旅特色文旅线路,更好地展现天津城市文化,满足市民文化需求。与会学者还考察了南开教育与天津文化互动、城市发展的教育维度、发掘校史档案与服务天津文化建设等问题。

百余年来,在张伯苓"文以治国、理以强国、商以富国"理念影响下的一代代南开人,踔厉奋发,让南开的办学之路越走越宽。李学智考察了张伯苓爱国教育与南开学校发展的问题。刘晓琴依据新资料分析了张伯苓在留美学生社团成志学社中的重要地位,张伯苓与成志学社社员的往来,以及社员对南开大学发展的有力支持。周囿杉研究了“公能精神”的当代内涵，认为在全面建成社会主义现代化强国过程中，“公能思想”教育有利于当代公民释放精神动能，实现自身人生价值。赖鸿杰关注如何将大学校史课与新时代爱国主义教育更好地融合的问题，以南开大学通识选修课《百年南开校史文化》为例，认为该课程彰显了百年南开的爱国教育精神与特色，在潜移默化中引导着青年学子把爱党爱国爱社会主义和爱学校相统一。王法介绍了南开幼教公能根基教育践行之路。赵园园从教学模式、孕育环境、实践载体三重维度解读了张伯苓的公能思想“一体化”模式。此外，王路遥考察了在张伯苓教育理念影响下的南开大学学生校园生活。谢抒恬分析了南开大学矿科兴废问题。与会学者还探讨了张伯苓的基础教育理念、张伯苓人际交往与公能精神传承等议题。

本文作者：王璐瑶，南开大学历史学院。

❖主旨报告

教育资源、空间关系与中国近代史

王东杰

中国历史上当然有发达的教育，也有发达的城市，不过，我们今天通行的教育方式是清末以来新政的产物，无论是内容还是形式，都受到近代西方的强烈影响，与传统的教育已经相去甚远。城市也是一样的，近代城市的面貌和之前大不一样了。实际上，都市化本身亦是近代以来向西方学习的产物。因此，从教育和城市关系的角度来看中国近代史，是一个特别重要的议题，但之前的讨论太少，方兴未艾。它需要我们把教育史和城市史的视角结合起来，同时将问题放在一个更广阔的近代中国变迁的视野中加以评估。我对此也没有做过深入的思考，下面的发言非常粗浅，挂一漏万之处，还请大家多多海涵。

晚清教育改革是新教育的起点。从空间的角度看，新教育的发展呈现出两个重要特征，一是在初期把教育层级和行政层级挂钩。比如，1898年戊戌变法时期，光绪帝诏令将各地旧有之大小书院一律改设新学。“以省会之大书

作者简介：王东杰，清华大学人文学院历史系教授。

院为高等学,郡城书院为中等学,州县书院为小学”。1901年再次颁发此谕。这一主张在当时的一些新人物中也得到了支持,比如蔡元培就提出在各州县城设立小学堂、中学堂,省城设立高等学堂,大学堂设在京师的建议。当然,这一现象自进入民国以后就大为改变,各级学校不再受行政级别的限制。中小学日益普及化,不再和行政层级挂钩;大学也延伸到了省一级。

新教育的第二个空间特征,也是最重要的,是新式学校向都市集中,造成城乡距离的增大,而自从废科举以来,新教育又是社会上升的必由之路,由此造成了一个重要的后果。乡村的青年不得不努力走向都市,而一旦进入都市求学,不但在生活上养成了都市的习惯,而且整个知识结构也是和乡村的环境脱节的。这是当时很多人意识到的,教育学家舒新城可能是其中观察最为细致的一个。他在一篇文章中对此做过非常切近的描述:“都市的学校是按照都市的乃至于外国的生活习惯去办理”,对于农村学生的“真正的需要大概是无暇注意或无从注意。即如体育,农村所需要的是农夫身手,然而你们所得的训练是锦标运动;在智识方面,农村所需要的是人生常识,但你们在功课上费时最多的是不容易用得着的外国语;在德行方面,农村所需要的是俭朴生活,而你们所熏染的是浮华习气。就是都市学校种种的办法,在形式上似系都市的产物了,然而细考其内容,仍是与中国的都市需要不相应。试看中国商界最通用的为珠算,而你们费了许多精神于代数、几何、三角各方面,竟有不能算清开门七件日常账目的。至于其他各种学科,其所得结果,也大概相去不远的。”他认为,“我国社会至今还是小农制度”,很难和新的教育模式相匹配,新教育难以满足农业社会中的实际需要,“社会环境本无此驱策,而贸然行之数十年,以至弊端百出”。

农村社会的实际需要催生了“法外之地”,为私塾保留了空间。新教育兴起后,私塾始终未绝,甚至改良私塾的政策也没有得到很好地贯彻。其生存空间主要是乡村。这是因为私塾教育更能满足农民的“谋生策略”。正如日本学者佐藤仁史在江南地区观察到的:“尽管私塾与以学校教育为手段的社会地位上升无关,对一般农民来说,却是他们在现实生活中增加谋生方式的有效手段。”这加深了新旧知识分子、知识分子与乡土之间的隔阂,甚至是“镇—乡”之间的分裂。

在传统中国,本来存在一种以科举支撑起来的社会循环机制。有许多读书人来自乡间,通过科举考试获得成功,出外做官,而在此过程中仍与本乡本土保持着密切的联系,其乡土意识始终维持,既是天下士,又不失为乡人。因此在致仕后往往又回到家乡。这当然只是一个理想型的描述,但在现实中也有不同程度的表现。新教育则打断了这一循环。接受过新教育之后的农村青年已经很难再回去了,在新教育的阶梯上爬升得越高,回乡就越发困难。于是我们看到一个断裂。在晚清以来的舆论中(舆论的制造者往往是新知识分子),学生被认为社会中坚,用吕思勉的话说,他们犹如“英人之所谓Gentleman,而吾国人之所谓士君子”,负有“指导统率社会之责任”。新学生自己也有“到民间去”的呼吁。但事实上,真正能回去的人很少。乡村和“文”的传统或者大传统彻底断裂(注意这和识字率是两回事。不识字的人仍然可以生活在一个“文”的传统中)了,在一定程度上造成了乡村的空虚化。

1919年春,毛泽东计划在岳麓山建设一所新村。按照他所拟的计划书,新村“工作之事项,全然农村的”,包括种园、种田、种林、畜牧、种桑、饲养鸡鱼等。他说:“在吾国现时,又有一弊,即学生毕业之后,多骛都市而不乐田园。农村的生活非其所习,从而不为所乐”,而“农村无学生,则地方自治缺乏中坚之人”,同时,因为现代政治是“代议政治,而代议政治之基础筑于选举之上。民国成立以来,两次选举,殊非真正民意。而地方初选,劣绅恶棍武举投票。乡民之多数,竟不知选举是怎么一回事,尤无民意可言。推其原因,则在缺乏有政治常识之人参与之故。有学生指导监督,则放弃选举权一事,可以减少矣”。那时毛泽东还不是共产主义者,他的这种设想似乎更贴近于传统中国的士绅社会。

当然也有不少回去的人。舒新城在20年代的一个观察是,“内地中学毕业生”的一个“重要出路”是做乡绅。“交通区域的中学毕业生虽也有做乡绅的，但因为教育发达之故，中学生在社会上的地位尚未见得‘登峰造极’，而且比较易于谋职业，亦无暇专门做乡绅。内地教育不发达，中学毕业生在地方上常为最出色的代表人物，可以支配地方上事务。加以中学校现在尚以旧日之府属为单位，学生求学都要集于都市，生活较乡间常高数倍，家庭能遣子弟入中学者，大概家资比较充裕，父兄在地方上也大半是‘有体面’的人。子弟毕业后，因无生计上的压迫，便‘席先人之余荫’而为不生产之‘团首’‘团总’‘区总’‘市乡公所职员’‘县议员’，等等。纯良自爱者为地方上‘排难解纷’，不良者依附势力，敲诈乡民。此种现象湘西湘南之各县极普通，故敢断定内地中学毕业生多以此为出路。”

但这种乡绅和传统的乡绅不同。传统的乡绅依赖于三种力量，一是地方社会势力，二是文化大传统，三是朝廷。新乡绅则主要只依赖于地方势力，旧的士人的“大传统”已经不存在，他们的实际生活又无法和新文化的“大传统”相接。在形式上，“团首”“团总”“区总”“市乡公所职员”“县议员”等都属于国家体制的一部分，但在近代政治的特殊环境下，这更多只是名义上的，其作用是掠夺性的。这些“新乡绅”在求学期间，其生活就已经和地方乡土社会产生了极大隔阂，获得乡绅地位，通常又和自身的学识无关，这一方面促进了乡绅的劣绅化，另一方面也加剧了乡土和都市的断裂。

新文化运动以后，有志青年往往向往跳出乡土的局限，走向更广阔的世界——都市。比如像沈从文这样的人。但中国当时的城市化、工业化的水平有限，能够提供的机会也是有限的，许多人实际上面临着“毕业即失业”的危机。终日无所事事，理想落空，甚至生活无着落，心情就不会好。所谓烦闷是非常普遍的一种现象。王汎森先生写过一篇文章，叫《“烦闷”的本质是什么》，讨论这种日常的、私人的情感怎样被关联到一个更根本性的时代大问题中，与政治、主义产生关联，进而变成行动，也就是革命。李一氓在回忆录中曾经提到，在20年代中期，在上海、南京求学的一群四川青年，中学生或大学生，是如何的不安，无法安顿下来，甚至不能安心读完一个学校，最后毅然决定到南方去，参加北伐，从此走上了革命道路。1931年，有人在河南全省教育会议上说："中国变乱的原因固多……学生毕业后没有正当出路，便什么都干。……共产党的领袖十之五六是学生。"也就是说，中国革命星星之火的燎原，是和新教育造成的城乡断裂、沿海和内地的断裂、大都市和小地方的断裂分不开的。

英国历史学家彼得·柏克说："一个人的知识和他住在哪儿很有关系。"清末教育转型时代，这一点非常明显。一位浙江的读书人骆憬甫曾清末参加乡试，那时还没有废科举，但考试内容已经变了。"像这两场乡试中的题目，天文、地理、历史、哲学、物理、化学、法律、政治、财政、经济等等，无所不包，乡村的环境，既无名师传授，又无益友研讨，从那里去求进益呢？"四书、八股变得没有用了，要考新的学问了，而在这方面，大家实际上是不平等的。

之后，虽然随着交通、邮电的发展，新思想和新知识犹如星星之火，在各地开花，五四新文化运动甚至在很多乡镇上都有了回声，但物资、人才、组织、思想、知识的分布仍然是高度不平均的，有的时候只是偶然的地理空间位置，决定了一个人能否获得这些资源。

这一点，我可以举西藏地区共产党的创始人平措汪杰的经历为例。他的民族思想是被马克思列宁主义启蒙的，在此之前，这位来自四川巴塘的藏人并没有意识到自己是"藏族"，但是在南京中央政治学校附设蒙藏学校读书期间，他读到了马克思主义对于民族问题的论述。这同时启发了他的民族意识和共产主义思想。之后他回到藏区传播这些观念，在康定组织成立"星火社"，在拉萨组建"雪域藏族共产主义革命小组"。可以说，如果平措汪杰没有在南京、重庆受教育的经历，而是一直待在巴塘，他后来的生命历程是不可想象的。类似的例子还很多，又如云南剑川人张宽，清末时就读于云南高等优级师范学堂，参加过辛亥革命，后在剑川、腾冲等地教小学和私塾为职业。他是在昆明等地接触到马克思主义的。1927年春节回到剑川后，就开始向乡人介绍毛泽东和朱德的事迹，宣传共产主义。

另一方面，随着新教育的普及，尤其是20世纪三四十年代以后，它和乡土的关系也越来越密切。大量受过新教育的知识分子进入基层，成为非常重要的革命力量，比如很多小学教员、高小与师范毕业生等。他们都是小知识分子，但往往是共产革命在地方上的重要支持力量。他们是先从乡村到城市，再回到乡村的。看起来和传统的士绅经历略有相似之处，但传统士绅的社会循环是得到社会价值秩序支持的，近代基层读书人的经历却缺乏这样一种支持体系，他们完全是边缘知识分子，无法再享有此前士绅获得的社会尊重。实际上，由于整个中国现代化道路的重心已经移向城市，乡村已经被边缘化了，这使得他们的心态与传统的乡绅发生了更彻底的断裂，而更接近于革命者的精神。不过，我们对这些基层的小知识分子了解还不多，比如，他们的知识结构如何，和地方社会的关系如何，通过什么样的途径接触到中共，在革命之中经历了哪些冲击或变化等，都还有待于进一步的考察。

当然，近代教育的空间资源分布与现代化的关系，还有很多问题可以讨论。比如，过去研究大学史的人，可能对于许多学校的特色并不陌生，比如过去人说到北京的几所大学："北大老，师大穷，燕京清华可通融"，但是大学和它所在的城市有没有关系？一所大学在多大程度上受到其所在城市文化的影响？不同的城市里会发展出怎样不同的大学文化？等等。比如我曾经讨论过的四川大学，在很长一段时间里都以国文和小学训诂为重，这是和整个民国时期的成都文化氛围分不开的。所以新文化运动之后的很长一段时间，教授新文学的人就很难找到。而在当时的上海，无论是国立的交通大学还是私立的复旦大学，英文都更受重视。城市的主流文化影响到大学。不过这些都还只是一些非常粗疏的、表面上的观察，尚需有更广泛更细致的分析。

最后需要略作声明的是，我的讨论似乎说了新教育很多"坏话"，但我的目的绝不是反对现代化，而是希望反思现代化。像任何一个社会一样，中国在现代化过程中也伴随着苦痛，而且比许多社会更加痛苦。一个重要原因是，中国的现代化是一种应战型的现代化，而不是自身发展逻辑的结果；同时，中国是一个古老的文明，原本拥有一套属于自己的制度传统，但这些都在近代遭到严峻的挑战，必须转变。由于救亡的紧迫性，中国的发展无法获得一个相对从容发展的环境。我所谈到的很多问题，都可以看作这种特定历史环境的产物。因此，如同风是由于各处气压的不同形成的空气流动一样，教育资源在空间上分布的不均衡，也是造成近代中国许多重大变革的重要原因。

❖主旨报告

张伯苓"公能"教育思想与中国人的人格重塑

侯杰　杨宇辰

摘要：中国近代著名教育家、南开学校校长张伯苓，针对"愚弱贫散私"等民族痼疾，确立了"允公允能，日新月异"的校训，运用"公能"教育思想重塑学生的人格。为此，张伯苓通过开设修身课、强调人格感化、培养良好习惯、倡导现代体育等方式，将爱国为民的情怀融入塑造人格的过程之中，鼓励学生以实干的精神加以践行，实现了对学生人格的塑造，为中国社会培养了大批优秀人才。张伯苓提倡中国人的人格重塑，并不仅仅局限于南开一校，而是面向中国社会，与挽救民族危机，国家振兴紧密联系在一起。

关键词：张伯苓；南开学校；"公能"教育；人格重塑

南开学校创办至今已有两个甲子，中国近代教育家、南开学校校长张伯

基金项目：教育部人文社会科学重点研究基地重大项目《性别视域下晚清制度变迁与日常生活》（22JJD770044）、南开大学第三届学习贯彻习近平总书记视察南开大学重要讲话精神研究课题。

作者简介：侯杰，南开大学中国社会史研究中心暨历史学院教授、博士生导师；杨宇辰，南开大学历史学院硕士研究生。

苓倾注了半生的心血，厥功至伟。为解决近代中国严重存在的“愚弱贫散私”等痼疾及各种社会问题，他潜心观察，认真思考，结合自身的办学实践，提出了“允公允能，日新月异”的“公能”教育思想，并呼吁重塑中国人的人格。

一、张伯苓重塑中国人人格的心路历程

近代以来，中国内外交困，民族危机深重。光绪二十三年(1897)，英国强租山东威海卫，让在北洋水师服役的张伯苓亲眼看见了“国帜三易”的屈辱场面，深受刺激。他深刻认识到国家积弱至此，如不实现自强，将无以图存，而“自强之道，端在教育”[①]。张伯苓离开北洋水师，走上了教育救国的道路，成了严氏、王氏家塾的塾师。

在严修创办南开学校之初，身为塾师的张伯苓通过对社会的细致观察与深刻思考，清晰地认识到造成中国积贫积弱的原因有很多，其中就包括“愚弱贫散私”等民族痼疾。在这些民族痼疾中，一为“愚”，即民性保守，不求进步，人民多愚昧无知，缺乏科学知识。二为“弱”，即重文轻武，鄙弃劳动，民族体魄衰弱，志气消沉。三为“贫”，即科学不兴，灾荒叠加，政治腐败，贪污流行。四为“散”，即不善组织，不能团结，个人主义发展，团体观念极薄弱。五为“私”，即自私心重，公德心弱，所见所谋，短小浅近。[②]为从根本上解决这些民族痼疾，他很有针对性地提出了“公能”教育理念。在张伯苓看来，“惟‘公’故能化私，化散，爱护团体，有为公牺牲之精神；惟‘能’故能去愚，去弱，团结合作，有为公服务之能力”[③]。允“公”，即一心为公，服务于国家社会的公共事

---

① 张伯苓:《四十年南开学校之回顾》(1944年10月17日)，龚克主编，王文俊、梁吉生、周利成副主编:《张伯苓全集》第三卷 著述 言论(三)，南开大学出版社，2015年，第153页。

② 张伯苓:《四十年南开学校之回顾》(1944年10月17日)，龚克主编，王文俊、梁吉生、周利成副主编:《张伯苓全集》第三卷 著述 言论(三)，南开大学出版社，2015年，第153页。

③ 张伯苓:《四十年南开学校之回顾》(1944年10月17日)，龚克主编，王文俊、梁吉生、周利成副主编:《张伯苓全集》第三卷 著述 言论(三)，南开大学出版社，2015年，第156页。

业；允“能”，即学以致用，对学生服务社会的实际能力加以培养。这正是南开学校长久以来办学的理念核心。

在“公能”教育理念不断形成与发展的过程中，张伯苓提出了重塑中国人的人格等主张。为此，他在不同场合，反复强调人格训练对国家与民族的重要意义，涉及树立正确的人生观和价值观，培养高尚的品德和道德情操，恢复民族自豪感和自信心，提升国民素质，适应剧烈的时代变革，实现个人的发展，拯救国家的危亡等问题。让张伯苓感到痛心疾首的是：近代中国人事事好用手段、行权术，以争夺政治与经济利益，“权术遍大地，而中原人格堕”[①]。在列强环伺、内外交困等恶劣的社会、文化环境中，中国人的价值观念与道德观念受到猛烈的冲击，人格扭曲的现象比比皆是。对此，张伯苓不仅予以激烈批评，而且还挖掘出深藏其后的社会根源，遂明确提出对于处在社会底层的广大民众，如不以人待之，则其亦不以其自身有人格，便会逐渐沉沦堕落而无所不为。[②]难得的是，张伯苓为扭转这种局面更将育才救国的理念付诸实践，并从学校教育入手，开始了重新塑造中国人人格的尝试。

在1923年的南开学校大学部开学式上，张伯苓面对全校师生提出办大学的目的之一就是重建人格，使学生通过接受系统的教育既能“求真理”，又能“改善人格”[③]；既重学问，又重人格，身体力行，矫正民族“愚弱贫散私”等痼疾。不仅如此，他还希望学生在校时保持奋斗向上的救国、建国热情；毕业离校后也能够“处处发扬南开的精神，随时怀着救国的志愿”[④]，以雪国耻，以图自强，实现人格教育之更高目标。

---

① 张伯苓：《本校中学部第八次毕业式校长训词》，龚克主编，王文俊、梁吉生、周利成副主编：《张伯苓全集》第一卷 著述 言论（一），南开大学出版社，2015年，第34页。

② 张伯苓：《南开学校的教育宗旨和方法》，崔国良编：《张伯苓教育论著选》，人民教育出版社，1997年，第15页。

③ 《补志本校第一次毕业典礼》，《南开周刊》，1923年第68期。

④ 张伯苓：《今后南开的新使命》（1927年10月17日），龚克主编，王文俊、梁吉生、周利成副主编：《张伯苓全集》第一卷 著述 言论（一），南开大学出版社，2015年，第262页。

为什么张伯苓会赋予现代教育以重塑人格之功能和使命呢？既离不开他对中国社会、文化的深刻体认，也与其教育理念和实践密切相关。张伯苓认为，中国数千年来，社会上以家族为本位，在家长的权威下，家庭成员以服从为先，个人的人格深受传统礼教束缚，“自创心”受到了极大的抑制。对专制政权，人民完纳租税后别无他求，而人格渐习惰逸。有鉴于此，张伯苓认定“中国教育之两大需要：一为发达学生之自创心，一为强学生之遵从纪律心”[①]。为考察中国最需要且最适宜的教育制度，张伯苓走向世界、遍览东西，觅得两种可资借鉴的教育制度：一则英、法、美之制度，其制度专为“计划各人之发达”，注重培养学生的创造性，可极大地培养学生的“自创心”；一则日、德之制度，其性质接近专制，为“造成领袖及服从纪律”。[②]在张伯苓的观念中，南开学校既要培养改造社会的创造型人才，同时也要肩负起塑造服务时代的领袖人才的使命。于是，他将“自创”与“纪律”冶为一炉，并在南开学校实行人格教育，培养具有健全人格的人才。

由此可见，在蒙受甲午战败，国帜三易等屈辱，昂首走向世界之后，张伯苓深刻地认识到中国必须顺应时代潮流，通过教育实现对中国人的人格改造与重塑。值得肯定的是，张伯苓不仅看到了中国教育需要补充现代教育的新要素，但同时又没有完全照搬西方思想与制度；中国虽采用新法，但是又不可尽弃“固有之美德”，更要充分吸收中华优秀传统文化中的美德。也就是要将西方教育制度与中国传统文化中的精华相结合，融入南开学校的人格教育之中，培养具有“爱国心”与“社会服务心”的新青年，进而实现对中国人的人格重塑。

毋庸讳言，在一定程度上，张伯苓对塑造人格的重视还源于他作为一位

---

① 张伯苓：《中国教育之两大需要》，崔国良编：《张伯苓教育论著选》，人民教育出版社，1997年，第61~62页。

② 张伯苓：《中国教育之两大需要》，崔国良编：《张伯苓教育论著选》，人民教育出版社，1997年，第62页。

爱国者对于基督教文明批判性吸收和借鉴。张伯苓是基督教的信仰者，但主张中国人宗教自主，倡导“宗教爱国”，是近代中国基督教“三自运动”的先驱与领袖。[①]张伯苓曾言：“我是从两个基督教青年会的干事……那里第一次听说基督教的……然后我开始十分虔诚地研究基督教，发现基督突出的品质是他特有的人格和牺牲精神。这深深地打动了我。”[②]同时，他也将基督教的隐忍、宽容、奉献与牺牲等人格精神融入了南开学校的教育和社会活动之中。针对中国人国家观念比较薄弱、漠视救国救民事业的情形，张伯苓提出“基督化人格”可以将其补充圆满，即要像耶稣基督一样有“大量，大人格，大牺牲，大无畏的精神”。不仅如此，他还通过耶稣分银与仆人的故事来鼓励学生们善用、多用自身才能，独立自主，帮助同胞，富强中国。[③]

二、张伯苓重塑人格的方法与路径

如何重新塑造中国人的人格，张伯苓在南开学校一边在教育实践中丰富和完善“公能”教育理念，一边对学生进行人格重塑的探索。首先，他在南开学校的日常教育活动中反复强调重塑学生人格的重要性和必要性，以便提高青年学生的认识，在思想观念上实现认同，在行动上自觉消除中国人固有的陋习。其次，他重视人格感化在教育中的作用，以潜移默化的方式，谋求从根本上改变中国人的人格效果。他深有感触地说：“人格感化之功效，较课堂讲授之力，相去不可以道里计。”[④]其中，他认为校长、教师应该承担起人格感化的主导责任。

1923年9月，张伯苓在南开全体教职员聚餐会上发表讲话，强调办教育

---

① 侯杰、秦方：《张伯苓家族》，新星出版社，2018年，第1页。

② 弗兰克·B.楞次（Frank B.Lenz）：《人格魅力》，张兰普、梁吉生编：《铅字流芳大先生——近代报刊中的张伯苓》上，天津社会科学院出版社，2021年，第93页。

③ 张伯苓：《中国人的两大缺点》，《通问报》，1935年第1665期。

④ 《全体职教员会餐》，《南开周刊》，1923年第69期。

之目的，就是要造就新人才，以改造旧中国、创造新中国，而教育者在教育中尤应注重对学生“人格的感化”。为此，张伯苓语重心长地对学校教员们说：若每日时间大半消磨于“办公室”里，鲜有与多数学生见面的机会，则欲收人格感化之效难矣。[①]因此，他不仅仅是鼓励师生们多接触，“俾便以深厚之同情，实施个别之指导”[②]，而且将“人格感化”写入南开系列学校的教员备览中，明确以“潜移默化”为实施训育最高之原则，并规定对切实做到对学生实现人格感化、仪态言行足为表率的教员授予奖助金。[③]当然，张伯苓本人更是率先垂范，亲自践行“人格感化”的理念，通过自己的言行影响、教育着南开的师生。

学生关乎国家和民族的未来，是人格重塑的主体。在南开的教育实践中，张伯苓没有使用强行灌输的方式，让学生们沦为被动的接受者，而是以激发学生主观能动性的各种方式，让学生们自我教育、规约与内化。张伯苓深知要从根本上重塑中国人的人格，需在教育上实施人格感化；而推行人格感化，则需从培养良好习惯上入手。在南开学校的修身课上，张伯苓曾言：“一好习惯，即将来之一好人格，一有用之学生。”而对于良好习惯培养与人格养成间的关系，张伯苓有着自己精彩而独到的见解：“吾人平常所谓人格，莫非习惯之积体：习惯良好，即人格高尚，习惯恶劣，斯人格卑鄙；是以吾人于训练学生之时，宜少说空话，多做实事……是故吾苟尚于平时指导学生，从事正当之活动，知行合一，以身作则，朝于斯，夕于斯，月复一月，年复一年，则彼等终必有养成良好习惯，健全人格之一日。”[④]

---

① 《南开中学学生训练纲要（1929年）》，南开校史研究丛书编委会编：《南开校史研究丛书》第3辑，天津教育出版社，2011年，第114页。

② 《私立重庆南开中学新教员备览（1944年）》，龚克主编，王文俊、梁吉生、周利成副主编：《张伯苓全集》第九卷 规章制度，南开大学出版社，2015年，第264页。

③ 《私立重庆南开中学新教员备览》，龚克主编，王文俊、梁吉生、周利成副主编：《张伯苓全集》第九卷 规章制度，南开大学出版社，2015年，第265页。

④ 《南开中学学生训练纲要》，南开校史研究丛书编委会编：《南开校史研究丛书》第3辑，天津教育出版社，2011年，第114~115页。

为培养学生良好的习惯，养成健全、独立的人格，张伯苓在南开学校创立了严格的风纪制度，旨在从细微处入手，通过建立制度化的章程以实现对学生的人格教育。鉴于近代国人普遍存在的精神颓废、习惯不良等问题，张伯苓绝对禁止学生沾染饮酒、赌博、吸烟等事，并在学生批评自己吸烟的时候，毅然戒烟。他还在校门侧悬一镌有镜箴的大镜，上书容止格言“面必净，发必理，衣必整，纽必结，头容正，肩容平，胸容宽，背容直；气象：勿傲，勿暴，勿怠；颜色：宜和，宜静，宜庄”[①]。由此可见，南开学校传承至今的容止格言，不仅塑造了一代代南开学子的精神风貌，更蕴含着校父严修、校长张伯苓等人对培养学生健全人格的殷切期望。此外，在强调教育者对学生进行人格感化、容止规训的同时，张伯苓还在南开学校推行学生自治，提倡学生主动参与学校规范的建立，实现学生的自我管理，来养成学生自主、健全的人格。于是，学生不仅是人格塑造的对象，同时也成了塑造朋辈与自身人格的主体。以上种种塑造健康人格、振奋民族精神的举措，在客观上无疑为南开学校的人才培养提供有力保证。

值得一提的是，张伯苓还将体育运动与学生人格塑造紧密地联系在一起，发表了《体育与人格的塑造》等重要演讲。张伯苓重视体育，闻名遐迩。他曾提出：“强国必先强种，强种必先强身。国民体魄衰弱，精神萎靡。工作效率低落，服务年龄短促。原因固属多端，要以国人不重体育为其主要原因。”[②]为改变这种状况，南开学校自成立以来，即非常重视体育，通过开设体育课程、成立体育运动队、参与和主办各种类型体育运动会等途径，锻炼学生的身体，使其获得坚强之体魄，磨砺其精神，养成其健全之精神、独立的人格。这正是张伯苓作为近代中国著名教育家的独到之处。为了更有效地保证南

① 张伯苓：《四十年南开学校之回顾》，龚克主编，王文俊、梁吉生、周利成副主编：《张伯苓全集》第三卷 著述 言论（三），南开大学出版社，2015年，第155页。

② 张伯苓：《四十年南开学校之回顾》，龚克主编，王文俊、梁吉生、周利成副主编：《张伯苓全集》第三卷 著述 言论（三），南开大学出版社，2015年，第153页。

开体育助力学生人格的养成，在校长张伯苓与教职工们的共同努力下，南开学校制定并颁布了一系列规章制度。在提高学生们身体素质的同时，以积极的教育方法，增强学生们的团队意识与坚毅品格，养成学生“能守纪律，重协力，尚仁侠之健全人格”[①]。

正是基于这样的思考，南开学校根据学生的身体情况，大量开设体育课程，有针对性地教授不同项目，并制定了各类学生体育及格标准。同时，大量购置体育运动器械，提倡球类运动，积极开展课余体育活动。张伯苓还很有远见地强调体育在女子教育中的重要性，南开学校亦开女性参加体育运动的风气之先。自1923年南开女子中学建立后，张伯苓就特别重视女子体育运动事业的发展，特别增加了女子体育比赛项目，为中国女子体育教育的发展，以及女子运动水平的提高起到了一定的推动作用。[②]

不仅要使男女学生在体育运动中磨砺人格，张伯苓还善于借用与体育相关的突发事件来加强对学生的人格教育。1924年，南开学校学生在华北运动会上作为观众为本校运动员喝彩助兴，却遭到社会上某些别有用心之人的讥讽，指责南开学生“精神未善”、因体育之胜负损伤了自身的人格。对此类讥讽，张伯苓不仅自己嗤之以鼻，而且特意在南开学校高级修身班上对为南开运动员喝彩的学生加以肯定，称其是为“助本校运动员之兴，但绝非为扫他校运动员之兴”；此行为是无可厚非的，并鼓励学生们在体育竞技中勇敢争胜。同时，张伯苓也强烈反对在运动中为对方呼喊恶意的倒好，并以其为中国体育界之不幸。他严正告诫学生们：“运动所争者胜负而已。苟一战而负，负而

---

① 《南开学校中学部学科》(1929年10月17日)，龚克主编，王文俊、梁吉生、周利成副主编：《张伯苓全集》第九卷 规章制度，南开大学出版社，2015年，第166页。

② 例如1928年第十三届华北运动会，在全国体协会长兼总裁判张伯苓的倡导下，首次增设了女子比赛项目；南开学校等四所学校的27名女运动员，参加了50米、100米、200米接力、垒球掷远、篮球掷远、立定跳远、三级跳远等八个项目的比赛，极大地推动了女子体育的发展。详见南开大学体育部编：《南开大学体育史(1919—2019)》，南开大学出版社，2020年，第30页。

已矣，人格上固犹在也。若夫人格一有损伤，则虽胜又岂值得若许代价哉？”[①]即在体育运动中要注重自身人格的展现，人格的优劣要远重于比赛的一次胜负，教导学生参加体育竞赛既要积极争取佳绩，又要以乐观豁达的心态面对失败，不得为取得成绩采取拙劣的手段。[②]张伯苓不仅为中国近代体育事业的发展作出了巨大贡献，而且还通过体育运动达到了重塑学生人格的目的。他巧妙地利用体育运动加之于人的身体、作用于人的精神的传导式影响，使学生们在参与体育运动的过程中既强健了体魄，也得到了身心的协调发展，最终养成健康的人格。由此，张伯苓探索出了一条重塑人格的有效途径。

通过不懈的努力、探索，张伯苓重塑中国人人格的远大理想在南开学校落地生根，形成了具体的实践路径，获得了成功的教育经验。通过人格感化、学生自治等教育管理手段，张伯苓有效地培养了学生的独立人格与组织、纪律性，使学生成了学校的主人；通过提倡体育运动，张伯苓扩大并提升了重塑中国人人格的范围和层次。实际上，张伯苓还在训练童子军等许多与教育相关领域，强调人格陶冶、人格塑造，在此恕不一一详述。[③]但这些举措也同样有助于学生们养成集体主义精神，磨练坚强的意志品质。张伯苓在南开学校对学生人格养成的种种训练，寄托着重塑中国人人格的殷切希望，是挽救与振兴国家与民族命运的一种尝试。

---

① 《志高级修身班》，《南开周刊》，1924年第92期。

② 例如除反对呼喊倒好外，张伯苓亦特别反对学生专挑有些弯的竹竿，以在跳高比赛中提高成绩的做法。在体育道德方面，张伯苓特别强调“欲成事者，须带有三分傻气”“人惟有所不为也，而后可以有为”。详见张伯苓：《中国人所最缺者为体育》，崔国良编：《张伯苓教育论著选》，人民教育出版社，1997年，第22页。

③ 《发展中国童子军事业建议案》，龚克主编，王文俊、梁吉生、周利成副主编：《张伯苓全集》第一卷 著述 言论（一），南开大学出版社，2015年，第164~165页。

三、"公能"教育思想对于重塑人格的实践与创新

自近代以来,中国社会精英便开始关注国民的人格问题。他们敏锐地意识到中国人的习惯需要改变,国民的人格需要重建,并需以此激发民族精神,为实现国家的富强奠定基础。因此,塑造适应时代发展的新国民成了迫切的社会需求,人格救国的思潮遂应运而生。孙中山先生曾明确提出过"人格救国"的主张,在民国成立后,他呼吁"四万万人都变成好人格,以改良人格来救国",强调通过改善人格来实现救国的目标。在演讲中,孙中山提出培养人们优良的道德品质、打造"顶好的人格"是人类的天职,也是社会进步和革命胜利的关键条件,唯有造成顶好的人格,才能推动社会进步。[①]其他的社会精英也提出过相同或相近的理念与愿景,如胡适即提出"要以人格救国,要以学术救国"[②]。

然而人格救国的理念虽然在近代中国逐渐受到人们的广泛关注,但在具体实施时却遇到诸多困难。这源于人们提出的人格救国的理念大多缺乏系统性和可操作性,对于如何重塑中国人的人格,大多并没有给出清晰的指导和实施路径。因此,这些理念很难在实践中加以贯彻,大多没有取得理想的成效。据画家司徒乔回忆,1924年其由广州的教会学校来到北京求学,便深受当时思潮的影响。其回忆当时"觉得不问政治是学生的本分,相信'人格救国'那一类废话,课余时间,大部拿来练习写生。我的父母和亲戚都很穷苦,但我从来不去追问这穷和苦的根由"[③]。可见,社会动荡、民不聊生,普通民众更关心的是自身的生计问题,空谈人格救国没有客观的物质基础,难以收到

① 孙中山:《在广州全国青年联合会的演说》,《孙中山全集》(第8卷),中华书局,1986年,第319页。

② 胡适:《学术救国》,《胡适文集》第5册 演讲集,北京燕山出版社,2019年,第1383页。

③ 司徒乔:《忆鲁迅先生》,贾鸿昇编:《追忆鲁迅》,泰山出版社,2022年,第207页。

实际效果。相反，面对国内政局的动荡不安、外国势力的横行霸道，中国社会上还出现了反对外国侵略，反对处于外国保护下的基督教教会、反对空谈“培养人格”与“人格救国”的浪潮。作为其中的代表人物，恽代英在文章中提出：“我们不是说人格不是十分要紧的东西”，但是，“我们非打倒外国人的压迫，非振兴实业，一万年的‘人格救国’，亦只是空话”。[①]显然，对处于危急之中的近代中国而言，空谈人格救国是徒劳无益的。

重新塑造人格的教育是一个漫长的系统工程，作为一位杰出的教育家，张伯苓深刻地意识到了重塑学生的人格需要学校与社会的长期合作与互动，并非一朝一夕之功。扑面而来的质疑之声，非但没有动摇张伯苓人格救国的理想，反而促使他千方百计地将人格重塑落到实处，值得注意的是，张伯苓创造性地将重塑中国人人格的理念与“公能”教育思想相结合，把人格教育潜移默化地融入人才培养之中。

作为南开学校教育的灵魂，“公能”教育为校长张伯苓最早提出，旨在培养学生爱国爱群之公德，与服务社会的能力，即“知中国，服务中国”的思想理念，“公能”二义即寓于其中。作为张伯苓主持南开学校四十余年来的一贯教育理念，“公能”教育毫无疑问地达到了其预期的目标，并取得了良好的效果。张伯苓认为，“公能”教育既能医治中华民族之病，也能重塑中国人之人格。他指出南开学校为实现教育救国之目的，除需强调知识素养与身体素养的训练外，还需特别强调道德素养的训练。在张伯苓看来，南开的人格教育要以“公能”教育为指导原则；而“公能”教育又需依托以包括人格教育在内的各种训练来实现。从南开学校的教育实践来看，公能教育思想的贯彻实施对于重塑中国人的人格具有重要的意义，也无疑为中国当时的教育体系注入了新的活力。

强调“公能”教育，即将爱国、为国的情怀融入学生的人格中，并以实干的

---

① 恽代英：《基督教与人格救国》，《中国青年》，1923年第3期。

精神加以践行。结合南开学校学生的实际情况，张伯苓提出“欲他日爱国则现在宜爱校”，期望学生在日常的学习和生活中，祛除急功近利的心理，在养成公德心的同时，把满腔的爱国热情化为具体的实际行动。张伯苓常常告诫南开学生：不仅要有爱国之心，更要兼有爱国之力，然后方可实现救国之宏愿。为此，张伯苓不断地向师生们推心置腹地讲述“公能”教育思想与人格塑造的关系，倡导学生们毕业后在社会上以实际行动践行在南开所受之公能教育。在南开大学商学会成立大会上，张伯苓以“熏陶人格是根本”为主题发表演讲，在强调教育要关注人格熏陶之外，更阐发了自身对于南开大学“公能”教育成果的期盼——“造出一班人来”，为公为国而非为私利，使中国的实业得以发达。[①]同样，他坚信假如南开人无论在何时何地，都能坚持“诸事可变，南开精神不可变”的信念，践行“一致为公，始终不渝”的行为准则，那么不但个人的事业可以成功，国家的独立富强也将指日可待。[②]

张伯苓虽然经常应邀在各地发表演讲，号召社会共同致力有益于国家、民族的事业，但是每逢星期三，便多会在学校礼堂召集全校学生集会，或亲自或请人发表演讲，阐述各种科学知识，以及为人处世之法、求学爱国之道。这种对学生精神起到振奋作用的“修身课”，亦成为张伯苓传播“公能”教育理念、塑造学生人格的一项重要活动。张伯苓通过讲演的形式，阐发自己丰富的人生阅历，启迪学生的心智，使学生将公能实践的理念与精神内化于心，润物细无声地塑造着学生的人格。因此说南开学子“奋斗”与“求改进”之精神，多半养成于集会之中亦不为过。[③]在演讲内容方面，人格修养无疑是其中最为重要的主题。张伯苓期望学生们养成“不偏、不私、不假、事事为团体着想、

① 《张校长在商学会成立大会演说辞》，《南大周刊》，1925年第24期。

② 张伯苓：《留日南开同学欢迎会演说》，崔国良编：《张伯苓教育论著选》，人民教育出版社，1997年，第60页。

③ 《南开中学学生训练纲要（1929年）》，南开校史研究丛书编委会编：《南开校史研究丛书》第3辑，天津教育出版社，2011年，第122页。

肯为团体负责、努力、奋斗、甚至牺牲”[1]的品质,造成完全之人格,“三育”并进而不偏废。

除了在男校中实行学生人格塑造外,张伯苓亦极为重视发展女子教育,促进女性的人格独立。自近代以来,中国社会上妇女解放运动风起云涌,人们多关注妇女参政、社交公开等议题,而张伯苓则认为解放女性的关键在于女子教育问题。“妇女之知识苟能提高,则其能力、其人格自亦因之而增高,其他枝叶问题自均易解决矣。”[2]秉持着这样的理念,张伯苓在南开中学与南开大学相继成立后,即着手创办南开学校的“女学部”。

1923年,南开女子中学正式开始招生。[3]张伯苓明确将“提高一般女子之人格”放在办学的重要位置,培养女学生坚韧刚毅、勤奋好学的品质,塑造女性正确的人生观与价值观,使“女生得一模范之人格”,使她们能够更好地适应社会的发展变化,在家庭中扮演更为积极自主的角色,在各个行业领域更好地服务社会。[4]1935年11月,张伯苓应邀在金陵女子文理学院成立二十周年的纪念会上发表演讲。面对金陵女子文理学院如宫殿般恢宏的校园建筑,他对在场的女学生们说:“一切伟大似皇宫的建筑,是物质的,是小事,惟有高尚的人格,属乎精神的,乃是大事”[5]。他号召女学生们抛弃自私与敷衍,抱有为公的人格,靠自己动手认真做事,为国为民做出贡献。张伯苓塑造女学生人格的“公能”教育理念,有助于女学生人格的完善,具有跨越时代的意义,在很大程度上深化了女子教育的内涵与意义。

张伯苓长期实行“公能”教育所取得的成效也是非常显著的。在南开学

---

① 《南开学校中学部教务管理规则》(1929年10月17日),龚克主编,王文俊、梁吉生、周利成副主编:《张伯苓全集》第九卷 规章制度,南开大学出版社,2015年,第55页。

② 《志追悼袁太夫人会盛况》,《南开周刊》,1923年第79期。

③ 胡经文:《南开女中琐忆》,政协天津市委员会、文史资料研究委员会编:《天津文史资料选辑》第4辑,天津人民出版社,2004年,第52页。

④ 《志追悼袁太夫人会盛况》,《南开周刊》,1923年第79期。

⑤ 张伯苓:《中国人的两大缺点》,《通问报》,1935年第1665期。

校于中华民国时期艰难存续的数十年间，张伯苓坚持内化人格教育的理念，培养出了一批批“公能”兼备的优秀人才，向社会源源不断地输送着具有奉公实干人格的青年，使之成了社会之楷模与标杆。“随波逐流，图暂时之苟活，失一生之人格，则生命又何足贵哉”[①]，这段文字来源于张伯苓1916年12月给南开毕业班的训词赠言，由当时在南开学校求学的周恩来笔录。正值青年的周恩来在张伯苓校长的教诲下，在其作文中明确写下了张伯苓校长“发奋自励以日新”“孜孜矻矻以进三育”“锻炼身心以图强”[②]等谆谆教诲，后来更是以实际行动证明了南开教育之成功。显然，在张伯苓的教育与引导下，其“公能”思想对以周恩来等人为代表的南开学生的人格塑造产生了极为重要的作用。

而在“公能”教育思想的持续作用下，张伯苓与南开学校本身也成了一种人格象征。1919年11月，张伯苓在南开大学成立纪念大会上致开会辞，提出“个人应具固有之人格，学校亦当有独立校风”[③]。作为个体的人在日常生活中需要以自身的人格为支撑，而将学校与个人进行类比亦是如此。学校具有怎样的校风，就培养出具有怎样品质的学生，南开学校自然成了承载“公能”教育思想的典范。随着日本侵华战争的爆发，南开大校经受了毁校之痛，南迁至昆明。1939年3月，四百多名南开校友在西南联合大学开会欢迎张伯苓，林同济教授主持并致辞，强调南开的伟大，在于它不只是一个寻常的学校，更代表着一种人格，而张伯苓校长就是其活的象征。[④]张伯苓亦发表了一篇演讲，名为“南开校友与中国前途”，加以回应，希望南开校友“本着南开

---

① 张伯苓：《校长训词》，周恩来记录，南开大学历史研究所周恩来研究室编：《周恩来文选》，1979年，第55页。

② 周恩来：《本校始业式记》，中共中央文献研究室、南开大学编：《周恩来早期文集 1912.10—1924.6》上，中央文献出版社、南开大学出版社，1998年，第45页。

③ 王揆生：《本校十五周年纪念》，张兰普、梁吉生编：《铅字流芳大先生——近代报刊中的张伯苓》上，天津社会科学院出版社，2021年，第31页。

④ 贾朴：《昆明校友开欢迎校长大会》（1939年4月15日），张兰普、梁吉生编：《铅字流芳大先生——近代报刊中的张伯苓》上，天津社会科学院出版社，2021年，第322~323页。

‘公’、‘能’校训往前去”[1]，承担起知中国服务中国、抗击外来侵略的责任。可见经过数十年的不懈努力，张伯苓与南开学校共同承载起了培养中国人“公能”精神与振兴国家的重要使命。

毫无疑问，张伯苓通过“公能”思想重塑中国人之人格的影响极为深远。当南开学校的学生们离开校园步入社会后，他们的所作所为、言行举止实际上就成了南开“公能”教育的一个个重要载体，发挥着示范和传播的作用，体现出张伯苓将教育作为实现救国理想的有效途径，运用多种途径，在师生互动中实现了对学生人格的塑造。毋庸讳言，这也正是张伯苓“公能”教育思想的具体体现与内化。

四、结语

在近代中国救亡图存的时代呼唤下，国家的改造、民族的复兴、社会的进步离不开对国民健全人格的塑造，而想要重塑中国人的人格，教育无疑是至关重要的关键部分。在对中国传统教育进行重新审视的基础上，近代中国教育家张伯苓吸收外国成功经验，充分认识到了将集体主义与国家认同等观念植入中国人之人格中的重要性。将塑造学生的人格作为南开学校最重要的教育目标之一，既源于张伯苓对于近代中国社会问题的深刻认识，也源于其所极力倡导的“公能”教育思想。南开学校校训中的“公能”二字即是对张伯苓教育理念的集中概括，唯有“公”与“能”才能化私化散，去愚去弱，有为公牺牲、为公服务之精神与能力。对于重塑中国人之人格的展望与希冀也被张伯苓寓于“公能”教育思想之中，并在社会上反复阐述，产生了难以估量的巨大影响。

---

① 张伯苓：《南开校友与中国前途》，王文俊等编：《张伯苓教育言论选集》，南开大学出版社，1984年，第241页。

实事求是地说，张伯苓重塑中国人的人格等主张具有重要的历史意义与现实价值。培养学生坚韧不拔、实干救国的精神品质，树立学生的集体主义观念——这正是张伯苓对学生进行人格塑造的重要内容与目标。这种思想及实践对现代教育同样具有一定的借鉴和启发意义，即应关注受教育者的全面发展，重视精神塑造，培养更多有理想、有担当、有爱国情怀的优秀人才，为国家社会的发展繁荣做出更大的贡献。张伯苓的“公能”教育思想与人格塑造理念及其实践，为构建新时代和谐文明社会提供了重要的参考和指导，也提醒着我们对人格培养应给予高度的重视与关注，为中华民族伟大复兴积蓄力量。

本文系侯杰教授在天津市社会科学界学术年会上作的主旨报告，将在《河北师范大学学报（教育科学版）》刊发。

关于促进文旅融合打造天津近代教育救国之旅线路的思考

郭　辉

摘要：为贯彻习近平总书记视察天津重要讲话精神，促进文旅深度融合。本文在深入调查天津典型性教育遗产和文化场馆资源的情况下，进一步整合各类优势资源，突出特色重点，提出规划"文庙——南开中学——天津大学——南开大学"为参观目的地的天津近代教育救国之游览线路，并对路线打造面临的困难和问题进行剖析，提出了应对举措和合理建议，力求使游客更加深入地了解天津近代教育救国的厚重历史，感受家国情怀，讲述天津故事，打造具有鲜明特色的津派文化旅游品牌。

关键词：天津；文旅融合；近代教育

天津作为我国著名的历史文化名城，保存了大量的历史遗迹，有着丰富的文化和旅游资源。一处处文物古迹，一幢幢小洋楼，一座座文博场馆是天津城市宝贵的财富。但是如何促进文旅深度融合，将这些丰富的文化资源串

作者简介：郭辉，天津博物馆历史研究部副研究员。

珠成线，开发成优秀的旅游路线是值得我们去深思和研究的。而在其中，将天津深厚的近代教育遗址和场馆资源进行整合，筛选典型资源，打造一条天津近代教育救国之旅特色文旅线路，以展现天津的城市文化，满足人们的文化需要，应该是一件非常有意义和价值的事情。

一、天津近代教育救国之旅路线提出的背景

习近平总书记在党的二十大报告中强调要“推进文化自信自强，铸就社会主义文化新辉煌”，提出了“繁荣发展文化事业和文化产业”“增强中华文明传播力影响力”，“坚持以文塑旅、以旅彰文，推进文化和旅游深度融合发展”等一系列新思路、新战略、新举措。2024年春节，习近平总书记视察天津期间再次对天津提出“深入发掘历史文化资源，加强历史文化遗产和红色文化资源保护，打造具有鲜明特色和深刻内涵的文化品牌”，“以文化人、以文惠民、以文润城、以文兴业”等新要求。

天津市委、市政府深入贯彻习近平总书记视察天津重要讲话精神，提出“要在推动文化传承发展上善作善成。坚持以文化人、以文惠民、以文润城、以文兴业，加强历史文化遗产和红色文化资源保护，加快文化事业产业发展，健全现代文化产业体系、市场体系和公共文化服务体系，擦亮津味、津派文化品牌。”“以文塑旅、以旅彰文，以文旅深度融合带动国际消费中心城市建设。”

2024年春节期间，天津市文旅局深入贯彻习近平总书记视察天津讲话精神，紧紧围绕市委、市政府“十项行动”工作部署，积极推动文化传承发展上善作善成，推出春节“漫步津城”十条精品线路，为市民游客春节畅游津城提供便利。这十条线路分别有：一是“千年杨柳青·古镇灯火明”运河民俗游。体验运河文化，观赏国潮灯展。线路为：中北镇运河文化旅游区（曹庄花卉市场）—体验国家级非遗魅力（杨柳青民俗文化馆）—千年古镇赏国潮灯展（杨柳青古镇、元宝岛）。二是“津城至味·人间烟火”美食文化游。品尝地道美

食,感受津味文化。线路为:品味正宗天津风味美食(西北角)—游传统津味文化街区(古文化街)—探访老城发源地(鼓楼灯会)。三是“泉暖冬日·乡趣绵长”温泉休闲游。乐享冬日温泉,体验乡村民俗。线路为:冬日团泊湖风景区观光(仁爱团泊湖国际休闲博览园)—温泉体验(光合谷旅游度假区)—冰雪民俗项目夜游(春光农场)。四是“峥嵘岁月·望远登高”红色记忆游。传承红色记忆,铸就“津彩”生活。线路为:游览天塔湖景区—参观周邓纪念馆—夜游水上公园灯节·津彩大灯会。五是“冬日“农”情·欢乐出行”欢乐迎新游。新春欢乐启航,龙年迎新纳福。线路为:游欢乐谷主题公园—农业探索主题乐园(佳沃世界)—夜游小站迎新第二届新春艺术灯会—宿东丽湖恒大温泉旅游区。六是“中西交汇·博古论津”文化鉴赏游。纵览古今文化,感受中西交融。线路为:五大道文化旅游区漫步—数字艺术博物馆—和平路金街(购物)—瓷房子—张学良故居(沉浸式演出)。七是“百年往事·城市寻踪”名人故居游。漫步洋楼街区,探索名人故居。线路为:李叔同故居—曹禺故居—梁启超故居—意大利风情区—五大道庆王府。八是“‘桥’见天津”海河观光游。魅力海河观光,特色桥梁打卡。线路为:永乐桥(天津之眼)—金钢桥—狮子林桥(古文化街)—金汤桥(解放天津会师地)—北安桥(意风区)—大沽桥—解放桥(世纪钟、津湾广场)。九是“京津花园·冰雪奇缘”激情冰雪游。体验速度激情,共享戏雪时光。线路为:盘山滑雪场—玉龙滑雪场—蓟洲国际滑雪场—溶洞冰雪世界—吉姆冒险世界戏雪乐园。十是“河海相逢·欢乐无穷”海洋亲子游。探索海洋奥秘,科幻逐梦未来。线路为:天津泰达航母主题公园—国家海洋博物馆—天津方特欢乐世界—天津极地海洋公园。

以上线路的推出,对满足广大游客和市民游览天津,了解天津特色地方文化起到了非常好的促进作用,有效满足了人们的游览需求。但在深挖城市历史文化,展现天津文化特质和特色方面还做得不够。天津作为近代北方最大的通商口岸和我国早期现代化的重要发源地之一,中西交融屡开风气之先。特别是近代以来,教育救国的思想在津沽大地蔚然成风。作为我国教育早期现代化的领跑者,天津在中国教育史上创造了诸项第一,涌现出许多著名学校和爱国教育家、培养出众多革命先烈和先进人物。这些资源是我们进行爱国主义教育,宣传红色文化,打造特色文化品牌的重要载体。因此,在文旅融合大的背景下,加强历史文化名城建设,深入挖掘城市文化内涵,展现天津厚重的历史文化底蕴和革命文化,有必要打破单位和行业壁垒,整合南开大学、天津大学、南开中学等教育系统学校的校史馆和校园文化资源,联合文旅系统的天津文庙博物馆,打造一条天津近代教育救国线路,并努力培育成特色文化品牌和城市名片,以满足社会各界和中小学研学活动和参观学习的需要,在社会上逐渐形成一种来天津必看南开大学等近代教育救国文旅资源的共识和特色文旅项目,促进文旅深度融合,助力天津社会经济的发展。

二、相关文旅资源的情况和线路的提出

天津文庙不仅是天津古代地方教育官学和尊孔的庙宇,而且是天津历史上等级最高的古建筑群,也是天津第一座官办学校。它始建于明正统元年(1436),由提学御史程富提出上奏,要求在天津设立卫学。天津卫指挥使朱胜将住居一所施为学宫,首建堂斋、公廨。明正统十二年(1447)大成殿落成,始称卫学。明景泰、天顺、弘治年间,先后修建棂星门、两庑和明伦堂。清雍正三年(1725),天津卫改天津州,清雍正九年(1731)升州为府,另置天津县。卫学亦改为州学。清雍正十二年(1734)在府学两侧增建县学,形成府、县学宫并列的格局。作为天津官学(包括府学、县学)的所在地,天津文庙是天津古代传统教育的象征和文脉传承的载体,在明清两代培养出大量科举人才。同时这里又是天津近代社会转型和改革人物的孕育基地,培养出了以严修(天津府学生员)为代表的众多天津近代社会中的转型人物和爱国教育家,对天津乃至中国近代社会和历史产生了重要的影响。由于战乱和政治更迭,到1923年,天津文庙已无人看管,附近居民任意破坏,于是严修与天津邑绅发起

筹款修缮天津文庙。1926年，文庙修缮工程竣工。1927年，严修“鉴于国学日微，将有道丧之敝惧”，为了继承和研究中国历代学术及经史古文，以维护国学之延续，联合天津地方士绅倡议成立了教授国学的团体——崇化学会，“崇乡党之化，以厉贤才”。1935年迁至文庙明伦堂，聘请章钰等当时知名文人在此讲学，会集和培养了许多文史方面的学者。1954年文庙成为天津市第一批市级文物保护单位。1985年进行复原修缮，1986年设立天津文庙保管所并对外开放，后更名为天津文庙博物馆，现为天津市爱国主义教育基地。

南开中学是由著名爱国教育家严修和张伯苓于1904年创办的天津第一所私立中学堂，是南开系列学校的发源地。学校秉承教育救国理念，一百多年来培养出以杰出校友周恩来为代表的一大批党和国家的领导者、诸多革命先烈、科学家、教育家、文学家、艺术家等。其中在民主革命和建设时期，南开中学不少学子追求真理，舍生取义。据不完全统计，先后有马骏、吴祖贻、张敬载、彭雪枫等42名校友为国捐躯。美国科学院院士、国际著名的历史学家、浙江金华籍南开中学1931届学生何炳棣曾说，经过海内外多方科学考证，南开学校笃笃实实是世界上最爱国的学校。现学校旧址为全国重点文物保护单位，校园已进行整修和复原，东楼已开辟为南开中学校史陈列馆，周恩来上学时住过的宿舍西斋进行了复原陈列。校园中的南开中学烈士纪念碑已成为祭奠南开校友英烈的重要场所。现未对外开放。

南开大学同为著名爱国教育家严修和张伯苓秉承教育救国理念于1919年创办的我国较早的私立大学之一。培养出总理周恩来和于方舟、马俊、陈镜湖等革命烈士，以及以郭永怀院士为代表的爱国科学家等诸多杰出人才。2019年1月，习近平总书记视察南开大学，参观了百年校史主题展览，详细了解南开大学历史沿革、学科建设、人才队伍、科研创新等情况。高度评价了南开大学的爱国传统和张伯苓先生提出的“爱国三问”，并指出“爱国主义是中华民族的民族心、民族魂。南开大学具有光荣的爱国主义传统，这是南开的魂”。现南开大学海冰楼设有《南开大学建校百年展览》对师生不定期开放和预约参观，并建有南开公能校史文化宣讲团定期对展览进行讲解活动。此外学校内还有严修铜像、张伯苓铜像、周恩来雕像、周恩来总理纪念碑、于方舟烈士纪念碑、南开大学校钟、南开大学西南联大纪念碑、思源堂等景点和遗迹。2019年南开大学八里台校区思源堂入选第八批全国重点文物保护单位。

天津大学其前身为北洋大学，始建于1895年10月2日。“甲午战争”失败后，学校在“自强之道以作育人才为本，求才之道以设立学堂为先”的办学宗旨下，由清光绪皇帝御笔朱批，由盛宣怀任首任督办，是中国第一所现代大学，开中国近代高等教育之先河。培养出以张太雷、赵天麟为代表的诸多革命先烈和杰出人物。现建有天津大学校史博物馆，每周二上午和周五下午对校内师生开放，每月最后一个周六向公众开放。此外校内建有张太雷烈士雕像、宣怀广场、北洋纪念亭、冯骥才文学艺术研究院等景观和遗迹。

结合上述文旅资源的空间分布和时代情况，可规划“文庙——南开中学——天津大学——南开大学”为参观目的地的天津近代教育救国之游览线路，使游客更加深入地了解天津是如何从古代传统教育走向近代教育，近代天津教育救国浪潮中又有哪些可圈可点、催人奋进的爱国故事。

三、项目面临的问题

除文庙博物馆为对外开放的公共博物馆外，南开中学、天津大学、南开大学现为教学单位，相关展馆处于不对外开放或半开放状态。各校主要展馆和景观遗迹与其日常教学场馆混杂在一起，大规模外来游客参观会存在影响正常教学秩序的问题。

三所学校没有专门的游客接待中心，因此方案的实施需要对相关单位的一些配套设施，如就餐场所、停车场、卫生间和相关的软件如讲解、接待服务等也要进行提升改造和规划，以方便接待参观。

四所单位隶属关系复杂，文庙博物馆隶属天津市文化和旅游局，南开中学隶属天津市教育局，天津大学和南开大学为教育部直属高校。各单位之间由于行政归属关系层级不同，对接困难，无形中存在壁垒，协调和信息沟通存在一定障碍。

四、主要对策和建议

打破行政和行业壁垒，由南开大学或天津市文旅局牵头，搭建天津近代教育救国之旅线路有关单位的沟通平台，使各单位建立联动和沟通机制，举行定期例会制度，在对外宣传、业务扶持和活动策划上加强协作，形成合力，有效展示天津在近代教育发展中的爱国主义情怀。

与三所学校沟通协调，加快推进各校展馆的对外开放和接待，在不影响学校正常教育秩序的情况下，划定特定的开放区域和参观路线，建设游客服务中心和相关配套设施，为游客提供参观服务。

先期在遵守学校管控要求的前提下，网上开通团队预约参观，并规定限定人数和限制参观时间。加强参观团队管理，尽量避免团队与师生的直接接触。待学校管控完全解除后，再开放游客自由参观。

协调周边餐饮、住宿、停车场等设施单位，为游客提供生活保障，方便游客出行和就餐需要。

四家单位应发挥各自优势，在历史挖掘、文物与展品利用、人才交流、业务培训、文创产品开发等方面加强协同合作和互助帮扶，将学校文化与天津的城市文化相结合，将爱国主义与教育救国相结合，将历史与现代相结合，以满足广大游客和市民群体的需要。

张伯苓与成志学社再探

刘晓琴

摘要:张伯苓是留美生社团成志学社的成员,也是该社天津分社的负责者,更是该社团的中央委员、副主席。成志学社注重社团内部的沟通、联络和福利,20世纪二三十年代,成志会(学社)会员身份成为张伯苓延揽南开大学教师的重要媒介,张伯苓也与天津工商界的成志会会员保持密切的往来。以成志学社为中心,形成天津城市文化生活中的一个公共交往空间,成志学社社员是张伯苓开拓南开系列学校的有力支持者。抗战时期,成志学社社章的修改由张伯苓参与报告,张伯苓的“救国成志”之议成为成志学社重要表述。1944年4月2日,成志学社在重庆开会,为张伯苓七十祝寿,并由汪辟疆代表成志学社撰写《张伯苓先生七十寿序》。在祝贺张伯苓七十寿辰时,成志学社极为罕见地公布了一个长达79人的社员名单,体现了该社尝试从秘密走向公开。张伯苓受到成志学社社员的敬重,也显示了张伯苓在成志学社中的重要地位。

作者简介:刘晓琴,南开大学历史学院副教授。

关键词:张伯苓;成志会;成志学社;留美生社团

张伯苓是留美生社团成志学社的成员,其会员的身份成为张伯苓延揽南开大学教师过程中的重要媒介,成志学社社员是张伯苓开拓南开系列学校的有力支持者,他们在南开大学的发展中起到了关键作用。[①]随着成志学社更多资料的搜集和整理,对于张伯苓在其中的作用以及与社员之间的交往有了更为清晰的认识。

一、张伯苓是成志学社的重要成员

1908年8月,名为David and Jonathan的中国留美学生自创兄弟会产生,倡立者是在美国东部院校留学的王正廷、郭秉文、余日章、朱庭祺等人;1917年6月24日,留美学生刘廷芳、洪煨莲(即洪业)、陈鹤琴、朱斌魁、温万庆、曹霖生等,组织名为"Cross and Sword"(十字架与宝剑会,简称Cands.)的兄弟会。"十字架与宝剑"与"大卫与约拿单"的宗旨非常接近,理想会员都是"未来国家的引领者"。[②]根据王正廷的建议,两会合并,于1920年8月28日在上海两会集会,正式合并,名为"成志会"(英译名Chen Chih Hui,简写作C. C. H.),"取意'众志成城'"[③]。1936年该会正式定名为"成志学社"[④],也有社员简称本会为"成志会""成志社"。[⑤]

① 刘晓琴:《民国留美社团与留美生的社会网络——以成志会与张伯苓的分析为中心》,《华侨华人历史研究》,2019年第4期。

② 王正廷:《顾往观来:王正廷自传》,宁波国际友好联络会,2012年,第2页。

③ 晏阳初口述、李又宁撰:《九十自述》,宋恩荣总主编:《晏阳初全集》(第3卷)(1950—1989),天津教育出版社,2013年,第561页。另外,按照方显廷的解释,成志会会名取义"成就人生志向"—— 方显廷著,方露茜译:《方显廷回忆录》,商务印书馆,2006年,第42页。

④ 如三十年代的出版物,分别为:《成志学社廿三年年会记录》(1934年)、《成志学社上海分社社员录》(1936年)、《成志》(1936年,为成志学社年会的报告书及会员名录)。

⑤ 本文根据时间和材料,几种名称互见。

成志会早期的活动，多数为会员聚会、聚餐，欢迎归国或外地会员、报告个人工作事宜等。由于该会的秘密性质，该会的人员情况、会务状况等很难为外界所知。直至1929年8月，成志会在上海召开第一次大会时，国内会员共计153人。[①]在此次大会中，成志会选出由12名成员组成的第一届中央委员会，其成员有：主席：余日章；会计：朱庭祺；秘书：黄宗勋；委员：张伯苓、李道南、凌其峻、刘树镛、孟治、潘铭新、戴志骞、朱友渔和王正廷。此外，名誉执行秘书傅若愚也是这个委员会的当然成员。此时，在天津的成志会会员共有14人，与在北平的会员（24人）同属于北平分会。

1933年，成志会召开大会，选出新的一届中央委员，张伯苓连任：

表3-1　1933年新一届中央委员

社别	姓名	别号	联系地址
上海	王正廷*	儒堂	
	孔祥熙	庸之	
	黄炎培	任之	
	戴超*	志骞	
	刘湛恩		沪江大学
	薛桂轮		南京财政部盐务署
南京	潘铭新*		
	张可治		
	郑厚怀		
北平	周寄梅		
	凌其峻		
天津	张伯苓*		天津南开大学
杭州	寿景伟	毅成	上海中央银行
广州	黄启明		东山培正中学
美国	孟治*		

注：1. 资料来源：《成志》1936年；

2. 其中有*记号的为该年度连任委员。

① 黄炎培致欢迎词，题名可能为《成志会会员录》，约为1929年在上海刊印，无页码，以下简称《成志会会员录（1929）》。

成志学社在北方设立包含京津会员的北平分社，两个城市的成志会会员往来密切，“本年（1934年）四月中旬，平津两地社员在北平举行联欢会，两日盛况，为历年所鲜有。现在平方有社员三十余人，津方有十余人……目前津方社员大半集于南开，人数已不少，现正设法促之成立分社”[①]。之后不久，天津分社成立，张伯苓是负责人。在1934年的年会中，上海分社提出会员的三个标准：“（一）须有特殊之专门学术及经验；（二）在社会上负切实之贡献；（三）有高尚之品格及新的道德精神。”[②]1934年，北平分社提名的新社员人选中，在天津的有范镜（旭东）（塘沽永利公司总经理）和侯德榜（塘沽永利公司总工程师），但二人并没有加入成志会。

1936年4月，成志学社在上海召开年会，此时，成志学社社员共计227人。[③]在19日分社报告中，天津分社由张伯苓报告：

> 天津弟兄，本附属于北平分社并无正式组织，现有弟兄十一人，南开占半数以上，个人工作，都极努力，惟于本社工作，殊少贡献，而最不努力者当为兄弟。

会中讨论修订社章，“由主席指派张伯苓、孙洪芬、寿毅成三兄弟为修改社章委员”，“张伯苓兄称：本社原以爱国为宗旨，过去殊无成绩，此后吾辈应先振作自己，以救国家，以成初志，众极感动”。张伯苓所述“救国成志”之议成为年会率先讨论的内容。1936年时，成志会的主要工作，“大部分偏于社员通信，访问，及招待美国回来社员”[④]，计划着手的社务，包括中文社章的订正，社史的编辑，社员录的增订，特别注重留美归国会员和上海以外会员的接洽

① 上海图书馆藏：《成志学社廿三年年会记录》，第2~3页。

② 上海图书馆藏：《成志学社廿三年年会记录》，第2~3页。

③ 方显廷：《方显廷回忆录》，方露茜译，商务印书馆，2006年，第44页。

④ 《成志》，1936年，第3页。

招待，侧重于成志会社员内部的沟通、联络。这一年，成志社讨论决议“此后社章，应以国文本为主，英文本为副”。年会修改社章委员会报告案“由张伯苓兄报告修改意见，并逐条宣读”[①]。

在此次大会中，该会正式更名“成志学社”，形成中文本《成志学社社章》七章二十八条。规定本会宗旨为：

甲　研究计划并协力合作以期众志成城复兴中华民族；

乙　增进社团团结之精神并养成互助互导之习惯。

社员的资格为“高尚品格、领袖才能、正确志趣、合群精神”，成志学社由中央委员会及地方分社组成。在这一届会议中，中央委员会互推王正廷为主席，张伯苓为副主席，寿毅成为书记，戴志骞为会计，王志莘为总干事，孙瑞璜为副总干事。在成志会发展过程中，张伯苓是重要的成员，推动了会务的发展和会员之间的纽带作用。

成志会会员之间保持密切的交流和兄弟般的情谊，强调社团内部的互助与福利。1936年时，成志学社社友需缴纳社费、互助金和寿缘金三项，1936年时共计25元，张伯苓校长办公室1926年3月28日特致函成志学社总社会计孙瑞璜，[②]为张伯苓缴纳会费。若遇社员去世，成志社以团体和个人的名义，给会员亲属以慰问与帮助。1936年1月28日，中华基督教青年会全国协会总干事余日章瘿疾去世后，成志会学社以同人名义致以挽联，张伯苓致挽联：

“成德一生　笃护青年　顾此精神诚未死

① 《成志》，1936年，第12页。

② 梁吉生、张兰普编：《张伯苓私档全宗》（中卷），中国档案出版社，2009年，第948页。

论交廿年　缅怀道义　怆闻殂落不盛情”[①]

成志学社推刘湛恩代表该社为余日章设立纪念碑，并以成志社同人的名义于1936年10月10日立石。张伯苓作为成志学社的成员，均参与到这一纪念活动中，表明其与成志学社同人之间有密切的联系与情谊。

二、张伯苓与京津成志会会员

20世纪二三十年代，京津是留美学生回国后比较集中的城市。[②]成志会在1934年之前，天津与北平同属于北平分会，[③]因此与北平会员之间有密切的往来。1934年以后，成志学社在天津设有分会。除了在南开大学，在天津工商界，也有不少成志会会员，张伯苓与他们也多有往来，保持着密切的关系。成志会会员在京津之间也有流动性。

1929年时，在北平的成志会会员如下：

表3-2　1929年北平成志会会员情况表

姓名	任职情况
谢元甫	中央医院
陆志韦	燕京大学
周学章	燕京大学
徐淑希	燕京大学
任宗济	燕京大学
郭闵畴	燕京大学
刘廷芳	燕京大学

① 《同工》第151期，1936年4月1日，“纪念余日章博士专号”，第68~69页。

② 根据1916年、1917年《游美同学录》的记载，1917年时，归国留美学生最集中的城市依次为：北京（占总人数的31.26%）、上海（占总人数的20.71%）、天津（占总人数的6.59%）。1925年统计归国庚款留美生最集中的城市，处于前三位分别是北京（24.53%）、上海（24.19%）、天津（9.09%）。

③ 1929年时，除美国分会外，成志会在上海、南京、北平和广州设有分会。

续表

姓名	任职情况
吴经甫	燕京大学
刘崇鋐	清华大学
刘崇乐	清华大学
吴蕴珍	清华大学
浦薛凤	清华大学
朱胡彬夏	协和北院
刘汝强	协和医院
沈克非	协和医院
吴旭丹	协和医院
陈之逵	未详
朱继圣	仁立地毯公司
凌其峻	仁立地毯公司
朱友渔	外交部
周寄梅(诒春)	清华大学
董时进	北平农学院
王兆熙(景春)	铁路
晏阳初	平民教育促进会

1929年时，天津的成志会会员，除了在南开大学的唐文恺、蒋廷黻、李继侗、何廉、萧叔玉、萧公权、方显廷和张伯苓外，还有金邦正、孙多钰(中孚银行)、董显光(《庸报》馆)、黄勤(上海银行)[①]、张道宏(Arnold Brothers Co.)等人。[②]由于该会秘密性的特征，会员董显光虽然写有自传《一个中国农夫的自述》[③]，但未有关于成志会的记录。1928年，以成志会会员为核心的仁立公司则在天津成立办事处；1929年，多位成志会会员离开南开到清华任教，成志会

① 黄勤(字俭翊)，福建闽侯人。清华学校1917年留美生，纽约大学硕士，专业为银行学，1929年时任天津上海商业储蓄银行分行经理。孙大权：《中国经济学的成长——中国经济学社研究(1923—1953)》，上海三联书店，2006年，第420页。

② 《成志会会员录》，1929年。

③ 董显光：《一个中国农夫的自述——董显光自传》，曾虚白译，台湾新生报社，1973年。

会员在京津之间有显著的流动性。

仁立公司开设于1919年，是经营地毯和手工艺品的商行，最初设在北京，“是以周诒春为核心，主要由这些留美学生特别是成志会会员集资成立的。”[①]“一九二二年仁立公司的股东名册统计，‘成志会’会员有周诒春、凌其峻、廖奉献、胡诒毂、董显光、刁信德、余日章、韩竹坪、何廉等，在全部股本中占了将近半数。”[②]该公司初期周诒春任董事长，费兴仁和朱继圣分任经理、副经理；1926年以后，朱继圣、凌其峻分任经理、副经理，而他们都是成志会的会员。仁立公司1928年初在天津成立办事处，并决定在天津设立毛纺厂。“1930年，仁立公司集资至三十万元。股东中增加了不少‘成志会’的弟兄，如蒋廷黻、何廉、刘廷芳等。”[③]仁立毛纺厂从1932年正式生产毛纱，成为华北第一家民族资本的毛呢厂。仁立公司与中孚银行有密切关系，孙多钰是孙氏企业的代表。“孙多钰也是留美学生，成志会会员。”[④]“中孚与仁立发生关系是以周诒春为桥梁的。周在清华学校作校长收到排挤，愤而辞职。孙多钰因周是成志会弟兄，延聘周作了北京中孚银行经理……其后，仁立历届董监事中，总有几个与中孚银行也就是与孙家有关系的人。”[⑤]在与上海章华毛纺织厂竞争中，“成志会”会员的身份也起了很大的作用：“上海章华毛纺织厂的刘鸿生与仁立的前董事长周诒春是上海圣约翰大学同学，又都是成志会的弟兄。当刘鸿生发现仁立是章华的竞争对手时，他一再找周谈判，后来又找孙锡三。用

---

① 朱继圣、凌其峻：《四十年来的仁立公司》，中国人民政治协商会议全国委员会文史资料研究委员会编：《文史资料选辑》第38辑，文史资料出版社，1963年，第25页。

② 刘缉堂、吴洪：《朱继圣与仁立实业公司》，中国人民政治协商会议天津市委员会文史资料研究委员会编：《天津文史资料选辑》第29辑，天津人民出版社，1984年，第68页。

③ 朱继圣、凌其峻：《四十年来的仁立公司》，《文史资料选辑》第38辑，文史资料出版社，1963年，第31页。

④ 朱继圣、凌其峻：《四十年来的仁立公司》，《文史资料选辑》第38辑，文史资料出版社，1963年，第35页。

⑤ 朱继圣、凌其峻：《四十年来的仁立公司》，《文史资料选辑》第38辑，文史资料出版社，1963年，第35页。

他的话说,‘与其竞争而两败俱伤,莫若联营而互利。’”双方一度订立协约,划分销售额,章华占三分之二,仁立占三分之一。“仁立试产成功后,一面在报刊上用相当大的篇幅刊登广告,一面朱继圣以他个人名义给他所结识的‘成志会’会员们写信,进行宣传,希望在他们的所在单位予以提供购用。”[①]总体来说,仁立公司的发展离不开“成志会”的背景——与成志会会员的支持与协助有很大的关系。

仁立公司将发展重心置于天津后,与天津各界成志会会员往来密切。南开大学的蒋廷黻、何廉都曾在该公司入股,何廉更是该企业董事会成员。仁立公司是成志会会员创办并且主要的赞助者是成志会会员,其中张伯苓对朱继圣的影响很大:“据朱继圣自己说‘仁立所以直接出口地毯,是因为受了南开大学校长张伯苓的影响。’张伯苓曾对朱说:‘要抢金饭碗,不要抢银饭碗……。’这句话对朱继圣以及仁立公司的影响是很深远的。”[②]

东亚毛呢纺织股份有限公司(1947年改名为东亚企业公司,简称东亚公司)是20世纪30年代初设立于天津的企业,生产“抵羊牌”毛线,是近代天津著名企业,该企业的创办者宋棐卿与张伯苓之间,也因“成志会”而有密切的交往。宋棐卿1920年赴美国留学,在西北大学商学院学习工商管理,期间加入“成志会”[③],1925年回国,1931年在天津创立东亚毛呢纺织股份有限公司,任董事长兼经理。宋棐卿与张伯苓“有着严师益友的深厚友谊……(宋棐卿)到天津以后,与张校长过从甚密”[④]。

仁立毛纺厂、东亚毛呢纺织有限公司都是在20世纪30年代初成立的毛纺织企业,原本会成为互相竞争的“冤家”,然而两个企业的经理都是成志会

① 刘绢堂、吴洪:《朱继圣与仁立实业公司》,《天津文史资料选辑》第29辑,天津人民出版社,1984年,第71页。

② 刘绢堂、吴洪:《朱继圣与仁立实业公司》,《天津文史资料选辑》第29辑,天津人民出版社,1984年,第70页。

③ 宋允璋:《他的梦——宋棐卿》,王维刚执笔,明文出版社有限公司,2006年,第100页。

④ 宋允璋:《他的梦——宋棐卿》,王维刚执笔,明文出版社有限公司,2006年,第311页。

的会员，成志会“相互照护”的约定使得这两个企业在最初的成长中并没有陷入竞争，而是互相合作：“朱继圣先生承诺，‘仁立’今后不会发展毛线的生产，正在建造中的毛纺厂只生产‘仁立’的地毯、呢绒所需的粗细毛纱，而父亲（指宋棐卿，下同——引者）也答应，‘东亚’今后不会生产呢绒产品。当朱继圣得知‘东亚’的资金并不充足后，他主动向父亲提出建议，先利用‘东亚’现有机器生产800号和831号单股粗纺毛纱。为了缓解‘东亚’的资金紧张，产品可全部提供给‘仁立’织地毯、毛毯和粗纺呢。他还答应借给‘东亚’羊毛原料。”[①]这一同盟的建立除了两位经理因“实业救国”的共同理想而产生的惺惺相惜，更有赖于成志会前辈王正廷的从中撮合。自此，“仁立”呢绒和“东亚”毛线的广告如同孪生兄弟般并肩耸立，“天津的东马路和北马路交接之处俗称‘东北角’……远远就见一对高达三丈有余的巨大灯箱，一只上书‘天马’，一只上书‘抵羊’，一只标明‘仁立’，一只标明‘东亚’，白底红字，‘国人资本，国人制造’，赫赫在目，入夜，更是耀眼夺目”[②]。东亚的发展中也有成志会会员的支持，张伯苓也是“东亚”的股东。[③]张伯苓在宋棐卿创办“东亚”的过程中，“几次遇到重大的困难和危险时，他（指张伯苓——引者）都以对父亲的充分信任出面给予热忱扶助”[④]。张伯苓对于宋棐卿的支持，可以两个事件为例：

1934年，东亚毛纺厂与新开工的祥和毛纺厂陷入了激烈的商业竞争，除了价格战之外，祥和毛纺厂还从东亚毛纺厂挖走不少技术工人和职员，由于袁绍周是南开大学的毕业生，宋棐卿“曾请张伯苓出面让袁绍周退回这批员工”[⑤]，被袁拒绝。然而在紧接着的商业竞争中袁绍周的祥和毛纺厂败下阵

---

① 宋允璋：《他的梦——宋棐卿》，王维刚执笔，明文出版社有限公司，2006年，第101页。

② 宋美云、宋鹏：《话说津商》，中华工商联合出版社，2006年，第247~248页。

③ 李静山、郄希源、陈亚东、孟广林：《宋棐卿与东亚企业公司》，《天津文史资料选辑》第29辑，天津人民出版社，1984年，第95页。

④ 宋允璋：《他的梦——宋棐卿》，王维刚执笔，明文出版社有限公司，2006年，第312页。

⑤ 宋允璋：《他的梦——宋棐卿》，王维刚执笔，明文出版社有限公司，2006年，第145页。

来,“请出南开大学校长张伯苓出头调解,将祥和的全部机器设备、资金等作股三十万元,并入东亚,祥和厂改名为东亚公司第一分厂,袁绍周被聘任东亚公司的营业部主任”[①]。在这场商业鏖战中,张伯苓始终是中间调解者,无论是宋棐卿还是袁绍周都将张伯苓视为居间的调解者,双方和解的地点也是在张伯苓的寓所。[②]

张伯苓对宋棐卿的支持,还可以体现在张伯苓动用私人关系为东亚毛纺厂申请免税事宜上:东亚原已获得了南京国民政府的允许,“‘抵羊牌’毛线行销国内免征海关转口正、附税二年……航运、铁路运费均减收五成”[③],而1935年时,“本国转口税将全部取消,而该所得免税优待亦随之消灭,与其他出品立于同一地位。更自去秋以来,上海方面更有英商博德运厂、怡和纱厂、日商纺织株式会社等家次第出现,资本雄厚,兼有洋商银行大量接济,遂使本国方始萌芽之精梳毛线业相形成一反比例,实有莫大危机”[④]。因此张伯苓特地致函财政部部长孔祥熙,希其考虑仍给予东亚毛纺厂在税额上的优惠待遇,由此可见张伯苓对宋棐卿所办东亚企业的支持。宋棐卿本人也多次谈到张伯苓对他的影响,天津沦陷后,宋棐卿“顶着日伪的威胁,就是不肯担任任何的伪职。有人劝他虚与委蛇,父亲说‘张伯苓先生临去大后方之前,我对他有过坚决不下水做汉奸的承诺,我不能对这位伟大的人物违背自己的承诺。’”[⑤]

1936年时,除了张伯苓外,天津分社社员有:

---

① 李静山等:《宋棐卿与东亚企业公司》,《天津文史资料选辑》第29辑,天津人民出版社,1984年,第97页。

② 宋允璋:《他的梦——宋棐卿》,王维刚执笔,明文出版社有限公司,2006年,第148页。

③ 李静山等:《宋棐卿与东亚企业公司》,《天津文史资料选辑》第29辑,天津人民出版社,1984年,第93~94页。

④ 《致孔祥熙》(1935年5月29日),梁吉生、张兰普编,《张伯苓私档全宗》(中卷),中国档案出版社,2009年,第915页。

⑤ 宋允璋:《他的梦——宋棐卿》,王维刚执笔,明文出版社有限公司,2006年,第312页。

表3-3　1936年成志会天津会员情况表

姓名	别号	英文名	通讯处
何廉	淬廉	Franklin L. Ho	天津南开大学教员住宅37号
张纯明	镜轩	C. M. Chang	天津南开大学教员住宅20号
陈序经		S. C. Chen	天津南开大学教员住宅14号
黄钰生	子坚	Y. S. Huang	天津南开大学教员住宅41号
柳无忌			天津南开大学教员住宅32号
方显廷		H. D. Fong	天津南开大学
赵师复		S. F. Chao	四行储蓄会
赵泉	鉴唐	C. Chao	法界马家口基泰大楼
刘树镛		S. Y. Liu	大沽口安利洋行进口部
韦锡九		H. C. Way	边业银行
陈鸣一		M. Y. Chen	法界新华银行

资料来源:《成志》1936年。

20世纪二三十年代,天津实业界中重要的企业,如仁立毛纺厂朱继圣、凌其峻、东亚毛纺厂宋棐卿等人的交往中,“成志会”会员这一背景起了重要的桥梁作用。张伯苓为这些在津企业避免过度竞争、扶助这些企业渡过难关都起了很重要的作用,而这些企业也是南开系列学校的募捐对象。

在与天津各界人士交往过程中,成志会的身份也成为彼此关照、扶持的依托,张伯苓与仁立公司朱继圣、凌其峻、东亚毛纺厂宋棐卿的交往是实践加入成志会誓言的写照,也以此为纽带,形成一个公共交往空间。

三、张伯苓与抗战时期的成志学社

1935年以后,蒋廷黻、何廉相继从政,他们走向仕途,与成志学社有一定程度的关联。研究者认为蒋廷黻作为成志会重要会员,其步入政坛,与孔祥熙是留美同学、同为成志会弟兄是重要缘由。[①]1935年12月，蒋廷黻出任行政院政务处处长；1936年9月蒋廷黻任驻苏联大使，而接替他原先职务的人选恰恰是何廉。为使何廉接受这个职务，蒋廷黻特意致何廉一封长信，“信中他劝我要毫不迟疑地走马上任”，“我和蒋廷黻十分友好，对他的意见我总是非常尊重的”。[②]20世纪30年代以后，知识分子纷纷入仕，蒋廷黻、何廉可谓学人从政的典型案例，其成志会的背景是彼此援引、关照的一个重要背景。蒋廷黻、何廉新上任后，1936年9月到上海时，“如国际问题研究会、中苏文化协会、星期六会及成志社等团体，均分期集会欢迎大使、并请讲演”[③]，“成志社聚餐极司非而路94号戴志骞家，欢送蒋廷黻任驻苏大使，何廉任行政院政务厅长”[④]，都有以成志会为团体的参与、迎接。

张纯明1923年留学美国，先后在伊利诺伊州立大学主修社会政治学，1927年获得硕士学位，接着在耶鲁大学攻读政治学，1929年获得博士学位。利用耶鲁大学法学学会提供的学术考察奖金，“他藉此周游莫斯科、柏林、巴黎、伦敦等地，终点是瑞士”[⑤]。1931年到南开大学任教，先后担任“经济系教授、政治系主任，后来并代理文学院院长”[⑥]，主编有《(南开)政治经济学报》，“他在南开大学学生中享有崇高威望，和何廉教授等均被誉为南开的权威教授。何廉夫人并介绍在南开中学教书的妹妹余琼芝女士同张纯明先生结了婚”[⑦]。1937年奉南京国民政府的委派，以中国行政专家名义赴欧洲考察地方

① 吴相湘：《成志学会促进中国现代化—— 一个被人遗忘的学会》，《民国史纵横谈》，时报文化出版事业公司，1980年，第153页；王学斌：《怎奈何阴差阳错——蒋廷黻的宦海沉浮》，《社会科学论坛》，2008年第10期(上)，第154页。

② 全国政协文史和学习委员会编：《何廉回忆录》，中国文史出版社，2012年，第79页。

③ 《新任驻俄大使 蒋廷黻昨来沪》，《申报》，1936年9月18日，第12版。

④ 《黄炎培日记》第5卷(1934年12月至1938年7月)，1936年9月20日日记，第203页。

⑤ 阎东超：《我所知道的张纯明博士》，中国人民政治协商会议河南省委员会文史资料委员会：《河南文史资料》第39辑，1991年，第156页。

⑥ 王瘦梅：《怀念张纯明先生》，中国人民政治协商会议河南省委员会文史资料委员会：《洛阳文史资料》第6辑，1989年，第82页。

⑦ 王瘦梅：《怀念张纯明先生》，《洛阳文史资料》第6辑，1989年，第82页。

行政，归国后，“应孔祥熙的邀请，任行政院的高级秘书（行政院简任秘书，当时蒋廷黻为政务处处长）”[①]。虽然没有在西南联大任教，但和南开大学仍保持联系，何廉在回忆录里写道：“他（张纯明）和我一样，一直也是一只脚在政府，一只脚在南开。”[②]1947年初，由何廉筹款创办的政论性刊物《世纪评论》创办，主编就是张纯明。与何廉一样，张纯明也在20世纪三四十年代经历了治学到从政、办报的历程，有着极为相似的经历。在其从教、从政到办报的生涯中，成志会会员在其身份转换中总是起到了关键的影响，反映了张伯苓、蒋廷黻、孔祥熙、何廉、张纯明等人的私人交谊之展开。

抗日战争全面爆发后，成志会总部随南京国民政府西迁，会员在重庆聚集，会务活动频繁，黄炎培在日记中记录的成志会活动，张伯苓是核心成员：

> 1939年8月2日，“成志会在行政院举行，孔庸之为主人，张伯苓主席，对中央委员会所定九月廿三四日在渝年会改为分区开会，余本被推为提案主席，委员由余添请蒋廷黼（黻）、秦景阳共同担任”[③]。
>
> 1941年4月13日，“入城至大梁子昌龄餐厅，王儒堂招餐，在座皆成志会中央执行委员——王儒堂、李组绅、寿毅成、张可治（志拯，中国兴业公司）、薛志伊（桂轮）及余，未到者孔庸之、张伯苓、王志莘等”[④]。

1944年4月2日，“成志社在沙坪坝南开大学开会，为张伯苓七十寿”[⑤]，并

① 阎东超：《我所知道的张纯明博士》，《河南文史资料》第39辑，1991年，第157页。

② 全国政协文史和学习委员会编：《何廉回忆录》，中国文史出版社，2012年，第254页。

③ 黄炎培：《黄炎培日记》第6卷，中国社会科学院近代史研究所整理，华文出版社，2006年，第163页。

④ 黄炎培：《黄炎培日记》第7卷，中国社会科学院近代史研究所整理，华文出版社，2006年，第89页。

⑤ 黄炎培：《黄炎培日记》第8卷，中国社会科学院近代史研究所整理，华文出版社，2006年，第243页。

由汪辟疆代表成志学社撰写《张伯苓先生七十寿序(1944年5月5日)》[①],黄炎培代书写于册。在祝贺张伯苓七十寿辰时,成志学社极为罕见地公布了一个长达79人的会员名单:[②]

成志学社

孔祥熙　王宠惠　王正廷　王志莘　王贺宸　朱庭祺　朱君毅
朱经农　任宗济　何　廉　贝淞孙　李紫东　李广钊　李熙谋
李　锐　李　晋　吴大钧　汪　彻　余茂功　沈克非　金宝善
林疑今　林旭如　岳良木　胡宣明　查良鉴　柳无忌　柳哲铭
茅以升　侯谒昌　马德骥　倪征 　秦　汾　高大经　范定九
徐君佩　浦薛凤　韦锡九　陶行知　陈可忠　陈念中　陈国平
陈国康　陈思义　陈光甫　陈宏振　陈　行　贺仰光　曾膺联
程绍迥　黄炎培　黄桢祥　黄觉民　张可治　张道宏　张家祉
张星联　张鸿钧　张资珙　梅汝璈　童季龄　董显光　董时进
董承道　杨承训　赵　任　熊祖同　潘铭新　齐泮林　刘大钧
刘鸿生　冀朝鼎　卢钺章　霍宝树　阎宝航　蒋廷黼　戴志骞
薛桂伦　薛次莘

等公祝
黄炎培并书

图3-2　成志学社名单

由于成志学社具有秘密性的特征,外界仅能得知该会的名称,但很难获取该社的成员名单。成志学社美国分会曾在1946年通过了一项决议,建议“如果个别兄弟认为合适,可以将兄弟会成员的姓名以及聚会的时间地点对外公开”[③],但没有记录表明其他分会接受了同样的建议。而早在1944年时,成志学社的这一名单的公布,反映了该会已尝试改变。在上述祝寿名单也体

① 张兰普、梁吉生编:《铅字流芳大先生:近代报刊中的张伯苓》(上册),天津社会科学院出版社,2021年,第383~384页。

② 原载于《南开校友·张校长七旬寿辰特辑》第7卷第4期,1944年5月5日,转引自张兰普、梁吉生编:《铅字流芳大先生:近代报刊中的张伯苓》(上册),天津社会科学院出版社,2021年,第385页。

③ *A Brief History of C. C. H.* (*1908–1958*), Harvard-Yenching Library, Papers of William Hung, hyl00027c02325, p.7.

现了成志会会员与张伯苓之间密切的会员关系。除了孔祥熙、王宠惠、王正廷、朱庭祺、黄炎培、陶行知、蒋廷黻、董显光等熟知的会员外，茅以升、冀朝鼎等不为外界熟悉的会员也得以公布，会员孔祥熙、陶行知、冀朝鼎等人还以个人名义为张伯苓作了祝寿诗。张伯苓受到成志会会员的敬重，也显示了张伯苓在成志会中的核心地位。

四、结语

1958年成志会成立五十周年之际，会员对本会会员的贡献进行总结，分为中央政府、教育界、外交界、银行界、医药卫生、实业界、宗教界、工程界等领域叙述。[①]郭秉文、王正廷谈到成志会在教育领域培养了对中国有重要意义的杰出领导者，谈及的第一位教育家即张伯苓："南开大学的创始人、校长，毕生致力于这所著名学府的建设。他得到了许多能干的弟兄的协助，如心理学教授兼主任凌冰，南开经济研究所教授兼所长何廉，以及同一研究所的教授兼研究主任方显廷。"[②]"我们当中其实有很多杰出的教育工作者。事实上，我们正在实现我们社团的另一个目标，即通过促进教育，在彼此的生活工作中相互帮助……张伯苓博士，他是南开大学的创始人和首任校长，他在近四十年的时间里从南开中学起建立了这所大学。"[③]成志会会员中对张伯苓在该会中的核心地位都有清晰的表达。

---

① 研究者由此撰文称赞"成志学会促进中国现代化"。——吴相湘：《成志学会促进中国现代化—— 一个被人遗忘的学会》，《民国史纵横谈》，时报文化出版事业公司，1980年，第143~159页。

② P. W. Kuo, Achievement of CCH members in China's National Life，(郭秉文：《成志学社社员在中国国民生活中的成就》)，*A brief of C. C. H.* (*1908-1958*), p. 23.

③ C. T. Wang, "Aim to Reach the Moon,"（王正廷：《目标：抵达月球》），*A brief of C. C. H.* . (*1908-1958*), p. 50.

北洋1895:“文武”兴替的历史叙事
(观点摘要)

天津的城市特质可以概括为“文”和“武”。1895年,北洋大学堂在天津成立,袁世凯也在天津展开“小站练兵”,标志着中国近代大学和中国近代陆军的正式创立和正式成型。在1895年,天津既是一个文化中心,也是一个军事要塞,这种“文”和“武”并存的特质,展现天津城市的多元性和开放性,促成当时的天津发展成为一个“文武兼备”的城市。

一、大学的缺场:卫戍京师,武强文弱

1895年之前的天津,是一种“武强文弱”的状态,可追溯到宋元明清时期。天津城市建制的发展脉络十分清晰,从直沽寨、海津镇、天津卫、天津县、天津州、天津府直至今日的天津市,每个阶段都有明确的记录。

(一)要冲之地,历经宋元战乱

北宋时期,天津地区成了南北政权对峙的前沿阵地,海河成了宋辽两个

政权对峙的界河。金朝定都北京后，天津不仅是京师的重要战略屏障，也是南北物资交流的关键节点。1214年，在当时的天津地区设立直沽寨，旨在保卫中都及金朝的边境安全，防止外敌入侵。元朝“改直沽为海津镇”[①]，标志着天津成为连接华北和中原地区的重要枢纽以及元控制华北和中原地区的重要据点，以满足北方政治中心的需求。

（二）设卫筑城，守御明代边疆

1400年，朱棣经过位于北平东南方向的一处渡口，跨过大运河南下靖难，并在即位后，将都城迁至北京，决定在直沽“筑城置戍”[②]，并于1404年12月23日正式将此地命名为天津，意为“天子经过的渡口”，故有“天子津渡”之名。后设立天津卫、天津左卫和天津右卫，担负着“拱卫京师”的军事重任，使得天津成为中国古代唯一有确切建城时间记录的城市。

（三）直隶驻地，兴办清朝军工

随着顺治朝在北京建立政权，康熙、雍正两朝的各种官署纷纷设立天津，行政组织也得到提升。1725年，清政府将天津卫改组为隶属于河间府的天津州，1731年天津再次晋升为府。1841年，中国北方最重要的军事要塞耸立在天津大沽口。1870年，李鸿章被任命为直隶总督兼北洋通商大臣，将办公地点设在天津的行馆，随着北洋水师、北洋军阀、北洋政府等政治名称的出现，天津的军事工业得到迅速发展。

① 《元史》卷二十五，中华书局，1976年，第572页。

② （民国）宋蕴璞辑：《天津志略》，成文出版社，民国二十年铅印本，第9页。

二、大学的出场:兴学练兵,文武兼备

1895年的重要性在于甲午战败所带来的深远影响。日本的胜利和中国的失败,引发一系列的思想启蒙和救国运动,光绪皇帝在此期间批准北洋大学堂的成立,并支持袁世凯在天津小站进行练兵,清政府试图通过教育和军事改革来振兴国家。

(一)储才兴学,拓宽国际视野

“甲午战争首先唤醒的是中国的知识分子”[①],而天津又成为知识分子和改革者们进行思想交流和教育改革的中心地带。盛宣怀在反思甲午战争失败的教训后,意识到教育的重要性,开始筹办新式高等学堂。北洋大学堂在创建初期,就明确将培养高级专门人才、推动现代化建设作为办学宗旨之一,资助优秀学生到国外留学,以吸收国外先进科学技术和管理经验,标志着天津在国内形成了较早和比较完整的近代新式教育体系。

(二)自强练兵,新建陆军体制

甲午战败后,为了效法西方的军事体制,清政府决定训练新军,选择天津作为新军训练的地点。袁世凯在天津领导新军的训练工作,采用更为现代化和标准化的组织编制,同时培养专业化、现代化的军官队伍。作为操练新军的基地,天津小站成为北洋军事和政治集团的培训基地,也见证着袁世凯掌控军队的历程以及清政府新建军队的发展过程。

---

① 侯杰、王小蕾:《李鸿章对甲午战争的反思——以1896年欧美之行为例》,《南开学报(哲学社会科学版)》,2014年第6期。

（三）行营学堂，强化军事教育

袁世凯在小站练兵时非常重视军事教育和军官培养，创办陆军行营武备学堂，还开设了一所德文学堂。1896年初，袁世凯在各个学堂聘请德国军官担任总教习，从招募的士兵中选拔识字者，通过国际化的学习经历帮助学员更好地适应当时的军事环境。清政府在天津"文"和"武"两个方面同时展开的行动，试图通过综合的改革措施来挽救国家危局，实现国家的自强复兴。

三、大学的在场：以文润城，文强武弱

随着八国联军侵华，清政府在直隶北洋的军事部署逐渐瓦解，致使天津呈现出一种"文强武弱"的态势。清政府希望通过推行新政自救，以应对外患和内忧，重振国家实力。在新政时期，天津的改革举措在全国范围内具有示范意义。

（一）暴力拆城，致使军事解体

1901年，八国联军占领天津之后，天津城沦陷，天津的拆城工程便以"暴力拆除"的形式开始。天津成为中西文化交流的重要节点，在九国租界中，中国文化被西方文化进行影响和改造，同时西方文化也会积极吸收中国文化而进行本土化调整，以适应当地需求，城市文化呈现出多元性的色彩，奠定天津现代都市文化的基础。

（二）市民文化，废除科举制度

天津在中西文化交流中的碰撞与融合，造就思想开放和现代化意识的市民阶层。1905年，严修将家中珍藏的1342册图书捐赠给直隶公益总局创立的天津教育品陈列馆，实现资源共享和广泛利用。1905年，严修与张之洞、袁

世凯联名奏请清廷废止科举，中国各地开始涌现出许多新式学堂和现代教育机构，吸引大量学生前来接受教育，许多留学生在海外接受现代教育，推动了中国的近代化进程和政治变革。

（三）教育勃兴，滋养大学精神

严修和张伯苓在天津创办南开大学，对中国的教育事业产生了深远的影响。张伯苓从严氏家馆出发，“将自己的志向由军事救国改为教育救国”[①]，逐步建立私立民办的教育体系。一方面，为当时天津快速崛起的工商业提供了有力支持，另一方面，也为天津未来几十年的城市发展奠定了坚实基础，为培养更多的人才、推动科技创新和社会进步作出了积极贡献。

四、结语

以1895年为中心，天津经历迅速崛起和发展的过程，创下了许多全国之最，展现了城市的时代活力和变迁。“从某种角度上讲，城市现代化的命脉与大学教育有着非同一般的联系”[②]，以天津大学、南开大学为代表的“双一流”建设高校，打造具有代表性和感染力的爱国主义教育基地，使更多人了解和认识中国近现代史，进一步推动社会进步和文明发展。

本文作者：闫涛、刘浩然，天津大学马克思主义学院。

本文系天津市社会科学界学术年会优秀论文，后发表于《城市史研究》第50辑。

① 侯杰、李净昉：《张伯苓与中国人心灵重建再探析》，《河北师范大学学报（教育科学版）》，2020年第22卷第4期。

② 侯杰、李钊：《南开与天津近代城市发展探析》，《文学与文化》，2020年第1期。

北大、清华、南开三校西迁的第四条路线

——对南开大学西迁由津渝线转渝昆线的考察

（观点摘要）

北大、清华、南开三校西迁至昆明组成西南联大办学，除以往所说三条迁移路线外，还有以南开化工系和化工研究所为代表的师生由天津迁重庆，再迁昆明回归联大建制的第四条路线。南开在外侮刺激下创立，教育目的旨在雪耻图存，传播爱国思想，训练方法重在培植科学精神的艰辛历程，张伯苓在重庆创建南开分校之创举是中国抗战教育史上的重大事件，既与南开创办与天津社会文化背景关系密切，更得益于张伯苓办学的宏图大志和战略远见。1936年张伯苓在重庆创办的南渝中学，在战事突发南开被日军焚毁的危难之时，让师生有了临时安置之所，使教育救国事业得以继续发展。该文阐述化工系所师生西迁，在重庆大学借读和南渝中学进行教学科研活动的实情，纠正补充了联大校史和校友回忆录的缺憾和误差。初步考证出1937年夏至1938年秋在重大借读和迁移南渝中学工作的南开师生（大学部、中小学部）约220人的结论（包括大学部约80人，化工系所可去重庆的师生应有43人）。并考证出化工系四个年级在重大借读的杨瑾珣、张建侯、韩业镕等21人的准确名单，说明他们在重大借读时间是一年。该文提出，对西南联大三校的研究

应具备整体观念，扩展视野，既要关注三校的相似性，也要关注各校的差异性，特别要注重容易被忽略的特殊史实。

本文作者：戴美政，云南师范大学西南联大研究所。

张伯苓对天津基础教育的影响(观点摘要)

张伯苓先生是中国近现代著名教育家,南开系列学校的创办者。他提出并践行了“德育为万事之本”的德育理念,并在此基础上提出了完整的基础教育观。他认为,基础教育应该着重培养学生的道德品质、学习习惯、身体素质和社会责任感。他也是中国现代教育的重要推动者之一,对基础教育产生了深远的影响。他的教育理念和实践经验,不仅为中国的基础教育树立了榜样,也对全球的教育产生了积极的影响。

第一,张伯苓先生强调了基础教育的重要性。他认为,基础教育是国家和社会的基石,是人才培养的基础。

第二,张伯苓先生注重培养学生的综合素质。他认为,学生不仅应该掌握基本的知识和技能,还应该具备良好的品德、习惯和态度。他提倡全人教育,注重学生的全面发展,包括体育、艺术、品德等方面的培养。

第三,张伯苓先生倡导体育强身。张伯苓认为,体育是培养学生身体素质和健康意识的重要途径。他提出“强国必先强种,强种必先强身”的观点,强调体育在基础教育中的重要地位。

第四,张伯苓先生认为群育社会非常重要。群育是培养学生社会适应能力和团结协作精神的重要方式。他强调学生要学会与他人相处、合作和沟通,培养良好的人际交往能力和团队合作精神。

总之,张伯苓先生的基础教育观注重德育为先、智育并进、体育强身和群育社会四个方面的发展。张伯苓先生对基础教育产生了深远的影响,他的教育理念和实践经验为中国的教育事业发展作出了重要贡献。他的思想和行动,不仅为当时的中国教育带来了变革,也为全球的教育事业提供了宝贵的借鉴和启示。

本文作者:王晓芳,天津大学附属中学。

南开史学与中国现代史学（观点摘要）

从20世纪初叶，梁启超一辈学者呼唤“史界革命”开始，新史学运动的号角久久回荡在中国史坛的长空。新史学（现代史学）的核心主题可以概括为：系统梳理中华民族的历史文化脉络，科学地总结其演变规律与文明价值，构造屹立于世界之林的中国形象。史学的科学化道路，是20世纪新史学的发展潮流，西方因素则是最重要的推动力量。20世纪中国史学的思潮与流派，大都源于19世纪以降各种西方学说的渐次引入与曲折回响。各家各派通过他们的史学研究，展示其对中国历史文化的整体把握，并在各具特色的历史建构中，或明或暗地流露出强烈的现实关怀与人文理想。

南开史学既是中国现代史学成长的绚烂侧影，也是中国学术走向文化自立的有力佐证。1919年南开大学创建伊始，即设有历史学一门。从梁启超、蒋廷黻、郑天挺和雷海宗诸先生开始，南开史学历经孕育（1919—1923）、创业（1923—1952）、崛起（1952—1978）、开拓（1978—2000）和全面发展（2000年迄今）五个发展阶段。学脉绵延不绝，代有才人，形成“中外交融，古今贯通”的学科特色和“惟真惟新，求通致用”的史学传统。南开史家在中国史、世界史、文博考古的学科体系、知识体系和理论体系等方面踔厉奋发，取得一系列卓著的学术成果。其志业所寄，荦荦大端者有三：第一，立足学术传统，彰显史学重镇之本色；第二，把握时代脉搏，求通致用发南开之声；第三，聚焦学术前沿，引领历史学科之新潮。

本文作者：朱洪斌，南开大学历史学院。

学习贯彻习近平文化思想
发掘南开档案文化内涵（观点摘要）

具有一百余年历史的南开大学，文化底蕴深厚，档案资源丰富。2019年1月17日，习近平总书记在视察南开大学，参观“爱国奋斗 公能日新”百年校史主题展时，观看了周总理的学籍注册卡和许多珍贵历史文献，对南开爱国奋斗传统和爱国主义教育给予充分肯定，希望师生学习先贤，将“小我融入大我”，为中华民族伟大复兴作出新的历史贡献。

五年来，我校档案馆贯彻落实习近平总书记来校视察讲话精神，着力探索档案工作新思路，努力推出南开特色新成果，服务学校和天津地方事业发展大局。2023年底，荣获“天津市档案工作先进单位”称号。

一、利用馆藏档案，举办学校历史文化专题展览

2019年，档案馆举办了《百年南开校园与历史文化的变迁》专题展览，该展览被列入南开大学百年校庆系列活动。校庆期间，档案馆还为师生校友进行志愿讲解，介绍先贤爱国报国故事，宣传学校档案工作。

2023年，为纪念八里台校区启用100周年，档案馆联合党委宣传部，推出了《档案中的青春诗境南开园(1919—1937)》专题展览，以历史诗歌与历史图片相映照的形式，展现南开园的百年风貌和历史文化，展示老一辈南开人的理想信念、爱国情怀和壮丽青春。该展览被纳入新生教育内容，也是学校送给2023届学生的毕业礼。

二、围绕文化建设与学校育人工作，编辑出版档案史料

南开大学对档案编研工作常抓不懈，围绕学校档案工作与校园文化建设，自1991由档案馆编辑的《档案工作文件选编》出版以来，三十多年间，已有《张伯苓私档全宗》《张伯苓全集》《〈大公报·经济周刊〉南开学者经济学文选》等19部25册书籍，一千余万字出版，同时还编辑有多卷内部资料，形成了具有南开特色的档案编研体系。

2019年习近平总书记视察南开大学以后，该校档案馆以前期工作为基础，站在新高度，以发掘南开大学早期校园文化，弘扬南开爱国传统为目标，先后编辑出版了《张伯苓教育佚文全编》《铅字流芳大先生—近代报刊中的张伯苓》《南开大学早期校园诗歌集：1919—1937》3部书籍，共计二百多万字。

《铅字留芳大先生——报刊中的张伯苓》一书出版后，即有二十余家媒体对其进行了报道。2021年9月南开大学与张伯苓研究会共同将其作为文化交流礼物，赠送给张伯苓当年留学的美国哥伦比亚大学，南开的档案编研成果走出了国门。2023年4月，以该书为编研典型案例，获得天津市高校档案工作优秀案例一等奖，同年12月，又获得天津市新闻出版社颁发的天津市文献类优秀图书奖。

三、主动开展宣传推广工作，服务天津文化建设

南开大学的历史文化不仅是南开的，也是天津的、全国的。将南开的优秀文化主动推向社会，成为南开大学档案工作的一个重要努力方向。

2023年11月初，天津市高校档案工作培训会在南开大学海冰楼召开，全市一百一十多名高校档案工作人员，聆听专家报告，开展业务交流。会后，与会人员分别参观了"爱国奋斗 公能日新"主题展览和百年校史展览。期间，南开大学校史研究专家和学生志愿者为大家讲解，宣传南开校史文化，展示南开学子风采，扩大学校社会影响。

自2023年9月起，南开大学档案馆以前期编研工作为基础，开展了系列文化宣讲工作，积极服务地方文化建设。配合天津电视台拍摄新闻报道，介绍近期进馆的珍贵档案，展示档案整理和保管情况，宣传档案工作成效，弘扬南开公能精神；在全国性学术研讨会上，以"五四新文化运动与南开大学早期校园文化的互动"为题，做大会主题报告，介绍南开早期发展历程和天津近代历史文化；在天津电台播讲了《文献里的天津——南开大学早期校园诗歌及其作者》，纪念南开大学八里台启用100周年，为地方文化建设贡献力量。

天津的一方热土孕育了南开，南开人的自强不息，踔厉奋发成就了南开的精神文化，成为天津文化的重要组成部分。

本文作者：袁伟、张兰普，南开大学档案馆。

非制度因素与民国大学发展
——以南开大学校长张伯苓为例（观点摘要）

《非制度因素与民国大学发展——以南开大学校长张伯苓为例》一文以南开大学校长张伯苓（1876—1951）为具体的案例探讨了一个较为宏观的问题：非制度因素与民国大学发展之间的关系。本文把影响大学发展的因素划分为制度因素与非制度因素。制度性因素主要包括国家、政府、政党等制定的有关高等教育的各项法规、大学章程等；而非制度性因素则和制度性因素相对应的，它们是法规、章程等之外的东西。在校长层面，它包括校长的人格魅力、对教育投入的热情程度、人际网络广度、学术造诣水平等。制度性因素固然对大学的发展至为关键和重要，但非制度性因素对大学发展的影响亦是相当可观的，有时候甚至是起到了更为重要的作用。一般而言，在大多数时间里，校长在治理特定大学的过程中是受制于制度因素的，他们在制度的框架下，发挥的空间要相对有限，因为它们规约了校长的职责权限，让其只能在一定的范围内发挥治校才能。但在非制度因素的框架下，他们则有了较大的发挥空间，有了发挥其“能动性”的可能，可发挥出制度性因素所无法发挥的作用。

本文探讨了张伯苓的人格魅力、对教育救国的热情和人际网络等非制度因素在其担任校长期间对南开大学的发展产生了怎样的影响。

其一,张伯苓的人格魅力与南开大学的发展。有学者指出,大学校长的影响力来自两个方面:一是其权力,由社会地位赋予的,权力的影响具有直接性、强制性和即时性;二是其个人的学识才能、组织方法、领导艺术和人格魅力,由个人努力获取的,又称非权力性影响力,它对大学发展的影响具有间接性、自愿性和长期性的特点。其中,人格魅力是非权力性影响力的最高境界,是最为持久的影响因素。本文借用了这种观点来论述张伯苓自身散发的人格魅力对南开大学发展的影响。张伯苓的人格魅力主要在性格、道德而非在学识。其人格魅力主要体现在他公开宣扬和积极实践的深沉的爱国主义。张伯苓一贯秉持的爱国主义理念是南开大学发展所需的“社会资本”的重要来源之一,也成为南开大学赢得社会尊重和社会声誉的重要来源。

张伯苓在爱国主义方面的重要表现是在其话语中“国”(或国家)字是个出现频率非常高的字眼。“国”是张伯苓审视自身教育活动的重要“透镜”。这在张伯苓公开的演讲中就表现得非常明显。作者在文章的第一章中借助张伯苓在演讲中对“爱国”的言说来论证他是如何张扬爱国主义的。作者认为,张伯苓不仅在言语上心怀国家,而且更为重要的是将爱国主义融入办学实践中。他力主在南开大学创办的东北研究会、南开大学应用化学研究所及其开展的活动便很明显地体现了其爱国主义理念与主张。

其二,张伯苓坚定不移的“教育救国”热情与南开大学的发展。在民国,“救国”是社会各阶层普遍拥有的诉求。它在当时的时代背景下是一种“政治正确”。各阶层对救国的方案是有区别的,其中“教育救国”则是众多知识分子的共识,它是知识分子所普遍共享的“意识形态”,影响着他们对功能的认知和教育实践。不过,并不是所有的知识分子或者教育家都能始终如一地实践“教育救国”的理念,办教育不是靠一时的兴致,而是靠持久的情怀与热情,只有这样才有可能克服困难与险阻。在民国政局充满动荡和面临外敌侵略的情况下,教育家办学更是困难重重。若没有坚定不移的热情是很难坚持到最后的,更遑论取得这些成就了。

张伯苓一以贯之地对"教育救国"的执着让他领导的南开大学赢得了广泛的支持,这种支持一方面来自民间,另外一方面来自政要的支持。相对而言,来自政要的支持更为关键,因为在民国当时的政治文化中,大学的发展深受政治力量的深刻影响。在1937年7月被炸后,南开大学的发展更是与当时政治力量的关联尤为紧密。

其三,张伯苓的人际网络与南开大学发展。校长具有的人际网络宽窄程度对大学的发展也有突出的不可估量的影响。在民国,因政局不稳定,党争频仍,财政拨款难以持续保证。在这种情况下,大学校长的人际网络对大学获取办学所需的社会资金的支持则显得尤为稀缺和重要了。普遍的情况是人际网络宽的校长能为所主政的大学获取更多的办学资源。张伯苓人际网络宽广,触及政界、教育界、文化界等。他所结识的政界、教育界、文化界的名流为南开大学的发展带来直接和间接的办学资源,为南开大学的发展起到了不同程度的助益。

怀有"教育救国"宏志的张伯苓并不仅仅满足于办中等教育(或者说基础教育),他将目光放得更宽、更远,企望进一步通过创办大学来实践"教育救国"的宏志。张伯苓认为,国家教育要振兴,不能仅靠中学层面的教育,还要靠高等教育,认为只有这样,才能造就人才,才能适应国家发展所需。在创办和发展南开大学过程中,经费是其中最为重要的问题。张伯苓积极利用自身人脉(直接的或间接的)来解决办学经费问题。和张伯苓关系匪浅的徐世昌、严修、李纯、卢木斋等社会名流和政界要人给予了张伯苓以不同形式的帮助和捐赠,奠定和促进了南开大学的早期发展。

本文作者:郭华东,菏泽学院历史系。

本文系天津市社会科学界学术年会优秀论文,将在《山东高等教育》刊发。

❖天津市社会科学界学术年会天津社会科学院、中共天津市委党校专场

会议综述：聚焦城市文化 献计传承发展

图3–3 天津市社会科学界学术年会(2024)天津社会科学院、中共天津市委党校专场

5月17日，天津市社会科学界学术年会(2024)城市文化研讨会举行。此次研讨会由天津市社会科学界联合会、天津社会科学院、中共天津市委党校共同主办，邀请国内知名专家学者参会，围绕“不断推动文化传承发展善作善成”展开深入研讨，在思想的交流碰撞中为天津城市文化传承发展建言献策。

此次会议正值习近平总书记“5·17”重要讲话发表八周年之际，是深入学习贯彻习近平总书记视察天津重要讲话精神，认真落实市委部署要求的一次重要研讨活动。同时，也是天津市社会科学界学术年会的一个重要场次。

17日上午，研讨会开幕会和主题报告会在天津社科院举行。市政协原副主席、市社科联主席薛进文出席并致辞。薛进文指出，作为新时代的社科文化工作者，必须坚持以习近平文化思想为指引，以守正创新的正气和锐气，更好担负起新时代新的文化使命，创造属于我们这个时代的新的文化，贡献社科界的智慧和力量。推动城市文化传承发展，要准确把握文化建设的内在规律，找准传统文化和现代生活的连接点，在保护利用中传承文脉，充分助力京津冀协同发展等国家战略，推动天津市经济社会高质量发展。要加强交流互鉴。此次研讨会为学者们提供了一个难得的交流平台，与会学者可立足各自专业视角，积极畅所欲言，为城市文化传承与发展凝聚思想共识。希望专家学者深刻把握国情市情，注重吸纳优秀研究成果，更好担负起文化传承创新的使命。

天津社科院党组书记、院长钟会兵在致辞中表示，此次研讨围绕天津城市文化传承发展展开学术研讨和实践交流，具有十分重要的学术意义和实践意义。他希望各位专家学者通过这次研讨，以丰富的实践、精深的理论、深入的讨论、有效的建言，共同清晰梳理天津城市文化的发展脉络，高度总结天津城市文化的本质特色，成功提炼天津城市文化的精髓要义。正逢习近平总书记在哲学社会科学工作座谈会上发表重要讲话八周年之际，诚挚邀请多地专家学者与天津社科学者开展交流研讨，共同助力新时代天津哲学社会科学的繁荣发展，十分重要，也十分必要。

主题报告会上，专家学者聚焦城市历史演变，围绕京派文化、海派文化、岭南文化、巴渝文化、天津城市文化的形成与特色、天津演出市场走势等热点议题发表主旨演讲。

中国城市研究院院长、清华大学建筑学院教授、中国城市规划学会常务理事边兰春作了题为“京津双城记:风貌特色传承与文化精神塑造”的主旨报告。他认为,北京和天津两地紧密相连,伴随发展,各有城市特色。他提出从文化视角去理解两座城市。他从政治意识、等级制度、区位差异等方面分析了北京城市空间与社会的关系,表示社会生活的分层造就了北京大雅大俗的文化特征。同时,他从历史地理的角度分析了天津城市地理格局和文化特色,即拱卫京畿、山海连城、中西融汇、劝业图强的地域特色。建议天津强化传承城市特色风貌,突出商旅都会、百年风云翘楚的发展历史,万国建筑博览、中西荟萃的城市风貌,东西文化熔炉、海纳包容的城市特色,塑造传承历史、包容多元的城市文化。

广州岭南文化研究会会长、广东省文化学会副会长、广东财经大学教授江冰以“岭南文化个性与粤港澳大湾区建设”为题,梳理了广东地域历史文化的传承与发展,提出岭南文化特色鲜明,表现为“鸟语花香”的岭南印象,低调、务实和包容的岭南特色,敢为人先且具有雄直之气的岭南气质,阐述了广东潮汕、粤西文化,以及粤港澳大湾区的战略发展意义、前景和多元特色文化,为与会代表打开了一扇了解岭南文化的窗口。

西南大学历史文化学院教授谭刚在“巴渝文化建设与重庆文化消费培育举措”的主旨演讲中开明宗义提出,最能代表重庆城市文化的地域文化是巴渝文化。他认为,巴渝文化作为巴蜀文化的重要分支,具有包容与多元、开放和互融、坚韧与乐观等文化特质,进而塑造了重庆城市“开放、包容、创新、坚韧”的精神气质。未来重庆文旅产业的发展应立足巴渝文化,通过实施红色旅游服务供给提升行动,打造巴渝文化旅游精品景区,打造成渝文化旅游走廊以及推进巴渝文化遗产保护项目等具体举措,推动重庆文旅培育。

在推进现代化进程中,城市硬件迭代升级、日新月异,作为软实力的城市文化也要创新发展、与时俱进。上海社科院历史研究所徐涛、刘雅媛以“‘海派文化’的历史与发展现状”为题,聚焦上海海派文化的生成路径,分三个时段加以梳理,深层次地解析了海派文化的起源、演进与繁盛的历史进程。在此基础上，他们认为未来海派文化研究需要赋予海派文化新时代的内涵，增强海派文化的学理性研究，拓展核心问题的研究深度，加强海派文化研究力量的整合，形成更高层次的探讨与共识。

天津社科院图书馆馆长、市作家协会副主席闫立飞以“天津城市文化的构成及其特征”为题，从文化的时空维度，指出天津城市文化的总体特征既是地理的、建筑的，又是人文的，是现在与历史、人与城的融合。城市性格既是物质的，表现于它的建筑与自然地理形态，也是精神与气质的，融汇在城市居民的日常生活，同时也是被叙述的，主要呈现在文学、历史、社会、哲学，以及网络等各种文本叙事中。天津城市文化的世界性特征通过民族性得以呈现，城市文化的现实性特征较为明显。天津作为一个从卫城成长起来的现代都市，城市文化具有较强的自觉性，地域文化特征明显。

2023年以来，演出市场逐步复苏，供需两旺，带动文化消费持续走高，天津保利剧院管理有限公司业务策划部经理张喆介绍了天津大剧院的运营情况，围绕“天津大剧院经营及演出市场走势”主题，分析了天津大剧院与本地演出市场的关系。天津大剧院将调整演出项目引进策略，谨慎选择演出项目；深化行业内协作，拓宽异业联盟。天津大剧院的发展也折射出本地演出市场日益成熟、专业的发展历程。

主题报告会由市委宣传部副部长，市社科联党组书记、专职副主席王立文主持。他表示，各位专家的发言主题鲜明，信息量饱满，有滋味、有营养、有嚼头、有劲道，奉献了一场丰盛的思想大餐。传承发展城市文化、培育滋养城市文明是一项久久为功的事业，需要我们凝聚社科力量，持之以恒，在天津城市文化传承发展上下力气，在区域文化研究交流互鉴上下功夫。我们要以习近平总书记视察天津重要讲话精神为指引，深入学习贯彻习近平文化思想，勇于担负新的文化使命，在推进文化传承发展上善作善成，为奋力谱写中国式现代化天津篇章提供精神动力和文化支持。

5月17日下午，在市委党校举行了大会的三个平行论坛，主题分别为“天津城市文化特色研究”“传统文化传承与发展”“文化资源转化与利用”。

“天津城市文化特色研究”平行论坛由市社科联党组成员、专职副主席袁世军主持。天津社科院历史研究所所长任吉东等七位专家分别以“天津城市文化特色的解读”“河海文化通道研究”“津派文化的内涵与天津城市品牌建设”等视角，剖析城市文化的内涵，从历史、地理、文学，以及城市治理等角度探索提炼天津兼容并蓄、融合创新的城市文化特质。专家学者们表示，天津作为带动区域发展的经济增长极，亟待弘扬“津派”文化的精髓，适应天津日益凸显的文化建设需求。作为该场论坛的点评人，市委党校原教育长、教授臧学英指出，习近平文化思想是研究天津城市文化的指导思想，在天津城市文化研究中要加强现实关照，落实好“以文化人、以文惠民、以文润城、以文兴业”的要求，希望与会专家进一步修改提升，多出高质量成果。

“传统文化传承与发展”平行论坛由天津社科院党组成员、副院长王庆杰主持。与会学者就传统文化与区域城市发展之间的关系展开了热烈讨论。发言既有顶层设计的思考，如围绕“京津冀协同发展牵引天津文化高质量发展”的思考和建议，又有具体层面的应用策略研究，如“五大道地区小洋楼现状调查”“跨文化视域下天津城市文化传播的数字化策略研究”等。专家学者们表示，诸如历史文化街区等本地特有的传统文化承载着留存城市精神基因、延续城市文脉、激活城市文化涵养的使命，对传统文化的传承与发展不能仅停留在学理探究层面，也要结合城市发展现实加以继承、保护与发展。天津市艺术研究所所长、研究员钱玲对每位学者的成果逐一点评，认为学者的成果既有现状的梳理，也有原因分析，还有理论模型构建，可以说是既宏观又具体，既有理论支撑又有案例分析，具有很强的指导性和前沿价值。

“文化资源转化利用研究”平行论坛由市委党校副校长王永立主持，专家学者们围绕各自的研究领域探讨文化资源的转化和利用，发言议题涉及大运河文化传承、非遗文化创新、新型文化业态发展、红色文化传播、高品质艺术街区建设、小洋楼片区文旅活化利用等热点话题。天津师范大学地方文献研究中心主任、教授王振良在点评时提到，这一组文章具有三个鲜明的特点，即主题聚焦天津城市发展热点；分析逻辑清晰，切合主题；学术成果体现了调研的深度与广度，具有实用性和可操作性。他充分肯定了与会学者扎实的学术功底、开阔的研究视角以及深入实践的科研精神。

研讨会闭幕式由王永立主持，三场平行论坛的专家代表分别进行总结发言。天津社会科学院文学与文化研究所副所长、副研究员罗海燕认为，平行论坛一研讨议题集中、主体多元、方法多样、思辨性强、创新性足。专家们围绕天津城市文化特色本身，进行了相对系统全面的探讨，并就如何更好地开展天津城市文化特色研究，展示了可供借鉴的思路和方法。该组研讨既是宏观论述和微观实证的结合，也是理论思辨和现实关切的结合，还是基础研究和应用研究的结合，是一次非常成功的学术交流研讨。

市委党校科研处处长、教授倪明胜说，平行论坛二的主题聚焦“传统文化传承与发展”，学者们围绕主题进行了不同角度的探讨，且各具学科特点，体现了学者们深厚的学术底蕴。他总结本组成果有三个特点：一是有高度，六位专家的文章立意高，是对习近平总书记视察天津重要讲话精神的落实；二是有深度，文章的历史感、文化纵深感强；三是有厚度，把历史文化和天津当前发展面临一些问题，做了很好的衔接，为推动文旅发展，打造国际消费中心城市，提出了很好的建议。

天津市文化遗产保护中心主任白俊峰介绍了所在组交流情况，提炼了每篇论文的闪光点。他认为，该组学者发言聚焦“文化资源转化利用研究”主题，凝聚了专家们的真知灼见，一是把握好一个历史机遇。这个机遇就是习近平总书记来津视察，要自觉答好总书记提出的时代命题。二是处理好两个要素的关系，即处理好保护与发展的关系。要自觉把保护放在第一位，发展是为了更好地保护。保护不是抱残守缺，要以文化遗产的有序传承推动活化利用。三是阐释天津文化应立足全国维度、全域维度以及全时维度去开拓创新。四是用好物质文化遗产、非物质文化遗产两类文化资源，以及与这两类文化资源相关的“文化空间”和“文化场景”四个资源，实现保护与利用的良性互动。

在研讨会总结讲话中，袁世军谈了三点体会：一是有意义。此次会议的日期特意安排在“5·17”重要时刻，也是天津全市上下落实“四个善作善成”重要要求的关键时期，特别是对推进落实“在文化传承发展上善作善成”重要要求上具有很强的现实意义。二是有收获。专家主题发言内容丰富、切中要害，思想新颖，令人深思；平行论坛专家讨论话题广泛，具有实际操作性。三是有期待。期待参会的专家学者以及广大的社科工作者，为天津文化，特别是为天津现代化大都市文化建设推出更多高品质成果，推出更多切实管用的咨政建议。

王永立表示，会议围绕天津城市文化传承发展主题，交流思想，深化认识，凝聚共识，收获满满。通过一天的交流研讨回看历史风云，传承文化底蕴，展示时代风采，服务城市发展，在着力推动“以文化人、以文惠民、以文润城、以文兴业”上持续用力，在文化传承发展上善作善成，研讨会成果丰硕，与会专家学者贡献了智慧和力量。

来自天津、北京、上海、广东、重庆等地一百多位专家学者参加了研讨会。

❖主旨报告

京津双城记：风貌特色传承、文化精神塑造与城市发展转型

边兰春

北京与天津是我国北方地区两个重要的都市，地处华北平原的京津双城的距离只有百公里之遥，地域山水紧密连接，中西特色风貌相映，多元文化交互影响，社会经济协同共进。

一、北京城市发展、空间格局与风貌特色

北京具有三千多年建城史，八百七十多年建都史，其都市空间特征传承了中国古代都城的营城理念，象天法地注重与山水自然的关系，天地中和强调空间营造思想中对礼制与秩序的表达。从空间结构看，北京具有分散集团式的特征，即以旧城为核心，在10千米半径内为中心地区，而在10~20千米距离形成了十个边缘集团与绿隔地区。中心城区范围总计超过一千多平方

作者简介：边兰春，清华大学建筑学院教授。

千米，空间规模尺度宏大。从人口规模看，北京从1949年的420万人增加到2018年的2170万人，人口总量翻了5倍之多。从空间格局上看，虽然老北京城占整个北京市总体面积的规模非常小，但其对整个城市有着举足轻重的重大影响。从发展重心看，一方面，首都功能核心区是首都建设的重中之重，北京在总体规划的基础上，进一步编制完成首都核心区控制性详细规划，提出要创建国际一流的和谐宜居之都的首善之区、打造优良的中央政务环境、建设弘扬中华文明的典范地区、建设人居环境一流的首善之区、保障规划有序有效实施。另一方面，中央研究部署规划建设北京通州城市副中心，推进“以副辅主、主副共兴”，同时推进京津冀协同发展，在更大的空间范围内实现非首都职能的有序疏解。

城市空间与社会文化是城市精神传承、浸润与转化的基础。北京城市空间与社会文化经过几百年的历史积淀，呈现出首都独有的城市文化与都城气质。一是政治意识深深根植于城市之中。纵观八百多年的建都史，除了20世纪初的三十多年，北京一直处于都城的地位，围绕政治权力轴心而组织运转，形成了极强的政治意识。二是等级制度的影响显著。元大都开始，都城的营建和运转就凸显了等级秩序的影响，直至清王朝开始，八旗分封、满汉分城等做法更强化了等级制度与礼制规矩，使严格的社会分层成为城市重要特征。三是区位差异在城市结构中突显。内城、外城、皇城、宫城等不同区域以朝廷和官府为中心而构建，官员、士大夫阶层与市井社会泾渭分隔，逐渐形成了“东富西贵，南贫北贱”的格局，影响着社会生活诸多方面。四是大俗与大雅并存的文化特征。社会生活的分层造就了大雅大俗的文化面貌。京城巍峨壮丽的宫阙城楼与低矮朴素的民居、富丽堂皇的“帝王气”与自然天成的“市井味”，共同构成了北京独特的风貌，鲜明地表现出了“天王之风尚”和“庶民之味道”。

北京城市设计体系独秀于世界历史文化名城之林。“北京城是一个具有计划性的整体”“中国古代都市计划的最后结晶”，形成“择中而立、轴线对称”

的空间秩序，其中中轴线是一条古老的历史文脉，代表着中华民族象天法地、以中为尊、中正和合、礼乐交融等特有的精神标识。北京将胡同体系和院落文化融入城市肌理，连同自然的文化风景，形成独特的色彩特征和风貌气质。作为历史古城，北京在对外呈现空间秩序的同时，对内蕴含着传统礼仪，体现了对都城规划、建筑群体、园林景观最高境界的追求，形成了完整、独特的城市设计体系，独秀于世界历史文化名城之林。美国著名学者埃德蒙·培根曾赞叹道：北京整个城市深深地沉浸在礼仪、规范和宗教意识之中，建筑、规划与风景园林相辅相成融为一体，为现代城市设计提供了丰富的思想宝库。

北京城市的转型与城市文化精神具有紧密关联。近现代的北京开始慢慢转型，清王朝的结束加速了近现代北京的改造与建设。北京自1949年开始规划走向现代东方大国首都城市，20世纪70年代城墙的损毁既是都城整体形态“统一性”的削弱又是城市文化气质“多元性”的开始。20世纪90年代到21世纪初，北京经历了密集的城市功能升级与拓展竞争，努力抢占城市发展新机遇。2008年，北京奥运会的成功举办则标志着城市形象的一次重大突破，不仅提升了国际知名度，也为城市带来了新的发展动力。

二、传承津门文化，引领创新发展

天津的文化底蕴深厚，融合了皇城遗脉、军事要塞、西洋文化、码头文化等多元要素，形成了“古今交融、中西合璧、多元并蓄”的城市气质。从空间环境看，天津枕山襟海，地处九河下梢，具有天子之渡、南北中枢的战略地位。天津作为重要的通商口岸、海港之城，在对外贸易与城市交流之中形成了开放的城市特征。天津之于京城的拱卫关系，以及京津冀之于国土空间的地理环境，对城市演进产生了深远的影响。从历史发展来看，自明永乐二年（1404年）设卫建城，天津经历了620年的风雨变迁，“近代百年看天津”的世人共识标志着天津在中国近代史上占据着独特位置。从文化特色来看，天津具有古今交融、中西合璧、多元并蓄、图强求新的城市文化气质和文化精神，是百年风云翘楚、万国建筑博览以及东西文化熔炉，彰显着多元包容的市民精神。

在当今时代，文化已成为城市竞争中的重要软实力。从基本需求到品质消费，从品质消费再到文化消费，文化内涵对提高产品附加值、助力传统产业转型至关重要。从工业时代到后工业时代，城市的发展动力从规模化生产向文化创意型生产和科技创新型城市转型，城市的重心也从生产技术迭代本身转向了对生活品质全面提升的切实关心。正如理查德·佛罗里达在《创意阶层的崛起》一书中提到的，后工业城市要注重营造高品质的城市空间，以多元包容的文化魅力吸引具有创造力的创意人才来推动技术的发展与产业的升级，实现城市的进步。于是，伴随着城市化的速度减缓，城市进入追求品质提升的高级阶段，城市的发展路径由空间的扩张与蔓延转向了对存量资产的精细化更新。以挖掘城市特色空间、彰显城市文化风貌为核心的文化软实力建设，是加快推动"产—城—人"传统模式向"人—城—产"新模式转变的重点。

以文化提升城市综合魅力：基于天津独特的北方市井气、烟火气、江湖气，融合现代生活的松弛感、社交感、潮流感，形成与北京及其他大城市与众不同的地方文化风貌。加强天津的城市文化营销，从多层历史层积的城市空间中提炼与串联出丰富的城市漫步体验，比如以老城厢、古文化街、估衣街为历史锚点的津门故里寻踪之旅、以劝业场为重点的时尚文化之旅、以鞍山道为线索的辛亥革命之路、以意式风情街区为范围的文艺复兴之旅、以五大道历史文化街区的名人发现之旅，以及以中心花园为核心的法式浪漫之旅。

以文化促进创新阶层聚集：天津丰富的近现代历史演进形成了多元包容的城市文化，是打造高品质城市空间，吸引创意阶层集聚的重要文化资源。天津保留大量的租界建筑，但市民却少染欧风；天津虽是中国北方近现代工业发展的摇篮，但现代工业文化的作风不甚浓厚；天津商业人口曾占据相当比重，但民风中却少有严谨、精明的商业气质；天津不仅有码头文化，还有淳厚包容的乡情，不仅是小富即安，还有对更美好生活的期盼。基于多元包容的市民生活和城市风貌，天津应进一步打造创意产业集聚区、培育发展文化创意产业的地方文化，通过城市更新和场所营造，形成多样化的文化场所与休闲空间。

以文化丰富城市产业形象：天津作为近代工业摇篮和北方经济中心，大港口、大工业（汽车、化工、电子、航空航天）已具有雄厚基础，但科技创新、文化创意产业、文化消费、文化旅游产业等还有很大提升空间。以文化促进消费融合产业，是改变工业制造城市的形象，进一步提升城市文化魅力的重要路径。通过挖掘多元文化底蕴，营造消费场景、激发潜能消费，充分利用商务楼宇、小洋楼、品牌展会等资源价值，大力发展“首发经济”“首店经济”，培育有优势、有特色的商业场景，丰富和提升天津产品的价值、推动天津产业的转型与升级。

三、写好“京津”“津滨”双城记

京津冀区域发展的大格局中，京津双城具有独特和不可替代的关键作用，天津发展的重要基础就是在梳理当下错综复杂的发展形势下，厘清历史、面向未来。

一是写好京津双城记。独特的地理位置，使天津在政治、经济、文化等多方面与北京形成了紧密的联系。两座城市的空间联系密不可分、风貌特色相映生辉、城市定位相对明确、人文气质和而不同。相比于北京的皇城气派，天津有着独特的码头文化，别有一番江湖味道与市井气息。北京城市空间格局方正平直、秩序井然，形成胡同院落、单位大院等城市风貌，而天津城市依河而生，近现代历史丰富，形成了许多具有异域风情的城市街区。假以时日，书写好京津双城记是推动京津冀协同发展，实现北方经济与文化振兴的最好选择。

二是写好津滨双城记。独特的发展格局促成了津城和滨城之间的水脉相连与产城相依。九河下梢、因河而生的水系格局，以及由此孕育出的漕运文化与港城模式，是天津的现实挑战和未来机遇。描绘好津滨双城记，以文化提升城市综合魅力、以文化促进创新阶层聚集、以文化丰富城市产业形象，是积淀海河文化气质的关键。

天津非遗传承创新与产业化发展研究

蒲 娇 王 凤 张 洁

摘要:党的十八大以来,我国创造性地提出了坚定文化自信、实施乡村振兴战略、传承中华优秀传统文化、坚持非物质文化遗产(下称非遗)的创造性转化和创新性发展(下称"双创")等一系列国家层面的战略性思想与举措。天津市非遗资源丰厚,但其中蕴含的资本优势、产能优势、内生动能与精神引导作用并未得到完全发挥。因此,基于非遗的原真性、地域性、传播性、综合性及学术性等特性深入阐释其内在发展逻辑,将有效推动当下天津非遗的创新发展、传承人能力提升、产业化发展模式完善,全面、系统、科学地赋能天津城市发展。

关键词:天津城市发展;非遗;传承创新;产业化发展

2024年2月,习近平总书记来津视察,对天津发展提出了包括"在文化传承发展上善作善成"在内的"四个善作善成"的重要要求,称赞天津是一座有

作者简介:蒲娇,天津大学冯骥才文学艺术研究院教授;王凤,天津大学冯骥才文学艺术研究院博物馆馆员;张洁,天津大学冯骥才文学艺术研究院讲师。

特色和韵味的城市，强调要注重“以文化人、以文惠民、以文润城、以文兴业，展现城市文化特色和精神气质”，并着重指出：“中国式现代化离不开优秀传统文化的继承和弘扬。”[①]目前我国已建立起国家、省、市、县四级名录体系，共认定代表性项目十万余项，国家级非物质文化遗产代表性项目1557项。天津市作为“一带一路”建设城市及“大运河”沿线城市，人文景观众多，历史遗存丰厚，特别是缤纷多样的非遗，成为天津城市精神与文化形象有形载体的集中体现。然而随着社会现代化进程的加速，天津非遗面临着发展挑战，传统传承理念、传授方式、传播路径使其在当代生活中受到制约，特别是产业化发展层面存在内生动力发展不足、活化利用力度欠佳、传承保障机制不够完善、发展经营模式单一等诸多现实问题。因此，本文以探究天津市非遗项目的产业化发展现状与诉求为切入点，聚焦天津地域特色与非遗现状，促进非遗资源向产业资源转化，形成独具特色的“天津文化品格”，以此提升城市文化软实力与竞争力。

一、天津非遗创新发展现状与产业化问题

“社会的变迁，势必要使一些东西消失，又使一些东西出现，这是历史发展的惯性”[②]，“保护得再好的老手艺，也无法改变无人使用或日渐稀少的需求这一事实”[③]，以上认知已经成为社会各界普遍达成的共识。“传者”深受创作理念、传承方式、传播路径等传统理念影响，“承者”深受认知理念、生活模式、消费方式等接受态度影响，使得部分非遗在当今经济社会逐渐丧失主导地位，就实用性相比而更加侧重于遗产性，进而产生失衡与失语现象。根据对

---

① 钟会兵、王庆杰、李会富、杨昕等：《以文化人 以文惠民 以文润城 以文兴业 在推动文化传承发展上善作善成》，《天津日报》，2024年3月4日。

② ［日］盐野米松：《留住手艺》（中文版序），英珂译，山东画报出版社，2000年，第1页。

③ 杭间：《口述的手艺史——关于盐野米松的〈留住手艺〉》，《手艺的思想》，山东画报出版社，2001年，第319~340页。

天津非遗发展现状的调研，主要有内部问题和外部问题两大方面：

（一）内部问题

1.“传者”人才短缺，“承者”后继乏人

非遗传承创新与产业发展的核心在于技艺是否精益求精，但精湛技艺的习得往往需要传承人投入大量时间、精力与资本，这一问题直接导致部分习艺成本较高的项目传承人才短缺。此外，当下因宣传的片面、不准确，导致非遗成为老、旧、落后的代名词，传承工作所开展的环境更是艰苦闭塞、收益甚微且与社会脱节。此类宣传口径无疑会让部分本有可能成为非遗“承者”的年轻群体望而却步。从整体社会环境来看，唯有非遗的文化价值与经济价值得到社会普遍认可，才会培育大量愿为手艺“买单”的“承者”。例如，某些传承状况良好的传承者，为了应对生产订单激增、传承人应尽义务与自身创新发展需求，常会面临人才短缺的窘境，这使部分传承人不得不探索“花钱养人”的方式，即通过高薪面向社会、高校招聘学徒，为其开具较为可观的收入，且由传承人亲自授徒。但大多数雇佣者受经济驱使而来，并非沿用非遗传统传承方式——从少年学徒开始或通过日久沁润习得，因此依旧在短期内破题传承后继乏人的困境。这也导致某些看似发展繁荣的非遗项目，短期内难以扩大化再生产，实现较大幅度的产业转型。

2.传承人对内“好不自知”，对外缺乏直面市场的勇气

传统非遗传承机制与现代产业化发展诉求之间的博弈一直存在，而解决这一问题的关节点在于对“人”的关注。人作为非遗的创造者与掌控者，通过身体的技艺和脑海的记忆共同呈现。每一件非遗的有形载体都渗透了文化持有者的审美能力，其制成品进而具有使用价值与审美价值，在当今社会亦被赋予更多的市场价值。可以说，非遗的“核心竞争力”“文化内核”往往被传承主体以内化的形式存储，若在传承过程中被传承主体刻意隐藏，或因“自限性”对自身技艺或产业化概念的不解，必然很难达到令人满意的结果。其一，

部分传承人因发展理念保守，对所持项目“好不自知”，缺少“双创”与跨界合作的内在动能，限制了非遗项目的产业化发展；其二，受认知自限性与网络快消费习惯等因素的影响，部分传承人投入技艺的智力成本与经济成本较低，导致产品呈现同质化与粗鄙化，这既扰乱市场秩序，使某些坚守传统技艺的项目陷入无序竞争，也为消费者造成不良消费体验；其三，从多数小规模的非遗项目来看，传承人为控制发展成本，未在市场营销方面作过多投入。非遗的产业化发展需要借助良好的品牌效应，而品牌的建设与传播需要专业团队进行市场分析、品牌定位、营销策略与平台运营，仅凭传承人难以同时兼顾生产、传承、研习与品牌运营等工作，且传承人缺乏专业的市场营销思维，无法充分利用现代营销手段和平台进行有效推广，进而有效地将非遗的文化魅力传达给潜在的文旅消费群体。例如，部分传承人因自身培养团队成本过高，而尝试以外包的形式降低相关费用，如将活动策划、展览运营、作品推介等工作交付专业公司完成。一方面，的确可降低时间投入、精力付出及资金成本，另一方面，因第三方团队水平参差不齐，或缺乏对非遗项目的真心关爱，难免出现完成不到位的情况。

（二）外部问题

1.基础设施不足，资金场所有待支持

非遗项目的传承创新和产业发展需要场地与资金来支持人才培养、体验传播与销售展示，尤其是场地的地点、面积直接关系到非遗项目的客流量、发展潜力和市场竞争力。一些非遗项目所在地的基础设施建设不完善，交通不便、服务设施缺乏等问题影响了游客的体验，制约了非遗产业的发展。例如，部分非遗项目在天津市拥有较多研学活动资源，但一直以来备受店铺面积制约，不但缺少对史料、文物及制作流程等主要内容的专门展示区域，难以全面宣传该项目所蕴含的文化特色和精神内涵，而且在组织规模较大的研学活动时需临时租借场地，增加大量开销。

2.政策资源利用欠佳,整体发展机制不够健全

非遗的产业化发展需要资金、技术、人才及旅游资源等多方面的资源整合,目前大部分传承人对此类政策的了解多呈现碎片化与浅层次理解,限制了非遗与“农文旅商”的深度融合。非遗作为地域文化的集中表现,体现着民众的集体智慧。非遗的形成依靠社区民众长期实践,集合智力共同完成,具有鲜明的历时性与共时性特征。而发展机制的不健全往往会促使部分参与传承,又得不到“名分”与“福利”的自然传承人在备受打击后转往他行、他地另谋生路,这不但易导致非遗技艺的“话语垄断”与“一家独大”,也容易造成缺乏良性竞争的产业化发展环境。例如,古文化街区内不乏各类匠心传承的传统工艺门店,然而当下对名录外或级别较低的项目发掘不够深入,使其难以得到更多重视与扶持,应呼吁社会各界加强对此类非遗的关注,将其纳入非遗产业的整体发展机制。

3.被不断“打扰”的非遗传承人

随着国家对中华优秀传统文化的大力宣传,越来越多的年轻人开始关注非遗,部分艺术设计、文化产业专业的大学生会主动联系非遗传承人,希望得到帮助配合。然而此类现象愈演愈烈,导致传承人大部分创作时间被占据。如何将这种“需求”合理化,使“互动”助力非遗发展,也是亟待解决的问题。例如,略有名望的传承人每年都要付出大量时间精力接待大批调研师生开展毕业设计、学术研究、影像拍摄,但最终成果往往不愿与传承人分享。此类情况极大地削弱了非遗传承人与掌握学术话语权威群体互动的积极性。此外,还有一些部门、商户以举办展览等为由,要求传承人无偿提供具有代表性、做工精良的作品,或以一张收藏证书来交换作品,无形中增加了传承人的时间成本与经济负担。

二、天津非遗传承创新和产业化发展的现实遵循

目前天津持有国家级、省级非遗项目共计375项。其中，国家级49项，第1批9项、第2批10项、第3批5项、第4批11项、第5批14项；[①]市级329项，第1批14项、第2批50项、第3批52项、第4批87项、第5批126项。[②]但大多数非遗还未充分发挥其所蕴含的资本优势、产能优势、内生动能与精神引导作用，且对城市发展与文化赋能作用有待提高。天津应充分发挥自身资源禀赋优势，在顺应世界多极化、经济全球化、文化多样化、社会信息化潮流的同时，积极探寻非遗的可持续发展之路。

1.产业化依据：坚持政策指引与重大工程引领

我国自2005年由国务院第一次提出非遗保护理念开始，已建立起较为完备的保护管理体系，先后颁布《保护非物质文化遗产公约》(2004)、《关于加强我国非物质文化遗产保护工作的意见》(2005)、《关于加强文化遗产保护的通知》(2005)、《国家级非物质文化遗产保护与管理暂行办法》(2006)及《中华人民共和国非物质文化遗产法》(2011)等相关法规条例。特别是在党的十八大以来，国家尤为关注非遗的传承与发展，先后出台《关于转发文化部等部门中国传统工艺振兴计划的通知》(2017)、《关于实施中华优秀传统文化传承发展工程的意见》(2017)、《关于推动非物质文化遗产与旅游深度融合发展的通知》(2023)等文件，要求相关部门持续贯彻“保护为主、抢救第一、合理利用、传承发展”的工作方针。在党的二十大报告中更是明确提出“确立和坚持马克思主义在意识形态领域指导地位的根本制度，社会主义核心价值观广泛传播，中华优秀传统文化得到创造性转化、创新性发展，文化事业日益繁荣，网

① 数据来自天津市非遗中心。

② 天津市非物质文化遗产保护中心：市级代表性项目名录，天津市非物质文化遗产网，http://www.ichtianjin.com/portal/feiyi/index? nid=193。

络生态持续向好,意识形态领域形势发生全局性、根本性转变"[①]。天津市紧随党和国家的政策导向,结合地域特色建立起一系列地方文件,2020年12月制定的《天津市非物质文化遗产传承发展工程实施方案》特别指出要深入挖掘地域文化的精神内涵,让非遗成为展示天津优秀传统文化的特色窗口。2021年2月天津市举办中华优秀传统文化传承座谈会,强调非遗在增益天津市经济、文化、教育事业发展等方面的突出贡献,切实推进各辖区、教育单位因地制宜地开展中华优秀传统文化教育与传播工作。以上政策的提出,无疑为天津非遗的产业化发展提供了全面的支持和保障。

2.类别产业化:遵循非遗地域特性与科学发展规律

非遗的产业化发展必须建立在遵循其地域特色、发展现状与演化规律的基础之上。非遗通常具有独特性、活态性、传承性、变异性、民族性、地域性等特征,并不是所有的非遗都适应产业化发展模式,有产业化发展潜质的非遗项目也并非可将各个环节完全产业化,实施产业化更不是增强与提升非遗传承发展机能的唯一选择。非遗项目的产业化应体现经营实体、市场导向、自我发展三个基本要素,[②]相对而言,民俗类、工艺美术类、表演艺术类的非遗项目更适合旅游开发。[③]因此,将天津市的非遗进行系统文化调研,选择出具备产业化发展条件及需求的项目与种类,探寻一条因地制宜、合理利用、科学可行又助于赓续发展的逻辑理路,才是实现非遗资源创新与转化的保障。本文认为,天津市非遗进行产业化发展需注意以下发展逻辑:第一,保持原真性。天津非遗作为地域艺术与文化的表达形式存在,必须坚持原真性与本真性,即尊重并保留文化的本质与内核,避免过度开发;第二,增强地域性。城市化进程的弊端之一体现在城市间的同质化趋势,需从传统民俗文化、传统工艺、

① 习近平:《高举中国特色社会主义伟大旗帜为全面建设社会主义现代化国家而团结奋斗——在中国共产党第二十次全国代表大会上的报告》,中国政府网,http://www.gov.cn/xinwen/2022-10/25/content_5721685.htm。

② 王焯:《非物质文化遗产产业化原则的界定与模式构建》,《江西社会科学》,2010年第8期。

③ 肖雪锋、刘磊:《民俗类非遗品牌的塑造与传播策略》,《当代传播》,2018年第6期。

传统饮食等方面深入挖掘地域特色，打造具有天津特色的非遗品牌；第三，加快传播。非遗在传播过程易受时代特征与市场规律影响，在大众审美与集体认知上产生某些变化，其当代传播必须充分利用网络传播平台提高社会认知度，同时增加线下体验活动，在推动非遗融入民众现代生活的同时，增强民众对于本地文化的认同；第四，扩展综合性。非遗的当代传承发展在形式和路径上应进行多元探索，积极尝试与其他领域、项目类别的合作，为非遗发展注入新的活力；第五，深挖学术性。非遗是我国优秀传统文化的重要组成部分，为了保障非遗产业化的文化价值，必须加强对非遗的学术研究，以及专业传承、设计、管理人才的培养，推动非遗“双创”发展的生态链建设。

3.适度产业化：传统文化与当代需求之间的调试。

非遗具有天然的消费特性、体验特性、丰富业态以及可数字化创新潜力，但在产业化传承上还面临市场化造血能力不足、产权模糊、人才匮乏等难点。[①]此类困境的根源在于其所赖以生存的传统生产生活方式与现代生产生活方式之间的现实差异，而社会的高速转型更加剧了二者的割裂，使非遗项目难以在短时间内实现有效转型。与此同时，许多传承人由于缺乏相关法律法规的支持和保护，导致作品被大量仿制而难以获得预期的经济收益，更为严重的问题是，过度产业化带来的规模化、机器化生产往往意味着产品文化价值的降低以及文化内涵的缺失。[②]因此，应当综合考虑非遗保护与发展之间存在的双重矛盾，推动单一的物质消费模式过渡为以文化消费为主导的生态经济模式，继而使“绿色消费”和“体验经济”成为可持续发展的价值基准。[③]非遗的适度产业化需要注意以下三方面：一是重视和保护非遗传承的文化内核，厘清商业化经营和产业化开发两种模式，从“保护”和“开发”两个

---

① 刘芳：《非物质文化遗产产业化传承路径研究》，《技术经济与管理研究》，2023年第12期。

② 牛乐、张洁：《中国少数民族手工艺的保护与发展——政策、理论与实践综述》，《中国民族学》，2018年第21辑。

③ 牛乐、张洁：《行动赋能与价值创新——中国民族手工艺保护与发展的当代实践》，《兰州文理学院学报（社会科学版）》，2021年第37辑。

层面分别实施[①];二是关注市场需求,根据文化价值与经济价值的比重差异对非遗项目进行分类评估与区别性开发,形成"非营利性+营利性"双轨利用模式;[②]三是深入发掘非遗项目所蕴含的地域特色与文化内涵,通过特色品牌建设提高其社会认知度与市场竞争力。

三、天津非遗创新发展和产业化的对策与建议

习近平总书记指出,"要把历史文化遗产保护放在第一位,同时要合理利用"[③]。毋庸置疑的是,部分非遗自带商品属性,其发展亦与社会经济密不可分。特别是在当下,若将非遗置于一种公平、公开、公正的良性商业化竞争之中,一方面,可为当下"断面式""输血式""政府主导型"传统保护模式提供破题思路,正视与尊重此类非遗商业属性与现代文化创意潜力。另一方面,通过针对非遗发展的理性商业化与适度产业化,为实现生产性保护、系统性保护与非遗的传承振兴提供机遇与路径。基于此,本文将从以下方面制定天津非遗创新发展和产业化的对策与建议:

其一,为传承人创造良好的传承创新环境,更好地支持非遗创新型发展与产业健康运行。"要想让手艺找到生存的空间,首先要具备三个条件,第一,维持让手艺人的产品销售出去的环境;第二,找到相对便宜的原材料;第三,就是这个业种要有传承人。"[④]当下应顺应现代审美的变化和市场的需求,进行必要的文化"再创意"与"再生产",这并非主张唯"资本化"的商品化改造和

---

① 苑利、顾军:《非物质文化遗产的产业化开发与商业化经营》,《河南社会科学》,2009年第17期。

② 刘鑫:《非物质文化遗产的经济价值及其合理利用模式》,《学习与实践》,2017年第1期。

③ 习近平:《习近平谈历史文化遗产保护》,中国青年网,http://news.youth.cn/sz/202203/t20220323_13551698.htm。

④ 英柯:《盐野米松——匠人们的倾听者》,盐野米松:《留住手艺》,英柯译,广西师范大学出版社,2013年,第340页。

产业化扩张，而是立足经济规则、市场需求和文化效益，建立利于非遗精神内核传承创新发展的健康环境。第一，建立专业团队，由政府或相关机构帮助非遗传承人建立专业的管理和运营团队，处理接待参观、研学等活动，使传承人能够从日常社会事务中解脱出来，专心于技艺传承和创新。第二，由相关管理部门为传承人制定合理的参观、研学等活动日程，避免过度打扰传承人的正常工作。例如设定特定的开放日和活动时间，其余时间保证传承人的安静创作环境。第三，建立非遗传承活动的评价机制，对参与活动的质量和效果进行评估，避免形式主义的活动占用传承人的时间。第四，利用现代科技手段，如视频、直播、VR、AI等技术进行工艺展示和文化传播，减少传承人亲身参与的次数和强度。

其二，为非遗项目创新型发展与产业发展提供完善的制度保障，予以更多正向鼓励宣传。第一，政府应加强对非遗发展的引导与监管，严厉打击侵权行为，在遵循《中华人民共和国非物质文化遗产法》的基础上，制定行业细致规范，严格界定“真非遗”与“伪非遗”的本质区别。同时，行业内部也应建立自律机制，共同抵制低俗化趋势，维护行业整体健康发展。第二，持续对传承人相关制度进行补充完善，使其保持“活态传承”，这并不是仅仅局限于文化传承人的艺术生命存续及传承后继有人，而更多强调的是文化本体能否以一种健康的生命状态存在。如完善非遗传承人认定和分类管理机制，创建更具实用性、多样化的传承人培训与培养机制，构建更加科学、多元化的传承人考核机制与奖惩制度。第三，开展对德才兼备、勇于创新、担当使命部分非遗传承人的正向宣传，既要发挥根据非遗“基本文化特征”所制定的“法规性标准”作用，同时遵从因“艺术存在”的本体特征而制定的“本体性标准”功能，助力天津市非遗项目创新型发展。

其三，为非遗项目的创新发展与产业化发展提供学术支撑与智力支持。就某种程度而言，对既有政策的理解决定了传承人群的认知高度与思考深度，有必要予以一定学术支持。一方面，邀请相关专家学者与企业人才，定期开办专题学习班、培训班、交流会，针对文化内涵产业发展、“双创”、政策解读等问题答难解疑，予以传承人智力支持与技术支持，提高非遗发展的创新性。另一方面，从根源上厘清非遗产品与非遗文创产品、衍生品的差异，提升产品质量与内涵。当下必须直面，“自洽衍变的发生，主要在于手艺人对经济收益的本能追求”[①]。加强创新人员对非遗内核的深刻认识，在非遗产业化过程中注重角度、维度与限度，划定坚守与变革之间的“红线”。同时建立严格的质量控制体系，制定非遗产品的生产标准，确保非遗产品和服务的高标准，提升产品质量和市场竞争力。此外注重产业化发展方向与中国民间传统审美、现代科技手段、创意设计理念等软实力的结合，打破历来传承人在当代社会获得信息不对称的窘境，实现非遗产业的创新型发展。“高新技术与文化产业的融合发展能带动传统文化产业更新换代，日益向技术密集、知识密集方向发展，不断形成文化产业的新兴领域。”[②]在打破传统文化产业固有产业边界的同时，广泛桥接外地生产资源，在潜移默化中培育新型文化消费群体。

其四，将传统文化与现代元素相结合，创造出新的价值和市场需求，推动天津非遗的创新发展。非遗概念自诞生之日起就不是单纯的文化概念，而是掺杂了意识形态、政治经济和人伦道德等多种因素的综合体。[③]纵然是围绕非遗本体的转化与发展，也必须将城市发展、文化诉求、生活改善与社会服务等各种要素考虑在内。首先，在产品设计上，一方面支持企业充分调研市场需求，开发符合消费者需求的非遗产品。另一方面可以与时尚、家居、数字媒体等领域的企业进行跨界合作，如利用AR/VR技术进行非遗的展示和体验，拓展非遗的应用场景。其次，在非遗传播推广方面，可通过设立非遗体验工

---

① 张礼敏：《自洽衍变："非遗"理性商业化的必然性分析——以传统手工艺为例》，《民俗研究》，2014年第2期。

② 顾乃华、夏杰长：《我国主要城市文化产业竞争力比较研究》，《商业经济与管理》，2007年12期。

③ 魏爱棠、彭兆荣：《遗产运动中的政治与认同》，《厦门大学学报（哲学社会科学版）》，2011年第5期。

作坊、举办非遗文化节和展览、与国外文化机构合作举办展览和交流活动等创新形式，鼓励公众亲身体验非遗技艺，提升公众参与度和对天津非遗的认识。再次，借助社交媒体、在线平台等数字媒介推广非遗，增加年轻人群的接触机会，开发非遗主题的在线游戏、应用程序，使非遗以互动方式传播。最后，各级政府需要为非遗的创新发展提供资金和政策上的扶持。例如建立非遗创新发展基金，支持非遗项目的研究、开发和市场化，同时在学校开展非遗教育，鼓励社区和民间组织参与非遗的保护和传承活动，形成公私合作的良好氛围。

其五，推动非遗全面赋能文旅发展，准确定位非遗与城市旅游发展之间的最大公约数与最佳连接点。产业融合是现代产业发展重要现象之一，二者产生融合的条件包括产业相似性或科技进步促使产业边界拓展，融合途径是产业间交流与互动，融合特点是渐进持续的非固化而动态过程。[①]文旅融合作为现代产业融合发展重要实践形式，为传统文化融入现代生活提供各种机遇。这需要对原有各产业的边界或要素进行再定义与再认知领域，通过交融形成新的共生模式。第一，盘点天津市非遗资源与旅游资源的禀赋优势，提炼非遗核心文化元素与代表性文化符号，将文化精神与文化气质具有产业融合须具备的条件与特征，融入天津市旅游资源、场所、设施、空间和产品之中，形成具有“津派”“卫派”特色的城市文化景观。第二，提炼具有地域特色的文化基因，嵌套入各类文旅项目或其他城市显性文化之中，如“非遗+河海文化”“非遗+工业遗存文化”“非遗+历史街区文化”“非遗+大运河文化”“非遗+红色文化”“非遗+乡村振兴”等“非遗+ ”模式，努力形成“非遗文旅资源深度融合—非遗文旅产品体系培育—非遗文旅产业功能提升”的发展体系。第三，加强非遗产品传统营销渠道建设，促进非遗产品进景区、进商超、进机场车

① 刘安乐、杨承玥等：《中国文化产业与旅游产业协调态势及其驱动力》，《经济地理》，2022年第6期。

站、进特色街区，通过多种新媒体平台推进非遗产品线上线下营销渠道融合。

其六，通过统筹现有资源，形成专业联盟—行业联盟—跨领域联盟的产业联动“智能”模式，助力天津非遗的产业系统性发展。“系统性保护将非遗视为有机整体，包括文化本体、结构、制度、关系、过程、规划、主体等，蕴含了保护实施过程中严整的逻辑体系。”①若以系统性发展作为非遗保护的大局观，就需要注重各保护场域内组织要素的关系，将行业发展、产业发展与跨领域发展与人与人、人与生活、人与社会发展的整体步调一致。第一，政府部门通过提供相对固定的非遗活动场地，降低非遗项目的发展成本，充分发挥政府引领作用整合同类目的非遗项目资源形成专业联盟，形成集聚效应。第二，建立非遗产业发展行业联盟，吸纳天津市有产业发展需求或具备产业发展潜能的非遗项目加入。例如通过将部分非遗项目进行跨文化、跨项目延展，充分发挥其“倍增器”效能，实现1+1>2的成效。第三，改变传统的单向“输出式”传习办学模式，广泛与学校、企业、社会组织及培训机构合作，加强在资金、技术、设施、师资等方面的资源共享，展开针对非遗资源的再整合与再利用。例如将非遗与旅游业、教育业、餐饮业等产业相结合，形成围绕非遗产业功能多样性开发的横向融合，由生产环节向产前、产后延伸的纵向融合，以及产业链横纵向一体化的混合、融合的发展模式，进一步推动非遗与各行业之间的双向赋能。第四，依托政府主导，尝试围绕非遗建立以社区为平台、社会组织为载体、社会工作专业人才为支撑的“互联、互动、互补”三社联动创新模式，打造一个全方位、多层次、跨领域的非遗产业合作体系。

① 林继富、闫静：《非物质文化遗产系统性保护内涵建设与实践模式研究》，《文化遗产》，2023年第1期。

四、结语

当今，经济全球一体化背景下，文化产业在国家之间、地区之间综合实力竞争中的作用愈加凸显。特别在提升城市竞争力、影响力，文化产业已成为重要核心要素之一。这是天津城市整体发展与地方非遗传承创新的共同发展诉求，也是新时期激发中华优秀传统文化绽放勃勃生机的重要方式。“非遗作为一种代际传承的文化实践，从本质上看它的保护是多主体间协同实施的实践”[①]，必须通过对多角度的传承保护模式探索、多方面需求的路径探索及多维度的创新体系探索，建立天津市非遗产业化发展的科学路径。同时，以非遗“双创”的高效产能为杠杆提振地区经济发展，充分发挥自身生态优势、产业优势、文化优势及传播优势，擦亮天津市文化名片，进一步以非遗助力“四个善作善成”“四个以文”等精神的全面实施。

① 宋俊华、李瑜恒：《非遗治理研究的方向选择——“政策法规与新时代非物质文化遗产保护高端论坛”述评》，《文化遗产》，2022年第1期。

天津段大运河非物质文化遗产保护传承与活化利用研究

闫丽祥

摘要:“大运河是祖先留给我们的宝贵遗产,是流动的文化,要统筹保护好、传承好、利用好。”作为一座因河而生、因河而兴的城市,天津非物质文化遗产的诞生、传承与发展和大运河密不可分。

为充分活化天津大运河流淌伴生的非物质文化遗产,不断提高大运河沿线非物质文化遗产保护能力、展示水平和传承活力,本文聚焦新时代天津段大运河非物质文化遗产的活态传承与合理利用,通过田野调查和理论研究相结合,深入了解运河流经区非物质文化遗产保护与传承现状,重点围绕天津各区在挖掘和丰富大运河文化内涵、充分展现大运河沿线非物质文化遗产所做工作;大运河流淌伴生的非物质文化遗产历史发展脉络和当前发展状况;大运河沿线非物质文化遗产未来潜在的创新性发展,引发对于大运河沿线非物质文化遗产时代价值的思考,提出具有针对性和实践性的指导对策,为打造新时代天津城市文化形象注入强大动力。

关键词:非物质文化遗产;大运河文化带;保护传承;活化利用

作者简介:闫丽祥,天津市艺术研究所(天津市非物质文化遗产保护中心)馆员。

一、天津段大运河非物质文化遗产资源特征及传承发展现状

"九河下梢天津卫，七十二沽帆影远"，天津作为一座因运河而生的城市，天津大运河南起静海九宣闸，北至武清木厂闸，由南运河段和北运河段组成，在三岔河口与海河相连通，流经静海、西青、南开、红桥、河北、北辰和武清7个区，纵贯天津西部，境内全长195.5千米。得天独厚的地缘优势，带来商业贸易的繁荣，以及独特的天津民俗文化。无数能工巧匠凭借天津特殊地理位置所带来的物质资源以及自然属性的材料，创造了许多巧夺天工的技艺与物质财富，为天津留下了丰富多彩的非物质文化遗产。

天津市大运河沿线武清区太极拳列入人类非物质文化遗产代表作名录，还有16项国家级、153项市级、298项区级非物质文化遗产项目。

表3-4　天津大运河流经区非遗项目数量统计表

区	人类非遗名录	国家级	市级（不含国家级）	区级（不含市级）
静海		2	16	59
西青		2	19	60
南开		4	23	42
红桥		4	19	40
河北			25	31
北辰		2	29	38
武清	1	2	22	28
总数	1	16	153	298

（一）静海区

静海区境内的大运河南起唐官屯镇的梁官屯村，向北流经陈官屯镇、双塘镇、静海镇，至独流镇的十一堡村入西青区界。全区拥有独流老醋酿造技艺和大六分村登杆2项国家级、16项市级、59项区级非物质文化遗产项目。

国家级非遗项目独流老醋酿造技艺地处静海区北部的独流镇,此地因大运河、黑龙港河、子牙河、大清河交汇而得名。独流地区地下岩层富含钾、钼、铁、钴、钙、硅等矿物质,尤以钾含量颇丰,又盛产高粱、小麦等,加之多条河流汇集,提供了优质水源,这些都是制醋的天然优质原料。《天津大辞典》记载:"独流老醋曾为宫廷贡品,与山西陈醋,镇江香醋并称为中国三大名醋。"

同为国家级非遗项目的"大六分村登杆圣会",地处台头镇,东临独流镇,传承至今已有三百余年的历史。早年原本是一项在运河沿岸向天求雨、祈求美好生活的活动,后逐渐发展为当地自发的全民参与,集技巧、惊险、杂技为一体的群众性体育运动。杆会演出有登高吉祥之意,每逢重要节日,春种或秋收时都会演出。

"运河情滋养了一代代静海儿女。"静海区大运河的水土还孕育出包括史记泥塑、陈官屯冬菜、胡连庄杨氏手工柳编、"李记"香油等在内的非遗项目。大运河千年沉积的泥土构成了制作泥塑的特有材料,位于独流镇的"史记泥塑"正是在这样独特的地理环境中诞生成长起来的。大运河得天独厚的土壤环境为各种作物种植提供了基础保障。位于南运河东岸的陈官屯,盛产青麻叶大白菜和红皮蒜,为"天津冬菜"的制作提供了原材料。静海系退海之地,具有特殊的盐碱地生长环境,每年五月底六月初,静海本地生长的马拌草,成为手工柳编重要的原材料。原材料采集后经晾晒、去皮、泡水,便可用于编织各种手工艺品。

(二)西青区

大运河干流在西青界内贯穿西营门、中北、杨柳青、辛口四个街镇,全区大部分村庄都是在大运河以及它的支流沿河而建,可以说大运河孕育了西青的历史文化和社会生活。同时运河贯通了西青与全国各地的联系,在相互辐射影响下融合形成了西青独特的年画文化、精武文化、大院文化。西青区有杨柳青木版年画和香塔音乐法鼓2项国家级、19项市级、60项区级非遗项目。

西青区自2015年开始，“文化和自然遗产日”期间举办“运河记忆”非遗宣传展示系列活动，来自京、津、冀、鲁、豫、皖、苏、浙等8省(市)的非遗项目齐聚杨柳青关镇，全方位展示大运河沿岸丰富的非物质文化遗产。2019年，天津市西青区在国家范围内首次提出建设杨柳青大运河国家文化公园，同时联动周边区域，在天津市西部形成大运河艺术之城、田园旅游特色乡村和杨柳青大运河国家文化公园辐射带动区。

“杨柳青年画就是基于运河而出现的民间艺术”，明永乐年间(距今600年)，沟通中国南北水陆交通命脉的京杭大运河开通和天津漕运的兴起，使杨柳青成为南北商品交易的重要集散地，经济日益繁荣，加之镇外盛产杜梨木，非常适宜雕刻画版，杨柳青木版年画即随之兴起，呈现出“家家会点染，户户善丹青”的盛况。

目前，两位杨柳青木版年画国家级传承人霍庆顺、霍庆有，仍生活工作在杨柳青古镇。年画传承人霍庆顺在杨柳青年画馆设有传习工作室，屋内陈列展示着部分杨柳青年画作品，放有杨柳青年画印案和一排画门子，每天会在这里进行年画印刷、彩绘。在杨柳青古镇还有一家年画博物馆——霍庆有年画博物馆，这是天津市唯一一家家庭作坊式年画艺术博物馆，博物馆内存放着霍庆有从全国各地搜集的民间版样和年画相关资料，包括许多因战乱或保存不当损坏的老版、绝版，以及清代、民国时期的年画作品和残片。

大运河西青段绵延25千米，贯穿四镇，其中杨柳青镇段呈从西往东的自然流势，经西南方向入镇，成“M”形而从镇东南流出，形成了“元宝”型的聚宝之地，造就了杨柳青重要的民俗文化空间，积淀了丰厚的历史文化底蕴。运河文化(杨柳青段)作为一项民俗类市级非遗，它包含和承载了大运河衍生的“船夫号子”、杨柳青木版年画、大院文化、砖雕技艺等众多民俗文化信息。

同样得益于大运河而繁衍的还有西青区辛口镇，独特的土壤和水源造就了当地青绿酥脆、甜美多汁的沙窝萝卜。为更好提升沙窝萝卜的品牌建设，在辛口镇南运河沿线还建有一座3000平方米的天津沙窝萝卜文化体验馆。

馆内重点介绍了沙窝萝卜的历史沿革、生长环境、药用食用价值、优选育种、判断标准等方面的知识。同时,西青区辛口镇还将每年的11月18日定为“沙窝萝卜开拔日”,并举办“沙窝萝卜文化旅游节”,进一步提升了沙窝萝卜知名度和竞争力。

沿着运河到西青,不仅可以领略沿线旖旎的风光,还有更多的特色非遗活在其中。运河水灌溉的葫芦在范制葫芦模具中成长为栩栩如生的艺术品;一张纸、一把剪刀,在心灵手巧的家庭妇女手中,剪出一张张充满故事和吉祥寓意的剪纸作品;从南方传来的扇子、毛竹也催生出适合北方实用和特色的杨柳青折扇;坐落在精武镇的霍元甲文武学校,依旧传承着这位著名爱国武术家的霍氏练手拳,传承着生活在这片土地、这条运河旁人们自强不息、正义助人的精武精神。

(三)红桥、河北、南开区

“一点绾三河,形胜名区拥水运交通便捷之势,津邑骄通衢,三岔河口实斯城河海要冲之心。”三岔河口是子牙河、南运河与北运河的交汇之处,是海河的起点,更是天津城市重要的发祥之地。红桥、河北、南开三区非遗项目产生和发展都与三岔河口有着或多或少的历史文化渊源。

红桥区位于天津城区西北部,因横跨子牙河上的大红桥而得名。南运河、子牙河、北运河贯穿全境,于三岔河口交汇流入海河,形成了“三河五岸”独特的地理区位。运河为红桥带来了经济的繁荣,这里八方聚汇,多元文化碰撞交融。红桥区现有西码头百忍京秧歌高跷、回族重刀武术、益德成闻药制作技艺、宏仁堂紫雪散传统制作技艺4项国家级、19项市级、40项区级非物质文化遗产项目。

红桥区国家级非遗项目西码头百忍京秧歌老会迄今为止已有200年历史,它最初起会于南运河边,随着航运、渔、盐行业的发展,码头脚行、搬运工、车夫等人员激增,练就了“肩、腰、腿、脚”的过硬功夫,而高跷则恰好能展现他们这方面的专长。人们逐渐将脚步的走势、腰部的扭动带入高跷技艺中来，形成表演中“下蹲坐腰”“扑蝶翻身”等舞蹈动作，再依照戏曲、小说等情节来设计编排故事和人物，从而形成了天津“码头文化”中的民间舞蹈。天津民间舞蹈形式多样，有的土生土长，有的随漕运流传至津，再与天津本地民风民俗融合后，形成了独具地方特色的民间表演艺术形式。

红桥区作为水运重要的集散地，这里的小吃多达百种，不管是漂洋过海而来的西餐，还是全国各地汇聚而来的不同风味小吃，抑或起源于本地民间的乡肴土味，红桥人总是能别具巧思的加以改造提升，演变成精致的美味，民间小吃被红桥人做成了一篇大文章，不仅成为独特的舌尖美味，也蕴含着鲜活的人文风情，“耳朵眼炸糕”就是其中的典型代表。

兼收并蓄、博采众长是红桥的底色。益德成闻药制作技艺作为红桥区国家级非遗项目，历经六代人的探索实践，有机融合中医药文化，少数民族生活习俗，以及西方舶来的鼻烟于一体，形成了独具天津特色的传统手艺。精益求精、精雕细琢是红桥人的性格。天津南北运河漕运的便捷带来周边百业的兴盛，在这片区域集中了许多玻璃画作坊。在南运河畔有着一家“磨轮作笔，玻璃作纸”，集中国国画与西方绘画于一体的天津玻璃画染磨技艺，以砂轮代笔，在玻璃上刻画出想要的画面效果，既有宫廷贵族审美又有民间艺术表现手法。

河北区作为京杭大运河南运河和北运河的分界点，也是与海河的交叉点，因地处海河以北而得名。大运河河北区段从三岔河口地区的金汤桥至北运河勤俭桥，全长6.3千米。河北区现有25项市级、31项区级非遗项目。

河北区的非遗项目大多源于人民日常生活，许多项目颇具市井生活情趣。脱胎于老北京工艺的天津工艺毛猴，经第四代传承人任金生发展创新，塑造出许多反映天津老城厢历史风貌的毛猴作品，使这一技艺在天津落地生根，获得蓬勃发展。天津工艺毛猴用料简单，以辛荑、蝉蜕等中药材制作而成，其最精妙之处在于无穷的精巧构思和高超的技艺呈现。传承人将猴子的天然情趣和艺术创作完美地结合在一起，塑造出一个个宛如身临其境的微缩世界。

河北区三岔河口由于交通便利、商贾云集，再加上物产丰富，为以花鸟鱼虫为主要闲情雅趣的文化发展提供了有机土壤。鹰帽子制作技艺和津门于派铜拉子正是在这种特殊的地理和人文环境中逐渐孕育发展起来的。鹰帽子是猎鹰头部的一种防护用品，也是驯鹰狩猎必备的专门工具。它是伴随着鹰猎文化的传播获得了长足的发展，同时在长期的社会发展和历史演变中，鹰帽子逐渐由捕猎工具演变为工艺品，但其蕴含的文化内涵和传统美学仍在延续和传承。

“铜拉子”是天津特有的一种鸣虫具，至今已有106年的历史。它作为北派鸣虫具技艺的代表，在全国范围内占有重要地位。天津是全国做拉子的故乡，“津门于派铜拉子”第三代传承人在原有铜拉子的基础上增加了立体雕刻及镂空等工艺，创新了许多新的技艺，特别是将图案、字体的雕刻立体化，并且可折叠，极富有艺术张力。

南开区运河段在空间上不算长，境内运河水道只有1.7千米，但在时间上却浸润了南开区六百余年的老城文化。南开区共有天津泥人张彩塑、“风筝魏”风筝制作技艺、天津皇会、中医诊疗法（津沽脏腑推拿）4项国家级、23项市级、42项区级非遗项目。

享誉中外的国家级非遗项目泥人张彩塑坐落在南开区古文化街，天津泥人张彩塑是一种深得百姓喜爱的民间美术品，创始于清道光年间，流传、发展至今近200年历史。泥人张最早用于制作的材料，就源自运河畔的泥土，那些杂质少而细腻的泥，是做泥塑的上好材料。泥人张彩塑第六代传人张宇于2000年成立“天津市泥人张世家绘塑老作坊”，在古文化街建立泥人张美术馆和泥人张世家店面。

“津门码头九河下梢五方杂处、海河两岸船歌帆影北往南来。”正是依靠贯通南北的大运河水运来的蚕丝，沿着运河北上成为教习的绣娘，才让精美的南方刺绣从千里之外的江苏流传至天津，并在这座北方重镇发芽成长，落地生根，形成了天津第四批市级非遗项目“联升斋刺绣”。

南开区大部分项目都在古文化街设有宣传展示和售卖的场所。在这里还有中国北方独有的带有天津浓郁地方色彩的妈祖祭典民俗活动——天津皇会；从宫廷御用传入民间，集实用和吉祥寓意于一体的蔡氏贡掸；另外颜色丰富、富丽堂皇的粉蜡笺纸；从宫廷自鸣钟造办处传承至今的动偶钟；选料精良、做工考究、音色悠扬的乐器张古琴；背倚运河水，立足当代人，不断传承创新的鸵鸟墨水。众多非遗项目构成古文化街的“津味”“古味”“文化味”，造就了南开区绚丽的文化风采。

（四）北辰区、武清区

北辰区地处天津市城北，北运河贯穿北辰境内，全长约20.5千米，北起小街，南至勤俭桥，流经天穆、北仓、双街三镇。北辰境地作为南北漕运枢纽、皇仓重地，北运河漕运大通道和陆路京华大道曾纵贯于此，沟通了我国南北文化，运河文化与海河文化贯通一体的格局，使北辰境地成为人文荟萃之地。

北辰区目前有刘园祥音法鼓、穆氏花键2项国家级、29项市级、38项区级非物质文化遗产项目。

运河文化的发展带动了北辰区“花会”的繁荣，时有“大村”必有“会”的说法。第二批国家级非遗项目刘园祥音法鼓会，建于清道光年间，原为庙中“娘娘”出巡时的随驾法鼓会。刘园祥音法鼓现在共有五十余人参与习练、出会，服装道具保留完好，并有新复制的完整会具一套、祥音法鼓原有歌谱十套，现仍保留“叫门儿”“对联”“绣球”“拨动子”“凤凰单展翅”五套。

天津市级非遗项目田氏船模制作技艺的祖辈曾以养漕船为业，使得有机会了解和掌握各种船型的构造，以及微缩后每个部位的尺寸，经刻苦磨炼反复制作，田氏船模做得越来越逼真，如同河道中行驶的真船。田氏船模特点是门窗能自动开合，船帆能灵活升降，船舵能灵活变动，典雅别致，美观大方。

传承人还曾为中国京杭大运河纪录片的拍摄,制作了微缩漕船模型,模拟了当时中国京杭大运河漕运发达的繁华景象。

北辰区宜兴埠的非遗项目何记箍筲制作技艺的产生和发展也与运河息息相关。“埠”即停船的码头,明初,为了建造北京城,大量宜兴民工通过漕运从江南运送建城材料北上,在现今的宜兴埠地登岸息脚,并定居繁衍,因而定名“宜兴埠”。何氏的先人们就是这些迁移民工中的一分子,他们自知运河来往船只上需要大量木桶、木盆等作为装载货物的器具,而木质的脸盆、澡桶等又是每家每户的生活必备之物,箍筲技艺应运而生。

同时作为京杭大运河北段的畿辅重地和漕运要道,北辰区习武风气十分浓厚,成为传统武术项目荟萃之地。境域内共有13个市级和区级涵盖众多拳种的武术项目,位列全市之首。

武清区位于京、津两大直辖市的中心点,素有“京津走廊”“京津明珠”美誉。这里得天独厚,河流纵横,洼淀棋布,大运河自北向南,从河西务镇木厂闸至武清区行政边界,全长62.7千米。武清与北京通州、河北廊坊地缘相近,人缘相亲,文脉相连,经济相通,特别是源远流长的大运河将三地紧密连接在一起,成为串联三地文化旅游资源,使大运河武清段成为天津市大运河空间格局的“通武廊运河文化共享区”。

武清区有李氏太极拳和永良飞叉2项国家级非遗项目,其中2020年李氏太极拳作为联合申报项目,正式列入联合国教科文组织人类非物质文化遗产代表作名录。武清区还有22项市级、28项区级非物质文化遗产项目。

在武清区杨村有着一道因运河而生的非遗小吃——杨村糕干。明永乐年间,杨村糕干创始人从浙江绍兴沿着大运河北上落户武清区,结合自身制作糕点的手艺,综合南方人爱吃米、北方人喜面食的饮食习惯,开发出一种名为“糕干”的新点心,沿河叫卖,从而逐渐远近闻名。

位于大运河武清段东岸的南辛庄是中国北方最大传统工艺香油生产基地,肥沃的土地和大运河的流经,带动了当地农业的发展,促进了芝麻香油产业在这一地区迅速发展起来，整个村落做香油的历史超过300年，享有“香油产业北方第一村”的美誉。第五批市级非遗项目“小磨水代法”芝麻香油制作技艺正式根植于此，与天津大运河历史文化发展相融合，成为运河文化中众多传统食品之一。

因水而聚、因河而兴，大运河的流经带动了沿岸商业的兴盛和市井文化的繁荣，也催生出当地花会、戏曲等满足人们精神生活需要的文化娱乐活动。武清区河西务孝力高跷、高王院莲花落、寺各庄竹马会、戏曲鞋靴手工制作技艺等都是在这样的环境中应运而生。

二、天津段大运河非物质文化遗产传承发展中存在的问题

大运河流经天津7个区，将海河、独流减河、子牙河、永定新河等河流连通起来，造就了天津丰富多彩的文化样式。但同时超越千年的时空跨度和形态多样的遗产类别，将大运河文化掩盖在厚重的历史碎片之下，不同时期和不同形态的遗产资源叠加交错，使得大运河流淌伴生的文化整理挖掘工作千头万绪，非遗传承发展面临挑战，天津大运河沿线非物质文化遗产保护传承与利用存在以下问题：

（一）对打造大运河文化带，深入挖掘和丰富运河沿线非遗项目缺乏高度认识

近年来，天津市各区虽然对自身区域内非遗资源进行了全面普查、分类整理和申报，已初步完成国家、市、区三级非遗保护体系构建，但是缺乏对大运河文化与非遗保护传承之间相互关联的挖掘整理，未构建完善的大运河非遗分级分类保护的名录和建档，对目前大运河非遗传承发展现状也缺乏动态管理。

（二）在落实“合理利用”上存在不平衡、不充分问题

1.传承与发展扶持力度不足，文旅融合度不高，缺乏创新发展的社会环境和文化空间

目前，除了一些形成规模、企业的非遗项目发展良好外，大多数项目主要还是依托政府财政资金的投入。为鼓励非遗传承人积极开展非遗传承活动，中央财政每年为每位国家级传承人提供2万元的补助经费，天津市财政每年为每位市级传承人提供1万元的补助经费，多数传承人反映每年在项目上的实际开支要远远超过这笔资金。同时天津非遗并未充分融入大运河沿线的旅游建设中，除了古文化街和杨柳青古镇这些运河沿线著名景点，其他并无形成规模的运河文化、非遗与旅游融合点。古文化街和杨柳青古镇两地商业气息较浓，文化展示质量参差，并无鲜明的运河文化印记，非遗与旅游的结合有待提质升级。

2.大运河沿线非遗展示与传播力有限

近些年，各区在非遗同运河文化的结合方面也做了很多工作，初步形成了一些以“运河文化”为主题的非遗展示活动，但是从整体效果上看还存在着一些问题。一是专门针对大运河文化带的非遗节事活动有限，未形成整体品牌效应，民众认同感较低。二是天津关于大运河沿线非遗的展览展示活动还主要囿于市区，较少与运河沿线其他省市形成联动。三是相关区域缺乏带有鲜明运河印记的非遗展览设施，大众缺乏一个可以深入体验、系统认知非遗丰富内涵的文化空间。

（三）自然环境和文化生态发生改变，对传承环境变化的影响认识不够

1.现代社会限制因素增多，日常活动、展示场所缺失

随着现代社会的发展和人们生活环境的改变，原本在民间“自然生长”的

非遗受到的限制越来越多，由此造成许多项目传承发展难以开展，尤以传统音乐、传统舞蹈类非遗项目影响最大。

2.脱离原本社会文化环境，不符合现代生活的新需求、新审美

从运河沿线非遗产生的历史渊源来看，大部分项目是基于特定的地域文化和社会环境逐渐形成的，它的传承发展离不开与之相生相伴的社会文化环境。然而随着时代的变迁，运河逐渐失去了以往的水运交通功能，赖以生存的非遗项目和传统文化失去了现实依托，逐渐淡出人们的生活。此外，现代人们的需求和审美也发生了变化，许多原本深受大众喜爱的非遗项目，渐渐不符合时代潮流。

（四）传承发展活力不足，创造性转化、创新性发展意识不强

1.传承人年龄普遍偏大，传承面临后继乏人

从年龄结构上看，非遗传承队伍的老龄化现象非常严重，很多非遗项目都面临着传承人青黄不接的局面。如红桥区有着170年历史的“八蜡庙高跷老会”，正是因近年来多位老会员相继病倒、离世，人员凋零，实在难以为继，于2022年7月宣告解散，并将所有会具捐赠给了天津市非遗中心。同时不管哪种类型的非遗项目，要掌握核心技艺都需要长时间的刻苦钻研与训练，况且一些非遗项目投入跟回报往往不能满足人们的预期，所以很难吸引年轻人关注学习。

2.发展利用意识不强，安于传统，缺乏创新和融入当代生活

非遗在诞生之初就与人们的生活息息相关，并因其高超的技艺和新颖的形式获得繁荣发展，引领当时的时代潮流。随着现代社会的发展，非遗逐渐跟不上现代人们的需求，而传承人缺乏相应的发展意识和眼光，大多仍沿袭着以前的传统，缺乏创新意识使得非遗日渐脱离人们的日常生活。

三、活化非遗传承发展，融入大运河文化带建设的建议与对策

（一）落实基础工作，建立系统完善的大运河非遗保护传承利用机制

推进大运河沿线非遗传承发展，保护是基础，传承是方向，合理利用是动能，而一切的逻辑起点，是对其文化内涵的深刻认知。首先，大运河沿线非遗保护传承与利用工作需综合人类学、民俗学、历史学、水利工程、地质地貌等多学科研究，多层次、全方位地挖掘和丰富“运河非遗”的文化内涵。其次，结合天津市非遗数据库建设，对大运河沿线的非遗项目进行全面系统的普查梳理，建立分级分类名录体系。同时推动大运河非遗的数字化保护工作，制定统一的资料采集和数字化管理标准，建立动态的资源数据库和现代化管理服务平台。

（二）立足资源优势，增强大运河非遗的传播影响力

天津大运河流经区域自然资源丰富，历史文化底蕴深厚。首先，结合大运河底蕴之基，充分把握好、利用好区域内自然资源优势，让人们在旅游观光中浸润传统文化的魅力，打造大运河天津非遗城市文化名片。其次，借助天津妈祖文化旅游节、天津相声节、文化和自然遗产日非遗展示活动等大型节事，加大运河文化和非遗阐释力度。通过各种媒体宣传积极促进对外传播，加强与运河沿线省市非遗交流活动，坚持“走出去、引进来”，培育统一的“千年运河”文化品牌。同时利用博物馆、公共图书馆、文化馆、基层综合性文化服务中心等场所，开展非遗活态传承展示，在策展过程中注重与运河文化相结合，让大运河流淌伴生的文化更加深入人心。最后，统筹利用各类运河文化研究资源，提升非遗在其中的可见度和知名度。

（三）促进文旅融合，打造“运河文化+非遗传承”的精品旅游线路

“以文塑旅，以旅彰文”，按照《大运河文化保护传承利用规划纲要》，大运河不仅是缤纷的旅游带，更是一条璀璨的文化带。天津水系发达，河海资源丰富，大运河沿线自然风光秀丽、景点众多，有着独特的旅游魅力。大运河流经区域非遗项目众多，类型多样，大多与运河有着密不可分的历史渊源，两者相得益彰，交相辉映，有着天然的文旅融合优势。一是以运河为线，以区域为珠，通过运河水路连通各区景点形成旅游线路，在运河文化的主题下串联起各区非遗资源形成运河文路。二是利用好区域内运河旅游和非遗资源，打造“一区一品”，将区域内非遗作为大运河旅游体验的一项重要内容进行策划、设计和宣传，形成区域自身特色文化旅游品牌。三是在旅游载体建设上注重沿线非遗文化内涵的体现。结合重要旅游点位，完善与新建一批非遗文化旅游综合体，在旅游服务中打造非遗沉浸式体验，提高非遗资源在大运河旅游产业中的参与度与竞争力。

（四）结合运河主题，加强沿线非遗传承展示设施建设，建立天津大运河非遗展览馆

大运河流淌伴生的非遗已成为潜移默化影响沿线居民日常生活的一部分，习以为常却又无形抽象，完善和构建相应的综合展示体系，诠释其中习而不察的文化力量，将充分增强人们的凝聚心和向心力。首先，鼓励有条件的地区结合运河文化主题，建立具有地域特色的非遗专题展览馆，讲好当地风土人情的文化故事，活跃群众文化生活，共享文化发展成果，形成人人参与、人人共享的新格局。其次，在天津发祥地三岔口建立“天津大运河非遗展览馆”。天津市运河沿线散落分布着众多规模大小不一的非遗展示基地、传承体验中心等，但缺少呈现天津市整体非遗面貌的公共文化空间。天津三岔河

口作为南运河、北运河、子牙河三河交汇，孕育天津的摇篮，在此建立天津大运河非遗展览馆，有利于从源头挖掘和丰富天津市独特的河海文化、城市风情、地域特色。

（五）推动非遗创造性转化、创新性发展，彰显大运河非遗的当代价值

“问渠那得清如许，为有源头活水来。”活化大运河流淌伴生的非遗关键在于找到传统文化与现代生活的连接点，持续推进非遗活态传承，进一步营造创新发展的社会环境和文化空间。一是加强非遗系统性保护，推动非遗融入现代生活。重新建立非遗与现代生活的连接，将非遗融入大运河沿线居民的衣食住行、吃穿用度、休闲娱乐、审美体验等多场景多方位的生活需求，有助于彰显大运河非遗的当代价值。二是坚持守正创新，推动非遗与现代创意产业深度融合。充分利用好传承人长期的专业实践积累，现代新兴的高新科技和创意产业，推动两者相互结合，兼容传统与现代，将大运河非遗资源转化为多样性、个性化的系列文创，让非遗能够在当下及未来焕发全新的生命力。三是加强文化交流，创新传播手段，以非遗为媒介，加强沿线省市间文化交流，通过举办“运河文化”主题非遗展、大运河保护传承利用相关论坛、合作对话等，增进大运河沿线非遗交流学习，讲好运河非遗历史和当代故事，促进大运河非遗成为增进文化认同，增强人民文化自信的重要符号和载体。

城市文脉传承视域下天津工业遗存创意开发研究

胡春玉　白　兰

摘要：工业遗存蕴藏着丰富的工业文化，是城市历史文脉的重要构成，承载着工业文明的特殊纪念。天津作为中国近代工业发祥地之一，工业遗存量资源丰富。当前，在推进中国式现代化背景下，对工业遗存的开发和再利用，是城市提质更新，拓展城市空间载体的有效途径。同时，在城市工业遗存开发过程中也面临着范式化开发、同质化严重，市场需求与动态适应性调整间难以协调等方面的问题。作为历史文化悠久的城市，天津在工业遗存创意开发中要深入挖掘文化精髓，融入"津派"文化，激发情感共鸣，打造独特品牌，强化社会认同。

关键词：工业遗存；工业文化；创意开发

天津作为历史悠久的工业城市，工业生产水平高，企业分布密集广泛，自1860年开埠起，逐渐成为近代中国北方的工业摇篮和经济中心。辉煌的近代

作者简介：胡春玉，中共天津市委党校群团教研部讲师；白兰，中共天津市委党校群团教研部讲师。

工业历史为天津留下了宝贵的工业文化与工业精神，铸就成天津独特的城市文脉和文化基底。随着城镇化发展与城市转型，天津在不同历史时期留下了为数可观的工业遗存。工业遗存不仅是工业历史的见证，更是城市文脉的有形载体。工业遗存的再利用与重塑关系到城市文脉的延续与发展，更是当前城市发展亟待解决的重要课题。

一、城市工业遗存创意开发的重要价值

（一）天津城市文化底蕴浓厚，工业遗存量丰富

天津是中国近代工业发祥地之一，蕴藏着丰富的工业遗产资源，大量的工业遗产见证了中国工业从无到有、从小到大、从弱到强的发展历程。天津工业遗存承载着工业发展的历史，同时拥有工业文化特殊的魅力，是丰富城市肌理、展现人文情怀的重要资源。

天津近代工业起始于19世纪60年代，在各方有利因素相互作用下，天津的工业门类、工厂数量以及投资规模逐渐壮大，逐步成为北方实力雄厚的工业基地和最大的工商业城市、华北的经济中心、北方的重要贸易口岸。天津因漕运而生，其开放包容的城市精神吸引了一大批爱国企业家来津建厂，通过革新技术打破西方特别是纺织业、化工业方面的垄断，开创了天津近代工业新纪元。基于天津得天独厚的优势，民族企业家们纷纷在津投资建厂。久大精盐公司在天津塘沽成立，改变了几千年来中国人吃粗盐的历史；近代创办的天津永明油漆厂为“灯塔”牌油漆的前身，打开了中国涂料工业史新局面；天津永利公司的“红三角”牌纯碱获得金质奖章，被誉为“中国近代工业进步的象征”。经过一百多年的洗礼，天津已建成工业门类十分齐全的工业体系。目前，天津共有各类工业遗存百余项。这些工业遗存，承载着天津近代工业史的辉煌成就，更镌刻着天津特有的工业文化底蕴。

历史铸就精神，实践镌刻文化。天津独特的工业历史以及创业实践滋养

出津门特色工业精神文化。工业文明的发展推动人类社会进步,不同历史时期留下的丰富工业遗存,反映出特定时间段的工业生产场景。工业遗存是记录城市变迁的真实载体,更是爱国诚信、务实创新、开放包容的天津精神以及精益求精、追求卓越的工匠精神的具体体现,这些构成了珍贵的工业文化,为天津城市文化增添了厚重的内涵与价值。挖掘工业遗存背后的历史价值与文化价值,是保护城市文化根脉的必然之举。

(二)文旅经济驱动发展,工业遗存亟待更新

在城市迈向现代化的进程中,工业历史空间延续与城市发展矛盾越加凸显,诸多工业遗存面临拆除或保留的抉择。但从城市文化传承以及城市整体发展来看,不同历史时期的工业遗存完整地描写了天津城市历史,构成城市软实力的重要组成部分。2021年国务院印发的《"十四五"旅游业发展规划》中明确指出,"鼓励依托工业生产场所、生产工艺和工业遗产开展工业旅游,建设一批国家工业旅游示范基地"。因而,创造性地保留并转化工业遗存成为当前最佳选择。天津作为中国近代工业发祥地之一,理应让文化价值和历史内涵并重的工业遗存,重新释放活力、焕发新生,从而打造独特的天津工业文化地标。其中,文旅融合的发展理念是激发工业遗存焕新、完成城市更新升级的有效思路。

习近平总书记视察天津时指出:"天津要深入发掘历史文化资源,加强历史文化遗产和红色文化资源保护,健全现代文化产业体系、市场体系和公共文化服务体系,打造具有鲜明特色和深刻内涵的文化品牌,进一步彰显天津的现代化新风貌。"①天津工业遗存量大、价值高,以不同形式展现了天津辉煌的近代工业文明与工业成就,凝聚并传承着城市文化根基,是实现"以文化

① 《向全国各族人民致以美好的新春祝福 祝各族人民幸福安康 祝伟大祖国繁荣昌盛》,《人民日报》,2024年2月3日。

人、以文惠民、以文润城、以文兴业”的重要载体。通过深挖工业遗存背后的历史文化，重塑天津工业旅游形态模式，形成以文塑旅、以旅彰文的新格局，彰显天津特点鲜明、内涵深厚的现代化新风貌。以文旅融合促使工业遗存重生蝶变，让人们在感悟天津工业历史、增强文化自信的过程中，实现社会效益与经济效益的有机统一。

（三）城市品质全面提升，提振工业文化消费需求

城市品质，决定着每一个生活在其中的城市居民的生活品质。习近平总书记在视察天津时指出：“要坚持走内涵式发展路子，创新城市治理，加强韧性安全城市建设，积极实施城市更新行动，增强发展潜力、优化发展空间，推动城市业态、功能、品质不断提升。”[①]这是在全面建设社会主义现代化大都市，奋力谱写中国式现代化天津篇章的进程中增进民生福祉、加强社会建设的新任务新要求。立足天津自身历史和具体实际，要坚持以人为本、主动回应群众诉求来提升城市品质，不断满足人民群众对高品质生活的美好向往。

自洋务运动开始，天津成为近代工业文明在中国北方的传播中心、中西文化交汇的前沿和国内诸多新生事物的发源地。随着城镇化的迅速发展以及社会转型，遗存在天津城区的工业旧址与高速发展的城市呈现出极大反差。但另一方面，工业遗存以其独特的审美价值塑造了工业景观所形成的无法替代的城市特色，对于提升城市文化品位，维护城市历史风貌，改变“千城一面”的城市面孔，激发工业与文化需求之间碰撞，具有特殊意义。伴随“国潮热”“复古风”的持续升温，以工业遗存再利用提升城市品质能够有效搭载城市工业新旧之间的连接和传承，通过对工业遗存隐含的文化资源利用与重构，增强城市人民对工业文化的自信与底气，提振工业文化相关消费诉求，赓

① 《向全国各族人民致以美好的新春祝福 祝各族人民幸福安康 祝伟大祖国繁荣昌盛》，《人民日报》，2024年2月3日。

续天津人民深深刻在骨血中工业文化基因。

（四）盘活存量资源整合，注入新兴动能

在资源集约利用背景下，新一轮的存量土地盘活不仅针对城市居住环境改善和增容扩建，更要关注商业、办公、工业、研发、公共服务、风貌保护等多种业态的协调和统筹。党的十八大以来，天津市委、市政府高度重视盘活存量工作，天津作为工业蓬勃发展因子的城市，工业遗存旧址资源众多，地点位置绝佳，不仅有老厂房、老工业建筑等特色房产资源，更有传承百年的老字号品牌、知识产权等无形资产。由此可见，工业遗存在盘活存量土地和低效用地方面大有可为。

盘活存量是方式方法，扩大有效投资、注入新兴动能是主要目的。工业遗存不同于其他存量，全面掌握其历史、形态、权属、问题和盘活进展是统筹工业遗存保护利用与城市转型发展的根本前提。通过“旧瓶装新酒”，充分发挥工业遗存各方面价值，借助文创产业培育引进更多产业要素，推动工业遗存功能转型，向工业设计、工艺美术、文化创意、研学教育、技能培训等新业态、新模式延伸，打造形成集文创、旅游、商业服务等于一体的活力创新街区、创新创业基地、文旅消费场景，使得工业遗存“腾笼换鸟”实现蝶变。

二、天津城市工业遗存创意开发面临的现实挑战

（一）工业遗存保护意识薄弱，蕴含的文化内涵挖掘不深

天津作为中国近代工业的发祥地之一，蕴藏着深厚的历史文化底蕴，工业的发展为天津近代历史汇聚了独特的印记，见证了这座城市的百年变迁。但随着经济社会的发展，工业遗存保护、工业文化传承与城市经济发展间的矛盾越来越突出。

第一，对工业遗存所蕴含的文化内涵缺乏深入了解。不同的历史时期、

历史背景下工业文化所表现出的特点也不尽相同,在天津近代百年工业发展历程中也具有独特的文化特征,特别是在近代长期的工业生产活动中所形成和创造出的"无形"文化精髓,这些工业文化精神在传统工业发展过程中起到巨大的驱动作用。而过去在工业遗存开发中往往对工业文化精神的内核挖掘不深。

第二,过度注重经济效益而忽视工业遗存的保护。工业遗存所蕴含的丰富历史文化意义,不仅具有巨大的经济价值,还承载着一代代人们的共同记忆和情感共识。随着城市经济发展的战略调整,天津工业结构不断变化,在天津市工业发展东移战略的引导下,中心城区近70%的大型工业区域关闭或迁移。同时,随着城市功能区调整,大量工业用地转变为住宅或商业用地,在此过程中天津近代工业遗存遭受了一定程度的破坏。譬如,创建于20世纪初的盛锡福帽庄,虽然它分别于2006年9月被商务部认定为首批"中华老字号"企业、2010年"盛锡福詹毡礼帽制作技术"被确定为天津市非物质文化遗产,但由于其特殊的地理位置,在2009年核心商圈提质开发过程中也受到影响,随着旧址的改造其前店后厂的传统工业生产经营形式没有被保存下来。这就是由于保护意识薄弱、保护制度欠缺,而创造的工业遗存独特价值及其完整性被破坏,造成了不可逆的结果。

第三,工业遗存盘活改造同质化缺乏城市特色。工业遗存是城市发展的重要构成,其文化元素与城市形象密切相连,承载着城市产业发展的演变历程。对天津工业遗存的保护有助于"津派"文化的传承和发展,展现天津独有的城市韵味。然而有一些工业遗存项目在开发过程中,由于缺乏创新,导致大量的同质化效仿,没有融入城市区域文化的独特性,因地制宜,使所开发的项目千篇一律,独有的工业文化价值的识别性弱化。

(二)政策支撑体系待完善,涉及多方利益

工业遗存的特殊价值和复杂情况,决定其开发再利用的难度。第一,政

策导向不明晰，认定保护力度弱。目前，天津市依据年代、利用率等细化指标对工业遗存进行认定评估的统一标准尚处于起步阶段，市、区两级主管部门统筹协调待推进。同时《中华人民共和国文物保护法》《天津市文物保护条例》等相关法规对天津工业遗存的保护条件不清晰。例如，在城市建设和商业项目开发过程中一般事先不会征询文保部门的意见，当项目启动后相关部门了解情况并介入时已无力改变结果。

第二，存量资源更新不及时，多方利益难以协调。通过对工业遗存进行提质改造来获取空间资源是城市发展的有效途径，但由于工业遗存的提质改造是在原有土地基础上的再开发，土地确权情况复杂，前期开发规划投入资金庞大，推进难度大，而开发后投资回收周期较长，特别是如果项目周边公共配套设施不完善，项目改造的外围设施接入改造成本会大幅增加，由单一项目开发商筹措资金改造难度大，需政府主导，对参与开发的多元主体间的利益进行有效平衡，保障项目顺利推进。

第三，缺乏有效的规划引导，区位优势难以发挥。由于工业遗存在城市历史发展中的特殊意义，其地理位置往往处于城区的中心位置，并辐射周边大量城市居住区，而在工业遗存的实际开发过程中与周边城区功能耦合度不高、协调性不强。特别是一些文创项目的开发，由于过度追求"科创""潮流"，范式化进行改造，与周围城区发展整体不协调、差异性突出。同时，由于规划引导的差异性，使得项目周围城区的公共服务设施无法对项目进行有效覆盖，由此产生的壁垒不利于工业遗存项目从短期开发向长期运营转变。

（三）入驻项目业态单一，品牌推广动能不足

长期以来针对工业遗存开发的政策不断完善，但由于缺乏统一的导向性，导致工业遗存开发的业态发展缺乏多元化。第一，从开发整体方向看形式单一。为实现工业遗存的保护和再利用，大量的工业遗存被改造为商业空间，虽然在一定程度上推动城市经济发展，但由于缺乏独特性和创新性，导致

开发项目间同质化严重,没有形成特色品牌,核心竞争力欠缺,可持续发展动能不足。第二,从项目运营模式看管理无序。创意开发项目具有人群聚集的特性,由于缺乏统一管理,没有明确的经营方向,为了招商引资、提高入住率,导致项目运营方对入驻企业把关不严,使一些与项目品牌主题不符的企业入驻,造成项目内企业业态杂居,产业集聚带来的规模效应未能形成。第三,从整合效应看品牌推广动能不足。宣传是建构品牌形象的重要举措,有效的品牌营销能够增强品牌形象的传播效能。对内,由于公共服务平台建设不完善,项目各功能区块间缺乏有效的互动交流,入驻企业间关联性不足,其协同发展的功能未得到充分发挥,使得项目内信息无法实现畅通共享,入驻企业"品牌集群"意识不强,未能形成项目品牌推广的合力。对外,项目管理相关部门对工业遗存所蕴含的独特价值和意义认识不足,导致媒体宣传时没有将工业遗存的价值定位清晰地向大众传递,其独特性未被大众认知。同时,随着5G时代的到来,项目管理相关部门对融媒体传播媒介的认识不足,传播渠道与传播内容较为单一,未能有明确导向地针对不同群体、不同年龄阶段人群制定有效的品牌宣传策略,吸引力和阐释力不足。

(四)数字化管理手段滞后,运营维护水平较低

"数字化""智能化"已经成为当前经济发展的关键要素,城市工业遗存创意开发作为新兴产业布局更要加深与新技术的深度融合,而目前这种数字化、智能化技术广泛应用于项目运营管理方面相对滞后。第一,在政府层面平台建设不完善。目前,天津市针对存量工业遗存信息资源的掌握不全面、信息更新不及时,对推进工业遗存的精准施策和资源区域联动未能构建起良好的支撑体系。同时,由于相关部门收集信息的技术手段和归口方向的差异化,导致相关信息收集不全面,工业遗存资源数据库不完善,在一定程度上存在着信息壁垒。第二,项目方运营管理水平有待提高。工业遗存创意开发项目内部往往是由多元区块构成,为保障项目整体运行畅通则需要对信息进行

及时更新，而信息数据共享平台的搭建则是大多项目运营的短板，运营管理各方在信息共享和实时交换上存在一些障碍。另外，作为创意开发项目在推动数字化、智能化运营的同时，创意产业专业化人才不足是一个突出问题。创意产业的发展不仅需要文创产业相关人才，还需要具有先进理念和专业技术的运营管理人才，项目发展与人才规模的不匹配也会影响项目的长期发展。第三，数字赋能工业遗存活化程度有待提高。任何工业遗存背后都蕴含着丰富的文化内涵，随着科技的发展，人工智能、AR、VR等新技术的应用，这种文化内涵不但与创意开发项目品牌融合，还应以数字化、智能化手段转化为可视性、具象化的成果。但就目前来看，智能化技术应用于工业遗存文化呈现依然未被重视。

三、天津城市工业遗存创意开发的路径探索

（一）深入挖掘工业遗存文化内涵，打造特色品牌赋能

工业遗存文化与城市更新发展间的内在耦合关系，为城市转型升级、高质量发展提供了战略机遇，工业遗存文化作为时代精神标识根植着历史基因，由大量的历史印记和时间记忆积淀形成，伴随着城市的发展和社会的变迁不断传承与创新。习近平总书记2024年春节前夕赴天津看望慰问基层干部群众时提出“中国式现代化离不开优秀传统文化的继承和弘扬，天津是一座很有特色和韵味的城市，要保护和利用好历史文化街区，使其在现代化大都市建设中绽放异彩”[①]。天津作为近代工业重镇，百年来工业文化与城市发展形成的隐性网络，蕴藏着丰富的文化价值，激活工业遗存所潜藏的文化资本，有助于推动天津城市高质量发展。

① 《向全国各族人民致以美好的新春祝福 祝各族人民幸福安康 祝伟大祖国繁荣昌盛》，《人民日报》，2024年2月3日。

第一，更新工业遗存量，增强保护意识。工业遗存创意开发的前提是对工业遗存进行充分的保护，而要做好保护首先要对城市工业遗存进行详细的普查、评估，建立工业遗存名录库（包含已认定和待认定）。同时，在工业遗存保护和开发过程中，通过各种有形和无形的方式唤起公众的保护意识，在工业遗存认定、评估、开发过程中，加强公众与第三方专业机构的参与和监督，在全过程人民民主思想的指引下，完善工业遗存的保护、开发工作机制。

第二，挖掘工业文化内核，塑造特色文化记忆。鲜明的文化特色是工业遗存创意开发的关键要素，只有具备高度的可识别性，才能在短期内引起公众的关注，进而推进项目品牌的长期发展。如何将这些鲜明的文化特色以贴近当下的审美特点和欣赏习惯的形式全面呈现出来，需要深度挖掘蕴藏在工业遗存背后的"记忆点""打卡点""坐标点"，完善相关工业文化体验，增强游客的文化认同感和归属感，从而提升游客黏性，推动工业遗存保护利用的可持续性。对于直接保留下来的具有标志性意义的工业遗存实物，作为工业文化记忆的载体直接展示出它所承继的历史印记。例如，在天津第三棉纺织厂原址改造成的"棉3创意街区"，百年厂房向公众直观展示了当时工业建筑的特点，同时为老厂房赋予了新的时代元素。另外，对于隐形的工业遗存文化，要与习近平总书记所提倡的弘扬中华优秀传统文化以及工业发展大力相关的"三种精神"相结合，深挖历史文脉，讲好工业故事，打造独特品牌。例如，天津市河西区利用区域内陈塘庄地缘优势，挖掘哪吒历史文化，在天津渤海无线电厂原址上打造"哪吒小镇"，为品牌打造赋予独特属性。

第三，突破传统思维定式，提升创意开发附加值。要强化工业遗存文化对创意开发附加值的提升，需凝练工业遗存文化符号，提取相关元素，将符号与具有特殊意义的记忆点相结合，形成鲜活的文化记忆故事线。在此基础上打造具有沉浸式体验感的特色旅游，丰富文旅场景，开发"IP"赋能的文创产品，以创意开发项目为载体带动其他产业发展。

（二）政策更替叠加，多方协同参与

在大力推动新质生产力发展的背景下，要促进城市工业遗存创意开发，就要不断强化顶层设计，完善政策保障体系。第一，强化顶层设计，完善制度保障。良好的政策和制度可以指导城市工业遗存高质量发展，从中央到地方都十分重视工业遗存的再利用，并先后出台一系列政策、制度予以指导。在中央层面，《关于推进工业文化发展的指导意见》《推进工业文化发展实施方案（2021—2025年）》《国家工业遗产管理办法》等相关制度的出台，明确指出工业遗存的价值和定位。而天津市也依据中央文件的指示精神，结合天津工业遗存现状出台《天津市工业遗产管理办法》，明确提出在工业遗存管理中始终坚持政府引导、社会参与、保护优先、合理利用、动态传承和可持续发展的原则，强调对工业遗存的动态管理机制，鼓励将工业遗存保护开发纳入城市整体发展相关规划，探索从"属地管理"转为"垂直管理"的发展模式。

第二，梳理盘活存量资源，实现"资产—资本"有效转化。城市工业遗存资源再利用的重要途径是推动"资产—资本"的有效转化，前期在整体上对工业遗存的存量资源进行评估、入库与更新，并结合区块位置、开发价值等要素对工业遗存进行整体规划，当开发后的项目投入运营、产生收益则实现了"资产—资本"的转化过程。在整个过程中应以政企合作、产业合作等形式，形成政府引导、市场运行的模式。在多样化的资产、精细化的政策、多元化的参与以及创新性的模式共同作用下，协调公共利益与产业利益间的发展空间。

第三，完善配套保障，推进全周期管理。在城市产业用地减量发展的情况下，依靠工业遗存量资源实现产业增长成为城市发展的必然。针对存量资源，建立涵盖评估、认定、保护、开发审批、招商运营、预警监督、激励到退出的全周期项目管理机制。同时，探索搭建全市统一的存量资源信息服务平台和项目管理平台，统筹协调推进全市工业遗存创意项目开发。

(三)创新运营管理模式,推进数字化发展

城市工业遗存的创意开发要充分平衡保护和可持续发展间的关系,在整体统筹的基础上,因地制宜,以动态发展的理念进行弹性规划。第一,更新运营模式,激活发展动能。探索推进动态渐进式规划,为工业遗存开发项目在刚性条件约束下,预留出弹性发展空间,以点带面辐射发展,引入新业态,通过专业的运营管理企业完善产业服务体系,进而增加项目收益。同时,将工业设计、工业美术、工业创意、非物质文化遗产传承、科技文化等有机融合,营造丰富的业态场景,大力发展文化、艺术、科技多元化发展的夜间经济综合体,激发新的消费增长点。

第二,培养高技术人才,打造专业运营团队。工业遗存创意开发与其他城市开发项目比人才供需上存在极大的特殊性。在整个创意开发项目链条上,不仅需要规划、管理、经济、法律等相关人才,还需要大量的文物保护、历史文化、美学建筑等相关的专业性人才共同参与。这就需要在顶层设计上,从人才强国的理念出发,大力培养基础工艺人才、先进制造业人才、数字技术人才以及具有技术创新能力的专业化团队,为工业遗存保护和可持续发展奠定坚实的人才基础。

第三,推动数字赋能,增强数字技术效能。城市工业遗存的创意开发离不开数字技术赋能,数字技术的应用,不单可促进创意开发项目的高质量发展,还能提高城市发展的品质。在项目运营管理层面,通过5G、大数据、云计算、物联网等互联网技术的应用,增强项目运营信息网络的承载能力,满足项目内入住方对于网络性能、信息服务和应用场景的多样需求,大量节约时间和人力成本。在技术应用层面,以AI、AR、VR等交互式技术赋能工业遗存创意开发,拓宽历史文化的空间延展性,提升公众的参与感和体验感,激发工业遗存创意开发可持续发展的潜能。

（四）融入城市生活圈，提升公众影响力

城市工业遗存由于其在城市工业发展进程中的特殊价值，决定着其在城市中所处地缘的区位优势，虽然随着城市更新的进程，城区内大部分工业建筑已被拆除，但仍有部分工业遗存分散在城市的各个区域，而这部分工业遗存的周边也辐射着大片的城市街区，在工业遗存创意开发规划中要整体考量这之间的耦合关系。

第一，融入周边环境，拓展城市功能。工业遗存创意开发要注重生态保护、整体保护、周边保护，与自然人文和谐共生。对于散落在社区集中的工业遗存，在原址保护的基础上改造为公共服务空间，为周边居民更新生活空间外，通过联合举办文化活动，吸引文化爱好者和游客，扩大空间的知名度和附加值。对于规模化的工业遗存，在创意开发时要承继历史文化、嵌入现代风格、耦合周边环境、创新产业模式，构建多元共融的空间载体，打造特色分明的城市新地标。

第二，社区生活圈辐射，公共服务有效覆盖。充分利用城市社区已建成的15分钟便民生活服务圈，将社区公益性服务功能有效辐射至工业遗存创意开发项目，为项目入驻方提供养老托幼、卫生医疗、金融服务、休闲文娱等全方位的公共服务，增强社区与工业遗存创意开发项目间的黏性。

第三，加大宣传力度，提升公众影响力。在工业遗存创意开发宣传过程中要将传统媒体与新媒体传播媒介相结合，形成“线上+线下”的宣传合力。特别是充分利用互联网、大数据等新一代信息技术以及融媒体传播手段，开展工业文学创作、科普展览和爱国主义教育等活动，大力弘扬“三种精神”，向公众清晰阐明工业遗存的文化价值和精神内核，增强公众的参与度和认可度。

参考文献：

1.胡晨:《城市更新视角下文化创意产业与工业遗存改造》,《产业创新研究》,2020年第21期。

2.周达、司聃:《首都北京和“首都圈”的历史发展及启示》,《兰州商学院学报》,2014年第2期。

天津卫文化：首都“护城河”定位的文化源流（观点摘要）

卫文化是天津地方文化的重要现象。天津建卫筑城620年来，其卫城的历史功能造就了卫文化的产生、发展和传承并成为天津的文化积淀，强化了天津在京津“双城记”中的畿辅功能，成就了天津护卫首都的历史认知和文化自觉。

环京“护城河”的概念由公安机关在20世纪末提出，最初指的是在环绕北京的道路上设立治安检查站。经过近三十年的实践，“护城河”已经由单纯的治安“卡口”拓展为首都政治治安保卫外围屏障这样一个更为广泛的政治与治安的双重防护体系，并且拓展到公安工作以外，取得了更为广泛的共识，这与天津卫文化积淀有着密切关系。首都“护城河”是天津在国家总体安全方面京津“双城记”的特殊定位，是天津独特地域优势得以集中发挥的着力点，是新时代统领政法工作现代化建设的必然选择。天津政法机关要充分利用卫文化资源优势，把卫文化资源及时转化成“护城河”共识，在京津双城和京津冀协同发展中，推进“护城河”政治安全功能的落实。

本文作者：王若珺，天津公安警官职业学院治安系；商鼎言，天津外国语大学国际传播学院。

跨文化视域下天津城市文化传播的数字化策略研究(观点摘要)

本文从跨文化传播视角出发,对天津城市文化在数字化时代的传播策略进行了系统分析。通过新媒体应用与网络平台实例,揭示了数字化手段在扩大天津文化传播范围、增强影响力方面的显著成效。同时,研究构建了天津文化数字资产管理体系,涵盖资产收集、登记、更新及维护等关键环节,确保了文化资源的有效整合与利用。在跨文化策略层面,提出了结合目标文化特性、数字化技术创新与文化资源整合的综合方案,以优化文化传播效果。通过实证研究与效果评估,验证了数字化策略在促进文化认同、推动国际交流方面的积极作用。结论指出,天津城市文化传播应持续发挥数字化技术优势,强化本土文化特色,并加强跨文化交流与合作,以实现文化全球化背景下的可持续传播与发展。

本文作者:行玉华,天津外国语大学国际教育学院。

全媒体背景下天津市红色文化传播研究
（观点摘要）

国家全媒体建设战略布局，要建立以内容建设为根本，先进技术为支撑，创新管理为保障的全媒体传播体系，塑造可信、可爱、可敬的中国形象，中国形象自塑离不开红色文化。天津是一个红色文化资源丰厚的城市，老一辈无产阶级革命家和无数先烈在这里留下了光辉足迹，丰富的红色文化资源是中国共产党天津党组织团结带领天津人民进行革命、建设、改革的历史见证。

基于上述背景，天津市红色文化传播研究主要分成三部分：一是天津市红色文化历史渊源及其特点，二是全媒体背景下天津市红色文化传播现状，三是全媒体时代天津市红色文化传播创新探索。具体阐述天津市红色文化资源具有鲜明的叙事性，分析天津市红色文化传播取得进展和存在问题，重点提出全媒体时代天津市红色文化传播要吸收借鉴中国共产党理论传播经验，制度化教育和常态化理论宣传相结合；充分利用主流媒体影响力，搭建天津红色文化数字化传播平台；拓宽传播路径、加强红色文化内容叙事策略研究等对策。

全媒体背景下天津市红色文化传播，吸收借鉴中国共产党理论教育传播的传统经验，加强新型主流媒体舆论引导，积极运用社交媒体，加强代表性红色内容叙事策略研究，通过舆论引导、思想引领，实现红色文化服务人民的传播制高点。

本文作者：刘新颖，中共天津市委党校天津干部网络学院。

近代报刊视域下晚清前期津沪文学与文化交流及影响(1850—1886)(观点摘要)

近代天津第一种近代报刊《时报》始于1886年。在此之前,天津虽然没有本土报刊,却已经有多种报刊在天津传播,对天津文学与文化产生多方面影响。1860年,天津开埠之后,正值上海等城市报刊业初兴,即有多种报刊在天津传播流通。近代天津流通的第一种中文报纸是《上海新报》(1861创刊),然后是《中国教会新报》(1868创刊)、《万国公报》(1874创刊)等,其中在天津影响最大且传播时间最久的是上海《申报》(1872创刊)。近代上海报刊为天津文士提供了展示写作才华的机会,使近代天津文学表现出不同于传统的新素质:一是近代报刊带来的西方文化,为近代天津文学注入不同于传统的新思想,产生了一批反映基督教思想的诗文;二是为近代天津文学带来新的交流空间;三是促进近代天津翻译文学发展。近代报刊是城市之间文化交流的重要纽带,在报刊构成开放共享的文化空间中,晚清前期,津派与海派文化就建立起密切联系,可见津沪文化之间互相吸收借鉴,融合发展的关系。

本文作者:李云,天津科技大学文法学院。

基于城市文化视角的天津非遗老字号品牌传承与创新机制研究(观点摘要)

本文旨在从天津城市文化视角出发,深入探讨天津百年非遗老字号品牌传承与创新机制研究。文章通过梳理天津百年非遗老字号品牌,分析了非遗老字号的城市文化属性,总结出天津非遗老字号品牌在地域文化、独特技艺、品牌创新等方面的文化特色与价值,认为天津非遗老字号品牌在天津城市文化精神内核形成与发展中发挥着重要作用,在技艺传承等方面不仅丰富了天津城市文化内涵,而且成为天津独特城市文化精神的重要组成部分。文章同时指出天津百年非遗老字号品牌在发展过程中缺乏内部创新动力、营销整合不够、互联网思维不足,面临着现代社会变革冲击、传承人才匮乏、资金短缺经营模式落后等挑战,为此提出深化对百年非遗老字号品牌的保护与传承、助推天津城市文化精神内核构建的建议:一是加大政府政策扶持力度,推动天津非遗老字号品牌高质量发展;二是挖掘品牌文化精髓,赋能天津非遗老字号传承与前行;三是推进天津非遗老字号数字化,助力品牌创新再生产;四是融入旅游空间,焕发天津非遗老字号新活力;五是链接高校智库,加强非遗老字号品牌理论研究与实践教学。天津非遗老字号品牌的传承与发展,对弘扬天津地域文化特色、增强城市文化认同感具有深远意义。

本文作者:安秀荣、李烨,天津商业大学管理学院。

数字化时代下天津城市文化品牌建设的新模式探索(观点摘要)

在数字化时代,城市文化品牌建设已经成为城市发展的重要组成部分。城市文化品牌不仅仅是城市文化硬实力的标识和象征,更是城市文化软实力的体现和传播。数字化时代下城市文化品牌需要借助互联网技术和数字化媒体手段,将城市文化品牌推广到更广泛的领域和受众群体中去,这也意味着城市文化品牌建设需要更加注重内容创新、媒介融合和用户参与,以适应数字化时代信息传播的特点和规律。通过国内外典型案例研究,剖析不同城市文化品牌建设的成功经验与模式。进一步探讨了数字化技术与城市文化品牌融合的可能性,以及该技术在实践中的应用,明确指出技术创新对于品牌推动的重要作用。在此基础上,天津城市文化品牌建设的新模式构建框架需要注重内容创作和传播、数字化营销手段的运用、文化体验创新和品牌形象塑造。通过充分发挥互联网和新媒体的作用,注重文化创意和软实力的提升,进行跨界合作推动文化产业与科技、教育、旅游等行业的融合发展以及加强国际视野,天津的城市文化品牌定能在数字化时代焕发新的活力,实现更广泛、更高效的传播和影响力。最后,综合评估了模式的有效性及其持续优化的必要性,旨在为天津乃至其他城市的文化品牌规划和发展提供理论支持和实践指导。

本文作者:张莹,天津医科大学马克思主义学院。

中西文明交汇下的城市文化变迁
（观点摘要）

近现代中西方城市文化交流与传播，给开埠后的上海、天津等沿海城市注入了新的异域元素。伴随着“西学东渐”的强大势力，中国原来固有的城市文化生态也在这种激烈碰撞与传播中，演化出迥然不同的城市文化生态。

随着九国租界的开辟，中西文化交流与传播促使近现代民族工业崛起，天津地区的城市文化形象，开始逐渐脱离对北京的依附而独立存在。在西方教会的渗入、传播等刺激下，天津近代教育事业和报刊传媒迅速发展。天津民俗在传统文化基础上，同时吸纳来自本土北京城皇家帝王贵族文化与西洋外来文化双重影响，形成了中西合璧、兼收并蓄的城市风格与市民性格，熔铸出天津独有的文化特质。

城市文化生态保护与文脉接续，是当代中国城市文化建设与传播面临的迫切问题。从某种意义上说，中国改革开放的进程，也是一个城市化（城镇化）全面扩张的过程。城市化扩张带来负面效应已经成为阻碍中国可持续发展的重要因素，成为挑战社会管理极限的普遍性危机。针对上述主要矛盾，本文提出从转变城市文化传播理念、解决超大型城市变迁中面临的文化冲突、城市建设景观带的传播美学特征等方面，统筹制定中国城市文化可持续发展与传播的战略思路。

本文作者：刘卫东，中国传播学会副会长。

天津城市小洋楼片区文旅活化利用研究

——以五大道为例(观点摘要)

2024年"五一"假期期间,天津市共接待游客1407.86万人次,同比增长27.5%,实现旅游收入122.1亿元,取得了相当不错的阶段性成果。文旅产业已然成为天津市经济增长的新亮点。为了将天津市得天独厚的旅游禀赋充分发挥,需要找到"津味"的关键特色。作为津卫风物的核心承载地,小洋楼是天津的文化名片,也是天津卫的魅力所在。以五大道为代表的洋楼片区其本身的独特魅力需要进一步被发掘、改造和提升。百年小洋楼里的演艺新空间,以文旅赋能名人故居,是新时代下对天津名人故居文化旅游资源活化利用的实践。本文主要围绕五大道历史文化底蕴的深度挖掘工作,五大道基础设施的存量完善和增量开发工作,以及五大道旅游服务品牌的质量管理工作等展开研究。针对目前五大道景区的情况,在文化、消费、统筹、宣传、服务五大方面提出了相关建议。力求将五大道洋楼片区打造为天津旅游的"新名片",通过多元化消费场景,不断提升游客体验,将五大道持续打造为有"津味"、切合城市群消费特点的周末休闲游打卡地和文旅新场景。小洋楼片区的活化利用也将助力天津市成为全国首屈一指的文化旅游目的地和国际消费中心城市。

本文作者:余安然,天津商业大学经济学院。

推进“文旅商学”融合应用场景下高品质艺术街区建设

——以天美艺术街区为例(观点摘要)

天美艺术街区位于海河之滨,毗邻天津美术学院,是天津城市更新的重点项目之一。推进“文旅商学”融合应用场景下高品质艺术街区建设,应着眼于贯彻落实习近平总书记“四个以文”重要要求和市委、市政府“三新”“三量”工作部署,着力建设充满天津艺文力的品质街区,多措并举,打造具有鲜明特色和深刻内涵的文化品牌,积极实施城市更新行动,持续推动文旅产业多元化发展。突出区域规划历史文化特质,主题化盘活利用周边存量资源资产。从“高处”着眼,坚持高标准科学规划与精准施策,向“深处”挖掘,以城市文化特质赋能更新示范工程,在“微处”落针,织细周边存量资产盘活路径网;打造高品质特色商圈业态,在提升文旅商产品黏性与融合消费质量上善建善营。加速文旅商市场化融合,打造特色消费场景,培育新兴业态营商环境,提升特色品牌辨识度,提升融合消费品位,促进多业态集聚发展;统筹好办学需求和商业发展,在资源共享、优势互促、双向奔赴中实现城市更新价值转化,建立交叉学科人才服务艺术街区的沟通协作机制;优势互促,营造大学与城市良性互动的创新创业生态;“善治”赋能,建设示范性城市社区新空间,主题化赋能社区空间，建立新空间区域党建联盟，创新大社区“善治”方式，提升城市社区正向叙事能力，在社区群体交往、街区环境共建、公共服务供给等方面满足不同群体的多元诉求，为景、街、校“大社区”注入共建共享共荣的文化特质与精神品格。

本文作者：李墨，天津美术学院马克思主义学院。

历史风貌建筑的保护与活化利用

——以天津市浙江兴业银行为例(观点摘要)

一、时光印记——天津历史风貌建筑概览

近代天津东西文化交融、南北文脉汇聚,创造出大量建筑文化遗产,而今面临开放度低和活化不足问题,需采用更有效的措施以促进历史建筑与经济发展深度融合。

二、古韵今风——文脉探究与激活

原浙江兴业银行(见图3-3)是天津重点保护级历史风貌建筑,具有特殊历史地位。充分考虑场地原貌和历史文脉,优化公共空间布局,采用与原建筑风格协调的色彩和材料,灯光设计突显空间氛围,传承历史而又体现时代精神。

通过与星巴克的合作,使得这座历史建筑在维持其文化价值的同时,成

功转变为经济活力的源泉，突破传统的消费观念。在购买、使用、体验过程中实现理性与感性的结合，展现出独特的文化情感与价值体验。

图3-4 浙江兴业银行

三、传承革新——保护与活化的经验启示

历史风貌建筑的保护活化需在政府引导下，促进企业投入和社会参与，形成保护与利用的良性循环；进行科学规划和精细管理、深挖建筑特点和文化价值、制定合理保护方案、创新保护利用模式；注重文化传承利用历史建筑提升社会文化认同感，实现文化与经济的同向发力。

四、继往开来——前景展望

历史风貌建筑作为珍贵历史档案，应成为延续光环、传承文化的中坚，实现以文化人、以文惠民、以文润城、以文兴业，展现天津独有的文化特色与精神气质。

本文作者：高颖、杨怡然、贺静、张雅婷、王馨婕，天津美术学院环境与建筑艺术学院。

数字化赋能天津红色资源保护传承利用

（观点摘要）

红色资源是中国共产党最宝贵的革命历史文化遗产和精神财富，保护好、管理好、运用好红色资源有助于塑造国家形象、坚定文化自信。数字技术与红色资源深度结合，是推动红色资源科学保护、推进红色资源有效传承，促进红色资源高效利用的有效途径。在科学保护方面，数字技术有益于推动天津红色资源的整体性保护、预防性保护、协调性保护。在有效传承方面，数字技术丰富了红色宣传方式，提供身临其境的红色沉浸体验，创造生动有趣的红色文化教育。在高效利用的实现路径方面，要加快红色资源数字化转化进程，坚持采用自上而下与自下而上相结合的方式推进红色资源的数字化转化工作，对现存红色资源进行全面统计，有序推进建筑、文物三维立体化、模块化；要搭建红色资源数字化平台，着力建立完善的红色资源数据库，设计用户友好的界面和交互方式，实现红色资源的三维展示和互动体验，加强平台的网络安全和版权保护；要推动红色资源数字化产业融合发展，着重建立完善红色资源数字化产业发展中的产业链条和配套制度，推进红色资源数字化产业发展中的教育属性与娱乐融合，加强红色资源数字化产业发展中的产学研合作及其技术创新与成果转化。

本文作者:安宝、范予晨,天津医科大学马克思主义学院。

彰显城市特色　推进天津文旅高质量发展的思考建议(观点摘要)

本文系统深入学习习近平总书记视察天津重要讲话精神,按照“四个善作善成”要求,提出促进天津文化和旅游高质量发展的建议:一是以新方式彰显天津城市气质和特色韵味。激活天津发展的“精神核动能”,打响“天天精彩、津津有味”(“津彩”)文旅形象,打造城市魅力核心区和文旅王牌地标,建设最佳“漫游城市”和“旅居城市”,举办天津“一带一路”国际文化旅游节等,彰显天津特色韵味。二是建议天津打造“生日之都、节会之都、时光之城”,挖掘天津生日文化符号、打造生日消费场景、开发生日产业链等,激活生日经济。三是建议天津率先推进新质生产力与文旅发展相互促进行动。建设全国文旅新质生产力发展促进中心、青年创业型城市、数字游民城市、航天航海航空主题乐园等,打造成新质生产力和文旅高质量发展的典范城市。四是建议天津唱好京津“双城记”,重构和拓展文旅新功能新格局。打造天津北京幸福创业孪生城市,协同培育大运河、燕山、世界最大都市圈绿心等品牌和文旅新热点,打造渤海湾和北方海上旅游中心城市,拓展京津冀协同发展新空间。五是建议天津打造研学旅游之都。充分发挥天津在红色文化、爱国主义教育等方面的优势资源,打造“研学旅游之都”。

本文作者:石培华,南开大学旅游与服务学院。

天津城市品牌建设：现状、问题与路径选择（观点摘要）

城市品牌是体现城市经济活力的重要象征，体现了城市综合实力和竞争力。优质的城市品牌更是带动城市消费的源动力及产业转型、经济发展的重要驱动力。天津拥有打造品牌城市的扎实品牌基础与源远流长的底蕴文化，在自主品牌打造、政策支持、品牌宣传等方面已具备优势，但还存在缺少现象级IP、特色不鲜明、品牌引流不够等问题，相对成都、重庆、淄博等城市品牌发展态势，天津“行慢一步”，急需对标先进城市，依托天津市雄厚的品牌产品、品牌企业、品牌文化基础追赶超越，文章提出天津市品牌发展16条具体路径，即通过“四找”核心，找准品牌基因火种；“四定”基础，制定好品牌发展战略；“四带”区域，推动品牌发展带动城市经济转型；“四扩”影响，以品牌带动城市活力。通过构建微观品牌个体，产品发展—品牌带动区域层面经济转型发展—品牌扩大天津城市影响力三层逐步递进的16条品牌发展路径，助力提升天津城市品牌影响力，打造出天津品牌符号，展现出“天津卫”“哏都”“沽上”的独特魅力。以城市品牌为金字招牌吸引集聚创新人才、优质团队、投资资金等各类创新要素“入津门”，实现以城市品牌建设助力天津经济高质量发展。

本文作者：许爱萍、成文，天津社会科学院数字经济研究所。

天津现代工业遗产发掘及对城市发展的意义研究(观点摘要)

天津市工信局于2023年印发的《天津市工业遗产管理办法》规定,天津市工业遗产是指在天津市范围内形成的,具有较高的历史价值、科技价值、社会价值和艺术价值,经市工信局认定的工业遗存。工业文化是天津城市文化最重要的组成部分之一,天津现代工业遗产是天津现代工业文化的重要载体,天津近现代工业已经有近160年历史,悠久的历史、巨大的成就为天津留下了一笔宝贵的工业遗产,现代天津工业门类繁多,到20世纪80年代,拥有机械、电子仪表、一轻、二轻、纺织、冶金、化工、医药、船舶、石油、电力、食品、建材、烟草等上百种门类,形成了"工业局—公司—工厂"三级管理体制,目前天津工业遗产研究存在近代工业遗产研究多、现代工业遗产研究少,遗迹遗物研究多、无形遗产研究少"两多两少"的现象。通过史志、档案、调研报告和新闻报道分析天津市"工业八大局"所蕴含的现代工业遗产可知,发掘天津现代工业遗产意义重大,一是丰富天津城市历史文化内涵,二是推动天津文旅工商融合发展,三是传承天津工匠精神和劳模精神,最终在提高新质生产力、实现现代化城市治理等多个维度上为天津工业打造出一张靓丽的名片。

本文作者:潘子聪,天津市档案馆利用部;周持,天津市北辰区档案馆保管利用科;潘未梅,天津师范大学管理学院。

津派文化与外埠商业文化的融合发展研究

——以“鲁商”在津发展为例(观点摘要)

新时代发展格局下,京津冀一体化、乡村振兴、外埠商业融入等因素不断地丰富着天津的文化个性,城市文化的发展在主流价值观的引导下,逐步形成天津地域特色文化品牌。津派文化是外埠商业融入天津发展的文化环境底色,外埠商业文化也自带其地域源地属性,两者的融合有“物理的融合”,也有“化学反应”,碰撞和挑战中发展。鲁商携带其文化基因,通过在津沽大地的营商实践,历经津派文化的环境浸润后,发挥内部优势,克服内部劣势,迎接外部机会,挑战外部威胁,形成“天津鲁商”群体和“天津鲁商文化分枝”。以社会主义核心价值观的筛选为前提,在津派文化的大环境下,鲁商要加强特色文化的转化与创新:建设鲁商文化特色,筑牢商业根基;用好津派文化“底色”,坚定创新发展导向;发挥商协会的文化塑造功能,树立以商为功的价值观;培育企业文化经典,打造企业历史传承。津派文化与外埠商业文化的融合发展,是新时代背景下文化发展的必然之路,也是新时代中国优秀文化养成的沃土。津派文化建设以文化融合为路径,以外埠商业文化为抓手,做好津派文化建设,为丰富中国文化建设、讲好中国故事助力。

本文作者:王小琼,天津农学院园艺园林学院。

天津非遗老字号文化传承与品牌形象创新发展研究（观点摘要）

天津非遗老字号承载着非物质文化遗产和传统品牌的双重意义，它的存在对于延续历史足迹和传承优秀文化、宣扬商业理念与道德、推动消费多元化以及增强国际交往与合作具有重要的意义。然而在当下竞争激烈的市场环境中，天津非遗老字号品牌发展面临着诸多现实困境，正是品牌定位模糊、缺乏创新思维、市场定位不明确，营销手段落后、竞争压力巨大和人力资源匮乏等原因，使得部分天津非遗老字号在现代社会中逐渐失去生机。在文化传承大背景之下，基于前期文献研究和田野调查，本文深入探讨了天津非遗老字号文化传承和品牌创新发展策略，提出深耕文化传统，促进文化传承；推陈出新，推动品牌集聚新动能；探索数字化转型，搭建创新传播平台三大计策。并基于此进行“狗不理”品牌形象的创新设计，从挖掘消费需求，提取品牌内核；手绘插画助力视觉形象升级；包装结构的创新设计；文创设计：品牌延伸与文化传承；品牌传播：新媒体渠道的运用等方面，促进文化和商业的共生共赢，为促进传统文化与现代社会相融合作出积极贡献。

本文作者：纪向宏、夏宇滋，天津科技大学艺术设计学院。

探寻天津西餐厅:传统与现代交融下的城市文化记忆及当代传承(观点摘要)

天津,这座悠久历史和独特文化,融合了古老东方文化与西洋风情的城市,承载着丰富的城市记忆和文化遗产。近代以来,西餐厅作为一种舶来的餐饮形式,在天津这片土地上悄然生根,并逐渐与本土文化深度融合,共同编织出独具魅力的都市饮食文化图景。从昔日欧式建筑内的贵族宴饮,到如今街头巷尾随处可见的各类西餐厅,见证了天津自近代开埠以来的历史变迁,也记录了津门百姓对外来文化的接纳与拥抱。作为城市文化的重要载体,天津的西餐厅超越了单纯的美食范畴,成为传统与现代交织的桥梁,承载着城市记忆,肩负着文化传承的使命。近代天津西餐厅既吸纳了传统社会丰厚的文化元素,又交融了西方现代生活方式,为中西新旧多元文化的交流构筑了全新的交往空间,也为天津的城市文化注入了新的活力。西餐在近代天津的本土化进程中,展现了天津文化的多元性、包容性与现代性,更是中国社会变革与现代化进程的生动缩影。

本文作者:尹斯洋,天津商业大学马克思主义学院。

形塑差异：城市品牌化视角下短视频平台城市气质的呈现演变与互动建构（观点摘要）

城市品牌化对于提升城市旅游竞争力、资源整合及城市形象构建至关重要。天津作为旅游目的地的网络热度近一年呈现上升趋势，短视频平台中的天津城市相关视频不仅影响了游客的旅游决策，而且展现了独特的城市气质。本文以天津为例，采用大数据抓取和内容分析的研究方法，通过分析12条天津热门短视频的视觉呈现及其评论内容，探讨了天津城市气质如何在数字时代得到传播和塑造。长久以来，天津在互联网中的城市形象可以概括为"哏儿都"，2023年暑期前后，"跳水大爷"系列视频火爆互联网，将天津城市的旅游热度推至新高。研究发现，互联网对天津城市的集中呈现由引爆期的"跳水大爷"逐渐转变为"松弛感"，即城市气质的代表由极具观赏性的"奇观"转变为更具感受性的城市生态、市民性格及其生活方式。研究也提出差异化的城市气质感知在游客旅游目的地选择中的重要性，揭示了天津在城市景观设计、居民与文旅部门合作以及如何平衡旅游发展与维持城市气质方面面临的挑战。天津需加强居民参与度，共同塑造和维护城市形象；同时注意保持城市文化真实性和吸引力，思考"松弛感"这一独特气质的可持续性；并在城市规划中融入人文特色,强化人景合一的城市形象。

本文作者:李冰玉,天津师范大学新闻传播学院。

地域文化体验视角下天津小洋楼空间类型及活化实践探讨(观点摘要)

一、引言

天津,作为历史文化名城,以其独特的建筑和文化遗产吸引游客。特别是天津小洋楼,已成为城市文化的重要组成部分。深入研究小洋楼的空间类型和活化利用,不仅有助于揭示天津文化的深层含义,还能为城市文化旅游和可持续发展提供新思路。细致分析小洋楼的空间类型有助于理解其历史、文化和价值。研究活化实践则有助于将小洋楼与现代生活融合,保持其传统魅力的同时赋予新的活力。这对促进天津文化旅游和城市可持续发展具有重要意义。

二、天津小洋楼的历史沿革与地域特性

天津小洋楼见证了近代历史,自19世纪中叶起,西方人在五大道区域建

造了融合中西风格的洋楼。这些洋楼成为天津的标志性建筑,吸引游客,传承历史和文化。洋楼主要集中在和平区的五大道地区,河西区、南开区等地也有分布,代表了天津地域文化的核心。为了保护和利用这些文化遗产,需要研究和活化实践策略,促进文化旅游和可持续发展。小洋楼的建筑风格和艺术特点融合了西方经典元素和中国传统建筑特色,形成了中西合璧的独特风格。这些建筑不仅见证了历史,也是艺术的瑰宝,值得后人品味。

三、地域文化视角下的天津小洋楼空间类型划分

从地域文化的视角出发,天津小洋楼可被划分为居住空间型、商业空间型以及混合空间型三种类型。每种类型都映射出天津深厚的历史积淀、鲜明的文化特色和丰富的社会背景。其多样化的空间形态与独特的建筑风格是吸引游客的重要旅游资源,为天津的文化旅游事业注入了新的活力。

居住型小洋楼拥有适中的建筑体量,确保了庭院和室内空间的宽敞舒适。客厅装饰典雅,家具摆放有序,卧室设计温馨舒适,厨房设备先进,体现了上层社会的生活品质。空间布局注重私密性和功能性,多层设计包括主体建筑和附属设施,院落设计考虑采光通风,楼梯和走廊形成独特空间序列,体现社会地位和财富。建筑风格融合中西空间设计理念,展现特色。

商业型小洋楼主要位于繁华商业街区,具有商业功能和体现商业文化。建筑规模较大,外观吸引顾客,内部空间根据商业需求划分,确保活动顺利。空间布局注重开放性和流动性,内部设计通透,方便顾客穿梭,同时注重舒适性和便利性,设置公共设施。装饰风格多样,豪华或简约实用,反映社会审美和文化氛围,为现代商业空间设计提供借鉴。

<table>
<tr><td></td><td>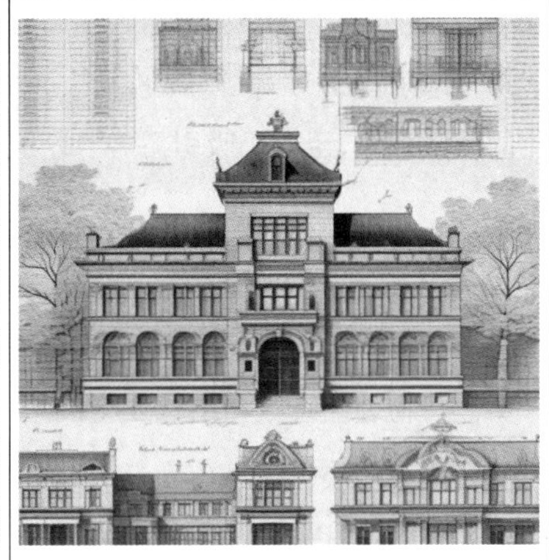</td></tr>
<tr><td>图 3-5　20 世纪 90 年代睦南道 33-52 号商业型小洋楼外部商业空间效果图
图片来源:作者自绘</td><td>图 3-6　20 世纪 30 年代马场道 17 号卓立思银行商业型小洋楼外部商业空间效果图
图片来源:作者自绘</td></tr>
<tr><td></td><td></td></tr>
<tr><td>图 3-7　20 世纪 60 年代马场道 9 号商业型小洋楼外部商业空间效果图
图片来源:作者自绘</td><td>图 3-8　现代意式风情区商业型小洋楼外部商业空间效果图
图片来源:作者自绘</td></tr>
</table>

混合型小洋楼结合了居住与商业功能,展现了天津的多元与包容。其空间特征包括:较大的建筑规模,满足居住与商业需求;空间布局上,居住与商

业空间有机结合，既舒适又实用；装饰风格上，外观融合多种艺术风格，内部根据功能需求设计，既温馨又繁华。这些建筑不仅见证了历史，也是天津文化的重要载体，至今仍吸引游客，成为城市文化的一部分。

四、天津小洋楼的现状问题与挑战

（一）物理性衰败与结构安全问题

天津小洋楼见证城市变迁，但面临物理衰败和结构安全问题。年久失修导致外观破损，内部设施老化，影响美观和安全。设计未考虑现代需求，存在安全隐患。解决方法需平衡保护历史文化和适应现代生活，探讨如何在保留原貌的同时进行现代化改造。加强保护修缮，探索历史建筑与现代生活结合，使建筑焕发新活力。

（二）功能转型与使用效率问题

天津小洋楼除了物理衰败和结构安全问题外，还面临功能转型和使用效率低下的挑战。这些曾经是社会活动中心的建筑，随着社会发展，功能变得模糊，使用效率下降。许多小洋楼闲置或低效，与现代城市发展需求不符。如何让它们在现代社会中发挥新功能，提高使用效率，成为紧迫问题。例如，改造为文化创意产业园、艺术展览馆或民宿，吸引游客和市民，促进经济发展。功能转型需考虑建筑特点和历史背景，尊重和保护原始风貌，避免过度商业化。通过合理规划和设计，使历史建筑焕发新活力，为城市文化和经济发展贡献力量。

（三）文化价值的传承与创新问题

保护历史建筑的核心在于维护其原始风貌、历史元素和文化特色，确保后人能体验到历史和文化的魅力。这需要加强修缮、维护和管理工作。同时，创新文化价值，通过赋予历史建筑新的功能和展示方式，如文化活动和科技体验，使之适应现代社会。在保护和发展的平衡中，适当改造和升级历史建筑,使其既保留传统特色,又满足现代生活需求。

五、地域文化体验视角下的活化策略建议

(一)保护与恢复小洋楼的历史真实性

为了充分体验地域文化,我们首先要确保小洋楼的历史真实性得到保护和恢复。这不仅是对历史的尊重,更是对文化传承的负责。针对此,我们建议采取以下措施:建立保护档案、限制干预、强化监管。

(二)提升小洋楼商业的功能多样性与适应性

提升小洋楼的功能多样性和适应性是关键,以最大化其商业价值。保留原有建筑风格的同时,引入餐饮、零售等业态,打造特色商业空间。适应市场变化,引入智能化管理,提高运营效率。政府、企业和公众需共同努力,政府出台政策支持,企业引入专业团队运营,公众参与活动支持发展。这不仅保护历史建筑文化,也为城市经济注入活力,期待小洋楼展现新的商业魅力。

(三)强化小洋楼的文化体验与互动性

在小洋楼及其周边设置展览区,展示其历史和文化,提供专业讲解或多媒体导览,增强游客理解。定期举办文化活动如音乐会、戏剧表演,设置互动体验如手工艺制作,丰富游客体验。利用VR、AR技术,创建沉浸式体验空间,增加互动游戏和问答环节。鼓励居民参与活动,分享故事,开展社区文化教育,增强文化认同感。通过这些措施,提升小洋楼的文化体验和互动性,促进文化传承与发展。

六、结论

分析天津小洋楼的活化利用现状显示,其对文化传承、城市形象和旅游发展至关重要。但存在保护与开发平衡、功能定位不明确、管理服务不足等

问题。为此，建议采取保护历史真实性、提升商业价值、强化文化体验的策略，以发挥其历史文化价值，增强其现代功能，满足多元需求。实施这些策略需要政府、企业和公众的共同努力，政府要完善政策法规、提供资金和引导；企业要探索商业模式；公众要增强保护意识，参与活动，共同推进小洋楼活化。

本文作者：芮正佳，天津财经大学珠江学院艺术学院；滑寒冰，天津财经大学艺术学院。

本文系天津市社会科学界学术年会优秀论文，将在《包装与设计》刊发。

创新发展天津文旅伴手礼产品的策略研究（观点摘要）

我国旅游业的飞速发展、消费者需求日益凸显的多样化与个性化催生了新的文旅伴手礼产品需求，但天津爆款文旅伴手礼产品尚且不足。

本文分别从文旅伴手礼产品的设计、推广及改进策略三个方面展开文献综述，总结发现目前对天津文旅伴手礼产品提出创新发展策略的文献较少。并通过现状分析得出，天津文旅伴手礼市场发展前景良好，但天津文旅伴手礼产品发展也面临以下问题：产品种类有限，创新速度滞后；产品同质化严重，地域特色不足；品牌意识欠缺，营销推广受限，天津各文旅伴手礼企业须积极推动产品创新，方能抓住机遇。

对于创新发展天津文旅伴手礼产品，本文提出两个针对性强的具体策略：一是利用现有资源，创新产品系列，如天津历史文化系列、地标建筑系列、特色美食系列等；二是加入时代元素，迎合市场需求，如注重产品视觉形象选择、材料运用创新、工艺技法升级与品牌IP化营销。

本文后续进一步从强化需求导向、优化政策框架与强化人才支撑以改善产品发展环境；升级产品属性、深挖地域特色、开拓产品市场以提高产品价值；视用户诉求、秉承环保理念、优化包装设计以增强产品视觉效果；打造品牌效应、借助新型渠道、创新推广形式以加强营销宣传四个方面提出创新发展天津文旅伴手礼产品的一系列对策建议。

本文作者：高晓燕、任佳钰，天津财经大学金融学院。

天津红色文化(美术)的艺术特色与精神气质(观点摘要)

作为社会主义中国四大直辖市之一,天津红色文化是天津城市文化的重要内容和特色之一,而天津红色文化的最主要组成就是天津红色美术。所谓“天津红色美术”是指在中国共产党文艺观指导下,天津地区以中国共产党重大政治、军事、社会、建设(经济)、精神文明建设内容为主要表现题材的美术。天津红色美术具有非常多的红色经典美术作品,是新中国美术史、当代美术史的重要组成之一。天津红色美术的艺术特色和精神气质主要表现为“社会主义文艺观创作原则性”“时代主旋律性”“重大历史题材性”和“革命现实主义艺术性”等。

此外,天津红色美术还有着相对独有的美术门类:泥人张彩塑、杨柳青年画和塘沽工业版画的红色美术创作,这也是天津红色美术特殊的艺术特色和精神气质。天津红色美术根源是天津深厚的城市文化。随着国家、中国共产党对主流意识形态的构建,在习近平总书记“坚持以人民为中心的创作导向”社会主义文艺观指导下,相信天津文化重要代表的“红色美术”一定能继承新中国初期的艺术成就而再创辉煌。

本文作者:刘玉睿,天津美术学院史论系。

文旅融合视域下抖音短视频中天津城市形象建构新途径（观点摘要）

正值“十四五”时期，天津市既处于发展方式深度调整期，也仍处于大有可为的战略机遇期，在文旅融合的大背景下，短视频是当下广受欢迎的新型传播载体。对一座城市来说，良好鲜明的城市形象对城市的健康发展意义重大，不仅能够获得当地人民的认同，提升城市声誉，也能直接带动旅游业的发展，这已然成为各城市凸显自身差异化、个性化的重要方式。在传播日趋碎片化的当下，短视频逐步成为文化交流的日常媒介，如何抓住“流量密码”在文化传播及旅游传播中贡献多元的文化生产力，为文化和旅游产业升级提供“新质生产力”的发展新路径正是本文提出的新思考。本文结合实例用宏观角度分析—微观提出问题—落到实处的解决思路，梳理出抖音短视频中天津城市形象建构的不足，整体分析短视频运用逻辑及内容生产上的流量密码，提出解决新路径，为天津官方媒体及自媒体创作者提供一定的创作思路，为文旅建设文化之城、智慧之城、消费之城推波助澜。

天津文化旅游市场如何挖掘出天津特色文化，紧抓“旅行流量风潮”，在短视频领域中引流，提升城市品牌形象，是当下文旅产业发展的关键。对于天津来说，由于缺乏富有号召力的特色符号。对于天津而言，如何趁着“短视频流量时代”的旅游东风，打造专属于天津本地的特色符号，提升城市形象，制定独特的旅游文化路线，以此吸引更多的游客和旅行者是目前所需要探索的。

本文选取抖音短视频中官方、个人、营销号三类，共计101位博主进行个案分析，总结出目前天津城市形象建构在抖音短视频中出现的问题。其一，符号缺乏识别度。城市符号凝聚着城市的文化底蕴与城市精神，短视频中的天津影像并没有塑造出天津特殊的城市符号，从抖音平台中选取的“个人号”样本来看，总体上点赞量和粉丝量均上万，但对于公众的主观认知影响还不够强烈，城市符号的欠缺使城市形象无法清晰明了地深入人心；其二，对本地文化资源挖掘不深。从抖音平台中选取的“营销号”样本来看均为天津知名企业和个人，不仅有津门马氏相声传承人还有曲艺团的相声演员，对于营销号而言如何具有吸引力，快速抓住受众，并让受众停留在页面上，对此进行深度探索是掌握抖音流量密码的成功之道。本文通过对研究对象的梳理，发现这些营销号作品整体内容单一，生产质量不足；缺乏对天津文化底蕴的挖掘。短视频博主数量的增加和内容生产的重要性在社交媒体时代愈发凸显，天津短视频生产者在内容生产和数量方面尚存在不足。本文研究对象中的天津官方抖音账号样本也存在着共同的问题，如作品堆砌、爆款少，内容质量一般。内容同质化严重是较为普遍的问题，作品缺乏吸引力和差异性，导致观众对其内容产生疲劳感。

短视频作为城市与受众之间的第三空间，构建着人们心中的“虚拟空间”，在彰显城市文化、避免城市文脉消失的城市发展过程中发挥着重要的作用。如何弘扬天津城市文化，优化发展措施是天津政府及文旅部门以及各位博主们迫切需要思考和解决的问题。

其一，政府发力，促进新质生产力。天津是京津冀协同发展的重要前沿阵地，其城市形象建构是提升经济发展的关键。天津“十四五”旅游业发展规划、《天津市旅游促进条例》及《天津市加快建设国际消费中心城市行动方案（2023—2027年）》等政策是短视频领域的政策红利，政府在促进新质生产力发展中扮演着重要的引领和支持作用，为新产业的崛起和经济的持续增长提供了重要支持和保障。

其二，深挖历史，增强文化内核。城市形象塑造需要融合更多的元素，需要多元展现城市的地域优势。城市精神是城市文化的凝聚与核心，城市形象是城市精神的外在表现。在短视频中虽然城市景观作为场景在叙事中扮演重要角色，但创作者更倾向于展示城市风景而非深度挖掘地域文化，这种表现方式缺乏深度思考，难以产生强烈的认知影响和共情。同为直辖市，学习借鉴北京、上海、重庆等地，调动用户更强的参与性和能动性，加大影像与城市关系的研究与实践。

其三，文旅+视听，增强传播“跟踪性”。文化与旅游相辅相成，文化丰富了旅游的内涵品质，旅游则促进了文化的传承发展，文旅产业的深度融合应是多方位、全链条的。“文旅+视听”可以有效增强传播的“跟踪性”，让信息更深入人心，为游客提供更具吸引力的旅游体验，引发更多人对文化旅游内容的兴趣和关注。这种跨界融合的传播方式有助于提升传播效果，拓展受众群体，能够对天津历史文化进行有效传承，促使天津的文化旅游产业能够实现业态的创新升级，也为城市形象建设迎来更为广阔的发展空间。

综上，数字化、信息化为代表的智能时代浪潮已经席卷而来，城市绝不只是“高科技、低生活”的绝望都市，而是用先进的现实技术给人们的生活带来更便利、更多元的体验，打造鲜明个性的城市品牌，才是未来城市发展的必经之路。我们应不断探索完善创作策略，深度融合文旅资源，挖掘当地历史、民俗、艺术等文化资源，拓展了内容生产的资源渠道，更好地发挥文化旅游融合类短视频的作用，为城市或地区的文化旅游产业发展注入新动力。

本文作者：孙蕾、张柯，天津师范大学新闻传播学院。

本文系天津市社会科学界学术年会优秀论文，后发表于《经济师》2024年第8期。

天津运河文化与城市性格（观点摘要）

大运河曾是天津举足轻重的运输枢纽，天津因运河而兴，因运河而利，因运河而发展。在运河影响下，天津地域文化形成多元性、凝聚性、重商性等特点，使天津文化海纳百川，博采众长。从文化性质来看，天津文化是码头文化、移民文化、军旅文化、商埠文化、妈祖文化、租界文化等多元文化的融合。运河润泽的天津人民形成实干、诚信、乐观、热情、勤俭、保守的城市性格。天津人崇尚实干，任劳任怨，吃苦耐劳；天津经商者以诚信为根本，劳动者以诚信相互帮助得以维持生计；天津人乐观向上，语言幽默诙谐，在待人接物中有一种豁达的精神；天津人不排外，待人友善，有江湖侠义；天津人勤俭持家，不舍得铺张；但是天津市民的性格也有一些不积极的方面，比如观念保守，恋家守业，安土重迁。

大运河是一份内容丰富的文化遗产，运河文化至今仍然是有生命的、可创新的文化，并随着社会的进步而发展。弘扬运河文化、传承历史文脉，更重要的是服务当代经济和社会发展。当下，天津的发展要不断继承和发扬运河文化中包含的积极进取的城市精神、开放互联的城市精神以及海纳百川的城市精神,更加自信自立,胸怀天下。运河文化也为助力天津经济的繁荣、推进社会走向昌盛作出更大贡献。

本文作者:宋铭月,天津市档案馆年鉴指导部。

京杭大运河天津段的文物与文化价值研究（观点摘要）

京杭大运河是世界上最长的人工运河，天津段作为其重要组成部分，具有极高的文物与文化价值。本文深入研究了京杭大运河天津段的文物与文化价值。从文物角度看，天津段留存着众多历史遗迹，如运河古码头、古船闸等。这些文物见证了天津在运河交通中的重要地位以及历史上的商贸繁荣。古码头曾是货物装卸、人员往来的重要场所，其建筑风格体现了当时的工程技术水平。古船闸的设计与构造则反映了古人在水利工程方面的智慧。从文化价值方面，京杭大运河天津段促进了南北文化的交流与融合。南方的商业文化、艺术风格等随着运河传入天津，丰富了天津的地域文化。同时，天津的本土文化也通过运河传播到其他地区。运河还孕育了独特的民俗文化，如运河船工号子、民间艺术等，这些都是宝贵的非物质文化遗产。此外，天津段运河周边的历史街区和传统建筑保存了丰富的历史信息，展现了不同历史时期的城市风貌。对于京杭大运河天津段文物与文化价值的研究，有助于更好地保护和传承这一珍贵的历史文化遗产，为推动天津的文化建设和旅游发展提供重要依据，也为世界运河文化的研究与保护贡献中国智慧和经验。

本文作者：赵佳丽、李宁，吕梁学院历史文化系。

非物质文化遗产的活态传承现状及策略建构

——以天津“汉沽飞镲”为例(观点摘要)

党的十八大以来,明确提出建设优秀传统文化的传承体系,弘扬中华优秀传统文化,在系列政策的指导下做好文化遗产的传承和保护已成为社会共识,我国的非物质文化遗产保护工作进入了新的发展阶段,呈现出数字化、影像化、产业化的特征。然而在具体的保护实践中还需要警惕景观化非遗现象,避免在保护实践中让原本活态的非遗项目成为集中的景观式赏鉴的对象,失去本身的活性。天津在非物质文化遗产保护与传承领域通过十余年的探索,始终坚持“保护第一”的行动方针,形成了较为鲜明的非遗活态保护思路。

以“汉沽飞镲”为例,其源于清末,是由天津汉沽地区的渔民最初发展起来的一项综合性民间艺术形式,往往和鼓、铙等乐器合奏,在佳节祝祷、渔民出海、满载时进行表演,是当地渔民重要的民俗生活事项,于2008年被列入国家级非物质文化遗产名录(第二批)。古往今来,蓟运河畔铙鼓声声、余韵悠长,彩色镲缨伴着翻飞地铜镲,折射出汉沽渔民们豪迈爽朗、雅俗兼收的审美旨趣,展现了百姓们的生活和精神风貌。从音响角度来看,“汉沽飞镲”鼓、铙、镲合奏齐鸣，共同传唱渔民们悠悠岁月中对美好生活的向往；从表演形式来看，主要有团队表演和独立表演两种，整体呈现出齐、散结合的美学特征。“汉沽飞镲”流响着的不只是镲谱或鼓点的铿锵音韵，流动着的还有武技、镲德合一而生发的神韵。其鲜明热烈的表演形式保留着汉沽地区特有的渔猎文化。

为了更好地传承和弘扬传统文化，当地政府及有关部门探索出了非物质文化遗产保护的典型路径，创建了一套行之有效的非遗传承模式。以“汉沽飞镲”的保护实践为例，具体有以下两方面举措：

一是通过生产性保护扩大“汉沽飞镲”的社会影响力。传统的飞镲表演以村落、宗庙为主要发生场域，近年来在当地政府、文化部门的引领下，“汉沽飞镲”开始从渔村到广场，从宗庙到舞台，其社会性逐渐增强，影响力也进一步扩大。当地文化馆创办“汉沽飞镲节”，组织和指导传承人、表演者进行艺术创作和展演，不仅丰富了当地居民的文化生活，也让更多人了解到这项国家级非遗项目。二是建立闭环有效的环形非遗传承模式。环行保护路径的“上行”是由地方政府牵头，专业机构指导、文化馆协助、传承人积极参与组成的保护线路；“下行”路线以非遗项目传承人为保护起点，在文化部门的连接下，利用传统节日、节庆、纪念日为非遗项目提供展示、展演的机会，扎实推进非遗的“四进”活动。环行保护模式的优势在于，打破了传统的程式化非遗保护思路，变传承人为保护核心的“单中心式”为以传承人和非遗项目为保护整体的“泛中心”模式，打通了遗产保护工作中的断点，促使非遗保护工作向“多中心”式合理过渡。

从“汉沽飞镲”的活态保护实践来看，天津的活态保护做法具有如下借鉴和启示意义。一方面，在非物质文化遗产的活态保护实践上，要坚持把非遗传承与发展置于活态空间中，遵循语境化原则保护其所依存的文化语境。智媒时代的非遗活态传承及保护要在遵循非遗事项特性、活性的基础上创新保护形式，不能盲目地数字化，更要杜绝以数字技术为依托，为了达到某种效果的“演绎”“摆拍”等行为，避免因过度的数字化有损非遗的活态。另一方面，非物质文化遗产自身的活态属性及其特异性决定了对其的保护和传承应遵循差异化原则，在全面评估非遗传承现状的基础上，根据项目的类别、特征，进行分类管理、动态保护，将“非遗+”贯穿保护与传承各个环节。通过“非遗+科研”，以高校科研机构为阵地，吸纳科研人员突破非遗项目中的保护难点；在传承实践中通过“非遗+农村”“非遗+旅游”等方式，保护好传承好利用好地区非遗资源。

党的二十大报告中提出要继续加大文化遗产的保护力度，未来要进一步规范非物质文化遗产的发展路径。考察非遗保护与传承实践，除思虑如何“做”之外，更要对“所做”进行回看和检验，对“做”的效果进行评估，“活态传承”就是评估非遗保护实践的“金标准”之一。在推动“非遗+”跨界融合发展、规范管理、高效推进时，要为其自足发展预留弹性空间，助益非物质文化遗产从“现成”走向“生成”，饱有生生不息的生命活力。

本文作者：杨宇，天津中医药大学文化与健康传播学院。

本文系天津市社会科学界学术年会优秀论文，将在《四川戏剧》刊发。

❖天津市社会科学界学术年会中共天津市委党校专场

会议综述：坚定不移走好中国式现代化道路

图3-9　天津市社会科学界学术年会(2024)中共天津市委党校专场

2024年9月19日，由中共天津市委党校、天津市社会科学界联合会和天津市中国特色社会主义理论体系研究中心市委党校基地主办、市委党校中共党史教研部和科研处(学科建设办公室)承办的天津市社会科学界学术年会(2024)“新中国与中国式现代化——庆祝新中国成立75周年”研讨会在中共天津市委党校召开。来自中共中央党校、北京大学、中国人民大学、南开大学、天津大学、厦门大学、天津师范大学、北京师范大学、天津市党校系统等一百多位专家学者参加了此次学术会议。

中共天津市委宣传部副部长徐中、中共天津市委党校副校长丛屹在研讨会上致辞。天津市社会科学界联合会专职副主席袁世军、中央党校科研部智库管理处处长张晓琴出席会议。中共天津市委党校副校长王永立主持研讨会并宣读了优秀论文获奖者名单。本次研讨会共收到论文一百余篇,经过专家匿名评选,26篇论文入选本次研讨会优秀论文。会议举行了获奖论文颁奖仪式,优秀论文作者被授予论文获奖证书,受到表彰。

会议学术研讨环节共分为会议主旨报告、会议主旨发言、论文代表发言三个阶段进行,共有九位专家学者作了精彩发言。

中共中央党校中共党史教研部教授、博士生导师程连升以“中国式现代化的历史逻辑”为题作了主旨报告。程连升教授主要从中国现代化事业的初步奠基、中国式现代化道路成功开辟、中国式现代化的创新拓展、推进中国式现代化的全面部署四个方面作了详细阐述。他在报告中指出,新中国成立后,在中国共产党的领导下,党成功探索、推进、拓展了中国式现代化,取得了重大成就,中华民族伟大复兴由此进入不可逆转的历史进程,科学社会主义在21世纪的中国焕发出新的蓬勃生机,中国式现代化的优势特点得到全面彰显。中国共产党的重要历史贡献,就是创造了中国式现代化这一人类文明新形态。

北京大学马克思主义学院副院长、教育部长江学者、博士生导师宇文利教授以“从赶超到反超:中国式现代化的发展逻辑”为题作了主旨报告。宇文利教授主要从如何理解现代化及其中国命题、赶超是中国式现代化的逻辑起点、中国式现代化与西方现代化的“并行”将会是两种发展逻辑的并存、中国式现代化的设计方案和发展模式证明了中国特色社会主义对传统社会主义的超越四个方面,结合理论、历史对中国式现代化的发展逻辑作了全面深刻的阐述,深刻阐明了赶超与反超这一鲜明的发展逻辑特征,认为,中国式现代化的巨大成就是在传统社会主义建设铺垫的基础上和借鉴西方文明优秀成果的基础上取得的,实现了社会主义的重要发展,是对资本主义现代化的扬弃。

南开大学马克思主义学院教授、博士生导师纪亚光教授，从中国式现代化视角阐释了对选择马克思主义历史必然性这一重要命题的再认识。他遵循历史逻辑与实践逻辑的统一，认为中国式现代化既蕴含着中华文明的创造性转化，也体现着对人类文明一切优秀成果的吸收借鉴；既反映了中国化时代化马克思主义理论的科学性、先进性，也彰显着中国特色社会主义实践的时代性、引领性。这一独特的创造不仅推动中华民族伟大复兴走上不可逆转的历史轨道，也为人类社会打破现代化理论和实践的瓶颈，走向和平发展、合作共赢的未来贡献了中国智慧、中国方案和中国力量。

天津师范大学马克思主义学院副院长、教授、博士生导师贾丽民教授将中国式现代化放到整个人类社会现代化发展的大坐标系中进行整体性审视和前提性反思。他指出，要想在"世界之变、时代之变、历史之变"中主动识变应变求变，确保中国式现代化在强国建设和民族复兴的航道上劈波斩浪、行稳致远，就必须不断运用科学的世界观和方法论，从整个人类社会现代化发展的历史进程、具体呈现、未来趋势进行审视，从"一元"与"多元"，"本土"与"外来"，"进行时"与"完成时"等多重辩证关系对中国式现代化进行前提性反思。

中共河北省委党校中共党史教研部教授魏先法教授，聚焦中国共产党在西柏坡时期对中国式现代化的贡献。他对西柏坡时期中国共产党的主要理论和实践探索进行了重要的史料梳理和深入的理论分析，他指出，西柏坡时期作为中国革命的高潮时期和转折时期，擘画了新中国建设的蓝图，构建现代化制度，提供现代化精神，明确了向社会主义工业国发展的方向，提出了影响深远的"赶考"命题，为中国式现代化的探索创造了极为重要的条件，具有十分重要的历史意义。

中共天津市委党校中共党史教研部主任、教授张新华阐释了改革开放初期邓小平提出的"中国式的现代化"，从"中国式的现代化"的根本动力、价值取向、根本保证三个维度，阐明了邓小平对探索中国式现代化作出的重要贡献，探讨了改革开放初期党对中国式现代化的重要探索，她认为，中国共产党在改革开放初期的现代化探索，是中国式现代化承上启下的发展实践，具有重要的历史地位。中国式现代化既切合中国实际，也体现了社会主义建设规律和人类社会发展规律。

天津大学马克思主义学院副教授、硕士生导师、林颐主要探讨了共同富裕对于中国式现代化的重要价值和意义。她认为，在中国共产党领导推进共同富裕的探索之路上，既有“过去”，又有“未来”。从“过去”看，形成了党的领导是根本保证、以人民为中心是价值旨归、摆脱贫困是基本思路、“实事求是”“解放思想”是重要原则。从“未来”看，在第二个百年奋斗目标新征程上，要坚持高质量发展的路径选择、改革创新的动力驱动、历史主动精神的精神赋能、新时代群众路线的价值引领。

中国人民大学马克思主义学院王坤丽博士认为，坚持发扬斗争精神作为中国式现代化的重大原则，凝结着新征程党和国家事业发展重大问题的根本遵循。她对发扬斗争精神这一原则的叙事理论作了分析，她指出，在精神叙事上，坚持发扬斗争精神表现为增强全党全国各族人民的志气、骨气、底气，重在解决“敢不敢”斗争的问题；在实践叙事上表现为统筹发展和安全，重在解决“会不会”斗争的问题；在目标叙事上表现为依靠顽强斗争打开事业发展新天地，重在解决斗争成效“好不好”、斗争目标“如何实现”的问题。

中共天津河东区委党校张天君主要阐释了中国式现代化对世界社会主义的重大贡献及其时代启示。她认为，党领导的中国革命、建设、改革与新时代的实践探索是世界社会主义运动的重要组成部分，历经历史考验与时代选择，结出中国式现代化的累累硕果，赋予马克思主义与科学社会主义新的时代意蕴，为当代世界提供了中国特色的智慧方案与路径选择。这启示新时代中国共产党人必须坚持党的领导、坚守初心使命、坚定道路自信，为以中国式现代化全面推进中华民族复兴伟业不懈奋斗，在推进世界社会主义发展中创造更大奇迹。

在研讨会上，各位专家、学者深入阐述了自己的研究心得，提出了自己的学术观点，思想深刻，见解独到，既回顾了中国式现代化的发展历程，也展望了中国式现代化的发展未来，他们的精彩发言，使此次研讨会成为一场聚焦中国式现代化的学术盛宴。此次研讨会，在各位专家学者的共同参与推动下，总体呈现出四大特点。一是参与踊跃、气氛热烈；二是聚焦主题、研究深入；三是体现水平、达到预期；四是合作紧密、展现合力。此次研讨会进一步加强了中共党史党建学、国史、政治学、科学社会主义等学科的交流与合作。

❖主旨报告

中国式现代化形成的历史逻辑

程连升

作为现代文明的核心概念，现代化是指一个国家从传统社会向现代社会的巨大转型，是生产力大发展引发的社会生产方式和人类生活方式的深刻变革。现代化既是人类文明发展与进步的显著标志，也是近代以来中国人民孜孜以求的奋斗目标。中国共产党成立后，带领中国人民经过28年百折不挠的浴血奋战，取得了新民主主义革命胜利，建立了人民当家作主的中华人民共和国，为推进中国现代化提供了根本社会条件。在党的二十大上，习近平总书记明确指出："在新中国成立特别是改革开放以来长期探索和实践基础上，经过十八大以来在理论和实践上的创新突破，我们党成功推进和拓展了中国式现代化。"这一重要论述，深刻揭示了中国式现代化形成的历史轨迹。

作者简介：程连升，中共中央党校（国家行政学院）中共党史教研部教授。

一、中国现代化事业的初步奠基(1949—1978)

1949年10月,中华人民共和国宣告成立,"我们的民族将再也不是一个被人侮辱的民族了,我们已经站起来了"。获得民族独立、人民解放后,循着什么样的目标和路径推进国家现代化,把积贫积弱的落后中国变成现代化强国,就成为摆在中国共产党面前的重大执政难题。结合时代特征和历史条件,以毛泽东为代表的中国共产党人,对国家现代化内涵、目标、路径等问题进行了不懈探索。

第一,在现代化目标设定上,实现从"工业化"向"四个现代化"的拓展。早在新民主主义革命后期,中国共产党就多次提出要把中国由落后的农业国变成先进的工业国。在深刻吸取"没有工业,便没有巩固的国防,便没有人民的福利,便没有国家的富强"的历史教训后,1949年《中国人民政治协商会议共同纲领》明确提出"稳步地变农业国为工业国""创立国家工业化的基础"的任务。1953年6月,党中央提出"一化三改造"的过渡时期总路线,这个"化"就是社会主义工业化。随着中国工业化建设展开和初步体验,1954年9月,周恩来同志在全国人大一届一次会议上所作的《政府工作报告》中,首次提出了"四个现代化"的设想,指出"如果我们不建设起强大的现代化的工业、现代化的农业、现代化的交通运输业和现代化的国防,我们就不能摆脱落后和贫困,我们的革命就不能达到目的"。1959年底到1960年初,毛泽东在《读苏联〈政治经济学教科书〉的谈话》中第一次对"四个现代化"作出完整表述。他说:"建设社会主义,原来要求是工业现代化,农业现代化,科学文化现代化,现在要加上国防现代化。"1963年毛泽东在中央讨论《关于工业发展问题》初稿时提出,"把我国建设成为一个农业现代化、工业现代化、国防现代化和科学技术现代化的伟大的社会主义国家"。"四个现代化"任务的提出,标志着我们党对现代化内涵认识上实现了从"单一性"向"多面性"的拓展。

第二，在现代化道路性质上，明确中国只能走社会主义共同富裕的道路。早在1921年，李大钊就明确指出，“社会主义不是使人尽富或皆贫，是使生产、消费、分配适合的发展，人人均能享受平均的供给，得最大的幸福”。新中国成立后，党中央形成了组织农民走集体化道路、推动社会主义工业化和渐进实现共同富裕的基本思路。1953年9月，《人民日报》国庆社论首次提出了“共同富裕”的概念，指出“我国工业化必须是也只能是社会主义的工业化”。同年12月，由毛泽东亲自主持起草的《中共中央关于发展农业生产合作社的决议》中，明确党在农村中开展工作的根本任务，是教育农民走互助合作道路“逐步克服工业和农业这两个经济部门发展不相适应的矛盾，并使农民能够逐步完全摆脱贫困的状况而取得共同富裕和普遍繁荣的生活”。1955年10月，毛泽东明确提出，“现在我们实行这么一种制度，这么一种计划，是可以一年一年走向更富更强的，一年一年可以看到更富更强些。而这个富，是共同的富，这个强，是共同的强”。这种“有把握”能够实现“共同富”“共同强”的制度，毫无疑问就是社会主义制度。

第三，在现代化路径方法上，党中央始终强调坚持自力更生为主、争取外援为辅。新中国现代化建设是从学习苏联起步的，但由于苏联模式的缺陷很快暴露出来，毛泽东及时提出要“以苏为鉴”，进行马克思主义与中国具体实际的“第二次结合”，探索适合中国国情的社会主义建设道路。在1956年《论十大关系》讲话中，他明确表达了中国采取“开放主义”的现代化路径，提出“我们的方针是，一切民族、一切国家的长处都要学。但是，必须有分析有批判地学，不能盲目地学，不能一切照抄”。在中共八大的政治报告中，毛泽东又亲笔加上了必须坚持的基本原则：“中国的革命和中国的建设，都是依靠发挥中国人民自己的力量为主，以争取外国援助为辅，这一点也要弄清楚。”1958年6月，毛泽东又在《第二个五年计划提要》报告的批语中，第一次完整阐述了中国现代化建设的基本方针，即“自力更生为主，争取外援为辅，破除迷信，独立自主地干工业、干农业、干技术革命和文化革命”。之后，周恩来也提出,"实现四个现代化,我们需要摸索出一条在中国建设社会主义的道路"。在第一代中共领导集体看来,由于中国是一个具有数千年文明史且人口众多的国度,坚持独立自主的建设方针是至关重要的,外援只能帮助我们解决某些问题,根本性的问题只能靠我们自己解决。

第四,在现代化战略部署上,提出我国实现现代化要分"两步走"。社会主义制度基本建立后,毛泽东开始谋划考虑建设社会主义的战略步骤问题。1963年9月,经他修改的《关于工业发展问题(初稿)》中讲到,我们的工业发展可以按两步走来考虑:第一步,建立一个独立的完整的工业体系;第二步,使我国工业接近世界先进水平。1964年12月,周恩来遵照毛泽东的指示,在全国人大三届一次会议上所作的《政府工作报告》中,就对"两步走"战略作了完整准确的表述,这就是:"第一步,建立一个独立的比较完整的工业体系和国民经济体系;第二步,全面实现农业、工业、国防和科学技术的现代化,使我国经济走在世界的前列。"在所需时间上,毛泽东最初设想,15年打下基础,50年实现现代化。经过"大跃进"运动的挫折之后,他对这一问题的考虑变得更加符合实际,认为中国人口多、底子薄,经济落后,要把中国变成富强的现代化国家,50年不行,会要100年,或者更多时间。

综观社会主义革命和建设时期,虽然我们党没有明确提出"中国式现代化"这个概念,但"四个现代化"明确了中国现代化的主体内容,"独立自主"确立了中国现代化的方式方法,"共同富裕"规定了中国式现代化的本质要求,"分两步走"规划了中国现代化的战略部署。所有这些,标志着中国共产党对中国式现代化理论探索的阶段性收获。

在现代化建设成效方面,初步奠定了中国现代化的制度基础和物质基础。中华人民共和国成立后,党领导人民实施了土地改革,使农业经济摆脱封建土地制度的束缚;制定了《中华人民共和国宪法》并在全国范围内建立起人民代表大会制度,构建起中国人民当家作主、实现民主权利的根本政治制度;完成了对农业、手工业和资本主义工商业的社会主义改造,确立了社会主义基本经济制度，为推进中国式现代化提供了重要的制度保障。此后二十多年间，我们充分发挥社会主义的制度优势，以举国之力推进国家现代化并取得伟大成就。一是快速建立起独立的比较完整的工业体系。新中国成立初期，现代工业基本空白，“一辆汽车、一架飞机、一辆坦克、一辆拖拉机都不能造”。1953—1978年，我国工业产值年均增长11.4%，工业投资累计达3599亿元，新增固定资产2734.5亿元，按可比价格计算的工业总产值增长17.9倍；其间，工业增加值占国内生产总值的比重从17.6%提高到44.1%，成为拥有近40个门类且能独立制造大型成套设备的初步工业化国家。二是工业化建设推动我国科学技术取得重大发展。1952—1978年，中国科技人员数量从42.5万人增加到434.5万人，平均每万人中科技人员从7.4人提高到45.7人，平均每万人职工中科技人员从269人增加到593.3人。中国不仅造出了原子弹、氢弹和核潜艇，发射了洲际导弹和人造卫星，在军事尖端技术领域取得了突破性进展，而且还在蛋白质人工合成、青蒿素、杂交水稻等民用技术上取得了不俗业绩。三是中国农业基础设施有了明显改善，农业生产能力逐步提高。1949—1978年，随着农业水利工程、农田基本建设的大力开展，以及农业机械化水平提高和农业适用技术推广，我国农业总产值从326亿元增加到1459亿元，增长了3.48倍；粮食总产量从11318万吨提高到30477万吨，增长了1.7倍。四是医疗卫生事业的发展和基础教育的普及，使得国人身体素质、文化素质大为提高，国民平均预期寿命从35岁提高到67岁，造就了比较良好的人力资本条件。正如邓小平1979年评价所说：“我们还是在三十年间取得了旧中国几百年、几千年所没有取得过的进步”，“使我国大大缩短了同发达资本主义国家在经济发展方面的差距”，“我们还是建立了实现四个现代化的物质基础”。综合考察，从新中国成立到1978年，社会主义基本制度的建立和巩固，独立的比较完整的工业体系和国民经济体系的形成，不仅扭转了中国一个世纪以来的衰败局面，而且奠定了从传统中国向现代中国转型的制度基础和物质基础，极大地增强了国家自主性现代化的能力。正如哈佛大学著名教授傅高义先生所言,“毛泽东时代为邓小平时代创造了种种优势,包括国家的统一、强大动员体系的建立以及现代工业的引入。没有这些东西,后30年的改革开放必须要为建立这些东西而付出极大的人力、物力和时间,并因此而使后30年与我们今天所看到的情况有很大的不同”。

在取得中国现代化建设成就的同时,当然也付出了巨大的代价。突出表现在坚持“高积累,低消费”的政策下,广大人民的物质生活是异常艰苦的。直至1977年,7亿多农村居民的人均年收入只有117元,其中2.5亿人口人均年收入不到100元,未能解决温饱问题;全国职工人均月工资仅为48元,城镇人均住房建筑面积只有3.6平方米。按照世界银行的指标,1978年中国经济总量2119亿美元,全世界排名第11位,仅占世界国内生产总值的1.8%;中国人均国民收入为200美元,在188个国家中居第175位,仍然是世界上最贫穷的国家之一。

二、中国式现代化的成功开拓和捍卫发展(1978—2012)

面对“我们太穷了,太落后了,老实说对不起人民”的执政压力,1978年9月邓小平同志在东北视察时提出,“我们一定要根据现有的条件加快发展生产,使人民的物质生活好一些,使人民的文化生活、精神面貌好一些”。当年12月召开的党的十一届三中全会,具有划时代的意义。全会重新确立解放思想、实事求是的思想路线,停止使用“以阶级斗争为纲”的错误提法,作出把党和国家工作中心转移到经济建设上来、实行改革开放的历史性决策,实现了党的历史上具有深远意义的伟大转折,开启了社会主义现代化建设新时期。

20世纪80年代,以邓小平同志为代表的中国共产党人,打破条条框框、大胆改革创新,从新的实践经验和时代要求出发,澄清了一些被搞乱了的理论是非,认真在中国这样一个经济文化比较落后的国家如何建设社会主义现代化的一系列基本问题，努力把“社会主义原则”和“中国国情”有机结合起来。通过系统阐述社会主义初级阶段理论，制定党在社会主义初级阶段的基本路线，成功开创了中国式现代化新道路。20世纪90年代，面对国内政治动乱后的思想阻力和“冷战”结束后西方国家“以压促变”的外部压力，以江泽民同志为主要代表的中国共产党人，在惊涛骇浪的重要历史关头挡住了逆流、稳住了阵脚，从容应对一系列关系我国主权安全的国际突发事件，战胜了在政治、经济领域和自然界出现的困难和风险，排除各种干扰把准了改革开放和社会主义现代化的正确航向，坚定建立起社会主义市场经济体制框架，到世纪之交实现了前两步发展目标，成功把中国社会主义现代化事业推向21世纪。2002年党的十六大以后，以胡锦涛同志为总书记的党中央，面对改革发展过程中的新的矛盾，提出以人为本、全面协调可持续的科学发展观，推动构建社会主义和谐社会，确立中国特色社会主义事业“四位一体”总体布局，发展模式从传统的注重“物”的旧经济模式转型为关注“人”的新范式，抓住全球化大发展历史机遇充分释放中国的比较优势，促进中国综合国力水平迈上一个大台阶，成功在新的历史起点上拓展了中国式现代化事业。

改革开放新时期，我们党在总结新中国成立以来正反两方面经验基础上，积极探索和适时调整中国现代化的新道路和战略构想。首先，提出“中国式的现代化”概念，并将“小康社会”作为阶段目标持续推进。1979年3月21日，邓小平会见英中文化协会代表团时说：“我们定的目标是在本世纪末实现四个现代化。我们的概念与西方不同，我姑且用个新说法，叫做中国式的四个现代化”；两天后，他就在中央政治局会议上正式提出了“中国式的现代化”这个概念。同年12月，他与日本首相大平正芳会谈时，又借用中国传统文化中的“小康社会”来表述“中国式的现代化”，并以20世纪末达到人均国内生产总值一千美元作为标准。把“小康社会”作为中国现代化的阶段性目标，这是邓小平对中国式现代化的重大创新，突出了现代化建设中提高人民生活水平这个重点，把“强国”与“富民”有机结合起来。根据邓小平的设想，党的十二大确定了到20世纪末力争使全国工农业年总产值翻两番,使全国人民的物质文化生活达到小康水平的战略目标。从此,“小康社会”就成为统领现代化建设新时期的关键词,“奔小康”成为亿万人民的共同心愿。在此基础上,党的十六大提出全面建设小康社会的任务,党的十七大提出到建党一百年时全面建成惠及十几亿人口的更高水平的小康社会。

其次,指明了中国式现代化的独特道路。新中国成立后的前30年,社会主义现代化建设总体上模仿了苏联“一集中、三单一”的模式,即单一公有制,单一指令性计划、单一按劳分配,由于缺乏灵活性和利益刺激造成发展动力不足。1982年9月,邓小平在党的十二大开幕词中明确提出“把马克思主义的普遍真理同我国的具体实际结合起来,走自己的道路,建设有中国特色的社会主义,这就是我们总结长期历史经验得出的基本结论”。1983年6月,邓小平在会见外籍专家时明确表示,“我们搞的现代化,是中国式的现代化,我们建设的社会主义,是有中国特色的社会主义。”“有中国特色的社会主义”结论的提出,不仅使我们党对“中国式的现代化”的理论框架第一次有了科学称谓和准确表达,而且表明中国式现代化要摆脱传统苏联道路的历史自觉。从此,我们党在改革开放探索中,借鉴发达国家的有益经验,渐进推动中国现代化体制机制的“双重转型”。一方面,通过“包产到户”的农村改革和建立“经济特区”的对外开放,认识到“个体经济是社会主义经济必要的补充”“私营经济是社会主义公有制经济的必要的有益的补充”,出现了个体经济、私营经济、外资企业、大集体和股份制企业“一起上”的丰富场面,不断完善社会主义基本经济制度。另一方面,随着中国所有制状况的改变,原来的计划体制也受到巨大冲击,因此渐进地缩小计划管理的范围、扩大市场调节的作用,探索建立中国式现代化的新动力机制。继党的十二大提出“计划经济为主、市场调节为辅”方针之后,党的十二届三中全会提出了“社会主义经济是在公有制基础上的有计划的商品经济”的论断,最后逐渐过渡到“建立社会主义市场经济体制”的新认知。1992年,党的十四大报告规定,“社会主义市场经济体制,就是要使市场在社会主义国家宏观调控下对资源配置起基础性作用”。把社会主义同市场经济结合起来，是一个伟大创举，形成了建设中国式现代化新经济体制。综合这两个方面，1997年党的十五大上，就确立了党在社会主义初级阶段的基本纲领。其中在经济方面，就是要坚持和完善社会主义公有制为主体、多种所有制经济共同发展的基本经济制度，坚持和完善社会主义市场经济体制，使市场在国家宏观调控下对资源配置起基础性作用，坚持和完善按劳分配为主体的多种分配方式，逐步走向共同富裕等。

最后，确定了中国式现代化的战略部署。经过几年认识铺垫后，1987年4月，邓小平第一次提出了以国民生产总值翻一番为核心的“三步走战略”，即以1980年为基数到1990年翻一番、到2000年再翻一番人均达到一千美元、在21世纪用三十到五十年再翻两番“达到中等发达的水平”。半年后，党的十三大正式通过我国社会主义现代化建设的“三步走”战略，即“第一步，实现国民生产总值比一九八零年翻一番，解决人民的温饱问题。……第二步，到本世纪末，使国民生产总值再增长一倍，人民生活达到小康水平。第三步，到下个世纪中叶，人均国内生产总值达到中等发达国家水平，人民生活比较富裕，基本实现现代化”。“三步走”的战略部署，对中华民族百年图强的宏伟目标作了积极而稳妥的规划，是中国共产党探索中国式现代化道路的重大成果。在此基础上，1997年党的十五大又对“第三步”进行充实细化，提出21世纪中国发展的“新三步走”战略，“第一个十年实现国民生产总值比2000年翻一番，使人民的小康生活更加宽裕”“到建党一百年时，使国民经济更加发展，各项制度更加完善；到世纪中叶建国一百年时，基本实现现代化”。

综观这个阶段中国现代化理论探索史，中国共产党人将实现国家现代化逐渐定位于社会的全面进步与人的全面发展。党的十二大报告提出“把我国建设成为高度文明、高度民主的社会主义国家”，党的十三大报告提出“为把我国建设成为富强、民主、文明的社会主义现代化国家而奋斗”，党的十七大报告提出“建设富强民主文明和谐的社会主义现代化国家”。社会主义现代化建设任务从物质文明和精神文明的“两位一体”，拓展到经济建设、政治建设、文化建设的“三位一体”，再扩展到经济建设、政治建设、文化建设、社会建设的“四位一体”。现代化内涵的日益丰富，为中国式现代化进入新时代奠定了坚实的思想基础。在新的理论视野中，我们党领导人民创新中国特色社会主义现代化道路，有效推进工业化、城市化、信息化，推动国家经济实力、人民生活水平和综合国力不断迈上新的台阶，“实现了举世无双的经济增长奇迹和减贫奇迹”。三十多年间，中国国内生产总值年均增长9.9%，比世界平均增长率快7个百分点，经济总量占世界经济的比重从1.8%上升到11.4%；中国人均国民总收入由190美元提高到5680美元，达到上中等国家的水平。其间，2008年国际金融危机爆发，在世界经济进入明显衰退与深度调整的趋势中，中国经济发展却继续保持“一枝独秀”：2010年中国国内生产总值总量超过日本成为世界第二大经济体，2011年制造业增加值超过美国、货物出口值超过德国。中国成了新的“世界工厂”，标志着中国式现代化道路取得了成功。

三、中国式现代化的深化创新和全面拓展（2012—2022）

追求强国富民的中国式现代化，是一项伟大而艰巨的事业，需要党带领全国人民接续奋斗。2021年，党的十九届六中全会通过的《中共中央关于党的百年奋斗重大成就和历史经验的决议》指出，“改革开放以后，党和国家事业取得重大成就，为新时代发展中国特色社会主义事业奠定了坚实基础、创造了有利条件。同时，党清醒认识到，外部环境变化带来许多新的风险挑战，国内改革发展稳定面临不少长期没有解决的深层次矛盾和问题以及新出现的一些矛盾和问题，管党治党宽松软带来党内消极腐败现象蔓延、政治生态出现严重问题，党群干群关系受到损害，党的创造力、凝聚力、战斗力受到削弱，党治国理政面临重大考验”。这段简明而辩证的话语，高度概括了党的十八大后中国特色社会主义所处的复杂历史方位。

进入新时代，以习近平同志为主要代表的中国共产党人把马克思主义基本原理同中国具体实际相结合、同中华优秀传统文化相结合，以全新的视野深化对共产党执政规律、社会主义建设规律、人类社会发展规律的认识，揭示并回答了新时代建设什么样的社会主义现代化强国、怎样建设社会主义现代化强国这个重大时代课题，提出一系列具有原创性的新理念新思想新战略，全面拓展了中国式现代化的理论。

第一，立足"强国"的目标任务，进一步丰富了中国式现代化道路的内涵。党的十八大把生态文明纳入中国特色社会主义事业、形成了现代化建设"五位一体"的总体布局后，党的十八届三中全会首次把"推进国家治理体系和治理能力现代化"纳入现代化建设视野，党的十九届四中全会提出坚持和完善中国特色社会主义的根本制度、基本制度和重要制度，党的十九届五中全会将"人的全面发展、全体人民共同富裕"纳入远景目标。这些表明，以习近平同志为核心的党中央对中国式现代化认识达到了一种新的境界，进而对国家现代化建设内容有了更全面、更整体的要求。

第二，立足"以人民为中心"的价值立场，刷新中国式现代化的建设理念和方法。2014年习近平总书记提出"四个全面"的战略思想，形成协调推进全面建成小康社会、全面深化改革、全面推进依法治国、全面从严治党的战略布局，"确立了新形势下党和国家各项工作的战略目标和战略举措，为实现'两个一百年'奋斗目标、实现中华民族伟大复兴的中国梦提供了理论指导和实践指南"。2015年党的十八届五中全会提出创新、协调、绿色、开放、共享五大新发展理念之后，习近平总书记多次在重要会议上反复强调要将其作为新时代中国式现代化发展全局的最重要的指导理论。2020年，为积极应对外部环境严峻变化和推进中国现代化高质量发展，党中央又及时提出加快构建以国内大循环为主体、国内国际双循环相互促进的新发展格局。

第三，综合分析国际国内形势和我国发展条件，提升实现中国式现代化的战略目标。2017年党的十九大确立了新时代中国式现代化建设新的战略安排,即在渡过“两个一百年”奋斗目标的历史交汇期后,从2020年到本世纪中叶分两个阶段来安排,即到2035年基本实现现代化、建国一百年时全面建成社会主义现代化强国。可以说,这个“两步走”的战略安排,不仅使得中国式现代化建设的推进具有了可行性和可预期性,而且提前了基本实现现代化的时间、提高到了本世纪中叶现代化建设的目标。

第四,立足“两个结合”的广阔视野,明确了中国式现代化的新文明形态。西方现代化形成了传统和现代二元对立的文明观,主张用现代性取代传统性,强调不同文明之间的冲突。鉴于一个民族的复兴不仅需要强大的物质力量,也需要强大的精神支撑,党的十八大在强调道路自信、理论自信和制度自信的同时,还提出“要扎实推进社会主义文化强国建设”。进入新时代,以习近平同志为主要代表的中国共产党人,认识到“博大精深的中华优秀传统文化是我们在世界文化激荡中站稳脚跟的根基”,提出“要增强文化自信和价值观自信”。通过对中华优秀传统文化与中国特色社会主义道路、马克思主义中国化的关系深入思考,习近平总书记提出“中国有坚定的道路自信、理论自信、制度自信,其本质是建立在5000多年文明传承基础上的文化自信”等深刻论断,用“四个走出来“高度概括了中国式现代化道路的深厚历史渊源,有效厚植了中国道路形成的文化根基。同时,认识到中国人的血脉中没有称王称霸、穷兵黩武的基因,强调“实现中国梦给世界带来的是和平,不是动荡;是机遇,不是威胁”。从而阐释了中国式现代化呈现“和平发展”特征,体现以文明互鉴超越文明冲突、是互利互惠发展的崭新人类文明形态。

党的十八大以来,顺应实现中华民族伟大复兴的历史使命,适应社会主要矛盾已经转化的发展要求,以习近平同志为核心的党中央统筹推进“五位一体”总体布局、协调推进“四个全面”战略布局,大力推进国家治理体系和治理能力现代化,推动党和国家事业取得历史性成就、发生历史性变革。到“十三五”规划收官之时,我国经济实力、科技实力、综合国力和人民生活水平又跃上新的台阶，国内生产总值超过100万亿元，人均国内生产总值超过1万美元，中等收入群体超过4亿人，经济发展平衡性、协调性和可持续性明显增强。特别是脱贫攻坚战取得全面胜利，历史性地解决了绝对贫困问题，全面建成了小康社会，实现了中华民族孜孜以求的千年梦想。政治建设上，通过全面深化“坚持党的领导、人民当家作主、依法治国的有机统一”，不断健全全过程人民民主制度，全面推进民主选举、民主协商、民主决策、民主管理、民主监督，全国人民对中国式现代化道路更加自信。我们党在新中国成立特别是改革开放以来长期探索和实践基础上，全面贯彻习近平新时代中国特色社会主义思想，推动党和国家事业取得历史性成就、发生历史性变革，为中国式现代化提供了更为完善的制度保证、更为坚实的物质基础、更为主动的精神力量，成功推进和拓展了中国式现代化。中华民族伟大复兴进入不可逆转的历史进程，科学社会主义在21世纪的中国焕发出新的蓬勃生机，标志着中国式现代化的优势特点得到全面彰显。基于此，在2021年庆祝中国共产党成立100周年的大会上，习近平向全世界郑重宣告：我们“创造了中国式现代化，创造了人类文明新形态。”

综上所述，自1949年新中国成立后，中国特色社会主义现代化目标是一以贯之的，其间虽然历经曲折，但难得的是，中国人一代接着一代往下干，一棒接着一棒往前跑，最终谱写出一曲雄壮的中华民族现代化史诗，相继实现了中国从“站起来”、“富起来”到“强起来”的伟大转变。正如习近平总书记所指出，“中国式现代化是我们党领导全国各族人民在长期探索和实践中历经千辛万苦、付出巨大代价取得的重大成果”。2022年召开的党的二十大，概括提出并深入阐述中国式现代化的中国特色、本质要求、重大原则，初步构建起中国式现代化的理论体系。这是中国给世界现代化理论作出的伟大贡献，也是中国共产党对强国建设、民族复兴唯一正确道路的清晰表达。

参考文献：

1. 毛泽东:《毛泽东选集》(第三卷),人民出版社,1991年。

2. 毛泽东:《毛泽东选集》(第四卷),人民出版社,1991年。

3. 邓小平:《邓小平文选》(第三卷),人民出版社,1993年。

4. 邓小平:《邓小平文选》(第二卷),人民出版社,1994年。

5. 江泽民,《江泽民文选》(第一卷),人民出版社,2006年。

6. 胡锦涛:《胡锦涛文选》(第二卷),人民出版社,2016年。

7. 习近平:《习近平谈治国理政》,外文出版社,2014年。

8. 习近平:《习近平谈治国理政》(第二卷),外文出版社,2017年。

9. 习近平:《习近平谈治国理政》(第三卷),外文出版社,2020年。

10. 习近平:《习近平谈治国理政》(第四卷),外文出版社,2022年。

11. 习近平:《高举中国特色社会主义伟大旗帜为全面建设社会主义现代化国家而团结奋斗——在中国共产党第二十次全国代表大会上的报告》,人民出版社,2022年。

12. 马洪主编:《现代中国经济事典》,中国社会科学出版社,1982年。

13. 中共中央文献研究室编:《建国以来毛泽东文稿》(第6册),中央文献出版社,1992年。

14. 中共中央文献研究室编:《建国以来毛泽东文稿》(第10册),中央文献出版社,1996年。

15. 中共中央文献研究室编:《周恩来年谱(1949—1976)》(中),中央文献出版社,1997年。

16. 中共中央文献研究室编:《毛泽东文集》(第五卷),人民出版社,1999年。

17. 中共中央文献研究室编:《毛泽东文集》(第六卷),人民出版社,

1999年。

18. 中共中央文献研究室编:《建国以来重要文献选编》(第一册),中央文献出版社,2011年。

19. 中共中央文献研究室编:《建国以来重要文献选编》(第四册),中央文献出版社,2011年。

20. 中共中央文献研究室编:《建国以来重要文献选编》(第五册),中央文献出版社,2011年。

21. 中共中央文献研究室编:《建国以来重要文献选编》(第九册),中央文献出版社,2011年。

22. 中共中央文献研究室编:《建国以来重要文献选编》(第十九册),中央文献出版社,2011年。

23. 中共中央文献研究室编:《十二大以来重要文献选编》(上册),中央文献出版社,2011年。

24. 中共中央文献研究室编:《十三大以来重要文献选编》(上),中央文献出版社,2011年。

25. 中共中央文献研究室编:《十四大以来重要文献选编》(上),中央文献出版社,2011年。

26. 中共中央文献研究室编:《毛泽东年谱(1949—1976)》(第三卷),中央文献出版社,2013年。

27. 中共中央文献研究室编:《邓小平年谱》(第四卷),中央文献出版社,2020年。

28. 中共中央文献研究室、中央档案馆:《建党以来重要文献选编》(第1册),中央文献出版社,2011年。

29.《中共中央关于制定国民经济和社会发展第十四个五年规划和二〇三五年远景目标的建议》,人民出版社,2020年。

30. 国家统计局编:《奋进的四十年:1949—1989》,中国统计出版社,

1989年。

31. 国家统计局编:《中国统计年鉴.1983》,中国统计出版社,1989年。

32. 中国李大钊研究会编:《李大钊全集》(第2卷),人民出版社,2006年。

教育科技人才一体化促进新质生产力发展的机制研究

冯赵建　齐　萌　张　硕

摘要:发展新质生产力是我国经济社会高质量发展的必由之路。教育为创新提供原始动力,通过培养人才推动科技成果转化;科技高水平创新是核心要素,反哺教育促进生产要素创新配置;人才作为创新主体,牵引科技和教育事业进步,为科技与教育融合搭建桥梁,教育、科技、人才"三位一体"协同共促为新质生产力发展提供重要支撑。通过教育增智促进知识再生产、科技创新促进技术再生产、人才引领促进劳动力再生产、良性互通促进生产力再生产,构建教育、科技、人才一体化促进新质生产力发展的协调机制;通过发挥制度优势构建协同治理体系、坚持问题导向完善重点精准施策、强化产学研深度融合各方要素、健全科学评价体系提升发展成效,强化教育、科技、人才一体化促进新质生产力发展的机制保障。从机制内涵、机制构建、机制保

基金项目:国家社会科学基金重大项目"加快形成新质生产力的政策体系和实现路径研究"(23&ZD069);天津市社科界"十百千"主题调研活动选题项目"教育科技人才一体化促进新质生产力发展的机制研究"。

作者简介:冯赵建,河北工业大学马克思主义学院副教授;齐萌,河北工业大学马克思主义学院硕士研究生;张硕,河北工业大学马克思主义学院硕士研究生。

障三方面着手，助力教育、科技、人才一体化推进新质生产力发展。

关键词：教育科技人才一体化；新质生产力；机制改革

党的二十届三中全会指出，"促进各类先进生产要素向发展新质生产力集聚"，同时强调，"统筹推进教育科技人才体制机制一体改革"。[①]习近平总书记指出："教育、科技、人才是全面建设社会主义现代化国家的基础性、战略性支撑"[②]，"要按照发展新质生产力要求，畅通教育、科技、人才的良性循环"[③]。天津市委书记陈敏尔强调，要深学深用习近平总书记视察天津重要讲话精神和关于发展新质生产力的重要论述，在发展新质生产力上善作善成，为全面建设社会主义现代化大都市、奋力谱写中国式现代化天津篇章提供强劲动力。当前全球范围内的技术更迭日益加快、人才竞争日益激烈，新质生产力发展对劳动者素质提出了更高要求，必须发挥教育、科技、人才一体化对新质生产力发展的重要作用，为我国经济社会高质量发展发挥新优势、提供新动能。

一、教育科技人才一体化促进新质生产力发展的机制内涵

促进教育、科技、人才一体化发展，是解决产业发展过程中科技创新问题的有效举措，是加快发展新质生产力的内在要求，教育优先发展、科技创新赋能、人才引领驱动，"三位一体"协调运行的循环互促、衔接互补机制，是三者一体协同推进新质生产力发展的根本逻辑。

---

① 《中共中央关于进一步全面深化改革 推进中国式现代化的决定》，《人民日报》，2024年7月22日。

② 《高举中国特色社会主义伟大旗帜 为全面建设社会主义现代化国家而团结奋斗——在中国共产党第二十次全国代表大会上的报告》，《人民日报》，2022年10月26日。

③ 《习近平在中共中央政治局第十一次集体学习时强调 加快发展新质生产力 扎实推进高质量发展》，《人民日报》，2024年2月2日。

（一）教育高质量发展的基础先导作用

党的二十大报告中强调，实施科教兴国战略，强化现代化建设人才支撑。教育高质量发展是教育、科技、人才一体化发展的起点，在新质生产力发展中起着基础先导作用。

一是教育为提高劳动者素质提供根本支撑。基础教育是人才培养的起点，职业教育、高等教育是培养新质生产力高素质劳动者和专业人才的重中之重。教育能够促进知识传授与能力培养，设置系统的课程和科学的教学方法，向学生传授基础知识和专业技能，为科技人才的培养奠定坚实基础；同时注重培养学生的创新思维和实践能力，鼓励学生进行科学研究和技术创新，为科技领域的发展注入源源不断的活力。由此，通过教育传授的基础知识和专业技能，不仅能够培养人的道德品质和人文素养，更能提升其科学素养和综合能力，有力地提高人才培养质量，增加新质生产力的人力资本投入。

二是教育为科技创新发展提供原始动力。教育机构不仅是知识传授的场所，也是科技成果转化的重要平台。许多重要的科技发明和创新成果都源于教育机构的科研活动。在学术交流与合作方面，教育机构之间以及教育机构与科研机构、企业之间的学术交流与合作，有助于推动科技进步和创新发展，创新教育和实践教育的逐步推进，改变了传统教育模式，由对知识“死记硬背”转变到注重问题发现与解决的能力培养，使人们具备创新精神与实践技能，教育提供的创新思维与能力的培养为科技创新打下坚实基础。

（二）科技高水平创新的推动反哺作用

习近平总书记强调，要整合科技创新资源，引领发展战略性新兴产业和未来产业，加快形成新质生产力。科技高水平创新在教育、科技、人才一体化发展中起到推动与反哺的关键作用，是新质生产力发展中的核心要素。

一是教育和人才推动科技高水平创新。教育通过系统的课程设置和教学方法，向学生传授基础知识和专业知识，为科技创新提供坚实的知识基础，为科研人员提供了必要的理论支持和思维框架。教育体系中包含系统化教学过程与科研活动，知识的传承与再生产为科技的创新性发展提供了机会和舞台；人才是知识的承载主体，其所拥有的智力和创作能力是创新的活水源头，是推动科技发展的决定性力量，高素质、高水平人才影响着科技创新的质量和速度，技能型、应用型人才影响着科技的产出与转化程度。

二是科技进步反哺教育事业的发展和人才培养能力的提升。科技创新为教育教学带来全新的工具和手段，更新教育理念、改良教学方法，进而提升教学质量；科技进步拓宽人才培养渠道和视野，先进的学习设备能够提高人才自主学习能力，科研基地的建设能够为人才提供实践交流平台，同时，科技创新对复合型人才的需求日益提高，推动了人才跨学科、跨领域发展，增进了人才的国际交流与合作。

（三）人才高品质培养的支撑保障作用

科技创新关键靠人才，人才是知识的载体，更是创新的主体，是新质生产力发展中最活跃、最积极的因素，人才高品质培养在教育、科技、人才一体化发展中起到了支撑保障作用。

一是人才牵引科技和教育事业的发展。在科技领域，人才是推动科技进步和创新的核心力量，通过科研实践，不断攻克技术难题，推动科技革命和产业变革。在教育领域，优秀的人才进入教育行业，传授经验、更新教学内容，推动知识和人才的不断再生产，提升教育体系整体效能。人才是教育质量的直接体现，拥有高素质的教师队伍和优秀的教育工作者，可以为学生提供更好的教育资源和更优质的教育服务，从而提升教育质量。人才是教育事业改革和创新的活力源泉，他们通过自身的实践经验和学术成果，为教育改革提供新的思路和方法，促进教育事业的持续发展。培养未来人才方面，人才本身就是教育成果的体现，他们通过自身的成长和发展，为未来的社会进步和经济发展提供源源不断的动力。

二是人才为科技与教育融合搭建桥梁。高等教育和科研机构中，人才扮演着科研与教学的融合者角色，实施创新教育、产出研究成果的同时，积极推动教育与科研深度融合，使教学成果与科研成果相互渗透，强化科技与教育之间的桥梁和纽带。充分发挥人才的创造能动性，促进知识和技能的科技性转变，发挥人才的实践应用性，促进理论和科研的成果性转化，只有拥有足够数量和质量的科技创新人才，才能从根本上解决“卡脖子”问题，实现科技自立自强与教育高质量发展。

（四）一体化统筹推进的效能共促作用

新质生产力是由技术革命性突破、生产要素创新性配置、产业深度转型升级而催生的先进生产力质态，以更高素质的劳动者为第一要素，以更高技术含量的劳动资料为动力源泉，更广范围的劳动对象是新质生产力的物质基础，具有高科技、高效能、高质量特征。教育、科技、人才一体化统筹推进，促进三者效能共促的目标达成，落实新质生产力高科技、高效能、高质量的特点。

一是教育、科技、人才一体化发展，以技术突破和智力支持引领产业升级。教育资源、科研资源与产业资源深度融合，促进科研成果在产业中的应用，优化基础研究、应用研究、发展研究，促进人才链、创新链和产业链的有效匹配，推动产业转型升级。

二是教育、科技、人才一体化发展，实现生产要素创新型配置。劳动力、土地、资本、数据等生产要素在各领域合力流通，优化配置，实现生产要素合理化利用和最优化组合；教育、科技、人才一体化促进新型劳动工具的产生，加之网络化、智能化、数字化应用，使得劳动工具和劳动对象的外延不断拓宽，进而提升全要素生产效率。

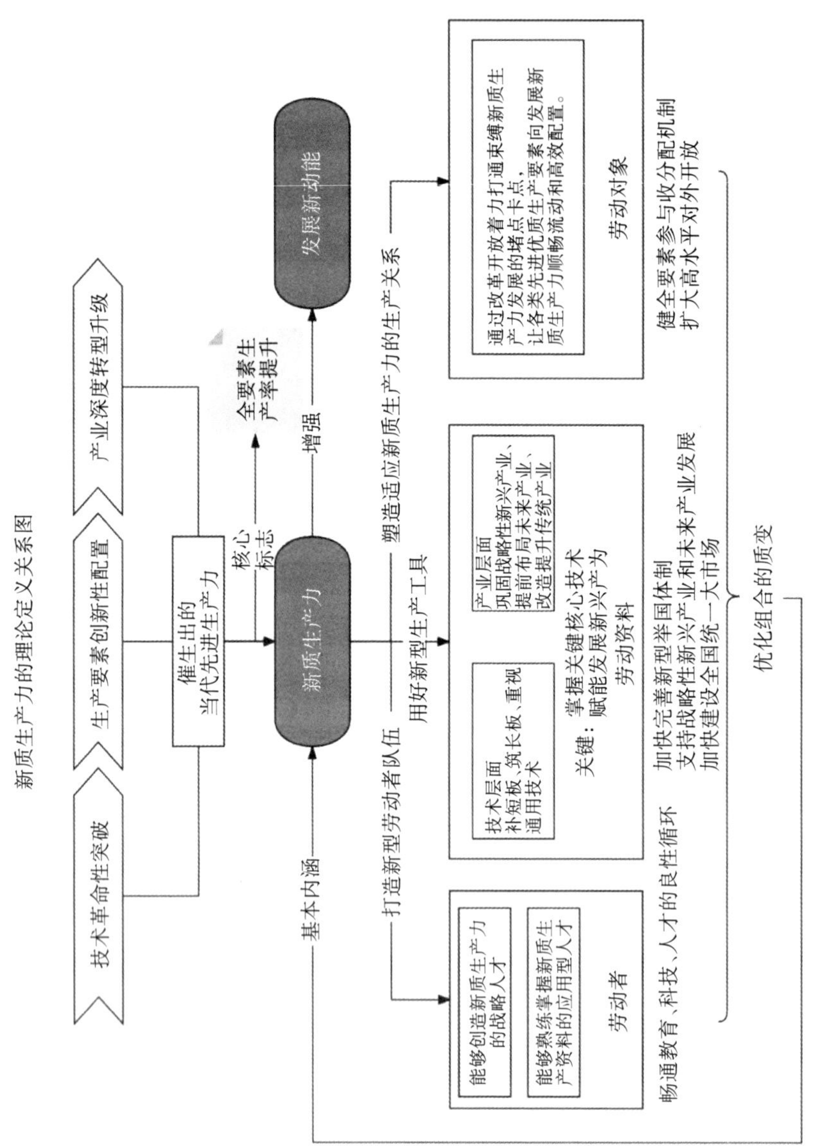

图3-10 新质生产力的理论定义关系图

二、教育科技人才一体化促进新质生产力发展的机制构建

教育优先发展，以增强科学知识研究促进知识再生产；科技自立自强，以创新生产工具促进技术再生产；人才引领驱动，以提高受教育者劳动素质促进劳动力再生产；教育、科技、人才各领域良性互通，共同促进生产力水平提升，实现新质生产力高效能特性的达成。

（一）教育增智为先导助力知识再生产

教育是国之大计、党之大计。高等教育的知识生产，分为知识的简单生产和扩大再生产，即科学知识的公共教育传播和科学知识的创新生产。知识的再生产是新质生产力发展中的基石。天津市近期发布的《天津市全面深化普通高校新工科建设行动方案》中，对教材建设、教学模式建设、教师队伍建设、实践平台建设等各方面作出新的规定部署，充分体现了天津市高度重视教育领域的高质量发展，坚持教育优先发展战略，持续建设教育增智为先导的培育机制。

一是落实立德树人根本任务。加强校风、学风和师德建设，育人为本，德育为先，以此为基础开展素质教育，高校始终以学生为中心，关注学生的全面发展和个性化需求，努力培养德智体美劳全面发展的社会主义建设者和接班人。

二是创新研究型教育模式。重视学术型硕士研究生、博士研究生的培养，增进知识积累和研究方法的系统性掌握能力，同时重视专业知识的普及教育，加强专业知识与社会各分工领域的劳动者相连接，提升社会整体劳动素质。

三是促进多学科交叉融合。完善相关评估机制，尤其以高校为重中之重，培养全方位高技能型人才，增强跨学科专业课程及跨学科课程教师教学

能力和专业水平，增加教育领域投资，由技术人员培训、专业师资教学，着重培养学生创新思维与创新能力。

（二）创新创造为驱动助力技术再生产

习近平总书记强调，加快建设科技强国，实现高水平科技自立自强。[①]如表3-5，广东省多措并举加快构建全过程创新生态链，为开辟新赛道、塑造新动能提供科技支撑，全过程创新生态链覆盖"基础研究+技术攻关+成果转化+科技金融+人才支撑"的全链条各环节。广东省的做法能够为天津市提高科技创新能力提供经验启示。据统计数据显示，近年来天津全社会研发投入强度达到3.66%，综合科技创新水平指数达到83.5%，均居全国第三。天津把创新摆在现代化建设全局的核心位置，通过积极融入京津冀协同发展大潮，引入中关村等"外脑"，激活本地高校智力资源，一批智能领域标志性项目扎根天津，深入整合发展天津市科技创新三年行动计划、天津市科技创新"十四五"规划所获得的相关成果，发挥企业创新能力，进一步促进天津市创新能力的提升，加强创新创造为驱动的动力机制建设。

表3-5　2023年以来广东省发展新质生产力的专项政策

序号	内容	时间
1	《广东省推动新型储能产业高质量发展的指导意见》	2023年3月
2	《关于新时代广东高质量发展的若干意见》	2023年5月
3	《关于高水平法治保障新时代广东高质量发展的行动方案》	2023年5月
4	《广东省加快氢能产业创新发展的意见》	2023年10月
5	《广东省制造业高质量发展促进条例》	2024年1月
6	《广州促进生物医药产业高质量发展若干政策措施》	2024年1月
7	《关于2024年开展"穿粤时尚潮服荟"打造纺织服装新质生产力行动方案》	2024年4月
8	《广东省推动低空经济高质量发展行动方案（2024—2026年）》	2024年5月
9	《广东省推进分布式光伏高质量发展行动方案》	2024年5月
10	《广东省关于人工智能赋能千行百业的若干措施》	2024年6月

① 习近平：《加快建设科技强国 实现高水平科技自立自强》，《求是》，2022年第9期。

一是坚持科技自立自强。发挥政府组织推动作用,坚持有效市场和有为政府结合,通过市场需求引导,形成创新合力,增强科研机构、企业的自主创新能力,重视前沿、重点领域产业发展,把握发展主动性。

二是加强科技成果转化。增强校企合作,畅通金融投资领域与技术研发领域的沟通渠道,减轻转化压力,缩短转化周期。深入整合发展天津市科技创新三年行动计划、天津市科技创新“十四五”规划所获得的相关成果,能够进一步促进天津市创新能力的提升。

三是加强青年科研队伍建设。在历次《全国科技工作者状况调查报告》中可以看出,我国科技工作者平均年龄不断变小,青年科技工作者的数量不断增加,成为推动各领域建设的排头兵。重视青年在科技创新中的重要作用,在教育资助、培养规划、考核评价各方面帮助青年科技人才发展,为科技创新注入青春力量。

(三)人才引领为纽带助力劳动力再生产

人才是第一资源,创新驱动的本质是人才驱动。天津市人才引进政策,如“海河英才”计划、天津市高层次和急需紧缺人才开发政策、天津市人力资源和社会保障事业发展“十四五”规划等政策取得了一定成就,应进一步融合教育、科技领域,发挥人才的推动纽带作用,形成强大的新质生产力人才引领力量。

一是提高人才自主培养质量。拔尖创新人才的培养是高等教育强国建设的重大战略任务。[①]遵照2024年政府工作报告中“完善拔尖创新人才发现和培养机制”要求,从理念、选拔、培养各方面重视改善天津市人才特别是拔尖创新人才的培养发展环境,建立注重创新精神培育和实践能力培养的课程

① 郑庆华:《打造“不设天花板”的基础学科拔尖创新人才培养空间》,《中国高等教育》,2022年第12期。

体系，设立创新人才培养项目，为有创新潜质的学生提供更多资源支持和发展机会，激发学生的创造力，推动其创新能力和创业精神的发展。

二是持续优化人才资源配置。重视人才的招聘工作和人才培养计划，根据新质生产力发展所需人才进行人岗适配。面向经济、科技发展重要领域集聚领军人才，与此同时优化各行业、全产业链的人才配置，构建创业、科研等相关平台凝聚人才，用优惠的政策和待遇吸引人才，用切实的情感和保障留住人才。

三是实施更加开放的人才政策。落实党的二十大报告中“实施更加积极、更加开放、更加有效的人才政策”要求，增进各领域内人才的共同交流，促进协调管理，完善国际化科研环境及人才发展政策，促进政策协调及长效机制建设。

（四）良性互通为循环助力生产力再生产

天津市积极探索教育、科技、人才良性循环路径，2023年天津市开设的天开园，积极探索“学科+人才+产业”创新发展模式，截至目前不断获得新突破，按照发展新质生产力要求，畅通教育、科技、人才的良性循环。

一是加强顶层设计，强化各领域政策协同。坚持科教兴国、人才强国、创新驱动发展战略，发掘战略中的目标契合点，加强教育、科技、人才政策的协同性，确保各项政策在目标、内容、实施上相互衔接、相互促进。

二是目标高度融合，完善战略规划。清晰界定教育、科技、人才一体化发展的总体目标，即提升创新体系整体效能，推动新质生产力、经济社会高质量发展。制定长期发展规划，明确教育、科技、人才发展的具体路径和重点任务，形成统一的发展蓝图。强调教育、科技、人才三者之间的内在联系和相互作用，明确它们在推动新质生产力发展中的基础性、战略性支撑作用。

三是打通循环堵点，促进交流合作。教育内容单一、前沿内容不足，教育更新速度跟不上科技迭代速度，导致重点领域缺乏高层次人才供给，使得能够直接应用于新质生产力发展的人才、技术较少。及时发现教育科技人才循环联动中的短板之处,采取针对性措施解决卡点、难点。

三、教育科技人才一体化促进新质生产力发展的机制保障

增强教育、科技、人才一体化促进新质生产力发展的机制保障,坚持问题导向,打通各环节堵点卡点;发挥中国特色社会主义制度优势,增进协同治理;强化产学研深度融合,充分发挥各要素积极作用;健全科学评价体系,增强发展实效,从而确保机制的稳定性、持续性、协调性。

(一)发挥制度优势构建协同治理体系

习近平总书记强调要"发挥市场经济条件下新型举国体制优势,集中力量、协同攻关"[①]。发挥制度优势,在教育、科技、人才一体化过程中促进新质生产力发展并增强战略力量。

一是始终坚持中国共产党的领导。中国共产党是教育科技事业发展的坚强领导核心,必须坚持和加强党的全面领导,确保教育、科技、人才工作的正确方向。党的集中统一领导能够为教育、科技、人才一体化发展提供前瞻性思考、全局性谋划、战略性布局,制定科学合理的政策和措施,推动各项工作有效开展。

二是发挥集中力量办大事的显著优势。高效配置科技力量和创新资源,能够在关键领域和重点工作上形成强大合力。在教育、科技、人才一体化发展中,注重整合各方资源和力量,形成协同推进的工作机制,由政府主导,企业、高校和研究机构等多方参与的合作机制,共同推进重大科技项目和技术创新;通过政策引导和社会动员,吸引更多社会资本和人才投入教育科技事

① 习近平:《论科技自立自强》,中央文献出版社,2023年,第102页。

业中来。

三是坚持以人民为中心的发展思想。教育科技人才工作归根结底是为了人民的利益和发展。始终坚持以人民为中心的发展思想，把满足人民对美好生活的向往作为出发点和落脚点。关注人民群众对教育科技的需求和期待，积极推进教育改革和创新发展，提高教育质量，培养更多高素质的人才。同时，加强科技成果转化和应用，推动科技创新成果惠及广大人民群众，促进社会进步和发展。

（二）坚持问题导向完善重点精准施策

问题是矛盾的外在表现，坚持问题导向，一切从实际出发，发现各环节不足之处，打通教育、科技、人才一体化促进新质生产力发展的堵点卡点。

一是推进教育领域基础研究，激发教育的原始创新活力。高水平研究型大学是基础研究的主力军，是原始创新的主战场和人才培养的主阵地。由图3-11，2009—2020年，我国高等学校基础研究经费从145.5亿元增长到近725亿元，增长约5倍，成为基础研究经费执行的主要部门。研究与开发机构基础研究经费从110.6亿元增长到573.9亿元，增长约5倍；企业基础研究经费从4.42亿元增长到95.6亿元，增长约21.6倍。习近平总书记指出："加强基础研究，是实现高水平科技自立自强的迫切要求，是建设世界科技强国的必由之路。"[①]没有强大的基础研究，很难做出关键核心技术，要优化高校学科专业布局，强化基础学科专业建设，加大教育基础研究资助力度，筑牢科技发展底层支撑力量。

---

① 习近平：《加强基础研究 实现高水平科技自立自强》，《求是》，2023年第15期。

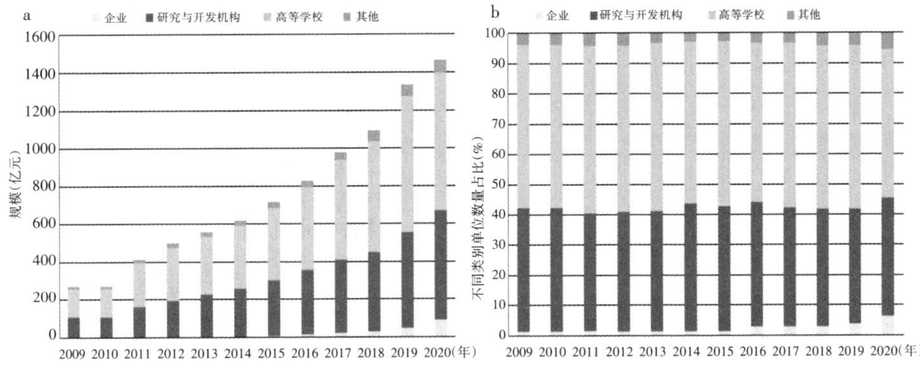

图3-11　中国基础研究执行部门规模(a)与结构(b)(2009—2020年)

二是重点领域科技攻关,促进高水平自立自强。新质生产力是由科技创新驱动而生成的一种新的生产力,科技高水平创新是教育、科技、人才一体化促进新质生产力发展的核心内容。加强原创性、颠覆性技术创新,开展重点领域科技攻关,实现高水平科技自立自强,从而进一步掌握市场主导技术,完善产业、市场布局,从而促进新质生产力发展。

三是完善科技型人才考核评价和激励机制,健全要素参与收入分配机制。激发知识、技术、管理等各生产要素活力,提高知识价值、能力创造在收入分配中的占比,营造"尊重人才、成就人才"的良好环境。

(三)强化产学研深度融合各方要素

2024年5月10日,2024创新中国行·千企进天津"发展新质生产力,助推京津冀协同发展"研讨会举行,会上强调,深化创新协同产业协作,加快构筑产学研融合创新生态。发扬本次会议主要理念,促进产学研深度融合,促进教育、科技、人才优势互补,助力新质生产力发展。产学研深度融合,是新质生产力发展的关键环节,能够促进教育链、科技链、人才链、创新链与产业链、资金链的紧密对接。进一步深度融合产学研各方要素,发挥各主体作用。

一是明确各方角色与定位。高校作为人才培养和科学研究的主要阵地,充分发挥其基础研究深厚、学科交叉融合的优势,培养具有创新精神和实践能力的人才，主动对接产业需求，调整学科专业结构，提升科研成果的转化能力；科研机构聚焦前沿科技问题和国家重大战略需求，开展高水平的基础研究和应用研究。通过与高校和企业的合作，加快科研成果的转化应用，推动科技创新和产业升级；企业作为技术创新的主体和市场需求的源泉，加大研发投入，建立健全技术创新体系，积极与高校和科研机构合作，共同开展技术攻关和产品研发，同时发挥市场导向作用，推动科技成果的产业化应用。

二是建设合作机制与平台。高校、科研机构和企业之间建立长期稳定的合作关系，通过签订合作协议、共建实验室或工程技术中心等方式，明确合作内容和目标，确保合作顺利进行；利用大学科技园、科技园区等载体，搭建产学研合作平台，促进科技创新资源的集聚和共享。平台可以为企业提供技术研发、成果转化、人才培养等全方位服务，推动产学研深度融合；合理确定各方利益分配，确保合作各方都能获得相应的回报。通过制定科学的利益分配机制，可以激发各方参与合作的积极性，推动合作向更深层次发展。

三是推动人才培养与交流。高校和企业可以联合制定人才培养方案，共同开展教学和实践活动。通过“双导师”制度、企业实习实训等方式，培养具有创新精神和实践能力的高素质人才；加强人才交流，鼓励高校和科研机构的教师、科研人员到企业兼职或挂职锻炼，了解市场需求和产业发展趋势；同时，也可邀请企业专家到高校和科研机构开展讲座、指导科研工作，促进产学研各方的深入交流和合作。

（四）健全科学评价体系提升发展成效

评价体系的健全，不仅有利于发掘教育、科技、人才一体化促进新质生产力发展的内涵、了解发展状况，更有利于检验机制建设成效，为进一步优化举措提供数据支撑。

一是加强成效评价理论研究。通过深入研究一体化发展的内在规律、作用机制和影响因素，可以明确评价的目标、内容和标准，为实践提供科学的指导，关注一体化发展的阶段性特征和长期趋势，为制定长期发展规划和战略提供理论依据，有助于将有限的资源投入最需要、最能产生效益的领域，提高资源使用效率。

二是完善评价指标认定方式。构建多元化的评价指标体系，涵盖教育、科技、人才等多个方面，全面反映一体化发展的各个方面和层次，确保评价的全面性和准确性。在认定方式上，应注重量化指标与质性指标的结合。量化指标如科研成果数量、人才培养质量等可以通过具体数据来衡量；而质性指标如创新能力、团队协作等则需要通过深入观察、访谈等方式进行评估。

三是促进评价标准相互渗透。打破教育、科技、人才等领域的界限，实现评价标准的相互融合和贯通。这有助于形成统一的评价标准和体系，避免各自为政、重复评价等问题。通过评价标准的相互渗透，可以促进教育、科技、人才等领域的协同发展。各领域之间可以相互借鉴、相互支持，形成良性互动和共赢局面。

四、结语

新质生产力的发展离不开因地制宜的开拓创新，更离不开教育、科技、人才的一体化协同推动，重视挖掘教育、科技、人才的一体化促进新质生产力发展的内在逻辑，彰显各领域的密切联系，进一步推动发展机制的形成与构建，以中国特色社会主义制度优势作为强大的制度保障支撑力量，坚持问题导向，着力打通堵点卡点，以产学研深度融合促进各领域紧密对接，以科学评价体系衡量发展成效，进一步发展更高质量、更有效率、更加公平、更可持续、更为安全的新质生产力。

参考文献：

1.《马克思恩格斯文集》(第三卷)，人民出版社，2009年。

2.《列宁全集》(第39卷)，人民出版社，2017年。

3.《高举中国特色社会主义伟大旗帜为全面建设社会主义现代化国家而团结奋斗：在中国共产党第二十次全国代表大会上的报告》，《人民日报》，2022年10月26日。

4.《习近平在中共中央政治局第十一次集体学习时强调加快发展新质生产力，扎实推进高质量发展》，《人民日报》，2024年2月2日。

5.习近平：《加快建设科技强国 实现高水平科技自立自强》，《求是》，2022年第15期。

6.习近平：《加强基础研究实现高水平科技自立自强》，《求是》，2023年第15期。

7.习近平：《论科技自立自强》，中央文献出版社，2023年，第102页。

8.《毛泽东选集》(第一卷)，人民出版社，1991年。

9.《邓小平文选》(第一卷)，人民出版社，1994年。

10.郑庆华：《打造“不设天花板”的基础学科拔尖创新人才培养空间》，《中国高等教育》，2022年第12期。

11.《中共中央关于进一步全面深化改革 推进中国式现代化的决定》，《人民日报》，2024年7月22日。

12.《深学深用习近平总书记重要讲话精神在发展新质生产力上善作善成》，《天津日报》，2024年5月18日。

13.《江泽民文选》(第二卷)，人民出版社，2006年。

14.《胡锦涛文选》(第二卷)，人民出版社，2016年。

从天津各界人民代表会议看中共地方民主建政的成功探索

薛树海　乔贵平

摘要:新中国成立初期,各界人民代表会议是地方民主政权建设的重要组织形式。天津市各界人民代表会议制度的确立是在特定的背景下,遵循中央顶层设计,探索出的一条符合地方实际的民主建政道路,其在代表资格、产生方式和群体结构上充分体现出政治参与的广泛性。天津市各界人民代表会议的成功实践,对促进社会变革、巩固发展人民民主统一战线、奠定人民代表大会基础、推动全过程人民民主的生根发芽具有重要作用。

关键字:各界人民代表会议;天津;政治参与;全过程人民民主

新中国成立初期,为加强民主政权建设,中国共产党通过召开各界人民代表会议启发群众的民主意识,锻炼民众的政治参与能力,为人民代表大会

基金项目:天津市哲学社会科学规划项目"新时代中国特色社会主义意识形态认同问题研究"(TJBXG19-004)。

作者简介:薛树海,天津师范大学政治与行政学院硕士研究生;乔贵平,天津师范大学政治与行政学院教授。

的召开奠定了坚实的政治基础。1949—1953年,天津市军事管制委员会和市人民政府根据中央"在普选的地方人民代表大会召开以前,由地方各界人民代表会议逐步地代行人民代表大会的职权"[①]的指示,依托各界人民代表会议,加强与人民群众联系,广泛征求各界意见,完成了一系列社会改革运动,巩固和发展了人民民主统一战线,实现了各界人民代表会议向人民代表大会的历史转变。

目前学界对新中国成立之初各界人民代表会议这一课题,已取得一定的成果。既有研究主要从宏观角度论述了各界人民代表会议的顶层设计、体制建构和动态演进过程;[②]又或以北京、重庆、武汉、广东等省市为个案入手,进行了详细探究。[③]不过,关于天津市各界人民代表会议的研究尚属空白。因此,本文试图以地方史料和报刊资源为基础,从制度确立、代表情况、代表的思想动态与政治参与、历史作用四个维度对天津市召开各界人民代表会议的实践进行系统考察,以揭示新中国成立初期天津民主政治建设的成长历程。

一、天津市各界人民代表会议制度的确立

各界人民代表会议制度在天津的确立并不是一蹴而就的,而是在特殊背景下,经历了从各界代表会议到各界人民代表会议这一不断完善发展的

---

① 中共中央文献研究室编:《建国以来重要文献选编》(第1册),中央文献出版社,1992年,第4页。

② 主要研究成果有孙泽学:《毛泽东对民主建政的制度设计与指导——以各界人民代表会议为例》,《党的文献》,2015年第1期;陈凯:《一九四九年前后"各界人民代表会议"的确立与演变》,《中共党史》,2016年第11期;赵连稳:《毛泽东对民主建政的制度设计与指导——以各界人民代表会议为例》,《北京联合大学学报(人文社会科学版)》,2022年第3期。

③ 主要研究成果有吴继平:《北京市各界人民代表会议选举述论(1949—1953)》,《北京党史》,2008年第3期;黎见春:《从湖北各界人民代表会议看人民民主的成长》,《当代中国史研究》,2011年第1期;曾群芳:《论重庆市各界人民代表会议的产生及其历史作用》,《重庆社会主义学院学报》,2012年第4期;李丹:《试论新中国成立初期各界人民代表会议在广东省的践行》,《当代中国史研究》,2016年第2期。

过程。

(一)从各界代表会议向各界人民代表会议转变的现实需求

解放战争进入战略进攻阶段后,大批城市解放,建立革命秩序、维持社会治安成为中共首先考虑的问题。1948年11月30日,中共中央发出《关于新解放城市中成立各界代表会办法的规定》,要求"在城市解放后实行军管制的初期,应以各界代表会为党和政权领导机关联系群众的最好组织形式"①。产业工人是天津最先被集中起来召开各界代表会议的群体。1949年1月15日,天津解放后,华北总工会筹备会天津办事处立即派出七百多名干部,组成纺织、摩托、联勤等工作组到各工厂企业和各区中,对群众开展思想教育,动员职工选出自己的代表,成立职工代表会。在此基础上,1949年4月28日,天津市首届职工代表会议召开,刘少奇在会上指出:"工人代表会要组织好,有事多开会,把这种工作熟悉了,将来把各行各业组织起来,再合拢到一起,就是人民代表会,是政府的上级机关。"②根据这一指示,全市各产业工作委员会相继召开了产业、行业的职工代表会议,成立了铁路、纺织、海员、运输等工作委员会,发展会员达到89497人。同时,天津市民主青年联合会、民主妇女联合会、学生联合会也相继成立。这些产业工会和人民团体的建立,承担起政府与民众之间沟通的桥梁,成为人民政权开展城市工作的有力助手。

天津解放后,作为北方最大的工商业城市和重要的海陆交通枢纽,对支援正在进行的解放战争具有重要的战略意义。但中国共产党接管天津工作面临着很大的困难。一方面,由于天津长期在帝国主义、封建地主、官僚资本、国民党等反动势力的统治下,城市解放后,各种党、团、特务分子等反动残

---

① 中共中央文献研究室编:《建党以来重要文献选编》(第二十五册),中央文献出版社,2011年,第670页。

② 中共天津市委党史资料征集委员会、中共天津市委统战部、天津市档案馆编:《中国资本主义工商业的社会主义改造》(天津卷),中共党史出版社,1991年,第51页。

余仍然存在,使社会治安和人民民主权利受到严重威胁。同时,接管干部对城市情况不够熟悉,缺乏工作经验,只能按照旧政权的管辖区域,以市、区人民政府和街公所、间的组织形式进行管理,大幅削弱了国家权力对基层社会的控制与治理能力。另一方面,由于宣传不到位以及资本家受国民党反动派的欺骗宣传和谣言影响,误认为中国共产党的保护工商业的政策是"清算斗争资本家""平分工厂""私人经济没有前途",对复工复业、发放欠薪问题多采取推、拖、观望的态度,并借口存货无销路,或者没有现金,甚至"企图把过去损失加在工人身上",借口赔本关厂、缩小营业、解雇工人。[①]工人与资本家之间的劳资关系以及政府与私营工商业之间的公私关系一度十分紧张。这也反映出各界代表会议在协调不同界别利益上仍存在制度上的短板,因此召开覆盖界别和体现民意更加广泛的各界人民代表会议是十分必要和可行的。

(二)各界人民代表会议的顶层设计与制度建构

随着革命秩序的建立,生产恢复走上轨道,各种职业团体陆续成立,天津市召开各界人民代表会议的条件逐渐成熟。1949年8月30日,天津市军事管制委员会及天津市人民政府发布"关于召开天津市各界代表会议的决定",确定了会议的议程、名额及代表产生方法,并鼓励各界代表在会前广泛收集意见,做好提案准备工作。为加强华北人民民主专政的政权建设,1949年10月,中共中央华北局发布"建立村区县三级人民代表大会或各界人民代表会议的决定",明确要求"待各界人民组织均已建立后,再召开正式的人民代表大会,选举各该市人民政府,成为人民的经常的民主制度"。[②]因此,各界代表会议作为人民代表大会的雏形和前身,在军管时期,成为地方政府广泛联系

① 中共天津市委党史资料征集委员会编:《天津接管史录》(上卷),中共党史出版社,1991年,第18页。

② 《建立村区县三级人民代表大会或各界人民代表会议的决定》,《天津日报》,1949年10月27日。

群众、依靠群众办事的重要组织形式。天津根据实际情况，于1950年1月，制定了《天津市各界人民代表会议组织条例（草案）》，对各界代表会议的代表名额、代表资格、代表产生方式、任期以及会议和市各界人民代表会议协商委员会的职权等事项进行了具体规定。此外，中共中央对开好各界人民代表会议也十分重视，先后颁布了《市、县、省各界人民代表会议组织通则》《大城市各界人民代表会议组织通则》和《关于十万人口以上的城市召开区各界人民代表会议的指示》等规定，为地方政府召开各界人民代表会议奠定了组织和法律基础。

二、天津市各界人民代表会议代表的情况

代表作为各界人民代表会议的参与主体，是沟通党和政府与民众之间的桥梁，肩负着从下而上反映群众意见、从上而下传达政府政策的职责。因此，代表的资格、产生方式和群体结构是否合理，直接关系到各界人民代表会议这一制度建构的有效性。

（一）代表资格

天津市各界人民代表会议特别注意代表资格的人民性与广泛性。首先，具有人民身份是当选代表的首要条件。天津市各界人民代表会议组织条例规定："凡反对帝国主义、封建主义、官僚资本主义，赞成共同纲领，年满十八岁之人民，除患精神病及褫夺公权者外，不分民族、阶级、性别、信仰，均得当选为代表。"[①]这一规定将反动分子排除在外，有利于巩固新生的民主政权。其次，各界人民代表会议的参加单位及代表名额充分体现人民民主的广泛性。以天津市第二届各界人民代表会议为例，参会名额划分为：党派代表9

---

① 《天津市各界人民代表会议组织条例（草案）》，《天津日报》，1950年1月17日。

名;各类社会团体代表221名;军政机关代表(包括公安总队)60名;工商界、农民、医务工作者、军属代表共91名;回民代表5名。[①]通过吸纳各界别人士共事议事,进一步扩大了人民政权的影响力和号召力,提升了各界民众对新政权的政治认同。

(二)代表的产生方式

代表的产生方式随着普选条件的逐步完善,呈现出动态化的演变过程。从具体实践来看,主要方式有选举、推举和聘请三种。天津市第一、二届各界人民代表会议,代表产生的方式为推举和聘请。推举是各民主党派、各人民团体、驻派在津的各机关及部队,依据所分得的名额,在各自系统内部协商和选派出席会议的代表。聘请的代表主要是工商界、农民、医务工作者、军属代表以及有名望的社会人士,他们没有固定的组织团体,但考虑其在社会中的特殊影响,一般经军管会、市人民政府和协商委员会商定,出面聘请出席会议。以首届各界人民代表会议为例,各党派团体推选产生代表287名,军管会及市政府聘请的各界代表共137名。到第三届各界人民代表会议筹备期间,代表产生的方式上已转变为选举为主,推举、聘请为辅的模式。据1950年12月天津市二区各界人民代表会议筹备委员会统计,在选举产生居民代表947人的基础上,进一步通过协商方式推选出区代表83人。[②]随着制度化建设的深入和三大运动的锻炼,人民群众的参政、议政意识普遍提高。据1953年2月宝坻县统计数据,由人民选举的代表占95%以上。[③]由此可见,在普选条件尚不成熟时,天津市各界人民代表大会的代表产生方式并未局限于选举民主,而是更注重实际民主,使广大人民群众能够参与到政治生活中,真

---

① 《代表产生及报到办法》,《天津日报》,1950年1月4日。

② 陈中和:《二、四、十区各代会 居民代表选举完竣》,《天津日报》,1950年12月21日。

③ 《华北农村人民民主觉悟空前提高 给实行普选创造了良好的条件》,《天津日报》,1953年4月22日。

正意义上实现人民当家作主。

(三)代表的群体构成

代表的群体结构可分为界别结构、党派结构和性别结构三种,从不同侧面反映出人民民主的真实面相。[①]

从代表的界别分布看,天津市各界人民代表会议的代表具有明显的广泛性。如首届会议各界代表名额共360名,其中工人100名,学生、教职员、工程师及其他文化工作者近一百名,工商界六十余名,军政机关代表、农民代表和少数民族等代表也占有适当的名额。这种代表的广泛性,既能表达出各界的利益诉求,又能从专业的角度提出合理化意见与建议,促进社会各界与政府之间的良性互动。

从代表的党派构成来看,民主党派和负有声望的无党派民主人士占有一定的比重。以天津市第三届各界人民代表会议为例,无党派人士共15人,其中包括中共代表3人、民革代表3人、民盟代表3人、民建代表3人、青年团代表3人。[②]此外,天津市委和市协商委员会又特邀社会各界代表性人士27名。这充分体现出各界人民代表会议作为人民民主统一战线组织,对团结各民主党派及民主人士具有不可替代的作用。

从代表的性别比例来看,广大妇女享有与男性平等的参政权利。天津市第一届各界人民代表会议中,妇女代表占到六分之一。女医生代表俞霭峰说:"使我最感动的,就是这次出席大会中男女代表的比例,在三百六十多位代表中,就我在会场中所见的妇女也占着很多的人数,只这一件小事,就说明了在解放后妇女地位已经提高,而且是被重视了。"[③]许多妇女关心的保育、婚

① 黎见春:《从湖北各界人民代表会议看人民民主的成长》,《当代中国史研究》,2011年第1期。

② 《本市三届各界人民代表会议 代表名额分配确定》,《天津日报》,1951年1月6日。

③ 《妇女代表兴奋地说 过去政权属少数人现在是民主大团结》,《天津日报》,1949年9月6日。

姻、家庭等问题以提案的形式得到大会讨论及落实，进一步激发了各阶层、各行业妇女参与国家管理和各种建设事业的热情。

三、代表的思想动态与政治参与

经过各界人民代表会议的实践，不同界别代表增强了对中国共产党的政治认同，开始紧密围绕在党和政府周围，积极联系群众，为人民服务，巩固民主政治建设的成果。

（一）代表的思想动态

各界别代表由于过去社会基础不同，在当选代表后，心态上呈现出明显差异。但总的来看，均表达了对新政权的拥护与认可。

一方面，以农民、工人为代表的基层群众，在当选代表后与自身命运转变联系起来，对新政权感激不尽。如运输工人李祺说："过去当代表的都是些有钱有势的人，他们拿洋钱钞票竞选，还不是来压迫咱们。今天能够选举咱们三轮车工人当代表，真是做梦也想不到的事。"[①]店员代表王海说："这个会与过去不同，国民党在过去压迫统治我们，帝国主义官僚资本家压迫我们，抬不起头来，现在共产党领导我们翻了身，我们也能在市政会议上参加意见，把群众的意见提到大会上来，把政府的指示传达到群众中去。"[②]广大底层人民翻身解放，政治参与的积极性和主动性受到鼓舞，开始自觉地在群众中起带头作用，投身"建设新天津，建设新中国"的进程中。

另一方面，工商界人士和社会民主人士当选代表后，对新政权表现出高度的政治认可。例如，启新洋灰公司协理姒南笙等人一致表示："过去国民党

---

① 《工人及工业界发表感想和期望》，《天津日报》，1949年9月2日。

② 《克服困难搞好生产》，《天津日报》，1949年9月7日。

统治时期的‘参议会’是御用机关，根本不能代表民意，大家有意见也不敢提出，因为提出来不但没人接受，且常常遭到迫害；而解放后，人民政府却无时不希望大家提意见，有问必答，这一次各界代表齐集一堂，相信更能进一步加强政府和群众的联系，有助于新天津的各项建设工作。”[①]特别是天津市首届各界人民代表大会通过《关于劳资关系暂行处理办法》后，资本家的疑虑打消，创办企业、投资建厂、扩大生产的信心大幅提升。如银钱业代表张丙生在参会后说：“津市私营钱庄之未来出路，应该把贷款对象，从商业转到工业上去，帮助国家工业建设。”[②]

（二）代表的政治参与

各界人民代表会议体现了人民民主与国家意志的统一，从“全过程”保证了代表的政治参与。

首先，代表在会前广泛征求所在行业、区域或群体的意见和建议，汇总整理为提案后，向大会筹委会提交。如劳动妇女代表召开劳动妇女座谈会，“会上大家一致认为应向政府建议，今后多设立贫民学校，以增加劳动人民子女的学习机会”；津沽区农垦管理局职工代表王心田当选代表后，通过座谈形式，将征求意见综合整理为“绿化天津市，大力推行植树造林”“增设公共厕所，加强粪便运输，以重卫生解决乡村肥料问题”等多项提案。[③]这些提案的内容多聚焦群众切身利益相关的问题与迫切需要政府解决的社会难题，如果提案得到大会讨论或者被政府采纳，会进一步激发参会代表政治参与。如1950年天津市各界人民代表会议二届一次会议共收到提案376件，经提案审查委员会分类处理，交由政府相关部门执行完毕后，到三届一次会议提案增

---

① 《在政府领下发挥各界力量克服困难把工商业发展起来》，《天津日报》，1949年9月1日。

② 王文源：《银钱业昨传达各界代表会决议》，《天津日报》，1949年9月16日。

③ 高晋贤、张印三等：《广泛征集人民的意见与要求 津工商医务妇女各界代表 纷纷集会准备提案》，《天津日报》，1949年9月3日。

加到2461件。[①]

其次,会议召开期间,代表出席会议,听取军管会及市政府关于施政方针、政策、计划及工作情况的报告,对政府具体工作进行讨论,提出批评与建议。如第三届各界代表扩大联席会议中,学生代表王兰成说:“前几天我们开过学代会,代表全市大中学三万五千同学做出了拥护镇压反革命的决议,全体代表完全拥护政府关于镇压反革命的一切措施。”[②]四届一次各界人民代表会议中,工人代表特等劳动模范宋春化提议“新年即届,对在津休养的志愿军伤病员等,由本届会议推选代表前往慰问,并由有关方面组织文艺节目进行慰问演出”[③]。同时,代表也有对政府工作质询和对干部作风批评的监督权利。如天津市第九区首届各界人民代表会议,16个发言的代表中有6人直接对个别干部官僚主义、强迫命令等脱离群众作风进行了批评与检举。[④]这表明代表充分信任政府,敢于指正偏离人民利益的思想观念和行为,较好地履行了代表职责。

最后,闭会期间,代表负责向民众传达并解释会议精神、协助政府推行具体工作布置、组织群众进行生产建设。如天津首届人民代表会议的成果之一是成立“水灾救济委员会”,以便迅速展开工作,救济各县受灾人民。会后,私营银钱业召开会员大会,“讨论如何援助津郊受灾农民,当场决定尽可能大量捐助,该会理事长王西铭当场宣布捐款一百万元,中太钱庄与全聚厚钱庄也各捐一百万元,其他之各钱庄决定在今晚以前将捐款数目交到银钱业公会”[⑤]。市商业整理委员会开会,代表毕鸣岐向参会委员“传达此次津市得以平安度过汛期,与四外各县农民自我牺牲有十分重要的关系……我们全天津

---

① 天津市地方志编修委员会编:《天津通志》(政协民主党派志),天津社会科学院出版社,2000年,第70页。

② 《市区各界代表纷纷发言 同声要求镇压反革命》,《天津日报》,1951年3月30日。

③ 《津市四届一次各界人民代表会议代表发言摘要》,《天津日报》,1952年12月31日。

④ 《检查干部作风代表深受感动》,《天津日报》,1950年8月27日。

⑤ 王文源:《银钱业昨传达各界代表会决议》,《天津日报》,1949年9月16日。

市商民应该积极救灾，并且宣传给各阶层起来发起捐助”[1]。这也从侧面说明了代表所肩负的宣传和动员作用。

四、天津市各界人民代表会议的历史作用

天津市各界人民代表会议的普遍召开，有力推进了镇压反革命、抗美援朝等一系列社会改革运动的开展，巩固发展了人民民主统一战线，奠定了人民代表大会制度的基础，深化了中国共产党探索全过程人民民主的丰富内涵。

（一）促进了社会改革的开展

天津市各界人民代表会议制度的确立对人民政府各项中心工作的开展，起到积极的促进作用。首先，各界代表广泛的政治参与弥补了城市干部不足的问题。1949年10月，薄一波在华北局向中央的报告即指出“一个各界代表会议，可以当几百几千干部用”[2]。其次，土地改革、“三反”“五反”等社会变革作为历届会议的核心议题，得到了各界代表的一致拥护。如1951年2月召开的天津市三届二次各界人民代表会议通过了《关于拥护镇压反革命报告的决议》；1952年12月的四届一次会议通过了《关于继续加强抗美援朝工作的决议》。此外，各界人民代表会议制定、通过了一系列法规，为天津市的经济恢复和生产建设提供了法律保障。如天津市二届三次各界人民代表会议，通过了《天津市人民政府财政经济委员会公私关系调整处理委员会组织条例》和《天津市公私企业间关于订立加工包销订货代理业务契约暂行准则》，为调整公私关系、处理公私纠纷提供了准绳，对促进资本主义工商业的社会主义改

---

① 让松、文第、邹仆：《号召商民积极动员救济灾农》，《天津日报》，1949年9月11日。

② 中共中央文献研究室编：《建国以来重要文献选编》（第一册），中央文献出版社，1992年，第28页。

造具有重要意义。[①]

(二)巩固发展了人民民主统一战线

人民民主统一战线在各界人民代表会议这一民主政治实践中得到进一步巩固和发展。天津市各界人民代表会议的代表包括了各民主党派、各人民团体、各界民主人士和其他爱国分子,形成了最广泛的人民民主统一战线。一些民主党派和无党派民主人士在人民政府中担任重要职务,参与人民政权建设工作,生动反映了中国共产党团结各民主党派共同奋斗,共同创建新天津的实际进程。如民建代表资耀华在天津市三届一次各界人民代表会议发言:"从参加本届代表会议代表的产生方法上看,是真正发扬了民主精神,大多数代表是由人民自己选举出来的。再从代表的成分上看,也有它广泛的民主性。因为各阶层的人民都有自己的代表参加了这次会议,这足以说明我们天津市的一百八十万人民都真正掌握了人民民主权利、巩固了人民民主统一战线的组织形式。"[②]

(三)奠定了人民代表大会的基础

各界人民代表会议是人民民主政权的重要组织形式,其最终目的是过渡到人民代表大会。在各界人民代表会议的实践中,民众的民主意识得到启发、政治参与的能力获得锻炼,已经具备选举自己利益代言人的能力。正如新华社1953年3月4日报道:"在各地举行各界人民代表会议时,广大人民积极参加选举,认真地选出能够代表他们意志的代表人物,并通过这些代表选举省、县、乡(村)各级人民政府委员会,为实行普选,召开地方各级人民代表大会和全国人民代表大会奠定了良好的基础。"[③]从1953年6月至11月底,天

① 《各界人民代表会议开幕 黄市长报告当前三大任务》,《天津日报》,1950年5月24日。

② 资耀华:《津市三届各界人民代表会议第一次大会代表发言》,《天津日报》,1951年2月4日。

③ 《全国人民经过几年民主建政锻炼 具有民主选举初步经验》,《天津日报》,1953年3月4日。

津市市内各区及塘沽区的民主普选运动陆续开展，全市1240019名选民参加了选举，占到选民总人数的94.4%，共选出区人民代表大会代表1426名。[①] 1954年8月9日，天津市人民代表大会第一届第一次会议召开，这标志着各界人民代表会议完成了向人民代表大会的历史转变，社会主义民主和法治建设已经进入一个更加巩固和更加完善的新阶段。

（四）推进了全过程人民民主的生根发芽

各界人民代表会议是马克思主义基本原理同中国具体实际相结合的产物，是中国共产党探索全过程人民民主的初步实践。首先，参会代表来自社会各界，代表着不同界别、群体的利益诉求，充分体现了各界人民代表会议广泛的民主性。其次，各界人民代表会议从巩固政权、发展生产和社会治理等核心主题出发，通过会前提案收集、会议表决决策、会后传达落实的全过程保证了代表的政治参与，实现了过程民主与实质民主的统一和人民民主的彻底性。最后，依托各界人民代表会议这一良性互动的平台，党和政府的路线、方针、政策能够及时获得民意反馈，对加强党的领导、提升政府治理能力、密切党与人民群众的联系、树立党和政府的威信、巩固人民政权具有重要的推动作用。

总之，各界人民代表会议作为过渡时期一条符合中国实际国情的民主建政道路，开创了中国共产党带领人民群众探索全过程人民民主的伟大开端。

---

① 天津市地方志编修委员会编：《天津通志》（政协民主党派志），天津社会科学院出版社，2000年，第14页。

中国式现代化视域下邓小平政德思想及其时代价值

杨　肖

摘要:改革开放和社会主义现代化建设新时期是推进中国式现代化的重要阶段。进入改革开放新时期,以邓小平同志为主要代表的中国共产党人,在新形势下对政德建设作了全面深入的理论和实践探索,形成了邓小平政德思想。这一思想对新时期党员干部政德提出了新要求,强调在干部选拔任用中加强对"德"的考察,反对领导干部特殊化。邓小平政德思想丰富了政德理论的内涵,为新时期政德建设提供了理论指导和实践路径,对于在新时代推进中国式现代化具有重要价值和启示。

关键词:邓小平;政德建设;中国式现代化;新时代

中国式现代化是物质文明和精神文明相协调的现代化。推进中国式现代化,加强精神文明建设,对党员干部政德水平提出了更高要求。2018年3月,习近平在参加十三届全国人大一次会议重庆代表团审议时提出,领导干

作者简介:杨肖,中共天津市委党校中共党史教研部副主任、副教授。

部在新时代要立政德，做到明大德、守公德、严私德。此后，习近平就加强政德建设作了进一步阐述。邓小平在领导推进中国式现代化的过程中，重视加强党员干部政德建设，进行了深入的理论探索，形成了邓小平政德思想，为新时代政德建设奠定了重要的理论基础。邓小平政德思想对于推进新时代党的政德建设、中国式现代化具有重要价值和意义。

一、践行大德：厉行共产主义道德，坚持四项基本原则

在推进中国式现代化的过程中，邓小平强调要一手抓社会主义物质文明建设，一手抓社会主义精神文明建设。他指出，社会主义精神文明包括“共产主义的思想、理想、信念、道德、纪律，革命的立场和原则，人与人的同志式关系，等等”[①]。推进改革开放和社会主义现代化，建设社会主义精神文明，对党员干部加强政德特别是践行大德提出了更高要求。

（一）党员干部要践行共产主义道德

社会主义现代化是实现共产主义的必经阶段。实现社会现代化，要求党员干部必须具备、践行共产主义道德。在推进社会主义现代化建设过程中，邓小平高度重视党员干部道德建设，强调党员干部要认真践行共产主义道德。他指出，要教育全党同志坚持共产主义思想和共产主义道德。

共产主义道德是社会主义精神文明建设的重要组成部分，是推动社会进步和人的全面发展的重要力量。作为党员干部，践行共产主义道德是其基本职责和使命。邓小平指出：“用共产主义道德约束共产党员和先进分子的言行。”[②]进行社会主义现代化建设，要求党员干部要具备高尚的共产主义道德

① 《邓小平文选》（第二卷），人民出版社，1994年，第367页。

② 《邓小平文选》（第二卷），人民出版社，1994年，第367页。

品质。否则，会严重影响社会主义建设。邓小平强调："没有共产主义思想，没有共产主义道德，怎么能建设社会主义？"[①]1980年12月，邓小平在中央工作会议上指出："党和政府愈是实行各项经济改革和对外开放的政策，党员尤其是党的高级负责干部，就愈要高度重视、愈要身体力行共产主义思想和共产主义道德。"[②]邓小平强调，党员干部要带头践行共产主义道德，以身作则，影响和带动全社会形成良好的道德风尚。邓小平认为，党员干部践行共产主义道德，不仅要在思想上有所认识，更要在行动上有所体现。他提倡党员干部要通过学习、实践和自我修养，不断提高自己的道德水平。同时，要积极参与社会主义精神文明建设，推动形成全社会共同遵守的道德规范。他还提出，党员干部践行共产主义道德，是实现社会主义现代化建设目标的重要保证。他倡导党员干部要以共产主义道德为准绳，不断提高自身的政治觉悟和道德水准，为推动社会主义事业的发展贡献力量。同时，要坚决反对诋毁共产主义道德的错误言行。针对有人对革命口号进行荒唐"批判"，一些党员不去抵制反而支持的情况，邓小平指出："每一个有党性、有革命性的共产党员，难道能够容忍这种状况继续下去吗？"[③]因此，党员干部必须同扭曲、否定、违反共产主义道德的错误现象作斗争。

践行共产主义道德，必须坚定理想信念。理想信念提供了道德行为的方向和目标，是党员干部政德修养中应当遵循的根本原则。党员干部具有坚定的理想信念，也是推进社会主义现代化的重要保障。在改革开放新时期，邓小平对党员干部在坚定理想信念方面提出了重要要求。邓小平总结党的历史经验指出，我们党"一直有强大的战斗力，因为我们有马克思主义和共产主义的信念"[④]。他还指出："我们多年奋斗就是为了共产主义，我们的信念理想

① 《邓小平文选》(第二卷)，人民出版社，1994年，第367页。
② 《邓小平文选》(第二卷)，人民出版社，1994年，第367页。
③ 《邓小平文选》(第二卷)，人民出版社，1994年，第367页。
④ 《邓小平文选》(第三卷)，人民出版社，1993年，第144页。

就是要搞共产主义。”[①]坚定的理想信念是党员干部进行道德追求的基础。党员干部的道德追求不仅是个人品质的体现，更是其理想信念的具体实践。邓小平要求，党员干部要树立共产主义理想，坚定共产主义信念。在实行改革和对外开放政策的同时，党员尤其是党的领导干部，应更加重视共产主义理想的实践，将理想信念和道德追求统一起来，形成一种内在的精神力量和行为准则，来推动社会主义事业的发展。

（二）党员干部要坚持四项基本原则

党员干部加强政德修养，做到明大德，必须坚持政治原则，保持坚定政治立场。邓小平提出的坚持四项基本原则是现阶段党的基本路线的重要组成部分，对于指导加强党员干部政德建设具有重要意义。1979年3月，邓小平在党的理论工作务虚会上指出："中央认为，我们要在中国实现四个现代化，必须在思想政治上坚持四项基本原则。这是实现四个现代化的根本前提。"[②]这是新时期党对党员干部明大德提出的重要要求。

邓小平强调："离开坚持四项基本原则，就没有根，没有方向。"[③]邓小平强调坚持四项基本原则，即坚持社会主义道路，坚持无产阶级专政，坚持共产党的领导，坚持马克思列宁主义、毛泽东思想，是立国之本，这既是对理想信念的坚守，也是对党员干部政德追求的重要要求。邓小平要求党员干部在任何时候和任何情况下都要坚定不移地坚持四项基本原则，这是党员干部必须具备的基本政治素质，也是党员干部坚定政治立场的重要体现。邓小平强调，党员干部必须坚定不移地走社会主义道路，这是国家发展的根本方向，任何时候都不能动摇对社会主义的信念。在实际工作中，党员干部要坚持社会主义，贯彻落实基本路线，确保各项政策措施都符合根本政治原则。邓小平强

① 《邓小平文选》（第三卷），人民出版社，1993年，第137页。

② 《邓小平文选》（第二卷），人民出版社，1994年，第164页。

③ 《邓小平文选》（第二卷），人民出版社，1994年，第278页。

调，党员干部必须深刻理解无产阶级专政在社会主义国家中的重要性，强调必须“依靠无产阶级专政保卫社会主义制度”，“运用人民民主专政的力量，巩固人民的政权”。[①]他要求党员干部要保持高度的政治警觉性，警惕、抵制一切破坏社会主义的各种错误思想和行为。邓小平指出，坚持社会主义道路，必须坚持党的领导。他强调：“坚持四项基本原则的核心，就是坚持党的领导。”[②]党员干部在政治上必须保持清醒和坚定，要坚决维护党的领导地位，维护党的团结统一，确保党的路线、方针、政策得到贯彻执行。邓小平提出，坚持四项基本原则是立国之本，其中之一就是坚持马克思列宁主义、毛泽东思想，这是党员干部必须遵循的政治准则。他要求，党员干部要将马克思列宁主义、毛泽东思想作为行动指南，用来指导社会主义现代化建设和改革开放的实践；必须深入学习马克思列宁主义、毛泽东思想，理解其基本原理和精神实质，不断提高自己的理论素养；鼓励党员干部根据新情况、新问题进行理论创新和实践探索。坚持四项基本原则，还必须同各种错误倾向作斗争。邓小平强调，党员干部要勇于同各种违背四项基本原则的错误倾向作斗争，包括资产阶级自由化、个人主义、分散主义等，特别是要反对资产阶级自由化。邓小平指出：“必须反复强调坚持这四项基本原则，因为某些人（哪怕只是极少数人）企图动摇这些基本原则。这是决不许可的。每个共产党员，更不必说每个党的思想理论工作者，决不允许在这个根本立场上有丝毫动摇。”[③]他强调，“党员干部要用巨大的努力同怀疑四项基本原则的错误思潮作坚决斗争”。邓小平提出，党员干部必须坚持社会主义方向，坚持正确的政治方向，始终保持清醒的头脑，警惕和抵制资产阶级自由化思潮的侵蚀，抵御西方资产阶级思想文化的侵蚀，不能因为资产阶级自由化思潮的影响而偏离社会主义道路，确保社会主义现代化建设的正确方向。

---

① 《邓小平文选》（第三卷），人民出版社，1993年，第379页。

② 《邓小平文选》（第二卷），人民出版社，1994年，第342页。

③ 《邓小平文选》（第二卷），人民出版社，1994年，第173页。

二、严守公德：领导就是服务，以人民利益为最高准绳

在领导推进中国式现代化的过程中，邓小平要求党员干部必须始终坚持、认真践行党的宗旨，树立鲜明的全心全意为人民服务的价值取向，努力为人民群众谋利益。这既是对党员干部党性修养的要求，也是对党员干部遵循公德的重要要求。邓小平具有深切的人民情怀，曾深情地指出“我是中国人民的儿子”①。邓小平强调，进行社会主义现代化建设就是要提高人民生活水平，实现人民利益，社会主义的目的就是实现人民的共同富裕。

（一）领导就是服务

邓小平创造性地提出“领导就是服务”的重要论断，要求党员干部时刻牢记自己是人民公仆，努力践行党的宗旨。为民服务、公仆意识是党员干部政德的重要组成部分，也是党员干部公德的核心要求。1985年5月，邓小平在全国教育工作会议上，对热衷于发指示、说空话而不为群众干实事的作风进行了严肃批评，并深刻地指出：“什么叫领导？领导就是服务。”②这一重要论断，不仅体现了党的根本宗旨，也是对马克思主义领导观的高度凝练和精辟概括，丰富和发展了中国共产党人的政德要求。

全心全意服务群众，正确行使权力，是对党员干部的基本要求，也是推进中国式现代化的应有之义。领导的权力来源于人民，因此领导干部必须对人民负责，用手中的权力为人民谋利益，解决人民的实际问题，而不是利用权力谋取私利。邓小平关于“领导就是服务”的重要论断，强调领导的核心是服务，而不是权力的体现或地位的象征。领导的真正作用在于为人民服务，满

---

① 胡锦涛：《在邓小平同志诞辰100周年纪念大会上的讲话》，人民出版社，2004年，第8页。

② 《邓小平文选》（第三卷），人民出版社，1993年，第121页。

足人民的需求。1983年10月，邓小平在党的十二届二次全会上指出："要使全党在思想上政治上和精神状态上有显著的进步，党员为人民服务而不谋私利的觉悟有显著的提高，党和群众的关系有显著的改善。"[①]邓小平还提出，领导干部是人民的公仆，他们的权力来自人民，必须为人民服务。这强化了领导干部的道德感、责任感和使命感，要求领导干部必须强化政德意识和责任意识，始终把人民的利益放在首位，致力于提高人民的生活水平和福祉。党员干部要做到切实服务群众，必须反对官僚主义。因为，官僚主义损害群众利益，忽视群众诉求，危害党群关系。邓小平指出："官僚主义现象是我们党和国家政治生活中广泛存在的一个大问题。"[②]他指出，开展政治体制改革的目标之一，就是"克服官僚主义，提高工作效率"。他强调："要搞四个现代化，把社会主义经济全面地转到大生产的技术基础上来，非克服官僚主义这个祸害不可。"[③]邓小平还总结了官僚主义二十多种表现形式和危害。反对官僚主义彰显了党同人民群众始终保持血肉联系的坚定决心，也是对党员干部的重要要求。

（二）以人民利益为最高准绳

建设中国特色社会主义，关键在于实现好、维护好、发展好人民群众的根本利益。邓小平认为，党员干部的工作必须以人民的利益为最高准则。他提出："中国共产党员的含意或任务，如果用概括的语言来说，只有两句话：全心全意为人民服务，一切以人民利益作为每一个党员的最高准绳。"[④]这是对党员干部政德、价值取向、行为准则提出的重要要求。

党员干部工作的出发点和落脚点都应该是人民群众的利益。这是党的

---

① 《邓小平文选》（第三卷），人民出版社，1993年，第38页。

② 《邓小平文选》（第二卷），人民出版社，1994年，第327页。

③ 《邓小平文选》（第二卷），人民出版社，1994年，第150页。

④ 《邓小平文选》（第一卷），人民出版社，1994年，第257页。

根本宗旨和执政理念的体现，也是每一位党员干部应时刻铭记于心的使命和责任。邓小平指出："我们是为人民群众的利益而工作。""我们得到了人民群众的信任的时候，这对于共产党员说来，就是最高的奖励。"[①]群众的信任不仅是党员干部个人价值的最高体现，也是党的事业不断取得胜利的重要保障。党员干部应努力为人民群众谋福利、增福祉，以赢得群众的信任和拥护。邓小平指出："一定要关心群众生活。这个问题不是说一句话就可以解决的，要做许多踏踏实实的工作。"[②]关心群众生活不仅仅是一个口号或承诺，更需要通过实实在在的行动和持续的努力来实现。邓小平还提出，要将"三个有助于"[③]，"作为衡量我们各项工作做得对或不对的标准"[④]。其中之一就是"是否有助于人民的富裕幸福"。

在推进中国式现代化的过程中，邓小平提出的很多重要论断都以实现人民利益为根本出发点和落脚点。如他提出了"发展是硬道理"的著名论断，强调只有经济发展了，才能解决社会主义建设中的各种问题，提高人民的物质文化生活水平；提出判断改革得失成败的标准"三个有利于"，其中之一即是否有利于提高人民的生活水平；强调社会主义的目标是实现共同富裕，鼓励一部分地区和人民先富起来，然后带动其他人共同富裕。邓小平要求，党员干部要将这些重要理论和相关政策贯彻落实到具体工作当中，努力实现和维护人民群众的利益。这是对党员干部守公德的重要要求。在工作和实践中，邓小平创造性地提出将"人民拥护不拥护、人民赞成不赞成、人民高兴不高兴、人民答应不答应"作为衡量工作的基本尺度，强调人民是工作价值的最高裁决者。群众的拥护与赞成是衡量政策和工作成效的重要指标。拥护一般指群众对于某一政策或决策的广泛支持和认同，赞成则更多体现在对实践、

① 《邓小平文选》（第一卷），人民出版社，1994年，第250页。

② 《邓小平文选》（第二卷），人民出版社，1994年，第27页。

③ 是否有助于建设有中国特色的社会主义，是否有助于国家的兴旺发达，是否有助于人民的富裕幸福。

④ 《邓小平同志论改革开放》，人民出版社，1989年，第72页。

做法或措施的认可。在中国式现代化的实践中，党员干部要始终将人民的拥护和赞成作为工作的出发点和落脚点。邓小平还强调，党员干部要深入群众，了解群众的需求和期望，把群众的利益放在首位，不断增强与人民群众的联系。要关心群众生活，解决群众面临的实际问题，如住房、教育、医疗等，提高群众的生活水平。要坚持党的群众路线，必须坚持一切依靠群众，从群众中来、到群众中去，尊重群众的首创精神。邓小平对党员干部提出的这一系列重要要求，进一步丰富了党员干部的政德规范，特别是明确了党员干部明大德的政德要求。

三、提升品德：加强道德修养，保持清正廉洁

严以律己、清正廉洁是党员干部最基本的政治要求和道德准则之一。推进中国式现代化，要求党员干部严守私德，重视品德修养，严以律己，廉洁自律，不能搞特殊化。这是新时期对党员干部政德的重要要求。邓小平强调，推进社会主义现代化，党员干部必须具备高尚的道德情操。同时，针对领导干部存在的特殊化现象，邓小平提出要坚决反对特殊化。

（一）加强道德修养，提升道德水平

改革开放后，由于西方资产阶级思想和作风的消极影响，以及封建主义腐朽思想的侵蚀，一些党员干部在道德上出现了问题，有的受拜金主义影响一切向钱看，有的搞极端利己主义，有的为了达到目的突破道德底线。针对这种情况，邓小平强调，在推进社会主义现代化建设的过程中，党员干部必须重视道德修养，提升道德水平，抵制错误思想的影响和侵蚀。

党员干部必须加强自身道德修养，以高尚的道德情操和浩然正气引领社会风尚。精神文明建设要求提升社会整体道德水平。党员干部作为社会一员，其道德修养水平的高低直接影响到社会整体的精神文明建设。邓小平强

调:“搞精神文明,关键是以身作则。”[①]这要求党员干部在推动社会主义精神文明建设的过程中,必须以身作则、率先垂范,在道德建设方面发挥模范带头作用。邓小平提出,必须大力培养、提倡社会主义道德风尚。邓小平指出:“培养和树立优良的道德风尚,为建设高度发展的社会主义精神文明做出积极的贡献。”[②]邓小平强调:“我们一定要在全党和全国范围内有领导、有计划地大力提倡社会主义道德风尚。”[③]作为党员干部,必须在培育、发扬社会主义道德风尚方面起到带头示范作用。邓小平强调,干部要有好的作风,“要敢说真话,反对说假话,不务虚名,多做实事;要公私分明,不拿原则换人情”[④]。这是邓小平对领导干部加强道德修养提出的重要要求。党员干部必须坚守诚实守信的原则,敢于说出真实情况,不隐瞒、不歪曲事实。党员干部要摒弃虚名浮利,应脚踏实地,重视实际工作和实际效果。党员干部必须严格遵守党纪国法,公私分明,按照原则办事。同时,要注意同思想道德方面的错误思潮作斗争。邓小平指出:“开放以后,一些腐朽的东西也跟着进来了,中国的一些地方也出现了丑恶的现象,如吸毒、嫖娼、经济犯罪等。”[⑤]针对一些人道德下滑,作风出现问题的情况,他指出:“如果听任这种瘟疫传布,将诱使许多意志不坚定的人道德败坏,精神堕落。”[⑥]邓小平强调,要“批判和反对资产阶级损人利己、唯利是图、‘一切向钱看’的腐朽思想”[⑦]。他提出:“进行坚持社会主义道路、反对资本主义腐蚀的革命品质教育。”[⑧]要加强中华民族优良道德传统教育和革命传统教育。

---

① 《邓小平文选》(第三卷),人民出版社,1993年,第7页。

② 《邓小平同志论坚持四项基本原则反对资产阶级自由化》,人民出版社,1989年,第22页。

③ 《邓小平同志论坚持四项基本原则反对资产阶级自由化》,人民出版社,1989年,第44页。

④ 《邓小平论党的建设》,人民出版社,1990年,第240页。

⑤ 《十三大以来重要文献选编》(下),人民出版社,1993年,第1860页。

⑥ 《邓小平同志论改革开放》,人民出版社,1989年,第50页。

⑦ 《邓小平同志论坚持四项基本原则反对资产阶级自由化》,人民出版社,1989年,第73页。

⑧ 《邓小平同志论坚持四项基本原则反对资产阶级自由化》,人民出版社,1989年,第44页。

(二)坚守底线,保持清正廉洁

清正廉洁是党员干部保持先进性和纯洁性的必然要求,也是加强党的政德建设的重要要求。1978年6月,邓小平在全军政治工作会议上指出,“后勤干部,特别是领导干部也要以身作则”,“一定要廉洁奉公,当好红管家。”“要同假公济私、开后门的现象作斗争”。[①]这是邓小平在改革开放前夕在政德和廉政方面对党员干部提出的明确要求。

党员干部的言行举止直接影响着党和政府在人民心中的形象。只有做到廉洁自律,才能赢得人民的信任和拥护。邓小平强调:“对贪污、行贿、盗窃以及其他乌七八糟的东西,人民是非常反感的。”[②]这要求党员干部必须时刻保持清醒头脑,抵制各种诱惑,坚决同腐败现象作斗争,做到清正廉洁,以身作则。在改革开放过程中,一些党员干部经受不住诱惑,被拉拢腐蚀,出现了贪污腐化现象。针对这种情况,邓小平多次强调,党员干部一定要做到廉洁自律。邓小平强调:“要教育全党同志发扬大公无私、服从大局、艰苦奋斗、廉洁奉公的精神。”[③]大公无私,主要是要求党员干部摒弃私心杂念,做事为公,不谋私利。廉洁奉公,主要是要求党员干部要清正廉洁,不贪污腐败,公正无私地为人民办事。党员干部做到廉洁自律,意义重大,既能树立良好形象,也有利于赢得人民群众的信任和支持,巩固党的执政地位。邓小平要求,领导干部特别是高级领导干部在廉洁自律方面要起表率作用,做到以身作则,严于律己。对于违法乱纪、违反政德和廉政规定的腐败分子,邓小平提出,要给予严厉惩治。他指出:“腐败、贪污、受贿”,“要雷厉风行地抓”,“要按照法律办事。该受惩罚的,不管是谁,一律受惩罚”。[④]邓小平提出,要通过加强对党

---

① 《邓小平文选》(第二卷),人民出版社,1994年,第125页。
② 《邓小平文选》(第三卷),人民出版社,1993年,第156页。
③ 《邓小平文选》(第二卷),人民出版社,1994年,第367页。
④ 《邓小平文选》(第三卷),人民出版社,1993年,第297页。

员干部的教育，发扬艰苦奋斗的优良传统和作风，严厉惩治腐败，引导党员干部抵御腐朽思想的侵蚀，正确对待权力，严格遵守党纪，保持清正廉洁。

党员干部要做到廉洁从政，加强道德修养，必须反对领导干部特殊化。

领导干部特殊化是党风廉政建设、政德建设面临的一个重要问题。领导干部特殊化不仅违反政德、党纪，而且破坏社会公平正义，损害党和政府形象，影响党群、干群关系。在改革开放之初，邓小平已深刻地认识到人民群众对干部特殊化现象的不满。1979年11月，邓小平指出："最近一个时期，人民群众当中主要议论之一，就是反对干部特殊化。"[①]特殊化不仅是党风问题，还有社会风气、道德问题，进而影响到整个社会。他提出要从高级干部做起，先对高级干部的生活待遇作出规定，然后逐步扩展到各级干部，以克服特殊化现象。他强调："我们反对特殊化，其实就是反对一部分共产党员、一部分党员干部特殊化。"[②]党员干部必须加强自我修养，树立正确的权力观、地位观和利益观。要自觉抵制各种诱惑和腐蚀，严格遵守党纪国法，不得利用职权谋取私利，同特殊化现象作坚决斗争。

四、坚持德才兼备、以德为先：培养、选拔、任用干部

推进中国式现代化，进行社会主义现代化建设，必须建设一支德才兼备的高素质干部队伍。在改革开放过程中，邓小平根据新形势、新要求，提出了对领导干部的政德要求，强调要坚持德才兼备、以德为先，并以此作为选拔任用干部的一条根本原则。要重视对领导干部"德"的培养、考察。这对于加强新时期党的政德建设，提升干部政德水平具有重要意义。

---

① 《邓小平文选》(第二卷)，人民出版社，1994年，第216页。

② 《邓小平文选》(第二卷)，人民出版社，1994年，第269页。

(一)坚持德才兼备、以德为先,认真培养选拔干部

坚持德才兼备、以德为先。1980年,邓小平在中央政治局扩大会议上指出:“我们选干部,要注意德才兼备。”[①]坚持德才兼备、以德为先的干部原则,能够使党员干部既具备扎实的专业能力和工作水平,又拥有高尚的道德品质和坚定的理想信念。这有助于提升整个干部队伍的综合素质,为党和人民的事业提供坚实的人才保障。

按照“四有”标准培养干部。邓小平指出:“教育干部成为‘四有’干部。‘四有’就是有理想、有道德、有文化、有纪律。”[②]邓小平提出的“四有”干部对于指导加强政德建设,指导党员干部加强政德修养具有意义。其中,有理想是对领导干部明大德的要求。有道德是对领导干部道德整体水平的要求。有文化、有纪律,则是包含着对领导干部讲政德的总体要求。因此,邓小平提出的“四有”干部,实际上对领导干部讲政德提出了重要要求。在改革开放新时期推进政德建设,必须按照“四有”标准教育、培养、要求干部,使党员干部不断提升政德水平。

按照德才兼备、以德为先的干部原则,邓小平进一步提出按照“四化”标准选拔干部。德,主要指的是品德和道德修养;才,则指的是才能和能力。邓小平提出:“要按照‘革命化、年轻化、知识化、专业化’的标准,选拔德才兼备的人进班子。”[③]“四化”标准是对干部队伍建设的整体要求。其中,革命化强调干部的政治方向和党性修养;年轻化则注重保持干部队伍的活力和朝气;知识化和专业化则分别强调干部的专业知识和专业能力。这些要求共同构成对干部的全面要求和期望,旨在提升干部队伍的整体素质和工作能力。干部队伍建设的“四化”方针包含着对领导干部政德的重要要求。其中,革命化

① 《邓小平文选》(第二卷),人民出版社,1994年,第326页。
② 《邓小平文选》(第三卷),人民出版社,1993年,第205页。
③ 《邓小平文选》(第三卷),人民出版社,1993年,第380页。

是首要的,是对领导干部大德的要求。

(二)注重对党员干部“德”的考察

建设高素质、德才兼备的干部队伍,必须重视对党员干部“德”的考察。这不仅因为“德”是衡量干部品质优劣的标准,更因为党员干部作为党的路线方针政策的执行者和人民利益的代表者,其道德品行直接影响着工作效果。因此,在选拔任用、考核评价等环节,必须重视对党员干部政德的考察,使党员干部具备高尚的道德情操和良好的职业操守。

在政德中,大德居于首要位置。对领导干部大德的考察,主要是对领导干部政治素质的考察。在对党员干部“德”的考察中,邓小平尤其重视对党员干部在大德方面的表现。邓小平将领导干部政治素质高低视为干部能否胜任工作、能否正确执行党的路线方针政策的关键。邓小平指出,政治路线确定了,要由人来具体贯彻执行。而由什么样的人来执行,结果是不一样的。邓小平还强调:“所谓德,最主要的,就是坚持社会主义道路和党的领导。在这个前提下,干部队伍要年轻化、知识化、专业化,并且要把对于这种干部的提拔使用制度化。”[①]他明确指出:“选择人,第一是政治条件。”[②]这说明,邓小平认为,对干部的识别、考察和任用应将政治标准放到第一位。这凸显了干部的政治立场在德才兼备中的核心地位,并为选人用人工作提供了明确的指导和方向。邓小平对领导干部政治素质和政治能力的重视,着重体现了对干部践行大德情况的深刻关注。

提出了对党员干部大德考察的具体标准。1979年,邓小平指出:“选干部,标准有好多条,主要是两条,一条是拥护三中全会的政治路线和思想路线,一条是讲党性,不搞派性。”[③]选拔干部首先要看其政治立场和政治方向,

---

① 《邓小平文选》(第二卷),人民出版社,1994年,第326页。

② 莫志斌:《邓小平与毛泽东——伟大的交流与评说》,人民出版社,2014年,第304页。

③ 《邓小平文选》(第二卷),人民出版社,1994年,第192页。

是否拥护党的政治路线和思想路线，是否忠诚于马克思主义，信念是否坚定。即首先要看一个干部在政治上是否坚定，能力是否过硬。其次，党员干部要有很强的党性，要遵规守纪，有政治责任感，决不能搞派性活动，切实维护党的团结统一。对于政治立场不够坚定的干部，他强调："不符合这个条件的干部，要加强教育，必要时要调动。"[①]这要求领导干部必须严守党的政治纪律，服从党的领导，执行党的决策，维护党的团结和统一，要同各种违背党的政治路线的错误思想和行为作斗争。

五、邓小平政德思想对中国式现代化的价值及启示

在新时代，邓小平政德思想仍然具有重要意义，特别是对于推进中国式现代化具有重要价值和启示。新时代政德建设的内容与邓小平政德思想的主要要求紧密相连，共同构筑起坚实的政德理论，为当前政德建设提供了理论指导和实践借鉴，对于进一步推动中国式现代化具有重要价值。

（一）党员干部要明大德，把牢中国式现代化的政治方向

党员干部的道德修养和政治素质直接关系到党和国家的前途命运，关系到社会主义事业的发展。邓小平政德思想强调，党员干部必须明大德，践行共产主义道德，坚定理想信念，坚持四项基本原则。因此，党员干部必须通过不断学习、实践和自我修养，提高自己的道德水平和政治觉悟，确保在思想上和行动上都能够与党的理论和路线保持高度一致。

在新时代坚持和发展邓小平政德思想，要求党员干部将共产主义道德作为精神支柱，坚定理想信念。这要求领导干部不仅要在理论上有所认识，更要通过实际行动展现对共产主义理想的忠诚和追求。在新时代，党员干部坚

① 《邓小平文选》（第二卷），人民出版社，1994年，第262页。

定政治立场,加强党性修养,提高政治判断力、政治领悟力和政治执行力,确保在各种复杂环境中能够坚守共产党人的本色,为以中国式现代化全面推进中华民族伟大复兴提供坚强的道德支撑和政治保证。

在新时代推进中国式现代化,对党员干部明大德提出了更高要求。推进中国式现代化,要求党员干部必须坚持党的领导,坚持中国特色社会主义,坚持正确的政治方向。在新时代政德建设中,明大德的重要性被置于首要位置。它要求党员干部必须铸牢理想信念,锤炼坚强党性,政治立场坚定,做到对党忠诚。这不仅是对个人品质的要求,更是对领导干部政治立场和政治方向的根本要求,对于推进中国式现代化具有重要意义。

(二)党员干部要守公德,坚守中国式现代化的人民立场

邓小平政德思想强调,领导干部要始终将人民的利益作为工作的最高标准,努力服务群众。他提出"领导就是服务"的重要论断,深刻阐述了领导干部的本质职责,即领导干部的权力来源于人民,必须用于服务人民,解决人民的实际问题。邓小平还强调领导干部要深入群众,了解群众的需求和期望,把群众的利益放在首位,不断增强与人民群众的联系。

在新时代践行邓小平政德思想,要将人民的利益放在首位,不断提高服务水平,努力满足人民的需求和期望,在实现人民利益中不断推进中国式现代化。这要求领导干部要深入基层,倾听群众的声音,解决群众的实际问题,不断提高工作的针对性和有效性。同时,要通过改革创新,优化服务方式,提高服务效率,确保人民群众的获得感、幸福感、安全感更加充实、更有保障、更可持续。通过这些措施,领导干部能够更好地服务于人民,推动中国式现代化,实现全体人民共同富裕的目标。

坚持以人民为中心,是中国式现代化的本质要求和重要原则。在新时代推进中国式现代化,对党员干部守公德提出了更高要求。新时代政德建设要求党员干部必须守公德。强化宗旨意识,全心全意为人民服务,这是党的根

本宗旨和领导干部的行为准则。守公德意味着领导干部要恪守立党为公、执政为民的理念,自觉践行人民对美好生活的向往就是我们的奋斗目标的承诺。这要求领导干部在推进中国式现代化的过程中始终把人民的利益放在首位,确保政策和措施真正反映人民意愿、维护人民利益。

(三)党员干部要严私德,践行中国式现代化的道德要求

邓小平政德思想要求党员干部要做到大公无私、服从大局、艰苦奋斗、廉洁奉公。这也是党员干部坚持共产主义思想和共产主义道德的具体体现。邓小平提倡领导干部要通过自我教育和自我修养,不断提高自己的道德水平,以身作则,影响和带动全社会形成良好的道德风尚。

在新时代坚持邓小平政德思想,要求党员干部严以律己,清正廉洁,反对任何形式的特殊化和腐败现象。党员干部要自觉接受监督,加强自我约束,确保权力在阳光下运行,防止权力滥用。同时,要建立健全党风廉政建设长效机制,加大反腐败斗争力度,确保党纪严明,党的组织纯洁,党风端正。通过这些措施,使党员干部保持廉洁自律,在新时代始终保持共产党人的先进性和纯洁性,为推进中国式现代化提供坚强道德保障。

精神富有、道德高尚是推进中国式现代化的重要要求。这对新时代党员干部道德水平提出了更高要求。新时代政德建设要求党员干部严私德,严格约束自己的操守和行为,为推进中国式现代化打好廉洁根基。严私德是党员干部个人品德修养的重要体现,也是维护党的形象和执政地位的重要保障。严私德意味着领导干部要戒贪止欲、克己奉公,切实把人民赋予的权力用来造福人民。领导干部要注重家风建设,廉洁修身,廉洁齐家,防止家庭成员利用自己的职权谋取私利,防止身边人把自己"拉下水"。

(四)提升党员干部政德水平,为中国式现代化提供政德保障

加强政德建设,关键在于抓住领导干部这个"关键少数"。邓小平强调,

在干部选拔任用中要重视对“德”的考察。新时代干部选拔任用，要继续坚持德才兼备、以德为先，选拔和使用信念坚定、为民服务、勤政务实、敢于担当、清正廉洁的干部，为中国式现代化提供坚强组织保证。

选贤任能是中国共产党的优良传统，也是加强干部队伍政德建设的重要途径。邓小平深刻地认识到，干部队伍的政德水平直接关系到党和国家事业的兴衰成败。他强调，在干部选拔任用中，必须重视对“德”的考察，确保选拔出的干部既具备良好的政治素质，又具备较强的专业能力。

在新时代，这一原则更显重要。推进中国式现代化，关键在于建设一支堪当时代重任的高素质干部队伍。其中，政德是重要方面。要坚持德才兼备、以德为先的用人导向，确保选拔出的干部符合新时代好干部标准，能够忠诚于党的事业，坚定不移地推进中国式现代化。信念坚定是指干部在思想上、政治上始终保持对马克思主义的信仰，对社会主义和共产主义的信念，对党和人民的忠诚，不因一时的困难或挫折而改变，始终保持政治上的清醒和坚定。为民服务是指干部始终把人民放在心中最高位置，坚持全心全意为人民服务的宗旨，积极回应人民群众的关切和期待，努力解决人民群众最关心、最直接、最现实的利益问题，做到权为民所用、情为民所系、利为民所谋。勤政务实是新时代干部的重要标准。干部要勤于学习，不断提高自己的政治素养和业务能力；要勤于工作，以高度的责任感和使命感投身于党和国家的事业中；要勤于为民，深入基层，倾听群众的声音，解决群众的实际问题。敢于担当是新时代干部的鲜明特质。面对复杂多变的国内外形势，干部要勇于直面矛盾和问题，敢于攻坚克难，敢于承担责任，敢于斗争，敢于胜利。在关键时刻能够站得出来，顶得上去，展现出共产党人的担当精神。

清正廉洁是新时代干部的基本要求。干部要自觉遵守党纪国法，严于律己，廉洁自律，做到公私分明，不搞特权，不谋私利。要树立正确的权力观、地位观、利益观，始终保持共产党人的高尚品质和政治本色。加强干部队伍政德建设，还需要完善干部选拔任用机制，建立健全考核评价体系，强化干部的日常管理和监督。通过这些措施,不断提高干部队伍的政德水平,为实现党的二十大确定的各项任务和奋斗目标、以中国式现代化全面推进中华民族伟大复兴提供组织和政德保证。

总之,邓小平政德思想解答了社会主义现代化背景下加强党的政德建设的一系列问题,为党员干部加强政德修养、提升政德水平起到了重要理论和实践指引作用。在新时代推进中国式现代化,要结合新时代政德建设的特点和要求,不断创新和发展邓小平政德思想,使其在新时代焕发出新的价值,为提升党员干部政德水平、推进中国式现代化提供重要理论支撑。

中国式现代化对“经典现代化”的价值超越和实践指引（观点摘要）

如何改变“似西方者失败”的宿命？西方现代化，在一段时间内天赋人权但囿于种族，民主参政却限制性别，其实质实现的是以剥削剩余价值为底色的工业化和以殖民掠夺为内涵的全球化，是外表光鲜亮丽但残酷血腥充满动荡的现代化。从经典现代化的诘问开始，后发者难逃依附的惨淡结局，似西方者必然失败，以日本为代表的亚洲国家及地区难逃安全依靠霸权的结局；以拉美国家为主的发展中国家换来经济依附资本的后果；非洲各国陷入“疯狂民主”之中不得不接受政治依附西方的下场；中东地区漫长西化改革终迎来“弱主权”甚至无主权的命运。而回看中国现代化历程，以西化为内容的现代化先后历经了“中体西用”“全盘西化”和“以俄为师”三个阶段并同其他后发国家一样陷入注定失败的宿命，直至遵义会议后毛泽东成为事实上党中央领导核心，以“独立自主”之姿态带领中国共产党进行现代化道路探索。最终1949年新中国成立，开始了以中国共产党领导新中国为本质的中国式现代化的伟大旅程，在演进与建构互嵌中发挥能动性、在内需和外资互补中保持主动性、在阶级和民族互构中呈现全面性。中国式现代化，印证了现代化“当下优于过去”的时间观和“现世优于传统”的价值观，去伪了“西方优于本土”的空间观，以中国式而不是西化，以人民政府而非强大政府，以自我革命而非西式选举，以文明互鉴超越文明冲突推进现代化，实现对经典现代化的价值超越和实践指引，给世界“走自己的路”的成功的现代化答卷。

本文作者：高文胜、张力，天津师范大学政治与行政学院。

数字化时代精神生活共同富裕路径探析
（观点摘要）

精神生活共同富裕内在地蕴含人民精神生活富有、人民精神生活发展平衡两个层面的本质规定性。随着互联网和移动通信技术的普及，数字化不仅改变了人们获取信息和沟通的方式，也重塑了人们的精神世界和生活方式。基于精神生活共同富裕的本质规定，聚焦数字化时代对精神生活的影响，研判数字化时代促进精神生活共同富裕面临的风险挑战。首先，数字鸿沟问题日益凸显，包括信息技术获取的不平等以及信息素养和使用技能的差异。其次，文化同质化趋势加剧，数字化的推进使得文化多样性受到威胁，地方性和传统性文化面临被忽视或消失的风险。再者，数字依赖问题日益严重，会影响到人们的心理健康和社会互动。最后，数字资本的垄断，导致市场竞争失调，对精神生活的共同富裕构成威胁。为了有效应对这些挑战，必须采取多方面的措施。第一，提升全民数字素养，加快城乡数字基础设施建设，缩小城乡数字鸿沟。第二，传统与现代融合的文化创新，注重文化教育与传承的深化、文化多样性与创新的推动以及文化交流与国际合作的加强。第三，对数字技术进行人性化重塑，确保技术发展能够更好地服务于人的全面发展。第四，构建公平的数字市场，打破数字资本的垄断，确保信息的自由流通和文化的多样性。

本文作者：梁嘉宁，中共天津市委党校生态文明教研部。

中国共产党推进共同富裕的历史经验、重要规律及其现实启示(观点摘要)

追求全体人民共同富裕,是实现马克思主义人的自由全面发展的价值目标和崇高理想的必由之路和内在要求,是中华民族自古以来的美好憧憬,是近代以来中国众多仁人志士救亡图存的夙愿冀求,是中国共产党自成立以来矢志不渝的重要使命和奋斗目标。在共同富裕的探索之路上,中国共产党砥砺奋进、勇毅前行,团结带领全国人民朝着美好生活进发,形成了党的领导是根本保证、以人民为中心是价值旨归、摆脱贫困是基本思路、"实事求是""解放思想"是重要原则的具有中国特色的历史经验。百年来,中国共产党立志于中华民族千秋伟业,为使命而生,循初心而行,推动党和国家事业取得举世瞩目的重大成就,提炼出坚持问题导向、坚持系统观念、坚持对立统一、坚持与时俱进的重要规律,为实现共同富裕奠定了良好基础,有助于我们在新征程上不断将共同富裕事业推向前进。当前,我国已经进入扎实推动共同富裕的历史阶段,在第二个百年奋斗目标新征程上,我们应继承和发扬党的光荣传统和优良作风,坚持高质量发展的路径选择、改革创新的动力驱动、历史主动精神的精神赋能、新时代群众路线的价值引领，朝着共同富裕目标扎实迈进。

本文作者：林颐、蔺雨，天津大学马克思主义学院。

马克思社会发展理论视域下的中国式现代化研究(观点摘要)

作为人类文明实践的新形态,中国式现代化立足自身、合乎规律、造福人类。基于马克思社会发展理论视域审视中国式现代化,兼具历史正当性、理论合理性和现实可行性。聚焦"一元多线走向""三形态说""多因素论"对中国式现代化的出场逻辑进行关照审视,可以发现中国式现代化是中国共产党人对既往历史的演进逻辑深刻反思后的自觉重建。这一现代化在凸显深刻历史必然性的同时映照出异于西方现代化的新现代性特质,具体体现为发展之维的"以人为本",文明之维的"胸怀天下"以及生态之维的"人与自然和谐"。新时代新征程,应牢牢把握"五个原则"、坚持"两个结合"、锚定"三个保持",汇聚起以中国式现代化全面推进中华民族伟大复兴的磅礴伟力。

本文作者:魏郡,南开大学马克思主义学院。

求"生存"到求"共生":中国共产党推进人与自然和谐共生研究(观点摘要)

中国共产党人对人与自然关系的认识和实践,经历了从机械、片面到逐步完善的发展过程。新中国成立初期,出于人口生存和经济发展的需要,国民经济依赖自然求发展,中国共产党初步形成了造林、治水以促经济的人与自然关系思想。受限于当时科技水平的限制以及"人定胜天"的盲目认知,中国经济总体处于牺牲自然求发展的粗放式发展阶段。改革开放后,中国工业化进程加快,环境问题逐步显现,中国共产党深刻洞察到,考量生态环境的承载能力是实现可持续发展的关键所在。把发展目标从经济与社会领域扩展到人与自然领域,初步形成了"加快经济发展、保护生态环境"的辩证自然观。

进入21世纪,全面建成小康社会的宏伟蓝图铺展之时,"和谐"成为人与自然关系重构的核心理念。统筹人与自然和谐发展,必须要处理好经济发展与环境保护的矛盾,走出发展与环保的"二律背反",建设"建设资源节约型、环境友好型社会"。党的十八大以来,"人与自然和谐共生"的愿景被提升至现代化建设不可或缺的基石地位,中国共产党认识到人与自然应该是互赖共赢、和谐与共的关系。从"和谐相处"到"和谐共生",是党的一次重大认知飞跃。意味着人与自然的关系进入了生态伦理时代，二者是你中有我、我中有你，共生共荣、和睦相处的生命共同体。

本文作者：王俊斌、仲宇琪，天津财经大学马克思主义学院。

精神、实践、目标：坚持发扬斗争精神的三重叙事理路

——基于中国式现代化的重大原则的分析（观点摘要）

全面建设社会主义现代化国家，是一项伟大而艰巨的事业，前途光明，任重道远，亟须将坚持发扬斗争精神作为重大原则予以牢牢把握。于实质上深究，坚持发扬斗争精神，并不是基于单一维度的斗争理念阐释，而是内含自洽证成整体性逻辑的斗争叙事展开，凝结着新征程党和国家事业发展重大问题的根本遵循。在精神叙事上，坚持发扬斗争精神表现为增强全党全国各族人民的志气、骨气、底气，不信邪、不怕鬼、不怕压，知难而进、迎难而上，重在解决“敢不敢”斗争的问题；在实践叙事上，表现为统筹发展和安全，重在解决“会不会”斗争的问题；在目标叙事上，表现为依靠顽强斗争打开事业发展新天地，重在解决斗争成效“好不好”、斗争目标“如何实现”的问题。三重叙事各有侧重又关联密切且层层递进，不仅构成了理解斗争精神的多维视角，还在斗争认知、情感、意志、行为、目标的叙事路径中勾画了坚持发扬斗争精神的轮廓图景，回答了“以什么样的精神状态推进中国式现代化”的重大课题。新时代不断铸就中国式现代化的强大斗争精神和力量支撑，需深入重大原则体系，通过不同维度叙事，把握坚持发扬斗争精神所内含的深层逻辑，以在不

断发扬斗争精神的同时,进一步为中国式现代化发展蓄力赋能。

本文作者:王坤丽,中国人民大学马克思主义学院。

新时代中国共产党加强文化领导权建设的路径探赜(观点摘要)

坚持党的文化领导权是习近平文化思想的核心要义之一,关乎中华民族文化主体性的确立,关乎中国共产党历史主动性的掌握。新时代,面对改革发展稳定复杂局面和社会思想意识多元多样、媒体格局深刻变化,文化领导权建设必须着力在“全领域”“全阵地”“全过程”“全手段”上下功夫。

要旗帜鲜明坚持党性原则,加强党对理论宣传、新闻舆论、书籍出版、文化文艺、互联网建设等一切文化建设领域实施集中统一领导,确保党的旗帜在文化战线高高飘扬。

要牢牢坚持政治家办报、办刊、办台、办新闻网站,将各级各类文化阵地置于党的领导之下,使企业、农村、学校、社区等不同主体充分体现党的意志、维护党的团结,让党的主张成为强国复兴最强音。

要聚焦建设社会主义文化强国总体目标,全面深化文化体制机制改革,让党的全面领导嵌入文化发展的供给端、需求端、传播端、保障端,使文化生产、文化消费、文化传播、文化监管各环节有机衔接起来,全面保障人民文化权益。

要坚持技术与艺术、保护与开发、线上与线下、引进与输出相结合赋能文化领导权建设，不断培育文化新质生产力，巩固中华文化主体性，塑造展现出中国共产党永葆蓬勃朝气、昂扬锐气、浩然正气的大党形象。

本文作者：燕连福、樊志远，西安交通大学马克思主义学院。

以新质生产力赋能中国式现代化的战略重点及实践指向(观点摘要)

新质生产力是基于马克思主义生产力理论和马克思主义人本理论的视域下,历经无数的中国共产党人结合时代发展和实践经验得到的马克思主义中国化时代化的最新理论成果,是习近平经济思想的重大原创性理论,是促进高质量发展的制胜法宝,也是加快实现中国式现代化的重要着力点。其核心精髓在于以新科技引领、新要素挖掘、新产业赋能高效能、高质量、可持续发展,包括利用人工智能、大数据、云计算等前沿技术提升生产效率,开发绿色能源、生物科技等新型资源以拓宽生产边界以及通过数字经济、智能制造等新兴业态促进产业结构的优化升级等。通过厘清新质生产力的演进逻辑、现实理路及中国式现代化视域下新质生产力的核心特征,进一步综合分析新质生产力赋能中国式现代化的战略重点要以促进生产力发展、坚持科技创新、驱动产业升级、助推社会转型为发力方向;以改革赋能、产业赋能、教育赋能为实践指向。为解决现代化进程中面临的诸多问题提供了可供世界各国参考的经济高质量发展的“中国智慧”和“中国方案”。

本文作者:尹照涵,北京师范大学马克思主义学院。

中央生态环境保护督察制度下地方政府生态环境问题整改机制如何建构？

——以天津市环保督察整改为例(观点摘要)

作为新时代推动生态文明建设的重要制度创新,中央生态环境保护督察制度对于革新地方生态环境治理体系、推动地方生态环境善治具有积极意义。生态环境问题整改机制建设是地方政府响应与配合中央生态环境保护督察工作的重要环节,深刻影响地方生态环境治理效率。行动者中心制度主义理论强调行动者与制度的有机结合,有助于揭示中央环保督察组、地方政府及相关部门、企业和社会公众等多元行动者的互动关系,对于解析当前我国地方政府生态环境问题整改机制建构过程具有较强的适切性。本文基于行动者中心制度主义研究视角,构建了行动者互动的"行为—场域—机制"分析框架,以天津市环保督察整改为典型案例,剖析中央生态环境保护督察制度下我国地方政府生态环境问题整改机制的构成要素与建构过程。研究发现,整改机构、整改政策、整改程序和整改责任是地方政府生态环境问题整改机制构成的基本载体,"行为—场域—机制"间的互嵌互构关系形成了地方政府生态环境问题整改机制建构的内生逻辑链条。多元行动者的良性互动是推进中央生态环境保护督察制度下地方政府生态环境问题整改机制建设的关键,从机制设计层面上塑造多元行动者的良性互动模式,成为推动地方政府生态环境问题整改机制建设的有效路径。

本文作者:蒙士芳,中共天津市委党校公共管理教研部。

“第二个结合”与中华民族现代文明建设逻辑（观点摘要）

建设中华民族现代文明与“第二个结合”具有内在的逻辑关联。首先，“第二个结合”蕴含着以“古今中西”融合发展为生成机理的历史逻辑。中国共产党人在不同历史阶段持续推进“两个结合”，通过文化自觉、文化自建、文化自强和文化自信的不断探索，逐渐走出了“古今中西之争”。其次，“第二个结合”蕴含着以高度实践自觉为实质内容的实践逻辑。其内在关联性表现在以建设中华现代文明为实践目标、以巩固文化主体性为实践要求、以“第二个结合”与“双创”的融合发展为实践方法，并为形成熔铸古今、汇通中西的文明成果为最终实践取向。再次，“第二个结合”蕴含着以引领人类文明发展为价值导向的价值逻辑。引领人类文明发展是建设中华民族现代文明的价值导向，在这一过程中要以中国特色社会主义文明为本质规定、以人类文明发展规律为基本遵循、以中国式现代化道路为实践基础、以人的全面自由发展为价值取向、以人类文明新形态为价值目标，在“第二个结合”过程中持续建设中华民族现代文明。当前，我们要深入推进“第二个结合”，打开建设中华民族现代文明更为广阔的创新空间，使其以新的姿态进入世界历史进程之中，重新定义现代化与现代性，改写资本主义主导的人类文明发展历史，引领人类文明迈向更加美好的发展境界。

本文作者：苏星鸿，兰州交通大学马克思主义学院。

新征程推进国家治理体系和治理能力现代化的四个维度（观点摘要）

推进国家治理体系和治理能力现代化是赢得主动、赢得优势、赢得未来的根本举措。党的二十届三中全会吹响进一步全面深化改革的总号角，在继续完善和发展中国特色社会主义制度，推进国家治理体系和治理能力现代化目标指引下，不断为中国式现代化提供强大动力和制度保障。

迈上新征程，面对的是全面推进强国建设的总目标、实现高质量发展的首要任务、数智技术蓬勃发展的新趋势、危机与挑战更为复杂的新环境。应立足新情况，增强前瞻性思考与全局性谋划，坚持系统观念，推进系统治理；完善治理体系、提升治理能力、转变治理方式，以高效能治理开创“中国之治”新奇迹；加强数字政府、数字社会建设，运用数字技术和智能技术为推进国家治理体系和治理能力现代化注入强大的科技驱动力；统筹发展和安全，将底线思维、忧患意识与风险观念贯彻到国家治理的全过程，把常态与应急治理相结合的领导体制、全方位工作机制和风险预警能力、研判能力、应急能力、处置能力纳入推进国家治理体系与治理能力现代化建设的重要维度。在推进系统治理、高效能治理、数字化治理、常态与应急相结合治理中，为中国式现代化提供更为完善的制度保障和更为强大的能力支撑。

本文作者:王恒,天津大学马克思主义学院。

新质生产力国际传播话语体系的构建：时代价值、核心要义及实现路径（观点摘要）

中华民族伟大复兴需要国际地位的提升，国际地位的提升可以借助中国式现代化道路的推广，新质生产力作为传达中国式现代化道路的重要载体，可以向世界讲述中国式现代化道路。将新质生产力和国际传播话语体系进行结合，构建一个崭新的、具有鲜明中国底蕴和时代特色的话语体系——新质生产力国际传播话语体系，是推动经济发展、促进社会和谐、顺应时代潮流的必然要求和关键路径，也是提升我国国际话语权和国际影响力的必要之举。

本文从系统论和全要素生产率的角度出发解释新质生产力，以话语—话语权—话语体系的逻辑理路剖析国际话语传播体系的内涵，立足二者的基本概念，深度阐释新质生产力国际传播话语体系的系统构建。文章通过阐述新质生产力国际传播体系的时代价值——打破西方话语权垄断、贡献中国智慧和中国方案、促进全球溢出效应、培育融通中外的新形态人类文明话语体系，凝练新质生产力国际传播话语体系的核心要义——创新驱动与话语引领、产业升级与话语内容、人文素养与话语深度、绿色发展与话语责任、开放协同与话语影响，进一步提出新质生产力国际传播话语体系构建的实现路径——扩大国际传播影响力、提高中华文化感召力、提升中国形象亲和力、增强中国话语说服力、壮大国际舆论引导力。

本文作者：李名梁，天津外国语大学“一带一路”天津战略研究院；范信宇，天津外国语大学国际商学院。

马克思东方社会理论视域下中国式现代化道路阐析(观点摘要)

马克思东方社会理论是中国式现代化道路的理论源泉,为中国式现代化道路指明了方向路径,提供了原则遵循。同时,中国式现代化道路是马克思东方社会理论的确证,具体体现在中国式现代化道路是通过社会主义革命支配资产阶级创造的物质成果、始终坚持以人民为中心的发展价值取向和积极汲取西方文明实现人类文明新形态三个方面。中国式现代化道路深刻影响了世界历史进程,从马克思东方社会理论视域分析中国式现代化道路的生成和发展逻辑,构建从“中国—东方—世界”的人类文明叙事,有利于我们进一步坚定“四个自信”,增强中国国际话语权,正确认识中国式现代化道路所面临的机遇和挑战,同时更好地明晰中国式现代化与全球现代化的关系。

当今世界正处于百年未有之大变局,中华民族伟大复兴的趋势不可逆转,人类命运共同体的构建稳步推进。中国式现代化道路正实现从融入世界当前的现代化转向引领世界未来现代化的潮流转变,也必然成为从资本主义世界历史向共产主义世界历史向前迈进的第二次新纪元。

本文作者:李子吟,天津科技大学文法学院。

伟大征程与时代选择：中国式现代化对世界社会主义的重大贡献及其时代启示（观点摘要）

一百多年来，通过驰而不息的理论创新与久久为功的实践创造，中国共产党在伟大征程中对世界社会主义发展作出了极其重要的历史贡献。党领导的中国革命、建设、改革与新时代的实践探索是世界社会主义运动的重要组成部分，历经历史考验与时代选择，结出中国式现代化的累累硕果。“马克思主义中国化”的提出为中国式现代化理论的形成提供思想前提；中国特色社会主义理论体系的形成发展为中国式现代化理论的开创演进奠定理论根基；党的二十大概括提出并深入阐述中国式现代化理论，成为科学社会主义的最新重大成果。中国式现代化的理论创新赋予了马克思主义与科学社会主义新的时代意蕴。中国式现代化为世界社会主义发展提供了彰显中国特色的智慧方案与路径选择。党的领导是引领中国特色社会主义向前发展、推进中国式现代化的根本力量，为民初心是推进拓展中国式现代化道路的内在动力，不断推进马克思主义中国化时代化是当代社会主义发展的本质要求。中国式现代化为世界社会主义发展作出重大贡献，启示新时代中国共产党人坚持党的领导，坚守初心使命，坚定道路自信，为以中国式现代化全面推进强国建设、民族复兴伟业而不懈奋斗，在推进世界社会主义发展进程中创造新的更大奇迹。

本文作者：张天君，中共天津市河东区委党校教学研究科。

“四问”视域下中国式现代化的价值意蕴（观点摘要）

中国式现代化是以科学、系统的思想理论为基础的重要现代化模式，其内涵丰富、思想深邃、视野宏大，凝聚了中国共产党一百多年来的智慧力量和实践经验，为世界现代化建设提供了有益借鉴。从“四问”的视角，全面探讨中国式现代化的合理性、阐述其创新性、探寻其可能性，对于增强推进和拓展中国式现代化的政治意识、思想意识和行动意识，坚定不移走科学社会主义在中国的独特应用与发展之路，具有重要的理论和现实价值。随着改革开放和社会主义现代化建设不断深入，我们党从时间、空间、历史、实践等维度展现了中国经济社会持续快速发展的辉煌历程。科学回答了中国之问，正确认识到中国式现代化聚力解决中国问题的实践意蕴；科学回答了世界之问，拓展了全人类创造共同价值的路径和边界，彰显了中国式现代化走和平发展道路的世界意蕴；科学回答了人民之问，努力实现了可持续的、以人为本的现代化，回应了人民对美好生活需要的现实意蕴；科学回答了时代之问，全面把握我们应该建成一个什么样的社会主义现代化强国，以及如何建设社会主义现代化国家等重大时代课题。中国共产党把实现中华民族伟大复兴作为不懈奋斗的时代主题，将中国式现代化作为贯穿其中的逻辑主线。这一逻辑主线既符合世界现代化发展的一般规律，又充分体现了中国特色的唯一性和超越性，在中华民族发展史、世界现代化史、人类文明史与社会主义发展史上产生了深远影响。

本文作者：常越，中共天津市委党校中共党史教研部。

天津生态建设与中国式现代化(观点摘要)

习近平总书记在多种场合为我们指明了中国式现代化的基本特征之一就是人与自然和谐共生的现代化。只有尊重自然、顺应自然、保护自然,才能促进人与自然和谐共生。我们要摈弃唯GDP论的落后发展观,坚持绿色发展理念。

独流减河上接白洋淀、大清河水域,下注渤海湾,作为我国华北地区非常重要的水道,在生态建设、防洪减灾、旅游开发诸方面都有着非常重要的意义。大清河、独流减流域的开发建设需要京、津、冀三地统筹协调总体设计才能做出合理规划。独流减河作为天津南部非常重要的生态工程,沿途包括团泊湖、西青郊野公园、鸭淀水库、北大港水库等许多节点都是非常重要的生态屏障,对于天津生态、旅游乃至经济的发展均有着非常重要的意义。

本文从宏观的角度论述了建设独流减河及独流减河两端、两岸大型生态景观,在原有生态基础及原有生态建设上把独流减河两岸及有关水系建设成高标准的、高质量生态景观。并依托独流减河水系以水上交通旅游为中心,名优土特产为抓手将台头镇、独流镇、杨柳青镇等名镇串联起来,充分发掘这些名镇的生态旅游资源。将独流减河流域建成可以吸引天津中心城区及天津各区、北京、河北及周围各省市游客的旅游胜地。以期达到推动独流减河两岸实现生态宜居、经济发展、产业园区落户、医疗教育资源丰富、人流聚集的可持续发展状态。这是天津实现中国式现代化的重要标志之一。

本文作者:宋兴晟,天津商业大学国际教育合作学院;周宝宏,天津师范大学文学院。

中国式现代化进程中传统文化艺术的传承与创新

——以新兴木刻的大众化与民族化路径为例(观点摘要)

新兴木刻是中国现代化艺术的重要一员,遵循革命艺术大众化的发展目标。新兴木刻的大众化路线具有深刻的内涵:民族传统与西方文化的借鉴与融合成为新兴木刻大众化、现代化问题的主题之一;新兴木刻的大众化同时是普及与提高的双向的大众化,新兴木刻不仅要为了向大众普及革命艺术而迎合群众的喜好,也要提高大众的思想,培养他们的审美欣赏能力,通过木刻艺术向他们传达科学、民主、革命的观念与多样化的艺术形式。

新兴木刻现代化、民族化、大众化的路径基本一致,也与中国文化的现代化发展目标重合,同样是继承中国传统文化的精髓,并以西方现代化思想促进传统文化的创新。新兴木刻的现代化、民族化、大众化路径为中国式现代化的发展提供了宝贵的经验,也证明了中国式现代化不等于全盘西化,是符合中国国情,具有中国特色的现代化。新兴木刻对中国式现代化中文化发展的启示在于对中华优秀传统文化进行创新需尊重并充分考虑人民的选择、继承传统文化的同时不可与时代脱节、要有选择性地吸收西方现代化成果,促进西方现代化思想的中国化。从新兴木刻发展的视角进行阐述有利于探究中国式现代化路线中文化建设的以人民为中心、与时俱进的关键问题。

本文作者:陈力,天津财经大学珠江学院。

中国式现代化视域下活力与秩序的关系（观点摘要）

如何处理好活力与秩序既是一道世界性难题、更是一道历史性难题。任何国家、历朝历代普遍面临一个抉择：是以秩序为代价提供更多的活力，还是以活力为代价提供更多的秩序？习近平总书记曾指出："中国式现代化应当而且能够实现活而不乱、活跃有序的动态平衡。"这就要求我们走"高活力-高秩序"之路，探索如何发挥中国特色社会主义的制度优势，以实现二者的有机统一。

我国社会主义现代化的实践表明活力与秩序的关系往往是动态变化的，有时是秩序为先、有时是活力为先，这与不同阶段的生产力水平紧密相关。随着中国特色社会主义进入了新时代，我们具备了平衡活力与秩序的条件，能够实现二者的协调统一。

中国式现代化是活力与秩序有机统一的现代化，中国式现代化的活力是有序的活力、是在理性指引下的活力，中国式现代化的秩序是鲜活的秩序、是充满张力的秩序。活力与秩序这对矛盾在经济层面表现为公平与效率、在政治层面表现为民主与集中、在文化层面表现为创新与继承、在社会层面表现为自治与行政、在生态文明层面表现为改造与保护。面向全面深化改革，中国共产党必须站在中国特色社会主义的立场上对活力与秩序作出新的判断、展开新的实践。

作者简介：黄雅彬，厦门大学马克思主义学院。

新质生产力视阈下传统产业劳动者的发展困境与现代化转型

——以我国白酒产业工匠转型发展为例(观点摘要)

新质生产力强调劳动者既是发挥新质生产力的主体,其与劳动资料、劳动对象的优化组合的跃升也构成了其基本内涵。因此,改造提升传统产业,不仅要从宏观上进行产业布局,更要从微观上处理好劳动者及其产业的相互关系。工匠群体作为传统产业的核心主体,其地位变迁及现实困境体现出发挥传统产业新质生产力的转型之困。现代化量产的要求使得工匠失去了发挥精细劳作的空间;工人社会地位的变化使得其在与行业工程师为代表的技术人员的交锋中逐渐失去了话语权;而流水线的生产模式也使得工人面临劳动过程的分解和"去技能化"的风险。因此,新质生产力视野下传统产业的现代化转型对产业发展的劳动者提出了新的要求:一是调整"弃机械改手工"的传统观念,通过机械化和人工结合的耦合机制提升新质生产力的"量"产需求;二是实现工匠分层,以劳动者与劳动资料、劳动对象的优化组合的跃升为落脚点完成精细工艺和标准化生产的分野,实现新质生产力的"质"量提升;三是通过将传统产业与数字技术相结合,以大数据的消费导向助推生产,推动新质生产力的"效"能发展,实现技艺传承和创新发展的双重诉求。

本文作者:王俊雅,天津师范大学政治与行政学院。

❖天津市社会科学界学术年会天津外国语大学专场

会议综述：展现更加鲜明的新时代中国大国形象

2024年9月21日，由天津市社会科学界联合会、天津市教育委员会、天津外国语大学主办的“中国式现代化与大国形象”研讨会在天津召开，来自南京师范大学、河北工业大学、天津科技大学、天津理工大学、天津师范大学等高校和科研院所的近百位学者参加了此次学术年会。

图3-12　优秀论文颁奖仪式

会议开幕会由天津外国语大学党委副书记胡志刚主持。天津市人民政府外事办公室党组书记、主任栾建章，天津市社会科学界联合会党组成员、专职副主席袁世军，天津市教委二级巡视员王戈，天津外国语大学党委书记周红蕾分别致辞。在开幕会上，举行了优秀论文颁奖仪式。本次会议共收到投稿98篇，经过论文查重、专家匿名评审和市社科联、市教委审批，最终遴选出21篇优秀论文。

会议学术研讨环节分为主旨发言和平行论坛两个阶段进行。会议主旨发言环节由天津外国语大学原校长陈法春主持，共有四位专家作了精彩发言。

中国前驻韩国大使宁赋魁以“中国式现代化与中国特色大国外交在周边的实践”为题作发言。他指出，中国式现代化体现了中国特色大国外交积极参与和引领全球治理的责任担当，为发展中国家提供了全新的路径选择，推动了地区和全球经济的稳定发展、共同发展、繁荣发展，凸显出中国坚持和平发展的底蕴，促进了地区和全球文化的交流与互鉴，塑造出一个爱好和平、合作共赢的中国形象。

中国互联网新闻中心总编辑王晓辉以“做好时政话语翻译，讲好新时代中国故事”为题作发言。他指出，时政话语翻译是讲好中国故事的重要一公里，译者要有政治站位、工匠精神，有雄厚坚实的外语基础，厚植中国文化的根基，同时要内知国情、外知世界，拥有家国情怀和世界情怀，在实践与认识往复循环的过程中提升时政话语翻译的能力。

南开大学周恩来政府管理学院教授王存刚以“中国式现代化与中国外交创新发展”为题作发言。他谈道，中国外交是中国式现代化的重要组成部分，党的集中统一领导是中国外交的根本保证，也是中国外交最大政治优势，中国式现代化的成功实践丰富了人类现代化发展道路。站在历史新起点上，系统审视中国式现代化与中国外交创新发展的关系，具有重要理论价值和现实意义。

天津外国语大学国别和区域研究院执行院长田庆立以“中国式现代化视域下区域国别学的‘共同体范式’海外传播”为题作发言。他指出，中国式现代化与构建人类命运共同体在目标指向上具有一致性，“共同体范式”是构建中国自主知识体系的可贵探索，积极向国际社会推介“共同体范式”意义重大。

平行论坛围绕“中国式现代化故事的对外翻译与传播”“中国非遗的现代传承与国际传播”“中国式现代化理论与实践研究”“中国式现代化和高质量发展过程中的创新问题研究”等主题开展，天津外国语大学科研处处长朱鹏霄、国际传媒学院院长马兰州、马克思主义学院院长郑海呐、国际商学院院长郭建校分别担任平行论坛主持人。来自天津大学、河北工业大学、南京师范大学等高校的18位专家学者围绕论坛主题与到会学者交流分享，深度探讨中国式现代化故事，用翔实的学术成果展现真实、立体、全面的中国形象。天津外国语大学原校长陈法春、天津师范大学文学院院长赵利民、天津师范大学马克思主义学院教授闫艳、天津市商务局研究室（综合处）处长郭凯担任平行论坛点评专家。

会议闭幕式由天津外国语大学科研处处长朱鹏霄主持。天津外国语大学高级翻译学院院长李晶，南开大学文学院教授沈立岩，天津大学马克思主义学院副院长杨文圣，南开大学经济学院教授乔晓楠分别代表各平行论坛进行了成果汇报。天津市社会科学界联合会科研工作部部长江立云进行总结讲话，他指出社会科学界和高校要营造浓厚学术氛围，广大专家学者要增强使命担当，深入基层开展研究工作，切实提升科研成果质量，促进科研成果转化。

本次研讨会是贯彻落实党的二十届三中全会精神的深度实践，同时也梳理提炼了中国式现代化所承载的中国特色元素，为共同探索中国式现代化进程中大国形象构建的理论意义与实践路径搭建了交流和展示的平台，受到了广大参会学者的肯定。

❖主旨报告

中国式现代化视域下区域国别学的“共同体范式”海外传播

田庆立

一、中国式现代化与构建人类命运共同体的逻辑联系

（一）目标指向的一致性

中国式现代化是中国共产党领导的社会主义现代化，既有各国现代化的共同特征，更有基于本国国情的中国特色。中国式现代化是人口规模巨大的现代化；是全体人民共同富裕的现代化；是物质文明和精神文明相协调的现代化；是人与自然和谐共生的现代化；是走和平发展道路的现代化。

构建人类命运共同体旨在建设一个持久和平、普遍安全、共同繁荣、开放包容、清洁美丽的世界。二者在目标指向上具有一致性。中国式现代化追求全体人民共同富裕、物质文明和精神文明相协调、人与自然和谐共生等目标，与构建人类命运共同体所倡导的共同繁荣、普遍安全、清洁美丽等理念相

作者简介：田庆立，天津外国语大学国别和区域研究院执行院长。

呼应。

（二）价值理念的契合性

1. 和平发展理念

中国式现代化是走和平发展道路的现代化。中国坚定站在历史正确的一边、站在人类文明进步的一边，高举和平、发展、合作、共赢旗帜，在坚定维护世界和平与发展中谋求自身发展，又以自身发展更好地维护世界和平与发展。

构建人类命运共同体同样强调和平发展，主张各国摒弃冷战思维和强权政治，通过对话协商解决争端，共同维护世界和平稳定。

2. 合作共赢理念

中国式现代化不是封闭的现代化，而是在开放合作中实现自身发展。中国积极推动共建“一带一路”，加强与世界各国的经济合作，实现互利共赢。

构建人类命运共同体也倡导各国在经济、贸易、科技等领域加强合作，共同应对全球性挑战，实现共同发展和繁荣。

3. 公平正义理念

中国式现代化致力于实现全体人民共同富裕，体现了公平正义的价值追求。中国在发展过程中注重缩小城乡、区域差距，让发展成果更多更公平地惠及全体人民。

构建人类命运共同体也强调国际秩序的公平正义，主张各国平等参与全球治理，共同制定国际规则，反对霸权主义和强权政治。

（三）实践路径的关联性

1. 中国式现代化为构建人类命运共同体提供坚实基础

经济发展方面，中国式现代化的推进将为世界经济增长提供强大动力。中国作为世界第二大经济体，持续扩大对外开放，与世界各国分享发展机遇。

通过共建“一带一路”等合作平台，促进了沿线国家的基础设施建设和贸易投资，推动了区域经济一体化。

科技创新方面，中国在人工智能、5G通信、新能源等领域取得的重大突破，为解决全球性问题提供了新的技术支持。例如，中国的可再生能源技术可以帮助其他国家实现能源转型，减少对化石能源的依赖，应对气候变化挑战。

文化交流方面，中国式现代化所蕴含的中华优秀传统文化价值观念，如“和而不同”“天下大同”等，为构建人类命运共同体提供了丰富的文化滋养。中国积极推动中外文化交流互鉴，增进不同国家和民族之间的相互理解和友谊。

2.构建人类命运共同体为中国式现代化营造良好外部环境

国际合作方面，构建人类命运共同体有助于中国更好地参与全球治理，拓展国际合作空间。在应对气候变化、恐怖主义、传染病等全球性挑战中，中国可以与世界各国携手合作，共同制定解决方案，提升中国在国际事务中的影响力和话语权。

和平稳定方面，构建人类命运共同体有利于维护世界和平与稳定，为中国式现代化提供安全保障。中国始终坚持走和平发展道路，通过推动构建人类命运共同体，倡导多边主义，反对单边主义和保护主义，为自身发展营造良好的外部环境。

总之，构建人类命运共同体与中国式现代化相辅相成、相互促进。在新的历史起点上，中国将以中国式现代化全面推进中华民族伟大复兴，同时积极推动构建人类命运共同体，为建设更加美好的世界作出新的更大贡献。

二、“共同体范式”是构建中国自主知识体系的可贵探索

（一）人类命运共同体理念与“共同体范式”研究

自习近平主席首倡构建人类命运共同体以来，为确保该理念更加丰富和饱满充实，我国又与相关方从中观范畴、地区合作及双边关系等层面陆续提出“亚洲命运共同体”“海洋命运共同体”“全球发展命运共同体”“中国-东盟命运共同体”及“中越命运共同体”等不同类型和迥异领域的命运共同体理念，旨在从全方位、广领域和多维度，为构建人类命运共同体这一事关世界各国人民前途所在的宏大愿景奠定坚实基础，从而不断推动该理念在思想维度和实践经验层面同步走深走实。区域国别学作为沟通中国与世界加强密切联系和深化友好交往的“大国之学”，理应依托“共同体范式”予以理论升华和范式创新。

（二）“共同体范式”的学术价值和实践意义

区域国别学在被列为交叉门类下的一级学科后，切实推进该学科的理论创新和范式转换，乃是摆在区域国别学研究者面前的一项重要课题。其中构建人类命运共同体理念是基于中国传统文化中的天下大同理念及和谐共生思想，结合中国开展的波澜壮阔地迈向现代化进程的宝贵实践，所进行的描绘世界一体化图景的创造性转化和创新性发展，具有重大的理论创新价值，是马克思主义中国化的生动体现和完美诠释。针对有关共同体理念的思想创新，云南大学卢光盛教授将其命名为“共同体范式”。对于区域国别学研究者而言，如何总结提炼和系统概括这一研究范式，不仅仅是关乎我国为国际社会贡献最为前沿的思想智慧和实践经验的重大课题，也对区域国别学研究者从哲学层面和理论高度进行深刻理论阐释提出了更高的学术要求。

“共同体范式”的理论创新和范式转换，既是中国为国际社会贡献的最前

沿的思想理念和行动样本，更是赋予中国与世界各国实现友好相处、坦诚相待及和谐共生的思想纽带和认知桥梁。“共同体范式”研究内涵丰富、领域广泛、议题多元，乃是区域国别学值得进行深入开掘的一座富矿。区域国别学研究者应该具备舍我其谁的使命意识、责任意识和担当意识，为诠释好、解读好及推介好这一前沿理论成果贡献自身的学识和智慧。

三、积极向国际社会推介“共同体范式”意义重大

（一）“共同体范式”蕴含世界主义情怀和包容共生的思想精髓

人类命运共同体理念和“共同体范式”研究具有世界主义情怀和包容共生的思想精髓，富有强大的生命力，亟须全力整合我国国家有关资源，充分利用官方公共渠道、互联网媒体、学界理论探讨等多种手段，积极地向国际社会进行广泛传播和弘扬推介。中国积极倡导并大力践行的构建人类命运共同体理念，与西方国家的思维模式存在着本质差异，其核心精髓在于和谐共生、互利共赢、命运与共、维护和平，终极目标乃是实现天下一家的共同体思维导向。尤其是在当前国际局势动荡不宁和战火纷飞的紧迫态势下，深刻领悟这一思想和理念的精髓及实质，更加显得弥足珍贵。加强“共同体范式”研究的国际传播，有助于在国际舞台上彰显富有中国特色的国际学术话语权，进而为在传递中国声音、讲好中国故事时展现自信、包容及和平的中国形象作出贡献。注重加强国际学术话语传播能力建设，全面提升国际学术话语传播效能，以期达成与我国综合国家实力相匹配的国际学术话语权的长远目标。

（二）中国珍爱和平的国际秩序观亟待进行广泛的海外传播

正如墨西哥《新闻潜水员》杂志网站刊发的尼迪娅·埃格雷米的文章标题所言，“西方鼓动战争，中国为共同未来而努力”，我国应该充分发挥这一优势，积极向国际社会有效传播珍爱和平的国际秩序观。一国国际学术话语权

和主导权的确立，通常与其综合实力提升相比，具有一个明显的滞后过程。当前我国应该积极把握战略机遇期，在国际秩序转型处于战争与和平切换的十字路口，通过战略性与策略性地有机结合，面向国际社会广泛传播“共同体范式”，作为形塑国际学术话语权的重要手段和有力抓手，以期营造我国在国际社会上珍爱和平以及维护构建公平公正合理国际秩序的大国形象。

中国时政话语的对外翻译传播效果研究

魏　梅

摘要：本文以25名英语本族语者和非本族语者为研究对象，采用定量定性结合的研究方法探讨了中国时政话语英译的对外翻译传播效果。研究发现（1）本族语者对中国时政关键概念英译文的总体理解度呈中等水平，接受度中等略低，非本族语者则均为中高水平。（2）具体而言，两组对所选40个概念英译的可接受度具有同质性，存在显著差异的仅2个。（3）基于开放式问卷、访谈数据及西方媒体关于中国的新闻语料，本文对词汇、搭配以及习语等的英译提出建议，以期为中国理念、中国文化及中国方案的外译与传播活动提供参考。

关键词：中国时政话语；对外翻译传播效果；接受度

基金项目：天津市哲学社会科学规划项目“新时代中国重要概念对外翻译与国际传播研究”（TJYY24-010）、天津市教委科研计划项目“新时代中国特色话语外译能力的高效提升路径研究”（2022SK012）、天津外国语大学2022年度科研规划项目“中国时政文本英译的高效提升路径研究”（22YB05）

作者简介：魏梅，天津外国语大学英语学院教授。

一、引言

新时代时政话语翻译在构建中国对外话语体系中起着重要的作用。当前,推动中国理论、中国思想走向世界,讲好新时代中国故事,传播好中国声音,阐释好中国特色成为当务之急。时政话语包括政府工作报告和党代会的文件、领导人的讲话单行本或者汇编本、新闻论证性文章、外交部和商务部等部委组织的新闻发布会等。简言之,只要是反映现实政策或者国家现状的都应该算入时政范畴。时政话语外译需求与中国的国际地位变化有密切的关系,其质量好坏直接影响中国在国际社会的形象。鉴于此,本文旨在考察中国时政话语的对外翻译传播现状,并进一步对词汇、搭配、缩略词及习语等方面翻译中存在的问题提出建议。

二、研究背景

(一)本土化英语的可理解性与可接受性

中国文化和中国方案走出去要通过本土化英语之一的中国英语。英语作为世界通用语,具有国际化和本土化的特征。研究者们对英语本土化现象存在一定争议。一部分人认为,由于受母语干扰及各自文化与环境的影响,本土化英语可能难以被他人理解和接受;另一部分学者则认为英语本土化是英语国际化过程中的必然现象,应该予以承认。本土化英语的理解度与接受度密不可分。广义的可理解度指对说话者意图的理解;可接受度指人们对译文的接受程度。Mehrotra认为,可接受度是听/读者的一种态度。如果本土化特征可被理解且用法得体,听/读者便可以接受。

以往对本土化英语接受效果的研究结果存在不一致之处。Baumgardner的研究表明,多数受访对象都能够接受巴基斯坦英语中的本土化词汇和句式;但也有研究显示,日本英语的可接受度较低。对中国英语的可接受度评价不一。陈林汉的研究表明,美国、英国和加拿大人由于文化背景不同造成对中国英语报纸中部分表达的理解难度,语言地道性也影响读者的可接受度。然而有研究考察了中国语境中英语动词搭配在海外受众中的接受效果,结果表明,本土化英语整体上可以被英语本族语者和非英语本族语者所理解和接受。但英语本族语者和非英语本族语者在可理解度和可接受度的评价上有显著差异,英语本族语者更容易理解和接受本土化英语。

(二) 翻译在政治话语对外传播中的重要作用

讲好中国故事不仅是向世界介绍真实的中国,更是提升国家话语权的迫切需要。高质量的对外翻译与传播是塑造好中国形象的重要环节。翻译和传播是相互融合、相互依存的关系。黄友义提出的外宣翻译"三贴近原则"包括:贴近中国发展的实际,贴近国外受众对中国的需求,贴近国外受众的思维习惯。他认为,时政翻译应该既忠实于中文原意,又要考虑受众的理解能力、文化差异及思维习惯,才能达成有效的对外翻译传播。张健从外宣翻译的目的和中西文化差异的视角指出,外宣翻译的目的是实现交流、沟通信息,是信息型翻译。外宣翻译要采用不同变通策略,善于通过受众的语言、思维和他们熟悉的符号说话,在理解中西文化传统的基础上才能阐释好中国故事。基于皮亚杰的发生认识论与社会建构主义的学习理论,窦卫霖提出了政治话语对外翻译传播"以我为主、重视差异、不断强化、渐被接受"的传播策略。陈小慰基于西方修辞学理论提出对外翻译传播中的"修辞互动"(rhetorical transaction)原则。该原则强调,基于对外翻译传播的特定语境,在精准把握原文语境和内涵深意的基础上,努力采用译语受众熟悉和能理解的方式翻译我们的立场、观点、文化和形象。对原文须尽力保留,而在表达方式上则须尽力贴近受众,尊重其接受习惯。唯有如此,才可能互利共赢,取得好的传播效果。

（三）中国时政话语对外翻译传播的研究

近年来，国内学者开始考察时政文本的翻译与对外传播效果，主要包括三个方面：一是采用英美新闻语料库方法考察当代中国特色话语的对外传播现状。二是运用实例分析中国时政话语翻译的准确性与地道性。三是通过问卷调查考察中国政治文献翻译在英语国家受众中的实际接受效果。例如，武光军、赵文婧采用五级量表考察了中国的英美留学生与外籍教师对2011年《政府工作报告》英译文的读者接受现状。研究显示，《报告》英译文总体比较易于接受。语篇层面对于外国读者来说最易于接受，相比较而言，译文在词汇及句子层面给外国读者在理解上带来了较大困扰。范勇和俞星月的研究采用问卷调查考察了10个中国当代政治宣传语英译文在英语国家受众中的实际接受效果，结果表明译文在美国受众中的总体接受效果较好，但对某些中国特色概念的直译争议较多。

以上研究对了解中国政治话语英译的海外使用情况或译文的准确性等问题奠定了一定基础，但仍存在以下不足：第一，在研究内容上，近年来中国在传播中国立场和与世界对话的过程中，涌现出许多关键概念，这些概念英译的国际传播效果相关实证研究鲜为少见。第二，在研究方法上，目前的研究主要采用案例分析或语料库方法，存在所举案例数量少、研究方法单一等问题。综上，本文采用问卷调查、语料库及回溯访谈等多元验证方法探讨中国时政话语的翻译与传播在国际社会的总体现状。

三、研究方法

（一）研究问题

本文将回答以下三个研究问题：

第一，本族语者与非本族语者对中国时政话语英译的总体理解度与接受度现状如何？两组之间在两个维度上是否存在显著差异？

第二，本族语者与非本族语者对所选时政话语英译的接受效果如何？两组之间是否存在显著差异？

第三，本族语者与非本族语者对中国时政话语在词汇、搭配、缩略词及习语等层面英译的看法如何？中国概念在英美主流媒体语料库中的使用频率如何？以上数据对提高中国时政话语对外翻译与传播策略有怎样的启示？

（二）研究对象

25名研究对象分别来自美国、英语、加拿大、俄罗斯、乌克兰、哥伦比亚、也门、德国、阿富汗等，其中英语国家本族语者为10人（9人为英美国家的高校教师或学生、工程师等，仅1人在中国某大学担任外教），非英语国家二语学习者15人（正在中国学习或学成回国的留学生13人，2人未来过中国）。年龄18—79岁不等，均为在读或完成学业的学士、硕士和博士，英文水平完全可以阅读时政新闻，他们认真独立地完成了问卷。

（三）研究工具与材料收集

本文编写了新时代中国时政关键词英译的7级量表理解度与接受度问卷。关键词筛选首先从“中国关键词对外传播平台”和“重要概念范畴表述外译发布平台”上收集了自2018年1月1日至2022年5月31日发布的80个关键词，其次，研究者通过“中国网”的“高级搜索”功能查到选出的所有关键词的中英文词频，从《人民日报》《中国日报》及“中国网”等官网查找到其中20个有2~4种不同英译文和20个一种译文的高频关键词，内容涉及改革开放、治国理政、一带一路、新时代外交、中国精神、精准脱贫等不同专题。

本文采用线上与线下问卷调查和访谈的形式，通过微信、邮件以及现场向国外受试发放调查问卷25份，对50个频次高的关键概念接受度进行了7级量表判断，最后经过筛选，保留40个。问卷回收率为100%。此外，对10名受试进行了回溯式访谈（4名本族语者与6名非本族语者），调查样本数据真实可靠。

本文使用LexisNexis新闻数据库，在英、美八种主要报刊的新闻标题中检索China和Chinese，收集了它们近5年（2018年1月1日—2022年5月31日）的涉华报道，建成西方媒体关于中国的语料库。这些报刊包括*The New York Times*（《纽约时报》）、*The Washington Post*（《华盛顿邮报》）、*USA Today*（《今日美国》）、*The Sun*（《太阳报》）、*TheGuardian*（《卫报》）、*TheIndependent*（《独立报》）、*TheTimes*（《泰晤士报》）、*TheDaily Telegraph*（《每日电讯报》）。该语料库包括1441篇新闻，1,150,006个形符（token）。

（四）数据分析

本文的定量分析通过SPSS 22.0进行描述性统计和非参数检验的方法考察受试对中国时政话语英译的理解度与接受度，定性分析对访谈数据进行转录，将其和开放式问卷调查的数据分别编码归类，并结合语料库进行三角验证，深度探究影响海外受试接受效果的原因。

四、研究结果

根据问卷调查与回溯式访谈数据，从以下三个方面进行结果分析：

（一）两组对中国时政话语英译的总体理解度及接受度

1.对时政话语英译的总体理解度

封闭式问卷调查结果显示，在国内外受试中，英语国家本族语者和非英语国家二语学习者对重要概念英译的7级量表理解度判断平均值分别为M=4.00（SD=0.89）、M=5.22（SD=0.97）。Mann-Whitney两两比较结果显示，本族语者与非本族语者之间存在显著差异（$p=.036<.05$）。如图3-13所示：

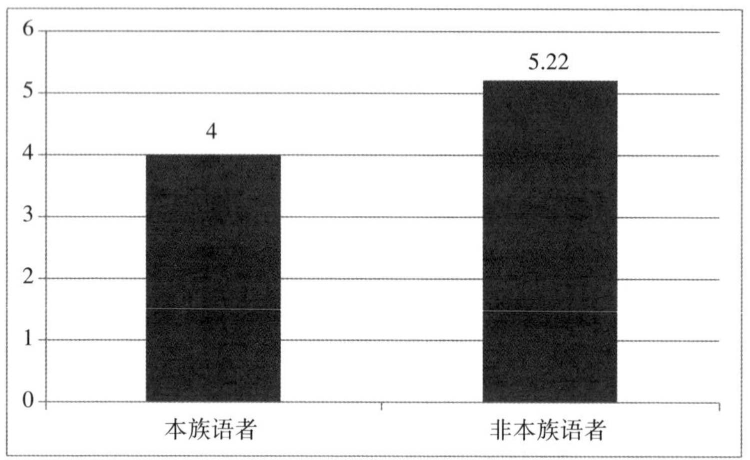

图3-13 两组的总体理解度比较

2.对时政话语英译的总体接受度

英语本族语者与非英语本族语者对关键概念英译的总体接受度均值分别为3.4和5.13。Mann-Whitney统计结果显示，本族语者与非本族语者之间存在显著差异（p=.030<.05）（如图3-14所示）。

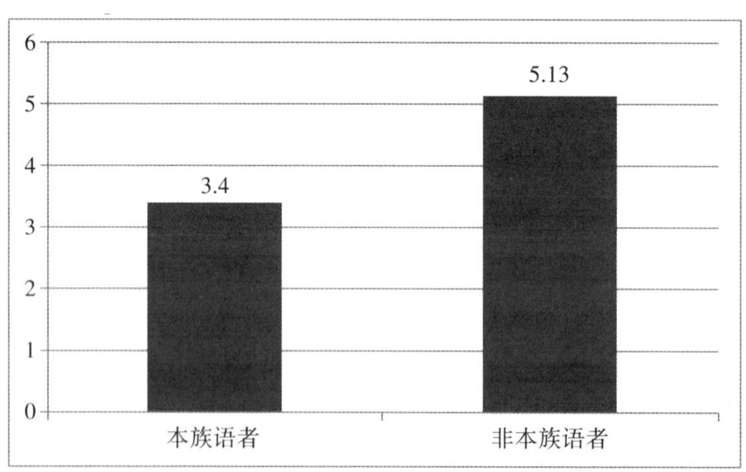

图3-14 两组的总体接受度比较

（二）两组受试对所选时政话语英译的接受度

1.受试对同一概念一种英译的接受度

两组受试英译文接受度均值大多呈中高水平。以下是对20个关键词一种译文接受度的描述统计与非参数检验分析。如表3-6所示：

表3-6　两组对一种译文接受度的描述统计与Mann-Whitney非参数检验

序号	关键词	组别+均值/标准差	p值
(1)	socialist consultative democracy 社会主义协商民主	1. 3.50 (2.89) 2. 4.08 (2.07)	0.538
(2)	strategy for invigorating China through science and education 科教兴国战略	1. 5.50 (1.73) 2. 5.00 (1,86)	0.710
(3)	reform of the national supervision system 国家监察体制改革	1.4.75 (2.63) 2.3.58 (2.28)	0.241
(4)	building a new type of government-business relationship 新型政商关系	1.6.00 (0.82) 2.5.00 (1.95)	0.494
(5)	five concepts for development 五大发展理念	1.5.00 (1.41) 2.4,25 (2.09)	0.496
(6)	China (Shanghai) Pilot Free Trade Zone 中国(上海)自由贸易试验区	1.4.25 (2.36) 2.4.83 (1.95)	0.578
(7)	the innovation-driven development strategy 创新驱动发展战略	1.5.75 (0.50) 2.4.67 (2.27)	0.660
(8)	eliminating the "Four Malfeasances" 反对"四风"	1.2.00 (1.41) 2.2.42 (1.88)	0.749
(9)	making China's skies blue again 蓝天保卫战	1.4.25 (2.22) 2.6.00 (1.35)	0.127
(10)	a system of socialist rule of law 社会主义法治体系	1.4.33 (2.08) 2.4.09 (2.02)	0.813
(11)	the campaign to educate Party members about the mass line党的群众路线教育实践活动	1.3.50 (1.73) 2.3.50 (2.15)	0.806
(12)	It takes a good blacksmith to make/forge good tools. 打铁必须自身硬	1.4.00 (1.41) 2.4.42 (2.23)	0.621
(13)	the path of law-based governance under Chinese socialism 中国特色社会主义法治道路	1.5.25 (1.26) 2.4.92 (1.83)	0.805
(14)	Silk Road of green development 绿色丝绸之路	1.3.50 (2.08) 2.3.73 (2.24)	0.842

续表

序号	关键词	组别+均值/标准差	p值
(15)	China-Africa community with a shared future 中非命运共同体	1.4.25(1.50) 2.5.00(2.41)	0.349
(16)	a mechanism of defined responsibilities 中央统筹、省负总责、市县抓落实	1.5.00(2.71) 2.4.91(1.92)	0.639
(17)	the spirit of reform and innovation 改革创新精神	1.4.25(2.22) 2.5.82(1.72)	0.195
(18)	the spirit of the national defense scientists “两弹一星”精神	1.3.75(2.22) 2.4.64(2.06)	0.468
(19)	two assurances and three guarantees 两不愁三保障	1.2.75(1.71) 2.3.78(2.44)	0.531
(20)	“abyss consequence” “悬崖效应”	1.2.00(1.16) 2.2.33(1.41)	0.748

注:1=本族语者,2=非本族语者

数据分析得出以下三点:首先,非参数检验两组比较表明,英语本族语者与非本族语者对所选20个关键概念英译的接受度之间均无显著差异,具有同质性。其次,本族语者对(2)(3)(4)(5)(7)(10)(13)(16)共8条的接受度均值高于非本族语者,第11条两组均值相同,其余11条则低于非本族语者。最后,本族语者与非本族语者对以下4个关键词的接受度均值呈较低水平:eliminating the “Four Malfeasances”(M=2.00,SD=1.41;M=2.42,SD=1.88)、two assurances and three guarantees(M=2.75,SD=1.71;M=3.78,SD=2.44)、the campaign to educate Party members about the mass line(M=3.50,SD=1.73;M=3.50,SD=2.15)及“abyss consequence”(M=2.00,SD=1.16;M=2.33,SD=1.41)。

2.受试对同一概念不同译文的接受度

表2中包括20个概念共44个译文,两组接受度的描述统计与Mann-Whitney检验结果如下:

表3-7 两组对不同英译文接受度的描述统计与Mann-Whitney非参数检验

序号	关键概念	英译文	平均值(标准差)	p值
(1)	"三个代表"重要思想	Theory of Three Represents	1. 1.25 (0.50) 2. 2.75 (1.66)	0.066
		the Three Represents	1. 1.25 (0.50) 2. 2.75 (1.77)	0.109
(2)	共享发展	inclusive development	1. 4.75 (1.89) 2. 4.67 (1.97)	0.804
		shared development	1. 4.25 (1.71) 2. 4.00 (2.17)	0.901
(3)	全面从严治党	an all-out effort to enforce strict Party discipline	1. 5.75 (1.49). 2. 5.70 (1.06)	0.713
		comprehensively enforcing strict Party self-governance	1. 4.75 (1.04) 2. 5.50 (1.18)	0.151
		full and strict Party self-governance	1.4.13 (1.25) 2. 5.70 (0.95)	0.012
		full and rigorous Party self-governance	1.3.88 (1.64) 2. 5.30 (0.68)	0.029
(4)	摸着石头干活	crossing the river by feeling for stones	1. 2.50 (1.92) 2. 4.00 (2.52)	0.286
		wading across the river by feeling for stones	1. 2.75 (2.36) 2. 4.00 (2.49)	0.379
(5)	人与自然和谐共生	harmony between man and nature	1. 5.50 (1.73) 2. 5.67 (2.06)	0.513
		ensuring harmony between human and nature	1. 3.75 (2.22) 2. 5.08 (2.35)	0.191
(6)	开放发展	open development	1. 4.25 (2.22) 2. 4.58 (1.98)	0.713
		development for global progress	1. 5.25 (2.87) 2. 4.83 (1.64)	0.423
(7)	保持战略定力	maintaining a strategic focus	1. 5.50 (1.82) 2. 5.25 (2.05)	0.851
		maintaining strategic willpower	1. 3.50 (1.92) 2. 4.50 (1.93)	0.358
(8)	关键少数	the "key minority" of officials in important positions	1. 5.25 (0.96) 2. 4.25 (2.22)	0.499
		the "critical minority"	1. 3.25 (1.50) 2. 3.83 (2.44)	0.757

续表

序号	关键概念	英译文	平均值(标准差)	p值
(9)	全面依法治国	comprehensively promoting law-based governance	1. 4.25 (2.22) 2. 4.18 (1.94)	0.792
		a comprehensive framework for promoting the rule of law	1. 4.50 (2.38) 2. 4.00 (2.22)	0.666
(10)	稳中求进工作总基调	making progress while maintaining stability as the guideline for the work of the government	1.4.25 (1.26) 2.4.50 (2.36)	0.537
		the general principle of seeking progress while keeping performance stable	1.4.75 (1.89) 2.4.17 (2.37)	0.713
(11)	发扬钉钉子精神	promoting the spirit of perseverance	1.5.75 (1.26) 2.4.08 (1.83)	0.117
		resolving problems with force and tenacity as a hammer drives a nail	1.3.00 (1.83) 2.4.17 (2.29)	0.357
(12)	生态保护红线	ecological red lines	1.5.25 (1.50) 2.4.25 (2.67)	0.803
		ecological conservation redline	1.4.50 (1.73) 2.4.50 (2.43)	0.758
		conservation red lines	1.5.50 (1.73) 2.4.33 (2.61)	0.575
(13)	新时代党的建设总要求	general guidelines for Party building for a new era	1.4.50 (1.00) 2.4.08 (2.11)	0.712
		general guidelines for Party development in the new era	1.5.75 (0.50) 2.4.42 (1.68)	0.092
(14)	生态文明体制改革	reform of the system for developing an ecological civilization	1.3.25 (2.06) 2.5.17 (1.80)	0.084
		reform of the eco-civilization system	1.3.00 (2.16) 2.5.08 (1.93)	0.094
(15)	政治建军	raising political awareness in the military	1.4.50 (2.08) 2.4.83 (1.99)	0.707
		strengthening the political loyalty of the armed forces	1.5.25 (1.71) 2.5.00 (1.95)	0.258
(16)	两岸一家亲	people on both sides of the Taiwan Strait as one family	1.4.25 (2.50) 2.5.25 (2.22)	0.380
		people on both sides of the Taiwan Straits are of the same family	1.4.00 (2.45) 2.5.00 (2.00)	0.424
(17)	红船精神	the pioneering spirit of the Red Boat which witnessed the birth of the CPC	1.2.75 (2.06) 2.3.73 (2.24)	0.458

续表

序号	关键概念	英译文	平均值(标准差)	p值
		the pioneering spirit of the "Red Boat" in which the CPC held its first meeting	1.3.50 (2.89) 2.3.64 (2.34)	0.990
(18)	"回头看"	follow-up checks	1.5.75 (0.96) 2.3.78 (2.44)	0.154
		"second look" inspections	1.3.00 (1.83) 2.3.88 (2.30)	0.663
		follow-up re-examinations	1.4.00 (1.83) 2.4.22 (2.39)	0.876
(19)	综合施策	holistic approaches to poverty elimination	1.6.25 (0.96) 2.5.22 (2.05)	0.413
		both the symptoms and the root causes must be addressed in a holistic way	1.4.75 (1.26) 2.3.75 (2.12)	0.389
(20)	中国特色强军之路	the Chinese path of building strong armed forces	1.6.25 (0.50) 2.5.33 (2.29)	0.870
		the path of building a powerful military with Chinese characteristics	1.5.00 (1.16) 2.4.56 (2.19)	0.875

注:1=本族语者,2=非本族语者

从表3-7数据可以看出,首先,本族语者与非本族语者仅对44个译文中的2个接受度之间存在显著性差异(full and strict Party self-governance, p=.012<.05; full and rigorous Party self-governance, p=.029<.05),说明两组的判断基本趋同,变化幅度较小。其次,本族语者接受度的均值高于非本族语者的有20条译文,本族语者的均值低于非本族语者包括23条,两组对1条译文(ecological conservation redline, M=4.50; M=4.50)的接受度判断一致。最后,本族语者对9条译文的均值判断偏低:"三个代表"Theory of Three Represents(M=1.25)和 the Three Represents(M=1.25);摸着石头干活 crossing the river by feeling for stones(M=2.50)和 wading across the river by feeling for stones(M=2.75);"关键少数"the "critical minority"(M=3.25);生态文明体制改革 reform of the system for developing an ecological civilization(M=3.25)和 reform of the eco-civilization system(M=3.00);红船精神 the pioneering spirit of the Red

Boat which witnessed the birth of the CPC（M=2.75）；“回头看”“second look” inspections（M=3.00）。

五、提高时政话语译文接受度的对外翻译传播策略

从定量数据可以看出，本族语者对中国时政话语英译的总体理解度（M=4.00）和接受度（M=3.40）处于中等水平上下，他们对于西方语言中没有的概念表示难以理解和接受。基于开放式问卷、访谈和语料库数据，以下从词汇、搭配、缩略词、习语等方面探讨提高中国时政话语翻译传播的策略。

（一）提高词汇译文接受度

从定性数据得知，本族语者和非本族语者的理解度与接受度判断主要受语言准确性、地道性、语境和文化背景的影响。根据受试的反馈，提高时政话语英译的词汇接受度可采取准确选词、语境化、加注释义等翻译策略。例如：

1.Theory of Three Represents（“三个代表”）

本族语者与非本族语者对Theory of Three Represents和the Three Represents的接受度均值都比较低（M=1.25；M=2.75）。本族语受试认为represent用作名词不符合英文语法，该词用作动词（I have never heard of the word “represent”used as a noun, so I have no idea what this means.）。有本族语受试提出用释义法翻译更易懂，即representing the development of China’s advanced productive forces, advanced culture, and the fundamental interests of the Chinese people。

2. 比较“保持战略定力”

“保持战略定力”的译文maintaining a strategic focus与maintaining strategic willpower，本族语受试认为，前者用focus更自然，易于理解。后者用willpower有点儿奇怪，似有“威胁”的含义（“strategic focus” is more comprehensible probably,“strategic willpower” sounds strange, threat or something, strategic power.),该结果在语料库中得以验证。检索西方媒体关于中国的语料库发现,strategic focus的搭配表达出现两频次,但未检索到strategic willpower的用法。

3.Four Malfeasances(四风)

根据访谈数据,本族语受试大多数不认识malfeasance一词,需要通过查词典才能知道是指insincerity, bureaucracy, indulgence and extravagance。针对译文中使用的这个较为生僻的词,有受试提出用wrongdoing代替更好(Malfeasance is a word unknown to the majority of the population. ‘The Four Official Wrongdongs’ would make better sense to most people.)。然而西方媒体关于中国的新闻语料库中该词出现3次。malfeasance专指公务人员的违法乱纪或渎职行为(misconduct or wrongdoing by a public official),常用于法律和政治领域。由此可见,“四风”的翻译与该词的含义是吻合的,但鉴于malfeasance属专业词汇,为提高其可读性,译文中最好将源语的具体所指呈现出来。

4.群众路线

本族语受试表示对“the campaign to educate Party members about the mass line”(党的群众路线教育实践活动)中的“mass line”(群众路线)的确切意思存在理解困难(I don’t know what it means.)。语料库中的用法包括mass testing、mass detention、mass population lockdowns、mass surveillance programme、mass military drills、mass protest、mass layoffs、mass culture、mass migration、mass immunization drive、mass production等。由于西方读者不熟悉中国特色表达“群众路线”的译文mass line ,应呈现一定的语境和解释。如mass line就是一切为了群众,一切依靠群众,从群众中来、到群众中去(doing everything for the masses, relying on them in every task, carrying out the principle of “from the masses, to the masses”)。

(二)提高搭配译文接受度

有本族语受试表示:“我从多个译文中选出的是我认为最地道和最能理解的。”以下实例进一步说明了译文地道性与可读性对于海外受试的理解度与接受度十分重要。

1.harmony bebween man and nature

本族语受试对harmony between man and nature (M=5.50)的接受度判断均值高于ensuring harmony between human and nature(M=3.75),他们认为“man and nature”听上去更加自然(It is more natural. We wouldn't say “human and nature”.)。

2.生态文明体制改革

本族语者对“生态文明体制改革”的译文reform of the system for developing an ecological civilization比reform of the eco-civilization system的接受度判断均值略高,有受试建议译成“Developing Ecological Systems”更符合英文表达习惯。语料库中ecologicalcivilization出现了1次(Propaganda officials these days produce books and classroom materials to promote Xi's 'Ecological Civilization' concept with collections of his thoughts and sayings, often accompanied by imagery of lush mountains and blue rivers.),但未检索到eco-civilizationsystem的用法,从而表明与定量数据一致,互验了研究结果。

3.回头看

“回头看”有三种译文,本族语者接受度的均值相差较大:follow-up checks (M=5.75) 、“second look” inspections (M=3.00) 、follow-up re-examinations(M=4.00)。有受试表示对于“second look”这样的表达无法接受(“follow-up…”means “following…”, that's OK. But we wouldn't say “second look”, it is absolutely nothing to me.)。语料库中检索到follow-up arrangements、follow-up questions等,问卷、访谈和语料库分析结果得以互验。

4.in the new era

比较本族语者与非本族语者对general guidelines for Party building for a new era和general guidelines for Party development in the new era 的判断均值，后者比前者高。在语料库中只检索到in the new era，说明本族语者更倾向于使用该表述，再次验证了定量结果。

（三）提高缩略词译文接受度

中国特色表达的特点是高度概括和凝练，通常用关键词概括所要表达的核心思想。受试认为，用意译或释义的方法翻译更容易理解。

1.“两学一做”学习教育

两组受试对“‘两学一做’学习教育”（“‘Two Studies and One Action’ education campaign”）的译文接受度均值略低（M=3.50；M=3.58），有本族语者认为用“Party education campaign for important officials”可能更为易懂。

2.新发展理念

有本族语者建议“Five concepts for development”（新发展理念）最好保持其完整性与具体性，即““development that is innovative，coordinated，green，open and inclusive”。

3.两不愁三保障

“两不愁三保障”的译文“two assurances and three guarantees”缺少所指，有本族语者建议补充所指信息，如“two assurances and three guarantees of basic needs”。

4.悬崖效应

本族语者和非本族语者对“悬崖效应”的译文“abyss consequence”的接受度均值偏低，低于3.00，有本族语者建议用释义法翻译为“The Unreasonable Gap between Poverty-Stricken and Other Households”。

5.关键少数

另有受试认为,“关键少数”的译文“the ‘key minority’ of officials in important powers 和 the ‘critical minority’”难以理解,尤其是后者。“critical minority”中取决于“critical”一词,是指“critical amount”还是“critical by criticizing”,有受试建议改为“the standards required for leading officials”。

6.红船精神

受试可能理解有些概念多个英译文的大意,但本族语受试更倾向于接受其中一个更符合英语表达习惯、简洁直观的译文版本,尤其是涉及历史文化概念的翻译。例如,“红船精神”的译文“the pioneering spirit of the “Red Boat” in which the CPC held its first meeting”(M=3.50)较之“the pioneering spirit of the Red Boat which witnessed the birth of the CPC”(M=2.75)来看,更为海外受试所接受。

7.统筹推进“五位一体”总体布局

从本族语者和非本族语者对“统筹推进‘五位一体’总体布局”的三个译文“all-round economic, political, cultural, social, and ecological progress”、“the overall plan for development in five areas”及“the five-sphere integrated plan”的接受度判断来看,第一种用意译的方法均值最高,说明这种方法更有利于信息的传递和接受。

(四)提高习语译文接受度

由于对中国社会和文化了解的缺失,本族语和非本族语受试大多表示难以理解以下中国习语的译文。例如,

1.摸着石头过河

“摸着石头过河”的译文“crossing the river by feeling for stones”、“wading across the river by feeling for stones”对于本族语和非本族语受试来说非常陌生,本族语者的接受度均值仅为3.00、4.00。实际上,ABC汉英词典中的译文

为“feel one's way”、“test each step before taking it; advance cautiously”。有受试建议用“a cautious approach to reform”这样基于意译的译文更易于理解。

2. 打铁必须自身硬

本族语和非本族语受试对于“打铁必须自身硬”的译文“It takes a good blacksmith to make good tools.”表示难以理解，提出用“‘The Party must provide the example that the people need to do their work”辅以解释以帮助理解。

（五）中国特色话语译文的渐被接受

在西方关于中国的新闻语料库中，出现了4次关于“人类命运共同体”的表达，如the concept of a shared future for mankind, building a community with a shared future for mankind等。“丝绸之路”被检索到6次，如Beijing launched the Digital Silk Road in 2015, the Silk Road Fund, the ancient Silk Road city of Hotan, the old east-west Silk Road, a new version of the Silk Road, EU country with a significant Silk Road project。与“蓝天”相关的表述出现了18次，其中与环境保护相关的有12次，如ensure blue skies, enjoy blue skies, creating blue skies, clear the skies（5次）, make sure the skies are pristine, blue skies have now become normal, make sure the capital's often-smoggy skies are blue等。从以上例子可以看出，中国特色话语英译正逐渐被西方媒体所采用，这些话语的概念也在被西方世界所熟悉、理解和接受。

六、结语

本文发现总结如下：

本族语者和非本族语者对中国关键概念英译文的总体理解度均值分别为M=4.00、M=5.22，呈中高水平，两组比较分析表明：本族语者与非本族语者之间存在显著差异。

本族语者和非本族语者对中国关键概念英译文的总体接受度均值分别为M=3.4、M=5.13，呈中等略低和中高水平，统计分析表明：本族语者与非本族语者之间存在显著差异。

选取的40个关键概念中，一个概念一种译文与一个概念2~4种不同译文的接受度均值具有一定的多样性，但两组比较显示，64条译文中仅2条具有显著性差异，说明两组对这些译文的接受度判断具有较高的同质性。

基于开放式问卷和访谈的定性数据得出：中国时政话语在词汇、搭配、缩略词及习语等的翻译策略上仍有提升空间。

英语本族语者与非本族语者在总体理解度和接受度上均具显著差异，但对40个概念共64条译文的接受度上具有同质性。主要原因有以下三点：

第一，本文中的本族语受试大多在国外生活，他们的接受度判断主要依据对译文的理解，语言的地道性与准确性对他们也至关重要（Concerning the phrases with multiple versions, the one I chose as the most authentic or comprehensible was typically because it sounded more natural when spoken in English.），同时，接受度判断也涉及对概念的理解度、价值观、世界观以及容忍态度等因素。本研究再次验证了理解度与接受度密不可分，越容易被理解的中国英语也越容易被接受。非本族语受试大多为在我国的留学生和孔子学院学生，他们的总体理解度和接受度判断居中高水平，从访谈中得知有些受试表示对中国的政策和文化等有所耳闻，这可能是他们总体分较高的原因。

第二，与总体接受度判断不同，非本族语受试与本族语受试对具体译文的接受度判断基本无显著差异。原因可能有两点：一是影响理解度和接受度的首要因素是英文水平。当接触具体译文时，非本族语受试没有英语作为母语的优势，他们仍存在理解困难，或者只是理解了表层意义，导致对单项概念译文接受度判断的影响。二是在访谈中一位在中国读博的俄罗斯学生谈到，她虽从广播和电视上听过某些词，但并不熟悉，更没有真正理解其内涵。由此可见，非本族语受试虽在总体理解度和接受度评分上居中高水平，但从单项评分和访谈数据上可以看出,他们并没有完全融入中国的社会生活中,仍然缺乏对中国文化与中国社会内涵的理解。

第三,有些时政话语高度凝练、概括性强。本族语受试表示最难理解和接受的是那些带有浓厚政治历史事件色彩的时政术语,原因在于他们不了解中国社会政治状况,适切的翻译方法是深入了解源语文化(We need someone to understand cultural things so much, to understand in-depth cultural knowledge, to understand nuances of Chinese culture and politics as well. Our systems are different. It's hard. If you put this to western audiences to translate them into English, a lot of them don't know the meaning because of cultural and political differences. Anything that is heavily political historical events sounds most difficult.)。他们希望在翻译中国特色习语、创译词、缩略词等表达时加上注释、增加信息或提供语境,这样可以降低他们的理解难度,增强可理解性与接受性。基于以上三点,为进一步提高对外翻译传播效果,时政话语的翻译要在思想上精准把握原文内涵,表达上尽力贴近译文受众。采取"以我为主、重视差异、不断强化、渐被接受"的对外翻译传播策略。总之,提高可接受性的关键在于增加交流,中国时政话语反映了中国的历史文化和治国理念,通过不断的沟通交流才能促进理解和接受,达到由内至外,从表及里的传播效果。

中国时政话语具有鲜明的中国本土化特色,为更加有效地传播中国声音,加强对外交流,提升国际话语权与影响力,我们应高度重视时政话语的对外翻译传播效果,将中国特色、翻译方法与英文表达习惯相结合,促进中国英语本土化的发展。本文将对新时代中国话语的外译与传播具有重要的借鉴作用,对中国英语翻译教学和对外汉语教学有很大的参考价值。

参考文献:

1. 蔡力坚、杨平:《〈中国关键词〉英译实践探微》,《实践探索》,2017 年第2期。

2. 陈京钰、黄友义:《构建国家对外话语体系中的对外翻译及国际传播》,《中国翻译》,2024年第2期。

3. 陈林汉:《外国人怎么评价两份中国英语报刊?》,《现代外语》,1996年第1期。

4. 陈小慰:《原文核心要素的有效对外翻译传播》,《中国翻译》,2021年第3期。

5. 陈小慰:《对外翻译传播:"修辞互动"原则与策略》,《中国翻译》,2023年第6期。

6. 窦卫霖:《政治话语对外翻译传播策略研究——以"中国关键词"英译为例》,《中国翻译》,2016年第3期。

7. 范勇、俞星月:《英语国家受众对中国当代政治宣传语官方英译文接受效果的实证研究》,《山东外语教学》,2015年第3期。

8. 符滨、蓝红军:《从〈习近平谈治国理政〉标题翻译看中国政治话语的对外传播》,《翻译研究与教学》,2019年第2期。

9. 高超、文秋芳:《中国语境中本土化英语的可理解度与可接受度研究》,《外语教学》,2012年第5期。

10. 黄友义:《坚持"外宣三贴近"原则,处理好外宣翻译中的难点问题》,《中国翻译》,2004年第6期。

11. 黄友义:《强化国家对外翻译机制,助力国际传播能力提升》,《英语研究》,2022年第1期。

12. 胡开宝、张晨夏:《基于语料库的"中国梦"英译在英美等国的传播与接受研究》,《外语教学理论与实践》,2019年第1期。

13. 王晓莉、胡开宝:《外交术语"新型大国关系"英译在英美的传播与接受研究》,《上海翻译》,2021年第1期。

14. 武光军、赵文婧:《中文政治文献英译的读者接受调查研究——以

2011年〈政府工作报告〉英译本为例》,《外语研究》,2013年第2期。

15. 张健:《全球化语境下的外宣翻译“变通”策略刍议》,《外国语言文学》,2013年第1期。

16. Baumgardner, R.J., Pakistani English: Acceptability and the norm, *World Englishes*, No.14, 1995.

17. Greenbaum, S.(ed.), *The English Language Today*, Perganon, 1985.

18. Quirk, R., H. G. Widdowson, (eds.), *English in the World: Teaching and Learning the Language and Literatures*, Cambridge University Press, 1985.

19. Matsuda, A. , The ownership of English in Japanese secondary schools, *World Englishes*, No.22, 2003.

20. Smith, L. E. Spread of English and issues of intelligibility, In B. B. Kachru (ed.), *The Other Tongue English across Cultures* (2nd ed) , Urbana University of Illinois Press, 1992, pp.75-90.

21. Smith, L. E., Nelson, C. L. World Englishes and issues of intelligibility, In B. B. Kachru, Y. Kachru, and C. L. Nelson (eds.), *The Handbook of World Englishes*, Blackwell Publishing Ltd, 2006, pp.428-445.

22. Warschauer, M., The Changing global economy and the future of English teaching, *TESOL Quarterly*, No. 4, 2000.

中国式现代化视域下文化外交的独特价值与实践路径

王　烁

摘要：中国式现代化是走和平发展道路的现代化，新时代的文化外交既是中国式现代化的内在要求，也是推进中国式现代化的必然选择。中国式现代化进程中的文化外交具有独特价值，文化外交能够以和平方式塑造国家形象、以合作姿态增进国际交往、以和谐理念参与全球治理，并以和合之道推动文明交流互鉴。以文化外交推进中国式现代化要加快丰富完善文化外交战略内涵、促进民心交流相通、改善对外传播方式、加强文化品牌建设。

关键词：中国式现代化；文化外交；价值；路径

一、引言

任何一个国家的现代化都不能孤立于世界之外，在中国式现代化进程

基金项目：2023年国际中文教育研究课题“中文教育在芬兰高等教育体系内的发展现状及特征研究”（23YH70C）。

作者简介：王烁，天津外国语大学欧洲语言文化学院副教授。

中，如何处理中国与外部世界的关系至关重要。正如党的二十大报告所强调，我国要“促进世界和平与发展，推动构建人类命运共同体”[①]，其中，积极推动和平发展合作共赢的大国外交无疑对中国的现代化进程具有十分重要的意义。中国共产党自成立伊始，就致力于领导人民探索一条适合中国国情的现代化道路，经过百年奋斗历程，我们已经成功走出了一条基于自身国情的中国式现代化道路。中国式现代化既符合人类社会现代化的一般规律，更是“走和平发展道路的现代化”[②]。和平发展道路的现代化离不开和平发展合作共赢的中国特色大国外交。

中国特色大国外交形式多样，包括政治外交、经济外交、军事外交、文化外交等多种方式。二战以来，世界逐步进入权力转移与体系变革时代，近年来，世界秩序和全球治理体系正进入加速转型时期，在新的历史条件下，和平发展是国际社会最为强烈的渴求，相应地，国家之间的权力竞争不再完全强调军事力量，文化、价值、政策等软实力因素也越来越被视为国家综合实力的核心内容。[③]文化外交作为实现国家战略目标的重要工具，在和平发展的国际关系中越来越发挥着举足轻重的作用。不同于政治外交、经济外交、军事外交等外交方式，文化外交具有潜移默化的影响力，从实际作用看又拥有区别于其他外交形式的独特优势，文化外交具有平和性、互动性、长远性、长期性等特点。中国特色社会主义进入新时代，文化外交的地位也在提升，按照党的二十大作出的战略部署，“从现在起，中国共产党的中心任务就是团结带领全国各族人民全面建成社会主义现代化强国、实现第二个百年奋斗目标，

---

① 习近平：《高举中国特色社会主义伟大旗帜 为全面建设社会主义现代化国家而团结奋斗——在中国共产党第二十次全国代表大会上的报告》，人民出版社，2022年，第60页。

② 习近平：《高举中国特色社会主义伟大旗帜 为全面建设社会主义现代化国家而团结奋斗——在中国共产党第二十次全国代表大会上的报告》，人民出版社，2022年，第23页。

③ Joseph Nye, Soft Power, *Foreign Policy*, No.80, 1990.

以中国式现代化全面推进中华民族伟大复兴”[①]，这决定了文化外交必将在中国通往现代化的和平之路上发挥重要作用。

二、中国式现代化进程中文化外交的独特价值

文化外交是推动中国式现代化的重要力量。从现在起到21世纪中叶，我国要走好中国式现代化，必然要坚持中国共产党的集中统一领导，坚持以中国特色社会主义为引领，坚持以实现中华民族伟大复兴为使命任务，坚持以维护世界和平、促进共同发展为宗旨，坚持以为民服务为使命担当、坚持以中华优秀传统文化为“根”和“魂”，这六个基本宗旨指明了文化外交的基本方向。其一，坚持中国共产党的集中统一领导。这是中国共产党建党百年来一条重要的历史经验，文化外交是党和国家工作大局中不可或缺的重要组成部分，外交工作更是党和国家意志的集中体现。党必须坚持牢牢把握外交工作的主导权，文化外交要始终牢记“国之大者”，自觉同党中央保持高度一致。其二，坚持中国特色社会主义为引领。中国特色社会主义是当代中国发展进步的根本方向，是被实践证明了的科学社会主义。新时代的文化外交必须始终坚持高度的文化自信，也正是依靠中华文化的强大支撑，中国特色文化外交才能始终保持战略定力、战略自信和战略主动。其三，坚持以实现中华民族伟大复兴为使命任务。当前，我国已经进入实现中华民族伟大复兴的关键阶段，中国同世界的关系正在发生深刻变化，文化外交工作要以更加开放的胸襟和更加宽广的视角，为中华民族伟大复兴的中国梦营造更加有利的国际环境。其四，坚持以维护世界和平、促进共同发展为宗旨。中国一贯主张和维护世界和平，文化外交始终是中国推动世界和平与发展的重要国际交流方

① 习近平：《高举中国特色社会主义伟大旗帜 为全面建设社会主义现代化国家而团结奋斗——在中国共产党第二十次全国代表大会上的报告》，人民出版社，2022年，第21页。

式。推动构建人类命运共同体是中国共产党人走向理想社会的历史性选择，也是发展文化外交始终秉持的美好愿景。其五，坚持以为人民服务为使命担当。中国文化外交坚持人民主体地位作为出发点和落脚点，“为民服务”一直贯穿于对外交往交流的各个领域和全过程。中国文化外交秉持“一切为了人民”的价值理念，以造福人民为己任，这充分彰显了中国特色大国外交的“特色之本”。其六，坚持以中华优秀传统文化为“根”和“魂”。在中华传统文化中，早已根深蒂固地形成了“天下为公”“天下大同”“以和为贵”“以民为本”的政治思想。以中华优秀传统文化为支撑，中国文化外交也必然以先进的文化价值、丰富的文化内涵、多彩的文化形式拓宽与世界各国的平等和平对话与合作，增强与世界发展潮流同频共振，推动文化外交发挥更加强有力的作用。可见，只有坚持好这六个基本宗旨，文化外交才能够在中国特色大国外交中发挥好其应有的作用。也唯以此为立足点，才能保证文化外交在民族复兴道路上充分彰显其独特魅力，归结起来，新时代文化外交具有四个方面的独特价值。

（一）以和平方式塑造国际形象

国际形象是一个国家、一个民族在国际社会形成的总体印象，具体来说，是一国文明程度、文化背景、民族精神及政治策略等方面的生动反映。中国特色社会主义新时代，中国树立良好的国际形象十分重要，通过展现良好的国际形象，必将使国际社会进一步了解中国理念、中国方案，消除西方社会涉华负面舆论影响，形成对中国之治的认同，这是引导国际社会正确认识中国式现代化道路的关键步骤。

文化外交对塑造良好国际形象发挥了重要作用，文化外交的突出优势就是采用和平外交方式，这既是中国式现代化的内在要求，也有力地推动着中国式现代化向前发展。文化是沟通心灵的桥梁，文化外交在增进人民间的相互了解与友谊，促进国与国之间关系发展的过程中发挥着和平使者的积极推动作用。

(二)以合作姿态增进国际交往

国际交往对每一个国家的现代化建设而言,都是十分重要的环节。中国的发展离不开世界,中国的现代化也离不开世界。中国始终秉持友好合作、和平发展的原则,在增进与国际社会的交往中实现自身发展,并向世界贡献一份宝贵的大国力量。

在中国式现代化进程中,文化外交作为一种和平合作的交往方式,从两个方面有力地推动着现代化发展。一是文化外交有效地扩大了国际交往的广度。二是文化外交有力地推动了国际交往的深度。文化外交推动着中国与世界在经济、政治、文化、生态等多领域交流合作。如就地球这一共同家园的保护问题,近年来我国与环保科技、意识、文化等方面走在前列的德国、日本、以色列等国家都有着深度合作。在文化深度交往中,中华优秀传统文化走向世界,中国年、中国节等系列活动对世界发生影响,中国故事的感召力和吸引力不断提升,中国向世界成功传递着中国情感。

(三)以和谐理念参与全球治理

世界在发展前行中并不太平,正如习近平总书记所指出,“恃强凌弱、巧取豪夺、零和博弈等霸权霸道霸凌行径危害深重,和平赤字、发展赤字、安全赤字、治理赤字加重,人类社会面临前所未有的挑战”[①],基于此,积极参与全球治理也正是中国作为负责任大国的担当所在。

以文化外交参与全球治理符合和平发展现代化的原则。全球治理不仅强调对危机的化解和困境的突破,更重要的还在于对机遇的把握和方向的引

---

① 习近平:《高举中国特色社会主义伟大旗帜 为全面建设社会主义现代化国家而团结奋斗——在中国共产党第二十次全国代表大会上的报告》,人民出版社,2022年,第60页。

领。一是化解矛盾处理危机，中国特色文化外交无疑是化解矛盾处理危机的重要治理工具。近年来，中国发挥文化外交的柔性优势，在思维方式和交往方式上避开了经济、政治、军事等领域硬碰硬的外交局面，传递和谐理念并有效推动了国际的经济务实合作和政治上的平等对话。二是引领世界走向和平与发展的美好未来。借助文化外交的独特优势，中国以和谐理念和务实共赢的实践，先后向世界提供了“一带一路”公共产品、提出“国际新秩序”的基本想法、发出“构建人类命运共同体”的时代倡议，引领世界走向美好未来，作出了负责任大国应有的贡献。

（四）以和合之道推动文明互鉴

文明是人类在长期历史进程中所创造各项成果的总和，文明是生产力不断发展的结果，人类文明经历了从低级到高级、从简单到复杂、从古代到现代的演进过程。一定的社会制度既是文明发展的产物，又是文明演进的基础。当今世界百年未有之大变局加速演进，逆全球化、地区冲突等因素叠加，人类面临前所未有的挑战。历史经验表明，多元文化交流互鉴是推动人类发展进步的有效途径，新变局下人类比以往任何时候都更加需要文化交流与文明互鉴，如何超越文明冲突、促进文明互鉴共进成为全球变局下世界人民共同面对的时代课题。

五千年中华文明秉持和合之道，中华民族一贯主张“天下大同”。中国的文化外交蕴含着深厚的和合特质，对推动世界各国文明互鉴发挥着重要价值。其一，文化外交坚持文明交流多元多样。多元文明是人类社会的基本特点，世界不同国家势必在地理环境、资源禀赋、社会制度、经济发展水平以及价值理念等方面存在差异，也必然形成不同的国家文明，客观来看，世界不可能也不应该只存在一种文明，文化外交的开展正是坚持了文明多元多样这一重要前提。其二，文化外交坚持文明交流平等互尊。不同文明之间的地位是平等的，无论哪一种文明，都是民族和人民智慧的凝结，都对人类社会作出了不可或缺的独特贡献，文明无高低之分，只有平等互尊，文化外交也正是立足文明平等互尊而展开。其三，文化外交坚持开放包容。通过文化外交促进文明交流，一国可以广泛吸收世界文明成果。在以开放胸怀和包容心态开展文化外交的同时，更可以从不同文明中汲取营养和智慧，永葆自身文明旺盛的生命力。

文化外交以和合之道推动文明互鉴，超越了国际社会长期存在的文明冲突论、西方中心论、霸权主义论等论调，为重构世界普遍交往新范式贡献了中国智慧，为摆脱世界发展困境提供了中国方案，也为广大发展中国家走向现代化分享了中国经验。

三、以文化外交推进中国式现代化的实践路径

在中国式现代化道路上，尽管中华文明具有五千年的悠久历史和深厚底蕴，但是客观上看，当下中国文化实力的发展在一定程度上还滞后于综合实力的提升，也与世界文化强国存在一定差距，还不能适应社会主义现代化国家建设的总体要求。新时代，中国文化外交必须秉持平等互尊、和而不同、开放包容、互学互鉴、合作共赢的基本理念和精神，加快完善多层次、宽领域、全方位的文化外交开放格局。在文化外交实践中，必须丰富完善文化外交的战略内涵、促进国家之间的民心交流相通、改善对外文化传播方式、加强本国的高端文化品牌建设，不断开拓新的文化外交发展路径，进一步促进国际文化交流与合作。

（一）丰富完善战略内涵

通过文化外交，可以将中华文化的思想精髓在不同国家进行积极传播，这不仅有利于中国也有利于世界，有利于中华民族也有利于整个人类社会的发展。中华文化的思想和智慧对于构建中国特色大国外交有着重要的现实

意义，因此，新时代的文化外交必然要不断丰富自身的战略内涵。

一是积极宣传中国价值观念。中国应该以文化外交作为重要方式，向西方传递中国和平合作的主张，要以人类视野深入挖掘和凝练中华文化的思想精髓，在全球语境中与时俱进地诠释中华文化的经典理念，以世界和国际社会理解的话语传播中华文化。二是淡化地缘政治矛盾。文化外交的重点应该是推介自己，而不是抨击别人。中国的快速发展轨迹与西方历史具有很大差异，很多国家对于中国存在畏惧心理，不能正确理解和把握“中国故事”，这导致诋毁中国的心态和言论广泛存在。[①]对中国来说，我们并不寻求操纵别国舆论，也不想左右别国政局，中国需要明确提出自己的国际价值追求，并将这种价值追求与国内价值追求有效衔接起来。[②]所以在进行文化外交过程中，中国应坦言利益需求，保持实事求是的态度，将一个真实的中国告诉世界，不虚美不掩过，这是中国真诚自信的体现，也是中国阐述需求的机会，更是中国展现大国形象的重要举措。中国文化外交既要考虑他国民众的感受，也要关注本国民众的需求，要注重内外并重，追求多边共赢。[③]三是完善人文交流机制。突破政府主导文化外交的单一模式，建立政府、企业、高校、社会组织、国际机构“五位一体”实践机制。进一步利用好现有资源平台，加强国家间外交机制的对接联通，特别是借助友城平台，发挥好城市间民心相通作用，从而为国家间互动合作打下基础。四是创新文化交流内容。既有的优秀人文交流模式要继承发扬，但更要针对对象国的文化特点，探索创新出更具影响力的文化品牌、交流方式和产品内容，要随时调整优化文化交流模式与内容，促进文化外交的持续完善。

---

① 沈雅梅：《“中国梦”的公共外交：挑战与机遇》，《国际问题研究》，2015年第6期。

② 王存刚：《新时代中国与世界互动的价值基础》，《南开学报》（哲学社会科学版），2020年第6期。

③ 曲星：《公共外交的经典含义与中国特色》，《国际问题研究》，2010年第6期。

(二)促进民心交流相通

作为一国对外政策的重要组成部分,文化外交始终具有明确的目标和战略规划,在具体实现形式上,则往往是通过长期、温和、多主体、多方式的综合性人文交流手段,从而构建起不同国家之间的社会交流网络和民众间深层次的、持续性思想沟通和情感联系。可见,文化外交建设离不开政府、企业和社会的共同推动和参与。

一是充分发挥政府的主导作用。有效激发专门机构、高校智库、民间组织和广大民众等半官方和非官方行为主体的作用。在文化外交初期发展阶段,要注重发挥政府引领和推动作用,随着文化外交向纵深发展,文化外交的模式也需要相应地“重心下移”,要更多发挥社会基层民众和草根团体的作用,使广大人民群众成为支持文化外交工作的重要力量。二是加强高校研究机构和专业智库建设,培养语言人才和文化使者。加大国际研究人员与师生互访合作,从战略高度发展多语种教育,为文化交流培养一批既精通对方语言又熟悉当地习俗、宗教与法律的人才,推动形成双方互利共赢的思想共识。三是依托“一带一路”民心相通建设助推文化外交发展。“一带一路”建设是中国面对全球化不均衡不充分发展、国际体系和世界秩序加速转型而提出的全球治理中国方案,民心相通是“一带一路”建设的重要内容,也是关键基础。[①]“一带一路”建设突破了西方中心的排他性传统全球化方案,其强调互联互通,从而以“丝路精神”累积信任集聚共识,并致力于谋求不改变他国制度的全球发展和治理优化方案。[②]因此,民心相通建设在“一带一路”建设落实进程中具有基础性地位,更为文化外交提供了重要的发展契机。

---

① 习近平:《弘扬人民友谊,共创美好未来——在纳扎尔巴耶夫大学的演讲》,《人民日报》,2013年9月8日。

② 赵可金:《“一带一路”民心相通的理论基础、实践框架和评估体系》,《当代世界》,2019年第5期。

（三）改善对外传播方式

随着信息技术革命的发展和大众对政治参与程度的加深，媒体与外交之间的互动关系正在发生着显著变化，媒体已经成为现代外交的重要组成部分。西方民众习惯通过传统媒体的报道了解中国相关信息，多数欧美人都会以数字方式阅读报纸，欧美民众受国内主流媒体的影响很大。因此，改善对外传播方式，灵活精准地利用广播电视、图书、网络等各类媒体平台塑造良好的国际形象，促进国际社会间沟通理解，拉近不同国家民众的心理和情感距离是推动文化外交的有效路径。

一是要注重媒体报道中的人文关怀。在表达方式上，要尽可能将"官方化""教条化"的语言转变为"平民化""本土化"的表达形式，及时捕捉国外民众，特别是国外年轻人感兴趣的信息，在正确把握对外传播主方向的前提下，发挥好新媒体和社交网站的建设性作用。二是积极构建国家间相互尊重、相互信任的文化外交基础。保持相互学习的态度进行文化沟通和交流，取长补短，进行文化双向输出与输入，如在体育外交领域，我国在学习北欧滑雪、冰球世界领先技术的同时，可以对外传播中国的自由式跳高、花样滑冰等冬季优势项目，这样更容易激发对方的兴趣，从而推进两国文化的相互认可度。

（四）加强文化品牌建设

中华民族有着源远流长的历史文化，要充分发挥好这一优势，为中国文化注入现代元素，打造品牌化"中国名片"，设立品牌化文化项目，形成长远的辐射和示范效应。

一是利用国际机制夯实文化品牌。可通过奥运、世博等国际机制，也可通过艺术节、国际电影节等文化媒介，加深国际社会对中国的了解，在树立国际文化品牌的同时提升本国的国家形象。近年来，中国已经形成了一系列文化品牌，如中国象棋友谊赛已在欧洲一些国家成功举办多年。中国京剧也在西方国家开花结果，俄罗斯、芬兰的京剧演员已经在瑞典等国家进行中国京剧表演。中国熊猫外交也对欧美国家形成强大吸引，在熊猫抵达国外动物园后，游客数量无不达到新高，这既是文化外交合作的亮点，也是国际互信的生动体现。

二是在应对人类危机中提升文化互信。近年来，新冠病毒感染使国际社会更深刻认识到人与自然和谐共处的紧迫性和必要性，这进一步引发了全球对绿色转型的思考。当今世界面临的紧迫任务就是减缓乃至遏制全球生态系统功能退化。面对气候变化和全球健康威胁，全人类要共同面对挑战。中国已经作出了于2030年前碳排放达到峰值的承诺，并努力争取2060年前实现碳中和。在全球气候峰会上，习近平主席宣布了碳排放强度、非化石能源占比、森林蓄积量和风电、太阳能发电总装机容量四项新举措，进一步明确了2030年前碳排放达峰路线图。中国还将在倡议减少非必要一次性塑料制品生产使用、召开国际粮食减损大会等方面采取一系列具体行动。欧洲提出2035年前实现碳中和的目标，一些国家主动提出将致力于发展为气候中性的福利国家，并制定具体措施限制化石燃料、发展循环经济等。绿色低碳已成为欧洲人的生活方式，促进人与自然和谐共处深深根植于教育、科技、文化、经济等社会生活的方方面面。随着中国持续加快生态文明建设步伐，国际性生态合作前景广阔，在共同应对危机中，也将有效推进国家间的文化互信。

四、结论

中国式现代化是走和平发展道路的现代化。中国特色社会主义进入新时代，我们要走好这条道路就必然要求稳步推进中国特色大国外交，充分发挥文化外交的独有优势，和平发展是中国特色大国外交的核心理念和战略支撑，也是中国式现代化的内在要求。

坚持走和平发展的现代化道路，在外交战略上必须充分发挥文化外交的内在优势，坚定地维护世界和平。没有世界和平，便不可能有哪个国家能够走一条和平发展道路。正如2014年习近平主席在澳大利亚联邦议会的演讲中精辟所指："和平是宝贵的，和平也是需要维护的，破坏和平的因素始终值得人们警惕。大家都只想享受和平，不愿意维护和平，那和平就将不复存在。[①]"这段话深刻阐明了和平的宝贵价值，更突出强调了坚持世界和平发展道路的重大意义。各国必然要充分加强文化交流合作，促进互联互通互信，共同为世界和平贡献力量。坚持走和平发展的现代化道路，必须夯实文化外交的物质基础。我国要不断提高综合国力，使国家更加强盛，人民更加富裕。要加强国防和军队现代化建设，为安全提供坚实保障。坚持走和平发展的现代化道路，弘扬和合共生的优秀文化传统，树立文化自信，为文化外交奠定强大的社会文化基础。

参考文献：

1. 习近平：《高举中国特色社会主义伟大旗帜为全面建设社会主义现代化国家而团结奋斗——在中国共产党第二十次全国代表大会上的报告》，人民出版社，2022年。

2. 习近平：《弘扬人民友谊，共创美好未来——在纳扎尔巴耶夫大学的演讲》，《人民日报》，2013年9月8日。

3. 习近平：《论坚持推动构建人类命运共同体》，中央文献出版社，2018年。

4.Joseph Nye, Soft Power, *Foreign Policy*, No.80, 1990.

5. 曲星：《公共外交的经典含义与中国特色》，《国际问题研究》，2010年第6期。

① 习近平：《论坚持推动构建人类命运共同体》，中央文献出版社，2018年，第191页。

6.沈雅梅:《"中国梦"的公共外交:挑战与机遇》,《国际问题研究》,2015年第6期。

7.王存刚:《新时代中国与世界互动的价值基础》,《南开学报(哲学社会科学版)》,2020年第6期。

8.赵可金:《"一带一路"民心相通的理论基础、实践框架和评估体系》,《当代世界》,2019年第5期。

AIGC背景下新质译审人才培养研究

牛　津

摘要：翻译学科是推动教育现代化进程中的重要一环，对培养综合型拔尖外语人才至关重要。本文结合人工智能引领的翻译新生态，围绕新质生产力领域译审人才培养而展开，构建了新质译审人才培养框架，并分析了初阶、中阶及高阶译审能力的差异化培养路径，旨在推动翻译教育创新，加强对新质生产力发展所需高端翻译人才的储备。

关键词：AIGC；新质译审人才；人才培养框架

一、引言

"新质生产力"的概念，是习近平总书记2023年9月在黑龙江考察调研时首次提出的，其"特点是创新，关键在质优"。新质生产力以科技创新为引领，摒弃了传统发展模式，契合了高质量发展的要求，为中国式现代化提供了新

作者简介：牛津，天津理工大学语言文化学院讲师。

动能。作为教育强国建设的重要基石,高等教育在推动新质生产力发展和高端人才培养方面肩负着重要的责任与使命。在全球化深入发展的背景下,新质生产力的研究与实践呼唤更广泛的国际科技交流与合作,对新质译审人才的需求也日益迫切。翻译人才在全球科技资源共享中扮演不可或缺的角色,通过准确传递与有效交流信息,促进不同国家和地区在新质生产力领域的深度合作与共同发展。

鉴于新质生产力对应用型、复合型、创新型翻译人才的需求,翻译学科在培养具备专业素养、语言素养及行业素养的拔尖外语人才方面起到至关重要的作用,是推动教育现代化进程中的重要一环。因此,结合当前AIGC(Artificial Intelligence Generated Content,生成式人工智能)引领的翻译新生态,新质译审人才培养模式的构建尤为重要,这不仅有助于翻译教学理念的更新,也将为新质生产力的发展提供有力的人才支撑。

二、译审人才培养现状

随着科技的迅猛发展,AIGC在翻译领域的应用愈发广泛,以其强大的处理能力和高效性逐渐成为翻译工作的有力“助力”。然而无论机译技术如何迭代更新,人工译文处理仍然占据着举足轻重的地位,能够确保翻译的准确性和文化适应性,是保障翻译质量的关键环节,仍扮演着不可替代的“主力”角色。随着翻译教学与实践步入数字化时代,随之引发的便是机器翻译与人工翻译的主体性之争的问题,在翻译流程上既可“人主机助”,亦可“机主人助”。鉴于翻译质量的精细把控在很大程度上依赖于译后编辑环节,针对译审的教学与研究因而展现出愈加重要的学术价值与实践意义。然而通过检索“中国知网”2000—2024年间有关译后编辑的文献发表情况,不难发现相关研究仍显匮乏,截至2024年8月,共检索出196篇文献,其主题分布的计量可视化分析如图3-15所示:

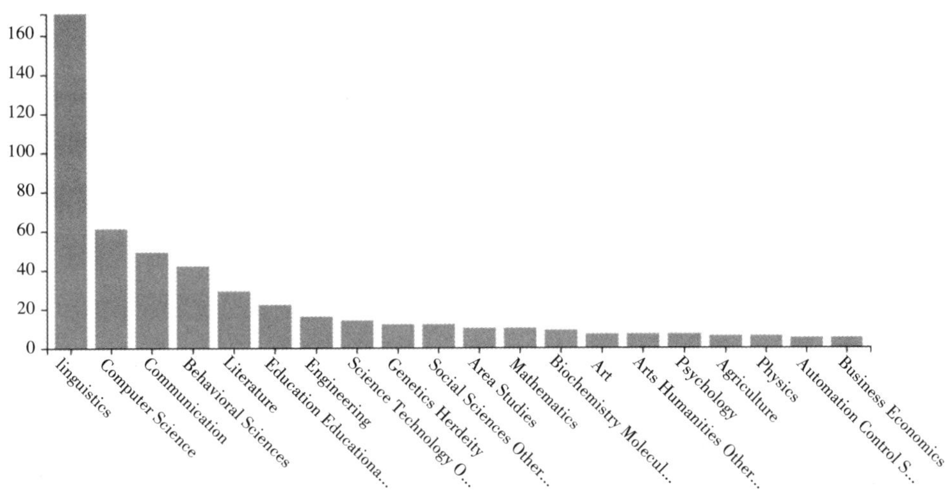

图3-15　中国知网"译后编辑"相关文献可视化分析(2000—2024)

在现有文献中,虽然将译后编辑与翻译实践相结合,但尚未将译审技能有效拓展至翻译教学的层面。可见,在当前的翻译研究领域,仍缺乏对译审技能在翻译教学中应用与培养的系统性研究。在国内学界,古志鸿[①]指出,鉴于我国对外贸易的持续增长态势,提升农业科技英语翻译教学质量对于培养高素质、复合型、应用型的专业人才具有重要意义。教师应结合科技与对外贸易的发展,把握英语翻译人才市场需求,分析教学中存在的问题,进而提出有效的教学策略,以促进学生发展及贸易活动的顺利开展。陆艳[②]针对人工智能时代翻译技术智能化、自动化,以及其隐藏性、泛在性和自适应性所引发的安全隐患、知识产权问题及行业冲击的现状,构建了基于"价值—标准—规范"的翻译技术伦理框架,融入了技术预见、人机协同及可持续发展理念,提出了算法、人机交互和生态伦理标准。与此同时,在数字人文领域迅速发展的背景下,对翻译人才的培养需求日益凸显,亦促使国内学术界对"机译"与

① 古志鸿:《对外贸易视角下农业科技英语翻译教学实践》,《山东农业工程学院学报》,2022年第11期。

② 陆艳:《人工智能时代翻译技术伦理构建》,《中国翻译》,2024年第1期。

“人译”的优劣与融合进行了探讨。许卉艳等[①]认为，翻译硕士课程设计应兼顾实践性与实用性，通过对100个自编能源类文本翻译教学案例的分析，比较了机器翻译与人工译后编辑的优劣，并提出了相应的教学建议。该研究提出构建“机器翻译+译后编辑”的教学案例，以适应人工智能时代的发展趋势。王宇尧[②]针对法治新闻英译领域，探讨了机器翻译的现状及其与高质量人工译文之间的差距。通过定量和定性分析，该研究通过自建语料库，结合词汇丰富度、可读性、受动主语和汉语中的零形回指现象，提出了译前和译后编辑工作中的问题与对策。显然，现有研究主要聚焦于“译后编辑”“机器翻译”及“译后编辑人员”等领域，其研究视角尚处于泛化阶段，尚未深入以科技创新为核心的新质生产力领域中的具体翻译研究，翻译人才培养亟待构建更为精细化与具体化的模式，以推动教育与实践的深度融合。

在国外，译界同仁亦达成共识，即翻译是一项高度专业化的实践活动，要求译者具备深厚的行业知识，从而确保译品的专业性和准确性。Kotrikadze和Zharkova[③]分析了具有科技学术背景的专家在翻译科技文本时的翻译难点，尤其是大量术语的翻译。该研究指出，在翻译过程中需充分考虑其特殊性，选用合理的翻译手段，以确保词汇、语法和内容层面传达的准确度。同样，“机译”与“人译”的优劣也在国外学术界引发了广泛讨论。Carmo等[④]梳理了译后编辑自动化处理的发展历程，从其早期兴起，历经低谷，到再度复兴，该研究指出了译后编辑自动化处理在提升机器翻译文本质量中的关键作用。研究表明，译后编辑的自动化处理通过术语统一与文风匹配，能够有效

---

① 许卉艳等：《人工智能时代“机器翻译+译后编辑”能源类文本汉译英教学案例建设及实践应用研究》，《现代语言学》，2023年第3期。

② 王宇尧：《法治新闻机器英译的译前和译后编辑研究》，《现代语言学》，2023年第6期。

③ Kotrikadze, Elena Vazhaevna and Ludmila Ivanovna Zharkova. Aspects of translating scientific and technical texts from English into Russian for specialists with technical education, *Revista EntreLínguas*, 2022(8).

④ Carmo, Félix do, et al., A review of the state-of-the-art in automatic post-editing, *Machine Translation*, 2021(35).

辅助人工译文审校过程(Chatterjee等)①。Sahari等②探讨了ChatGPT(Chat Generative Pre-trained Transformer,聊天生成预训练转换器)对翻译领域的影响,发现其在翻译学科中获得了师生群体的广泛认可。然而针对需要结合译者判断力、审校力和检索力的翻译任务,ChatGPT所生成的译文质量不尽如人意。该研究指出,教育工作者应当理性应对人工智能所带来的机遇与挑战。基于当前的学术进展,以"post-editing"为关键词,通过检索"Web of Science"2000—2024年间的文献发表情况,截至2024年8月,共检索出334篇文献,其主题分布的计量可视化分析如图3-16所示:

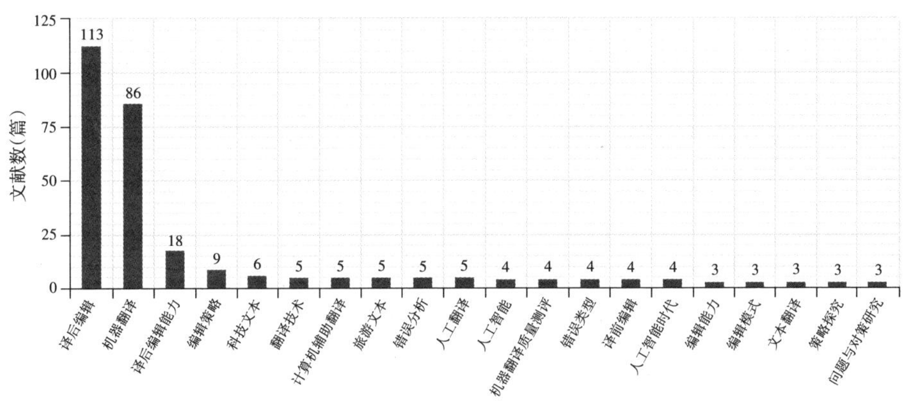

图3-16 Web of Science"post-editing"相关文献可视化分析(2000—2024)

基于上述统计,现有研究主要聚焦于"语言学"领域,其研究视角多囿于译后编辑与语言学相关学科的交叉融合,而对新技术、新能源、新材料等前沿产业领域的翻译及译审的研究尤为不足。鉴于此,翻译人才的培养亟须创新路径,培养具备新质译审能力的人才已成为新时代拔尖外语人才发展的重要

---

① Chatterjee, Rajen, et al., Online automatic post-editing for MT in a multi-domain translation environment, *Proceedings of the 15th Conference of the European Chapter of the Association for Computational Linguistics*, 2017.

② Sahari, Yousef, et al. A cross sectional study of ChatGPT in translation: magnitude of use, attitudes, and uncertainties, *Journal of Psycholinguistic Research*, 2023(52).

趋势。

三、新质译审人才的内涵

在AIGC引领的新文科建设中，新质译审人才的培养尤为必要。当前，我国高校翻译教育面临多重挑战，主要包括重视程度不足、教学方法缺乏创新及理论与实践脱节等显著问题。新时代的翻译教学趋势为高校文科建设与学科发展赋予了新的教育使命，翻译人才培养亟待实现从翻译到译审的教学突破，这一转型对于深化翻译教育改革、提升翻译人才质量具有重要意义。

（一）新质译审人才的定义

教育部在2024年教育工作重点任务部署中明确指出："高等教育方面，要求深化科教融汇，充分发挥高校基础研究主力军作用。"新时代以来，高等教育战线积极响应国家战略需求，致力于推进"新工科、新医科、新农科、新文科"的体系化建设，旨在推动高等教育与科技创新的深度融合，为国家的发展提供强有力的人才支撑和智力保障。在新时代、新文科背景下，高校外语人才的培养不仅要注重从理论到实践的知识迁移，更要实现由单一学科到跨学科融合的知识升华。传统的听、说、读、写四方面技能已无法全面反映外语教育的真实面貌，跨学科翻译能力的培养理应成为培养高素质、高水平、应用型、复合型翻译人才过程中的关键环节。新质译审人才是新质生产力发展与语言学科演进双重驱动下的新型人才，其核心素养包括中外文双向译审能力、数字化技术应用能力及跨学科知识迁移能力（见表3–8）。这三个维度不仅是新质译审人才的核心特质，亦构成了新型翻译人才培养方案中的核心教学目标。

表3-8　新质译审人才培养的三个维度

维度	定义
中外文双向译审能力	在精通中外语言基础上，能够准确进行源语言与目标语言之间双向翻译与审校，确保信息传递的准确性与文化适应性的能力
数字化技术应用能力	利用人工智能、翻译软件等计算机辅助翻译技术，赋能翻译实践及学习，并在此过程中保持对技术的批判性审视与思辨能力
跨学科知识迁移能力	在掌握语言学科知识基础上，运用多学科间的共通性和差异性，善用不同领域资源以进行术语验证，从而确保翻译的专业性

首先，新质译审人才应具备中外文双向译审能力。在以新质生产力为导向的跨文化、跨语言技术交流过程中，由单向到双向的译文审校能力提升尤为重要。随着全球化进程的加速以及跨文化交流的频繁，单一的翻译方向已难以满足当前及未来的翻译需求。特别是在先进制造业、生物技术、医疗健康、跨境电商等领域，英汉双向互译能力不仅尤为关键，更是推动新质生产力发展、促进国际科技合作的关键。因此，新质译审人才的培养方案必须紧跟这一趋势，加强双向译文审定能力的训练，以满足日益增长的译审人才需求。

其次，新质译审人才应具备数字化技术应用能力。当译者“心”遇上智能“芯”，译者的行业胜任力高度依赖于其技术应用能力。因此，在新质译审人才的培养过程中，应着重加强“三思”元素的融合，即思政元素、思辨元素和思考元素，以使学生在实践中深刻体验译者主体性的价值，并重塑在人工智能时代背景下对翻译行业的坚定信心。教师应充分利用ChatGPT、DeepL、CNKI翻译助手、Google翻译、有道翻译等前沿翻译工具或平台生成的机译样本，进行译后编辑实训，通过归纳与分析机译的常见问题及对应的译文优化策略，培养学生的翻译逻辑思维与译文鉴别能力，确保其在数字化时代具备译后编辑技能。

最后，新质译审人才应具备跨学科知识迁移能力。新质生产力涉及的领域广泛且多样，新质译审人才应当在翻译实践与学习中，强化其“跨界”翻译技能及译后编辑能力，以有效应对不同领域的翻译挑战。基于当前趋势，高校外语及翻译专业的人才培养需紧随行业变化进行适应性调整，增强专业的时代性与实用性，从而激发学生的学习驱动力。在这一维度，学生知识迁移能力的培养尤为关键，在培养方案优化、教学大纲编写及课堂教学设计中，应围绕新质生产力相关领域翻译活动的可迁移性，构建以可持续翻译能力为导向的人才培养体系。

（二）新质译审人才培养框架

在人工智能重塑外语人才培养格局的背景下，顺应时代潮流，明确新时代拔尖外语人才的核心素养，并在此基础上重构翻译人才培养的体系架构，是激发翻译学科发展活力、重燃学生翻译学习热情的关键路径。

为实现上述人才培养目标，本文针对高校翻译专业及英语专业翻译方向的教学，提出"FIA新质译审人才培养框架"（以下简称"FIA 框架"）。如表3-9所示，该框架旨在增强学生的主体参与意识于翻译学习与实践之中，并强化人工智能在翻译教学、训练与研究中的正面作用，通过分阶段、递进式的人才培养体系，有效提升翻译人才的培养质量。

表3-9　FIA 框架

阶段	培养目标	教学要点
"F"（Format，语言形式对应）	中外文双向译审能力	译文的完成度、完整性
"I"（Implication，深层含义对应）	数字化技术应用能力	语义核心、语用功能对等
"A"（Aesthetic，美学效果对应）	跨学科知识迁移能力	受众理解度、美学效果

首先，结合FIA 框架下的"F"（Format，即语言形式对应）层面。该阶段以新质译审人才中外文双向译审能力为培养目标，核心在于语言形式审校技巧的培养。语言形式上的对应，具体而言，是指原文与译文之间不存在漏译或明显的误译现象，强调译文的完成度与完整性。课堂教学中，可通过中英双向翻译项目模拟、译文协同编辑以及口笔译工作坊等途径，强化学生对译文初稿的处理与润色能力。鉴于课堂时间限制，在译例分析与译文审定的教学实践中可融入视译形式，既高效利用时间，又促进学生口笔译技能的同步

提升。

其次,结合 FIA 框架下的“I”(Implication,即深层含义对应)层面。该阶段以新质译审人才数字化技术应用能力为培养目标,核心在于文化敏感度方面的认知和把控。深层含义对应,指的是原文与译文之间在语义核心、语用功能等方面的对等。在教学实践中,一方面,可结合人工智能技术与翻译软件,利用不同平台生成的译文稿件进行译审训练。通过对这些译文进行深入分析和比较,引导学生培养翻译思辨能力和译文批判能力,学会独立思考并判断译文的优劣。同时,根据不同的文本类型,指导学生掌握相应的译后编辑原则与策略,确保译文的准确性和流畅性。另一方面,可参考 CATTI (China Accreditation Test for Translators and Interpreters,全国翻译专业资格考试)的试题类型,将模拟考试、限时翻译、译稿审定训练融入翻译教学,强化学生的限时翻译及译审能力,并着重提升他们对文化负载词等文本内涵的解析和再现能力。

最后,结合 FIA 框架下的“A”(Aesthetic,即美学效果对应)层面。该阶段以新质译审人才跨学科知识迁移能力为培养目标,核心在于受众理解度方面的考量。美学效果的追求,本质上是在忠实且准确传达原文内涵的基础上,对译文在特定领域内实现高水准表达效果的要求。在教学实践中,教师应有效利用跨领域的线上与线下资源,引导学生掌握灵活的翻译策略,进行针对性的资源检索与译文审定训练,以适应不同行业背景及翻译类型的特定表达习惯。以笔者的翻译教学实践为例,在探索新质译审人才培养体系的过程中,依托所在高校的特色学科,注重文理学科的互补与融合。通过整合计算机科学、机械工程、材料科学、电气电子工程、化学化工、环境科学、航海技术、艺术及管理学等多学科、跨领域的丰富信息资源,引导学生洞悉不同受众的文化背景、审美习惯及信息需求,促进学生从翻译理论到翻译实践、再由翻译实践到译文审定的全方位能力进阶。

四、新质译审教学实践

前文从宏观上概述了新质译审人才的核心素养及培养框架，以推动数字人文学术背景下翻译教学的革新与发展。本章节则聚焦于微观层面，以三个课堂教学活动为例，分别从中外文双向译审能力、数字化技术应用能力以及跨学科知识迁移能力的培养出发，探讨新质译审人才的培养模式及教学创新的思路。

在新质译审人才培养的探索实践中，笔者以所讲授的科技翻译及工程翻译课程为“试点”，充分结合教材资源，并融合既有的人才培养方案与教学大纲，在课前、课中、课后适当融入创新元素，以增强教学的知识密度与趣味性。这两门课程均为面向本校英语专业高年级本科生的核心选修课，分别安排在大三学年上、下学期。在理论教学模块，每节课遵循“五大环节”：课前引导、理论讲解、译例思辨、资源拓展及“译艺谈”。在教学创新方面，“译艺谈”是笔者为激发学生学习兴趣而设计的特色环节，旨在通过五分钟左右的翻译研讨，激发学生对新质生产力相关科技领域的翻译学习兴趣，缓解学生对复杂行业术语的畏惧心理，进而激发其对跨领域翻译及译审的好奇心与学习动力。

（一）教学实例一

表3-10 新质译审教学实例一

译文评鉴训练（初阶）	
原文	粮食产量1.39万亿斤，再创历史新高。
译文一	Grain production was 1.39 trillion jin, another record high.
译文二	Grain output reached 1.39 trillion jin, setting a new historical record.
译文三	Grain output reached a record of 695 million metric tons.

以上译文评鉴训练安排在译审教学的初级阶段,核心在于语言形式对应层面,旨在培养学生的中外文双向译审能力。鉴于学生在该阶段对译文审定的认知尚浅,课堂教学侧重于译文评鉴实践,即引导学生从多个译本中甄别并选取最佳译法。为加强课堂互动与学生参与度,采用举手回答与数字化教学方式(如弹幕功能)相结合的互动模式。以教学实例一为例,原文节选自2024年政府工作报告的经济发展部分。经济发展是新质生产力演进中的基石,为后者奠定物质基础。因此,相关信息的翻译及译审能力成了新质译审人才培养的关键要素。

如表3-10所示,在三个译法中,句式结构各具特色,但对"1.39万亿斤"这一关键信息的翻译策略各异。从语言形式对应方面来看,译文需确保完成度与完整性,尤其对于数字翻译,需严谨处理小数点位置、进制转换中"0"的个数及中英文数字格式差异(如千位分隔符的使用)。此外,在忠实传达原文信息的同时,还需进行形式上的适当调整,如单位换算,以提升译文的专业性和可读性。以此处"1.39万亿斤"为例,译文一与译文二仅停留于表层信息的直译,虽忠实却未融入英文表达习惯。相比之下,译文三通过更为简洁准确的翻译,实现了语言形式的转换,更为恰当。

在课堂中,考虑到该选修课人数较多,"举手表决"或弹幕互动形式既可活跃气氛,亦可确保每位学生享有均等的互动机会。在大致统计学生的选项后,笔者向学生揭晓各译文的来源:译文一来自翻译软件DeepL,译文二来自智能平台ChatGPT,而译文三出自本年度政府工作报告的官方译文(来源:新华网)。通过这一教学设计,学生得以在实践中感知AIGC工具的优劣,在实训中体悟翻译及译审人才在智能时代的主体性地位,在增进翻译知识的同时,掌握新质译审人才的核心素养。此外,在该节课的"资源拓展"环节,笔者结合课程学习的内容,向学生推荐在线单位转化平台:Unit Converter(www.unitconverters.net),该平台涵盖力、热、光、电、磁等多种单位的转换,为学生成为新质译审人才提供资源支持。

（二）教学实例二

表3-11 新质译审教学实例二

信息检索训练（中阶）	
待检索关键词	ELF
语境一	An ELF wave can transmit only a few bits of information per second.
语境二	The professors will deliver a British Council seminar in Glasgow on 26 November 2013 on teaching pronunciation and listening in an ELF context.

以上信息检索训练安排在译审教学的中级阶段，核心在于深层含义对应层面，旨在培养学生的数字化技术应用能力。在这一阶段，学生对于译文评鉴及审定已具备一定的基础，教学重点转向对其“人机合作”能力的培养。以教学实例二为例，笔者在提供具体语境前，首先向学生布置检索任务，要求学生提供关键词“ELF”的译法。学生在限定时间内，运用网络、电子词典、智能平台等多种数字工具进行检索，检索结果可划分为两类：一类学生给出唯一译法，另一类则提供多种译法，如：①“作为共同语言的英语；通用英语”（English as a lingua franca）；②“极低频”（extremely low frequency）；③“精灵”（a creature like a small person with pointed ears, who has magic powers）。

随后，如表3-11所示，笔者提供语境一、语境二的文本，布置给学生的任务依旧为“ELF”的译法判断。特定语境下，多数学生认识到译文需依语境而异。通过数字化平台检索、文本语境的解读及师生的研讨，学生逐渐从被动接受AIGC的检索结果转化为主动利用智能工具填补自身的知识空白，自然领悟同一术语在不同语境下的语义差别。在本例中，“ELF”在两个语境下分别指“极低频”与“通用英语”。在译审技能的学习中，学生应意识到译审人员需通过深层的语义对应提升译文质量。其数字化技术应用能力的培养，要求教师在有效利用教材的基础上，适当拓展教材内容。在教学实例二中，语境一的文本出自科技翻译课程的教材，语境二则取自网络，旨在通过跨领域选材拓宽学生的信息检索视野。在AIGC时代，新质译审人才的核心竞争力在于信息检索力，在教学设计中对学生“搜商”的培养尤为关键。

（三）教学实例三

表3-12 新质译审教学实例三

术语强化训练（高阶）			
教学呈现	*rejection* *foreign*	*the discovery of rejection* *foreign substance*	*Science only learnt why in the 1940s with the discovery of rejection. When human organs are transferred from person to person, the immune system attacks and destroys what it sees as a foreign substance.*
相关文本	● rejection ● foreign	● the discovery of rejection ● foreign substance	Science only learnt why in the 1940s with the discovery of rejection. When human organs are transferred from person to person, the immune system attacks and destroys what it sees as a foreign substance.

以上术语强化训练安排在译审教学的高级阶段，核心在于美学效果对应层面，旨在培养学生的跨学科知识迁移能力。如前文所述，在特定行业文本的翻译实践中，除了确保原意的精确传达外，还需重视领域特性的再现，以确保译文的专业性。此类教学活动针对译审人才高阶培养阶段，教师在培养学生跨学科知识迁移能力的同时，首先要让学生认识到翻译美学的广泛性，即翻译美学不仅局限于对文学艺术作品的翻译，亦涵盖应用型翻译，其美学价值的实现是评判翻译质量高低的关键要素。在此阶段，强调从“受众视角”出发审视译文，鼓励学生运用跨学科、跨领域的信息资源，深入理解并掌握特定领域及受众群体的语言习惯与表达方式。

以教学实例三为例，在教学过程中，如表3-12所示，首先于投影幕布上仅展示“rejection”与“foreign”二词（其余词汇在课件制作时设为隐藏），从而引发学生对两者译法的思考。对于这两个熟悉的词语，多数学生不假思索便予以回应,将其分别译为“拒绝”和“外国的”。随后,通过引入“the discovery of rejection”“foreign substance”这两个短语作为语境,促使学生再次积极思考。随着语境的逐步呈现,学生逐渐领悟到在特定领域内词汇的“熟词僻义”现象。本例中的参考译文为“直到20世纪40年代发现了排斥反应后,科学家才明白了导致器官移植失败的原因。当人体器官从一个人移植到另一个人时,受体的免疫系统即将其视作外来物质进行攻击和破坏”[①]。在此处,“rejection”被译为“排异反应”,“foreign”则译作“外来”,足以体现语境对于翻译的重要性。

高阶译审技能培养中,教学设计应围绕学生跨学科知识迁移能力的提升,教学材料需涵盖新质生产力相关的多个领域,如教学实例三中的医学文本。课堂互动中,教师应激励学生积极思考,并利用课前、课后自主学习时段,鼓励学生主动探索并收集特定领域的资源,以备将来翻译或译审工作之需。在“资源拓展”环节,笔者结合课堂高阶译审训练的内容,向学生推荐权威术语检索平台:术语在线(www.termonline.cn),该平台是全国科学技术名词审定委员会建立的术语知识库,是我国学术话语体系建设的标志性成果。教学过程中,笔者通过现场演示,引导学生利用该平台检索术语,解读术语图谱、术语定义、英文译名、学科归属及术语来源等,从而培养学生理解并精准翻译行业术语的能力,而非仅停留于浅层的认知。

五、结语

在中国式现代化进程中,具备行业前瞻视野的新型翻译人才是提升国家翻译能力及国际传播能力的重要力量,对于推动现代化进程至关重要。鉴于人工智能技术的迅猛发展,以“智”提质、以“智”促学,成为培养具备学术竞争

① 傅勇林、唐跃勤:《科技翻译》,外语教学与研究出版社,2012年。

力的翻译人才的必由之路。在此背景下，构建集专业素养、语言素养及行业素养于一体的拔尖外语人才培养体系，对于提升国家翻译及国际传播能力具有重要作用，是推动我国新质生产力发展的关键因素。

本文依托FIA框架，构建了新质译审人才培养框架，旨在填补AIGC时代翻译教学研究领域的学术空白。该框架将译审技能训练与强化环节融入高校翻译人才培养体系，以期增强翻译教育的时代契合度与实践导向性，进而推动我国翻译教育事业的不断进步与发展，为培养高素质、高水平、应用型、复合型翻译人才提供有力支撑。

参考文献：

1.傅勇林、唐跃勤：《科技翻译》，外语教学与研究出版社，2012年。

2.古志鸿：《对外贸易视角下农业科技英语翻译教学实践》，《山东农业工程学院学报》，2022年第11期。

3.陆艳：《人工智能时代翻译技术伦理构建》，《中国翻译》，2024年第1期。

4.王宇尧：《法治新闻机器英译的译前和译后编辑研究》，《现代语言学》，2023年第6期。

5.许卉艳等：《人工智能时代"机器翻译+译后编辑"能源类文本汉译英教学案例建设及实践应用研究》，《现代语言学》，2023年第3期。

6.Carmo, Félix do, et al., A review of the state-of-the-art in automatic post-editing, *Machine Translation*, 2021(35).

7. Chatterjee, Rajen, et al., Online automatic post-editing for MT in a multi-domain translation environment. *Proceedings of the 15th Conference of the European Chapter of the Association for Computational Linguistics*, 2017.

8.Kotrikadze, Elena Vazhaevna and Ludmila Ivanovna Zharkova. Aspects of translating scientific and technical texts from English into Russian for specialists with technical education, *Revista EntreLínguas*, 2022(8).

9.Sahari, Yousef, et al., A cross sectional study of ChatGPT in translation: magnitude of use, attitudes, and uncertainties. *Journal of Psycholinguistic Research*, 2023(52).

中国政府白皮书英译本中的国家形象建构

——基于语料库的词汇特征分析(观点摘要)

以自2017年以来中国国务院发布用以阐释新时代中国施政理念和政策的10部政府白皮书为语料,创建中国政府白皮书英译本单语语料库,以BNC以BNC词目单Ver.004为参考语料库,借助语料库软件Antconc的Keyword List功能提取复现频率≥199的高频关键词,再以N-Gram功能并将Span范围设置为R4-L4检索其频率前20的高频词丛,而后根据高频关键词以及高频词丛反映出的中国政府关注的焦点和话题,选取China、development、cooperation、international、law、security、governance、Xizang为观察对象,以Collocate功能提取其T值≥2的关键词的高频搭配以揭示政府白皮书英译本中的词汇使用特征及其对新时代国家形象建构的作用。其显著搭配结构即意味着在英译本中已形成一种规律性的话语表达方式,可作为对文本作者对该话题或涉及对象的态度以及价值判断依据。故此,通过以高频关键词锁定中国的关注焦点和话题,再以其显著搭配为切入点观察并分析相应社会背景下中国国家形象到底为何。最终,研究结果显示中国政府白皮书英译本塑造了一个坚持和平发展、主动承担国际责任、民主法治的中国形象。

本文作者:刘洋,天津外国语大学中央文献翻译研究基地。

党和国家重要文献对外翻译与新时代对外话语体系构建

——以《习近平谈治国理政》英文翻译为例(观点摘要)

以《习近平谈治国理政》思想英文翻译的三个发展阶段演进过程为切入点,深入研究党和国家重要文献翻译对构建新时代对外话语体系的作用。主要通过具体案例分析,详细探讨了这些英译文本在各个阶段的演变过程,分析揭示了这一过程是如何根据时间、语境和目标受众的变化而不断进行优化,进一步考察了这种英文翻译的持续优化与中国对外话语体系构建之间的动态联系,分别从基于大众群体建构话语体系、针对学术视角构建话语结构和以语言学视角系统构建对外话语体系三个不同的视角进行了分析,不仅从不同的受众角度,亦从翻译本身进行研究,特别强调为了更好地构建中国的对外话语体系,中国时政话语的翻译并非一蹴而就,而是在不断演进的过程中,重点是要把握对重要内容忠实传递、保持原文的政治立场和观点、注重译入语的语境和叙事方式、确保表达形式的本土化和以确保翻译的时效性和相关性五个方面。本文指出这种时政话语的英文翻译正沿着内容的忠实性与形式的归化之间的路径不断前进。这种不断优化过程为中外话语体系的融合贡献力量,为习近平新时代中国特色社会主义思想的国际传播提供深入的智力与知识支持，并为全球对中国治理模式的理解和接受提供了重要的话语策略。

本文作者：王国纬，天津外国语大学英语学院；杨婧，天津中德应用技术大学马克思主义学院；杨立学，天津职业技术师范大学马克思主义学院；吴莹莹，天津农学院基础学院。

跨媒介叙事视角下马克思主义经典著作当代传播的理论基础、主要问题与实践要求（观点摘要）

如何将马克思主义理论研究和建设的创新工作同全媒体生产传播工作机制相结合，这是中国式现代化宏观语境下理论传播工作所面临的现实问题。对于这一问题的解答，跨媒介叙事理论提供了一种叙事学层面的分析视角。通俗来说，叙事学关注的是“讲故事”的问题，如何科学有效地传播马克思主义理论，本质上也是一个“讲故事”的问题。“讲故事”的方式要与时俱进，要适应技术层面高速发展的媒介环境，传统以著作即印刷书籍为主要形态的马克思主义符号文本必须在新的媒介上以不同的媒介模态被讲述。跨媒介叙事理论主要由三条主线构成，这三条主线是：将传统叙事学方法同媒介问题相结合的研究路径，代表人物为玛丽-劳尔·瑞安；以媒体产业为中心的研究路径，代表人物为亨利·詹金斯；脱胎于跨艺术研究的媒介模态研究，代表人物为拉斯·埃斯特洛姆。跨媒介叙事理论为以下问题提供了理论层面的分析工具：经典著作的叙事文本身份、作为叙事问题的理论传播以及经典著作的跨媒介可供性。实践中经典著作的跨媒介叙事，要注意发挥业界主体作用、深入挖掘各种跨媒介叙事改编策略、同步推进经典著作文本研究与跨媒介叙事研究。

本文作者：董仕衍，天津外国语大学国际传媒学院。

东亚君子文化的枢纽《爱莲说》(观点摘要)

北宋周敦颐《爱莲说》问世后，随着周敦颐在南宋从祀孔庙，元代理学被立为官学而遍传东亚。元明清历代画家以“爱莲说”为主题创作了以爱莲文和爱莲图为重点的多幅画作，以元代张远和明代陈洪绶为代表，由此形成了彼此相互勾连的两条传播路径。在濂溪学相继传入日本、古朝鲜、越南后，围绕《爱莲说》和爱莲图也相继产生了大量的歌咏文章和绘画作品，《爱莲说》高频出现在中国、日本、韩国、越南古今各级学校辅助教材、社科著述和成语熟语辞典中；系列爱莲图则以多种形式常见于家居用品和空间设计理念中。以文字为基础，以图像为媒介，以君子花为意象，以君子道德为底蕴，以君子人格理想为追求的《爱莲说》，在继承儒释道三教思想的同时，将已有君子文化和爱莲文化巧妙结合，为爱莲赋予新内涵，创新了爱莲的路径，提升了爱莲的境界，并深入参与东亚人有形的生活世界，树立着高标的人格理想，在绵延千余年中，创造出东亚共同共通的君子文化。

本文作者：王晚霞，天津科技大学东亚儒学研究中心。

救亡舆论中的天津《体育周报》与现代体育中国图景的建构（观点摘要）

《体育周报》是天津现代体育传播史上的一份重要刊物。基于民族主义的立场，诞生在“一·二八抗战”炮声中的《体育周报》在关于现代体育的目标和形式问题等方面，建议以普遍化、艺术化、道德化的体育作为现代体育形式，以解决中国体育发展不平衡的问题，并以此实现御辱强国的救亡理想。普遍化、艺术化、道德化的体育，不仅是周报同人现实观察和经验的总结，也是其体育出版理念和民族体育思想的表现和外化。对于强身与救亡之关系的阐释，周报打通强身、强智与强国之间的逻辑链接，提倡通过对身体的训练和教育，达至对人的教育，即发展体育不仅可以强壮身体，还可以强健智识、改造民风，最终可以强盛国家。这在实践上为体育参与国家救亡开辟了道路。针对现代体育与传统国术孰优孰劣的争论，周报并未简单地以土和洋作为判断标准，而是提出了土洋结合、互为体用的主张。周报无分土洋而以适应个人和社会需要作为取舍标准的观点，展现了文化自省和文化更新的能力，清晰地阐明了中国式现代体育的内涵。救亡舆论中《体育周报》对民族主义的阐释，既摆脱了近代以来或现或隐地钳制国人推行现代改革的保守思想，也在一定程度上破除了在同西方“屡战屡败”惨烈碰撞后形成的民族意识沉沦，勾勒了一个中西体育皆善为我用的现代体育中国之图景，成为中国民族报业“以言报国”的又一个例证。

本文作者：李文健，天津外国语大学国际传媒学院；李月，天津师范大学新闻传播学院。

中国现代化国家科技形象构建：“机器人文化叙事”研究（观点摘要）

中国机器人产业具有广阔的发展前景，未来机器人可作为中国现代化国家科技形象代表性的“文化符号”。在新一轮科技革命中，机器人即将成为继手机、汽车之后的下一个划时代产品，成为世界制造和消费领域的领头羊。2023年10月，中国工业和信息化部印发《人形机器人创新发展指导意见》指出中国式现代化已进入机器人高质量发展的关键转型期，计划到2025年人形机器人创新体系初步建立，到2027构建具有国际竞争力的产业生态，综合实力达到世界先进水平。中国机器人广阔的发展前景意味着机器人将作为中国式现代化国家科技形象的“文化符号”，通过充分挖掘其文化携带性的特质，使这些流动的“文化载体”应用更加立体化、多元化、普适化，传播中华文化，促进多层次文明对话。构建代表中国现代化特色的机器人文化叙事，主要在于树立中国风格和文化自信的机器人形象，探索融合中国文化的机器人形态设计方法，将算力和文化基因特征深度结合，扩展中国社会文化基因的机器人应用场景。当下，机器人在主流媒体和社交媒体中均呈现高热度，是世界各国民众热议议题，也是跨文化传播和交流的良好载体，通过机器人文化艺术交流，实现跨越文化障碍，促进全球文化互动。

本文作者：李洁、程子琪，河北工业大学建筑与艺术设计学院。

中国香文化的国际传播：历史溯源、时代价值与实践路径（观点摘要）

中国香文化是中华文明精神标识的重要载体，蕴含着丰富的历史、宗教、艺术、用药、美学价值，是中国文化精髓的重要组成部分。在五千多年的香文化发展历程中，形成了养礼、养心、养生三大用香体系。香文化在现代社会具有重要的时代价值，通过国际传播，可以保护、传承、创新这一独特文化遗产，可增强国人的文化自信，为全球文化多样性作出贡献。香文化在彰显国家形象特色的同时，也扮演着中国名片的重要角色，可以传递中国香文化中蕴含的和谐、平静、感恩、尊重自然等价值观。此外，香文化涉及相关经济活动，可以开拓更广阔的市场，促进相关产业发展，带动旅游、餐饮等服务业发展。最后，由于香药与中药同出一脉，香文化被世界深入了解也有助于中医药的国际推广。为推动中国香文化的国际传播，建议提升感召力，突出异质特色展魅力；强化塑造力，加强品牌建设、打造立体化的营销模式；扩大传播力，利用数字化、网络化、智能化等现代技术手段开拓新型传播渠道。中国香文化兼具经济功能、文化功能和社会功能，是中华文明的重要组成部分，香文化的国际传播是一项系统工程，需要学界、业界和政府的协同努力，以期在世界舞台上分享中国香学智慧,践行全球文明倡议。

本文作者:蔡莺,天津职业技术师范大学外国语学院。

美西方学界对鲁班工坊的认知与反应（观点摘要）

美西方学界认为，鲁班工坊是服务于“一带一路”建设和中国长期发展战略的最新举措，契合了中国政府、海外企业和职业院校三方的需求，并有谋求地缘政治利益的意图。他们的研究表明，鲁班工坊提升了当地工人的职业技能，促进了受援国家经济社会发展，深化了“一带一路”建设下的人文交流合作，但其在技术培训规模上不及中资企业。他们担忧鲁班工坊会提升中国的人才竞争优势、强化全球南方国家青年对华认同，建议通过加强国际合作、实施替代方案等措施与中国展开竞争。中国在推进鲁班工坊建设过程中，可以在五个层面进一步提升建设成效。一是打造内容丰富、多语种的鲁班工坊宣传网站，为各国研究者和普通读者提供权威信息。二是利用各种社交媒体讲好鲁班工坊故事，将受众由合作国家扩大到其他发展中国家和美西方国家。三是深入挖掘鲁班工坊故事素材，尤其是中外师生相互尊重与帮助、共同学习和成长的友谊故事，积极争取国际话语权。四是关注反华智库及学者的动向，适时利用法律手段制裁极端反华智库。五是加强鲁班工坊与中资企业的协作，不断壮大中国海外职业培训体系。

本文作者：曹龙兴，天津外国语大学国际关系学院。

中国式现代化创新逻辑的三重维度（观点摘要）

党的二十大报告将中国式现代化的特色凝练为五个方面：人口规模巨大、全体人民共同富裕、物质文明和精神文明相协调、人与自然和谐共生及走和平发展道路。其中，既有描述性的事实判断，也有规范性的价值判断，而现代化的实现过程就是价值判断不断转变为事实判断的过程。历经百年，我们已经找到了实现中国式现代化可凭借的思想和现实资源。从经济维度看，社会主义市场经济具有“有效市场加有为政府”的二元特点，市场肯定了劳动能力强者、政府兼顾了劳动能力弱者，社会主义市场经济实现了劳动全动员，从而更新了现代化的动力机制；从政治维度看，全过程人民民主具有“选举加协商”的独特性，选举承认了多数，凸显了自由，协商关注了少数，强调了平等，全过程人民民主扬选举之长，兼协商之优，覆盖了全程、全域、全员，从而刷新了现代化的治理效能；从文化维度看，中国特色社会主义文化具有“社会本位加个体本位”的价值融合优势，个体本位突出了人的意识能力，社会本位侧重了人的合作能力，中国特色社会主义文化兼顾了个体和群体，形成了强者和弱者协同联动的社会治理模式，从而创新了现代化的价值原则。正是在这个意义上,我们说中国式现代化为人类文明进步提供了中国智慧和中国方案。

本文作者:张秀霞,天津农学院马克思主义学院。

地缘政治框架下全球气候治理的困境及中国应对（观点摘要）

自20世纪90年代以来，气候变化问题在科学界和政策界获得了越来越多的关注，以合作方式共同应对气候变化成为国际社会的普遍共识，气候变化被视为非传统安全领域的典型案例，气候治理也成为全球治理的代表性领域。但是自2022年初俄乌冲突全面升级以来，国际社会的关注焦点开始出现明显转移，地缘政治重新回归国际关系研究中心，且随着巴以冲突持续，这一趋势仍在进行。地缘政治竞争加剧，不仅影响到各国的议题框定及优先政策选择，也影响到国际合作及全球治理的顺利进行。地缘政治竞争加剧为分析以气候变化为代表的非传统安全问题提供了一个新的框架。非传统安全议题与传统安全议题形成更加紧密的交织，尤其是传统安全引发的非传统安全问题凸显；气候议题被进行“政治化”“安全化”操作，作为实现政治目标的工具和筹码。大国角色及大国竞争在这一背景下凸显，关键行为体的气候雄心及气候实践成为影响全球气候治理有效推进的核心因素。中国需要有针对性地采取措施，有效宣传自身气候治理的优秀实践，利用更广泛的气候工具，持续把握美欧等关键行为体的碳中和战略实践，以应对绿色“保护主义”

的挑战,引领全球气候治理实践平稳发展。

本文作者:巩潇泫,天津外国语大学国际关系学院。

新时代中国共产党中央政治局集体学习的形象塑造功能(观点摘要)

政党形象是外界全面认识政党的重要渠道,也是政党文化的重要组成部分。中国共产党是一个学习型政党,建党伊始就十分重视学习,尤其重视领导干部的集体学习。延安时期“在职干部每天学习两小时”,可以将其视为中央政治局集体学习的一个发端。历经百余年的革命、建设实践,中国共产党将这一学习模式常态化、制度化,最终确立了中央政治局集体学习制度。学习不仅塑造政党形象,还通过丰富的学习内容更加立体地展现政党形象。新时代中国共产党中央政治局集体学习通过学习、运用马克思主义基本原理,塑造了信仰坚定的政党形象;通过学习、总结历史与现实经验,塑造了自信自立的政党形象;通过学习领导现代化建设的本领以推动社会发展,塑造了求真务实的政党形象;通过多维推进党风廉政建设和反腐败斗争,塑造了全面从严治党的政党形象;通过学习、研判时代特征以引领世界发展,塑造了胸怀天下的政党形象。透过新时代中国共产党中央政治局集体学习的内容探寻中国共产党的多维形象,有利于讲好中国共产党的奋斗故事,进而对坚定道路自信、增强党的社会号召力以及提高中国共产党国际话语权有着现实意义。

本文作者:黄宇峰,南京师范大学公共管理学院。

京津冀城市群农业保险高质量发展水平预测、区域差异及动态演进(观点摘要)

2023年的中央金融工作会议提出“金融高质量发展”,强调发挥保险业的经济减震器和社会稳定器功能。本文从发展规模、运行效率、成长能力三个维度建立京津冀城市群农业保险高质量发展指标体系,选取京津冀城市群13个城市的2011—2021年指标数据,运用熵值法进行测度,通过灰色预测模型进行预测,发现受农业保险运行效率和成长能力影响,高质量发展总指标将呈现下降趋势。运用基尼系数理论对区域差异进行分析,发现在京津冀协同发展战略下,中、南、北三个区域农业保险呈现出协同的趋势实现了共同提高,但仍存在不同的区域特点和差异。利用马尔可夫链研究动态演进过程,发现低等级农业保险是否发生转移,受到周围城市农业保险发展水平的影响,不同空间的背景下农业保险发展水平转移的概率不同。本文的研究提出了通过丰富产品及增加保障范围扩大发展规模、探索“农业保险+农业信贷”“农业保险+基金”“农业保险+期货”“农业保险+租赁”等综合性金融产品模式,通过效率最高的补贴方式以发挥“金融资源配置”的功能提高全要素生产率的建议,为京津冀城市群农业保险发展提供了政策参考。

本文作者:李婕妤,天津财经大学珠江学院;尹东起,中国人民保险公司唐山市分公司;田惠敏,国家开发银行研究院;赵西君,中国科学院科技战略咨询研究院。

金融资产决策与家庭消费低碳转型

（观点摘要）

在聚焦建设美丽中国的背景下，党的二十届三中全会提出“聚焦建设美丽中国，加快经济社会发展全面绿色转型，健全生态环境治理体系，推进生态优先、节约集约、绿色低碳发展，促进人与自然和谐共生”。家庭作为微观经济主体，能够以金融为载体，实现消费端的低碳转型，释放绿色金融潜力，推动高质量发展。本文以金融资产持有状况衡量家庭金融资产决策，利用权威微观调研数据系统研究金融资产持有情况对家庭消费低碳转型的影响，旨在补充现有研究体系的空缺，为我国的经济低碳发展提供现实依据。为识别金融资产决策对家庭消费低碳转型的因果效应与作用机理，本文以CHFS（2017、2019）数据为基础，构建差分模型，并分析不同类型消费在低碳转型方面的差异作用。进一步，本文探究金融资产持有对家庭消费低碳转型发挥作用的支付机制与信息机制，分析家庭金融行为对消费低碳转型影响的不同路径。研究发现，金融资产持有能够显著促成家庭消费低碳转型，且不同类型消费受影响的效果不同，金融资产持有通过提高移动支付意愿与增加经济信息关注程度进而推动家庭消费低碳转型的实现。基于此，本文得出政策启示:重视金融在碳减排目标中的作用,发挥家庭端潜力;采取差异化的低碳转型策略,因地因户制宜;借助数字信息技术,持续带动低碳消费推广普及。碳减排需要兼顾微观与宏观层面,拓展持有金融资产的家庭范围,树立可持续投资理念,让金融成为推动低碳目标达成的关键力量。

本文作者:缪言、姜千慧、王文治,天津师范大学经济学院。

区域创新与融资租赁业高质量发展

(观点摘要)

党的二十届三中全会指出,高质量发展是全面建设社会主义现代化国家的首要任务,融资租赁业务集“融资与融物为一体”,在大规模设备更新、服务实体经济发展等方面发挥了重要作用。李强总理在天津调研特别指出创新运用融资租赁等金融工具,在进一步全面深化改革中推动高质量发展。本文基于2010—2021年面板数据,运用固定效应模型、差分模型及中介效应模型、有中介的调节效应模型对区域创新对融资租赁行业发展的影响效应和机制进行了实证分析。

研究表明:区域创新对融资租赁业发展具有促进作用,这种影响通过财政收支差额的中介效应和企业经营年限的调节作用实现。结合《国务院办公厅关于积极推进供应链创新与应用的指导意见》按照中位数划分为对照组和实验组,差分模型和平行趋势检验结果仍然显著。同时,区域创新对融资租赁业高质量发展的影响存在异质性。高创新组和高科技投入组的区域创新对于融资租赁业发展具有显著的促进作用,而低创新组和低科技投入组的的区域创新对融资租赁业发展的影响不显著。

本文的研究为地方政府根据区域的特点制定融资租赁产业规划,甄选重点行业和重点产业形成聚集性产业链打造所在区域的支柱产业提供了政策参考,并可为地方政府根据企业不同发展阶段制定融资租赁业发展政策及实施细则提供借鉴。

本文作者:马雷,天津商务职业学院。

“双碳”目标下的中国挑战与应对研究

——京津冀大气环境系统韧性的时空演化特征分析

（观点摘要）

京津冀地区作为中国式现代化建设的先行区与示范区，其大气污染联防联控工作的实施路径和成效具有典型性与代表性。厘清京津冀地区大气环境系统韧性时空演化趋势以及提升路径，对深入推进低碳减排战略纵深发展具有重要经验支撑意义。从大气环境质量与大气环境系统韧性的关联性入手，以重点管控的六项工业污染源排放为视角，建立基于风险理论矩阵和压力—状态—响应模型的大气环境系统韧性评价模型，并采用障碍度模型识别出制约大气环境质量提升的关键障碍因子，运用核密度估计和马尔可夫链对城市大气环境系统韧性的时序演变趋势进行分析。人口密度、工业污染物排放和清洁能源普及率是阻碍地区大气环境质量提升的主要因素，城市间大气环境质量及其系统韧性水平差距逐年缩小，但各城市大气环境系统韧性水平呈现非均衡不稳定状态。京津冀地区的低碳消费模式侧重于生产侧减碳，消费侧减碳引导和约束不足，且高碳行业收缩转型影响区域经济。通过京津冀地区的积极探索和有效实践，将为全国实现“双碳”目标贡献重要力量，推动中国在绿色发展的道路上迈出坚实步伐。

本文作者:曹昱亮,天津理工大学管理学院;倪珣,天津理工大学管理学院;巩红禹,天津理工大学管理学院。

董事会能力、董责险与企业ESG表现（观点摘要）

董事会能力、董责险与企业ESG表现之间关系显著。基于2020—2022年中国A股上市公司的数据，研究分析了董事会专业性、多元性和独立性对企业ESG表现的具体作用，并进一步进行了异质性分析。研究发现，董事会专业性、多元性和独立性均对企业ESG表现有积极影响。具体而言，具有财务和行业经验的专业董事、具备国际视野的欧洲籍董事以及一定比例的女性董事均能显著提升企业ESG表现。此外，董责险在不同所有制企业间的作用存在显著差异。在国有企业中，购买董责险显著提升了企业ESG表现，可能因董责险降低了董事和高管的法律风险和经济压力，鼓励其更积极履行社会责任和环境保护义务。然而在非国有企业中，董责险对企业ESG表现的影响不显著，甚至可能产生负面效应，这可能与非国有企业更注重短期经济效益有关。行业特性对董事会多样性与企业ESG表现的关系亦具有显著调节作用。在劳动密集型行业中，女性董事对ESG表现影响不显著，而欧洲籍董事产生显著正向影响；相反，在非劳动密集型行业中，女性董事对ESG表现具有显著影响，欧洲籍董事影响不显著。综上所述，董事会能力和董责险在提升企业ESG表现中扮演重要角色,且其影响在不同类型企业和行业中存在异质性。

本文作者:赵颖,天津外国语大学国际商学院;吴虹霓,广州外语外贸大学会计学院。

❖天津市社会科学界学术年会天津职业技术师范大学专场

会议综述：
守正创新　不断增强思政引领力

图3–17　天津市社会科学界学术年会(2024)天津职业技术师范大学专场

教育强国，思政课何为？思政课内涵式发展，思政课教师何为？2024年9月29日，由天津职业技术师范大学马克思主义学院承办的天津市社会科学界学术年会(2024)“牢记殷殷嘱托 推进思政课建设内涵式发展”研讨会在天津职业技术师范大学师资培训楼报告厅成功举办，来自中国人民大学、南开大学、天津大学等高校的专家学者，学术年会论文投稿者、优秀论文获奖者等一百余名学者现场参会。

本次研讨会是党的十八大以来，天津市第一次以思政课建设为主题的社科学术年会。天津市委宣传部副部长徐中，天津市社科联党组成员、专职副主席袁世军，天津职业技术师范大学校党委书记张金刚出席开幕仪式并致辞，天津市教育委员会科学技术与研究生工作处处长杨明海宣读了优秀论文获奖名单。本次会议共收到投稿论文101篇，经过查重、专家匿名评审和市社科联、市教委审批，最终选出20篇优秀论文。研讨会上半程以推进思政课建设内涵式发展为主题进行专家主题报告，下半程设三场平行论坛，紧紧围绕“职业院校思政课内涵式发展”“铸牢中华民族共同体意识融入高校思政课”“‘大思政课’视域下的思政课教学改革创新”等问题展开研讨。

一、如何理解思政课内涵式发展的丰富内涵和重大意义

党的十八大以来，党中央始终坚持把学校思政课建设放在教育工作的重要位置，习近平总书记对思政课念兹在兹，曾多次对思政课建设作出重要批示，召开座谈会部署学校思政课建设。2024年5月，习近平总书记对学校思政课建设再次作出重要指示，强调“守正创新推动思政课建设内涵式发展，不断提高思政课的针对性和吸引力”。中国人民大学马克思主义学院冯秀军教授认为，“思政课建设内涵式发展”命题的提出和强调，明确了指引新时代思政课建设的新理念，意味着思政课建设进入了高质量发展的新阶段。推动思政课建设的内涵式发展，应着力在正确理解内涵式发展理念的科学内涵，把握思政课的本质与规律，增强思政课教学的吸引力和针对性，提升思政课教师的内生动力和核心素养等方面下功夫。北京大学孙蚌珠教授认为，推动思政课内涵式发展，要向改革要动力，讲好思政课需要注意课程内容的边界性，讲历史进程不能流水账式地简单罗列；确定授课重点难点时，要明白理论和教材的关系。讲好思政课要明确课程地位，深耕理论基础；要以教材为依据，研究教学内容；要运用专题教学，突出重点难点。天津师范大学李朝阳教授提出，推动思政课建设内涵式发展要求思政课“讲出既鲜活又有后劲的思政

课”，学生能听得进去，是一个鲜活的问题。走出学校后，可以解决思想困惑，是一个后劲十足的问题。思政课必须在上述两个方面同时发力才能适应新形势新任务。

二、如何推进职业院校思政课内涵式发展

思政课是落实立德树人根本任务的关键课程，办好思政课的关键在教师。习近平总书记在全国教育大会上强调，我们要建成的教育强国，应当具有强大的思政引领力、人才竞争力、科技支撑力、民生保障力、社会协同力、国际影响力。其中，思政引领力居于“六力”之首。推进职业院校思政课建设内涵式发展是职业教育高质量发展的内在要求。新时代学校思政课建设推进会指出，经过持续不断建设，思政课的发展环境和整体生态发生全局性、根本性转变。天津职业技术师范大学马克思主义学院张葆春教授提出，这是对思政课建设外部环境的充分肯定，但并不意味着思政课本身发生全局性、根本性转变。思政课建设虽取得了可喜成效，但与教育强国要求的“强大思政引领力”，仍存在很大距离。职业院校只有不断推动思政课建设内涵式发展才能培养出政治立场坚定的大国工匠、能工巧匠，为实现高质量发展夯实人才基础，提供政治保证。天津科技大学张新宇老师提出，网络思政对赋能职业院校思政课建设内涵式发展具有重要意义。应从提升思政课教师网络素养，依托网络思政工作室，用好“大思政课”平台，实现思政教育资源共建共享等方面为职业院校思政课建设内涵式发展夯基垒台。南开大学马克思主义学院研究生李永超提出，红色文化在新时代高职院校网络思想政治教育中具有重要价值。红色文化为高职院校网络思想政治教育提供了生动载体，为学生坚定理想信念提供了丰富营养。高职院校要加强话语建构，打造红色精品，构建宣传矩阵，将红色文化融入网络思想政治教育。

三、如何将铸牢中华民族共同体意识融入高校思政课

习近平总书记指出,“要构建铸牢中华民族共同体意识宣传教育常态化机制,纳入干部教育、党员教育、国民教育体系,搞好社会宣传教育”。高校思政课作为落实立德树人根本任务的关键课程,承担着推动青年学生铸牢中华民族共同体意识的责任和使命。天津职业技术师范大学马克思主义学院郑安定老师提出,高校思政课落实好铸牢中华民族共同体意识的任务要优化整合教学内容,突出铸牢的重要价值;要创新多元教学方式,拓宽铸牢教育的渠道;要充分利用网络资源,提升铸牢教育吸引力。天津职业技术师范大学马海涛副教授认为,高等学校实现产教融合对铸牢中华民族共同体意识具有重要作用,它促进了教育与产业的深度对接,促进民族生就业,有利于推动各族师生间的交流交往,消除民族间的隔阂和陌生感。内蒙古大学马克思主义学院研究生鲁昕滢认为,少数民族地区的红色文化在铸牢中华民族共同体意识中具有重要作用。其底层逻辑在于少数民族地区的红色文化有助于集体记忆的建构和集体情感的连接,进而强化共同体的各项认同,并从“文化符号”“记忆之场”“集体欢腾”“文化产业”四个视角分析了开发利用红色文化载体的途径。

四、“大思政课”视域下的思政课教学改革创新

习近平总书记指出,“大思政课”我们要善用之。从思政课到“大思政课”,表面上只有一字之差,实质上是办好思政课的理念再更新、视野再开阔和格局再拓展。推进“大思政课”建设,要将“小课堂”延伸至社会,让社会实践与课堂讲述的理论相互印证,加深印象、增进理解。也要将丰富鲜活的实践引进课堂,积极回应学生关切的问题,让思政课在内容上与时代同向同行、

话题上与现实同频同步。桂林理工大学马克思主义学院党委书记耿俊茂、硕士生姚继昆提出，新时代要做好高校思想政治理论课公众形象的建构。思政课的本质是讲道理，要把道理讲深讲透讲活，克服公众刻板印象对新时代高校思想政治理论课公众形象塑造的偏见、多元社会思潮对新时代高校思想政治理论课公众形象认同的冲击、数字网络舆论对新时代高校思想政治理论课公众形象建构的干扰、“柔性对抗”对新时代高校思想政治理论课公众形象建构的危害。山东师范大学马克思主义学院研究生舒晴提出，应以算法时代为背景，优化思想政治教育的叙事路径，通过算法载事，精准输出优质叙事内容；算法载境，精准打造多维叙事空间；算法载情，精准构筑连贯叙事传播。中国人民大学马克思主义学院李丽博士提出，坚定历史自信展现了新征程思想政治教育的精神气质，要通过坚定历史自信突破思想政治教育话语困境，提升教育话语效能，要淬炼历史自信，不断开创思想政治教育新局面。

在天津市委坚强领导和市委宣传部悉心指导下，天津市思想政治理论课建设一直走在全国前列，相关经验引起中宣部、教育部等上级部门高度重视。本次研讨会是贯彻落实习近平总书记对加强思政课建设重要批示精神的一次重要会议，也是贯彻落实全国教育大会精神的具体举措。与会思政课教师纷纷表示，将坚持不懈用习近平新时代中国特色社会主义思想铸魂育人，推进思政课建设内涵式发展，不断将思政课的学理、道理和哲理化作学生“请党放心，强国有我”的精神内核，全力回答好教育强国，思政课何为？思政课内涵式发展，思政课教师何为？的重大时代课题，用真理之光引领学生思想，确保党的事业和社会主义现代化强国建设后继有人。

本文作者：郑安定、张葆春、佟艳，天津职业技术师范大学马克思主义学院。

❖主旨报告

推动思政课建设内涵式发展的着力点

冯秀军

摘要：推动思政课建设的内涵式发展，是立足思政课发展环境和整体生态发生全局性、根本性转变的新形势，抓住新时代思政课建设主要矛盾的新变化，从根本上破解影响制约育人实效的关键问题以实现思政课高质量发展的新要求。守正创新推动思政课建设内涵式发展，应着力在正确理解内涵式发展理念的科学内涵，科学把握思政课的本质规律，加强学情调查研究以增强教学吸引力和针对性，提升思政课教师的内生动力和核心素养等方面下功夫。

关键词：思政课；内涵式发展；高质量发展；着力点

2024年5月，习近平在对学校思政课建设的重要指示中强调指出，要“守

作者简介：冯秀军，中国人民大学马克思主义学院教授。本文发表于《思想理论教育导刊》2024年第6期，作者冯秀军教授以本文主要内容为基础，在天津市社会科学界学术年会上作主旨报告。

正创新推动思政课建设内涵式发展”[1]。“思政课建设内涵式发展”命题的提出和强调，明确了指引新时代思政课建设的新理念，意味着思政课建设进入了高质量发展的新阶段。新时代新征程，新形势新任务，推动思政课建设的内涵式发展，应着力在正确理解内涵式发展理念的科学内涵，科学把握思政课的本质与规律，增强思政课教学的吸引力和针对性，提升思政课教师的内生动力和核心素养等方面下功夫。

一、创新理念：着力在正确理解内涵式发展理念的科学内涵上下功夫

思政课建设的内涵式发展，蕴含着指导思政课建设高质量发展的新理念。以新发展理念引领和推动思政课建设发生全方位、深层次变化，应着力在正确理解内涵式发展理念的科学内涵、深化思政课建设新理念上下功夫。

（一）坚持质量导向

所谓内涵式发展，是一种有别于外延式发展的理念和模式。“概念的内涵，就是概念所反映的事物的特有属性。概念的外延，就是具有概念所反映的特有属性的事物。”[2]用“内涵式”和“外延式”来界定、区分思政课建设发展的理念和模式，主要源于二者在关切点上的不同。相对而言，外延式发展关注以数量增加和规模扩张等“外部性”手段推动思政课建设，内涵式发展则强调以质量和效益等“内部性”指标为衡量思政课建设的依据。应当说，外延式发展与内涵式发展并非截然对立，在思政课建设的外部条件较薄弱阶段，数量增加、规模扩张等外延式发展有其必要性甚至紧迫性。例如，通过党和国

① 《习近平对学校思政课建设作出重要指示强调 不断开创新时代思政教育新局面 努力培养更多让党放心爱国奉献担当民族复兴重任的时代新人》，《人民日报》，2024年5月12日。

② 金岳霖：《形式逻辑》，人民出版社，1979年，第22页。

家的重视支持，支撑思政课建设的马克思主义理论学科点规模快速扩大，有助于尽快解决思政课教师后备人才不足的问题；快速扩充思政课教师队伍、提升师生配比，对于尽快降低课堂规模、缓解师资不足等起到显著成效；提高思政课教师地位待遇，拓展其发展平台渠道，有助于稳定思政课教师队伍，增强教师职业认同和自信心。这些举措为推动思政课建设内涵式发展奠定了重要基础，对思政课建设高质量发展起到了重要的支撑作用。

同时也必须看到，数量和规模上的提升，不能简单等同或必然带来思政课教学质量的改善。作为影响思政课教学的“外部因素”，必须与“内部因素”有机结合，才能让思政课教学改革真正取得成效。在根本上，“内因”才是具有决定性影响的因素，外部条件的改善服务、服从于“内部因素”的要求。“内涵式发展”理念的提出，正是抓住了新形势下思政课建设主要矛盾的变化，在“思政课发展环境和整体生态发生全局性、根本性转变”①，思政课建设“外部条件”有了重大改善的新发展阶段，及时提出的新任务、新要求。质言之，“内涵式发展”是在“外延式发展”取得显著成效的基础上，提出聚焦思政课建设的“内部因素”，着力从本质上、根本上破解影响制约育人实效的关键问题，从而实现思政课高质量发展的新要求。因此，守正创新推动思政课建设的内涵式发展，必须坚持质量导向，以思政课教学质量和立德树人实效为衡量的根本尺度。坚持思政课建设的质量导向，以高质量发展本领新阶段的思政课建设，才能回归思政课教学的根本，扭住思政课建设的关键，避免思政课建设中表面化、形式化的偏失。

（二）坚持守正创新

以内涵式发展理念引领思政课建设，旨在以更深层次、更高水平上的改

---

① 《习近平对学校思政课建设作出重要指示强调 不断开创新时代思政教育新局面 努力培养更多让党放心爱国奉献担当民族复兴重任的时代新人》，《人民日报》，2024年5月12日。

革创新推动思政课的高质量发展，必须处理好守正与创新的辩证关系。

推动思政课建设的内涵式发展，必须通过改革创新破解瓶颈痼疾，提升育人实效。“改革创新是时代精神，青少年是最活跃的群体，思政课建设要向改革创新要活力。”[①]将改革创新作为思政课建设的活力之源，既是适应时代的客观要求，也是回应学生成长成才的需求。思政课建设之“新”，主要体现在三个方面：一是教学内容上的常讲常新。思政课的实效性取决于讲授理论对社会现象和问题的解释力，这就要求思政课的内容必须适应时代变迁和形势发展。“国内外形势、党和国家工作任务发展变化较快，思政课教学内容要跟上时代，只有不断备课、常讲常新才能取得较好教学效果。”[②]二是教学方法上的求变求新。当今世界的科技革命正以日新月异之势推进，互联网、大数据、生成式人工智能等不断升级迭代，带来社会和观念变革的同时，也酝酿和推动着教育的革命、课堂的革命。这些新技术新事物对青少年具有天然的吸引力，思政课必须自觉回应新科技的召唤，以新技术新方法助力教育教学的改革创新。三是思维方法上的辩证创新。“思政课要教会学生科学的思维。思政课教师给予学生的不应该只是一些抽象的概念，而应该是观察认识当代世界、当代中国的立场、观点、方法。思政课教学是一项非常有创造性的工作，要学会辩证唯物主义和历史唯物主义，善于运用创新思维、辩证思维，善于运用矛盾分析方法抓住关键、找准重点、阐明规律，创新课堂教学，给学生深刻的学习体验。”[③]

推动思政课建设的内涵式发展，必须立足思政课课程属性和教育教学规律，在守正的前提下推进创新。改革创新不是任性蛮干、胡乱折腾，而是“要以科学的态度对待科学、以真理的精神追求真理”[④]。思政课建设必须坚守之

---

① 习近平：《论党的青年工作》，中央文献出版社，2022年，第191页。

② 习近平：《思政课是落实立德树人根本任务的关键课程》，人民出版社，2020年，第11页。

③ 习近平：《思政课是落实立德树人根本任务的关键课程》，人民出版社，2020年，第14页。

④ 习近平：《在纪念毛泽东同志诞辰130周年座谈会上的讲话》，人民出版社，2023年，第18页。

“正”，主要体现在三个方面：一是坚持方向之“正”。思政课既有一般课程的普遍性，又有自身特殊性，即政治性、理论性和实践性的“三位一体”。这就要求我们“牢牢把握教育的政治属性、战略属性、民生属性，把思政课建设作为党领导教育工作的重中之重，以新时代党的创新理论为引领，立足新时代伟大实践，不断推动思政课改革创新，确保党的事业和社会主义现代化强国建设后继有人”[①]。二是立足本质之“正”。思政课的本质是讲道理。推动思政课建设的内涵式发展，就是要让思政课教学更加符合、更充分反映、更集中体现思政课本质属性的要求。偏离了这一本质，背离了这一本质属性，就违背了思政课建设内涵式发展的初衷，也难以实现高质量发展的目标。三是遵循规律之“正”。思政课教学是一门科学，其科学性既体现在以马克思主义为主要教学内容的理论科学性，也体现在以立德树人、铸魂育人为主要教学任务的教育活动的科学性。以思政课教育教学的基本规律和青少年思想发展规律为根本遵循，这是思政课教学科学性的体现，也是思政课高质量发展的必然要求。

（三）坚持系统观念

思政课建设是一项系统工程。“万事万物是相互联系、相互依存的。只有用普遍联系的、全面系统的、发展变化的观点观察事物，才能把握事物发展规律。”[②]推动思政课建设内涵式发展，必须坚持系统观念，秉持“治理”思维，通过系统构成要素的效能激活及系统的整体优化来达到提质增效的目标。

在宏观层面上，坚持系统观念，就是要从攸关全局和根本的战略高度深刻理解思政课的重要地位和作用。“办好思政课，要放在世界百年未有之大变

① 《习近平对学校思政课建设作出重要指示强调 不断开创新时代思政教育新局面 努力培养更多让党放心爱国奉献担当民族复兴重任的时代新人》，《人民日报》，2024年5月12日。

② 习近平：《高举中国特色社会主义伟大旗帜为全面建设社会主义现代化国家而团结奋斗——在中国共产党第二十次全国代表大会上的报告》，人民出版社，2022年，第20页。

局、党和国家事业发展全局中来看待，要从坚持和发展中国特色社会主义、建设社会主义现代化强国、实现中华民族伟大复兴的高度来对待。”[①]要把思政课建设作为党领导教育工作的重中之重，要从确保党的事业和社会主义现代化强国建设后继有人的高度来看待思政课建设的战略地位和作用。

在中观层面上，坚持系统观念，就是要树立“大思政”育人理念，优化“大思政”育人格局。运转高效的领导体系、结构合理的队伍体系、协调联动的支持体系、共建共享的资源体系等，都是新时代思政课建设，特别是“大思政课”建设必不可少的支撑和保障，可为整体推动思政课高质量发展创造良好环境基础和体制机制支持。那种强调“内涵式发展”而忽视思政课整体发展环境和生态建设的认识，既是片面的，也是错误的。

在微观层面上，坚持系统观念，就是要以整体性思维审视思政课教学全过程，避免“单打一”。全面梳理教学全流程的各个要素和环节，围绕教材体系、教学体系、方法体系、话语体系等全面优化各要素环节之间的关系，彻底清理和打通思政课教学全流程中的堵点、盲点和断点。在具体教学过程中，同样离不开系统观念的指导。习近平曾从知识视野、国际视野、历史视野等方面对思政课教师提出“视野要广”的要求。“视野要广”的要求，从根本上讲，就是普遍联系的系统观念在具体教学中的实践运用。只有在古今中外的普遍联系、纵横对比中，才能将思政课的道理讲深讲透讲活。

二、深耕课堂：着力在把握思政课本质属性与基本规律上下功夫

课堂教学是落实立德树人根本任务的主渠道。思政课建设的高质量发展，归根结底要通过并最终体现在课堂教学水平的提升上。提升思政课教学

① 习近平：《论党的青年工作》，中央文献出版社，2022年，第5页。

质量和水平，必须立足课堂、聚焦课堂、深耕课堂，深刻把握思政课本质属性与基本原则，为提升思政课教学质量奠定科学基础。

（一）把握思政课的本质属性

深刻理解思政课的本质及要求，是深耕课堂、提升课堂教学质量的根本和前提，也是推动思政课建设内涵式发展的关键着力点。习近平指出："思政课的本质是讲道理，要注重方式方法，把道理讲深、讲透、讲活。"[①]"讲道理"原本是一种日常性的经验活动，将其上升到思政课本质的高度，对于透过现象从更深层次认识和推进思政课建设、提高思政课教学质量具有重要意义。

一是从"大道理"和"小道理"的辩证关系中把握思政课的本质属性。思政课要讲的道理，既非日常生活中的"婆婆妈妈"，也非空洞抽象的说教，而是"大道理"和"小道理"的辩证统一。思政课讲的"大道理"，就是马克思主义所揭示的反映自然界、人类社会和思维发展的普遍规律；思政课要讲的"小道理"，则是这个反映普遍规律的"大道理"在具体实际中的运用。有人反感思政课的"大道理"而只关心自己的"小道理"，这是割裂事物普遍性与特殊性辩证关系的片面认识。当然，只讲"大道理"而忽视"小道理"，思政课难免失之于"空"；但只讲"小道理"而忽视"大道理"，也会陷入一叶障目、不见森林的"窄"。毛泽东指出："事情有大道理，有小道理，一切小道理都归大道理管着。"[②]这就科学地指明了二者的关系，即普遍性和特殊性的辩证统一。讲好思政课的道理，就是要在"大道理"和"小道理"之间搭建桥梁，讲出二者的辩证统一、不可分割。

二是从规律性和目的性的关系上把握思政课的本质属性。思政课有明确的教学目的，其重要任务是对学生进行价值引领，帮助学生树立正确的世

① 《习近平在中国人民大学考察时强调 坚持党的领导传承红色基因扎根中国大地 走出一条建设中国特色世界一流大学新路》，《人民日报》，2022年4月26日。

② 《毛泽东选集》（第二卷），人民出版社，1991年，第348页。

界观、人生观和价值观，树立马克思主义的科学信仰。但思政课的价值引导并非建立在个别、片面的主观臆断基础上，而是建立在马克思主义所揭示的科学真理的坚实基石之上。“正像达尔文发现有机界的发展规律一样，马克思发现了人类历史的发展规律。”[①]马克思通过剩余价值和唯物史观两大发现，科学揭示了资本主义社会发展的特殊规律和人类社会发展的普遍规律。沿着这两个规律的指引，做出了“两个必然”的科学预判；又沿着“两个必然”的科学预判，竖起了马克思主义信仰的旗帜。从“两大发现”到“两大规律”再到“两个必然”，可以清晰地看到，马克思主义信仰站在不以人的意志为转移的科学规律基础上，是真理和价值的有机结合、合规律性与合目的性的高度统一。一些人攻击思政课是“洗脑”，反感思政课“灌输”，就是只看到思政课价值性的一面，而没看到其价值背后的真理支撑。讲好思政课的道理，就是要在揭示真理的基础上进行价值引导，在价值引导的过程中发挥真理的支撑，在价值和真理的有机结合中彰显出无比强大的真理力量和道义力量。

三是从政治性和学术性的关系上把握思政课的本质属性。首先必须坚持思政课的政治属性，明确“政治引导是思政课的基本功能”。思政课建设是党领导教育工作的重中之重，肩负“确保党的事业和社会主义现代化强国建设后继有人”的责任和使命。与此同时，不能以强调政治性为名而弱化思政课的学术性。“强调思政课的政治引导功能，并不是要把课讲成简单的政治宣传，而要以透彻的学理分析回应学生，以彻底的思想理论说服学生，用真理的强大力量引导学生。”[②]思政课教师所讲的理论、观点、结论要经得起学生各种“为什么”的追问，就必须有坚实的学理支撑。“理论只要说服人，就能掌握群众；而理论只要彻底，就能说服人。”[③]理论能否彻底掌握群众，一在于理论的科学性和真理性，即理论的彻底性；二在于能否将理论的彻底性讲彻底，即讲

---

① 《马克思恩格斯选集》（第三卷），人民出版社，2012年，第1002页。

② 习近平：《思政课是落实立德树人根本任务的关键课程》，人民出版社，2020年，第17~18页。

③ 《马克思恩格斯文集》（第一卷），人民出版社，2009年，第11页。

授的彻底性。现实中存在两种现象，要么空喊政治口号，缺乏理论的彻底阐释和逻辑的透彻论证；要么为证明自身的“科学性”而标榜“价值中立”，以学理性为幌子行“去政治化”之实。这两种现象都背离了思政课的本质属性和要求。思政课要把道理讲深、讲透、讲活，就要讲出政治性与学理性的辩证统一，既不能以讲政治为由忽视学理性，也不能用学理性弱化政治性，[①]即做到“政治性和学理性相统一”。

（二）遵循改革创新的基本规律

习近平在学校思想政治理论课教师座谈会上就思政课的改革创新提出了“八个相统一”的原则要求。“八个相统一”是对思政课建设基本规律和成功经验的系统总结，也是深入推进思政课建设内涵式发展、提升课堂教学质量的重要遵循。

深耕课堂必须遵循思政课教学的规律和原则。与一般以知识传授为主要任务和目标的课程相比，思政课的特殊性在于它以知识为载体来传达价值观念，具有鲜明的政治属性和价值导向。质言之，相对于专业课程以“求真”为主业，思政课追求的是“真善美的统一”，这意味着更大的课程挑战和更高的教学要求。同时，与同样具有鲜明政治属性和价值导向的政治宣传不同，思政课是一门系统讲授理论的课程，“讲好思政课不仅有‘术’，也有‘学’，更有‘道’。思政课的政治性、思想性、学术性、专业性是紧密联系在一起的，其学术深度广度和学术含金量不亚于任何一门哲学社会科学！”[②]因此，从一定意义上讲，思政课教学的规律和特性就集中体现在“统一”二字上，体现在政治性、思想性、学术性、专业性的紧密联系、不可分割上。“政治性和学理性相统一”“价值性和知识性相统一”“建设性和批判性相统一”“理论性和实践性

---

① 骆郁廷、余杰，《如何理解“思政课的本质是讲道理”》，《光明日报》，2022年7月8日。

② 习近平：《思政课是落实立德树人根本任务的关键课程》，人民出版社，2020年，第25页。

相统一”，全面而集中地体现了思政课教学的“合金”特性，这些特性之下蕴含着思政课教学的特殊规律和原则要求。只有立足特性、遵循规律，才能准确把握思政课教学的特殊挑战，从而将内涵式发展建立在科学性基础之上。深耕思政课堂，需着力在此反映思政课教学特殊规律的“相统一”上下功夫。

深耕课堂必须尊重学生思想成长的内在规律。思政课攸关培养什么人、怎样培养人、为谁培养人的根本问题，旨在用科学理论和先进思想武装青少年头脑，为其一生发展奠定科学思想基础和精神底色。科学理论和先进思想能否真正入耳入脑入心，既取决于讲授理论的科学性，也取决于理论讲授的针对性和吸引力。因此，讲好这门朝向青少年思想和心灵的课程，必须深入研究青少年群体的思想发展规律，精准把握其思想需求和学习偏好，这是思政课建设打通最后一公里的关键，也是切实推进思政课建设内涵式发展的“攻坚战”。坚持“统一性和多样性相统一”“主导性和主体性相统一”“灌输性和启发性相统一”“显性教育和隐性教育相统一”，正是基于对青少年思想行为特征和思想发展规律的科学把握，对青少年思想理论教育成功经验的系统总结。如果说统一性是对教学的普遍性要求，那么多样性就是对学生具体实际的针对性观照；如果说主导性是对教育者作用的科学定位，那么主体性就是对青少年思想特点的准确回应；如果说灌输性是思想政治教育本质属性的要求，那么启发性就是对教育对象内在思想过程和规律的遵循；如果说显性教育彰显“理直气壮开好思政课”的“惊涛拍岸的声势”，那么隐性教育就是体现思政课育人铸魂“润物无声的效果”。这些基本矛盾范畴的辩证统一，体现了学生思想发展内在规律的要求，是思政课高质量发展的内在动力和根本要求。

（三）推进“大思政课”向纵深发展

从思政课到“大思政课”，体现了思政课建设的理念再更新、视野再开阔、格局再拓展。“善用大思政课”命题提出以来，思政课建设发生了全局性的变化，形成了学校各门课程和社会各界力量共同关心思政课、支持思政课、参与思政课的良好局面。立足课堂、深耕课堂，必须深入思考、科学回答新形势下推进“大思政课”纵深发展的重要课题。

准确把握“大思政课”的主旨要义。从思政课建设的工作格局上讲，“大思政课”建设强调开门办思政课，充分调动全社会力量和资源，发挥协同育人作用，共同办好思政课。从思政课教学过程和成效上讲，“大思政课”建设强调突出问题意识和实践导向，旨在打通课堂内外、校园内外，推动理论与实际的有机结合。推动“大思政课”建设向纵深发展，需要准确把握而不能偏离这一主旨要义。既要充分发挥思政课教师“一马当先”的主导作用，也要充分调动社会各界“千军万马”的协同作用，协力打造铸魂育人的共同体。既要强调课堂讲授“理论联系实际”以克服空讲理论的教条倾向，也要强调实践教学中“实际联系理论”以克服忽视理论升华的经验倾向。

充分彰显实践环节的教育性。理论讲授与实践教学的有机结合，有力打破了“理论实际两张皮”的痼疾，让学生在鲜活的实践中亲身感受、体验和检验理论。与此同时，也不同程度上存在着实践教学重形式、走过场、看热闹等现象。在热热闹闹的实践之后，学生的思考不多、认识不深、收获不大。推动“大思政课”建设向纵深推进，就要全面梳理、认真反思“大思政课”建设中教育性不足的问题。所谓教育性，是指“大思政课”的流程设计能切实发挥对学生的积极教育影响。强调“大思政课”的教育性，意在避免在实践环节中投入大量成本而未能收获相应教育成效的浪费，意在增强实践育人成效、提高思政课育人质量。

深化实践资源的开发、整合与利用。教育部等十部门联合印发《全面推进“大思政课”建设的工作方案》以来，充分调动全社会力量和资源，设立一大批“大思政课”实践教学基地，推出一批优质教学资源，为“大思政课”建设提供了强有力的资源支持，有力改善和提升了思政课教学实效。推动“大思政课”建设的深入发展，要充分发挥新时代伟大成就的教育激励作用，丰富思政课教学内容，讲好新时代故事，引导学生感悟党的创新理论的实践伟力。以“大思政课”拓展全面育人新格局，把思政小课堂和社会大课堂结合起来，推动学生更好地了解国情民情，坚定理想信念。同时，还需认真检视大思政课建设中资源同质性重复、利用率不高、整合性不足、创新性不强等问题，深化“大思政课”建设实践资源的开发、整合，提高“大思政课”资源利用效率，丰富和提升“大思政课”教学的内涵和成效。

三、深研学情：着力在增强教学吸引力、针对性上下功夫

习近平在学校思想政治理论课教师座谈会上指出：“只有打好组合拳，才能讲好思政课，但无论组合拳怎么打，最终要落到把思政课讲得更有亲和力和感染力、更有针对性和实效性上来。”[①]由此可见，教学的实效性是衡量思政课建设质量的核心指标，教学的针对性和吸引力则是实效性的重要前提。学生是思政课教学所要“针对”和“吸引”的对象，只有把握学生需求，遵循成长规律，才能不断增强教学针对性和吸引力。

（一）坚持问题导向，增强教学针对性和吸引力

思政课的本质是讲道理，就是通过讲道理来澄清和破解学生思想上的困惑，在解疑释惑中帮助学生树立正确思想观念。在此意义上，问题就是思政课教学要精准击中的“靶子”，回答和解决问题是思政课教学的根本任务，坚持问题导向是思政课本质属性的必然要求。只有精准把握问题、透彻破解问题，思政课教学才能在破立结合中取得育人成效。

加强学情调查研究，把握学生成长需求。“问题是时代的声音。”[②]对于思

---

① 习近平：《思政课是落实立德树人根本任务的关键课程》，人民出版社，2020年，第23页。

② 习近平：《在全国政协新年茶话会上的讲话》，《人民日报》，2015年1月1日。

政课教学来说,问题就是学生成长成才的需求和呼声,问题指引思政课教学的努力方向。准确地说,思政课的针对性并非泛泛针对学生,而是要针对学生的问题。掌握问题就是掌握需求,掌握需求就是赢得思政课教育教学的契机。只有了解问题,才能破解问题,问题中蕴含着解决问题的答案。了解学生关心关切的问题,把握学生思想上的堵点、痛点,就必须加强学情调查研究。事实上,"备学生"与"备教材""备教法"一起构成思政课教师的主要备课内容。苏霍姆林斯基在《给教师的建议》中指出:"学生的脑力劳动是教师的脑力劳动的一面镜子,在教师备课的时候,教科书无论如何不能作为知识的唯一来源。真正能够驾驭教育过程的高手,是用学生的眼光来读教科书的。"[①]善于用学生的眼光来读教科书的前提,是教师全面、深入地了解学生。调查研究既是全面了解学生思想问题的根本途径,也是破解学生思想困惑的成功办法。毛泽东极为重视调查研究,他曾经指出:"我的经验历来如此,凡是忧愁没有办法的时候,就去调查研究,一经调查研究,办法就出来了,问题就解决了。"[②]

用问题引导深度教学,增强教学吸引力。人们对思政课教学吸引力的理解往往停留在通过生动、活泼的教学方法和手段来激发学习兴趣、吸引学生注意力等方面。事实上,通过某种技术、技巧的手段吸引学生注意力的效果往往是短暂、有限的。特别是对于具有较强理性思维能力的大学生而言,甚至会嫌弃一些激发兴趣的手段过于低幼。当这些技术技巧运用结束或者多次运用,学生的好奇与兴奋感就会不断消退,其注意力会再次偏离教学,重回自己的世界。因此,真正有效、有力、可持续的教学吸引力,来自思想理论及其讲授本身,来自严密而强大的逻辑力量之于学生的"用户黏性"。学生理论学习的起点是对问题答案的好奇,而非对标准答案的机械记忆和被动接受。

---

① [苏]B.A.苏霍姆林斯基:《给教师的建议》,杜殿坤编译,教育科学出版社,2020年,第217页。

② 《毛泽东年谱(1949—1976)》(第四卷),中央文献出版社,2013年,第567页。

通过有深度的问题解答精准命中学生的思想困惑，在理论与实际的相互印证中通过问题的不断“揭秘”，引导学生在理论的迷宫中展开奇妙的“思想探险”，这才是来自思政课自身的真正思想魅力和教学吸引力。

（二）遵循学生成长规律，推进课程教材体系一体化建设

思政课教学伴随学生成长发展的求学全过程。“要把统筹推进大中小学思政课一体化建设作为一项重要工程，……推动思政课建设内涵式发展。”[①]深入研究学生发展规律，适应不同年段、学段学生特点，一体化设置思政课课程教材体系，是思政课教学因材施教、提高教学针对性、实效性的重要前提。

坚持因材施教，深化学生阶段性发展特征规律研究。大中小学思政课一体化建设课题的提出，有两个方面原因。一方面，青少年的成长发展是一个伴随年龄增长和学段上升的完整过程，其间的思政课教育也应是一个系统的过程。这一过程的系统性体现，是以学生不同年段和学段的发展特征为前提的。因此，基于青少年成长发展的阶段性特征和系统性要求，不同年段、学段的思政课必须坚持因材施教原则，遵循学生在不同年段学段的差异性，系统构建螺旋式上升的大中小一体化思政课程教材体系。

《关于深化新时代学校思想政治理论课改革创新的若干意见》明确指出，小学阶段重在启蒙道德情感，初中阶段重在打牢思想基础，高中阶段重在提升政治素养，大学阶段重在增强使命担当，就是针对育人全过程的各个阶段特征而提出的一体化培养目标。从另一方面看，提出一体化建设的课题，也是由于在实践中存在着交叉重复等大中小学思政课纵向衔接与横向贯通不足的问题。这些问题从根源上讲在于对学生阶段性发展特征及规律认识不足，严重影响了思政课教学的质量和效果，成为制约思政课建设内涵式发展的突出瓶颈。因此，破解这一瓶颈，应首先从根源入手，着力深化对学生阶段

---

① 习近平：《思政课是落实立德树人根本任务的关键课程》，人民出版社，2020年，第27页。

性发展特征及规律的研究，为系统设计不同学段培养目标及课程教材体系提供科学依据。

加强顶层设计，构建一体化课程教材体系。大中小学思政课一体化建设是一项跨学段、跨专业、跨课程的系统工程，单靠某一学段、某一学校，特别是思政课教师个体难以完成。这项系统工程的推进，必须依靠加强顶层设计，才能关照全局、统揽各方、协力完成。一是组建以马克思主义理论、教育学、心理学等为背景的跨学科团队，聚焦青少年阶段性发展规律特征展开集体攻关；二是依据不同学段青少年的核心素养培养需求，系统构建大中小学思政课课程体系；三是系统梳理、设计不同学段思政课课程标准，一体化制定大中小学相互衔接贯通的课标体系；四是建立一体化教材编写、修订的沟通协调机制；五是建立大中小学常态化集体备课和研讨交流机制。

四、把握关键：着力在强化教师内生动力和提升核心素养上下功夫

"思政课教师乐教善教、潜心育人的信心底气更足"[①]，是思政课发展环境和整体生态发生全局性、根本性转变的重要体现。"办好思想政治理论课关键在教师，关键在发挥教师的积极性、主动性、创造性。"[②]推动新形势下思政课建设的内涵式发展，需要牢牢把握思政课教师这一关键枢纽，着力在思政课教师核心素养提升上下功夫。

（一）强化思政课教师内生动力

思政课教学是一项非常有创造性的工作，需要思政课教师以高度的自觉

① 《习近平对学校思政课建设作出重要指示强调 不断开创新时代思政教育新局面 努力培养更多让党放心爱国奉献担当民族复兴重任的时代新人》，《人民日报》，2024年5月12日。

② 习近平：《思政课是落实立德树人根本任务的关键课程》，人民出版社，2020年，第10页。

主动、付出极大的努力来攻克其中的困难和挑战。以内涵式发展推动思政课高质量发展，对思政课教师的积极性、主动性、创造性提出了更高的要求，必须在进一步强化和提升思政课教师乐教善教的内生动力上下功夫。

思政课教师的积极性、主动性、创造性，是影响乃至决定课堂教学效果的关键因素。思政课是一种以智力和情感活动为主、面向人的思想和心灵的教学活动，其教学过程是师生间的双向思想交流和情感互动，而非单向度的知识搬运和灌输。思政课教学过程中教师的积极性、主动性和创造性必须全程在场、全时在线。需特别指出的是，思政课教师在师生互动和交流中占有主导地位、负有引导之责。教师“教”的积极性、主动性和创造性，和学生“学”的积极性、主动性、创造性之间具有明显的正相关联系。教师不可能以“教”的懈怠，换来学生“学”的主动。

思政课教师的积极性、主动性、创造性，是推动思政课建设高质量发展的关键因素。思政课建设是一项永远在路上的事业。国际国内形势在不断发生变化，党和人民的事业在不断向前迈进，思政课教学的环境、任务、内容、对象等都在不断变化之中，这些都对思政课教师的积极性、主动性、创造性提出了更高要求和挑战。面对思政课建设取得的成就，有的思政课教师出现了“小富即安”的躺平心理；面对开创思政课建设新局面的新任务新挑战，有的出现了畏难躲避的懈怠情绪。面对新生事物和困难挑战，是主动尝试还是安于现状，是迎难而上还是躲避绕行，是停留于表面还是主动触碰深层问题，在根本上取决于思政课教师的积极性、主动性、创造性。

高度的职业认同感、荣誉感和责任感，是增强内生动力的有效抓手。激发思政课教师的积极性、主动性和创造性，要从增强其内生动力入手。职业认同感是思政课教师热爱教育教学的思想前提和心理基础。“办好思政课，有不少问题需要解决，但最重要的是解决好信心问题。‘欲人勿疑，必先自信。’

思政课教师本身都不信，还怎么教学生？”[①]职业荣誉感是对职业认同感的强化和升华，也是个体积极主动对待职业的强大精神动力。习近平强调：“弘扬尊师重教社会风尚”，“提高教师政治地位、社会地位、职业地位，使教师成为最受社会尊重的职业之一，支持和吸引优秀人才热心从教、精心从教、长期从教、终身从教”。[②]职业责任感是个体对职业的责任自觉和使命自觉。教育是“仁而爱人”的事业，有爱才有责任，有责任才有动力。思政课教师只有深刻理解肩负立德树人根本任务的责任感、使命感，才会有乐教善教、潜心育人的积极性、主动性和创造性。

（二）全面提升思政课教师核心素养

习近平在学校思想政治理论课教师座谈会上曾就思政课教师的素养问题提出“六要”要求。近日对学校思政课建设作出的重要指示中，习近平再次强调“要着力建设一支政治强、情怀深、思维新、视野广、自律严、人格正的思政课教师队伍”[③]，进一步凸显“六要”核心素养之于思政课教师队伍建设、教师队伍建设之于思政课建设内涵式发展的关键作用。

着力提升政治素养。思政课肩负为党育人、为国育才的重要使命，思政课建设是党的意识形态工作的重要组成部分，政治性是思政课的首要属性。思政课的重要任务是帮助学生确立科学的理想信念，教会学生从政治上观察和认识问题的能力和方法，在大是大非面前政治清醒。作为学生确立信仰的引路人，信仰信念“只有首先在思政课教师心中扎下根，才能在学生心中开花结果”[④]。同样，作为教给学生认识世界方法的“授渔人”，思政课教师自己先

---

① 习近平：《思政课是落实立德树人根本任务的关键课程》，人民出版社，2020年，第8页。

② 《十四届全国人大二次会议〈政府工作报告〉辅导读本（2024）》，人民出版社、中国言实出版社，2024年，第183页。

③ 《习近平对学校思政课建设作出重要指示强调 不断开创新时代思政教育新局面 努力培养更多让党放心爱国奉献担当民族复兴重任的时代新人》，《人民日报》，2024年5月12日。

④ 习近平：《思政课是落实立德树人根本任务的关键课程》，人民出版社，2020年，第12页。

要掌握“捕鱼”的技巧，拥有“渔夫”的基本功。如果思政课教师自己看世界的方式方法都是模糊的，甚至是错误的，就很难教会学生明辨是非的本领。因此，提升思政课教师素养，应首先在政治素养上着力，通过理论学习和实践历练，培养思政课教师的政治敏锐性，提升其善于从政治上看问题的能力素养。

着力提升理论素养。实践表明，马克思主义理论功底不扎实，是许多思政课教师素养的短板，也是影响和制约思政课教学质量的关键因素。“领导干部的马克思主义理论基础扎实了，各方面知识丰富了，才能全面地认识和把握各种复杂的矛盾和问题，敏锐地识别各种错误的观点和思潮，科学地制定各项政策措施，也才能在各种复杂的局势中坚持正确的政治方向。”[①]同样，思政课教师只有不断夯实马克思主义理论功底，在理论上彻底学懂弄通，才能拥有一双“不畏浮云遮望眼”的慧眼，才能在教学中讲得有底气、有自信。因此，思政课教师要努力做学习和实践马克思主义的典范，自觉用习近平新时代中国特色社会主义思想武装头脑，不断提高自身的理论水平和修养。同时还要有宽广的知识视野、国际视野和历史视野，以渊博的知识、开阔的视野、创新的思维答疑释惑，从而赢得学生发自内心的信服和尊重。

着力提升教育素养。“善歌者使人继其声，善教者使人继其志。”以理想信念教育为核心的思政课教学，对思政课教师的教育教学素养提出了更高要求。首先，思政课教师要厚植仁爱情怀、家国情怀与传道情怀。仁爱情怀体现为思政课教师对教育、对学生的热爱，“教育是一门‘仁而爱人’的事业，爱是教育的灵魂，没有爱就没有教育”[②]。家国情怀是思政课教师为师从教的不竭动力源泉，只有拥有深厚家国情怀的思政课教师，才能培育出万千“让党放心、爱国奉献、担当民族复兴重任的时代新人”[③]。传道情怀是思政课教师对

---

① 《江泽民文选》(第二卷)，人民出版社，2006年，第366页。

② 习近平：《做党和人民满意的好老师——同北京师范大学师生代表座谈时的讲话》，人民出版社，2014年，第9页。

③ 《习近平对学校思政课建设作出重要指示强调 不断开创新时代思政教育新局面 努力培养更多让党放心爱国奉献担当民族复兴重任的时代新人》，《人民日报》，2024年5月12日。

马克思主义信仰和马克思主义教育信仰的生动体现,也是对思政课教育教学执着追求的精神支撑。

其次,思政课教师要有“吐辞为经、举足为法”“言为士则、行为世范”的人格素养。作为一项铸魂育人的特殊工程,思政课教师的人格示范是其教育教学“信度”“效度”的前提和基础,也是其教育教学有吸引力和说服力的关键和根本。“有人格,才有吸引力。亲其师,才能信其道。思政课教师要有堂堂正正的人格,用高尚的人格感染学生、赢得学生。”[①]最后,思政课教师要有教书育人的过硬能力本领。调研表明,一些思政课教师缺乏必要教育教学基本功训练,存在明显的教法短板。教育是一项充满创新创造的事业,扎实的知识功底、过硬的教学能力、科学的教育方法、高超的教育智慧是优秀思政课教师必备的核心素养。

① 习近平:《思政课是落实立德树人根本任务的关键课程》,人民出版社,2020年,第16页。

红色报刊对职业院校统战教育工作方法的启示

——以《群众》周刊为对象的考察

陈东炜

摘要:职业院校学生,是新时代爱国统一战线的重要组成部分。对他们开展统战教育,可以充分吸收借鉴全面抗战时期中国共产党机关党刊《群众》周刊的工作方法。面对当时复杂局面,刊物坚持理论宣传定位,以国统区青年高度关注的中国战时经济为切入点,有力地团结了大后方的青年力量,为抗日民族统一战线的巩固和发展作出了重要贡献。刊物带来的启示包括准确把握统战工作目标,熟练运用统战工作方法,始终坚持统战工作原则等。同时,做好职业院校学生的统战教育还要高度结合现实需要,已进一步达到凝聚人心、汇聚力量的效果。

关键词:《群众》周刊;职业院校;统战教育

作者简介:陈东炜,天津职业技术师范大学马克思主义学院讲师。

一、问题的提出

习近平总书记指出，“统一战线因团结而生，靠团结而兴。促进中华儿女大团结，是新时代爱国统一战线的历史责任”。当前，职业院校教育作为我国高等教育的重要组成部分，承担着重要的时代责任与历史使命，亦是新时代爱国统一战线教育的重要组成部分。职业院校学生年龄多数处于17到22岁之间，身心发育逐渐成熟，世界观、人生观、价值观正处于关键时期，对他们开展统战教育正当其时。其偏重实用性方向的培养模式，也导致了学生们对直观内容更感兴趣。以史为鉴、察往知来，我们可以吸收借鉴新民主主义革命时期党报党刊组织教育青年群体的有益经验，尝试将红色报刊曾经采用的工作方法引入对职业院校学生的教育过程。本文尝试以《群众》周刊为切入点，对上述问题试作探讨。

作为第二次国共合作的产物，《群众》周刊创刊于1937年，是中国共产党在抗日战争和解放战争时期、在国民党统治区（1947年2月以后迁至香港办刊）唯一公开出版的机关党刊。它应抗战而生，与同属新华日报社的《新华日报》相互配合，努力团结一切可以团结的力量，为巩固和发展抗日民族统一战线作出了巨大贡献，彰显了中国共产党人的初心和使命。

《群众》周刊最初在武汉办刊，受战局影响后迁至重庆。当时的重庆是国民党统治的中心区域，还云集了因战争而来的各地青年数十万人，可以说是舆论交锋的前沿阵地。面对国民党方面的阻挠和各种困难，《群众》周刊的编辑们“以笔为枪”，通过一篇篇文章向国统区青年有力地宣传了中国共产党全民族抗战的主张，成功引领国统区的舆论走向，把当时国统区的爱国青年汇聚起来为国家独立和民族解放而奋斗。

作为党在国统区的机关刊物，《群众》周刊高度关注青年读者群体，在争取这些青年参与到抗战工作的问题上做了大量工作。围绕他们关心的现实问题，刊物以团结抗战力量为出发点，立足理论刊物本色进行了深入讨论。其中，中国战时经济是讨论的重要话题。这是因为经济作为物质基础，不仅决定着抗日战争的走向，也与国家发展、人民福祉息息相关。在当时特定的历史环境下，《群众》周刊探讨战时经济问题，既有利于宣传中国共产党全民族抗战的正确主张，也有助于厘清青年群体的思想困惑，从而更好地实现抗战动员，进一步巩固和发展抗日民族统一战线。

《群众》周刊的青年读者，有的是学生、有的是工人农民、有的初入职场，在认知水平、年龄结构、行业分布等方面与今天职业院校学生具有一定的相似性。而激发这些青年们的爱国情感，使他们投入各项事业建设中来，是不同时空下开展教育的共性目标。因此，有必要进一步发掘全面抗战时期《群众》周刊对国统区青年的统战工作方法，从中得到对我们今天做好职业院校统战教育的有益启示。

二、要准确把握统战教育的工作目标

《群众》周刊对职业院校统战教育工作方法的启示，首先在于准确把握工作目标。《群众》周刊通过分析中国战时经济，使青年们认识到经济建设的重要性，坚定了抗战信心，分清了敌人和朋友，并进一步把国统区的爱国青年团结到抗战的旗帜下。

（一）团结引领抗战大局

经济是抗战胜利的重要保证。《群众》周刊分析中国战时经济首先是为团结引领抗战力量，进一步巩固和扩大抗日民族统一战线。刊物指出，现代战争经济力量需要与其他各方面条件配合起来才能发挥它的所有动能。打赢抗战这场长期战争依靠的是综合国力，盲目乐观或者过分悲观的态度均是不可取的。我们既要看清敌人的弱点，也要准确认识我国发展经济支持抗战的条件。同时,抗战经济政策的制定不能盲目照抄欧美强国的经验,而是要从实际出发,使政策符合经济现状和国家、人民的根本利益,并以强有力的手段保证经济政策的实施。这些主张,在当时国统区赢得了青年群体的热烈响应。

(二)坚定抗战胜利信心

在当时,青年的信心至关重要。因此,《群众》周刊在研究中国战时经济的时候,善于通过中日两国对比来坚定信心。进入相持阶段以后,日本由于国力受限,不得不把掠夺沦陷区资源"以战养战"作为其战时的基本经济政策。而此时大后方在前所未有的政策倾斜和资源投入下得以迅速地发展。刊物指出,随着游击战争的开展,中日双方经济实力定会呈现此消彼长的态势,胜利的天平也迟早会向中方倾斜。此外,《群众》周刊还多次分析了日本国内的经济危机,显示了日本帝国主义者"强弩之末"的窘态。这些有力的论证,极大地坚定了青年们对抗战胜利的信心。

(三)积极进行青年动员

组织力是决定抗战胜利的重要因素。《群众》周刊认为,要通过马克思主义理论的强大思想武装人民群众尤其是青年群体,以实现全面的抗战动员。为了实现此目标,刊物一方面指导青年用辩证和历史唯物主义来分析抗战实际工作中的各类问题,达到凝聚人心、汇聚力量的效果;另一方面,对当时一些错误论调的批驳,实现思想领域的正本清源,使青年更好地认识到自身的责任使命。刊物还指出,在战时经济下中小规模的生产占据着相当的比例,必须尊重和保护人民群众的合法权益,有力打击地主、豪绅、投机犯、卖国贼等,减轻青年们的负担,以使各领域青年不断汇集到一起。

（四）彰显为国为民情怀

战胜日本侵略者的强大力量来源于广大人民。《群众》周刊号召青年高度关注抗战时局下普通人的生活状况。刊物指出，在战争中大量经济部门被破坏，不少人失去生计的来源，艰难度日。在这种情况下，他们仍然受到外国帝国主义和本国封建主义、官僚资本主义势力的严重剥削。刊物呼吁要改善大后方工农群众的生活，通过政策提高大后方中小经营者的生产能力，减轻他们的负担。同时，刊物描绘了抗战胜利后的美好景象，指出为了这样的幸福生活早日到来，每个人都应该多考虑国家和民族的利益，本着"有钱出钱，钱多多出"的原则，为抗战事业贡献力量。这些内容不断启发青年对国家和民族的前途命运作更深入的思考。

三、要熟练运用统战教育的工作方法

《群众》周刊对职业院校统战教育工作方法的启示，也在于熟练运用各种工作方法。《论持久战》指出，"战争的伟力之最深厚的根源，存在于民众之中"。《群众》周刊以笔为枪开展统战工作，运用多种方法团结青年力量。主要体现在：

（一）坚持围绕中心、服务大局的方法

《群众》周刊始终坚持围绕中心、服务大局的方法。在当时，中日民族矛盾是主要矛盾，也是广大青年最为关心的问题。因此，《群众》周刊围绕抗战这个中心讨论中国战时经济，意在给出明确的工作建议，指导青年做好实践工作。许涤新的《战时经济政策的检讨》一文就很有代表性。他提出，我国战时经济政策的第一条依据就是抗日。为了取得最终的抗战胜利，必须从国内国际、我方敌方、农村城市三个方面制定实施好战时经济政策：

一是向青年说明为什么当前要以发展国内经济为主，尽全力争取国际经济援助。《群众》周刊认为，抗战期间，由于欧美主要强国都卷入了第二次世界大战，能够得到的国际经济援助是非常有限的。在太平洋战争爆发以后，大后方赖以生存的滇缅运输通道也时刻面临着日军的威胁。因此，中华民族的抗日战争主要是依靠自身的力量。为了保障抗战大局，必须发展国内经济，优先满足前线作战的军需行业的需求。同时，如果可能的话从陆上争取苏联方面的经济援助。

二是向青年说明为什么当前要以发展我方经济为主，尽全力粉碎敌方经济攻势。[①]《群众》周刊认为，抗战的经济工作主要是发展大后方经济，为日后的反攻积累力量；同时，也要打好经济反击战，粉碎敌方的经济进攻。由于在全面抗战爆发以前，大后方基础设施并不完善，因此发展大后方经济首先要做好基础设施的建设，包括铁路、公路、水利灌溉设施等。在对敌经济战方面，主要是货币和物资的争夺战。从货币方面来说，要避免日方通过汇率差异盗取我方资源；从物资方面来说要限制战略物资的出口，加强他们的进口。

三是向青年说明为什么当前要以发展农村经济为主，尽全力稳定城市经济秩序。《群众》周刊认为，当时的中国还是农业国，无论从历史来看还是现实考虑，农民群体都是抗战最终取得胜利的重要因素。因此，必须采取因势利导的态度，根据农村经济特质改善农村的经济环境，解决制约农村经济发展的人为因素，保障农民能够全身心投入生产。同时，也要稳定城市的经济秩序，使增发的通货及时回笼，走进生产的大门，从而抑制物价过快上涨。

从上述可以看出，刊物不仅向青年们明确指出了当前最紧要的工作，也从具体层面说明了这些工作顺利开展，广大青年应如何努力，在国统区达到了答疑解惑、指导实践的效果。

---

① 抗战时期日本发动了多种形式的经济进攻，给中国人民带来了深重的灾难。

（二）有效运用“团结—批评—团结”的方法

《群众》周刊有效运用了“团结—批评—团结”的方法帮助青年。卢沟桥事变以后，日本在发动军事进攻的同时，也在不断发动着经济、政治、文化等方面的攻势。在这样的情况下，亲日派、投降派等趁机制造舆论，导致国统区弥漫着主张妥协的、动摇的声音。同时，由于国民党当局一些经济政策并没有达到预期效果，反而使不法商人从中牟利，这些都在一定程度挫伤了青年参与抗战事业的积极性。《群众》周刊运用“团结—批评—团结”的方法，从经济角度进行分析并给出建议：

一是提示青年关注爱国群众的利益。《群众》周刊指出，任何经济形势下总会有人获得利益，有人利益受损，这是客观的。但是，如果人民群众在爱国主义情感的感召下支持抗战活动反而利益受损的话，无疑会打击他们参与的积极性和主动性。刊物提出，在战时局势下原有的经济结构被破坏，国家经济结构发生重大变化，这些都决定制定经济政策必须从实际出发。刊物建议国统区官员加强走访深入调查，制定切实有利于国统区人民群众的经济政策，有力地保障爱国群众的利益。

二是号召青年抵制破坏团结的行为。《群众》周刊认为，抗战经济是战争胜利的重要保证，但是少数官商心生贪念，把个人利益看得比民族利益还重要，破坏了抗战经济。他们的行为包括：对农民加租加税，借救国公债和役政去敲诈人民；不顾国家财政困难，把巨款无息存在外国，利用黑市造成外汇波动；替日本人走私和购买外汇，帮助日方建设各类搜刮中国人民的机构；以各种名义进一步加深对工人等群体的经济盘剥等。刊物强调必须对上述行为进行有效打击。

三是警示青年防范敌人分化的策略。《群众》周刊指出，日本发动经济攻势的最终目的，是加紧独占中国经济体系，这就意味着他们不会允许他人从这些利益中“分一杯羹”。目前不法商人和卖国贼所获得的经济利益，实际上是日方拉拢他们的手段，是暂时的，用以分化瓦解中国人民的抗战意志，破坏抗日民族统一战线。一旦日本方面真正实现了其意图，就会迅速将不法商人和卖国贼踢出局。届时，这群人将毫无出路可言。《群众》周刊奉劝他们迷途知返，早日投入抗战的事业中来，为国家和民族贡献自己的力量。

（三）坚持大团结大联合的方法

《群众》周刊始终坚持大团结大联合的方法。《中国共产党抗日救国十大纲领》第十条明确提出“抗日的民族团结”，并且对民族团结具体是怎么样地进行了解释。《群众》周刊作为党的声音的忠实传播者，始终号召青年团结起来为共同抗击日本侵略者而努力：

一是帮助青年认识党派团结的重要性。抗日民族统一战线建立于1937年9月的第二次国共合作，这条战线是在中国共产党的号召、组织、推动下，以中国共产党和国民党为主体，民主党派的响应、支持、努力下形成的。《群众》周刊用多篇文章强调了统一战线的重要性，比如在《巩固团结反对分裂》一文中就指出日寇希望用分化瓦解的方式破坏中国团结抗战，“它可以不必花这样大的气力，才能抢得一尺一寸的土地，依然可以像过去一样，用中国人打中国人，自己坐享其成了”。

二是帮助青年认识各界力量团结的重要性。抗日民族统一战线除了各党派，也需要各界力量的广泛参与。《国共合作成立后的迫切任务》一文指出，“抗日民族统一战线是否只限于国共两个党的呢？不是的，它是全民族的统一战线，两个党仅是这个统一战线中的一部分。抗日民族统一战线是各党各派各界各军的统一战线，是工农兵学商一切爱国同胞的统一战线”。刊物用多篇文章介绍了社会上不同身份、职业群体参与抗战的情况，对于他们的贡献给予了充分的肯定。

三是帮助青年认识民众团结的重要性。指出民众是抗日战争的中坚力量。《论持久战》指出，“兵民是胜利之本”[①]。《群众》周刊分析了人民群众在抗战中的贡献和付出，认为“除了那些认贼作父甘心当汉奸的败类以外，除了那些自私自利发国难财者以外……极大部分的人民都在为民族的解放大业流着血，流着汗”，因此战时经济政策必须照顾到人民大众的利益，这样才能使人力物力财力的动员能够顺利进行。《群众》周刊专门强调，在主要的大城市与交通线被日军占领的情况下，必须尊重乡村、尊重农民，不断保障农民利益，使广大农民的力量贡献于抗战的事业中。

这些工作方法，给当时国统区处在迷茫中的青年们予以巨大的指导和帮助。

四、要始终坚持统战教育的基本原则

《群众》周刊对职业院校统战教育工作方法的启示，还在于始终坚持统战教育的基本原则。1940年，中共中央南方局成立经济组，周恩来强调：“经济组应该在做好调查研究的基础上，把开展工商界的统战工作，作为一个不可忽视的重点。”同属于南方局领导的《群众》周刊，就成了经济组开展宣传工作的重要理论阵地。作为经济组主要成员，许涤新等人以《群众》周刊为载体，撰写了大量理论文章，向国统区青年们宣传中国共产党的各项经济主张，介绍了陕甘宁特区和敌后抗日根据地的经济政策和发展建设情况，痛斥了国统区和沦陷区内经济汉奸的卖国行径，抨击了国民党当局由于官僚机构臃肿低效和政策法规不合理对经济发展的阻碍，反复强调中华民族经济利益的整体性和一致性，赢得了青年群体的广泛认可。

① 《毛泽东选集》(第二卷)，人民出版社，1991年，第509页。

(一)立场坚定

《群众》周刊是在抗战的时代背景下产生的,也肩负着对国统区青年做好抗战宣传动员,服务抗战大局的重要使命。就像刊物三周年时候编辑部所自述,《群众》周刊是"在抗战中诞生"[①],宣传抗战救国思想、支持抗战工作也必然成为其重要的办刊任务。对此,刊物曾明确:"本刊的使命就是在广播中共所一贯主张的坚持抗战到底,巩固国内团结,力求进步反对倒退的正确路线。"[②]整个抗战时期,刊物对于有利于抗战的工作都会尽全力推动,对于不利于抗战的言行进行坚决的回击与驳斥,并从理论和实际两个方面对抗战具体某一方面的工作进行报道,努力"在批判的同时也构建起属于自己的抗战话语体系"[③]。

《群众》周刊向青年强调,经济是抗战胜利的重要保障。它指出,对比抗战初期中日双方的经济力量,中方处于弱势地位,这就决定了战争必然是一个长期而艰苦的过程。由于中国人民的顽强抵抗,战争也给日本带来了沉重的经济负担,"全年不足二百亿元的国民收入要供给每年一百亿以上的国库支出",因此今后日本方面必然在军事力量的配合下超负荷地掠夺中国的资源和一切经济利益,中华民族已经没有退路可言,必须取得抗日战争的胜利,否则将面临亡国灭种的危险。这些从经济角度的有力论证,打破了少数摇摆不定的人对日方不切实际的幻想,辨析了"国家利益"和"个人利益","长远利益"和"暂时利益"之间的关系,向青年们强调了抗日战争的正义性和胜利的必然性。

---

① 《本刊三周年致读者》,《群众》,第5卷第15、16期,1940年12月25日。

② 《本刊出版二周年》,《群众》,第3卷第24期,1939年12月21日。

③ 叶玮玮、吴小倩:《〈群众〉周刊抗战报道议程设置与传播策略启示》,《传媒》,2022年第14期。

(二)思想引领

理论传播不仅是完成党的宣传工作的需要,也是用马克思主义科学理论武装国统区青年的头脑,帮助他们正确认识自身、认识抗战的性质和中国的前途和命运等一系列重要问题。《群众》周刊定位于理论刊物,因此"要更多地从马克思列宁主义出发,更多地从理论角度出发"[①],更加做好思想引领工作。在抗战局势下,刊物不是空洞地说教,而是紧密围绕抗战实际问题把学好理论与用于实践结合起来,从而给读者以启迪。

1939年4月,《群众》周刊发表社论《学习、学习、再学习》一文,帮助青年读者们认识到理论学习的重要性,指出"只有学习革命理论,方能解决当前和未来许多严重而困难的实际问题,方能达到抗战必胜,建国必成"[②]。这里的革命理论就是指马克思主义理论。刊物强调理论应主动与实践结合、应用于实践,"要从斗争中去学习,学习中去斗争!"[③]。

《群众》周刊注重用马克思主义理论去分析中国战时经济问题。例如在《怎样去把握战时经济底动向?》一文,作者指出要用唯物辩证法把握战时经济,并指出形而上学分析战时经济的特征:一是把中国的抗战看作孤立无依的、与整个世界经济互相脱离的东西;二是把抗战中的中国经济看作静止不动的东西;三是不知道抗战经济政策的量变会引起质变;四是不去与影响战时经济的因素作斗争。事实上,这些观点的确在当时的社会上广为流传,对于青年的抗战信心造成了消极的影响。《群众》周刊将这些消极、错误的认识抽象化,运用马克思主义哲学的基本观点逐一进行批驳,进而提出了把握战时经济动向的四项基本原则。《群众》周刊引用《关于费尔巴哈的提纲》中"人的思维是否具有物象的真实性"的命题,强调要把学理性研究与抗战的局势

---

① 《群众周刊大事记》编写组:《群众周刊大事记》[M],北京:红旗出版社1987年版,第3页。

② 《学习、学习、再学习》,《群众》,第2卷第20期,1939年4月1日。

③ 《学习、学习、再学习》,《群众》,第2卷第20期,1939年4月1日。

结合起来,使理论和实践结合起来,改造这个世界。这样的论证既有理论高度又具有现实意义,从而深刻打动了青年们的心灵。

(三)广泛发动

全面抗战期间,《群众》周刊主要是在重庆公开发行。虽然刊物也在积极联络各领域的进步人士,并且取得了相当丰硕的成果。但是在国民党方面的干扰和阻挠下,《群众》周刊更多时候是面向国统区整个青年读者群开展的统战工作,这是刊物在统战工作覆盖面上的显著标志。为了做好这一工作,刊物编辑们事先进行了大量的走访调研工作,取得了翔实的资料,也为广大青年如何做好基层工作进行了示范。

在面向群众、走进群众、服务群众根本原则的指导下,刊物所选择的主题都是现实最为需要、大家最为关心的话题。在当时,不少青年的文化水平普遍不高,甚至存在大量的文盲。同时由于各地经济文化发展的不均衡,有的地方一个村子都没有一张报纸。①因此,《群众》周刊的文字风格也充分考虑到青年读者的知识层次和文化水平的差异,少用复杂晦涩的语言,努力办青年看得懂、听得懂、愿意看的刊物。在这样的风格下,《群众》周刊逐渐成为青年群体喜欢阅读的报刊。

《群众》周刊不为精英而作,是人民大众的报刊,并且努力争取各界青年对于统一战线的信任和支持。因此,它在论述战时经济问题的时候,坚持深入浅出,更为注重描述它的性质。例如在描述经济数据时,多用倍数来表示,如多少多少倍、多少多少分之一、百分之几等。这样的好处是互相有一个参照锚点,方便了解两个数据之间的对比关系,即使不具备相关基础的青年们也很容易明白。在谈到农村地区高利贷问题时,为便于理解,《群众》周刊把

① 当时的识字率不高,大多数人文化程度有限,甚至有些村子没有一个人识字,需要依靠他人读报。因此,听得清楚听得懂就显得非常重要。

各地高利贷的叫法都列举出来，如“驴打滚”“大烟账”等，这样青年们一下子就清楚原来身边这个就是高利贷。谈到诸如游资、内币、汇率等比较专业的概念时，也一般都会在后面举通俗的例子进行说明，从而降低阅读文章的门槛，吸引社会不同工作领域、不同文化背景的青年，争取他们对抗日民族统一战线事业的认可。

五、余论

对做好今天职业院校统战教育来说，我们要充分发掘《群众》周刊曾经采用过的工作方法，并主动结合当下统战工作的现实需要，以达到凝聚人心、汇聚力量，服务各项事业的最大效果。具体来说要做到以下四个方面：

一是深刻认识习近平总书记关于做好新时代党的统一战线工作的重要思想是指导职业院校统战教育的根本保障。习近平总书记关于做好新时代党的统一战线工作的重要思想，是党的统一战线百年发展史的智慧结晶，是新时代统战工作的根本指针。回顾统战工作的百年历程，其始终与我国革命、建设和改革的各项事业同频共振。当今世界正经历百年未有之大变局，国内外的形势、统战工作的使命任务都发生了变化，更需要经过深入研究把这项工作做好。我们要完整、准确全面地理解习近平总书记关于做好新时代党的统一战线工作的重要思想，以科学理论的真理力量推动职业院校统战教育工作的开展。

二是深刻认识马克思主义科学理论武装头脑是做好职业院校统战教育的必要前提。马克思主义是立党立国、兴党兴国的根本指导思想。百年来，中国共产党坚持将马克思主义的统一战线理论与中国的具体国情相结合，推动了统一战线理论不断向前发展。全面抗战时期《群众》周刊在国统区开展统战工作时，编辑团队们在辛苦工作的同时也不断加强理论学习，及时掌握最新动态，并将其运用到刊物的实际创作中。因此刊物的内容才能准确聚焦统战领域的各类问题,文字具有深刻的哲学性和思辨性,从而赢得青年读者内心的认同。

三是深刻认识“团结—批评—团结”在做好职业院校统战教育中的价值。恩格斯指出,“团结并不排斥相互间的批评,没有这种批评就不可能达到团结”。当今世界发展迅速,社会思潮纷繁多样,加上西方各类意识形态的影响和渗透,我们依然需要不断做好思想领域的团结和斗争。因此,在开展新时代统战工作时,既要保持原则的坚定,又要做好策略的灵活,积极发扬“团结—批评—团结”的优良传统,在统战对象的多样性中寻求统战目标的一致性,在不违背统战工作原则性的前提下面向职业院校学生灵活开展具体工作。

四是深刻认识拓展统战教育覆盖面是做好职业院校统战教育的必要内容。做好新时代的统战工作,要注意不断拓展统战工作的覆盖面。伴随今天社会的迅速发展,一些新的群体(比如网约车司机、外卖骑手、快递小哥、货运司机、网红主播等)和新的社会文化开始出现(例如包括各种圈在内的亚文化),这些都大量吸引了职业院校学生的目光。我们要及时关注到学生们的思想动态和内心诉求,把他们的力量团结到强国建设、民族复兴这个最大同心圆上来。

参考文献:

1.新华日报群众周刊史学会影印组编:《群众》,中国和平出版社,1987年。

2.郑新如、陈思明:《〈群众〉周刊史》,中共党史出版社,1998年。

3.马秋海、肖白、杭邦华编:《群众周刊大事记》,红旗出版社,1987年。

4.张红春:《〈群众〉周刊与中国共产党的抗战政治动员研究》,中国社会科学出版社,2016年。

5. 盖军主编:《中国共产党白区斗争史》,人民出版社,1996年。

6. 张红春、雷国珍:《论〈群众〉周刊在抗战初期的政治动员》,《中共党史研究》,2013年第6期。

7. 何薇:《论转折年代的党刊宣传——以〈群众〉周刊对〈中国土地法大纲〉的宣传为考察中心》,《党的文献》,2015年第4期。

8. 吴蕊蕊:《全面抗战初期〈群众〉周刊的青年宣传动员》,《历史教学(下半月刊)》,2016年第1期。

9. 郭呈才:《〈群众〉周刊与马克思主义中国化》,《南开学报(哲学社会科学版)》,2016年第3期。

10. 何建娥:《〈群众〉周刊对新民主主义社会理论的阐释》,《党史研究与教学》,2017年第3期。

11. 何建娥、陈金龙:《论〈群众〉周刊对中国经济问题的探索》,《广西社会科学》,2017年第3期。

12. 程光安:《全面抗战时期中共维护国共合作的主要策略——以〈群众〉周刊为考察中心》,《历史教学问题》,2020年第5期。

13. 汤志华、潘何琴:《抗战时期中国共产党在国统区争取话语权的斗争——以〈新华日报〉和〈群众〉周刊的社论为例》,《马克思主义理论学科研究》,2021年第3期。

14. 林绪武、周玉顺:《抗战时期〈群众〉周刊对列宁主义的传播》,《华南理工大学学报(社会科学版)》,2021年第4期。

18. 程光安:《〈群众〉周刊:国共关系的晴雨表》,《图书馆杂志》,2021年第9期。

19. 桑兵:《国共抗战的战略异同与政治纠葛》,《社会科学战线》,2021年第1期。

20. 林绪武:《中共党报党刊史研究报告2021》,《新闻春秋》,2022年第3期。

论“师生四同”育人模式与文科研究生“导学共同体”的耦合关系

鞠新瑞

摘要:研究生培养工作是我国人才培养体系的核心任务,高质量构建研究生“导学共同体”能够有效为中国式现代化建设提供人才支撑。长期以来,文科研究生培养中的特殊性没有得到充分关注,文科研究生“导学共同体”构建较为薄弱。南开大学在多年实践探索过程中形成了成熟的“师生同学、同研、同讲、同行”的“四同”育人模式,这一育人模式与文科研究生“导学共同体”的构建有着三重耦合性。从价值追求角度讲,二者都追求“教学相长的高阶育人”,这是核心性耦合;从育人手段角度讲,二者都以“同学同研”作为基础,这是关键性耦合;从育人效果提升角度讲,二者都必须以“同讲同行”作为手段,这是潜在性耦合。“师生四同”育人模式与文科研究生“导学共同体”构建的高度耦合性,决定了我们能够利用“师生四同”育人模式已形成的经验,推动文科研究生“导学共同体”的构建。

基金项目:2024年南开大学教师思想政治工作研究项目“以‘师生四同’育人模式构建文科研究生‘导学共同体’研究”(NKJSGZ-202416)。

作者简介:鞠新瑞,南开大学马克思主义学院博士研究生。

关键词:“师生四同”;文科研究生;“导学共同体”;耦合关系

一、引言

党的十八大以来,以习近平同志为核心的党中央高度重视研究生的培养工作,将研究生培养作为我国人才培养体系的核心任务进行部署。2020年7月,习近平总书记专门对研究生教育工作作出重要指示,强调“提升导师队伍水平,完善人才培养体系,加快培养国家急需的高层次人才,为坚持和发展中国特色社会主义、实现中华民族伟大复兴的中国梦作出贡献”[①],彰显出研究生导师不光负有学术培养责任,同时还负有立德树人责任。

形成良好的导学关系是扎实做好研究生培养工作的基础。近年来,学术界在以往研究生导学关系研究的基础上,借鉴斐迪南·滕尼斯的“共同体”概念,提出“导学共同体”,并就其基本内涵、核心要素和指标体系作了探索。[②]有的学者则进一步明确,“导学共同体”应当包括“学术共同体、价值共同体、育人共同体”。[③]但是现有研究都仅仅是关注研究生“导学共同体”中的一般性问题,对于文科研究生培养的特殊性关注不足,对于具体文科研究生“导学共同体”构建路径探讨则更为欠缺。

南开大学在长期思政课建设中凝练形成了成熟的“师生同学、同研、同讲、同行”的“四同”育人模式,目前已经成为全校的育人模式和理念,取得丰硕育人成果。因此,如果能够将“师生四同”育人模式的成熟经验运用于文科

---

① 《习近平对研究生教育工作作出重要指示强调 适应党和国家事业发展需要 培养造就大批德才兼备的高层次人才》,《人民日报》,2020年7月30日。

② 林成华、陆维康:《优秀导学共同体:核心要素及实现路径——基于浙江大学“五好导学团队”的扎根研究》,《研究生教育研究》,2024年第4期;张晓洁、李曦:《高校导学共同体理论框架和指标体系构建——以高绩效工作系统为研究视角》,《学位与研究生教育》,2024年第3期。

③ 张荣祥、马君雅:《导学共同体:构建研究生导学关系的新思路》,《学位与研究生教育》,2020年第9期。

研究生“导学共同体”的构建,则能够为文科研究生“导学共同体”的构建提供具体路径方案。实现这一目标的前提任务是探讨南开大学“师生四同”育人模式与文科研究生“导学共同体”的耦合关系。

“耦合”本义指两个电路构成一个网络时,其中一个电路中电流或电压发生变化,能影响另一电路也发生相应的变化的现象。[①]20世纪70年代,美国学者维克(K.E.Weick)借用这一术语创立教育领域的松散耦合理论,他认为在学校管理与教学中,学校组织成员之间相互联系却又相互独立。本文借用“耦合关系”,探讨“师生四同”育人模式与文科研究生“导学共同体”两个子系统的互动关系,研究二者形成相互依赖、相互协调、相互促进的动态关联体系的可能。

二、核心性耦合:“高阶育人”是共同的价值追求

“师生四同”育人模式最初是为解决思政课建设中三大痛点难点问题而提出的,其根本目的是提高思政课的“思想性、理论性、针对性和亲和力”,实现立德树人的根本任务。而文科研究生“导学共同体”构建的目的是,通过良好的导学关系,促进导师与学生更好地双向成长成才和立德树人,最终共同为中国式现代化贡献力量。可见,“师生四同”育人模式与文科研究生“导学共同体”构建有着共同的价值追求,二者都要求“教学相长的高阶育人”,二者的核心性耦合就在于此。

南开大学思政教学探索和实践师生“四同”育人模式,根本目的在于通过打造师生共同体来构建大思政格局,真正提升思政课育人效果,推动教学的理论创新和实践创新,切实提升学生在思政课上的获得感,始终将“构建师生

---

① 中国百科大辞典编委会编:《中国百科大辞典》,华夏出版社,1990年,第1149页。

共同体,打好教学组合拳”作为核心理念,[①]将师生教学相长的“高阶育人”作为价值追求。在多年实践过程中,“师生四同”育人模式有效地解决了思政课教学长期存在的难点痛点问题:思政课堂无活力、思政课和专业课两张皮、课堂与社会脱节。通过探索和实践这一育人模式,逐步构建起了全时空教学、全过程互动、全课程育人的“大思政课”格局,有效贯通课堂讲授、社会实践和线上交流,推进课内课外、校内校外、线上线下的有效衔接,生动诠释“学生在哪里,思政课教学就在哪里”的新时代思政课教学理念,切实增强思政课“三性一力”。

文科研究生“导学共同体”构建的核心价值也是实现“教学相长的高阶育人”。张荣祥和马君雅对“导学共同体”作了明确的界定,他们指出“导学共同体是导师与研究生在共同道德遵循和价值追求基础上、以知识传创和全面育人为目的、在共同体验的研习环境中,通过交流、参与和合作,实现自我价值和共同发展的教育形态和交往过程”[②]。根据这一定义可知,“导学共同体”的基本内核是“全面育人”,而所谓“全面”,绝不单纯指学术知识方面,它也包括了道德价值追求、实践互动发展,是一种“高阶育人”。不仅如此,“导学共同体”中导师与学生不是以往单方面的“教”与“学”的“主体-客体”关系,而是双向互动的“主体-主体”关系,是一种教学相长的“高阶育人”。

由此可见,“师生四同”育人模式与文科研究生“导学共同体”的价值追求是完全一致的,这从根本上决定了二者存在耦合关系,“师生四同”育人模式的具体实践做法能够有效迁移到文科研究生“导学共同体”的构建当中。

---

① 马梦菲:《“马克思主义基本原理”课教学改革的“师生四同”模式》,《思想理论教育导刊》,2021年第10期。

② 张荣祥、马君雅:《导学共同体:构建研究生导学关系的新思路》,《学位与研究生教育》,2020年第9期。

三、关键性耦合："同学同研"是共同的育人手段

"师生四同"育人模式的基础和根本是"同学同研"，强调通过师生共同学习和研讨，实现对思政课教学内容的深度理解，实现从教材体系到教学体系再到育人体系的转化。而文科研究生"导学共同体"的基础也是"同学同研"，通过导师和学生的共同研究，提升双方在某一领域的研究专长。由此看来，二者在核心操作环节上是相通的，这可称为关键性耦合。

思政课要以彻底的思想理论说服学生，用真理的强大力量引导学生。从根本上讲，"师生四同"育人模式是为完成思政课的教学目的而开发的，其根本是通过"同学同研"完成"教"的任务。"师生四同"育人模式在思政课各门课程要求的指引下，积极利用思政课堂主渠道，让教师在课堂讲授中凝练学生的问题，再选取学生代表，邀请专家，对问题集体研讨。通过师生"同学同研"，学生对问题有深度认识后，再把对问题的新认识反馈到课堂，由学生讲给同伴，这样以点带面形成"学生提问—师生共研—学生反馈课堂"的螺旋式上升的学习过程，使其水到渠成建立起完整的知识体系，切实做到对学生的真理引导和学理说服。由于这些专家大多是学院专业教师，通过研讨，带动了专业课课程思政建设；南开马院还与学校教务处合作，建立思政课和课程思政互动平台和机制，形成"两类课程"之间良性互动，同向同行，推动"大思政课"建设。

文科研究生"导学共同体"的构建，其根本任务也是完成文科研究生的培养工作，而研究生培养中最根本的是学术能力提升。林成华和陆维康研究提炼了优秀"导学共同体"的五个要素，其中将"学术科研"作为"行为要素"之一，他们指出"团队主体通过学术科研和实践生产两种行为实现优秀导学共

同体建设”[①]。可见，构建一个优秀的文科研究生“导学共同体”，“同学同研”是基本的育人手段。师生双方必须通过“同学同研”，螺旋式实现师生双向“高阶育人”。

值得注意的是，“师生四同”育人模式中的“同学同研”有思政课课程教学目标的牵引，在操作过程中相对较为容易。但文科研究生“导学共同体”构建过程中的“同学同研”则相对缺乏这种目标牵引，或者说目标不明。而且由于文科研究的特性，其培养过程中“放养”现象比较明显，这就进一步制约了“同学同研”的实施。解决这一问题，需要研究生导师形成自己特定的研究领域和研究目标，在研究目标的牵引下制定“同学同研”策略，同时应当增强师生双向的主体意识。这种研究目标的制定，不仅要与研究生导师的研究旨趣相契合，更应当与中国实际和时代特征相契合，从而实现引导学生向更高价值追求迈进。

四、潜在性耦合：“同讲同行”是共同的提升途径

“师生四同”育人模式的重要创新是“同讲同行”，旨在通过“社会大课堂”的锻炼，巩固“同学同研”的成果，实现思政课育人效果的有效提升。实际上，文科研究生“导学共同体”的构建亦需要“同讲同行”，这既是学科属性的要求，也是职业发展的要求，唯有如此才能培养出合格的文科研究生。因此，在“同讲同行”方面，二者有着隐性的共同要求，这可称为潜在性耦合。

尽管“师生四同”育人模式将“同学同研”作为基本育人手段，但是其通过“同讲同行”巩固提升“同学同研”的质量，这是画龙点睛之笔，二者的结合才能共同完成“师生四同”育人模式的价值指向。“师生四同”育人模式发挥思政

---

① 林成华、陆维康：《优秀导学共同体：核心要素及实现路径——基于浙江大学“五好导学团队”的扎根研究》，《研究生教育研究》，2024年第4期。

课教师、辅导员队伍“两支队伍”作用，带动学生理论社团，将课内理论讲授与课外社会实践有机衔接，师生团队共赴红色圣地、中学课堂现场教学现场感悟，师生“同讲同行”，回校后分享讲授体会。近年来，南开大学在全国范围内建设“中国式现代化乡村工作站”，让各专业的学生在发挥专业专长的实践过程中巩固理解思政课的学理、道理、哲理。不仅如此，南开大学还积极利用新媒体技术，通过虚拟仿真实验室、“手拉手”集体备课中心等活动，将“同学同研”的场域广泛拓宽。[①]在师生不懈努力下，“师生四同”育人模式充分实现“两大空间”对接，让学生在社会大课堂中坚定理想信念与“四为服务”意识。

在传统认知中，文科研究生的培养似乎并不需要“同讲同行”，但这种理解实际上是片面的。在林成华和陆维康提炼的优秀“导学共同体”的五个要素中，“实践生产”就作为与“学术科研”并列的要素。当然，他们的研究是基于理工科研究生培养特点。实际上，文科研究生在培养过程中也有实践性要求，这既是学科属性的要求，也是职业发展的要求。从学科属性上讲，高校文科专业大体可以分为人文科学类和社会科学类，社会科学类专业具有极强的实践导向，开展调研乃至模型实验是他们不可或缺的培养环节。即便是人文科学，我们也强调立足中国实际开展研究，要展现研究的时代关照，要朝着构建中国自主知识体系的目标迈进，这同样需要调研实践。除此之外，无论哪一专业的文科研究生，其基本的职业素养就是能说能写，强调极强的语言表达能力。因此，一个优秀的文科“导学共同体”，必然需要师生“同讲同行”，通过讲的深度和行的广度来巩固和提升“同学同研”的研究成果。

由此可见，文科研究生“导学共同体”的构建不仅需要“同讲同行”，而且其基本操作步骤和基本目标是一致的，都是为了提升“同学同研”的效果，进而实现“高阶育人”，这是二者的潜在耦合性。

---

① 孙寿涛、鞠新瑞：《数字技术赋能“师生四同”育人模式》，《高校智慧教研》，2024年第7期。

五、结语

在多年实践探索基础上，南开大学“师生四同”育人模式已经成为品牌教学模式，多次受到党和国家领导人的肯定，受到《人民日报》《光明日报》《中国教育报》等主流媒体的深度报道。而聚焦南开大学文科底蕴深厚的历史特色，探索文科研究生“导学共同体”构建的基本内涵，我们可以看到其与“师生四同”育人模式的高度耦合性。这种耦合性体现在：“高阶育人”的共同价值追求、“同学同研”的共同育人手段、“同讲同行”的共同提升途径。

“师生四同”育人模式已经将一时一课的“师生四同”尝试，拓展到整个思政课教学体系中，将课堂教学、研究探索和社会实践相结合，充分调动了学生参与教学的积极性、主动性，使习近平新时代中国特色社会主义思想真正进入学生头脑和心里，切实提高了思政课的教学效果。目前，南开大学已经进一步聚焦“金课堂”建设，探索“师生四同”育人模式的全链条育人环节。这些成果为其指导文科研究生“导学共同体”构建提供了坚实基础。

从政策建议角度来讲，运用“师生四同”育人模式构建文科研究生“导学共同体”需要从五个方面着力。第一，要强化以“师生四同”育人模式构建文科研究生“导学共同体”的制度供给；第二，要提高运用“师生四同”育人模式构建文科研究生“导学共同体”的意识；第三，要丰富运用“师生四同”育人模式构建文科研究生“导学共同体”的介体；第四，要营造运用“师生四同”育人模式构建文科研究生“导学共同体”的氛围；第五，要提升运用“师生四同”育人模式构建文科研究生“导学共同体”的效能。通过以上五个方面，充分展现“师生四同”育人模式的既有成果，能够构建起一个高质量的文科研究生“导学共同体”。当然，以上属于总体性政策建议，在具体构建过程中还应当基于调研结果，针对问题进行调整、运用和高层次检视。

参考文献:

1.《习近平对研究生教育工作作出重要指示强调 适应党和国家事业发展需要 培养造就大批德才兼备的高层次人才 李克强作出批示》,《人民日报》,2020年7月30日。

2. 林成华、陆维康:《优秀导学共同体:核心要素及实现路径——基于浙江大学"五好导学团队"的扎根研究》,《研究生教育研究》,2024年第4期。

3. 张晓洁、李曦:《高校导学共同体理论框架和指标体系构建——以高绩效工作系统为研究视角》,《学位与研究生教育》,2024年第3期。

4. 张荣祥、马君雅:《导学共同体:构建研究生导学关系的新思路》,《学位与研究生教育》,2020年第9期。

5. 中国百科大辞典编委会编:《中国百科大辞典》,华夏出版社,1990年,第1149页。

6. 马梦菲:《"马克思主义基本原理"课教学改革的"师生四同"模式》,《思想理论教育导刊》,2021年第10期。

7. 叶冬娜:《探索高校思政课师生"四同"育人模式》,《中国高等教育》,2021年第19期。

8. 牛帆、李一冉:《"大思政课"视域下"师生四同"育人模式的内涵阐释》,《黑龙江教育(高教研究与评估)》,2024年第2期。

9. 孙寿涛、鞠新瑞:《数字技术赋能"师生四同"育人模式》,《高校智慧教研》,2024年第7期。

中高职思政课教学语言一体化建设的逻辑、困境及纾解路径

刘　欣

摘要：中高职思政课教学语言一体化建设有其内在的理论、历史和价值三重逻辑，是大中小学思政课一体化建设的重要组成部分。当前中高职思政课教学语言具体目标“认识模糊”、教学语言内容“无用重复”、教学语言方式“千部一腔”等现实困境制约了一体化建设。因此，要同中求异，教学语言目标紧扣立德树人，做好各学段具体目标的纵向贯通；要精准施策，教学语言方式持续优化、创新；要立体视图，教育语言内容从“只顾自家渠”到“守好一段渠”。

关键词：中高职思政课；教学语言；逻辑；困境；纾解

党的十八大以来，特别是习近平总书记在学校思想政治理论课教师座谈会上发表的重要讲话提出“在大中小学循序渐进、螺旋上升地开设思政课”倡

基金项目：天津市大中小学思政课一体化教学研究联盟课题“新时代大中小学思政课教学语言一体化建设研究”（JJSZKY202309003）。

作者简介：刘欣，天津职业技术师范大学马克思主义学院讲师。

议后，大中小学思政课一体化建设逐渐成为我国学术理论研究探讨的焦点，也成为全国各地实践探索的热点。党的二十大报告指出，要“用社会主义核心价值观铸魂育人，完善思想政治工作体系，推进大中小学思想政治教育一体化建设”[①]。大中小学思政课一体化建设在职业教育领域，就具体体现为中高职思政课一体化建设。思政课教学语言贯穿于中高职思政课始终，连接着教育者和受教育者，是推进中高职思政课一体化建设的重要突破口。目前中高职思政课教学语言一体化建设存在认识模糊、无用重复、千部一腔等较多现实困境，亟待破解。

一、中高职思政课教学语言一体化建设的逻辑考量

中高职思政课教学语言一体化不是中职和高职思政课教学语言的简单相加，而是中高职思政课教师围绕“立德树人”的根本任务，通过衔接性、系统化、合规律的语言符号来反映、论证、解释、传递社会主流意识形态支配下的思想观念、政治观点和道德规范的整体工程。中高职思政课教学语言一体化建设不是一蹴而就的，而是有其自身发展的逻辑。

（一）理论逻辑：探寻中高职思政课教学语言一体化的学理根基

理论是实践的先导，中高职思政课教学语言一体化建设不仅是实践探索的产物，更有丰厚的理论沃土。一是马克思主义理论支撑。马克思主义认识论指出“认识从实践中来，再到实践中去”。中职学生的抽象逻辑思维迅速发展，能理解语言中包含的教学逻辑。高职学生的认知特征以辩证思维为主，教师可以通过语言引导学生开展社会实践。中职、高职思政课教师在教学实

① 习近平：《高举中国特色社会主义伟大旗帜 为全面建设社会主义现代化国家而团结奋斗：在中国共产党第二十次全国代表大会上的报告》，人民出版社，2022年，第44页。

践中获得本学段学生的认知特点,并在课堂中摸索契合学生需求的教学语言;唯物辩证法认为,世界上的一切事物都存在普遍联系和变化发展之中。中高职思政课教学语言之间不是孤立存在的,而是层层递进、有效衔接,呈螺旋上升之势;马克思主义矛盾观认为矛盾的普遍性和特殊性之间是辩证统一的。中高职思政课教学语言既蕴含着“立德树人”育人使命的普遍性目标,也包含着符合各学段、各学校、各学生个性化发展要求的具体目标。二是学生成长规律要求。中职学生处于从他律到自律的阶段,敏感性较突出,需要教师通过语言,引导他们分辨是非,形成正确的观念。高职学生已经基本上形成了个人道德观念,高职思政课教学语言应以提升学生思想道德水平、增强社会公德为重要着力点。三是思想政治教育学独有的学科逻辑。中高职思政课遵循由中职到高职的循序渐进、螺旋上升的学科逻辑。这种逻辑影响着教学语言。教学语言的具体目标、内容、形式、成效都要实现中高职有效衔接。虽有时会出现简单重复、过度跨越等问题,但总体上要推动思政课教学语言契合学段特征,实现有效衔接,朝着递进式、螺旋式的方向发展。

(二)历史逻辑:审视中高职思政课教学语言一体化的历史脉络

中高职思政课教学语言一体化随着党在不同历史时期的要求以及人民群众的现实需要,不断丰富和改进,形成了自身特有的历史脉络。新中国成立后,我国职业教育发展较为缓慢。改革开放后,国家开始投入更多精力发展职业教育。1985年《中共中央关于教育体制改革的决定》指出,“逐步建立起一个从初级到高级、行业配套、结构合理又能与普通教育相互沟通的职业技术教育体系”[①]。同年,《中共中央关于改革学校思想品德和政治理论课程教学的通知》明确指出中高职思政课一体化要“循序前进,由浅入深”[②]。随着

---

① 苏华主编:《中国职业教育改革与发展研究:1949—2021》,北京师范大学出版社,2022年,第152页。

② 《中华人民共和国学校思想政治理论课文献选编(上册)》,人民出版社,2022年,第612页。

两个文件的指导,我国开启了中高职思政课教学语言一体化建设的新篇章。1994年8月,中共中央下发的《关于进一步加强和改进学校德育工作的若干意见》强调“加强整体衔接,防止简单重复或脱节”[①]。教学语言作为职业院校思政课一体化建设的关键要素,也要破解问题,实现有效衔接。2010年,《国家中长期教育改革和发展规划纲要(2010—2020)》提出要建立“中等和高等职业教育协调发展的现代职业教育体系”[②]。文件还将“构建大中小学有效衔接的德育体系”上升为教育改革发展的重大战略任务。[③]同年,天津、辽宁、河南、四川等省市开展包括“促进中高职协调发展”内容在内的职业教育综合改革试点。这段时期,我国在理论指导和实践探索上都有力地推进了中高职思政课教学语言一体化的进程。

党的十八大以来,习近平总书记亲自部署、推动思政课一体化建设,为教学语言建设一体化作出重要指引。2014年,国务院印发《关于加快发展现代职业教育的决定》指出“推进中等和高等职业教育紧密链接”[④]。中高职衔接在2022年新修订的《中华人民共和国职业教育法》中具有了法律保障。思政课一体化在形式上,是以“语言”为主要载体的系统性教育活动。语言是思政课教学一体化得以实施的中介,也是思政课一体化得以完成的必要手段。2022年,习近平总书记在中国人民大学考察时在强调“推动大中小学思政课一体化建设”的同时,还指出“思政课的本质是讲道理”。[⑤]2024年,习近平总

① 《普通高校思想政治理论课文献选编(1949—2006)》,中国人民大学出版社,2003年,第152页。

② 王振川主编:《中国改革开放新时期年鉴(2010年)》,中国民主法制出版社,2015年,第683~697页。

③ 《十七大以来重要文献选编》,人民出版社,2011年,第879页。

④ 上海市教育委员会编:《2015上海教育年鉴》,上海人民出版社,2015年,第19~23页。

⑤ 《习近平在中国人民大学考察时强调 坚持党的领导传承红色基因扎根中国大地 走出一条建设中国特色世界一流大学新路》,《人民日报》,2022年4月26日。

书记在新时代学校思政课建设推进会强调:要“把道理讲深讲透讲活”[①]。他的两次重要讲话都强调“讲”的重要性。这个“讲”就是教学语言的直接现实表现。现在,中高职思政课教学语言一体化建设呈现多个特点。集中体现在顶层设计更加精细完善,国家力量的推动更加显著;多主体联动更加紧密,跨区域协作更加频繁、一体化形式多样化,点面结合辐射更广。

(三)价值逻辑:新时代推进中高职思政课教学语言一体化的必要性

中高职思政课教学语言一体化建设是思政课教学实践的直接反映,具有深厚的价值意蕴。一是培养“德技双修”人才的迫切需求。培养“德技双修”人才是职业院校的办学目标。2021年,中共中央办公厅、国务院办公厅印发的《关于推动现代职业教育高质量发展的意见》中强调要“坚持立德树人、德技并修推动思想政治教育与技术技能培养融合统一”[②]。思政课就是在学生心理上搞建设,这个建设必须符合各学段的建设规律,被所有受教育者在心里接纳和认可,才能顺利开展。职业院校的学生群体是思政课施教主体、学习主体、评价主体的统一体。中高职思政课教师教学语言实现相互贯通,循序渐进地折射到所要传递的思想政治教育内容中,有利于系统地帮助学生建构价值追求和信仰境界,提高思想道德素质。这契合中高职学校培养“德技双修”人才的目标,满足学生成长成才的需求。

二是着力巩固主流意识形态主导地位的必然要求。随着中国日益走近世界舞台中央,以美国为首的西方国家极度担忧自身霸权优势地位受到威胁。他们妄图通过设计话语陷阱、推动语言输出、抢夺话语权等方式,对社会

---

① 《习近平对学校思政课建设作出重要指示强调 不断开创新时代思政教育新局面 努力培养更多让党放心爱国奉献担当民族复兴重任的时代新人》,《人民日报》,2024年5月12日。

② 中共中央办公厅 国务院办公厅印发《关于推动现代职业教育高质量发展的意见》,《教育科学论坛》,2021年第33期。

主义意识形态进行诋毁和“污名化”。正如习近平总书记指出,“西方敌对势力一直把我国发展壮大视为对西方价值观和制度模式的威胁,一刻也没有停止对我国进行意识形态渗透”①。当前,中高职的学生,正处于人生的“拔节孕穗期”,价值观还在形成中。他们面对西方意识形态渗透,很容易在价值认知上偏离、价值选择上迷失。思政课教学语言一体化的推进,有利于中高职思政教师用好我国主流意识形态传播的工具和载体,发挥好思政课批判、解释、整合、引领的作用,针对性澄清中高职学生出现的模糊认识,弘扬主流意识形态。

三是提升思政课内涵式发展的内在要求。“如何让思政课从‘干巴巴的说教’变成‘热乎乎的认同?’”这是中高职思政课教师所遇到的普遍痛点。形象地说,思政课教学就是把承载国家主流意识形态的思想观念、政治观点和道德规范等思想“装”进学生的脑袋里。若教学语言方式单调陈旧、曲高和寡是不行的;若语言内容重复赘余或过度跨越,不符合学生成长成才规律也是不行的。思政课内涵式发展必须抓住发展的牛鼻子,以教学语言为重要突破口,既打破各学段的“语言壁垒”,实现中高职有序过渡;又实现“语言创新”,满足中高职学生需求。

二、中高职思政课教学语言一体化建设的现实困境

中高职思政课教学语言一体化建设以教学语言为突破口,推进中高职思政课在遵循同一个“立德树人”根本任务的基础上,把中职、高职的思政课有机衔接起来,构成一个系统的整体。当前,思政课教学语言一体化建设在实际推进过程中,面临着诸多问题与挑战,急需定位症结,找准切入点和突破口。

① 《新时代宣传思想工作》,学习出版社,2020年,第227页。

（一）“无的放矢”问题：教学语言具体目标“认识模糊”现象明显

中高职思政课教师围绕着立德树人根本任务的总目标形成教学语言。然而思政课在总目标的指引下还有着具体目标。这些具体目标不是孤立存在的，而是循序渐进的，要求程度一个学段比一个学段高。中职重在提升政治素养，旨在培养高素质劳动者和技术技能人才。高职重在增强使命担当，以就业为导向，培养具有实践能力和专业操作技能的人才。中高职层层递进的具体目标指引着整个教学活动的开展，决定着职业院校思政课教学语言的具体使用。

表3-13　高校思政课教学目标设定的针对性情况

项目	选项说明	百分比（%）	样本量	均值	标准差
1.您在设定教学目标前，是否会充分了解与本课程发展相关的政策要求	完全没了解=1	0.60	4	3.85	0.89
	了解得较少=2	6.65	44		
	一般=3	24.62	163		
	了解得较多=4	42.90	284		
	会充分了解=5	25.23	167		
2.您在设定教学目标前，是否会对学情作充分分析	完全没分析=1	0.15	1	3.64	0.90
	分析得较少=2	10.73	71		
	一般=3	31.72	210		
	分析得较多=4	39.43	261		
	会充分分析=5	17.98	119		
3.您会从哪些层面了解学情*	学生已有知识分析	85.50	566		
	学生认知能力分析	89.88	595		
	学生心理需求分析	80.21	531		
4.您的教学目标是否体现了思政课大中小一体化循序渐进、螺旋上升的要求	完全没考虑=1	1.96	13	3.50	0.94
	有较少考虑=2	11.63	77		
	一般=3	35.35	234		
	有较多考虑=4	37.01	245		
	有充分考虑=5	14.05	93		

注：*为多选题；多选题百分比为选择某选项人数占总人数的百分比

邓验、贺荼湘[①]指出，在设定思政课教学目标时，当问到“您的教学目标是否体现了思政课大中小一体化循序渐进、螺旋上升的要求？”时，只有14.05%的思政课教师对这个要求有充分考虑，甚至还有13.59%的教师较少或完全没有考虑。可见，现在还有很多思政课教师对思政课教学目标一体化的重要性不够重视。这种不重视反映到职业院校思政课的实际教学中，就体现在对教学语言的总体目标和具体目标的关系存在认识模糊、不够清晰等问题，没有真正实现中高职教学语言目标的相互贯通。

（二）“自扫门前雪”：教学语言内容“无用重复”现象频显

随着我国思政课教材一体化推进，现在各学段思政课教材按照由低级到高级的认知程度进行系统编排，实现了教材的全国统编通用。但是受知识接受规律的影响，正如列宁指出：“人的认识不是直线（也就是说，不是沿着直线进行的），而是无限地近似于一串圆圈、近似于螺旋的曲线。”[②]各学段不可避免地会出现“必要重复”的教学内容。例如在中职和高职阶段都有文化自信、民族精神、社会主义核心价值观等内容（见图2）。关键是中高职思政课如何加强教学语言的衔接性，抓准同一教学内容在不同学段的侧重点。然而目前“各说各的”的情况在思政课教学中普遍存在。以“中国共产党成立”为例，中职和高职思政课教师喜欢展示南湖红船的图片，询问学生“中国共产党在哪里诞生的，什么时候诞生的”。这种教学语言极易让高职学生接收到和中职阶段重复的内容。当学生觉得以前听过，现在又在讲，便没有听课积极性了。与“无用重复”相关联的，还有“缺语”和“越语”问题，这种问题体现为中职讲的是高职的内容、高职讲的是中职的内容。当教师不了解讲授内容在中高职思政课教学体系中的要求时，便很容易割裂中高职教学内容的连贯性，从而

① 邓验、贺荼湘：《高校思政课有效教学：要素构成、问题剖析与完善路径》，《大学教育科学》，2023年第5期。

② 《列宁全集》（第55卷），人民出版社，2017年，第311页。

导致教学语言出现“无用重复”的困境。

表3-14　中高职思政课教材部分重复内容梳理

内容	教材	
	中职	高职
社会主义基本经济制度	《中国特色社会主义》第二单元第二节	《习近平新时代中国特色社会主义思想概论》第六章第二节
文化自信	《中国特色社会主义》第四单元第10课	《马克思主义基本原理》第三章第二节;《习近平新时代中国特色社会主义思想概论》第十章
民族精神	必修4第七课	《思想道德与法治》第三章;《毛泽东思想和中国特色社会主义理论体系概论》第七章第二节;《习近平新时代中国特色社会主义思想概论》第十章第三节
社会主义核心价值观	《中国特色社会主义》第四单元第11课	《思想道德与法治》第三章;《马克思主义基本原理》第二章第二节;《毛泽东思想和中国特色社会主义理论体系概论》第八章第二节;《习近平新时代中国特色社会主义思想概论》第十章第三节
中国梦	《中国特色社会主义》第一单元	《思想道德与法治》第二章第二节;《习近平新时代中国特色社会主义思想概论》第二章第一节
建设法治中国	《职业道德与法治》第三单元	《思想道德与法治》第六章;《毛泽东思想和中国特色社会主义理论体系概论》第七章第一节;《习近平新时代中国特色社会主义思想概论》第八章
生态文明建设	《中国特色社会主义》第六单元	《习近平新时代中国特色社会主义思想概论》第十二章
人生理想	《哲学与人生》第一单元第三课	《思想道德与法治》第二章

(三)“干巴巴”现象:教学语言方式“千部一腔”现象突出

“理论只要说服人,就能掌握群众;而理论只要彻底,就能说服人。”[①]中高职学生普遍希望在产学结合中提升动手实操能力,获得高水平的职业技能。但他们的需求存有差异性。中职学生尚是未成年人,文化基础较为薄弱,需要具备优良的道德素质。高职学生普遍已成年,文化基础普遍比中职学生好,有思考能力,但不够理性,需要接受正确的价值引导。面对这种差异性,中高职思政课教师的授课语言也要针对性地贴近学生。卢红、吴丽、薛继红三位学者调查发现,讲授式教学法(73.7%)、探究式教学法(71.6%)和小组讨论与合作教学法(70.3%)是各学段教师使用频率最高的几种教学方式。[②]由此可见,“你说我听”的传统教学方式还是处于主导地位。这种教学方式过于强调思政课教师的主体讲授价值,而将学生置于被动场域。在中高职思政课中,学生逃课现象频繁。即便因为点名、学分、分数等原因,被教师强行要求到教室上课。他们的上课状态也很差。学生低头玩手机、玩游戏的现象普遍存在,甚至有些学生在课堂中戴着耳机,压根不想听讲。师生之间是“背对背”的,教师自然无法走进学生心中,理论掌握群众便无法实现。再加之网络时代的中高职学生价值诉求更加多样化。中高职思政课教师若不去增强教学语言方式的新颖性,突出学段辨识度,很容易让晦涩、难懂的理论知识沦为干巴巴、空泛、无味的理论说教。

---

① 《马克思恩格斯文集》(第一卷),人民出版社,2009年,第11页。

② 卢红、吴丽、薛继红等:《山西省大中小学思政课一体化教学实施存在的问题及改进建议》,《教育理论与实践》,2024年第44卷第14期。

三、中高职思政课教学语言一体化建设的纾解路径

习近平指出“坚持问题导向是马克思主义的鲜明特点”[①]。问题既是理论研究的灯塔,也是实践探索的指路灯。中高职思政课教学语言一体化建设存在“无的放矢”“自扫门前雪”“干巴巴”等问题,以及与之相伴随的教学语言目标“认识模糊”、教学语言内容“无用重复”、教学语言方式“千部一腔”等现象严重阻碍思政课一体化建设。深入探索中高职思政课教学语言一体化建设要以纾解问题为重要发力点,探索更多有效路径。

(一)同中求异:教学语言目标紧扣立德树人,做好各学段具体目标的纵向贯通

教学目标既是指引整个教学活动开展的出发点,也是衡量教学成效的落脚点。思政课教学目标通过教学语言承载、实现,从这种意义来说,思政课教学目标也是思政课教学语言的实现目标。2019年8月,中共中央、国务院印发《关于深化新时代学校思想政治理论课改革创新的若干意见》指出,“整体规划思政课课程目标。大中小学循序渐进、螺旋上升地开设思政课,引导学生立德成人、立志成才”[②]。思政课教学语言一体化理应把中高职思政课的教学目标看作一个有机整体来系统推进。

1.分清目标层次,明确总体目标和具体目标的关系

习近平总书记指出,“思想政治理论课是落实立德树人根本任务的关键课程”[③]。“立德树人”是贯穿中高职各学段的总体目标。总目标俨然是一个大

---

① 习近平:《在哲学社会科学工作座谈会上的讲话》,《人民日报》,2016年5月19日。

② 中办国办印发:《关于深化新时代学校思想政治理论课改革创新的若干意见》,《人民日报》,2019年8月15日。

③ 《习近平主持召开学校思想政治理论课教师座谈会强调:用新时代中国特色社会主义思想铸魂育人贯彻党的教育方针落实立德树人根本任务》,《人民日报》,2019年3月19日。

将军，统领着中职和高职的具体目标，是中高职思政课一体化有目的、有计划、有组织建设的“总指挥棒”。总目标的明确设定，将中高职思政课紧紧地抓在一起，促使各学段思政课教学语言围绕“立德树人”的共同目标进行言说，不会彼此断连，变成“孤岛”。中职和高职教学语言的具体目标制定，应根据学段进阶性特征，承载和满足总目标的任务。中职和高职具体目标的实现，连接起来就是职业院校总目标的实现。

2.分层设定、精准衔接具体目标

在“立德树人”总目标的指引下，需要根据中高职学情特征，遵循层次性、进阶性原则，细化设定教学语言具体目标。以社会主义核心价值观为例，这一理论贯穿中高职各学段。中职《中国特色社会主义》第一单元、高职《思想道德与法治》第六章、《毛泽东思想和中国特色社会主义理论体系概论》第七章第一节、《习近平新时代中国特色社会主义思想概论》第十章第三节等课程中都同时出现。随着成长的足迹，中职学生对社会主义核心价值观有一定认识，并有所感悟，更需要去认同社会主义核心价值观的价值逻辑。对此，中职思政课教师教学语言要多启发学生思考社会主义核心价值观的重要意义，形成观点，增强情感，进而转化为践行的自觉行动。到了高职阶段，学生对社会主义核心价值观有一定认识，教学语言目标重在引导学生担当精神、积极践行。高职思政课教师要侧重于答疑解惑，延伸知识的深度，加强学理性分析，增强学生的社会责任感和勇于践行力。可见，中高职各学段的具体目标设定，有利于解决“重复知识分辨不清”等问题，满足总目标任务。

（二）立体视图：教育语言内容从“只顾自家渠”到“守好一段渠”

教学内容是完成思政课目标的核心要素，中高职思政课的教学内容通过教学语言衔接和呈现。教学语言内容作为推进中高职思政课教学语言一体化的关键环节，要走出“只顾自家渠”的困境，从整体上构建立体视图，加强各学段教学语言内容的联通。

1.增强教材内容编排,系统构建内容体系

教材是教学语言内容的重要依据。近些年来,国家虽加强了对思政课教材一体化的建设,但由于相应学段教材编写机构之间缺乏沟通协商,现有教材体系还存有重复、违背学生认知规律等问题。这些问题也直接导致了教学语言缺乏贯通、难以衔接的困境。因此要继续完善思政课教材编写体系,加强编写机构的沟通协商,每个学段的教材编写都要挑选全国各学段优秀的思政课教师参与其中,每一本教材都要结合各学段目标要求,遵循思想政治工作、教书育人、学生成长成才的规律,避免内容重复、内容滞后、内容断层等问题的出现,努力设计出纵向衔接、横向贯通的教材内容。

2.主动研究各学段教材,做到"瞻前顾后"

现阶段,中职、高职教材中的重复内容在一定范围内还存在,这种情况在高职中尤为突出。有些重复内容是有必要的,还有一些是没有必要的。因此教师在讲授所在学段的思政课时,不能像"铁路警察"一样,只管自己学段的内容,要主动去研究各学段的教材,梳理出重复的内容,分辨清楚其中的"必要重复"和"非必要重复",根据分辨的情况具体来讲,对"非必要重复教学内容"可以省略或浅讲,对必要教学内容可以拓展延伸。中高职教材中,经济、政治、文化、生态等方面内容具有重复性。特别是在中职《中国特色社会主义》与高职《习近平新时代中国特色社会主义思想概论》课程中,重复性较高。在高职教材中,不同课程之间也有重复。比如核心价值观不仅在中高职教材中重复出现,而且在《思想道德与法治》第三章;《马克思主义基本原理》第二章第二节;《毛泽东思想和中国特色社会主义理论体系概论》第八章第二节;《习近平新时代中国特色社会主义思想概论》第十章第三节等高职课程也重复出现。那么对于必要重复的内容,中职老师既要"往前看",也要"朝后看",高职老师要"往前看"。中高职各学段思政课老师要"瞻前顾后",增强教学语言内容的渐进性和联通性,才有利于跨越思政课教学语言"裂谷"。

3.因势而新,丰富教学语言内容

随着经济社会的发展,社会中出现了一些新范畴、新概念、新理论。比如2023年出现的“双向奔赴”“新质生产力”等新颖且重要的内容。对于这些没有办法及时纳入教材中的内容,思政课教师需要及时补充到教学语言内容中。因此中高职思政课老师要紧跟时代变化,挖掘社会热点焦点、学科前沿问题,善于挖掘本土时事资源,注意吸收新的时代性语言成分,如网络话语、新造词语等,善于将这些社会新语言的内容为我所用,丰富教学语言内容。

(三)精准施策:教学语言方式持续优化、创新

选择行之有效的语言方式,是推进思政课教学一体化的重要因素。即便是真理,如果被拙劣的、单调的方式表达出来,那真理也会遮蔽力量。习近平总书记多次强调:“把道理讲深讲透讲活。”[①]中高职思政课教师讲好思政课,就要建立学生喜闻乐见的教学语言方式,充分展现马克思主义的真理光芒。

1.推进多样化教学语言方法,满足不同学段的衔接需求

现在,“灌输式”理论传授的教学语言方法在中高职思政课中广泛采用,这种方法很难满足中高职学生需求。因此思政课教师要根据学生学段特征,探索多样化教学语言方法,增强中高职有效衔接和系统贯通。以“中国梦”的多样化教学语言方法为例,“中国梦”的理论知识出现在中高职各学段。中职学生开始具备独立思考能力,教师可以以“寻梦—追梦—圆梦”为议题,创设情景,采用探究法、对话法等教学语言方法,培育学生对中国梦的认同感。高职课本出现在《思想道德与法治》第二章第二节,以及《习近平新时代中国特色社会主义思想概论》第二章第一节。高职学生已具备较高知识水平和辩证思维能力,教师可以与中职教学语言方式相衔接,创新采用体验法、分享法等

---

① 《习近平对学校思政课建设作出重要指示强调 不断开创新时代思政教育新局面 努力培养更多让党放心爱国奉献担当民族复兴重任的时代新人》,《人民日报》,2024年5月12日。

多种语言方法，激发学生以青春之力实现中国梦的使命感。

2.搭建共建共享教学语言平台，构筑思政育人“同心圆”

中高职思政课教学语言一体化建设是一个系统的过程，需要搭建各学段思政课教师集体备课，集思广益，沟通交流的平台，共同创新教学方法。以天津市学校思政语言表达能力训练中心为例。该平台在全国思想政治工作队伍培养内容上首开先河，自2022年成立以来，始终聚焦各学段思政课教师教学“讲课干巴巴，有理讲不清”等痛点难点，举办特训营。每期特训营在专题讲授的同时，大量采用现场教学、案例教学、访谈教学、体验式教学等生动鲜活的方式方法，针对性解答每位学员的思政语言困惑，促进思政课教学语言一体化有机衔接。推进中高职思政课教学语言一体化进程，今后全国还需聚焦思政课教学语言，搭建更多共建共享平台，深化思政课教学改革创新，探索多样教学方法，增强语言的穿透力、表达力、衔接力。

参考文献：

1.陈红等:《大中小学思政课一体化建设协同教学案例研究》，浙江大学出版社，2023年。

2.邓验、贺茶湘:《高校思政课有效教学:要素构成、问题剖析与完善路径》，《大学教育科学》，2023年第5期。

3.胡霞、胡芳、冯维东等:《大中小学思想政治理论课一体化专题教学设计》四川大学出版社，2023年。

4.胡中月:《思政课教学话语的一体化建设》，《思想政治课教学》，2022年第11期。

5.卢红、吴丽、薛继红等:《山西省大中小学思政课一体化教学实施存在的问题及改进建议》，《教育理论与实践》，2024年第44卷第14期。

6.《列宁全集(第55卷)》，人民出版社，2017年，第311页。

7.《马克思恩格斯文集(第一卷)》,人民出版社,2009年,第11页。

8.《普通高校思想政治理论课文献选编(1949—2006)》,中国人民大学出版社,2003年,第152页。

9.上海市教育委员会编:《2015上海教育年鉴》,上海人民出版社,2015年,第19~23页。

10.苏华主编:《中国职业教育改革与发展研究:1949—2021》,北京师范大学出版社,2022年,第152页。

11.《十七大以来重要文献选编》,人民出版社,2011年,第869页。

12.习近平:《高举中国特色社会主义伟大旗帜 为全面建设社会主义现代化国家而团结奋斗:在中国共产党第二十次全国代表大会上的报告》,人民出版社,2022年,第44页。

13.习近平主持召开学校思想政治理论课教师座谈会强调 用新时代中国特色社会主义思想铸魂育人 贯彻党的教育方针落实立德树人根本任务》,《人民日报》,2019年3月19日。

14.《习近平对学校思政课建设作出重要指示强调 不断开创新时代思政教育新局面 努力培养更多让党放心爱国奉献担当民族复兴重任的时代新人》,《人民日报》,2024年5月12日。

15.习近平:《在哲学社会科学工作座谈会上的讲话》,《人民日报》,2016年5月19日。

16.徐瑞芳等:《大中小学思政课一体化建设发展报告(2023)》,华东师范大学出版社,2023年。

17.《新时代宣传思想工作》,学习出版社,2020年,第227页。

18.吴琼:《思想政治教育话语发展研究》,中国社会科学出版社,2017年。

19.王振川主编:《中国改革开放新时期年鉴(2010年)》,中国民主法制出版社,2015年,第683~697页。

20.杨珏:《大中小学思政课一体化的生成逻辑与实践进路》,《教育学术月刊》,2022年第9期。

21. 中办国办印发:《关于深化新时代学校思想政治理论课改革创新的若干意见》,《人民日报》,2019年8月15日。

22. 中共中央办公厅 国务院办公厅印发:《关于推动现代职业教育高质量发展的意见》,《教育科学论坛》,2021年第33期。

23.《中华人民共和国学校思想政治理论课文献选编(上册)》,人民出版社,2022年,第612页。

数智化浪潮中高校思想政治教育创新路径：新质生产力的驱动作用与应对策略（观点摘要）

新质生产力，作为科技创新主导下的先进生产力形态，其蕴含的数字技术、人工智能、大数据及元宇宙场景建设等前沿科技，对高校思想政治教育产生了深远影响。这些技术不仅促进了高校思想政治教育的沉浸式体验与精准化发展，还推动了其整体的数字化变革进程。新质生产力通过赋能与转型牵引，深刻彰显了其在驱动高校思想政治教育创新发展方面的强劲能量与技术动能。具体而言，元宇宙技术、大数据技术、人工智能技术及数字技术等新兴科技，为高校思想政治教育提供了前所未有的赋能效用，实现了教育内容与形式的创新升级。然而伴随这一转型过程，高校思想政治教育也面临着认知风险、价值风险和主体风险等多重挑战。认知风险源于数字思维的欠缺，可能导致教育转型受阻；价值风险则表现为工具理性的膨胀，可能引发教育价值的淡化；主体风险则因技术至上主义的盛行，可能触发教育主体的危机。为有效应对这些风险，需采取提升数字素养、强化价值引领及祛魅技术应用等策略，从而在权衡与超越中善用新质生产力的先进科技，推动高校思想政治教育的创新发展与转型升级。

本文作者：刘俞麟，河海大学马克思主义学院。

算法思政：人工智能时代思想政治教育模式创新的价值意蕴与风险防范（观点摘要）

人工智能的飞速发展与应用拓展为思想政治教育模式创新带来了前所未有的机遇，并形塑出算法思政的实践样态。算法思政是以海量数据为基础、智能算法为内核、强大算力为支撑的新模式，能够昭示出人工智能时代思想政治教育范型变革的实质要义。整体来看，算法思政是对传统思想政治教育工作的模式重构，旨在推动思想政治教育主体、对象、过程和空间的系统性重塑，从而构造出教育主体多向交互、教育对象精准画像、教育过程留痕回溯以及教育空间智慧延展的思政育人图景。然而算法技术是一把“双刃剑”，算法思政的实践运行也可能因技术越位情形而衍生出诸多潜在风险：算法支配致使教育主体角色弱化、算法牢笼造成教育价值内核遮蔽、算法黑箱现象导致教育机理难以解释，进而引发工作失效、价值失序和育人失败的危机。故而，要积极因应人工智能时代思想政治教育发展的算法风险，致力于将算法“变量”转化为算法“增量”。为有效规避思想政治教育发展中的算法风险，需要强化思想政治教育过程中的算法治理，明确算法应用的人机协同、算法偏向的主流引导和算法限囿的技术突围等科学路向，最大程度地发挥算法技术的赋能作用，切实提高思想政治教育工作实效，积极推动算法思政的高质量发展。

本文作者：赵友华、薛胜杰，湘潭大学公共管理学院。

产教融合在铸牢中华民族共同体意识中的现状与问题分析

——以和田地区高校为例(观点摘要)

和田地区是我国多民族聚居地区,铸牢中华民族共同体意识方面是当地重中之重。以和田地区高校为载体平台,通过产教融合可以有效地铸牢中华民族共同体意识,增进各族师生五个认同,强化四个与共的共同体理念。产教融合的目标是培养适合社会需要的技术技能型应用人才,其着眼点在于通过毕业生的高就业率和创新性,以提升区域经济社会的发展水平。

本文通过深入调研新疆维吾尔医学高等专科学校(简称新疆医专)、和田师范专科学校(简称和田师专)和和田职业技术学院三所高校的产教融合情况,认为和田高校在促进中华民族共同体意识方面存在着产教融合活动系统性差、深度欠缺、缺少规划等问题,分析原因是教师队伍的认知影响产教融合活动的系统性、教师队伍的稳定性影响产教融合活动的持续性、地方政府对职业教育产教融合活动的支持力度弱,进而提出解决当前和田地区高校应通过地方政府出台并执行产教融合政策,学校制定并推进产教融合规划、引入高水平教师并落实教师深入企业锻炼制度、面向学生开展职业生涯教育等措施提升产教融合水平,增强学生的中华民族共同体意识。

本文作者:马海涛,天津职业技术师范大学马克思主义学院。

新时代高校思想政治理论课公众形象的建构（观点摘要）

新时代高校思想政治理论课公众形象建构是高校思政课建设与思政课教学改革的关键环节和内在要求。站在新时代的历史方位，高校思想政治理论课公众形象面临新的挑战与机遇，分析高校思想政治理论课公众形象建构的核心内容，科学把握新时代高校思想政治理论课公众形象建构中出现的公众刻板印象、多元社会思潮、数字网络舆论、“柔性对抗”的现实困境。通过强化教师队伍建设、增强教学自信自立、完善教育教学引导、建强网络传播体系、深化教育教学互动、加强党的全面领导等实践，充分增强社会公众对高校思想政治理论课的认同，实现铸魂育人的时代重任。

本文作者：耿俊茂、姚继昆，桂林理工大学马克思主义学院。

高职院校铸牢中华民族共同体意识教育的路径探索(观点摘要)

开展铸牢中华民族共同体意识教育是高职院校培养现代化建设高技能人才的内在要求,能帮助高职大学生破解西方历史虚无主义,树立正确的民族观,提升中华民族认同感,增进大学生民族团结意识。但在教育实践中存在着教育形式单一、教育师资匮乏、实践教学虚化、学生评价体系不科学等方面的困境。

高职院校铸牢中华民族共同体意识教育活动具有独特属性,比如:高职院校开展共同体意识教育和职业技能培训紧密相连,呈现鲜明的职业教育属性;铸牢中华民族共同体意识教育提升大学生的社会服务意识,助力大学生树立造福人民群众、促进社会经济发展的宏大志向,具有社会服务属性;实践教学是铸牢中华民族共同体意识教育的重要路径,因而具有实践教学属性;高职院校铸牢中华民族共同体意识教育要和地方民族特色进行有机结合,具有地方区域属性;铸牢中华民族共同体意识教育能包容社会文化、地方文化、企业文化等不同层次的文化,具有融合属性,等等。

结合这些特殊属性,创新有效教育实践路径:健全教育常态化机制,完善领导责任机制，定期开展民族团结教育活动；完善融入思政课教学机制；举办民族文化活动，创建团结和谐校园；建立校园网络平台以及发挥学生党员的引领和模范作用等。

本文作者：张水勇，天津职业技术师范大学马克思主义学院。

守正创新提升高校思政课教学话语的针对性和吸引力(观点摘要)

2024年5月,习近平总书记对新时代新征程上思政课建设作出重要指示,指出思政课要“把道理讲深讲透讲活,守正创新推动思政课建设内涵式发展,不断提高思政课的针对性和吸引力”。坚持守正创新不断提高教学话语的针对性和吸引力是思政课建设内涵式发展的必然要求。所谓守正,就是要把握好以下原则:必须坚持以马克思主义理论为指导,必须坚持以问题为导向,必须坚持以学生为中心,必须坚持先立后破,必须坚持循序渐进螺旋式上升,必须坚持胸怀天下。所谓创新就是要跳出教材语言“文件话语”的表达范式,关注学生的专业特点,构建“理论+专业+生活”的教学话语表达范式;改变传统课堂教师为主体,“我说你听”的话语单向输出的一维教学话语建构环境,创设教师为主导、学生为主体、网络为补充的多维教学话语建构环境;改变教学必须突破教学重难点的话语构建思维定式,更为关注社会关注的焦点、学生关心的热点、学生思想困惑的堵点形成以“三点一链”串联的问题引领的教学话语特色;改变各学段思政课教学互不相同的教学话语构建定式,以系统观念为指导,关注各学段思政课教学特点,构建循序渐进螺旋式上升的思政课教学话语体系。

本文作者:楚莉莉,天津职业技术师范大学马克思主义学院。

职业院校思政课教师核心素养培育的时代意蕴、内涵要义与实践进路（观点摘要）

新时代职业教育进入了提质培优、增值赋能的新阶段，新阶段的职业教育发展离不开学校思政课教师的高质量发展，对思政课教师核心素养的提升提出了更高要求。思政课教师核心素养的培育对于提升教师的教育质量、引导学生树立正确的价值观以及培养担当民族复兴大任的时代新人具有重要意义。在教育教学过程中，教师应不断加强核心素养的培育，将其贯穿在整个教学过程。那么，如何更好地助力职业教育发展上好职业类院校的思政课，是这一类高校思政课教师面临的现实问题以及迫切需要解决的问题。

为了破解当前思政课教学内涵式发展以及思政教师队伍高质量建设实际问题，以及顺应我国职业教育发展现实需要，本文立足习近平总书记提出的"六要"素养，阐明当前职业院校思政课教师核心素养培育的重要性和紧迫性，进而从思政课教师具备的以过硬过强的政治素养，树立新型职业教育观、以扎实深厚的业务素养，构建职教思政育人体系以及以严格高尚的育人情怀，涵养学生职业道德品行三方面内容对思政课教师的核心素养展开分析，在此基础上进一步探析职业院校思政课教师核心素养培育的主要路径和策略，以面向职业教育、服务职业教育，引领职业教育为价值目标，旨在从“思政人”的角度助力职业教育发展。

本文作者：李敏，天津职业技术师范大学马克思主义学院。

以智增效：数智时代提升高校思政课实效探究(观点摘要)

实效性不仅是高校思政课教学的核心追求,更是衡量其是否能够有效完成立德树人根本任务的关键指标。在数智化时代背景下,思政课教学迎来了前所未有的变革机遇。数智技术的引入,显著提升了教学方式的有效性,使得教师能够运用多样化的教学手段,更加精准地满足学生的学习需求。同时,数智技术还增强了教学内容的针对性,使得教学更加贴近学生的生活实际和思想实际,提高了教学的吸引力和感染力。

此外,数智技术还为教学管理提供了持续性的支持,使得教学资源的分配、教学进度的跟踪以及教学质量的评估等方面都得到了极大的优化。然而当前高校思政课师资队伍在数智理念和数智能力素养方面仍存在不足,这在一定程度上制约了思政课实效性的进一步提升。同时,教学内容的同质化、教学资源的分布不均以及共享机制的不健全等问题也亟待解决。为此,我们需要加强思政课师资队伍的数智培训,提升其数智素养和应用数智技术服务教学的能力。同时,还应充分利用数智技术的数智支持能力和人的智慧,不断优化教学内容,使之更加符合时代要求和学生需求。此外,我们还应建立健全教学资源共建共享机制，促进优质教学资源的流通和共享，从而推动思政课教学质量和效率的整体提升。

本文作者：苏文婷，广西师范大学马克思主义学院。

场景化:红色资源融入思政教育的重要方式（观点摘要）

红色资源的内容、价值与思政教育需要高度契合,因而天然是思政教育的重要资源。但红色资源要有效融入思政教育,达到教育目的,仍需要解决方法论问题。对此,场景化应是一条有效路径。场景、场景化发源于艺术表演领域,但已经成为极具说服力并日益流行的通用概念。场景、场景化对思政教育同样具有方法论意义。思政领域红色资源的场景化指根据思政教育要求,运用红色资源,构建生动、拟真、参与度高的场景,使受教育者在参与场景中学习知识,增强能力,提高思想认识。

红色资源场景化融入思想政治教育需要解决两个基本问题:一是红色资源场景化融入思政教育的架构,二是红色资源场景化融入思政教育的实施过程或步骤。架构是场景化思维运用于红色资源和思政教育结合时涉及的主要要素及其间的基本关系。红色资源场景化融入思政教育的基本架构是时间空间、人物、信息资源、技术、任务五大要素的统一体。红色资源按此五方面经选择提炼,最终转变为思政教育中的具体场景。红色资源场景化融入思政教育的主要步骤包括思政目标设定和教育方案规划、红色资源搜集、选择和信息提取、场景设计与构建、场景化教育实施、效果评估与改进等。

本文作者：刘学斌，天津师范大学政治与行政学院。

职业学校思政课一体化研究(观点摘要)

在职业学校中,学生不仅需要掌握专业技能,更需要明确自己的职业目标和价值取向,因此职业学校思政课建设就显得尤为重要。但职业学校思政课建设却缺乏一体化的目标和导向。

中职和高职思政课一体化建设有其重要的理论基础,其一是马克思主义关于人的全面发展理论;其二是教育一体化理论。但在实践过程中针对职业学校思政课一体化建设却存在一系列问题,例如:课程衔接不畅,中、高职学校思政课内容重复与脱节;教学资源整合不足,教材内容与职业学校教育实际结合不紧密;师资队伍素质参差不齐,部分教师思政理论水平有限;评价体系不完善,评价指标单一。这些问题的存在让我们认识到在职业学校思政课一体化建设过程中有必要从优化课程体系,制定一体化的课程标准;整合教育资源,建立与职业学校教学相符合的教材内容;加强师资队伍建设,提升教师专业素养;完善评价机制,构建多元化的评价指标体系等角度加强中、高职业思政课一体化建设。

通过一体化建设,学生能够理解职业的社会意义和责任,遵守职业规范,培养敬业精神和团队合作意识。同时,能更好地理解自己的职业与社会发展的关系,积极投身有益于社会进步的工作中。

本文作者:王东浩,天津职业技术师范大学马克思主义学院。

习近平总书记关于职业教育“三融”的论述与天津职业教育实践研究（观点摘要）

职普融通、产教融合、科教融汇，聚焦职业教育高质量发展，是习近平总书记关于职业教育“三融”的重要论述，是促进科技成果加速转化为现实生产力的重要路径。基于职普融通，构建职业教育与普通教育教学资源的“沟通、共享、衔接”机制，以“纵向贯通、横向融通”，打通职教与普教间的现存壁垒，拓宽职业教育人才晋升空间与发展路径。基于产教融合，通过校企合作地方立法，着眼解决本地区校企合作过程中的棘手问题，保障职业教育专业（群）建设对接天津市“1+3+4”产业体系岗位技术需求，根据产业对技术技能人才的需要优化职业教育布局，以“五业”联动的模式构建校企共同体，充分考虑技术技能人才培养各方权益，解决技能人才供给与产业需求错位的矛盾，改变企业参与产教融合积极性不高的现状。

基于科教融汇，为科技创新、职教资源开发、企业生产搭建精准对接平台，建立科研机构与职业院校衔接机制，职业院校可通过科技主管部门向科研机构发布招标需求，通过优质优先程序形成双方有效对接，科研机构将技术教学资源开发纳入科技成果转化内容，职业院校消化科技攻关成果，将其转化为职业教育教学资源，培养技术技能人才，实现科技创新有效落地。

本文作者：杨立学，天津职业技术师范大学外国语学院。

论习近平职业教育重要论述的人民立场（观点摘要）

党的十八大以来，习近平总书记围绕着为谁培养人、培养什么人和怎样培养人等主题多次对职业教育工作作出论述。这些论述具有鲜明的人民品格，体现了坚定的人民立场。研究习近平职业教育论述的人民立场，澄清其内涵要义、主要渊源与实践策略，对于厘清习近平职业教育重要论述的道理、学理和哲理，发挥习近平职业教育重要论述指导职业教育高质量发展的作用具有重要意义。

从内容看，习近平职业教育重要论述人民立场的内涵主要表现在三个方面：为了人民办职业教育，依靠人民办职业教育，由人民评判职业教育发展效果。习近平职业教育重要论述及其人民立场也不是无源之水无本之木，而是有其理论根源、组织根源和个人根源的。总的来说，习近平职业教育重要论述的人民立场源于马克思主义及其中国化成果的人民性，源于中国共产党党组织的人民性，也植根于习近平总书记个人成长和工作经历的人民性。践行习近平职业教育重要论述的人民立场，需要坚持和加强中国共产党对职业教育事业的领导，需要依靠人民并朝向人民需要办好职业教育，需要加强职教教师和管理队伍建设。

本文作者:李海南、梁卿,天津职业技术师范大学职业教育学院。

“习近平新时代中国特色社会主义思想概论”课教学实效性提升研究(观点摘要)

“习近平新时代中国特色社会主义思想概论”课(以下简称“概论”课)内涵丰富、思想深刻,是新时代高校立德树人的关键课程。经过几年摸索,“概论”课课程建设取得良好成效:课程标准规范化建设助力教学质量提升,国家级成果推动课程建设高质量发展,教师队伍规模不断扩大,师资力量得以提升,开好教学研讨会,集思广益形成教学合力。同时,“概论”课在教师队伍建设、教学内容整合、教学方式调整以及实践教学模式选择、课程实效评价等方面,还存在短板和不足。

以问题为导向,提出“概论”课实效提升的对策和建议:全面提升教师的思想政治素质和综合素养,建设一支政治强、情怀深、思维新、视野广、自律严、人格正的高素质专业化教学团队。创新灵活有效的教学方式,开展问题链教学方法,激发学生的求知欲;选编课程案例库,充实案例教学。开展丰富多元的实践教学,规范实践教学机制,保证“全过程管理”;梳理实践教学流程,做到“全方位参与”;丰富实践教学形式,做到“全面开花”。构建完善的课程考核评价机制,扩展考核评价主体,建立“以学生为主体”的考核评价理念;

优化“概论”课考核评价方式，注重综合能力考察；培育“概论”课考核评价载体，倡导评价标准客观量化。

本文作者：赵会朝、黄知伟，天津医科大学马克思主义学院。

网络思政赋能职业院校思政课建设内涵式发展研究(观点摘要)

网络思政是学校思想政治教育工作的重要有机组成部分。近年来,随着互联网技术的跨越式发展,网络思政的内涵和外延也正在发生深刻的变化,其在思政课建设中的作用愈发重要。职业院校思政课办学有其自身特点和规律性,在教学实践中教学温度缺失、师生关系疏离、学生获得感差等问题亟待解决,发挥网络思政的赋能作用成为"破局"的关键一招。

网络思政是根据思想政治教育的规律和互联网技术的特征,将传统的思想政治教育内容及形式与现代互联网信息技术相融合,从而实现对思想政治教育对象理论教育、价值引领、思想引导、道德品质等培养与塑造的过程。随着互联网信息技术的跨越式发展,网络思政的实现形式也在不断迭代和升级。虚拟现实技术、数字化技术、大数据信息、人工智能技术不断赋能思想政治教育工作的改革创新。新时代的网络思政具有突出的时代性、多元性、交互性和开放性等基本特征。在职业院校思政课教学实践中,思政课教师要活用网络语言,与授课学生沟通心灵;巧用网络短视频,为思政课堂提质增效;善用网络工具,对教学过程精细管理,实用网络监管,对网络舆情牢牢把控。

为此,职业院校应进一步提升思政课教师网络素养,切实讲深讲透讲活思政课道理;依托网络思政工作室,为思政课建设内涵式发展夯基垒台;用好“大思政课”平台,实现思政教育资源共建共享。

本文作者:张新宇,天津科技大学马克思主义学院。

❖天津市社会科学界学术年会河北工业大学专场

会议综述：深刻把握建设文化强国的使命任务 激发文化创新创造活力

3-18　天津市社会科学界学术年会(2024)河北工业大学专场

2024年10月19日，天津市社会科学界学术年会(2024)“聚焦建设社会主义文化强国 提升文化创新创造活力”学术研讨会在河北工业大学隆重召开。来自武汉大学、天津大学、南开大学、吉林大学等一百多位专家学者围绕“聚焦建设社会主义文化强国 提升文化创新创造活力”主题，进行了为期一天的交流研讨。

会议开幕会由河北工业大学马克思主义学院院长孙琳琼主持。河北工业大学党委副书记贺立军，天津市社科联党组成员、专职副主席袁世军，河北省社会科学院二级巡视员陈秀平先后致辞。在开幕会上，天津市教委科学技术与研究生工作处王晶晶宣读了优秀论文获奖者名单。本次会议共收到投稿224篇，经过论文查重、专家匿名评审和市社科联、市教委审批，最终遴选出20篇优秀论文。

会议学术研讨环节分为大会主题报告和分组讨论两个阶段进行。大会主题报告由河北工业大学马克思主义学院党委书记刘文勇主持，共有四位知名学者作了精彩报告。

山东大学特聘教授徐艳玲作“在全球化的坐标系中考量中国‘文化强国’命题”主题报告。报告聚焦党的二十届三中全会决定中提出的“文化强国”命题，探讨中国在全球化坐标系中从文化大国向文化强国迈进的历史进程及其内在规律。在全球化时代的背景下，全球化、反全球化、逆全球化等多重思潮交织，中国建设文化强国的动力之基植根于五千多年文明发展中孕育的中华优秀传统文化、近代以来党和人民伟大斗争中孕育的革命文化，以及改革开放以来中国特色社会主义文化的全球影响力。实现文化强国，不仅需要夯实文化自信的根基，对中华传统文化进行创造性转化和创新性发展，促进与世界文化的互动与互鉴，还需要多维度传播中华文化影响力，包括领袖示范、政府机构活动、高校学术机构研究、专业精英推动、国外汉学家助力以及民间主体传播等。这些举措的施行和途径的开拓，有助于共同推动中国文化在全球范围内的传播与影响，助力实现中华民族的文化复兴与文化强国目标。

南开大学·中国社会科学院21世纪马克思主义研究院教授阎孟伟作“文化自信与文化创新”主题报告。报告深入探讨文化自信与文化创新的重要性和内涵。首先，文化自信被视为更为深沉且持久的力量源泉，它源自对文化本质的深刻洞察与理解，是民族精神的集中体现。文化自信不仅关乎对传统文化的认同与尊重，更在于对现代文化的创新性发展的信心。这种自信体现在对文化价值的认同和对文化生命力的坚信上。其次，文化创新是推动文化繁荣发展的关键力量。它要求我们在保持文化根脉的基础上，不断吸收新的思想、技术、艺术形式等，以丰富和发展文化体系。同时，应积极融入自然的概念，确保文化的健康、持续发展。文化创新既是对传统文化的继承与发扬，也是对现代文化的探索与创造。文化具有多元性与普遍性，它不仅体现在社会生活的各个方面，更是人类自觉活动的产物。在理解和评价文化时，需要从人的实践活动和社会生活的角度出发，深入挖掘文化的精神内涵和实践价值。报告提出，在处理传统文化与外来文化的关系时，应保持对自身文化的自信和批判，同时积极吸收外来文化的优秀元素，实现文化的创新性发展，为社会的持续进步贡献力量。

武汉大学哲学学院副院长李佃来作"以'大文化观'深刻理解习近平文化思想"主题报告。报告认为习近平文化思想的确立，源于中国特色社会主义和中国式现代化的伟大实践，需以"大文化观"全面深刻理解。"大文化观"区分狭义与广义文化，狭义指精神文化，广义则涵盖人类创造的一切文明成果。树立"大文化观"，有助于全面认识文化的多样性和复杂性，避免将文化简单视为经济附属品。文化虽基于社会经济基础，但具有独特表现形态和特点，是时代精神的产物，具有独立的价值。"大文化观"有助于扩充对文化的理解深度和广度，深入洞察文化形态、现象及发展趋势，深刻认识文化在社会发展中的重要作用。"第二个结合"造就了新的文化生命体，使马克思主义与中华优秀传统文化相结合，形成中国式现代化的文化形态，破除"传统与现代"的对立，赋予中国式现代化"贯通古今"的宏大格局。

《光明日报》天津记者站站长董山峰作"走出四个误区 讲好中国故事"主题报告。报告认为，党的十八大以来，我国文化发展步入新阶段，讲好中国故事成为提升国家软实力、塑造民族精神和国家形象的关键。讲好中国故事要走出四个误区。第一，要走出"只有故事，没有场域"的误区。"中国故事"要把故事放入中国环境中，让人们在感受故事中感知中国。第二，要走出"只有场域，没有故事"的误区。应将中央文件中蕴藏的大量鲜活故事挖掘出来，使之成为打动世界、感动心灵的中国故事，避免一味追求宏大叙事。第三，要走出

“只有理论，没有实践”的误区。理论应当时刻注意针对现实问题，服务实践，指导实践，而不能本末倒置地为理论而理论。第四，要走出“理念平平，叙事平平”的误区。讲好中国故事需要热爱、观察和创新，需要具备高度的政治意识、思想见识和专业才识。“做好事情”是“讲好故事”的前提，讲好中国故事最终应达到“目中有人”“笔下出人”“境界过人”的理想境界。

分论坛围绕三个研究议题展开。《天津社会科学》主编、学术期刊编辑部主任时世平，《北京社会科学》编辑部副主任赵勇，《河北工业大学学报》编辑部副主任孔海东担任点评人，共有29位学者做了发言。现场讨论热烈，学术氛围浓厚，多个研究领域、多种学科各抒己见、交流观点、碰撞思想，为与会人员呈现了一场精彩纷呈的学术盛宴。主要观点梳理如下：

第一，习近平文化思想的理论内涵与时代价值研究。湖南农业大学马克思主义学院副教授王伟伟通过系统梳理《习近平谈治国理政》（1—4卷）中560条引文及其出处，认为《习近平谈治国理政》是“两个结合”的光辉典范，是“第二个结合”的经典文本，是从先秦到明清跨越中华民族悠久历史的典籍。天津大学马克思主义学院副教授林颐认为习近平文化思想继承和发展了“明体达用”的思想，表现为“明”马克思主义思想，“达”马克思主义中国化之“用”；“明”中华优秀传统文化，达“两个结合”之用。

第二，文化资源利用与文化创新研究。中共天津市委党校社会学教研部讲师王东燕通过分析生成式人工智能的技术特点和发展趋势，认为生成式人工智能不仅提高了文化生产的效率和质量，还创造了新的文化形式和体验，但同时也带来了一系列伦理、法律和社会问题。西北工业大学马克思主义学院教师李秄頔认为数字新质生产力既是助推中华优秀传统文化创造性转化和创新性发展的新动能，又是推动文化遗产活态保护传承、巩固中华文化主体性、建设社会主义文化强国、弘扬中华民族现代文明的有力抓手。天津师范大学政治与行政学院教授刘学斌认为隐性知识是知识研究领域提出的重要概念和视角，也适用于对中国自主知识体系构建的分析。隐性知识是中国自主知识体系自主性的重要体现和来源，隐性知识的主体性、经验性都深刻影响和塑造知识和知识体系的自主性。天津师范大学经济学院投资学系副教授孔繁成通过分析生成式人工智能对UGC平台的影响，探讨文化生产方式变革及其未来发展趋势，认为随着生成式人工智能(GAI)的快速发展，用户生成内容(UGC)平台的内容和文化生产方式正在发生深刻变化。

第三，中国式现代化与全面深化改革研究。天津工业大学法学院讲师刘一泽认为，民族特色与文化根基是中国式法治现代化不可或缺的历史性维度。作为中国传统“法治主义”的代表，法家思想具备成为中国本土法治“经典型”的可能。但法家思想作为一种古代的法治理论，要进入当代的“法治中国”需要完成“创造性转化”的过程。中国政法大学博士研究生李昊光认为完善多种类型法治建筑的开放参观和宣传教育机制，以相关法律法规和政策文件为指导繁荣社会主义法治文化，是弘扬我国建筑法治文化、为法治中国建设提供强有力文化支撑的可行理路。天津外国语大学“一带一路”天津战略研究院教授李名梁认为共同富裕理念延续了马克思主义及中华优秀传统文化的基因，彰显了党的百年探索与追求，并与社会主义现代化国家新征程的现实要求相契合。就其实现路径而言，要着眼于社会主义基本经济制度的保障作用、共同富裕的现实难题及实现机制的设计等。

与会学者认为，聚焦建设社会主义文化强国，提升文化创新创造活力，需深入挖掘中华优秀传统文化，融合现代科技，推动文化产业与文化事业高质量发展，加强文化交流与合作，以文化创新引领社会进步，增强国家文化软实力。

会议闭幕式由河北工业大学马克思主义学院副院长姜汪维主持。各分论坛主持人分别作分论坛发言情况汇报。本场学术年会学者代表来源广泛，议题丰富，视角多元，为聚焦建设社会主义文化强国，提升文化创新创造活力搭建了良好的学术交流平台和学术成果展示平台，是一次理论与实践紧密结合、凸显思想性和专业性的学术盛会。

本文作者：姜汪维、杨可，河北工业大学马克思主义学院。

❖主旨报告

文化自信与文化创新

阎孟伟

2016年5月，习近平总书记在哲学社会科学工作座谈会上发表讲话，在三个自信的基础上又提出了“文化自信”的概念，并指出：“我们说要坚定中国特色社会主义道路自信、理论自信、制度自信，说到底是要坚定文化自信。文化自信是更基本、更深沉、更持久的力量。”

一、社会文化的实质与形态

对于“文化”这个概念，人们通常是从狭义和广义两个方面去理解。

马克思就是把经济的社会形态的发展理解为一种自然史的过程，并指出，“一个社会即使探索到了本身运动的自然规律……它还是既不能跳过也

作者简介：阎孟伟，南开大学·中国社会科学院21世纪马克思主义研究院教授。

不能用法令取消自然的发展阶段"[①]。

与"自然"概念不同,"文化"则是指人类有意识、有目的的活动过程和产物。

文化的存在形态:物质文化(有物质的存在形态)、规范文化(群体或共同体的规则体系)和精神文化。

文化的实质:从实践活动的本质出发确定文化的实质。文化是凝聚在实践活动产物中的普遍精神,体现着人的自主性、自觉性和能动性。

物质文化本质上就是人类精神的对象化、客观化或物质化。

规范文化就是一定的社会群体、社会组织或社会共同体中的人们在长期的共同生活中历史地生成的宗教、伦理、哲学、艺术、科学等社会精神文化的各种形式,甚至可以说是社会文化的精神实质的纯粹形态。

从社会文化的实质内涵可以看出,广义的文化绝不仅仅是社会生活的某一个部分,而是全面地存在于社会生活的各个领域、各个方面。但这个理解并不意味着文化这个概念可以覆盖社会生活的全部内容,并不意味着社会生活过程中所发生的任何一种现象都可以被理解为文化现象。如经济危机、生态危机,等等。

二、文化在社会发展中的重要作用

通过对社会文化的实质和形态的分析,我们可以看出,社会生活的实践本质使社会文化成为人及其社会的存在方式和发展机制,因而它必然在人们的社会生活及其历史发展中有着极为重要的作用。

首先,从社会发展的机制上看,内在于人类实践活动中的文化精神最终使人类社会摆脱了"生物进化"的模式,而步入"文化进化"的轨道。

---

① 《马克思恩格斯选集》(第二卷),人民出版社,1995年,第101页。

其次，社会文化的重要作用还特别体现在社会进步的文化选择动态过程中。

三、文化自信的内涵

所谓“自信”，从心理学的角度上看，通常是指一个人确信自身具有能够成功地应对特定环境的能力。或者像美国当代著名心理学家、新行为主义的代表人物班杜拉提出的“自我效能感(self-efficacy)”概念。

当然，我们这里所讲的文化自信不能简单地归结为个体心理上的“自我效能感”，而应当是指一个民族国家的绝大多数社会成员对自己所属的民族国家的文化形态的准确估价和坚定信念。因而这是一个民族国家的文化主体的“集体意志”或集体的“自我效能感”。我理解，文化自信至少包含四个方面的内容：

其一，确信自己的民族国家所具有的文化形态包含无可置疑的科学性、真理性和进步价值，亦即确信这个文化形态总体上符合人类社会发展的客观规律，符合社会进步发展的基本价值取向，符合人们的共同利益和根本利益，能够满足人们追求美好生活或幸福的需要。

其二，确信这种文化形态具有强大的文化创造力，亦即确信文化主体在复杂多变的社会历史环境中，能够通过自身的实践活动不断地推陈出新、与时俱进，从而能够以卓越的智慧为成功地解决社会发展过程所面对的各种社会矛盾和时代性问题提供新的有效策略。

其三，确信这种文化形态是自身民族文化的传承与发展，有着优越的、不可磨灭的、不可忽视的文化价值和旺盛的生命力，不仅为人类文明的历史发展作出了令人自豪的卓越贡献，而且对人类文明的进一步发展具有普遍的启发意义，能够在人类文明的发展过程中深深地打下自己民族的印迹。

其四，确信这种文化形态具有广泛的开放性和包容性，一方面具有很强的自我更新能力，能够始终保持自我批判的精神，勇于抛弃文化系统中阻碍社会发展和文化进步的陈旧落后的因素；另一方面具有消化和吸收外来文化积极成果的机制和能力，能够把世界范围内的一切积极的发展成果内化到自身的文化机体中，从而保持自身的文化形态能够始终位于社会文化发展的先进地位。

四、文化自信与文化创新

文化创新是文化自信的灵魂。所谓"文化创新"，我理解，首先是善于发现、洞察现实社会发展、理论发展中出现的新的悬而未决的问题；善于发现在新的社会条件、社会境遇、社会动态中出现的规律性的动态特征；善于发现原有的思想理论、策略、方案中存在的自身难以克服的局限性。其次是根据发现的问题提出新的有诠释力的思想理论，提出新的能够解决现实问题的策略、方案等，或者为解决问题提供新的思路和方法。文化创新的关键是发现问题，解决问题。

在这里，我想谈谈影响或者说阻碍文化创新的因素。主要谈谈阻碍我国文化创新的两种消极的文化心态：文化保守主义和文化虚无主义，这两种心态涉及与传统文化的关系，也涉及与外来文化的关系。

文化创新不是无中生有，离不开文化创新发展所需要的传统文化资源。中国文化传统有着自身的文化传承机制，文化更新机制、对外来文化的消化吸收机制和文化创新机制，从而使在传承中创新，在创新中传承构成了中国文化传统的基本逻辑，使中国文化在数千年的发展过程中，既一脉相承，源远流长，又能够随着时代的发展和社会的变迁不断实现自我更新，展现新的历史风貌。这是中国人对自身所属文化充满自信的主要原因。

当然，中国文化传统的这一基本逻辑在历史发展过程中并不总是自觉的。几乎在文化传统的每一个变革发展时期，都会面对激进的和保守的、落后的和先进的、封闭的和开放的等各种思潮之间的对峙，使文化传统的发展呈现出前进与倒退、停滞与跃变、反复碰撞与交织融合的复杂曲折的演进过程。特别是在面对外来文化的挑战时，各种不同思想倾向之间的冲突往往达到十分尖锐的程度。因此，确立文化自信，并不意味着否认在文化传统的发展演变过程中存在着的矛盾和冲突，而是要正确地看待这些矛盾和冲突，自觉地从中汲取经验和教训，把文化自信建立在正确的文化发展理念上，克服种种不利于文化传承与创新的错误思想倾向。

首先，确立文化自信要求文化主体对自身的文化始终保持清醒的、理性的认识，克服文化自卑和文化自大两种错误的心态。一般来说，一个民族国家的文化传统都会包含文化精神的两个基本层次。一方面，在社会文化发展的任何一个历史阶段上总是自觉或不自觉地包含人们对自然界、社会生活、人类交往活动及其历史发展过程的性质、特征的总体性的认知和理性思考，产生出诸如宗教精神、哲学理念、政治观念和道德原则等思想成果，表现出人类思维对最高普遍性的追求。这些思想成果如果在历史发展和社会变迁过程中能够有助于人们理解和应对社会变化所带来的各种社会问题，有助于人们克服生活困境和社会危机，就会成为具有普遍意义的思想精华，构成一个民族国家文化传统中极具民族特色、体现民族智慧的思想资源。

另一方面，社会文化的发展在不同历史阶段上又必然会在总体上与一个民族国家的特定历史发展阶段相适应，体现出其历史性和具体性。也就是说，在一定历史发展阶段上产生出来的文化成果，必然要同民族国家在这个历史阶段上的经济发展水平、政治制度和社会制度的性质、社会生活模式等相互契合。这就表明，在任何历史发展阶段上产生出来的文化成果，必然会受到这个历史阶段的各种社会历史条件的制约，一旦社会发展到新的历史阶段，就会暴露出这些文化成果的历史局限性，并同新的社会发展阶段所产生的新的文化要求发生矛盾。例如，中国传统文化虽然不乏具有普遍价值的思想精华，但在总体上又是与以自然经济为基础的传统社会即中国的封建社会体现农业文明的基本经济形态、封建专制主义的基本政治制度和社会制度以及普遍的社会生活方式相适应的，属于封建社会的意识形态和文化基础，因而必然与以市场经济为基础的、体现工业文明的现代社会在思想观念、价值观念、生活方式和社会心理等各个方面发生根本性的文化冲突。在社会发展的现实过程中，文化传统的这两个基本层面通常不是截然分离的，而是难解难分地胶着在一起，这就使文化传统的传承与创新的过程充满了各种不同的思想倾向、价值观念乃至文化心态之间的矛盾和冲突。

面对传统文化和现代文化的矛盾，最容易产生的就是两种相互对立的极端思想倾向，即文化保守主义和文化虚无主义。文化保守主义是一种无批判地对传统文化一味肯定的思想倾向。这种思想倾向往往以存在于传统文化中积极的、具有普遍意义的思想精华为据，否认传统社会的文化形态与现代社会文化发展要求之间的本质差别，否认传统文化的历史局限性，否认对传统文化进行更新、改造、创新的必要性，甚至把传统文化中已完全丧失历史合理性的陈腐的、落后的因素视为圭臬以抵制现代社会的文化发展要求。文化保守主义在文化心态上表现为一种盲目的“文化自大”或“文化自满”，即“过分相信自己文化的至臻至美，认为‘本自圆成，不自外求’‘万物皆备于我’，因而导致一种丧失进取心的文化封闭意识——这是文化自大的心理效应”。（如主张用儒家学说改造中国的“儒化中国”，甚至形成一种社会思潮，以国学热、国学研究的名义，用儒家学说占领文化阵地。在某些地方，甚至让中小学生穿儒家服装，席地而坐，学习儒家经典等，不能有人反对，否则就是“数典忘祖”。还有类似“古已有之论”的观念，凡是新的科学发现都能在传统文化中找到踪迹，如量子力学、相对论与中国道家学说、佛教学说：中国科学院院士朱清时2009年发表《物理学步入禅境：缘起性空》的演讲，认为当代物理学弦理论就是佛教的缘起性空观点；中国科学院院士施一公：“既然宇宙中还有95%的我们不知道的物质，那灵魂、鬼都可以存在；既然量子能纠缠，那第六感、特异功能也可以存在；同时，谁能保证在这些未知的物质中，有一些物质或生灵，它能通过量子纠缠，完全彻底地影响我们的各个状态？于是，神也可以存在。”）这种心态表现在对外文化的关系上，就是文化封闭主义。极端表现就是外来文化虚无主义。

文化虚无主义是与文化保守主义相对立的另一种极端的思想倾向。在传统文化和现代文化的交织碰撞中，这种思想倾向表现为完全否认传统文化中存在着具有普遍意义的思想精华及其在现代社会发展中所具有的积极价值，认为本土的传统文化完全不适应现代社会的发展要求。事实上，中国传统文化包含着大量的文化瑰宝，儒家、道家、墨家、佛学都有许多思想是能够与现代社会的发展相适应的，特别是有很多东西能够推进我们思考现代社会发展所面临的困境和问题。儒家：己所不欲、勿施于人；和为贵；和而不同；美美与共；天行健，君子以自强不息；政治文化中的民本思想，等等。传统文化经过创造性转化完全能够为我们提供在西方文化中很难找到的卓越的思想资源。正如文化保守主义无批判地对待传统文化一样，文化虚无主义则是无批判地对待西方文化，认为西方文化是现代文化的典范或模板，否认西方文化本身所具有的历史局限性和缺陷，主张用西方文化来改造中国社会。在我国，文化虚无主义思想倾向发端于近代中国传统文化与西方现代文化的激烈碰撞时期，面对西方国家先进的工商业和科学技术所带来的经济、政治和军事优势，面对中国晚清政府的腐败没落，不少知识分子痛感中国传统文化的衰落，把目光投向西方，希图用西方文化来改造中国文化，以谋求救亡图存的路径。汲取西方文化的急切心理，使一部分知识分子在西方强势文化面前产生了“万事不如人”的文化自卑心态，相应地也就产生了“全盘西化”的思想主张。

无论是文化保守主义还是文化虚无主义，无论是文化自大还是文化自卑，本质上都是文化问题上的历史唯心主义。文化保守主义及其所衍生的文化自大心态完全没有看到或完全不能理解社会存在对社会意识的决定性作用，当社会存在已经发生或正在发生根本性的革命变化时，这种思想倾向或文化心态却不思文化变革的必然性和必要性，试图把传统文化中的一切不加选择地、无批判地运用到现代社会的文化建构中，骨子里其实是打着继承优秀文化传统的旗号，把中国文化的发展乃至整个中国社会的发展拉回到封建主义的死路。

正如习近平总书记指出的那样，"传承中华文化，绝不是简单复古，也不是盲目排外，而是古为今用、洋为中用，辩证取舍、推陈出新，摒弃消极因素，继承积极思想，'以古人之规矩，开自己之生面'，实现中华文化的创造性转化和创新性发展"。

习近平总书记指出："强调民族性并不是要排斥其他国家的学术研究成果，而是要在比较、对照、批判、吸收、升华的基础上，使民族性更加符合当代中国和当今世界的发展要求，越是民族的越是世界的。"

新征程社会主义意识形态守正创新的基本着力点论析

任福义

摘要:守正创新是新时代我国社会主义意识形态建设取得历史性成就的一条重要经验,也是新征程继续推进社会主义意识形态建设必须遵循的一条重要原则。新征程推进社会主义意识形态守正创新要着力从三个维度发力:一是永葆"本我",着力在捍卫信仰信念、价值取向、本质特征等精髓要义上下功夫;二是锻造"新我",着力在推进思想理论、方法路径、体制机制等方面创新发展上下功夫;三是聚焦"定位",着力在答好"重点""难点""焦点"等理论和实践问题,增强"凝聚力和引领力"上下功夫。

关键词:社会主义意识形态;守正创新;凝聚力;引领力

基金项目:国家社科基金项目"大数据时代我国文化治理效能提升研究"(20BKS085)。

作者简介:任福义,天津科技大学马克思主义学院副教授。

“意识形态工作是为国家立心、为民族立魂的工作。”[①]党的二十大报告指出：“我们确立和坚持马克思主义在意识形态领域指导地位的根本制度，新时代党的创新理论深入人心，社会主义核心价值观广泛传播，中华优秀传统文化得到创造性转化、创新性发展，文化事业日益繁荣，网络生态持续向好，意识形态领域形势发生全局性、根本性转变。”[②]这是对新时代我国社会主义意识形态建设取得历史性成就、发生历史性变革的深刻概括总结。“我们从事的是前无古人的伟大事业，守正才能不迷失方向、不犯颠覆性错误，创新才能把握时代、引领时代。”[③]守正创新是习近平新时代中国特色社会主义思想世界观和方法论的重要组成部分，是新时代我国社会主义意识形态建设取得重大成就的一条重要经验，也是新的历史条件下继续推进社会主义意识形态建设必须遵循的一条重要原则。举一纲而万目张。新征程推进社会主义意识形态守正创新要着力在永葆“本我”、锻造“新我”和增强凝聚力、引领力三个方面下功夫。

一、永葆“本我”，着力在捍卫社会主义意识形态精髓要义上用功发力

求木之长者，必固其根本。守正，是永葆意识形态本真面貌的必然要求。新征程，推进社会主义意识形态建设，必须坚决捍卫社会主义意识形态之所以称为“社会主义”而不是别的什么主义的本质要素、价值取向、鲜明特征等精髓要义，否则，就会迷失“本我”，犯下不可挽回的颠覆性错误。

---

① 《习近平著作选读》（第一卷），人民出版社，2023年，第36页。

② 《习近平著作选读》（第一卷），人民出版社，2023年，第8~9页。

③ 《习近平著作选读》（第一卷），人民出版社，2023年，第16~17页。

（一）守马克思主义信仰、共产主义远大理想和中国特色社会主义共同理想之“正”

信仰和理想，是判断一种意识形态姓甚名谁的本质要素。自由主义也好、保守主义也好，新自由主义也罢、新保守主义也罢，西方国家向全世界推销的种种“灵丹妙药”，不论包装如何变化，万变不离其宗的都是其资本至上的信仰和资本主义作为人类社会最后一种统治形态的社会理想。毫无疑问，当代中国特色社会主义意识形态最本质的要素就是马克思主义信仰、共产主义远大理想和中国特色社会主义共同理想。国内外敌对势力也深谙其中之要。习近平总书记就曾一针见血地指出：“国内外各种敌对势力，总是企图让我们党改旗易帜、改名换姓，其要害就是企图让我们丢掉对马克思主义的信仰，丢掉对社会主义、共产主义的信念。”[①]当前，广大党员干部和人民群众在总体上对马克思主义信仰、对共产主义远大理想和中国特色社会主义共同理想是坚定的。但也要看到，诸如迷迷糊糊、懵懵懂懂、一知半解、知其然不知其所以然，表里不一、言行不一、知行分裂，迷信金钱、迷信鬼神、迷信西方神话等政治信仰和理想信念动摇，甚至是缺失等现象也还不同程度地存在。在各种主义相互激荡，“乱花渐欲迷人眼”的时代背景下，社会主义意识形态要做到“乱云飞渡仍从容”，就必须着力筑牢信仰之基、补足精神之钙、把稳思想之舵。不然，就会有“褪色”“失色”，甚至“变色”的危险。

一是守马克思主义信仰之“正”。人民有信仰，国家有力量，民族有希望。事实告诉我们：对马克思主义的信仰就是力量，就是希望。习近平总书记深刻指出：“中国共产党为什么能，中国特色社会主义为什么好，归根到底是因为马克思主义行！”[②]新征程，守马克思主义信仰之正，就是要矢志不渝、坚持

---

① 《习近平谈治国理政》（第二卷），外文出版社，2017年，第327页。

② 《习近平著作选读》（第二卷），人民出版社，2023年，第483页。

不懈地开展马克思主义宣传、教育和实践活动，使马克思主义经典成为全体共产党人每日必进的精神食粮，使马克思主义立场、观点和方法真正成为广大人民群众认识世界、改造世界的强大力量；与此同时，还要结合“中国之治”和“西方之乱”的鲜活素材来演绎马克思主义的科学性和真理性，结合党和人民百年奋斗取得的“四个伟大成就”来印证马克思主义的人民性和实践性，结合马克思主义中国化时代化三次伟大飞跃的生动故事来诠释马克思主义的开放性和时代性，着力在营造共情中增强信心、坚定信念、筑牢信仰。习近平新时代中国特色社会主义思想是当代中国马克思主义、21世纪马克思主义。新征程，守马克思主义信仰之正，必须采取一切方法手段让党和人民在深入学习实践习近平新时代中国特色社会主义思想的过程中深切感悟其所蕴含的真理力量、实践力量、人格力量，使之真正内化成为广大党员干部和人民群众的思维和行动自觉，切实做到学思用贯通、知信行统一。

二是守共产主义远大理想和中国特色社会主义共同理想之“正”。习近平总书记指出：“一个国家，一个民族，要同心同德迈向前进，必须有共同的理想信念作支撑。”[①]革命理想高于天。坚定对共产主义远大理想和中国特色社会主义共同理想就是比天还高的事。中国特色社会主义是实现共产主义的必要准备和必由之路；共产主义是中国特色社会主义发展的必然趋势和终极目标，两者有机统一于习近平新时代中国特色社会主义伟大实践之中。新征程，守共产主义远大理想和中国特色社会主义共同理想之正，就是要深入研究和阐释中国特色社会主义共同理想和共产主义远大理想的重大价值及其内在关系，既不只强调中国特色社会主义共同理想而忽视共产主义远大理想，也不空谈共产主义远大理想而虚化中国特色社会主义共同理想，着力以透彻的学理分析和严谨的逻辑叙事讲清楚二者的时代价值和辩证统一关系，不断筑牢全党和全国各族人民的思想共识，持续激发中华儿女共逐伟大理想

① 《习近平谈治国理政》（第二卷），外文出版社，2017年，第323页。

的热情和激情。与此同时,守理想信念之正,还要求我们聚焦新征程的伟大实践,把对共产主义的必胜信念和中国特色社会主义的“四个自信”有效转化为干事创业的强大动力,脚踏实地,一步一个台阶,奋力打拼,努力在全面建成社会主义现代化强国的历史进程中夯实通往共产主义远大理想的现实基础。

(二)守社会主义核心价值体系和社会主义核心价值观之“正”

社会主义核心价值体系和社会主义核心价值观集中反映了马克思主义的理想追求和价值取向,呈现了中华优秀传统文化的思想精粹和价值精华,昭示了人类文明的进步方向,是全党和全国人民最大的价值共识,生动诠释了当代中国特色社会主义意识形态的内在灵魂,是中国特色社会主义的精神支柱。正因为如此,习近平总书记从一开始就强调把培育和弘扬社会主义核心价值体系和社会主义核心价值观作为“凝魂聚气、强基固本的基础工程”。显而易见,经过全党和全社会的不懈努力,社会主义核心价值体系和社会主义核心价值观业已成为广大人民群众判断是非对错、善恶美丑的基本价值标准和干事创业、处世为人的基本价值取向。但相对于封建社会“三纲”“五常”等的主流价值观几千年传承的深刻影响,相对于西方资本主义“民主”“自由”“博爱”等主流价值观的强势围堵,社会主义核心价值体系和社会主义核心价值观还处于培育和发展的初级阶段,任重而道远。

新征程,守社会主义核心价值观体系和社会主义核心价值观之正,一是要采取一切有力的方法手段使之融入社会生活的方方面面,不断释放其引风导向的强大引领力和立心铸魂的强大塑造力,真正成为人们日用而不觉的强大正能量;二是要用社会主义核心价值体系和这社会主义核心价值观引导包含宗教信仰、地域文化、行业精神、家风等在内的各种向上向善的思想观念形式健康发展,使之相互促进、相得益彰,共同营造阳光雨露、风清气正的社会生态;三是要统筹利用古今中外各种优秀价值理念资源,积极涵养社会主义核心价值体系和社会主义核心价值观，以使之更加科学、更加完美，更具公信力和感召力。

（三）守坚持党性和人民性相统一之“正”

意识形态旨在实现和维护特定阶级或政治集团的根本利益，因此从阶级维度考察，无论是哪一种意识形态，都具有鲜明的党性。资本主义意识形态为资产阶级及其政党服务，毋庸置疑；以马克思主义为指导的社会主义意识形态为无产阶级和最广大人民群众及其政党服务，也无可厚非。《中国共产党章程》开宗明义：“中国共产党是中国工人阶级的先锋队，同时是中国人民和中华民族的先锋队，是中国特色社会主义事业的领导核心，代表中国先进生产力的发展要求，代表中国先进文化的前进方向，代表中国最广大人民的根本利益。”[①]中国共产党除了代表和维护最广大人民利益之外，没有自己任何私利。因此，在我国，“党性和人民性从来都是一致的、统一的”[②]。从本质上说，坚持党性就是坚持人民性，坚持人民性就是坚持党性。党性和人民性相统一是区别社会主义意识形态与其他意识形态的鲜明标识。

新征程，推进社会主义意识形态建设，必须守党性和人民性相统一之“正”。一方面，要旗帜鲜明讲政治，坚持党性原则，着力在围绕坚持和巩固党的长期执政地位上聚焦发力，坚决做到爱党、为党、护党；要始终坚持党管意识形态原则，牢牢掌握意识形态工作的领导权、管理权和话语权。另一方面，要站稳人民立场，坚持人民主体地位，一切为了人民，为了人民一切，为不断满足和提升人民群众获得感、幸福感和安全感摇旗呐喊；要坚持把人民拥护不拥护、人民赞成不赞成、人民高兴不高兴、人民答应不答应作为最高价值评判标准。此外，守党性和人民性相统一之正，必须坚决同各种企图把党性和

① 《中国共产党章程》，人民出版社，2022年，第1页。

② 《习近平谈治国理政》（第一卷），外文出版社，2018年，第154页。

人民性割裂开来的“高级黑”“低级红”等言行作斗争，着力解疑释惑、正本清源。

二、锻造“新我”，着力在推进社会主义意识形态创新发展上用功发力

惟创新者进，惟创新者强，惟创新者胜。创新，是确保意识形态长盛不衰的不二法则。新征程、新实践、新召唤，积极发扬历史主动精神，不断进行自我革命，着力打造“新我”，是加强社会主义意识形态建设的必然选择。

（一）创思想理论之“新”

“理论的生命力在于创新。”[①]故步自封、因循守旧，只会丧失活力；与时俱进、因势而新，方能生机勃勃。推进思想理论创新没有完成时，永远在路上。

第一，以“中国样本”为基础，不断开辟马克思主义中国化时代化新境界。恩格斯曾指出，我们的理论“是一种历史的产物，它在不同的时代具有完全不同的形式，同时具有完全不同的内容”[②]。实践昭示：马克思主义的前途命运，早已同中国共产党的前途命运、中华人民共和国的前途命运、中华民族的前途命运水乳交融、互为一体。中国共产党领导的社会主义中国是当今世界研究马克思主义的最伟大“样本”。党的二十大报告指出：“只有把马克思主义基本原理同中国具体实际相结合、同中华优秀传统文化相结合，坚持运用辩证唯物主义和历史唯物主义，才能正确回答时代和实践提出的重大问题，才能始终保持马克思主义的蓬勃生机和旺盛活力。”[③]新征程，实现马克思主义创新发展，必须聚焦“中国样本”，深入发掘马克思主义经典宝库的思想精髓

① 《习近平著作选读》（第二卷），人民出版社，2023年，第418页。

② 《马克思恩格斯全集》（第26卷），人民出版社，2014年，第499页。

③ 《习近平著作选读》（第一卷），人民出版社，2023年，第14页。

和中华优秀传统文化精华，大力推进马克思主义中国化时代化，使马克思主义基本原理在全面建设社会主义现代化国家新征程结出中国化新硕果、焕发时代化新面貌，以更好指导全新实践、回答时代问题、满足人民期待。作为当代中国马克思主义、21世纪马克思主义，习近平新时代中国特色社会主义思想也不是完成时，而是进行时，是推进马克思主义创新发展的新起点。在"中国大地"书写"四个伟大"全新篇章的新的历史征程中，我们会遇到很多新情况、新问题、新挑战，这就要求我们必须胸怀"国之大者"，以发展当代中国马克思主义、21世纪马克思主义的高度责任感与崇高使命感，聚焦新时代坚持和发展什么样的中国特色社会主义等重大时代课题，努力在分析新情况的过程中提出新思路、在破解新问题的过程中探索新路径、在应对新挑战的过程中建构新体系，以更多具有时代气息、体现中国特色和彰显中国共产党人独特风貌的原创性理论贡献，不断深化对共产党执政规律、社会主义建设规律和人类社会发展规律的认识，使马克思主义更富生命力、更具感召力，始终占据真理和道义的制高点。

第二，以打造"中国话语"为目标，着力构建中国特色哲学社会科学。哲学社会科学是意识形态的重要表现形式和传播载体。诚如习近平总书记所言，我国哲学社会科学相对于我国的世界第二大经济体的地位而言，还很不相称，引导思想潮流、引领社会风尚、塑造大国形象的特殊作用还没有充分发挥出来。新征程，创思想理论之新，一方面要求我们必须以不断提升当代中国特色社会主义意识形态话语权和影响力主旨，按照"立足中国、借鉴国外，挖掘历史、把握当代，关怀人类、面向未来"的思路，着力从"根"上解决我国学科体系与经济社会发展不相适应、学术体系跟着别人亦步亦趋、话语体系"有理说不出、说了传不开"等现实困境，构建涵盖学科体系、学术体系、话语体系和教材体系等在内的全方位、全领域、全要素的中国特色哲学社会科学体系，积极培育打造充分体现中国特色、中国风格、中国气派的"中国学术""中国标准""中国话语"；另一方面，也要求我们坚定自信，坚决破除西方崇拜，把更多、更高质量的原创性哲学社会科学研究成果第一时间发表发布在“中国平台”上，着力打造“中国品牌”，培育“中国权威”。

第三，以建设“中华民族现代文明”为重点，努力在传承互鉴中厚植软实力。软实力决定吸引力和传播力，是意识形态建设的重要范畴。党的十八大以来，“人类命运共同体”“全人类共同价值”“正确义利观”等“中国理念”“中国方案”“中国主张”得到国际社会普遍认同和接受，接续被写入联合国文件，根本原因不仅在于我们的方案和主张直面世界“赤字”，更在于我们的方案“融通中外”，既传承了中华优秀传统文化的独特智慧，又与西方文化相承接。习近平总书记指出：“对历史最好的继承就是创造新的历史，对人类文明最大的礼敬就是创造人类文明新形态。”[①]一方面，中华优秀传统文化是我们的根和魂，是中华文明的重要载体和资源，是中国特色社会主义意识形态植根的文化沃土。中华优秀传统文化中的哲学思想、人文精神、价值理念、道德规范等蕴藏着解决当代中国发展问题甚至是国际社会面临普遍难题的独特智慧，是建设中华民族现代文明、涵养文化软实力的最大增量。新征程，建设中华民族现代文明，第一要义就是要本着科学的态度对待中华优秀传统文化，运用马克思主义立场、观点和方法，有鉴别地加以扬弃，并结合新时代的伟大实践加以创造性转化和创新性发展，激活其生命力、增强其感召力。另一方面，中华文明之所以延续发展而从未断流，一个重要原因就在于她在固守自己特色的同时包容、借鉴、吸收各种文明的优秀成果。包括资本主义意识形态、各种宗教等在内的西方文明，都曾在人类历史的长河中发挥过重大推动作用，都是人类世界的宝贵精神财富。新征程，建设中华民族现代文明，还要求我们以批判的精神和开放包容的态度，积极借鉴吸收西方文明中一切向上向善的有利于增信释疑、弘扬正气，凝聚人心、鼓舞斗志的文明理念、价值观念精华为我所用，努力构筑融通中外的全新样态，以文化软实力增强社会主义意

① 习近平：《在文化传承发展座谈会上的讲话》，《求是》，2023年第17期。

识形态的国际亲和力和感召力。

(二)创方法路径之“新”

方法路径决定效率、影响成败。好的方法路径,事半功倍;孬的方法路径,事倍功半。毛泽东就曾形象地把工作方法路径比作过河的“桥与船”,“桥与船”选对了,才能顺利过河。推进社会主义意识形态建设,方法路径至关重要。新征程,随着“大变局”深入演进,东西方文明交流激荡更加频繁,意识形态交锋交融更加复杂,传统的相对单一的意识形态建设方法路径很难驾驭这种复杂局面,我们必须“因事而化、因时而进、因势而新”,努力以方法路径之“新”化新时代之“变”。

第一,创新工作理路。社会主义意识形态建设工作的根本出发点和落脚点在于争取和凝聚“人心”。新征程是人民精神文化需求更加广泛和多元的时代,我们要切实贯彻和践行“以人民为中心”的思想,进一步创新工作思路和方式方法。在宣传思想工作中,要更加“接地气”,既要保证党的创新理论和执政理念的高度,又要有易于广大人民群众情感接受并自愿遵循的温度,采用更多基层人民群众喜闻乐见、能引起共鸣的形式和方法,以更好“强信心、聚民心、暖人心、筑同心”;在思想政治工作中,要更加注重对受者的人文关怀,从心出发,用情化人、以理服人,既解决思想问题又解决实际问题,努力变教育人、改造人为引导人、发展人;在文艺创作中,要深入人民、深入生活,用心用情用功讴歌新时代伟大实践,着力在题材、内容、形式和手法创新上下功夫,提升原创力、增强竞争力、厚重感染力,打造有筋骨、有道德、有温度的精品力作,弘扬中国精神,引领社会风气。

第二,创新传播样态。传播力决定影响力、关乎生命力。新征程,新的传播手段与日俱新,新的表达方式层出不穷,必须紧跟时代步伐,在创新传播样态上狠下功夫。首先,着力创新传播手段。要坚持系统观念,注重科技赋能,适应分众化、差异化传播趋势,从时度效着力,有效整合各种载体和技术资源，打造和形成全面覆盖与精准传播相结合、长期熏陶与短期突击相承接、静态载体与动态媒介相互补、传统媒体与新兴媒体相融合、线上和线下相统一、对内宣传与对外传播相呼应、主流媒体与商业平台相互动的全方位的立体式传播格局和态势，着力占领信息传播制高点，使社会主义意识形态正能量无处不在、无时不有。其次，注重话语范式创新。要善于把我们要传递的高大上的“硬道理”，用人们耳熟能详、通俗易懂的“家常话”“大白话”等接地气的表达形式表达出来，用人们喜闻乐见、求新猎奇的年轻态、时尚范儿、网感化的语言样态呈现出来。这样，不仅使人易于接受，更使人入脑入心。此外，特别要注重结合新时代受众更多依靠手机等互联网电子设备获取资讯的行为习惯，多在“微”上下功夫，着力创制抓人眼球的微视频、微电影、微动画等，使相对枯燥的理论变得鲜活有趣，激发广大受众特别是青少年群体关注理论、学习理论的热情。

（三）创管理体制机制之“新”

制度事关根本，关乎长远。习近平总书记反复强调：“小智治事，大智治制。”[①]新征程，我们要更加注意发扬自我革命精神，坚持问题导向和目标导向，扬长处、补短板、强弱项，努力推进规章制度创新、管理体制创新和具体运行机制创新，使社会主义意识形态建设工作更加科学化、系统化、现代化。

第一，创新党管意识形态的体制机制。党管意识形态是重要经验，更是重要原则。创新是新时代的主旋律，党管意识形态的具体运行体制机制也应与时俱进。首先，要进一步建立健全意识形态工作责任制，着力“定好位”“防越位”“补缺位”，对该管的一定要管住管好，对不该管的一定要放手，对新现象、新事物、新业态一定要及时跟踪评估，收放自如，切实做到“守土有责”“守土负责”“守土尽责”；其次，要进一步加强管理体系和监督机制创新，及时学

① 《习近平谈治国理政》（第二卷），外文出版社，2017年，第481页。

习借鉴其他领域的先进管理经验和治理模式，把目标管理同过程管理、结果管理有机结合起来，实行动态管理、全程监控、及时纠偏，全方位提升管理效能；最后，要重点抓好打赢网络意识形态斗争的体制机制创新。互联网是新时代意识形态斗争的主战场，我们必须紧跟时代步伐，千方百计创新网络治理体制机制，提升综合治理能力，通过整合行政、法律、经济、技术等各种力量，构建多手段相互补、相结合的综合治理新格局，推动互联网这个“最大变量”，成为打赢斗争的“最大增量”，释放“最大正能量”。

第二，创新全党全社会协调联动机制。意识形态的特殊性质，决定其建设工作绝不只是宣传思想工作部门一个部门的事，也是其他部门的事，还是全社会的事、全体社会成员的事。新征程，我们要积极探索更加高效的协同联动机制，更好发动和组织各级党政机关、企事业单位、社会团体、学校、家庭、社区和媒体等组织和个人全体力量积极参与社会主义意识形态建设工作，努力形成各司其职、各展所长，协调联动、密切配合的良性互动态势和格局，汇聚同心同德共建社会主义意识形态的最大合力。比如，建立和完善重大新闻资讯一体化管理、层级化发布、个性化推送的各级各类融媒体上下联动机制；建立和完善突发意识形态事件处置各部门各单位分工协作、齐抓共管的左右联动机制；建立和完善涉意识形态事件对内及时处置化解、对外同步正本清源的内外联动机制等。

第三，创新意识形态工作评价机制。科学评价机制是有效推动意识形态建设工作的重要抓手。我们要从意识形态工作的主体侧和受体侧两个维度科学建构更加符合时代特征、顺应时代发展趋势的定量与定性、综合与专项等相结合的评价指标体系，把效果评价与过程评价、长期追踪与随机抽检等结合起来，使其成为社会主义意识形态建设工作的“导向仪”和“指挥棒”。主体侧方面，要加强结构性改革创新，科学统筹和布局质量与数量、内容与形式、速度与效果、投入与产出、管理与效益等指标体系和权重。比如，全媒体时代，各类新型传播载体的“声望”和“声量”与日俱增，那么与其对应的评价因子和权重就要因时而新、随势而重，等等。受体侧方面，要更加注重评价的分众化、精细化，科学统筹和布局群体与特征、地域与行业、广度与深度等指标体系和权重。比如，大学生群体，接受过系统的思政课教育，那么评价内容的深度和精准度等就要比同年龄段的如农民工等其他群体的评测指标体系要“高”、要“深”、要“细”，等等。与此同时，还要积极探索引入社会声誉良好的第三方评价机构，确保评价结果更加专业、客观，以更加有针对性地改进和提升工作水平。

三、聚焦“定位”，着力在增强社会主义意识形态凝聚力和引领力上用功发力

使命决定地位，担当体现价值。党的二十大明确将“建设具有强大凝聚力和引领力的社会主义意识形态”作为“推进文化自信自强，铸就社会主义文化新辉煌”的第一位任务。新征程，无论守正，还是创新，根本落脚点在于赋予社会主义意识形态强大凝聚力和引领力，切实发挥其举旗帜、聚民心、育新人、兴文化、展形象的使命担当。因此，必须紧紧围绕关乎党和国家事业全局的重点、难点、焦点问题，“在基础性、战略性工作上下功夫，在关键处、要害处下功夫，在工作质量和水平上下功夫”[①]，努力在担当使命中增强凝聚力和引领力。

（一）着力在答好“重点”题中增强凝聚力和引领力

矛盾无时不在、无处不有。眉毛胡子一把抓，不分轻重缓急，往往一地鸡毛；牵住牛鼻子，善于抓主要矛盾和矛盾主要方面，定会立竿见影。新征程推进社会主义意识形态守正创新，必须胸怀“国之大者”，善于抓主要矛盾和矛

① 《习近平谈治国理政》（第三卷），外文出版社，2020年，第310页。

盾的主要方面，通过重点突破带动整体效能提升。

第一，在捍卫“最重大政治成果”上用功发力。意识形态工作本质上是政治工作，政治引领是意识形态的首要职责。“确立习近平总书记党中央的核心、全党的核心地位，确立习近平新时代中国特色社会主义思想的指导地位，是新时代最重大政治成果。”[①]新征程，推进社会主义意识形态守正创新，重中之重就是要聚焦“两个确立”这个“最重大政治成果”用功发力。要着重讲清楚“两个确立”对新时代党和国家事业发展、对推进中华民族伟大复兴历史进程的决定性意义，使之内化成为全党全国各族人民的最大政治共识；要着重讲清楚“两个确立”的历史必然、理论必然和实践必然，使人们从思想深处坚定认同；要着重讲清楚“两个确立”的实践要求，引导人们真正把“两个确立”转化为“两个维护”的思想和行动自觉。

第二，在聚焦“中心任务”上用功发力。围绕中心、服务大局是意识形态的重要职能。党的二十大明确指出：“从现在起，中国共产党的中心任务就是团结带领全国各族人民全面建成社会主义现代化强国、实现第二个百年奋斗目标，以中国式现代化全面推进中华民族伟大复兴。”[②]新征程，推进社会主义意识形态守正创新必须紧紧聚焦“中心任务”用功发力。一方面，要坚持问题导向，紧紧立足中国实践，深入研究关乎中国式现代化和强国建设、民族复兴的重大理论和实践问题，贡献破解智慧，为推动中国号巨轮行稳致远保驾护航；另一方面，要坚持目标导向，紧紧围绕党和人民擘画的二〇三五和新中国成立一百周年的壮美图景凝心聚力、鼓舞斗志，激发同心同德奋进新征程的热情激情，汇聚追梦圆梦的磅礴伟力。

第三，在服务“根本大计”上用功发力。“党和人民事业发展需要一代代中

---

① 《〈中共中央关于进一步全面深化改革、推进中国式现代化的决定〉辅导读本》，人民出版社，2024年，第3页。

② 《习近平著作选读》（第一卷），人民出版社，2023年，第18页。

国共产党人接续奋斗，必须抓好后继有人这个根本大计。”[①]社会主义意识形态工作，说到底，在于培养社会主义建设者和接班人、培养担当民族复兴大任的时代新人，这是根本所在、命脉所在。新征程，推进社会主义意识形态守正创新，必须紧紧围绕抓好后继有人这个“根本大计”用功发力。一要重点在推动习近平新时代中国特色社会主义思想武装头脑上作出积极作为，通过研究阐释、理论宣讲、媒体推送等全部手段，推动习近平新时代中国特色社会主义思想“天天见”“时时新”“日日深”，使其真正转化为时代新人科学的世界观和方法论；二要重点在坚定理想信念上积极作为，通过系统教育、文化熏陶、实践洗礼等全路径引导和激励广大青少年传承红色基因和优良革命传统，树立远大理想，强化责任意识和使命意识，成为党和人民事业的忠实传人；三要重点在提高接班人政治素养上积极作为，通过各种链路提高其政治判断力、领悟力、执行力，确保始终在政治上站得稳、靠得住。

（二）着力在破解“难点”题中增强凝聚力和引领力

中国特色社会主义是开天辟地的伟大事业，没有样本可以借鉴，现实中存在太多的理论和实践“难题”需要解答。推进社会主义意识形态守正创新，就是要主动迎着难题去而不是绕着难题走，着力从理论和实践结合上贡献更多破解各种难题的智慧。

一方面，要着力回答理论之问。中国特色社会主义既明显有别于传统的社会主义模式，又有某些形似于资本主义之处，是一种新的文明形态。“中国特色社会主义到底是什么主义？”“中国特色到底还有多少马克思主义成色？”等理论之问经常会泛起舆论涟漪。不回应、不争论，只会让“新官僚资本主义”“国家资本主义”“资本社会主义”“威权社会主义”等解读大行其道，把话

① 《党的十九届六中全会〈决议〉学习辅导百问》，党建读物出版社、学习出版社，2021年，第69页。

语权拱手相让；直面问题、积极回应，才是消除疑虑、争取人心的王道。必须坚持理论与实践相结合、逻辑与历史相统一、政治性与学理性相统一，从多角度、多层次、全方位全面系统深入地研究论证各种理论难题，既要着力讲清楚基于国情的鲜明中国特色，又要着力讲清楚我们对马克思主义基本原理、对科学社会主义基本原则的坚持和发展，努力做到以透彻的理论分析和自洽的逻辑演绎回应民众，才能真正解疑释惑、达成共识。

另一方面，要着力回答实践之问。我国进入新发展阶段，现实中既存在很多历史没能解决的老问题需要攻坚克难，又面临许多前所未有的新问题、新矛盾、新挑战需要破解。面对老百姓普遍关注的诸如“共同富裕如何实现？”“私有财产因何保护？”等实践之问，不能及时有效做出回应，就会被“实用主义”“修正主义”“机会主义”等论调歪解。必须坚持马克思主义的基本立场、观点和方法，站稳人民立场思考问题，秉承历史思维和辩证思维研究分析问题，运用发展的办法解决问题，推出更多、更好的人民群众看得见、摸得着的成果回应普遍关切，努力在不断为民造福的过程中赢得民心、赢得支持。

（三）在着力应对“焦点”题中增强凝聚力和引领力

意识形态领域从来都不会风平浪静，国内外舆论不时会涌现广泛关注的“焦点”问题。这些“焦点”题，答不好就是可能酿成重大危机的“扣分”题，答得好就是增强凝聚力和引领力的“加分”题。新征程，推进社会主义意识形态守正创新，要着力提升防范和化解各种风险挑战的效能，回答好随时而来的“焦点”题。

第一，积极防范“焦点”，增强忧患意识。马克思主义认为，量变引起质变。“焦点”不是一下子就形成的，总是“量”的积累的必然结果。与其亡羊补牢，不如防患于未然。要着力练就一双善于捕捉“焦点”的“火眼金睛”，精准识别一些具有苗头性、倾向性的问题，早防早治，防止“小事”发酵成“大事”，切实增强工作的预见性、前瞻性、主动性。比如，在一些重要时间节点，在重大改革事项出台之际，在新法律法规颁布前后，都是易酿成“焦点”的敏感时刻，必须提高政治敏锐性，筑牢底线思维，增强风险意识，时时有检测、事事有预案，做好随时应对任何形式的风险挑战的完全准备。

第二，科学化解“焦点”，努力化危为机。矛盾普遍存在，“焦点”随时发生。有“焦点”不可怕，可怕的是没有化解“焦点”的智慧和举措。推进社会主义意识形态守正创新，必须着力提升化解各类“焦点”问题的实际效能。要树立大局意识、战略思维，善于从政治高度看待问题、分析问题、化解问题；要强化宗旨意识、服务意识，善于换位思考，在共情中赢得主动、赢得人心；要树立辩证思维、系统思维，善于因势利导，努力变被动为主动，在危机中育先机、于变局中开新局。

第三，主动创设“焦点”，积极引领舆论。被“焦点”牵着走，不如主动创设议题、引领“焦点”走，下“先手棋”、打“主动仗”。对内，要着力围绕“中国共产党为什么能?”“中国特色社会主义为什么好?”“中国化时代化的马克思主义为什么行?”等主题，结合重要会议、重要人物、重大事件、重要节日（纪念日）等，主动设置和培育“焦点”，传播真善美、弘扬正能量，积极引领舆论走向。对外，要着力围绕“和平”“发展”“安全”等世界性、普遍性问题，主动发出“中国声音”、讲好“中国故事”。要以推动构建人类命运共同体的高度思想和行为自觉，从马克思主义经典宝库中发掘依据，从中华优秀传统文化中捕捉灵感，从“中国之治”的鲜活案例中寻求经验，进行融合创新，努力提供更多破解世界难题、关怀人类发展的“中国主张”“中国方案”“中国智慧”，吸引国际舆论关注，提高当代中国特色社会主义意识形态的国际影响力和美誉度。

综上所述，全面建设社会主义现代化国家新征程，推进社会主义意识形态建设，要着力在“守正”中保持“本我”，在“创新”中打造“新我”，在增强凝聚力和引领力中夯实“定位”。唯有如此，才能更好筑牢全党和全国各族人民团结奋斗的共同思想基础。

参考文献：

1.《习近平著作选读》(第一卷),人民出版社,2023年。

2.《习近平著作选读》(第二卷),人民出版社,2023年。

3.《习近平谈治国理政》(第一卷),外文出版社,2018年。

4.《习近平谈治国理政》(第二卷),外文出版社,2017年。

5.《习近平谈治国理政》(第三卷),外文出版社,2020年。

构建中国自主知识体系之"中国式好人法"的私法逻辑

——兼评《中华人民共和国民法典》见义勇为制度

沃 耘

摘要:作为《中华人民共和国民法典》的"隐形条款",见义勇为行为的性质、类型化、见义勇为者的利益保护以及系统性规则的构建均未达成共识,由此导致《中华人民共和国民法典》适用下见义勇为制度的"三对矛盾"。私法逻辑下探研见义勇为具有非常重要的理论及实践价值。通过见义勇为学术史梳理,必须坚持以"中国化""本土化"作为见义勇为转化为法律规范的目标与归宿,在构建中国自主知识体系的"大命题"下,方能最终形成"中国式好人法"的法理基础与规则适用的内生逻辑。

关键词:自主知识体系;中国化;见义勇为;《民法典》

基金项目:天津市哲学社会科学规划项目"天津市党内法规执行责任落实情况现状分析及对策研究"(TJDNFGWT24-06)。

作者简介:沃耘,天津商业大学法学院院长,教授。

一、《中华人民共和国民法典》中的“好人条款”

《中华人民共和国民法典》第183条[①]、第184条[②]的“紧急救助条款”被定义为“中国式好人法”的立法表达[③]，获得了社会公众的广泛关注，见义勇为入法一度成为《中华人民共和国民法典》的宣传亮点[④]，司法判例也有回应[⑤]。然而自媒体时代，见义勇为事迹得以更快速、更大范围地传播，却不时透露出大众对见义勇为者权益保护的担忧。[⑥]应当看到，《中华人民共和国民法典》第183条、第184条虽然被视为“社会主义核心价值观”导入“私法之治”的代表性规则，但作为道德概念，见义勇为规则适用存在着私法逻辑无法周延之处，[⑦]见义勇为内涵与外延的模糊也导致涉见义勇为民事案件审判中的“灰色

---

① 《中华人民共和国民法典》第183条：“因保护他人民事权益使自己受到损害的，由侵权人承担民事责任，受益人可以给予适当补偿。没有侵权人、侵权人逃逸或者无力承担民事责任，受害人请求补偿的，受益人应当给予适当补偿。”

② 《中华人民共和国民法典》第184条：“因自愿实施紧急救助行为造成受助人损害的，救助人不承担民事责任。”

③ 有学者认为，《民法总则》第184条因免除见义勇为者可能承担的民事责任，鼓励见义勇为、好人好事，被学界形象地称为“好人免责条款”（参见景光强：《〈民法总则〉中“好人免责条款”的评析与适用》，载《法律适用》2018年第11期）。有学者认为，尽管对于《民法总则》第184条的调整对象存在学说争议，但是根据《民事案件案由规定》（法[2011]42号）设立了“358、见义勇为人受害责任纠纷”这一案由，为此在中国法语境下称之为“见义勇为”的规则表达也未尝不可。参见王竹：《见义勇为人受损受益人补偿责任论——以〈民法总则〉第183条为中心》，《法学论坛》，2018年第1期。

④ 冉冰洁：《民法典护航见义勇为 善行义举受尊重》，《人民法院报》，2020年7月17日，第2版；刘华东：《“救不救”“帮不帮” 如何不让“英雄流血又流泪”》，《光明日报》2020年9月1日，第4版。

⑤ 有法院直接适用《中华人民共和国民法典》第183条判决受益人对见义勇为人进行补偿。参见甘肃省陇南市武都区人民法院判决书，（2021）甘1202民初2003号；广东省佛山市中级人民法院判决书，（2021）粤06民终1458号；陕西省铜川市中级人民法院判决书，（2021）陕02民终466号。

⑥ 王莹：《“见义勇为反被刑拘”当事人赵宇，表彰来了》，载微信公众号“法治日报”，2019年12月18日，https://mp.weixin.qq.com/s/7_V3AfxHrjhvur_rUFSGOg。

⑦ 孙学华：《论见义勇为的法律性质——兼论专门立法的不必要性》，《云南民族大学学报（哲学社会科学版）》2006年第3期；徐武生、何秋莲：《见义勇为立法与无因管理制度》，《中国人民大学学报》，1999年第4期。

地带”，需要重新对见义勇为的概念进行分解与注释，从而实现见义勇为在《中华人民共和国民法典》整体框架中的制度定位与规则适用。

作为《中华人民共和国民法典》的“隐形条款”，“见义勇为”从道德规范上升为法律规范并非易事，从已有的理论研究与司法判例中可知，民法上见义勇为行为的性质、类型化、见义勇为者的利益保护以及如何在《中华人民共和国民法典》整体框架下建构统一的见义勇为规则，均未达成共识。如何在现代民法话语体系与中国“本土”见义勇为的概念之间建立起一种有机的内在联系，就成为实现我国传统文化精神与现代法律的衔接的理论进路。[①]本文尝试从法教义学出发，审视《中华人民共和国民法典》实施中我国民事审判中理解与运用见义勇为概念的现状与不足，“解构”《中华人民共和国民法典》整体框架下见义勇为所涉及的制度体系，提炼涉民事见义勇为案例的裁判要点，提出“中国化”“本土化”的见义勇为规则体系以及法律适用的有效对策。

《中华人民共和国民法典》颁行前后，常有学者将见义勇为制度与西方的“好撒玛利亚人法”相提并论，然而“每一种文化都有其独特的标记或说符号，包括此文化中最为习见的词汇、流行的术语、具有普遍性的范畴”[②]，作为中国传统文化符号的典型代表之一，将见义勇为简单归结为中国的“好撒玛利亚人”，就混淆了中、西方的文化界限，从而导致见义勇为在《中华人民共和国民法典》制度体系中尚未生成正式的、普遍认可的法律规范。应当看到，“我国是在西方世界的裹挟下开启现代化进程的，因此现代法律制度与本土生活之间在很长的一段时间里都处于不断地碰撞与协调的态势”[③]，但是本土化对中国民法的影响并没有因为法律移植而发生根本性的改变，在法律的适用层面，也被加入了很强的“中国特质”，民事法律实践证明，脱离了“本土化”的

---

① 叶一舟：《论法律作为常识的制度化》，中国法制出版社，2020年，第22页。

② 梁治平：《寻求自然秩序中的和谐——中国传统法律文化研究》，商务印书馆，2022年，第167页。

③ 叶一舟：《论法律作为常识的制度化》，中国法制出版社，2020年，第1页。

“舶来品”，无法真正成为社会主义法律体系中的一部分。党的二十大报告中指出弘扬社会主义法治精神，传承中华优秀传统法律文化，引导全体人民做社会主义法治的忠实崇尚者、自觉遵守者、坚定捍卫者。作为《中华人民共和国民法典》适用中吸收中国传统法律文化有益元素的典型代表，见义勇为法律内涵的“中国化”解读及其规则体系的本土化，有助于实现《中华人民共和国民法典》坚持依法治国和以德治国相结合的鲜明中国特色，全面贯彻落实社会主义核心价值观的立法目的。

“法律与道德的关系问题是法学中的好望角；那些法律航海者只要能够征服其中的危险，就再无遭受灭顶之灾的风险了。”[①]作为法律与道德交互的经典，见义勇为规则的复杂程度要高于诸如民事正当防卫、民事紧急避险以及无因管理等传统的私法制度。这是因为，“当道德对应受保障的利益无法维持，则就会诉求于法律形式，致使相关的道德理念和原则融入法律”[②]。见义勇为道德治理的局限性产生了对法律规范体系的调整需求，进而展开了其“道德法律化”的漫长进程。《中华人民共和国民法典》的“好人条款”是对见义勇为制度化的私法表达，私法上对见义勇为行为的“正名”与当事人的利益衡量，意味着见义勇为已经正式进入民事规范适用和实证法范畴。值得注意的是，见义勇为向法律规范的“转化”，并不能改变其原有的“道德性”，正如诚实信用原则虽然已经被《中华人民共和国民法典》确定为基本原则，也不能阻却其在道德层面继续发挥作用。为他人利益实施的正当防卫、紧急避险、紧急救助，以及传统民法上的无因管理制度，也在某些场合体现出见义勇为的“道德性”，由此产生了学界与司法实践中关于见义勇为在《中华人民共和国民法典》制度指向方面的争议与分歧。那么，见义勇为“纳入”私法逻辑究竟应该如何进行制度定位？见义勇为与正当防卫、紧急避险、紧急救助、无因管理等

① ［美］罗斯科·庞德：《法律与道德》，陈林林译，中国政法大学出版社，2003年，第122页。

② ［美］罗斯科·庞德：《法律与道德》，陈林林译，中国政法大学出版社，2003年，第45页。

制度的关系如何协调？上述问题的解决，也成为见义勇为真正“落地”为法律规范，进而纳入《中华人民共和国民法典》制度体系的关键所在。

二、《中华人民共和国民法典》适用下见义勇为制度的“三对矛盾”

（一）内涵模糊：《中华人民共和国民法典》的规范性与见义勇为概念不清之间的矛盾

作为我国五千年来的优秀传统文化，见义勇为的准确概念需要结合历史背景予以考察。见义勇为的定义源于先秦儒家孔子《论语·为政》：见义不为，无勇也。意为“见到应该做的事而不去做，就是没有勇气”。其后，见义勇为出现于朱熹的《论语集注》：“仁者心无私累，见义必为。”清代乾隆《大理府志》“忠烈孝义”卷中也提到“士以义称，上则见义勇为，次则好行其义，又次则守义。”可见，我国古代“仁者”和“士”均将“义”视为高尚品德。“义”与“勇”乃见义勇为的核心要素，二者又源于儒家的“礼”，具有其独特的意蕴，以西方法学概念体系构建见义勇为制度的路径显然无法实现“殊途同归”。有国内学者将见义勇为与西方“好撒玛利亚人法”相提并论，[①]或者认为域外也存在见义勇为制度。[②]这就导致了学理上中源于“本土”的见义勇为与源于西方民法体系的民事正当防卫、民事紧急避险、无因管理等概念的混淆适用，进而造成司法实践中上述“涉见义勇为制度”之间的边界不清。

应当看到，对于法律概念而言，外延的宽泛更体现包容性，有利于调整更多的社会关系；外延的限制则更体现准确性，有利于精准定位，提高效率。这是一个“走量”还是“走质”的选择。笔者认为，由于见义勇为缘于道德概念，

---

① 郭慧：《见义勇为者权益保护之理论评析》，《长江大学学报（社科版）》，2015年第12期。

② 叶名怡：《法国法上的见义勇为》，《华东政法大学学报》，2014年第4期。

在“转化”为法律概念的过程中，应侧重于提高应用性，即需要符合法律的“技术性”与“可操作性”，如果过于宽泛、抽象，则极易导致“口号式”立法，无法落地，更无法实现《中华人民共和国民法典》对中国传统优秀法律文化传承的初衷。

在明确了见义勇为内涵的基础上，则应对见义勇为的外延：“涉见义勇为制度”进行体系化梳理，这是因为，人民用“规范”来指：某事“应当”是或“应当”发生，作为“规范”的《中华人民共和国民法典》，“是一种人类行为的规范秩序，即调整人类行为之规范的体系”[①]。而作为道德规范的见义勇为转换为法律规范，必须满足“法律的认知指向——规范利用类型及其有效表征来掌控应然后果的产生”[②]。对民事见义勇为外延的模糊性显然不利于《中华人民共和国民法典》规范性的实现，《中华人民共和国民法典》第183条及其“前身”——《中华人民共和国民法通则》第109条[③]、《中华人民共和国侵权责任法》第23条[④]的司法适用无论在学理亦或司法实践中均未达成共识。[⑤]因此，见义勇为的“精准”适用的前提，需要在既有的《中华人民共和国民法典》制度体系中对民事见义勇为进行规范整合，方能实现各项制度的有效衔接与协调共治。

---

① ［奥］汉斯·凯尔森、［德］马蒂亚斯·凯尔森：《纯粹法学说》（第二版），雷磊译，法律出版社2021年，第6页。

② ［意］恩里科·帕塔罗：《法律与权利：对应然之现实的重新评价》，滕锐、兰薇、邓姗姗译，武汉大学出版社，2012年，第26页。

③ 《中华人民共和国民法通则》第109条：“因防止、制止国家的、集体的财产或者他人的财产、人身遭受侵害而使自己受到损害的，由侵害人承担赔偿责任，受益人也可以给予适当的补偿。”

④ 《中华人民共和国侵权责任法》第23条：“因防止、制止他人民事权益被侵害而使自己受到损害的，由侵权人承担责任。侵权人逃逸或者无力承担责任，被侵权人请求补偿的，受益人应当给予适当补偿。”

⑤ 王利明：《民法总则的本土性与时代性》，《交大法学》2017年第3期；崔建远《我国〈民法总则〉的制度创新及历史意义》，《比较法研究》，2017年第3期；陈华彬：《〈民法总则〉关于“民事责任”规定的释评》，《法律适用》，2017年第9期；王道发：《论中国“好人法”面临的困境及其解决路径》，《法律科学》，2018年第1期。

因此,私法逻辑下探研见义勇为制度,需要首先明确民事见义勇为法律概念内涵,在此基础上再生成具有普遍性、规范性的民事见义勇为规则体系。

(二)适用困难:见义勇为的制度预期与实际效用之间的矛盾

当前,见义勇为从道德规范向民法规则的转换过程中遭遇了以下法技术层面的难题。

一方面,见义勇为仅作为《中华人民共和国民法典》的"隐性条款",在构成要件、认定标准等方面并未设置具体的、明确的规则。根据法律解释的一般方法,一个完整法条构成大前提,将作为一个"事例"的某具体案件事实归属于法条构成要件之下的过程构成小前提,结论则是对此案件事实应适用该法条所规定的法律后果,这便是著名的"确定法律后果的三段论推理"[①]。而民事见义勇为在司法实践中无法经由"法律规则"的"大前提"+"具体事实"的"小前提"的推论形式获得明确的结论。从而导致《中华人民共和国民法典》(《中华人民共和国民法总则》)颁布之后,见义勇为虽频频出现在各类媒体、普法宣传的"文案"中,法官在审判实践中却"更加"谨慎适用甚至刻意避免援引见义勇为规则。

另一方面,《中华人民共和国民法典》对涉民事见义勇为规则大都采取结果分配模式,即通过民事责任分配的形式对涉见义勇为案件进行利益衡量,由此则造成法官在处理相关案件中首选的法律依据并非具体规则,而是过早向公平原则、诚实信用原则等民法基本原则"逃逸"。其结果不仅降低了见义勇为作为民事规范的"实操性",也加剧了民事正当防卫、民事紧急避险、民事紧急救助等涉见义勇为制度规则的混淆适用,甚至"休眠"为"僵尸条款"。

应当看到,(法律)"是对传统规范所作的技术性处理,或者是对权威的法

① [德]卡尔·拉伦茨:《法学方法论》,黄家镇译,商务印书馆,2020年,第344~352页。

外命题所作的技术性改编，它们是法院和法律人专门的技术性习惯”[①]。然而《中华人民共和国民法典》（总则编）实施以来，见义勇为并没有在司法实务中得以展现其“全貌”，从而发挥其应有的制度功能，见义勇为也没有如立法者最初期待的那样“全面开花”，被誉为“中国式好人条款”的《中华人民共和国民法典》第183、第184条，更面临着成为“宣示性”条款的尴尬局面。《中华人民共和国民法典》第183条、第184条并未达到预期的效应，法官对所谓见义勇为条款的司法适用仍报以“相当”谨慎的态度，这需要采取有效措施“激活”或“唤醒”上述条款，进而将见义勇为者“纸面上的权利”落到实处。《中华人民共和国民法典》“本土化”进程中，衍生出从“表象”到“体系”制度整合的系列工作，无论是学者还是法官，都不应等到“好人法”积累出现象级的研究素材，才在问题意识方面产生重视，从而尽量避免法律规则在社会效益方面留下遗憾，保障社会善意行为趋向积极，并与法律权威相互认同。[②]

值得注意的是，“法规范并非彼此无关地平行并存，其间有各种脉络关联”[③]。在进行制度构建时需要考虑法律规则间的体系协调与价值耦合，而在进行具体法律规范的解释适用过程中则不仅应该考虑这一规则内部的意义脉络，其前后规则体系对于这一规则是否具备影响？存在何种程度的影响？同样也应当受到关注。一个真正精确、逻辑构建的结构会为层出不穷的新问题找出妥善的回应之道，也会保留补充漏洞的弹性，这就是所谓的体系效应。[④]《中华人民共和国民法典》是体系化的产物，民事见义勇为的规则重构也应该以体系化为视角。目前，学界关于民事正当防卫、民事紧急避险、紧急救助、无因管理等规则间的关系尚存争议：有学者认为，见义勇为救助人权益的私法保障以《中华人民共和国民法典》第183条的解释适用为中心，且第

① ［美］罗斯科·庞德：《法律与道德》，陈林林译，中国政法大学出版社，2003年，第162~163页。

② 吴如巧、陈宏洁：《论法定职务救助者的免责规范——以〈民法典〉第184条适用为视角》，《社会科学》，2021年第3期。

③ ［德］卡尔·拉伦茨：《法学方法论》，陈爱娥译，商务印书馆，2016年，第316页。

④ 苏永钦：《寻找新民法》，北京大学出版社，2012年，第474页。

183 条与第 979 条之间构成特别条款与一般条款的关系。[①]有学者则认为见义勇为条款中救助人遭受损害的“适当补偿”与无因管理制度中管理人遭受损害的“必要费用”偿付存在一定的矛盾，现有解释无论是“法定补偿责任说”，还是“统一适当补偿责任说”都不能圆满地化解冲突。[②]

（三）定位不明：见义勇为的“社会属性”与“私法属性”之间的矛盾

见义勇为是公法与私法“必须”交汇的典型领域。一方面，见义勇为行为的“利他性”使其成为民法“权责自负”的特例，见义勇为者在既无法定义务又约定义务的前提下，“毅然”介入他人（包括集体）的私人“领地”，传统私法逻辑在见义勇为的法律适用中无法发挥作用，因此需要借助于“社会化”将公法的某些价值理念“渗透”进《中华人民共和国民法典》的价值框架之中。另一方面，见义勇为者人身利益和财产利益仍属于个人权益的范畴，以行政法为代表的公法规则无法通过纵向规范“自上而下”地进行调整，特别是为见义勇为事件中各方当事人提供更为详尽的利益分配方案以及周延的权利救济系统。

现代国家的立法者亟须解决的一个立法技术上的重大难题便是公法、私法如何成功地实现接轨的问题。[③]对于见义勇为行为的法律治理无论是作为权利保障的私法或是具有强制力的公法都无法“独善其身”，“各自为政”的法治模式显然不是一个可行方案。

应当看到，（立法的）一切目的都是为了保护市民的权利，增进市民的幸

---

① 蒋言：《见义勇为救助人权益的私法保障——兼论〈民法典〉第183条与第979条之协调》，《河北法学》，2020年第11期。

② 冯德淦：《见义勇为中救助人损害救济解释论研究——兼评〈民法典（草案）〉第979条第1款》，《华东政法大学学报》，2020年第2期。

③ 钟瑞栋：《“私法公法化”的反思与超越——兼论公法与私法接轨的规范配置》，《法商研究》，2013年第4期。

福，帮助促进市民的健康发展，改善市民的生活，扩大市民的自由。[①]以私（法主体）人为出发点和归宿点来设置我们的民法制度，这就是“人本主义”[②]。就受害人利益的填补方面，私法治理优于公法治理：受公共政策里国家剩余利益的约束，个人最好运用法律工具来满足他们自己的偏好，具体的法律安排应当坚持下面的模式：私法治理——如果失败——公法治理。然而目前在我国涉见义勇为司法实践中，却忽略了对受害人个人利益的填补。如果见义勇为者仅能够享受“责任豁免”以及得到“适当补偿”“部分补偿”的话，那么，见义勇为者个人利益的弥补就只能通过政府的见义勇为行政奖励来实现，而事实上，绝大多数见义勇为者既不能得到全部赔偿，也无法获得见义勇为荣誉称号。这不仅会影响人民群众实施见义勇为的积极性，也会降低见义勇为立法的实效性。

三、私法逻辑下探研见义勇为的理论及实践意义

第一，强调《中华人民共和国民法典》对于促进形成见义勇为社会风尚，保护见义勇为隐私权方面的独特功能，丰富和发展见义勇为法理，拓展民法的社会化理论。在中国社会转型的法治建设中，应当高度重视对社会治理手段选择的人文价值评估，不同部门法应当在宪法的统一价值引导下相互协作，不能按照单一思维模式（无论是强调私法还是强调公法）来构建见义勇为社会治理体系。一方面，以见义勇为在司法实践中产生的实际问题为切入点，关注转型期中国道德失范问题，将为民事见义勇为制度建构提供更有针对性的现实素材；另一方面，对民事见义勇为制度司法实践地再检视，又将反作用于对制度立法的优化，生成协调统一、可操作的适用规则，并最终应用于

① ［日］星野英一：《私法中的人——以民法财产法为中心》，梁慧星主编，《民商法论丛》第8卷，法律出版社，1997年，第9页。

② 章礼强：《民法本位》，上海人民出版社，2013年，第69页。

和谐社会关系的建立。

第二,在《中华人民共和国民法典》整体框架下突破以“私力救济”为微观目标的民事“紧急权”体系,以“权利本位”的私法理念,将见义勇为理论和规范拓展至以社会主义核心价值观为宏观目标的私权保障模式,丰富与发展《中华人民共和国民法典》的“中国化”。关于民事见义勇为,当前缺乏一个完整的理论框架,从体系化的宏观视角将正当防卫、紧急避险、紧急救助、无因管理与民事见义勇为概念的外延进行界定和区分,为《中华人民共和国民法典》“涉见义勇为制度”整合提供必要的理论依据,为司法实践中“涉见义勇为案件”民法适用提供精准的考量标准,从而提高研究成果向实践转化的有效性与可操作性。在已有研究成果中,公、私多元价值取向对民事见义勇为规则配置产生的影响没有得到充分关注,而对民事见义勇为的理论基础、立法趋向、制度定位、规范设计等的系统研究,则有利于探寻相关立法与司法问题产生的根源,进而促进“中国自主法学知识体系”的发展和司法工作的清明。

第三,从“解释论”视角促进见义勇为者权利保障的实现,有针对性地探讨与重构民事见义勇为的规则体系。目前,我国民法理论和审判实践并没有充分关注涉民事见义勇为制度对于解决相关案件所可能发挥的潜能,而是过早地将相关问题推到了各方利益的衡量上,即所谓的“和稀泥”,使得涉民事见义勇为相近案例的处理结果存在诸多差异。在我国民事司法实践中,公平原则明显被泛化,面对涉民事见义勇为情节的案例,法官最先想到的,并不是具体的民事制度,而是公平原则是否可用。如何通过整合民事见义勇为和正当防卫、紧急避险、紧急救助、无因管理等制度规则的协调适用,“唤醒”休眠已久的“僵尸条款”,不仅是立法者的职责所在,更是司法审判指导机关的职责所在。对于民法学者而言,则有必要从立法论与解释论两个角度考量民事见义勇为理论,为我国《中华人民共和国民法典》实施背景下民事见义勇为的法制现代化治理提供具有参考价值的规范理论。国内学界尚缺乏从民事见义勇为宏观理论向具体操作层面推进的研究成果,在《中华人民共和国民法典》整体框架下构建逻辑清晰、层次分明的民事见义勇为规则体系，有利于提升涉民事见义勇为制度可操作程度，为有效化解权利冲突、妥善处理社会纠纷提供解决方案。

第四，进一步加强社会综合治理的工作方法与思路的改革，配合行政法规中见义勇为各项制度的落实，推动我国见义勇为立法与司法进程良性发展。当前学界对于见义勇为者合法权益的保护还局限在生命权、健康权等权利的救济，没有充分关注见义勇为者的荣誉权、特殊隐私权等人格权的特殊保护规则，受益人对于见义勇为者的安全保障义务几乎完全被忽视，这直接影响了见义勇为规则示范功能的发挥。应当看到，《中华人民共和国民法典》以权利为本位，私法逻辑下探研“中国式好人法”的理论基础与规则体系，也应围绕“权利”展开论证。见义勇为者荣誉权的保护规则，是对见义勇为彰显社会主义核心价值观的直接“回应”；见义勇为者隐私权的保护规则，则体现了对见义勇为者更为周延的人文关怀与个体尊重。因此，私法逻辑下建构“中国式好人法”，也是一项综合工程，涉及法学、经济学、心理学等多学科交叉研究，需要民法、行政法、程序法等多个部门法相关规则整合，实现法律与政策、实体与程序等多层面制度协调。系统论视角下涉民事见义勇为制度体系化整合与本土司法实践检验，不仅有助于拓宽“中国自主民法学知识体系”的学术研究视野和丰富研究方法，也将成为依法治国方略下建构“中国特色民事法律制度”的有效尝试。

四、国内外相关研究学术史梳理及研究动态

（一）国内研究动态

见义勇为是一个“历久弥新”的研究课题，以“见义勇为”为主题在“中国知网”平台进行检索，国内对于见义勇为的相关研究随着“社会热点事件——

制度回应”呈现出波动，如2012年，“小悦悦”事件[①]。

按法学二级学科分类，见义勇为理论研究的场域分别是：民法学、行政法学以及法理学（如图3-19）。民法视角下，学者们主要集中于厘定见义勇为的概念、性质（郑丽清[②]；李玉敏[③]），探讨民事见义勇为的独立性（徐同远[④]；孙学华[⑤]），梳理民事见义勇为与相邻制度的规范关系（肖新喜[⑥]；冯德淦[⑦]；蒋言[⑧]；王雷[⑨]），对于见义勇为者的私法保障（门昶亮[⑩]；杨立新、贾一曦[⑪]）等；行政法视角下，学者们则侧重于见义勇为性质的认定（张晨原、宋宗宇[⑫]；孙日

---

① 小悦悦（2009年6月8日—2011年10月21日），女，山东人。2011年10月13日，2岁的小悦悦（本名王悦）在广东省佛山市南海黄岐广佛五金城相继被两车碾压，7分钟内，18名路人路过但都视而不见，漠然而去，最后一名拾荒阿姨陈贤妹上前施以援手，引发网友广泛热议。2011年10月21日，小悦悦经医院全力抢救无效，在0时32分死亡，年仅2岁。2011年10月23日，广东佛山280名市民聚集在事发地点悼念“小悦悦”，宣誓“不做冷漠佛山人”。2011年10月29日，设有追悼会和告别仪式，小悦悦遗体在广州市殡仪馆火化，骨灰将被带回山东老家。参见“百度百科”。

② 郑丽清：《法律论域下“见义勇为”概念的厘立》，《广西社会科学》，2011年第4期。

③ 李玉敏：《见义勇为的性质及救济机制》，《法律适用》，2005年第10期。

④ 徐同远：《见义勇为受益人与行为人之间法律关系的调整——以我国规则为中心的探讨》，《法治研究》，2012年第12期。

⑤ 孙学华：《论见义勇为的法律性质——兼论专门立法的不必要性》，《云南民族大学学报（哲学社会科学版）》，2006年第3期。

⑥ 肖新喜：《我国〈民法总则〉中见义勇为条款与无因管理条款适用关系的教义学分析》，《政治与法律》，2020年第6期。

⑦ 冯德淦：《见义勇为中救助人损害救济解释论研究——兼评〈民法典（草案）〉第979条第1款》，《华东政法大学学报》，2020年第2期。

⑧ 蒋言：《见义勇为救助人权益的私法保障——兼论〈民法典〉第183条与第979条之协调》，《河北法学》，2020年第11期。

⑨ 王雷：《见义勇为行为中受益人补偿义务的体系效应》，《华东政法大学学报》，2014年第4期。

⑩ 门昶亮：《〈民法总则〉关于见义勇为规定的不足和完善》，《吉首大学学报（社会科学版）》，2018年第2期。

⑪ 杨立新、贾一曦：《〈民法总则〉之因见义勇为受害的特别请求权》，《国家检察官学院学报》，2017年第3期。

⑫ 张晨原、宋宗宇：《见义勇为行政确认的判断标准》，《广东社会科学》，2020年第2期。

华[①];张素凤、赵琰琳[②]),主张通过全国或者地方性立法来实现见义勇为[③](王修彦[④];桑本谦[⑤])等。

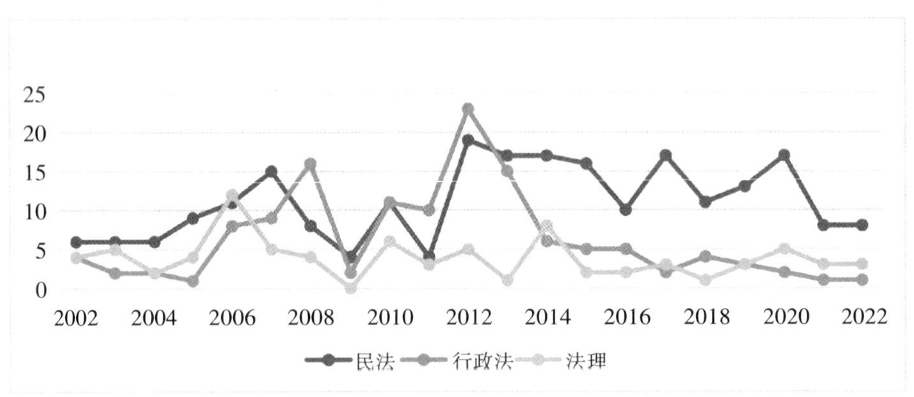

图3-19 法学二级学科关于见义勇为的研究趋势

将搜索时间追溯至1980年,观察“见义勇为”的整体发文数量(如图3-20所示),自1993年开始出现明显的增长趋势,2013年发文量达到顶峰,值得注意的是,自《中华人民共和国民法典》实施以来,以“见义勇为”为主题的学术论文数量则整体呈下降趋势。

① 孙日华:《见义勇为认定的法理反思与制度建构》,《东北大学学报(社会科学版)》,2013年第1期。

② 张素凤、赵琰琳:《见义勇为的认定与保障机制》,《法学杂志》,2010年第3期。

③ 伊涛:《文化与制度的耦合:见义勇为的儒学表达与法律助推》,《江西社会科学》,2020年第8期。

④ 王修彦:《新时期见义勇为价值系统的失调与重建》,《理论与现代化》,2014年第4期。

⑤ 桑本谦:《利他主义救助的法律干预》,《中国社会科学》,2012年第10期。

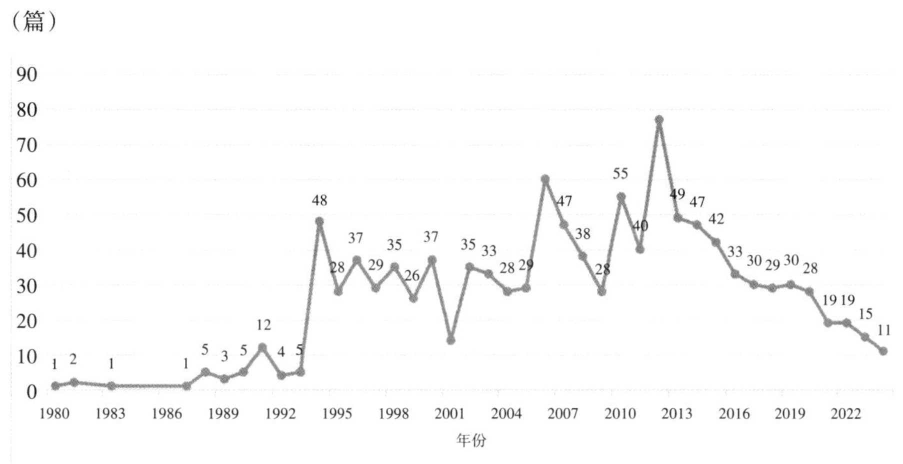

图3-20　国内以“见义勇为”为主题的学术论文

民法领域，“涉见义勇为”的研究主题包括见义勇为的性质归属、涉案主体、权益保障、构成要件等方面，论述角度多从民法无因管理之债内容论述侵权人之赔偿责任以及受益人之补偿责任、对见义勇为者的奖励、与相关概念之关系展开，少量文献涉及刑法视角（如图3-21所示）。

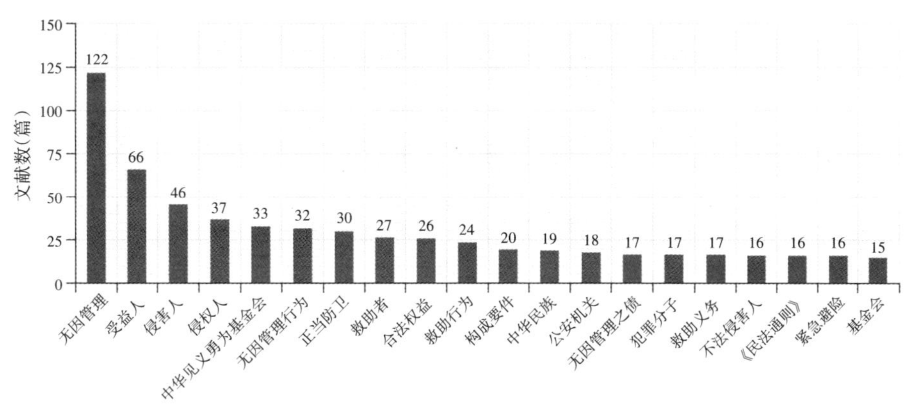

图3-21　国内关于“见义勇为”学术研究主题分布

总体而言，我国学界关于民事见义勇为的研究，能够关注到现行法律制度在见义勇为者合法权益保护的功能缺失，立足于破除见义勇为仅作为道德规范的固有思维，关注中国社会治理实践中涉民事见义勇为制度司法适用的最新动态，因而具有较高的理论品格和较强的现实主义精神。

目前国内关于见义勇为理论研究的不足主要表现为：一方面，目前学界尚缺乏从民事见义勇为的宏观理论设计向具体操作层面推进的研究成果，民事见义勇为的法理论证、实证分析以及制度对策研究相互脱节，从而导致现有的研究成果无论在对见义勇为的理论解说还是实践操作上都略显乏力；另一方面，民法视角下，见义勇为的称谓散见于正当防卫、紧急避险、紧急救助、无因管理等研究范域，但上述制度之间的交叉适用问题尚未达成共识。此外，学者们普遍将民事见义勇为理论研究的背景置于既存的现代法律知识谱系之中，没有重点考虑见义勇为的本土“原创性”，在见义勇为的内涵界定方面，也没有形成统一的研究语境；与此同时，鲜有研究成果专门指向公、私法见义勇为相关制度的外部制度对接以及民事正当防卫、民事紧急避险、紧急救助、无因管理等“涉民事见义勇为制度”在《中华人民共和国民法典》整体框架下的范式整合。

（二）域外研究动态

通说认为，“好撒玛利亚人法”是与我国见义勇为制度最接近的域外制度，有学者梳理了美国50个州的好撒玛利亚人法后发现，尽管各州的规则大致相同，但在实效上却存在名不副实的现象（John A. Norris）[①]；也有学者认为，在好撒玛利亚人法创立以来的半个世纪里，责任豁免虽已成为各州共识，但即使在同一个州，同类案件中的豁免的条件与结果却大相径庭（Dov Waisman）[②]；还有学者通过比较犹太人法与美国法的不同，指出不同法文化下好

① John A. Norris, Current Status and Utility of Emergency Medical Care Liability Law, *The Forum* (Section of Insurance, Negligence and Compensation Law, American Bar Association), Vol. 15, No. 3, Winter 1980.

② Dov Waisman, Negligence, Responsibility, and The Clumsy Samaritan: is There a Fairness Rationale for the Good Samaritan Immunity?, *Georgia State University Law Review*, Vol. 29, No. 3, 2013.

撒玛利亚人的界定存在差异(Anne Cucchiara Besser and Kalman J. Kaplan)。[①]

应当看到,文化传统的差异性决定了我国民事见义勇为制度对所谓"好撒玛利亚人法"的借鉴有限,我们应该始终坚持"中国化""本土化"才是民事见义勇为制度的起点与核心,更是其作为道德规范上升为法律规范的目标与归宿。遗憾的是,《中华人民共和国民法典》并未将"见义勇为"的文义纳入我国的民法制度体系之中,也没有在现代民法话语体系与代表中国传统法治思想的"见义勇为"的概念之间建立起一种有机的内在联系。私法逻辑下对"中国式好人法"理论与规则体系的研究,就成为建立中国自主法学知识体系,进而建立真正具有中国特色社会主义法律体系的重要范例,也将为学界提供一个实现现代法律与我国传统文化精神的衔接,从而优化我国法治质量的理论进路。[②]

我们应该始终坚持以"中国化""本土化"作为见义勇为转化为法律规范的目标与归宿,只有明确了见义勇为制度是中国的"原创制度",在与所谓"好撒玛利亚人法"等域外制度比较的时候,才能在相同"语境"之下,将研究的重心集中于如何将属于本土道德概念的见义勇为"打磨"为法律规范,如何生成统一的见义勇为规范性内涵,使其成为理论研究与司法实践中的"常识"性概念,进而形成普遍认可的见义勇为法理基础与规则适用的内生逻辑。

五、结语

在《中华人民共和国民法典》整体框架下形成"专属于"民事见义勇为的私法逻辑,使见义勇为不再仅仅作为《中华人民共和国民法典》中的"中国传

① Anne Cucchiara Besser and Kalman J. Kaplan, The Good Samaritan: Jewish and American Legal Perspectives, *Journal of Law and Religion*, Vol. 10, No. 1 (1993 - 1994).

② 叶一舟:《论法律作为常识的制度化》,中国法制出版社,2020年,第22页。

统文化标签”，而能切实产生规范效应，真正发挥实证功能。对见义勇为的学术研究应当遵循从“道德”到“制度化”再到“示范效应”的轨迹，“法律是一种分析社会生活的实用模式。法律职业者寻求通过法律系统地解释社会。法律用抽象的术语对社会关系、社会行动、社会环境和社会制度加以概括和概念化，所以人民可以系统地思考法律”[①]。因此，民事见义勇为的制度逻辑应该也如下展开：见义勇为的肯定性评价（行为认定）——为见义勇为者免除后顾之忧（权利保护）——为潜在的见义勇为行为提供制度预期（规则重构）。在上述制度逻辑中，以“权利为本位”的《中华人民共和国民法典》无疑是最佳的研究视角以及最优的制度选择。在《中华人民共和国民法典》业已确立见义勇为制度的前提下，应当将研究的视野从“立法论”转到“解释论”，跳出对见义勇为各方当事人的“终局责任”的限制，不再局限于见义勇为者获得“责任免除”“补充赔偿”的被动性权利，而是从《中华人民共和国民法典》整体框架下探研见义勇为者权利的“全方位”保护模式的重构。

① ［英］罗杰·科特雷尔：《法律、文化与社会：社会理论镜像中的法律观念》，郭晓明译，北京大学出版社，2023年，第66页。

丝路涉华文学：文明交流互鉴研究的新领域

黎跃进

摘要：文明交流互鉴是推进人类进步发展的动力。“丝路涉华文学”是探究中外文化交流的重要领域，却没有得到学界的重视。“丝路涉华文学”这一概念有其深厚的历史文化积淀和学理依据，它充分体现了“丝路文化”发展演变的本质特征。“丝绸之路”沿线活跃着众多民族，他们都带着自己的文化，与外来文化交流融合，中国作为丝路源头，以其守正持中、和而不同、礼尚往来的文化品格和开放、和平、合作的特点，在丝绸之路上有着特殊的功能和意义，因而丝路沿线出现大量的“涉华文学”。“丝路涉华文学”研究，必须在“一带一路”整体框架中，从文学交流对话的视角，紧扣“丝路文化”来思考中国文化，深化对中国文化特质的认识，挖掘当今世界格局中可供参考、弘扬的中国文化元素。这对复兴中华文明传统，促进人类命运共同体的进程都有积极意义。

关键词：文明交流互鉴；丝路涉华文学；中国形象

基金项目：国家社科基金重大项目“‘丝路文化’视域下的东方文学学科体系建构”（19ZDA290）。

作者简介：黎跃进，天津师范大学文学院教授。

一部人类历史，就是文明交流互鉴的发展演变史。“文明因交流而多彩，文明因互鉴而丰富。文明交流互鉴，是推动人类文明进步和世界和平发展的重要动力。”[①]不同文明之间的交流总是以具体的途径、方式进行。欧亚大陆的丝绸之路就是东西文化交流互鉴的载体。丝绸之路是商贸之路、文化交流之路，也是东方文学生成、发展和交流之路。现在学界把丝绸之路称为早期的全球化时代，提出“丝路文明共同体”的概念。[②]丝绸之路对东方文学的发展和内在统一性具有重要意义。因而，借助丝路文化的视域，在文明交流互鉴理念的启示下，审视东方文学已有的研究成果和学科体系架构，会发现许多有待完善的问题和新的研究领域。

一、问题的提出

“丝路涉华文学”就是“丝路学”“丝路文学”和探究不同文明之间交流互鉴的一个全新的领域。

丝绸之路发源于中国，“丝路涉华文学”是中国学者研究“丝路文学”的特指概念，即丝路沿途地区、民族文学中涉及中国的文学，包括运用中国题材、讲好中国故事、引用中国典故、描写中国风土、塑造中国形象等(不论写实还是想象)。在文明交流互鉴语境中研究“丝路涉华文学”，广泛涉及与丝绸之路相关的民族学、宗教学、艺术学、历史学、民俗学、政治学、哲学、人类文化学等多学科的交叉渗透。因而，研究中要具有打通学科的开放意识，在不同学科的关联中理解“丝路域外涉华文学”的演变发展、特质功能等。

① 习近平:《文明交流互鉴是推动人类文明进步和世界和平发展的重要动力》,《思想政治工作研究》,2019年第6期。

② 文明传播课题组:《辉煌的亚洲文明与丝路文明共同体》,《文明》,2019年第2期。

关于中国与周边地区文化、文学交流的材料梳理类著作已经不少，[①]但综合研究较多，主要侧重于国别和中国文学、文化对外影响研究，并未在“丝绸之路”语境下展开，缺乏全球历史文化观；其次由于资料有限，其论述较为笼统，并未形成系统。在已有的相关研究中，有三种著作值得注意。第一种是《丝路驿花：波斯阿拉伯作家与中国文化》[②]，该书是与“丝路涉华文学”最为接近的著作。作者钩沉发微，在梳理中国与阿拉伯、波斯陆地海上两线交往史实的基础上，选择阿拉伯、波斯的经典作品和一些现代作家的创作，论述这些作品中的中国书写与形象，做出了开创性的工作。但著作的主要篇幅是叙述这些作品在中国的译介传播情况，真正从异质文化的冲突与交融角度，探讨中国文化的精神内涵，还有进一步深入研究的空间，而且这样的著作在丝路的其他区域还是空白的，且就东方文学的整体建构而言，仍没有彻底摆脱按照地区模块化单独考察的普遍现象。第二种是《朝鲜朝使臣眼中的中国形象》[③]，该著对朝鲜朝使臣“使华录”作品进行跨学科的综合研究，具体考察了朝鲜士大夫看待中国人与中国文化的特殊视角、价值取向以及朝鲜民族对中国的总体想象，系统阐明了这些游记与当时朝鲜人对中国的“社会总体想象”之间的互动关系。第三种是《融通中外的丝路审美文化》[④]，该书是2017年国家社科基金重大项目“丝路审美文化中外融通问题研究”的阶段性成果。该书不是论题的系统性研究，是论文汇编。这里的“审美文化”包括文学，其中

---

① 主要有：姜义华主编：《中外文化交流志》(10卷)，上海人民出版社，1998年；武斌：《中华文化海外传播史》(3卷)，陕西人民出版社，1998年；李喜所主编：《五千年中外文化交流史》(5卷)，世界知识出版社，2002年；季羡林主编：《中外文化交流丛书》(12卷)，湖南教育出版社，1998年；钱林森主编：《外国作家与中国文化》(8卷)，宁夏人民出版社，2002年；王勇、大庭修主编：《中日文化交流史大系》(10卷)，浙江人民出版社，1996年；周宁主编：《世界的中国形象》(7卷)，人民出版社，2010年；钱林森、周宁主编：《中外文学交流史》(17卷)，山东教育出版社，2015年；何芳川主编：《中外文化交流史》(18卷)，国际文化出版公司，2020年。

② 孟昭毅：《丝路驿花：波斯阿拉伯作家与中国文化》，宁夏人民出版社，2002年。

③ 徐东日：《朝鲜朝使臣眼中的中国形象》，中华书局，2011年。

④ 张进等：《融通中外的丝路审美文化 》，知识产权出版社，2019年。

一些论文涉及“丝路涉华文学”的考察。

“丝路涉华文学”既是外国文学，又是中国文学、文化的域外延伸，表明两种文化在交流过程中的对话、变异、借鉴、选择的复杂过程。这一过程中丝路域外作为接受者，从自身的文化期待中接受中国文学和文化，“丝路涉华文学”研究中要消化接受理论的视角和方法，对影响-接受过程中的种种复杂情形做出深入细致的考察，在接受与变异的分析中深入挖掘中国文化的精神内涵和世界性因素，真正揭示中国文化的东方学意义和人类价值。

二、“丝路涉华文学”研究什么？

“丝路涉华文学”研究，突出强调从文明交流互鉴的角度，研究丝路周边国家作家作品对中国形象、中国元素的接受与再创造，分析其背后的深层文化原因及内在规律，紧扣“丝路文化”来思考中国文化，从丝路沿途国家地区对中国文化、文学接受、交流的层面深化对中国文化特质的认识，挖掘今天世界格局中可供参考、弘扬的中国文化元素。这一命题重点探讨几个问题。

（一）中国在丝绸之路的独特作用

丝绸之路发源于中国，其开通、繁荣与衰落都与中国有密切的关系。丝绸之路有广义和狭义之分。狭义的丝绸之路是起始于中国古都长安，穿过甘肃河西走廊，出玉门关和阳关，沿绿洲，越过帕米尔高原，经中亚通往西亚、南亚和北非，抵达地中海沿岸的古代陆上商业贸易路线；广义的丝绸之路是上古时期形成的以中国为起点、连通亚非欧三大洲的商业贸易和文化交流线路的总称，分为陆上和海上丝绸之路，陆上丝绸之路又包括沙漠丝绸之路（传统的丝绸之路，即经中亚陆路到罗马）、草原丝绸之路（经北方蒙古草原游牧民居住地至中亚）、西南丝绸之路（从云南入缅甸、印度）；海上丝绸之路主要有东海航线和南海航线，东海航线主要是前往朝鲜半岛和日本列岛，南海航线主要是前往东南亚及印度洋地区。无论是广义还是狭义的概念，丝绸之路都是以中国为起点，在中国境内有很长一段路程，如传统狭义的丝绸之路长达七千多千米，其中中国境内的总长达四千多千米，占丝绸之路全程的二分之一。

不仅如此，丝绸之路的开通、繁荣与衰落都与中国有比较大的关系。丝绸是中国历史上的特产，是中国文化的象征符号。丝绸之路之所以以丝绸得名，是因为在这些商道上进行贸易的主要商品是中国的丝绸，丝绸贸易是联结中国与丝路沿线各国的主要纽带。中国作为丝路的东段，无论在陆路还是海上，随着丝绸贸易，中国文化向外传播，产生了深远的影响。陆上和海上丝绸之路都是由中国开辟的。而且丝绸之路的兴衰也都与中国历代政权的政策开放程度和经济状况有关。汉唐时期由于国力的强大和对外政策的开放，中国在西域实行了有效的控制管理，采取各种有利的政策，并与帕米尔以西各国建立了友好关系，使得传统陆上丝绸之路畅通无阻，并获得了大规模的发展，出现了空前繁荣的局面；随着中国经济重心的南移和航运事业的逐步发展，陆上丝绸之路在唐代中叶以后开始衰落，不再占据主导地位，海上丝绸之路兴起发展，到了两宋时期进入了鼎盛、繁荣时期。而到了明代中后期和清代时期，由于统治者采取闭关锁国的政策，海上丝绸之路也逐渐陷于衰落，并走向终结。改革开放新时期，尤其是21世纪以来，中国提出共建“一带一路”，促进新丝绸之路的建设和发展。由此可见，中国是丝绸之路的主导方，它的开辟、发展、衰落受中国因素的影响比较大。

（二）丝路经典涉华文学研究

“丝绸之路”不仅是一条商贸交易之路，而且是一条文化交流之路。各国、各地区和各民族多元文化在这条道路上碰撞交流，张骞出使西域走过的道路被认为联结亚欧大陆的东西方文明形成、发展的交汇之路。“丝路涉华文学”则是中国学者研究“丝路文学”的特定概念，即丝路沿途地区、民族文学中涉及中国的文学,包括运用中国题材、讲好中国故事、引用中国典故、描写中国风土、塑造中国形象等。这里的"文学",不是狭义的以审美为目的的文学,而是中国传统的广义的文学概念。因此,历史、哲学、文化著作中涉及中国的作品,不论写实还是想象,都值得研究。

为了揭示"丝绸之路"沿线涉华文学蕴含的东方共性,必须了解历史上丝路其他国家的知识精英如何接受、理解中国文化,从而认识中国文化的意义,因此本文以丝路其他国家经典作家作品与中国文化关系为聚焦点,考察丝路其他国家经典作家、思想家对中国文化的接受与变异情况,探讨东方文学系统内多民族文学和审美倾向的冲突与融合,力求建构客观科学、动态发展、还原历史语境又有现代意识映照,体现东方学者立场的东方文学学科体系。

本文在丝绸之路文化语境下,研究丝路相关经典作家、思想家和作品,通过点面结合的考察,总结丝绸之路的不同发展历史阶段涉华文学的特点及其发展规律,发现最有代表性的中国元素和中国形象,以文化交流关系为背景,考察丝路各国对中国文化的接受和认同的侧重点,具体分析其对中华文化元素接受与否背后的深层历史与文化原因,探讨异质文化的文学影响与接受背后的根源与文学交流规律,透视地缘性的文学现象。

(三)"丝路涉华文学"的中国形象研究

丝路涉华文学的中国形象研究,既包括国家形象研究,也包括中国的特定区域形象研究及历史人物或人群的形象研究。本文题拟借助丝路涉华文学的中国形象研究,对沿线涉华文学中的中国形象做系统的梳理,探究中国形象在丝路不同线路,不同国家文学流传中的异同,透视域外涉华文学中中国形象的本质,寻找中国形象的传播根源和流传过程,深入挖掘对中国不同时期的认识差异背后的历史、社会以及文学原因,把握丝路沿线国家的文学心理。通过对"他者"与"本体"的认识差异,探寻丝路涉华文学在接受过程中对中国文化、文学接受、交流的认识特质与实践规律。根据我们的初步考察,

“丝路涉华文学”中的中国形象，大体上有四类。

首先，物产丰富、国力雄厚、文化先进的天朝盛世与“中华帝国”形象。在域外作家的笔下，中国唐、宋、元、明、清的大一统版图、强大的国力、很高的汉文化与中华文明程度都成为其歌颂与赞美的对象。大部分丝路域外作家，都曾经亲赴中国，感受过天朝的威仪与盛世气象，未能来到中国的作家，也都对中国的繁荣强盛有所耳闻，或通过文献阅读，间接了解中国的历史和社会情况。丝路涉华作家对中国的描摹，勾画出一个国泰民安、文化超前、物产丰富的亚洲大国形象，在这个国度，充满文化气质的人民身着薄如蝉翼的丝绸，使用着全世界最精美绝伦的瓷器，是域外作家眼中的文艺乌托邦。

其次，丝绸之路起点上的繁华国际贸易港口与人口密集型城市形象。域外作家通过陆路或海路到达中国，留下最深印象的，是各国商人与物资集散的港口。巨大的亚洲货运与人员交流港口，如泉州、广州、登州等口岸，每天有各个国家、各种肤色的人们纷纷登场。这些丝路上的过客，说着形形色色的语言，往来于丝路沿线各国所制造的船舶与码头，进行着最为繁忙的物品交易。在亚洲丝路集散港口上发生的各类故事，被付诸丝路涉华作家的笔端，传播到异域他乡，随着丝路文学的被阅读与再讲述，幻化成为关于中国形象神秘而又令人艳羡的传说。大都市长安和后来居上的北方都城燕京，都在域外作家的中国写作中占有相当重要的篇幅和文学地位

再次，健康、自信、文明素质极高的中国人和英勇无畏的中国英雄形象。新罗诗人崔致远笔下扬州诗人的集体形象，朝鲜文人洪大容笔谈文学中的江浙文人形象，都从不同侧面树立并颂扬了中国社会普通知识分子的形象。此外，丝路涉华文学中，中国英雄的形象也不鲜见。马来西亚的史诗里留存不少有关郑和的故事。在印度尼西亚及泰国等地，对中国人“郑和”的形象都多有记载。在马来西亚与印尼、新加坡都流传郑和的许多故事，并进入域外作家的创作题材之中。在越南文学中有《南海四娘娘传》；泰国有“林姑娘的传说”，记叙福建姑娘到泰国寻亲。中国女性善良勇敢的形象被广为传颂，马来

西亚重要史籍《马来纪年》记载了有关明朝公主汉丽宝远嫁马六甲和番的故事,也成了当地土生华人的身份认同的证据。

最后,在中国汉文化衰微的异族统治时期,丝路涉华文学的作者笔下的中国形象,体现为傲慢无礼的统治阶层与被迫接受屈辱奴役的人民形象。对域外文人而言,囿于历史文化语境和社会心理,在这一时期,其反映的中国形象不可避免地染上了偏见、轻视、排斥等痕迹。这些对当时中国否定性的消极描写,更突出反映的是作家本人所在社会和时代对中国的"集体想象",同时带有自我的文化立场。通过"他者"中国的映照确立"自我"的主体意识,从而在民族认同层面树立信心和权威。这主要表现在近现代西方和日本的一些创作中。

(四)"丝路涉华文学"的当代启示

无论丝路沿线国家的涉华文学作者是否到过中国,他们笔下的中国元素、中国形象或亲眼所见,或道听途说,都带有文学再创作的因素,包含其地域、国家、个体对中国的时代认识和文化理解。丝路作家心目中的中国,有赞美与称颂,亦有批评与讽刺。丝路作家们所塑造的众多中国形象,蕴含着对中国或褒或贬的文学感情。这些聚焦在中国事务和中国形象上的友好或敌意,体现出当时中外文学交流过程中文化的影响、传播及文明冲突,对当今的社会历史发展与东方文学体系建构具有积极的研究意义。

首先,丝路涉华文学研究有助于当代中国国家形象的建构。国家形象既是一个综合体,又具有极大的影响力,是国际社会公众对一国相对稳定的总体评价。国家形象的建构需要文化内涵,而探索中国文化内涵的核心是文学研究所独具的优势。丝路沿线国家文学作品中对中国元素的描述和对中国形象的塑造,是"他者"眼中的中国,有别于中国本体对自身的既有认识。国家形象不仅仅来源于"自我"的言说,还包括"他者"的塑造,丝路涉华文学的内涵即在于可以从镜像影响对本土国家对自身的认定,为中国当代国家形象的建构提供历史性与区域性的参照。

其次,丝路涉华文学有助于了解沿线国家对中国的认知。通过对文学作品的梳理,解读丝路涉华文学创作主体对中国文化的接受和认同的侧重点,具体分析其对中华文化元素接受与否背后的深层历史与文化原因,探讨异质文化的文学影响与接受背后的根源与文学交流规律,对同质或异质文化体系中的吸纳性与排异性进行深入分析,透视地缘性的文学现象。

最后,丝路涉华文学有助于梳理东方文化传播的路径,提升"丝路学"的中国话语权,增加沿路国家的文化认同。丝绸之路的历史发展过程中,各国家、民族之间的文化交流大于军事对抗。在当今社会,传播力与话语权直接关系到文学的影响力与主动权。中国作为汉文化的输出方,各国文学作品中的中国故事,折射出对中国文化元素的向往,承载着丝绸之路沿线人民共同的历史记忆。丝路涉华文学中的优秀作品,为东方掌握文学"话语权"提供了历史性的依据。当代文学及艺术作品的海外传播参照并运用涉华文学的"妈祖""郑和下西洋"等既有主题,也更易为周边国家所接受。这些丝路涉华文学的历史性主题和故事情节,可以丰富当代中国作家的创作题材。

三、"丝路涉华文学"研究要注意的几个问题

作为文明交流互鉴的新领域。"丝路涉华文学"研究有其特定的学科属性、学术内涵和研究方法,在研究实践中把握关键点,突出问题域,以达到研究目标。

(一)准确把握相关概念

"丝路涉华文学"研究是依托"丝绸之路"为平台的文学研究,而与丝绸之路相关的文学研究,在学界已有相关的学术范畴,因而辨析这些范畴概念的内涵和外延、彼此间的联系与区别,就有特别的意义。

1.丝路文学

丝路文学有广义和狭义之分。广义的“丝路文学”是指丝路沿线各国家、各民族的文学。狭义的“丝路文学”是丝路沿线以“丝绸之路”为题材或主题的文学。从空间范围看,“丝路文学”分为“国内段丝路文学”和“国外段丝路文学”。从学科层面看,又分为“丝路民间文学”“丝路宗教文学”“丝路游历文学”等。“丝路涉华文学”是“丝路文学”的一部分,特指“国外段丝路文学”中涉及中国的文学。

2.西域文学

“西域”是我国史籍中的一个地理概念,泛指玉门关、阳关以西广大地区。尽管各史所记“西域”的范围大小不一,其核心部分包括我国新疆在内的中亚地区。西域是丝绸之路的核心段和枢纽。“西域文学”是“丝路文学”中很重要的部分。“西域文学”中涉及中国的文学当然是“丝路涉华文学”。

3.丝路汉语文学

这是随着丝绸之路的发展而出现的一种跨文化传播、多元文化交流的一种文学现象,其中有几种情况:第一,历史上建立起庞大的帝国,其中一些汉族文人随着帝国的发展而生活在非汉语的其他地区,但用汉语进行创作,这特别明显地体现在元朝的丝路汉语文学创作;第二,历史上某些肩负着外交使命,生活在非汉语的域外文人,但用汉语进行创作的文学,如和亲文学,丝路使臣的创作;第三,移民域外的作家们的汉语创作,如“东干文学”、近现代南洋(东南亚)的“华文文学”等。汉语是中国文化的载体,“丝路汉语文学”自然和“丝路涉华文学”有着密切的关系。

“丝路涉华文学”的概念已在前文述及,这里不重复。总之,这几个概念在与丝绸之路的关联上是一致的,内容也有不同程度的重合。但“丝路涉华文学”的概念本质有:表明丝路文学文化的交流属性,中国学者阐述的主体文化立场。

（二）研究中的关键点

第一，坚持以“原典”为中心。“丝路涉华文学”的作品散存在沿线各国经典文学之中，被译成汉语作品中的中国元素有部分尚未能得到重视，甚至还有很多作品尚未被译介到中国。坚持以“原典”为中心，要求研究者以中国的域外形象为出发点，对各国的经典文学进行文本细读，发掘以往研究中被忽略的内容，重点关注丝路涉华文学“原典”中对中国元素及中国形象的塑造，从源头对涉华文学进行整体把握与规律总结。

第二，坚持中国立场与文化“话语权”。在对丝路涉华文学的分析研究过程中，坚持中国文学文化立场，沿线国家文学作品中的中国形象有褒有贬，对其文学创作的分析，以中国文学的立场为主旨，以中国在“丝绸之路”文化交流过程中的“话语权”为立足点，对涉华文学中的中国形象进行探索性的研究。中国学者研究“丝路涉华文学”，自然蕴含着研究主体的文化立场。虽然研究“交流”，但还是通过迂回，回到自己，从对方反观自身，在多维参照中，更好地认识真正的自我。

第三，强调丝路文明的平等和丝路文学的互动性。“各种人类文明在价值上是平等的，都各有千秋，也各有不足。世界上不存在十全十美的文明，也不存在一无是处的文明，文明没有高低、优劣之分。”[①]丝路沿线各民族的文明都是人类文明的组成部分，正是价值的平等，才有了丝路文化、文学正常交流的前提。事实上丝路文学就是互动的文学，涉华文学也代表着“丝绸之路”沿线国家人民对中国的认知。这些存在于文学作品中的中国形象，因其地域、国别、个人抑或历史阶段都有所区分。研究中应纵向梳理中国文学文化对丝路沿线文学的影响，对比其共时性异同，分析不同作家作品中中国形象的差异

① 习近平：《文明交流互鉴是推动人类文明进步和世界和平发展的重要动力》，《思想政治工作研究》，2019年第6期。

及背后的原因。

第四,点面结合,探究丝路涉华文学中的中国元素。在综合的基础上,点面结合,深入探究经典丝路文学作品中的中国元素。以经典作家作品和研究重点为切入点,立足丝路涉华文学的具体文学现象与理论成果,以涉华文学对中国元素的接受为研究中心,全面展现丝绸之路发展的各个阶段,沿线各国作家作品涉华文学中对中国形象塑造的同异性背后的文化原因,拓宽涉华文学的新重点,总结涉华文学的内在规律。

(三)研究方法

1.文献对读

将文学、历史、哲学不同学科资料,以及汉语、梵语、印地语、孟加拉语、阿拉伯语、日语、韩语等不同语言资料进行对比阅读,还原和梳理中国元素沿"丝绸之路"的传播路径和接受过程。

2.比较研究

在同时期、同主题的视域下,对不同区域、国别作者的涉华文学创作进行对比研究,发掘作家作品中对中国态度的异同,深入研究不同现象下的深层历史文化原因。

3.影响研究

从作家作品入手,探讨中国元素在"丝绸之路"沿线传播和产生影响的途径、影响的超越、接受的变异等问题,课题不局限于史实的考证,而深入具体文本进行审美的分析与研究。

4.形象学研究

比较文学"形象学"中的形象,指的是异国的整体文化形象,是一种文化对另一种文化的集体想象,"是对一个社会(人种、教派、民主、行会、学派……)集体描述的总和"[①]。"丝路涉华文学"研究的重点就是丝路各民族对中国形象的建构。按照当代形象学的理论,不仅要研究涉华文学中的中国形象是否真实,更关注中国形象塑造者一方,即异域文化建构"中国形象"背后所呈现的异文化的自我。

总之,研究中应还原历史,将丝路文学中的经典作家作品、宗教哲学文献、历史记载置于历史发展的脉络中进行考察,从第一手材料出发,还原和梳理中国元素沿"丝绸之路"在各国的传播和发展脉络,勾勒中国形象变化发展的历程。

四、结语:走向世界、认识"自我"

文明交流互鉴的根本意义,在于推动人类社会的进步和完善。在人类文明几千年的进程中,中华文明以其自身的特色。为人类文明发展作出了巨大的贡献。"丝路涉华文学"为研究中外文化交流互鉴提供了一个具有丰富的实证材料的平台,成为探究文明交流互鉴和中华文明贡献的重要文化资源。"丝路涉华文学",对中国文学文化在丝路的传播与影响及双向互动的相关理论与实践问题、范畴作整体系统的探讨,从而清晰地把握中国文化通过交流与融合,达成世界化的脉络。正如有学者所言 :"中华文化向海外传播的历史,也就是中国人、中华文化走向世界的历史,是参与世界文化总体对话的历史。文化是民族的,也是世界的,任何民族的文化创造都既包含有民族性和区域性,也包含着普遍性和世界性。成为世界文化的一部分。"[②]

当然,"丝路涉华文学"研究,不只是中国与周边地区文化、文学交流的材料梳理和汇编,是在"丝路文化"整体框架中,从文学交流对话的视角,紧扣

---

① [法]让-马克·莫哈:《试论文学形象学的研究史及方法论》,孟华主编:《比较文学形象学》,北京大学出版社,2001年,第30页。

② 吴斌:《中华文化海外传播史》,陕西人民出版社,1998年,前言第5页。

“丝路文化”来思考中国文化，从第一手材料出发，比较并考证涉华文学作品中的中国形象，深入分析研究不同形象背后的深层民族文化心理，从丝路沿途国家地区对中国文化、文学接受、交流的层面深化对中国文化特质及其世界性因素的认识，挖掘今天世界格局中可供参考、弘扬的中国文化元素。虽然研究对象是“交流”，但目的是通过迂回，回到自己，从对方反观自身，在多维参照中，更好地认识真正的文化“自我”，确立文化自信。在认识自我和世界的基础上，探索中国国家形象塑造的必要性和可行性，在当今风云变幻，纷繁复杂的世界格局中，突破文化壁垒，既复兴伟大的中华文明，也促进人类命运共同体和新的人文精神的形成。

中华优秀传统文化的现代化转型路径研究

付龑钰　沈林杉

摘要:传统与现代不是二元对立的关系。中华优秀传统文化与中国式现代化之间密不可分、相互影响。中华优秀传统文化是中华文明的智慧结晶,积淀着中华民族最深沉的精神追求。中华优秀传统文化中的智慧结晶和思想资源为中国式现代化提供了深厚的文化底蕴和强大的精神支撑,建设现代化强国必须依靠优秀传统文化提供的思想资源和精神动力。中国式现代化深深根植于中华优秀传统文化的沃土中,承载着传承中华优秀传统文化的历史使命。在新时代的文化建设中,要不断推动马克思主义与中华优秀传统文化相结合,根据时代需要推动传统文化创造性转化和创新性发展,使其成为现代化的中国特色社会主义文化。

关键词:中国式现代化;传统文化

马克思主义中国化时代化是在马克思主义基本原理与中国具体实际相

作者简介:付龑钰,天津商业大学会计学院讲师;沈林杉,天津财经大学马克思主义学院硕士生。

结合、与中华优秀传统文化相结合的过程中实现的。2023年6月2日，在文化传承发展座谈会上的讲话中，习近平再次强调了“两个结合”特别是“第二个结合”的重大意义，指出马克思主义和中华优秀传统文化二者结合的前提是彼此契合，结果是互相成就。在五千多年中华文明深厚基础上开辟和发展中国特色社会主义，“两个结合”是必由之路，同时“两个结合”也是实现中国式现代化的必由之路。因此，正确认识中国式现代化与中华优秀传统文化的关系，探索中华优秀传统文化的现代化路径已成为新时代亟待把握的重大课题。厘清传统、现代化与文化的内涵，是我们把握其中相互关系的基本前提。传统与现代不是对立的，一方面，中国式现代化蕴含着深厚的中华优秀传统文化底蕴；另一方面，在实践中探索文化现代化的发展路径，实现传统文化的创造性转化和创新性发展是新时代面临的关键议题。中华优秀传统文化在现代化建设的实践中不断被赋予现代化特征和时代内涵，从而为现代化强国建设和人类文明进步做出更大贡献。

一、传统、现代化与文化

传统、现代化与文化之间存在着密切的联系，它们之间的关系构成了社会发展和文化变迁的复杂图景。研究中华优秀传统文化与中国式现代化的关系，我们必须弄清传统与现代、现代化与文化的关系。

（一）传统与现代

传统与现代的关系是现代化理论与实践研究中的关键议题。传统是历史的积淀、历史的见证，它包含了人类在长期社会实践中所积累下来的智慧、经验、价值观和文化传承等。现代化一词源于现代，它是一个相当笼统和宽泛的名词。我们对于“现代”一词的使用主要是指一个特定的历史时代，其最早可追溯到16世纪，当时现代生产方式表现为资本主义生产方式，到20世纪又新出现了社会主义生产方式。资本主义生产方式经过工业革命后发生变化,现代化也迅速发展。至于这一时代要经历多长时间,我们无从预测,现代也难免会变成未来的传统。传统与现代不是二元对立的关系,二者相互融通、相互依赖。一方面,传统为现代提供了重要的历史和文化底蕴,没有传统的支撑和滋养,现代会失去根基和灵魂,另一方面,现代生产力和文化的发展也为传统的传承和创新提供了新的机遇。

(二)现代化与文化

现代化是一个全球性大变革的过程,是从传统社会向现代工业社会转型的过程。马克思在《资本论》第一卷第一版序言中就指出:“工业较发达的国家向工业较不发达的国家所显示的,只是后者未来的景象。”[①]这表明了现代化具有历史必然性,各国的现代化也具有普遍性。现代化是各国发展进步的必经之路,是人类社会的基本前进方向。那么,弄清楚现代化是什么是我们进行深入研究的前提。罗荣渠在《现代化新论》中指出“现代化作为一个世界性的历史过程,是指人类社会从工业革命以来所经历的一场急剧变革,这一变革以工业化为推动力,导致传统的农业社会向现代工业社会的全球性的大转变过程,它使工业主义渗透到经济、政治、文化、思想各个领域,引起深刻的相应变化”[②]。这深刻指明了现代化不等于工业化,工业化是现代化快速发展的推动力,这仅仅是其中经济层面的内容。事实上,现代化是从生产力到生产关系、经济基础到上层建筑的全面变革。文化是现代化建设的应有之义,体现着不同国家现代化的不同特色,并为现代化建设提供强大的支撑。美国学者费正清也认为,“现代化从来不能孤立地进行,如果说现代化是人民对于现代科技的发展和适应,那就总是和本国固有的文化价值和倾向相交织地进

① 《马克思恩格斯文集》(第五卷),人民出版社,2009年,第8页。

② 罗荣渠:《现代化新论》,商务印书馆,2004年,第17页。

行”[1]。现代化意味着社会的全面发展与进步，而社会的发展与进步又包含了文化的发展。文化对现代化的进程产生着深刻的影响，历史背景和文化传统在一定程度上影响着现代化道路的选择，在推进现代化的过程中，文化仍然发挥着重要的作用，不容忽视。

（三）中华优秀传统文化与中国式现代化

中华文明源远流长、博大精深，是中华民族最深沉的文化积淀。罗荣渠从宏观史学的视角出发，指出现代化是全球性大转变的必然趋势和内在逻辑，论述了世界现代化的普遍特征，他特别就包括中国在内的东亚现代化发展模式进行分析，详细阐述了儒教文化在不同国家现代化进程中的表现和影响，认为推动现代化道路对传统文化不能从全盘否定跳到全盘肯定，而是既要有继承更要有创新。因此，我们要正确把握传统文化与现代化的关系，反对传统与现代的“二元对立”的关系，辩证地看待传统文化在现代化进程中的重要地位。中华优秀传统文化在中国式现代化进程中具有重要的战略地位，同时，在实现现代化的过程中我们要传承和创新传统文化，实现传统文化的现代转型。中华优秀传统文化是中华民族在五千多年历史发展中积累下来的宝贵财富，包含了丰富的哲学思想、道德观念、文学艺术、社会制度等，是中华民族的精神家园和文化根基。今天，中华优秀传统文化依然具有重要的时代意义，为中国式现代化注入了独特的文化内涵和价值底蕴，是中国式现代化的思想根基和文化支撑。同时，在现代化建设的实践中传统文化不断与时俱进，被赋予新的时代内涵和现代化特征，最终完成自身的现代化转型。

① ［美］费正清：《伟大的中国革命》，刘尊棋译，世界知识出版社，2000年，第10页。

二、中华优秀传统文化是中国式现代化的文化底蕴

党的二十大报告指出："在新中国成立特别是改革开放以来长期探索和实践基础上，经过十八大以来在理论和实践上的创新突破，我们党成功推进和拓展了中国式现代化。"现代化具有历史必然性，是人类文明进步的基本方向，但现代化的道路不是千篇一律的，不同国家具有各自特定的历史文化背景、发展条件和现实状况，追求和发展现代化应该从实际出发。中国式现代化的"中国式"就体现了中国特色、中国风格，表明我国的现代化道路区别于西方。实践已经并将持续证明，中国式现代化道路行得通、走得稳。中国式现代化顺应历史发展潮流，符合人类价值追求，是在五千多年中华文明的基础上开创和发展的。这深刻体现了中华优秀传统文化中所蕴含的鲜明特征和精神力量，是中国式现代化不可或缺的文化资源与独特优势。中华优秀传统文化在悠久的历史演进中，形成了民为邦本、天人合一、以和为贵、协和万邦等宝贵的思想结晶，这些都是中华民族的智慧创造，为中国式现代化的独特样态奠定了文明基础。

（一）传统民本思想与人民至上的执政理念

悠悠万事，民生为大。"敬德保民""汔可小康""仁政""民本"思想，这些都是中国古代文化中关于民生的重要理念，构成了中国传统文化中的精髓。"民为邦本"思想也是中国古代一个重要的政治理念，是传统文化的重要组成部分。"民为邦本"即民众是国家的根本，国家的一切政策和行动都应以民众的利益为出发点和落脚点。该思想强调了民众在国家治理中的核心地位，要求国家统治者必须重视民意、关心民生，以实现国家的长治久安。

中国式现代化是人民的现代化，不仅要推动社会的全面进步，也致力于实现人的自由全面的发展。习近平总书记始终高度重视人民在国家治理中

的核心地位，提出许多独创性的执政理念，这些理念为党在新时代不断实现人民对美好生活的向往，推进中华民族伟大复兴提供了行动指南。在2021年2月党史学习教育动员大会上的讲话中，习近平首次提出了“江山就是人民，人民就是江山”的重要论断。在百年波澜壮阔的历史征程中，中国共产党之所以能够化解一次次危险，战胜一个个困难，不断发展壮大，根本原因就在于我们党始终紧紧依靠人民群众，深深根植人民，把人民作为力量源泉。

党的二十大报告明确提出了“六个必须坚持”，其中居于首位的就是“必须坚持人民至上”。我们党始终坚持人民至上的原则，坚持以人民为中心进行现代化建设，努力提升人民的获得感、幸福感、安全感。比如，我们党组织实施脱贫攻坚战，在中华大地上全面建成了小康社会。我们党还大力解决住房保障、教育公平、司法公正、生态环境等人民普遍关注的问题，让人民对于美好生活的向往不断变为现实。这些都生动彰显了中国共产党人始终坚持“江山就是人民，人民就是江山”的根本立场和始终服务人民的赤子之心。

我国传统文化中的民本思想强调重民、爱民、恤民，把人民视为国家之根本，认为国家的兴衰存亡取决于民心向背。坚持人民至上、人民立场和以人民为中心的执政理念，体现了我们党对人民主体地位的充分尊重和保障。二者在思想内涵上高度一致，都体现了人民在国家治理中的核心地位和作用。传统文化中的民本思想为今天的人民至上执政理念提供了重要的理论支撑和文化土壤，为中国式现代化的实现提供了思想资源的精神动力。

（二）“天人合一”理念和人与自然和谐共生的习近平生态文明思想

中国古代倡导人与自然和谐共生的思想理念丰富而深刻，这些理念体现了古代先贤的智慧，也为现代社会的生态文明建设提供了宝贵的思想资源。比如，“天人合一”是中国古代哲学中关于人与自然关系的基本思想；“取之有度、用之有节”是古代先民生产生活中遵循的重要原则；“仁民爱物”“物我两忘”也是强调人与自然和谐共生的生态伦理思想。“天人合一”中，“天”通常代指宇宙、自然，“人”则指人类。由此可以看出，其表达的主要是人与自然和谐共生的价值诉求，强调人类应当尊重自然、顺应自然、保护自然。

为人民谋幸福的中国共产党，始终重视生态环境保护。党的二十大报告指出，中国式现代化是人与自然和谐共生的现代化，人与自然和谐共生就体现了“天人合一”的思想理念。长期以来，西方以资本为主导的现代化无视人与自然的关系，恣意挥霍自然资源、污染生态环境、造成了严重的生态危机。尽管西方工业式现代化创造了巨大的社会生产力，但这都以牺牲人民生命健康和生态环境健康为沉痛代价。在总结我国现代化实践和反思西方资本主义国家工业式现代化的弊端的基础上，党带领人民创造了中国式现代化。中国式现代化的创造性理念超越了西方的发展理念，体现了绿色的现代化选择。坚持人与自然和谐共生，是我们推动绿色现代化、实现中国绿色崛起的重要遵循。

处理好经济发展和生态环境保护的关系，是世界各国发展过程中面临的共同难题。党在我国生态文明建设的实践中不断总结经验，提出了一系列具有独创性的论述。习近平总书记鲜明提出了“绿水青山就是金山银山”的重大理念，他指出“我们既要绿水青山，也要金山银山。宁要绿水青山，不要金山银山，而且绿水青山就是金山银山”[①]。这明确揭示了生态环境的优劣直接关系到经济发展的质量和长远目标，良好的生态环境不仅具有经济价值还具有民生价值。

中国人民对美好生活的向往是刻在民族基因里的，自古以来便是如此。多少先贤在美丽山水间以笔墨抒怀，留下了无数脍炙人口的诗词佳作。传统生态理念为现代生态文明建设提供了重要的思想资源，使我们更加关注人与自然的相互关系，更加重视生态环境保护。同时，这些理念不仅停留在理论

① 习近平：《论坚持人与自然和谐共生》，中央文献出版社，2022年，第40页。

层面,而且深刻影响着现代生态文明建设的实践。

(三)“以和为贵”“协和万邦”与“人类命运共同体”理念

自古以来,中华民族都是一个爱好和平的民族。在中国传统文化中,无论是儒家的“亲仁善邻”“四海之内若一家”,道家的“以邦观邦”“以天下观天下”,还是墨家的“兼相爱、交相利”,都蕴含了丰富的崇尚和平与兼济天下的理念。中国传统文化中崇尚和平的价值理念和兼济天下的世界情怀已深深融入中华民族的血脉中,对于今天我们党和国家的外交政策和实践具有积极的现实意义,对于应对文明冲突、世界霸权等人类危机具有重要的现实启示。中华民族始终讲求“以和为贵”“协和万邦”,“和”字在中国传统文化中具有丰富的内涵,主要体现了和谐、合作、共赢等理念。“以和为贵”强调的是在处理人际关系和社会事务时,应以和谐为最高准则。这一理念体现了中国人对于和平、稳定的追求。“协和万邦”是中国古代处理邦国之间关系的基本原则,体现了中国古代政治家和思想家对于国际关系的深刻洞察和独特智慧。这些理念在中国历史上得到了长期的传承和弘扬,并对现代的外交政策产生了深远的影响。

印刻在中国人民内心深处的和平理念和世界情怀,决定了中国不仅不会在国际社会上争夺霸权,还会勇于承担大国担当,为整个人类的进步事业做出更大贡献。中国式现代化是走和平发展道路的现代化,这就源于中华民族崇尚和平的文化基因。在外交方面,我国始终秉持独立自主的立场,坚持走和平发展的道路;始终奉行互利共赢的开放战略,以促进全球经济的共同繁荣;始终坚持和平共处五项原则,和世界各国建立友好互利的合作关系等。同时,习近平总书记提出一系列独创性理念和倡议,比如,“人类命运共同体”“一带一路”“真正的多边主义”等。中国式现代化中所蕴含的和平发展理念和大国情怀正是继承和发扬了我国传统文化中崇尚和平、兼济天下的价值取向。

三、实现中华优秀传统文化的现代化转型路径

中华优秀传统文化中蕴含的治理智慧和思想资源,为中国式现代化提供了深厚的文化底蕴和强大的精神支撑。同时,中国式现代化又以自身的发展推动中华优秀传统文化的创新和发展,以实现传统文化的现代转型。因此,在中国特色社会主义文化建设中,推动传统文化创造性转化、创新性发展,探索中华优秀传统文化的现代化路径是新时代进行文化强国建设的一项重要任务。

(一)中华优秀传统文化现代化转型具有必然性

首先,中华民族伟大复兴的战略全局和世界百年未有之大变局同步交织、相互激荡,构成了新时代中国发展的时代坐标和历史方位。在“两个大局”的背景下,中国式现代化不仅需要坚实的物质基础和技术支撑,更需要传统文化的精神支撑和价值指引。传统文化作为中华民族的根基和灵魂,肩负着支撑现代化建设的时代使命,必须不断发展和创新以更好地适应时代潮流,为中国式现代化贡献力量。正如传统文化中的民本思想、生态智慧、价值理念等构成了中国式现代化的文化基因,为其提供了内源性动力和现实发展动力。因此,我们需要深入挖掘和传承优秀的文化传统,将其融入现代化建设之中。我们也肩负着对传统文化进行革新和重塑的使命,旨在为其注入新的时代内涵,使之在现代社会中继续展现魅力和价值。

其次,中国式现代化根植于中华优秀传统文化沃土,展现出了我国传统文化的独特魅力,是长在中国大地上的现代化。中华文明,作为世界上唯一未曾中断的古老文明,其源远流长的历史长河中蕴含着丰富的智慧,这些智慧不仅塑造了中华民族独特的精神面貌,更为解决现代社会中纷繁复杂的问题提供了宝贵的启示和借鉴。因此,中国式现代化的发展需要作为“根”和

“魂”的民族文化和民族精神的支撑。中国式现代化的成功实践表明，现代化的道路不是千篇一律的，不同国家和民族可以根据自身的实际选择合适的发展道路。中国式现代化不仅突出“中国式”的特殊性，也强调“现代化”的普遍性。中国式现代化符合人类社会发展规律，体现了现代化的普遍特征，创造了人类文明新形态，为其他国家和民族的发展贡献了中国智慧和中国方案。在推进中国式现代化的进程中我们务必坚持“两个结合”，努力铸就现代化的中国特色社会主义文化，以文化为支撑推动现代化建设。

最后，马克思主义与中华优秀传统文化高度契合、互相成就。坚持和发展马克思主义，必须坚持“两个结合”，从而使马克思主义在与中华优秀传统文化的良性互动中焕发新的生机活力。在五四运动新旧思想交锋之际，马克思主义传入中国，它能够扎根中国大地，开花结果，绝不是偶然的。这是马克思主义与我国优秀传统文化彼此契合、相互融通的结果。中国共产党自成立以来，就坚持马克思主义的指导思想，但我们党是在坚持本国优秀文化传统的基础上，吸纳马克思主义、丰富马克思主义、发展马克思主义。因此，推动优秀传统文化现代转型不仅是传统文化自身发展的需要，也是马克思主义理论发展的需要，更是中国式现代化深入发展的必然选择。同时，进行中国式现代化建设，既需要马克思主义的科学理论指导，也需要传统文化的滋养和支撑，只有坚持“两个结合”，才能更好推动现代化进程，实现民族伟大复兴。

（二）新时代推动文化创造性转化和创新性发展的实践路径

文化在国家建设和民族复兴中具有关键作用，中华民族和伟大复兴关键是文化的复兴，而如何推动传统文化传承和创新是新时代面临的关键问题。创造性转化和创新性发展是传承和弘扬传统文化、实现文化现代化的必然要求和根本途径。

首先，我们要认真挖掘和学习历史悠久的传统文化资源，对其进行再阐发，以更好地适应并服务于现代社会的需求，力求实现古与今的融合、传统与现代的融合。传统文化主要形成于封建社会,反映特定时代的经济和政治状况,不可避免地具有历史局限性,但传统文化没有完全过时,其中存在能够为现代社会所借鉴的积极成分。传统文化是民族历史和智慧的结晶,是中华民族的宝贵财富,蕴含着丰富的哲学理念、思想观念、民族精神、文化遗产、治国智慧等。我们要加强对传统文化的学习和挖掘,通过文献查阅、实地考察、专家访谈等方式,通过学校教育、社会宣传、网络传播等手段加强传统文化学习和挖掘,使全社会全面了解传统文化资源,形成良好的传承文化风气。在掌握丰富的传统文化资源的基础上,我们要加强对传统文化的保护和修复,确保其完整性和连续性,深入学习其中的精髓,在传承的基础上对其加以创新和改造,并根据时代需要赋予传统文化新的内涵和表现形式,使其在现代社会中焕发新的生机和活力。因此,对待传统文化我们既不能全盘否定,也不能全盘肯定。全盘否定传统文化,无异于割断历史的脉络,忽视文化的连续性和传承性;而全盘肯定,则可能陷入保守主义的泥潭,无法适应时代发展的挑战。我们要坚持辩证地看待传统文化中的精华与糟粕,有鉴别地加以对待,有扬弃地予以继承。我们要加强对传统文化的挖掘和阐发,发现并吸收其中蕴含的精华部分,并根据时代需要对其进行改造和创新,使传统文化与现代社会相协调,从而促进中华优秀传统文化在现代化建设中发挥积极作用。

其次,要坚持以马克思主义为指导,坚持社会主义核心价值引领推动传统文化创造性转化、创新性发展。马克思主义是根植于实践并被实践不断检验的科学真理,能够随着实践的发展而发展。马克思主义的批判精神不仅是推动文化与时俱进的重要动力之一,而且马克思主义提供了历史唯物主义和辩证唯物主义等一系列方法论,为文化创新提供了理论指导和实践路径。同时,马克思主义的批判本质促使人们对传统文化进行反思,批判地继承适应现代发展的积极成分,并对传统文化的内涵加以补充、拓展和完善。传承和弘扬传统文化,必须坚持守正创新,守正守的马克思主义在意识形态领域指导地位的根本制度,创新创的是文化传承和弘扬的手段、形式、机制。坚定不移地运用马克思主义作为理论指导,善于运用马克思主义的文化观指导我国文化建设,确保文化发展的正确方向,使文化创新不偏离社会主义发展的正确轨道。在坚守马克思主义的基础上,我们要积极探索文化发展和创新的新手段、新形式、新机制。我们可以寻求新兴技术支撑,将传统元素与现代化相结合,通过前沿科技手段创新文化传播方式、文化活动形式、文化产业模式等,使中华优秀传统文化的内涵更加丰富,形式更加多样,更加符合新时代发展的需求和人民的期待。坚持社会主义核心价值观引领,是推动文化创新的重要方向。社会主义核心价值观是中国特色社会主义文化的核心,它体现了国家的价值追求、社会的价值取向和公民的价值准则。要把中华优秀传统文化融入社会主义核心价值观之中,实现二者的良性互动。一方面,我们要推动中华优秀传统文化的现代转型,使其更好地融入现代文化体系中,促使其成为现代社会主流价值观的重要组成部分,另一方面,坚持社会主义核心价值观对中华传统文化现代转型的引领作用和价值指导,社会主义核心价值观已经融入人民的日常生活中,成为人民共同遵循的价值准则,深刻影响了人们的世界观、人生观和价值观,有利于培养人们的文化自觉意识、增强人们的文化归属感和认同感,从而更好地传承和改造传统文化。

再次,我们必须坚定文化自信和文化主体性。中华民族创造了历史上最辉煌灿烂的中华文明,这是今天我国坚定文化自信和文化主体性的根基。文化自信是一个民族、一个国家对自身文化价值的充分肯定和积极践行,体现了对本国、本民族的优秀传统文化的尊重和珍惜,并且对其未来生命力持有坚定的信心。中华优秀传统文化是文化自信的基础,只有深入挖掘传统文化中的思想观念、精神内涵、人文特色,深入阐发优秀传统文化的时代价值,坚持古为今用、推陈出新,善于从中汲取营养和智慧,实现传统文化在新时代的创造性转化和创新性发展,才能激发民族自豪感和本民族对自身文化的认同感、自信心。学习和再阐发传统文化资源是我们了解中华民族历史和文化的重要途径，是我们认识自己、认识世界的重要窗口，有助于我们增强民族自信心和文化自信心。加强中华传统文化的宣传和教育工作，通过开展形式多样题材丰富的传统文化教育活动，通过利用现代科技手段，创新传统文化的传播方式，让更多人了解、欣赏和热爱传统文化，在全社会形成良好的传承文化氛围。只有更好地了解，才能更好地传承。传承中华文明基因，必须坚守中华文明立场，要始终保持对中华优秀传统文化的敬畏之心，坚决抵制任何形式的文化虚无主义和历史虚无主义。兼容并蓄是中华文化的鲜明特征，中华文化始终具有很强的文化包容性和融汇性，而面对外来文化时，要坚持以中华传统文化为根本，在与其他文化的交流互鉴中，坚守中华文明的独特性，保持我国文化的鲜明特色，做到独特性与多样性的有机统一。坚定文化自信和文化主体性是传承和弘扬优秀传统文化的关键，我们要以更加坚定的信念、更加开放的姿态、更加创新的思维推动中华优秀传统文化的创新与发展，不断铸就中华文明新辉煌。

最后，要尊重世界文明多样性，在多元文化的交融中推动文化与现代化的良性互动、不同文化之间的交流互鉴。世界是丰富多彩的，不同国家和民族的文化各具特色、各有千秋，没有高低优劣之分，只有姹紫嫣红之别。文化多样性不仅丰富了人类文明的宝库，也为不同文化之间的交流互鉴提供了广阔的空间和无限的可能。全球化是当今世界发展的大潮流，它包含经济、政治、文化、社会等多个领域的深度融合和相互依存，是任何国家都不能改变的历史潮流。在全球化的时代背景下，不同文化之间的冲突碰撞是难以避免的。我们要积极应对全球化对我国文化现代化建设的挑战，坚守和弘扬中华优秀传统文化的根基，高度警惕文化渗透和文化侵略的风险，在确保我国意识形态安全的前提下提升文化创新能力、加强文化交流与合作，充分借鉴一切优秀先进的人类文明成果。开放包容是文化交流互鉴的前提。我们应该以平等、开放的态度对待不同文明，尊重文化的差异性和独特性。交流互鉴是文化繁荣发展的必由之路。不同文化之间的交流互鉴可以激发思维和灵感,推动文化的创新与发展。同时,交流互鉴也可以增进国家之间的交流与合作,加深彼此的理解和认同,从而有助于促进世界和平和共同进步。当前,文化在国家综合国力中的地位越来越凸显,文化软实力越来越成为国家间竞争的重要内容。中华优秀传统文化中深厚的文化底蕴和鲜明的民族特色,为提升国家文化软实力提供了丰富的资源和强大的支撑。通过中华优秀传统文化的国际传播和交流,可以增进国际社会对中国的了解和认识,提升我国的国家形象,增强我国的国际影响力和话语权。当今时代发展的主题不同于以往任何一个历史阶段,和平与发展面临诸多挑战,新的时代问题亟须解决,我们要积极探索以“第二个结合”回答时代之问、世界之问、人民之问。中华优秀传统文化不仅丰富了世界文化,推动了文化的交流互鉴,还能为解决当今世界复杂的国际关系和人类共同难题提供有益参考和启示,展现了中国智慧和方案,为整个人类进步作出更大贡献。

四、结语

中华优秀传统文化源远流长、博大精深,是中华民族积淀几千年的精华,也是中国实现强国目标的根基和命脉。新时代,我们党在总结百年奋斗经验的基础上,提出了“双创”的重大命题,这体现了我们党强大的理论自信和善于把传统文化资源转化为治国理政优势的能力。以完善和发展中国特色社会主义为目标,传承和弘扬优秀传统文化,推动传统文化现代化转型,阐发中华优秀传统文化的当代价值,为实现民族复兴奠定了文化根基。实现传统文化的现代转型,需要探究新时代中华优秀传统文化与中国式现代化之间的相互关系。中华优秀传统文化为中国式现代化提供了深厚的文化底蕴和精神涵养,同时,中国式现代化也为优秀传统文化的创新性传承和发展提供了新的机遇和平台。中华优秀传统文化在马克思主义中国化的实践历程中不断与时俱进、创新发展,在新时代焕发出新的生命力,成为现代的文化,从而更好地为中华民族伟大复兴和人类文明进步作出贡献。

参考文献:

1.郝立新:《第二个结合”与中国式现代化文化形态的建构》,《马克思主义理论学科研究》,2023年。

2.李怀涛、杨文烨:《中华优秀传统文化“双创”的路径探析》,《首都师范大学学报》(社会科学版),2023年。

3.毛华兵:《从推进中国式现代化深刻把握“第二个结合”》,《人民论坛·学术前沿》,2024年。

4.王善铭、杨玉成:《中国式现代化视域下中华优秀传统文化的新文化发展进路探究》,《理论与现代化》,2023年。

5.臧峰宇:《中国式现代化的文化形态与中华民族现代文明》,《教学与研究》,2023年。

中国式法治现代化的本土文化资源及其创造性转化方法(观点摘要)

民族特色与文化根基是中国式法治现代化不可或缺的历史性维度。作为中国传统“法治主义”的代表,法家思想具备成为中国本土法治“经典型”的可能。但法家思想作为一种古代的法治主义理论,要进入当代的“法治中国”需要完成“创造性转化”的过程。通过“现代诠释”的过程,“法治中国”得以融通本土“法治主义”的制度文化资源。具体而言,应当秉持历史的视域、全球化的视野与进化论的眼光,并最终统一于现代性的法治体系立场之上,才能够有效弥合中国式法治现代化路径上必然面临的内在张力,完成对传统“法治主义”的现代化转化从而真正发挥出其应有价值。当代重新研究、理解、诠释、转化法家思想的意义在于,法家“法治主义”最契合近代中国走向现代性之路的核心诉求,经过“现代性诠释”后的法家思想可以成为中国式法治现代化的重要本土资源。

本文作者:刘一泽,天津工业大学法学院。

《习近平谈治国理政》（一—四卷）引文分析（观点摘要）

《习近平谈治国理政》中被反复引用的经典名句、名篇、著作、典籍，成为打开深刻理解习近平新时代中国特色社会主义思想的一把“钥匙”。系统梳理《习近平谈治国理政》（一——四卷）中560条引文及其出处，分为马克思主义理论著作类、中国古代典籍类、中国近现代著作类、外国著作类四类进行深入分析。

从引文出处来看，马克思主义理论类著作共20部，涉及单篇文献119篇，其中引用频次最多的是《邓小平文选》，其次是《毛泽东选集》《毛泽东文集》《马克思恩格斯全集》《马克思恩格斯文集》《列宁全集》；古代典籍涵盖168种，涉及单篇文献283篇，其中成书于先秦和秦汉时期典籍的引文数占比52.1%，引用频次3次以上的古代典籍29部，其中，引用频次超过10次的分别是《论语》《孟子》《荀子》《礼记》《周易》《管子》。从引文所在专题来看，“党的建设”专题引用古代典籍的引文条目数超过了“文化”专题，同时，这两个方面对古代典籍的引用明显高于其他专题。

引文分析的崭新视角有力印证了《习近平谈治国理政》是“两个结合”的

光辉典范,是“第二个结合”的经典文本,从先秦到明清跨越中华民族悠久历史的典籍,在新时代党的创新理论中熠熠生辉。

本文作者:王伟伟、柳羿均,湖南农业大学马克思主义学院。

文化自信蓄势赋能中国式现代化的内在逻辑管窥(观点摘要)

文化自信作为一种精神财富,不仅是习近平文化思想的重要内容,也是实现中国式现代化的基本前提,为实现中国式现代化赋予强大动力,充分彰显了对中国式现代化的蓄势赋能。文化自信之所以蓄势赋能中国式现代化,就在于有其深厚的内在逻辑:文化自信蕴含中国式现代化内在元素、为中国式现代化提供现实依据、为中国式现代化提供根本需求,构成实现中国式现代化的基本要素;文化自信秉持“守正”文化态度、坚持“和合”文化理念、保持高度文化自觉,为实现中国式现代化夯实深厚的文化底蕴;文化自信具有勠力同心的团结精神、革故鼎新的创新精神、坚韧不拔的自强精神,为实现中国式现代化注入强大的精神支撑。在实现中国式现代化的征途上,必须以高度文化自信为前提,既要传承中华优秀传统文化的现代元素,又要充分吸收国外现代化的优势长处,发挥兼收并蓄的中华优秀文化对中国式现代化的巨大效能和支撑作用,才能担负起新时代的文化使命,擘画出新时代中国式现代化的宏伟图景,以更好推进民族伟大复兴。

本文作者:仇小敏、郑裕涛,广东财经大学马克思主义学院。

“第二个结合”与建设中华民族现代文明（观点摘要）

任何真正的人类文明新形态必须能够克服现有世界文明危机即超越性世界解体后，以西方文明为主体的现代文明凸显出来的三重危机：人类中心主义在解决人与自然之间矛盾时的危机、个人中心主义在解决人与人之间矛盾时的危机、工具理性在解决自我与自我万物之间矛盾时的危机。

在这个意义上，中华民族现代文明应该以克服现代（西方）文明上述危机为前提，以“第二个结合”和唯物辩证法为科学方法论，以生态主体理论为指引，以经过创造性转换的现代“和合”精神为中华民族现代文明的价值原则，以天人合一与和实生物的“天际辩证法”克服人类中心主义造成的天际（人与自然万物）危机、以和衷共济与协和万邦的“人际辩证”法克服个人中心主义形成的人际（人与人）危机、以中正纯和与和而不同的“我际辩证法”克服工具理性生成的我际（人与自我）危机。在人对自然的生态互动程度、人与人之间的自由理性交往程度、人与自我之间的自否性程度和人的全面发展自由个性的发达程度，这四个重要方面实现质的飞跃，我们必将成功实现“中华民族现代文明”和中华民族的伟大复兴，真正达至“富者福存，法者尊存，德者善存，美者良存,信者敬存,思者慧存,合之则优存全存”的新文明境界。

本文作者:操奇,东莞职业技术学院马克思主义学院。

品牌强国背景下天津市老字号品牌建设策略研究（观点摘要）

在品牌强国战略背景下，品牌建设是老字号品牌提升品牌影响力的关键手段。实地调研郁美净、老美华、祥禾饽饽铺、达仁堂、飞鸽、泥人张、杨柳青年画7家天津市本土老字号，并结合相关文献研究发现：天津市老字号在品牌建设过程中存在产品服务附加值低、品牌形象老化、缺乏品牌互动感、品牌文化内核不足、品牌资产受损、企业后备力量不足、社会责任承担不够的问题。

天津市老字号应把握政策引导，强化联盟效应，加强融媒体推广以抓住宝贵发展机遇。以北京、浙江两省市老字号品牌建设的措施与经验为参考，针对天津市老字号提出一系列策略建议：一是推动产品创新，为品牌建设注入新助力；二是深化数字赋能，为品牌营销激活新动能；三是重塑品牌形象，为品牌发展吸引新客群；四是挖掘历史基因，为品牌文化赋予新韧性；五是加强产权保护，为品牌资产提供新支撑；六是重视人才引育，为品牌振兴凝聚新推力；七是勇担社会责任，为品牌口碑汇聚新合力。以期为天津市老字号品牌的创新发展提供参考。

本文作者：宇文慧、李彦祖、马向阳，天津大学管理与经济学部。

生成式人工智能对用户生成内容平台的影响与文化生产方式变革（观点摘要）

生成式人工智能的快速发展正在深刻改变用户生成内容平台的内容生产和文化生产方式。生成式人工智能通过大幅提升内容生产效率和质量，降低创作门槛，使普通用户具备创作能力，从而推动了平台用户从内容消费者向内容创作者的身份转变。

首先，系统分析了生成式人工智能对用户生成内容平台的影响，包括用户体验的个性化与智能化推荐、平台运营模式的变革及用户生成内容安全与版权保护的挑战等。

其次，探讨了用户生成内容平台在生成式人工智能应用下的文化生产方式变革，包括文化生产方式的多样化、文化生产与消费的融合及伦理与监管等。生成式人工智能的普及不仅加速了文化生产方式的数字化、智能化进程，还带来新的内容伦理挑战和管理难题，亟待平台运营方加强规范引导。在应对生成式人工智能带来的监管挑战时，技术创新和政策设计需要同步推进。平台可以通过引入“负责任的AI”策略，确保AI技术在符合伦理规范和社会责任的框架下运行。研究为生成式人工智能与文化生产领域的学术探讨提供了新视角,并为用户生成内容平台规范运营和监管部门的政策制定提供了参考依据。

本文作者:孔繁成,天津师范大学经济学院。

新时期教育服务文明建设的机理阐释（观点摘要）

强国建设，教育何为？从参与文明建构层面解读教育，是从“中国特色社会主义的文明”的语境出场到“教育的文明”的具体生成，是在文明想象和文明实践中勾画教育强国为何、如何、何为的一种思想跃升，描绘着新形势下的文明图谱，体现着运用文明观念对文明征程的引领与深化。以教育的融创性奠基中国特色社会主义物质文明；以教育的人民立场阐释中国特色社会主义政治文明；以教育的道德力托举中国特色社会主义精神文明；以教育的现代性诠释中国特色社会主义社会文明；以教育的日常性深耕中国特色社会主义生态文明。新时代教育在与中华民族现代文明的契合中逐步拓展着新的意义空间。综上，中国特色社会主义物质文明因教育的融创性而更具生长力；中国特色社会主义政治文明因教育的人民立场而更具凝聚力；中国特色社会主义精神文明因教育的道德力而更具感染力；中国特色社会主义社会文明因教育的现代性而更具影响力；中国特色社会主义生态文明因教育的日常性而更具渗透力。

本文作者：王连照，天津师范大学教育学部。

传承·创新·传播："数字+文化"赋能建设中华民族现代文明的三个维度(观点摘要)

当前,以数字技术为代表的科技发展日新月异,为文化的传承、创新和传播打开新空间,为建设中华民族现代文明注入新动能。从文化传承维度看,数字技术赋能文化遗产修复展示和永续保存,为赓续中华文脉、蓄积民族精神力量提供新手段。要克服数字技术应用不均衡、数据整合共享困难、数字化人才紧缺等问题,强化赋能效果。从文化创新维度看,沉浸式叙事极大地丰富了文化表现力与感染力,赋能中华文明精神标识与思想精髓全景式呈现与立体化阐释。要充分利用数字技术提炼并深度呈现中华文明之"道",加快构建数字叙事话语体系,增强中华文化软实力。从文化传播维度看,数字交往催生了多元文化传播主体,同时数字技术与文化产业的深度融合为中华文化海外传播开辟新路径。应深化数字时代的文明交流互鉴,加快数字文化产业生产、流通、消费、传播全链条升级,推动中华文化数字"出海",在世界舞台重焕荣光。

本文作者:张治夏,中共天津市委党校马克思主义学院。

津味小说《俗世奇人》的多模态翻译与传播（观点摘要）

多模态文本是信息时代人们构建意义、接受文化的主要途径。模态视域的打开为构建中国地方文学“走出去”之路提供了新思路。以根茨勒的后翻译研究为理论基础，用准数学分析形式——多模态维度简单符号系统，分析津味小说《俗世奇人》的两个英译本及同名舞台剧对原作模态维度的操控。分析表明，不同的翻译过程会降低、保留或增加原作的模态维度。《俗世奇人》的英译本在不同程度上保留了原作的语言和图像模态，而转换艺术形式后的舞台剧则通过结合语言与非语言模态，多维呈现了原作的人物形象、主题塑造、津味元素。在多模态语境下，无论是文字、图片还是舞台剧形式的《俗世奇人》，都在调用各自模态的叙事特色，帮助读者和观众构建属于自己的“俗世奇人”群像。这种在保留文学作品特色基础上、跨艺术形式的呈现，为“讲好中国故事”时代背景下文学作品的传播提供了启示。而多模态视域的打开，也拓展了翻译研究的疆域，语言模态与非语言模态的互动关系及意义共建为信息时代的翻译研究开拓了思路。

本文作者：邱肖、张思永，天津职业技术师范大学外国语学院。

《黑神话：悟空》与中华优秀传统文化的现代演绎（观点摘要）

国产游戏大作《黑神话：悟空》的横空出世，引起全球热议，是基于文化自觉自信而实现的中华优秀传统文化的世界性表达，使中华优秀传统文化的传承、创新与传播大有可为。《黑神话：悟空》对中华优秀传统文化经典人物、场域、景观等特色的传承，点明了文化内核是游戏的关键，促使游戏深刻“点睛”；运用全球最受欢迎的娱乐方式之一的游戏作为全新文化表达、以大胆的故事叙事和角色塑造创新推动传统故事框架突破、运用最先进的科学技术与中华优秀传统文化巧妙融合实现成果呈现，推进文化创新发展实现生动“破圈”；以增强文化元素符号融入表现增进情感体验、传播丰富的文化知识和信息提升理性认知、加强文化精神观念的互动、实现价值观塑造，进而以“符号—知识—观念”螺旋转化使得文化广泛传播实现成功“出圈”。新时代，中华优秀传统文化的发展以此为鉴，要坚持人民立场、增强文化生命力，弘扬奋斗精神、勇担新时代使命，遵循三项原则、承担新文化使命，重视审美教育、确保高审美价值，强化智能赋能、推进高质量发展，推进中华优秀传统文化在更高的平台“建圈”发展。

本文作者：周叶，西南大学马克思主义学院。

建设中华民族现代文明：何以必要、何以可能及何以可为（观点摘要）

建设中华民族现代文明，需要深刻回答为什么要建设、为什么能建设、怎样来建设的问题，也即“何以必要”“何以可能”与“何以可为”三个基本问题。从必要性的角度来讲，建设中华民族现代文明是新的起点上回应中国共产党初心使命的必然结论，是响应中华民族伟大复兴战略全局的必然要求，是呼应世界百年未有之大变局的必然选择，是新时代新的文化使命；从可能性的角度来讲，建设中华民族现代文明，引领于马克思主义的真理之魂，习近平文化思想是建设中华民族现代文明的思想武器和行动指南；保障于中国共产党的坚强领导，中国共产党是建设中华民族现代文明的核心领导力量；扎根于中国式现代化的实践创新，中国式现代化是建设中华民族现代文明的时空场域和实践根基；溯源于中华文明的接续更新，中华文明自身的五大特性是建设中华民族现代文明的文脉基础和历史前提。从实践着力点来讲，需要把握好国内和国际两个场域，不仅着眼复兴进程，而且放眼大千世界，在谱写中华历史文脉新篇章中不断开辟人类文明形态新境界。

本文作者：孙丽娜、郭付豪，河北工业大学马克思主义学院。